全国注册城乡规划师考试丛书

3

城乡规划管理与法规
历年真题与考点详解

白莹　魏鹏　主编

中国建筑工业出版社

图书在版编目（CIP）数据

城乡规划管理与法规历年真题与考点详解/白莹，魏鹏主编. —北京：中国建筑工业出版社，2020.6
（全国注册城乡规划师考试丛书；3）
ISBN 978-7-112-25099-8

Ⅰ.①城… Ⅱ.①白… ②魏… Ⅲ.①城市规划-城市管理-中国-资格考试-自学参考资料②城市规划-法规-中国-资格考试-自学参考资料 Ⅳ.①TU984.2②D922.297.4

中国版本图书馆 CIP 数据核字（2020）第 075797 号

责任编辑：陆新之　焦　扬
责任校对：芦欣甜

全国注册城乡规划师考试丛书
3　城乡规划管理与法规历年真题与考点详解
白莹　魏鹏　主编

*

中国建筑工业出版社出版、发行（北京海淀三里河路9号）
各地新华书店、建筑书店经销
北京红光制版公司制版
北京建筑工业印刷厂印刷

*

开本：787×1092毫米　1/16　印张：32¼　字数：783千字
2020年6月第一版　　2020年6月第一次印刷
定价：**98.00**元
ISBN 978-7-112-25099-8
（35832）

版权所有　翻印必究
如有印装质量问题，可寄本社退换
（邮政编码　100037）

前　言

关于注册城乡规划师考试的复习重点，有下列几项要着重说明：

1. 架构：学习一门专业，首先要了解的是其整体的知识架构。注册城乡规划师的大纲 2014 年以来一直未变化过，考试题目也是紧紧围绕着大纲出的，从教材的目录系统（也是本丛书的目录系统）就可以看出注册城乡规划师考试包含的内容主体。

教材目录系统　　　　　　　　　　　　　　　　　　表 1

原理	相关知识	管理与法规	实务
城市与城市发展	建筑学	行政法学基础	城乡规划的制定与修改
城市规划的发展及主要理论与实践	城市道路交通工程	城乡规划法制建设概述	城乡规划的实施管理
城乡规划体系	城市市政公用设施	城乡规划法	城乡规划的监督检查与法律责任
城镇体系规划	信息技术在城乡规划中的应用	《城乡规划法》配套行政法规与规章	
城市总体规划	城市经济学	城乡规划技术标准与规范	
城市近期建设规划	城市地理学	城乡规划相关法律、法规	
城市详细规划	城市社会学	城乡规划方针政策	
镇、乡和村庄规划	城市生态与城市环境	公共行政学基础	
其他主要规划类型		城乡规划编制管理与审批管理	
城市规划实施		城乡规划实施管理	
		文化和自然遗产规划管理	
		城乡规划的监督检查	

从表 1 中可以发现，各科中存在部分重合的内容，如城市规划的实施，在原理、法规及实务中均有提及。在对这些重合内容进行整合的过程中，依据从基础理论到实际操作的层次进行分层排列，可以发现一个更清晰的架构，整体的架构分为 3 层：基础及相关理论、法律法规体系及工作体系，工作体系又分为编制体系和实施体系，读者在复习的过程中要重点围绕此架构对相关内容进行复习，可以提高效率，加深理解。

注册城乡规划师考试的知识架构　　　　　　　　　　表 2

层次	原理	相关	管理与法规	实务
基础及相关理论	城市与城市发展 城市规划的发展及主要理论与实践 城乡规划体系	建筑学 城市道路交通工程 城市市政公用设施 信息技术在城乡规划中的应用 城市经济学 城市地理学 城市社会学 城市生态与城市环境	行政法学基础 公共行政学基础	

续表

层次		原理	相关	管理与法规	实务
工作体系	编制体系	城镇体系规划 城市近期建设规划 城市详细规划 镇、乡和村庄规划 其他主要规划类型 城市总体规划			
	实施体系	城乡规划实施		城乡规划编制管理与审批管理 城乡规划实施管理 文化和自然遗产规划管理 城乡规划的监督检查	城乡规划的制定与修改 城乡规划的实施管理 城乡规划的监督检查与法律责任
法律法规体系				城乡规划法制建设概述 城乡规划法 配套行政法规与规章 城乡规划技术标准与规范 城乡规划相关法律、法规 城乡规划方针政策	

2. 核心：原有的考试内容核心是《中华人民共和国城乡规划法》，共 70 条，如今国土空间规划改革，使得规划体系及编制审批流程均有所调整，本书在后半部分增补了国土空间规划体系及其相关文件、2019 年真题及解析等内容，考生可以结合真题对其进行复习。

3. 真题：对于任何考试真题都是极为重要的，可以说知识架构是对考点的罗列，考点的形式及重要性是在考题中具体呈现的，因而本书收集了 2008~2019 年（共 10 年）的真题，在对考点进行表格化处理的同时，将相关真题列在其后，使读者可以根据真题出现的频率了解其重要性，并可以即看即做，巩固所学考点，做到即时反馈、步步为营。2019 年的真题是国土空间规划改革后第一节出的题，将其列于书的后半部分，使考生可以对其单独进行复习。

4. 互动：为了能与读者形成良好的即时互动，本丛书建立了一个 QQ 群，用于解答读者在看书过程中产生的问题，收集读者发现的问题，以对本丛书进行迭代优化，并及时发布最新的考试动态，共享最新行业文件，欢迎大家加群，在讨论中发现问题、解决问题，相互交流并相互促进！

规划丛书答疑 QQ 群

群号：648363244

微信服务号

微信号：JZGHZX

目　录

第一章 行政法学基础

大纲要求   表 1-0-1

内容	要点	说明
行政法学基础	行政法学知识	了解法律的本质、作用与法律渊源
		熟悉行政法学的概念与原则
		熟悉行政法律关系主体和行政行为的内涵
		了解行政违法与行政责任
		熟悉行政法制监督的内涵和基本要求
	行政立法知识	了解行政立法概念和我国的法律体系
		熟悉行政立法权限与程序
		熟悉行政立法的内涵和立法要求
	行政许可知识	了解行政许可的内涵和行政许可的设定
		熟悉行政许可的基本内容与实施程序

第一节　法、法律与法律规范

一、法、法律

相关真题：2014-003、2007-001

法、法律及其外部特征　　　　表 1-1-1

概念及特征	内　　容
法	法是由国家制定和认可，并由国家强制力保证实施的反映着统治阶级意志的**规范系统**。
法律	法律泛指国家机关制定并由国家强制力保证实施的行为规范的总称。 严格意义上的法律专指国家立法机关制定的**规范性文件**。
法律的外部特征	法律是一种**行为规则**，人们的行为规则在法学上统称为规范；可分为技术规范及社会规范两类。 ① 技术规范：是调整人与自然的关系，即技术标准、操作规程； ② 社会规范：是调整人与人之间关系的行为准则，法律规范、道德规范、社会团体规范都属于社会规范。
	法律是由**国家制定和认可**的，制定和认可是国家创制规范的两种基本形式；与国家权力有着不可分割的联系。 法律是通过**规定社会关系参加者的权利和义务**来确认、保护和发展一定社会关系的，法律与权利、义务的概念不可分。 法律是**通过国家强制力保障**的规范，是违反了它就要受到国家制裁的规范；这是法律规范与其他社会规范和技术规范的重大区别。

2014-003. 下列规范中不属于社会规范的是（　　　）。

　　A. 法律规范　　　　　　　　　　B. 道德规范

　　C. 技术规范　　　　　　　　　　D. 社会团体规范

　　【答案】C

　　【解析】由表 1-1-1 可知：规范分为技术规范及社会规范，法律规范、道德规范、社会团体规范都属于社会规范，因而此题选 C。

2007-001. 以下对法律的理解错误的是（　　　）。

　　A. 是由国家制定和认可的　　　　B. 由国家强制力保证实施

　　C. 是用来规范人们行为的　　　　D. 是由国家政府部门保证实施的

　　【答案】D

　　【解析】由表 1-1-1 可知：法律泛指国家机关制定并由国家强制力保证实施的行为规范的总称，严格意义上的法律专指国家立法机关制定的规范性文件，因而此题选 D。

二、法律规范

相关真题：2017-005、2017-003、2010-081、2009-003

法律规范的概念、组成要素及效力   表 1-1-2

项目	内　　容
概念	法律规范是构成法律整体的**基本要素或单位**，是指由国家制定或认可的、逻辑上周全的、具有普遍约束力的行为规则；它规定了社会关系参加者在法律上的权利和义务，并有国家强制力作为实施的保证。
组成要素	**假定（或称假设）**：指法律规范中规定使用该规范的**条件部分**，它把规范的作用与一定的事实状态联系起来，指出发生何种情况或具备何种条件时，法律规范中规定的行为模式便生效。 　　**处理**：指法律规范中为主体规定的**具体行为模式**，即权利和义务。 　　**制裁**：是法律规范中规定主体违反法律规范时应当承担何种法律责任、**接受何种国家强制措施的部分**。
效力	**效力等级：** 　　① 法律效力的等级首先决定于其制定机构在国家机关体系中的地位，一般说来，制定机关的地位越高，效力等级越高**（地位高>地位低）**； 　　② 同一主体制定的法律规范中，按照特定的、更为严格的程序制定的法律规范，其效力等级高于按照普通程序制定的法律规范**（严格程序>普通程序）**； 　　③ 当同一制定机关按照相同程序就同领域问题制定了两个以上法律规范时，后来法律规范的效力高于先前制定的法律规范，即**"后法优于前法"**； 　　④ 同一主体在某领域既有一般性立法又有特殊立法时，特殊立法通常优于一般性立法，即所谓**"特殊优于一般"**； 　　⑤ 国家机关授权下级国家机关制定属于自己职能范围内的法律、法规时，该项法律、法规在效力上等同于授权机关自己制定的法律、法规**（授权制定＝自己制定）**。 　　**效力范围**：指法律规范的约束力所及的范围，包括时间效力范围（我国法律一般不溯及既往）、空间效力范围和对人的效力范围。 　　**对人的效力**：中国公民在国内一律适用我国法律；在我国的外国公民、无国籍人士以及他们举办的企业组织或者社会团体，同样必须遵守我国的法律。

2017-005. 在下列的连线中，不符合法律规范构成要素的是(　　　)。

A. 制定和实施城乡规划应当遵循先规划后建设的原则——假定

B. 县级以上地方人民政府城乡规划主管部门负责本行政区域内的城乡规划管理工作——处理

C. 规划条件未纳入国有土地使用权出让合同的，该国有土地使用权出让合同无效——制裁

D. 城乡规划组织编制机关委托不具有相应资质等级的单位编制城乡规划的，由上级人民政府责令改正，通报批评——制裁

【答案】 A

【解析】 由表 1-1-2 可知：选项 A 应为处理，属于为主体规定的义务。

2017-003. 当同一机关按照相同程序就同一领域问题制定了两个以上的法律规范时，在实

施的过程中，其等级效力是(　　)

　　A. 同具法律效力　　　　　　　　B. 指导性规定优先

　　C. 后法优于前法　　　　　　　　D. 特殊优于一般

【答案】C

【解析】由表1-1-2可知，选项C符合题意。此题选C。

2010-081. 根据法律关系规范构成要素，判断下列对应关系正确的是(　　)。

　　A. 制定和实施规划，在规划区内进行建设活动，必须遵守本法——处理

　　B. 各级人民政府应当将城乡规划的编制和管理经费纳入本级财政预算——假设

　　C. 编制城乡规划必须遵守国家有关标准——处理

　　D. 临时建设应当在批准的使用期限内拆除——假设

　　E. 以欺骗手段取得资质证书承揽城乡规划编制工作的，由原发证单位吊销资质证书——制裁

【答案】CE

【解析】由表1-1-2中法律规范的组成要素可知：选项A是假设，选项B、C、D为处理，选项E为制裁，因而选项C、E符合题意。

2009-003. 下列关于法律规范效力等级的说法中，不正确的是(　　)。

　　A. 法律规范制定的机关地位越高，法律效力的等级越高

　　B. 同一机关按照相同程序就同一领域制定的两个以上的法律规范，"后法优于前法"

　　C. 同等地位的国家机关制定的属于自己职权范围内的法律规范的法律效力相等

　　D. 被授权的下级国家机关制定的属于自己职权范围内的法律规范的法律效力低于授权机关制定的法律规范

【答案】D

【解析】授权制定＝自己制定，选项D是错误的，此题选D。

第二节　行政法学基础知识

一、行政法的概念与调整对象

相关真题：2013-078、2009-005

行政法的概念与调整对象　　　　　　　　　　　　　　表1-2-1

要点	内容
概念	行政法是关于行政权力的授予、行使以及对行政权力进行监督的法律规范的总称；其作用包括：①保障行政权的有效行使；②保障行为相对人的合法权益；③促进民主与法制的发展。
调整对象	行政法的内容是由行政法调整的对象决定的；行政法调整的对象是行政关系，所谓"行政关系"是指行政主体在行使行政职能和接受行政法制监督而与行政相对人、行政法制监督主体发生的各种关系，以及行政主体内部发生的各种关系。

要点	内 容
调整对象	① **行政管理关系**：即行政主体在行使行政权力的过程中与行政相对人发生的各种关系。 ② **行政法制监督关系**：即行政法制监督主体（国家权力机关、国家司法机关、行政监察机关）对行政主体、国家公务员和其他行政执法组织、人员进行监督时发生的各种关系。 ③ **行政救济关系**：即行政相对人认为其权益受到行政主体做出行政行为的侵犯，向行政救济主体（法律授权其受理行政复议、行政诉讼的国家机关）申请救济，行政救济主体对其提出的申请予以审查，做出对行政相对人提供或者不予提供救济的决定而发生的各种关系。 ④ **内部行政关系**：指行政主体内部发生的各种关系，包括上下级行政机关之间的关系，平行机关之间的关系，行政机关与所属机构、派出机构之间的关系，行政机关与国家公务员之间的关系等。

2013-078. 下列不属于《城乡规划法》中规定的行政救济制度的是(   )。

A. 对违法建设案件的行政复议

B. 对违法建设不当行政处罚的行政赔偿

C. 上级行政机关对下级行政机关实施的城乡规划的行政监督

D. 司法机关对违法建设方的法律救济

【答案】C

【解析】选项C为行政法制监督关系而非行政救济，因而选C。

2009-005. 根据行政法学基本理论，下列概念中完全正确的是(   )。

A. 行政法学是关于行政权力的授予、行使的法律规范的总称

B. 行政法调整的对象是行政主体在行使行政职权的过程中产生的特定社会关系，即行政关系

C. 对行政权力的监督行政关系应该适用《行政监察法》进行调整

D. 监督行政关系是国家权力机关对行政主体的监督关系

【答案】B

【解析】行政法是关于行政权力的授予、行使以及对行政权力进行监督的法律规范的总称，故选项A错误；行政法制监督关系即行政法制监督主体（国家权力机关、国家司法机关、行政监察机关）对行政主体、国家公务员和其他行政执法组织、人员进行监督时发生的各种关系，故选项D错误；由后文表1-2-16行政法治监督与行政监督可知，选项C错误。选项B正确。

二、行政法的渊源

相关真题：2018-086、2018-025、2017-007、2013-011、2013-008、2011-018、2011-014、2011-003、2009-081

行政法的渊源 表 1-2-2

项　目	内　　容
法的渊源	又称法源；在立法学上有特殊的含义，它是指法的效力的来源，包括法的创制方式和法律规范的外部表现形式；渊源形式可分为制定法、判例法、习惯法、学说和法理四种。
行政法的渊源	**宪法**：根本大法，是制定法律的依据，是我国最高阶位的法源。 **法律**：可分为基本法律和基本法律以外的法律，是行政法重要的渊源之一。 ① 基本法律由全国人民代表大会制定和修改，规定和调整国家和社会生活中某方面带根本性社会关系的规范性文件。如刑法、民法、刑事诉讼法、民事诉讼法等。 ② 基本法律以外的法律由全国人民代表大会常务委员会制定和修改，通常规定和调整基本法律调整的问题以外的比较具体的社会关系的规范性文件。 **行政法规**：是指国家最高行政机关（国务院）制定和颁布的有关国家行政管理活动的各种规范性文件。一般用条例、办法、规则、规定等名称，行政法规数量大，是行政法的主要渊源。 **地方性法规**：是指省、自治区、直辖市的国家权力机关及其常设机关为执行和实施法律和行政法规，根据本行政区的具体情况和实际需要，在法定权限内制定的规范性文件。 地方性法规的名称通常有条例、办法、规定、规则和实施细则等。 **自治法规**：是指民族自治地方的国家权力机关行使法定自治权所制定和发布的规范性文件；包括自治条例和单行条例；在我国的法律渊源中，其与地方法规具有同等的法律地位。 **规章**：可分为部门规章和地方规章。 ① 部门规章：是指国务院各部门根据法律、行政法规等在本部门权限范围内制定的规范性法律文件。 ② 地方规章：是指省、自治区、直辖市人民政府所在地的市和经国务院批准的较大的市以及经济特区所在地市人民政府根据法律、行政法规等制定的规范性法律文件。 规章效力不及其他法律形式。在我国的司法审判实践中，只具有参照价值。 **有权法律解释**：是依法享有法律解释权的特定国家机关对有关法律文件进行具有法律效力的解释。 ① 立法解释：由有立法权的国家权力机关依照法定职权所作的法律解释；全国人大常委会负责对法律作出解释；省、自治区、直辖市人大常委会负责对其制定的地方性法规进行解释。 ② 司法解释：由最高人民法院和最高人民检察院行使。 ③ 行政解释：国家行政机关对其制定的行政法规应用进行解释。 **国际条例**：以国家名义签订。 **行政协定**：由政府签订。 **其他行政法渊源**：中共中央、国务院联合发布的法律文件，行政机关与有关组织联合发布的文件等。

2018-086. 我国行政法的渊源有很多，除宪法和法律除外，还包括(　　)。

　　A. 有权司法解析　　　　　　　　B. 行为准则

　　C. 国际条约与协定　　　　　　　D. 国务院的规定

　　E. 社会规范

　　【答案】ACD

　　【解析】行政法的渊源有：宪法、法律、行政法规、地方性法规、自治法规、行政规章、有权法律解释、司法解释、国际条约与协定、其他行政法的渊源。国务院的规定就是行政法规。故选 ACD。

2018-025. 下列对应关系连线不正确的是(　　)。

　　A. 城市道路管理条例——行政法规

　　B. 城市绿线管理办法——行政规章

　　C. 建制镇规划建设管理办法——行政法规

　　D. 山西省平遥古城保护条例——地方性法规

　　【答案】C

　　【解析】由行政法的渊源可知，《建制镇规划建设管理办法》属于部门规章，因而 C 错误。

2017-007. 根据行政立法程序，住房和城乡建设部颁布的法律规范性文件，从效力等级区分，属于(　　)

　　A. 行政法规　　　　　　　　　　B. 单行条例

　　C. 部门规章　　　　　　　　　　D. 地方政府规章

　　【答案】C

　　【解析】部门规章是指国务院各部门根据法律、行政法规等在本部门权限范围内制定的规范性法律文件。

2013-011. 下列不属于有权法律解释的是(　　)。

　　A. 全国人大的立法解释　　　　　B. 最高法院的司法解释

　　C. 公安部的执法解释　　　　　　D. 国家行政机关的行政解释

　　【答案】C

　　【解析】表 1-2-2 行政法的渊源可知，有权法律解释包括：立法解释、司法解释、行政解释，因而 C 项错误。

2013-008. 下列属于行政法规的是(　　)。

　　A.《城市规划编制办法》　　　　　B.《省域城镇体系规划编制审批办法》

　　C.《土地管理法实施办法》　　　　D.《近期建设规划工作暂行办法》

　　【答案】C

　　【解析】行政法规是指国家最高行政机关制定和颁布的有关国家行政管理活动的各种规范性文件。一般用条例、办法、规则、规定等名称。根据我国现行城乡规划法规体系框架，选项 A、B、D 均属于部门规章与规范性文件，只有 C 属于行政法规。

2011-018. 2009 年北京市人民代表大会常务委员会通过的《北京市城乡规划条例》，属于（ ）

    A. 行政法规   B. 地方性法规

    C. 城市规划管理与法规   D. 部门规章

【答案】B

【解析】由表 1-2-2 行政法的渊源可知，由地方人大通过的属于地方性法规，因而选 B。

2011-014. 《省域城镇体系规划编制审批办法》属于（ ）。

    A. 行政法规   B. 地方性法规

    C. 部门规章   D. 地方政府规章

【答案】C

【解析】由表 1-2-2 可知，部门规章是指国务院各部门根据法律、行政法规等在本部门权限范围内制定的规范性法律文件，选项 C 正确。

2011-003. 下列关系中，不属于行政法律关系范畴的是（ ）。

    A. 行政管理关系   B. 行政救济关系

    C. 行政法制监督关系   D. 行政权力和义务的关系

【答案】D

【解析】由表 1-2-1 可知：行政法律关系具体包括：行政管理关系、行政法制监督关系、行政救济关系、内部行政关系，因而选项 D 符合题意。

2009-081. 根据《立法法》规定，可以制定地方政府规章的是（ ）。

    A. 省人民政府   B. 自治区人民政府

    C. 直辖市人民政府   D. 较大的市的人民政府

    E. 非农业人口 50 万以上的城市人民政府

【答案】ABCD

【解析】地方政府规章制定规定，省、自治区、直辖市和较大的市的人民政府，可以根据法律、行政法规和本省、自治区、直辖市的地方性法规，制定规章。

    相关真题：2018-083、2017-006

<p style="text-align:center">**行政法的分类**</p>	表 1-2-3
<p style="text-align:center">内 容</p>	
行政法调整的社会关系十分广泛，涉及社会生活的各个领域，因此，行政法律规范极为繁杂。有关学者从不同角度，依不同标准，对行政法进行了分类。	
① 以行政法的作用为标准：将行政法分为行政组织法、行政行为法、监督行为法。	
② 以行政法调整对象的范围为标准：将行政法分为一般行政法和特别行政法。一般行政法是对一般行政关系和监督关系加以调整的法律规范和原则的总称。如，行政组织法、公务员法、行政处罚法等。特别行政法也称部门行政法，是对特别行政关系和监督行政关系调整的法律规范和原则的总称。如，经济行政法、军事行政法、教育行政法、民政行政法等。	

内　　容
③ **以行政规范的性质为标准**：行政法可分为实体法和程序法。实体法，是规范行政法律关系主体的地位、资格、权能等实体内容行政法规范的总称。程序法，则是规定如何实现实体性行政法规范所规定的权利和义务的行政法规范的总称。在行政实践中，实体法和程序法总是交织在一起的。

2018-083. 下列法律属于程序法范畴的是(　　)。

A. 刑法
B. 刑事诉讼法
C. 民法通则
D. 行政诉讼法
E. 行政复议法

【答案】BD

【解析】程序法是保障实体法所规定的权利义务关系的实现而制定的诉讼程序的法律，又称诉讼法。我国程序法一般包括《刑事诉讼法》《民事诉讼法》《行政诉讼法》《海事诉讼特别程序法》《仲裁法》。故选 BD。

2017-006. 以行政法调整的对象的范围来分类，《城乡规划法》属于(　　)。

A. 一般行政法
B. 特别行政法
C. 行政行为法
D. 行政程序法

【答案】B

【解析】特别行政法也称部门行政法，是对特别行政关系和监督行政关系调整的法律规范和原则的总称。如，经济行政法、军事行政法、教育行政法、民政行政法等。

三、行政法律关系

相关真题：2017-002、2012-024、2011-008、2011-007、2009-006

行政法律关系的概念及要素　　　　　　　　　表 1-2-4

内容	说　　明
概念	行政法律关系是指经过行政法规范调整的，因实施国家行政权而发生的行政主体与行政相对方之间、行政主体之间的权利与义务的关系。 　行政关系是行政法调整的对象，而行政法律关系是行政法调整的结果；行政法律关系范围比行政关系小，但内容层次较高。
要素	**行政法律关系主体**：即行政法主体，又称行政法律关系当事人，是行政法权利的享有者和行政法义务的承担者；行政法主体包括所有参与行政法律关系的国家机关和法律授权的组织等行政主体、国家公务员、行政相对人以及其他组织和个人。 　① 行政主体：是指在行政法律关系中享有行政权，能以自己的名义实施行政决定，并能独立承担实施行政决定所产生相应法律后果的一方主体；行政主体是行政法主体的一部分，行政主体必定是行政法主体，但行政法主体未必就是行政主体。 　② 行政相对人：是指在行政法律关系中，不具有或不行使行政权，同行政主体相对应的另一方当事人；包括外部相对人和内部相对人，是行政主体管理的对象，是行政管理中被管理的一方当事人，在行政诉讼中处于原告地位。 　**行政法律关系主体的特性**： 　① 恒定性：行政法律关系总是代表公共利益的行政主体同享有个人利益的相对人之间的关系。 　② 法定性：行政法律关系的主体是由法律规范预先规定的，当事人没有选择的可能性。 　**行政法律关系客体**：指行政法律关系主体的权利和义务所指向的对象或标的。财物、行为和精神财富都可以成为一定法律关系的客体，比如违法建筑、违法行为和图纸。

2017-002. 构成行政法律关系要素的是( )。

　　A. 行政法律关系主体和客体　　　　B. 行政法律关系内容

　　C. 行政法律关系的形式　　　　　　D. 行政法律关系产生、变更和消失的原因

　　【答案】A

　　【解析】由表1-2-4可知，构成行政法律关系要素的是行政法律关系主体和客体，因而选A。

2012-024. 某报建单位申请行政许可，规划主管部门与行政相对人形成了一种行政法律关系，在这种关系中，申请报建项目属于( )。

　　A. 行政法律关系主体　　　　　　　B. 行政法律关系客体

　　C. 行政法律关系内容　　　　　　　D. 行政法律关系事实

　　【答案】B

　　【解析】根据行政法律关系的要素可知，行政法律关系客体，是指行政法律关系主体的权利和义务所指向的对象或标的，财物、行为和精神财富都可以成为一定法律关系的客体，由此可以判定申请报建项目属于行政法律客体。

2011-008. 下列对建设单位与城乡规划主管部门的行政法律关系表述中，不正确的是( )。

　　A. 建设单位开始报建时即与城乡规划主管部门形成行政法律关系

　　B. 建设单位与城乡规划主管部门的法律关系是由法律规范预先规定的

　　C. 城乡规划主管部门是行政主体

　　D. 建设单位是行政客体

　　【答案】D

　　【解析】建设单位是行政相对人，选项D符合题意。

2011-007. 下列属于行政法律关系客体的是( )。

　　A. 行政相对人　　　　　　　　　　B. 非行政机关的其他组织

　　C. 违法建设行为　　　　　　　　　D. 国家公务员

　　【答案】C

　　【解析】由2012-024的解析可知，C项为行政法律关系客体。

2009-006. 行政法律关系内容是指"行政法律关系主体所享有的权利和承担的义务"。下列不属于该"内容"的是( )。

　　A. 省、自治区人民政府组织编制城镇体系规划

　　B. 城乡规划编制机关应当及时公布经依法批准的城乡规划

　　C. 任何单位和个人都应当遵守经依法批准并公布的城乡规划

　　D. 乡规划、村庄规划应当从实际出发，尊重村民意愿，体现地方和农村特色

　　【答案】A

　　【解析】城乡规划组织编制机关应当及时公布经依法批准的城乡规划。《城乡规划法》第九条规定，任何单位和个人都应当遵守经依法批准并公布的城乡规划，服从规划管理。第十八条规定，乡规划、村庄规划应当从农村实际出发，尊重村民意愿，体现地方和农村

特色。第十三条规定，省、自治区人民政府组织编制省域城镇体系规划，报国务院审批。

相关真题：2014-081、2013-081、2009-016

行政法律关系的内容、特征及过程 表 1-2-5

内容	说　明
内容	指行政法律关系主体所享有的权利和承担的义务。
特征	其特征包括： ① 行政法律关系**内容设定单方面性**：行政主体享有国家赋予的、以国家强制力为保障的行政权，其具有先定力，行政主体单方面就能设定、变更或消灭权利和义务，从而决定一个行政法律关系的产生、变更和消灭。无须征得相对人的同意。对行政相对人不履行行政法义务时，行政主体可以运用行政权予以制裁或强制其履行，行政相对人却没有这种权利。 ② 行政法律关系内容的**法定性**：行政法律关系的权利和义务是由行政法律规范预先规定的，当事人没有自由约定的可能。 ③ 行政主体权利处分的**有限性**：行政主体的权利就是集合和分配公共利益的权利。它对于相对人而言是权利，对于国家和行政主体而言是职责或义务，是权利和义务、职权和职责的统一体。行政法的这一特点决定了行政纠纷的不可调解性。
产生、变更和消灭	行政法律关系的产生、变更和消灭以相应的法律规范的存在为前提条件，以一定的法律事实的出现为直接原因。 **法律事实**：法律事实是法律规范所规定的足以引起法律关系产生、变更和消灭的情况；法律事实通常可以分为法律事件和法律行为两类。 ① 法律事件（客观）：是指能导致一定法律后果而又不以人们的意志为转移的事件；如，洪水、地震等；这些事件都能在法律上导致一定的权利和义务关系的产生、变更和消灭。 ② 法律行为（主观）：是指能够发生法律效力的，根据人们的意志所为的行为；法律行为的产生必须是出于人们自觉地作为或不作为；必须是基于当事人的意思而具有外部表现的举动，单纯心理上的活动不产生法律上的后果；必须是为法律规范所确认，发生法律效力的行为。 **行政法律关系的产生**：是指行政法律规范中规定的权利和义务转变为现实的由行政法主体享有的权利和承担的义务。 **行政法律关系的变更**：在行政法律关系产生后、消灭前，行政法律关系要素的变更称之为行政法律关系的变更。 **行政法律关系的消灭**：是指原当事人之间的权利和义务的消灭；行政法律关系主体双方的权利和义务消灭，或设定的权利和义务的行为被撤销；行政法律关系客体的消灭；均会导致行政法律关系的消灭。

2014-081. 根据行政法律关系知识和城乡规划实施的实践，下列对应关系中不正确的是(　　)。

A. 建设项目报建申请并受理——行政法律关系产生

B. 城乡规划主管部门审定报建总图——行政法律关系产生

C. 在建项目在地震中消失——行政法律关系变更

D. 建设单位报送竣工资料后——行政法律关系消灭

E. 已报建项目依法转让——行政法律关系消灭

【答案】BCE

【解析】由行政法律关系可知，城乡规划主管部门审定报建总图后，这一行政法律关系消灭，选项 B 错误；选项 C 属于行政法律关系消灭；选项 E 属于行政法律关系变更；BCE 符合题意。

2013-081. 根据行政法律关系的知识，下列叙述中不正确的是(   )。

A. 在行政法律关系中，行政机关居于主导地位

B. 行政主体与行政相对人的双方权利义务是平等的

C. 在监督行政法律关系中，行政机关居于主导地位

D. 在监督行政法律关系中，行政相对人处于相对"弱者"的地位

E. 行政相对人有权通过监督主体而获得行政救济

【答案】BCD

【解析】在行政法律关系中，行政机关居于主导地位，公民、组织处于相对"弱者"的地位，双方权利、义务不对等。与此相反，在监督行政法律关系中，监督主体通常居于主导地位，行政机关和公务员只是被监督的对象，公民、组织有权通过监督主体撤销或者变更违法或不当的行政行为而获得救济。

2009-016. 行政主体权利处分的有限性决定了行政纠纷的(   )

A. 不可调解性　　　　　　　　B. 法定性

C. 单方面性　　　　　　　　　D. 恒定性

【答案】A

【解析】行政主体权利处分的有限性表现为行政主体的权利就是集合和分配公共利益的权利。它对于相对人而言是权利，对于国家和行政主体而言是职责或义务，是权利和义务、职权和职责的统一体。行政法的这一特点决定了行政纠纷的不可调解性，故选项 A 正确。

四、行政法的基本原则

相关真题：2014-084、2014-004、2010-004

行政法的基本原则　　　　　　　　　　　　　　　　　　　表 1-2-6

内容	说　　明
	行政法作为一个独立的部门法，是一个有机整体，体现着相同的原理或准则，这就是行政法的原则；行政法应当遵循的原则很多，大致上可以分为三类：
原则	① **政治原则和宪法原则**：它规定行政法的发展方向、道路和根本性质；
	② **一般的行政法原则**：即基本原则，位于政治原则和宪法原则之下，产生于行政法并指导所有行政法律规范；
	③ **行政法的特别原则**：这类原则位于基本原则之下，产生于行政法，并指导局部行政法规范。

内容	说　明
基本原则	**行政法的基本原则是行政法治原则**，它贯穿于行政法关系之中，指导行政法的立法与实施的根本原理或基本准则，具有其他原则不可替代的作用。 　　行政法治原则可以指导行政法的制定、修改、废止工作；有助于人们对行政法的学习、研究及解释，并可以指导行政法的实施，发挥执法者的主观能动性，防止发生执法误差或执法偏差；行政法治原则可以弥补行政法规范的漏洞，直接作为行政法适用。 　　行政法治原则对行政主体的要求可以概括为依法行政；具体**可分解为行政合法性原则、行政合理性原则**等。

2014-084. 行政法治原则包括(　　)。

A. 行政合法性原则

B. 行政合理性原则

C. 行政责权性原则

D. 行政效益性原则

E. 行政应急性原则

【答案】AB

【解析】由表1-2-6可知，行政法治原则包括：行政合法性原则、行政合理性原则。行政合法性原则是指行政主体行使行政权必须依据法律、符合法律，不得与法律相抵触。行政合理性原则，是指行政行为的内容要客观、适度、合乎理性（公平正义的法律理性）。故 AB 正确。

2014-004. 行政法制原则对行政主体的要求可以概括为(　　)。

A. 依法行政　　　　　　　　　B. 积极行政

C. 廉洁行政　　　　　　　　　D. 为民行政

【答案】A

【解析】行政法的基本原则是行政法治原则。行政法治原则对行政主体的要求可以概括为依法行政。

2010-004. 下列对"规范权力、保障权利"的解释，符合行政法原则的是(　　)

A. 规范公民权力的行使，保障依法行政的权利

B. 规范依法行政权力的行使，保障公民合法权利

C. 规范公民权力的行使，保障公共合法权利

D. 规范公共权力的行使，保障公民合法权利

【答案】B

【解析】由表1-2-6可知，行政法的基本原则是行政法治原则。行政法治原则可以概括为依法行政，所以，规范权力需要符合行政法治原则，也就是依法行使行政权力。

相关真题：2018-019、2017-004、2012-036

内容	说　　明
行政合法性原则	**行政合法性原则**：是行政必须服从法律的基本准则和法制、民主及人权原则在行政领域的运用和体现；也就是说，合法性原则是以法治、民主和人权原则为基础的。 **内涵**：行政合法性原则是指行政主体行使行政权必须依据法律、符合法律，不得与法律相抵触。任何一个法治国家，行政合法性原则都是其法律制度的重要原则。合法不仅指合乎实体法，也指合乎程序法。
	内容： ① **行政主体合法**要求行政主体必须是依法设立的，并具备相应资格； ② **行政权限合法**是指行政主体运用国家行政权力对社会生活进行调整的行为应当有法律依据，应当在法律授权的范围内进行； ③ **行政行为合法**是指行政行为依照法律规定的范围、手段、方式、程序进行； ④ **行政程序合法**是实体合法、公正的保障。
	行政合法性的其他原则 ① 法律优位原则：在已有法律规定的情况下，任何其他条文规范都不得与法律相抵触，凡抵触的都以法律为准； ② 法律保留原则：凡属宪法、法律规定只能由法律规定的事项，必须在法律明确授权的情况下，行政机关才有权在其所制定行政规范中作出规定； ③ 行政应急性原则：在某些特殊的紧急情况下，出于国家安全、社会秩序或公共利益的需要，行政机关可以采取没有法律依据的或与法律相抵触的措施。
	消极行政：对行政相对方的权利和义务产生直接影响，如命令、行政处罚、行政强制措施等。 积极行政：对行政相对方的权利和义务不产生直接影响，如行政规划、行政指导、行政咨询、行政建议、行政政策等。

2018-019. 根据行政法学知识，判断下列关于行政的说法中不正确的是（　　）。

　　A.“法无明文禁止，即可作为”属于积极行政

　　B.“法无明文禁止，即可作为”属于消极行政

　　C.“法无明文禁止，即可作为”属于服务行政

　　D.“没有法律规范，就没有行政”属于消极行政

　　【答案】B

　　【解析】“没有法律规范，就没有行政”，被称为消极行政。“法无明文禁止，即可作为”，被称为积极行政或“服务行政”。

2017-004. “凡属宪法、法律规定只能由法律规定的事项，必须在法律明确授权的情况下，行政机关才有权在其制定的行政规范中做出规定”，在行政法学中属于（　　）。

　　A. 法律优位　　　　　　　　　　B. 行政合理性

　　C. 行政应急性　　　　　　　　　D. 法律保留

　　【答案】D

　　【解析】题干属于行政合法性的其他原则下的法律保留原则。

2012-036. 《城乡规划法》规定的"临时建设和临时用地规划管理的具体办法，由省自治区，直辖市人民政府制定"，在行政合法性其他原则中称为(   )。

A. 法律优位原则
B. 法律保留原则
C. 行政应急性原则
D. 行政合理性原则

【答案】B

【解析】行政合法性原则中的法律保留原则：凡属宪法、法律规定只能由法律规定的事项，必须在法律明确授权的情况下，行政机关才有权在其所制定的行政规范中作出规定。

相关真题：2017-008、2013-005、2012-004

行政合理性原则   表 1-2-8

内容	说　　明
定义	**行政合理性原则**是指行政行为的内容要客观、适度、合乎理性（公平正义的法律理性）。合理行政，是指行政主体在合法的前提下，在行政活动中，公正、客观、适度地处理行政事务。
要点	① 目的和动机合理：行政行为必须出自正当合法的目的。 ② 内容和范围合理：行政权力的行使范围被严格限定在法律的积极明示和消极默许的范围内，不能滥用和擅自扩大范围。 ③ 行为和方式合理：行政权特别是行政自由裁量权的行使要符合人之常情。 ④ 手段和措施合理：行政机关在作出行政决定时，应该按照必要性、适当性和比例性的要求做出合理选择，择其合理而从之。
自由裁量权	**自由裁量权**是指在法律规定的条件下，行政机关根据其合理的判断决定作为或不作为以及如何作为的权力，合理性原则的产生是基于行政自由裁量权的存在。 形式有以下几种情况： ① 在法律没有规定限制的条件下，行政机关在不违反宪法和法律的前提下，采取必要的措施； ② 法律只规定了模糊的标准，而没有规定明确的范围和方式； ③ 行政机关根据实际情况，对法律的合理解释，采取具体措施； ④ 法律规定了具体明确的范围和方式，由行政机关根据具体情况选择采用。 根据社会、经济和文化发展的需要，承认和保护行政自由裁量权是十分必要的；但是也要注意行政自由裁量权的滥用，应当对其行使加以控制。
内容	① 平等对待：行政主体面对多个行政相对人时，必须一视同仁，不得歧视； ② 比例原则：行政权虽然有法律上的依据，但是必须选择使相对人最小的损害方式来行使； ③ 正常判断：用大多数人的判断为合理判断，即舍去高智商和低智商的判断，取两者中间值即为合理判断； ④ 没有偏私：行政决定上的内容没有偏私的存在，而且要求在形式上也不能让人们有理由怀疑可能存在偏私。

内容	说　明
合理性原则和合法性原则的关系	合理性原则与合法性原则既有联系又有区别： ① 合法性原则适用于行政法的所有领域，合理性原则只适用于自由裁量权领域；通常，一个行政行为触犯了合法性原则，就不再追究其合理性原则；而一个自由裁量行为，即使没有违反合法性原则，也可能引起合理性问题；随着国家立法进程的推进，原先属于合理性的问题，可能被提升为合法性问题； ② 行政合理性和合法性原则是统一的整体，不可偏废一方；合法性原则与合理性原则在行政中应该保持一致；合法性原则必须讲求"合理性"的度，与合法性原则相协调。

2017-008. 行政合理性原则是行政法制原则的重要组成部分，下列不属于行政合理性原则的是(　　)。

A. 平等对待 　　　　　　　　　　B. 比例原则

C. 特事特办 　　　　　　　　　　D. 没有偏私

【答案】C

【解析】行政合理性原则的内容包括平等对待、比例原则、正常判断、没有偏私。

2013-005. 下列关于行政合理性原则要点的叙述中，不正确的是(　　)。

A. 行政行为的内容和范围合理 　　B. 行政的主体和对象合理

C. 行政的手段和措施合理 　　　　D. 行政的目的和动机合理

【答案】B

【解析】行政合理性原则的要点主要有：行政的目的和动机合理、行政行为的内容和范围合理、行政的行为和方式合理、行政的手段和措施合理。

2012-004. 行政合理性原则的产生是基于(　　)。

A. 公共事务责任的存在 　　　　　B. 行政自由裁量权的存在

C. 管理科学性的存在 　　　　　　D. 行政理性的存在

【答案】B

【解析】由表 1-2-8 行政合理性原则可知，合理性原则的产生是基于行政自由裁量权的存在。自由裁量权，是指在法律规定的条件下，行政机关根据其合理的判断决定作为或不作为以及如何作为的权力。

相关真题：2013-012、2012-002、2010-010、2009-019、2009-004、2009-002

依法行政　　　　　　　　　　　　　　　　　　　　表 1-2-9

内容	说　明
含义	**依法行政**指国家各级行政机关及其工作人员依据宪法和法律赋予的职责权限，在法律规定的职权范围内，对国家的政治、经济、文化、教育等各项社会事务，依法进行有效管理的活动。 范围包括行政立法、行政执法、行政司法和行政监督，都要依照法律进行；**依法行政的核心是行政执法。**

内容	说　明
依法行政与依法治国的关系	**依法治国**就是广大人民群众在共产党的领导下，依照宪法和法律的规定，通过各种形式参与国家的政治、经济、文化事业管理和社会事务管理，保证国家各项工作都能依法进行；使国家各项工作逐步走向法制化、规范化；逐步实现社会主义民主的制度化、法律化；使这种制度和法律不因领导人的改变而改变，不因领导人的看法和注意力的改变而改变。 **依法治国和依法行政的关系是密不可分的。** 依法治国由依法立法、依法行政、依法司法和依法监督等内容组成；在这些内容中，依法行政是依法治国的核心和重点。 依法行政是实现依法治国的根本保证，也是依法治国的核心和关键。
基本要求	① **合法行政**：行政机关实施行政管理，应当依照法律、法规、规章的规定进行； ② **合理行政**：行政机关实施行政管理，应当遵循公平、公正的原则； ③ **程序正当**：行政机关实施行政管理，除涉及国家秘密和依法受到保护的商业秘密、个人隐私外，应当公开； ④ **高效便民**：行政机关实施行政管理，应当遵守法定时限，积极履行法定职责，提高办事效率，提供优质服务，方便公民、法人和其他组织； ⑤ **诚实守信**：行政机关发布的行政信息应当全面、准确、真实； ⑥ **权责统一**：行政机关依法履行经济、社会和文化事务管理职责，要有法律、法规赋予其相应的执法手段。

2013-012. 下列不属于依法行政基本原则的是(　　)。

A. 合法行政　　　　　　　　　　B. 合理行政

C. 程序正当　　　　　　　　　　D. 自由裁量

【答案】D

【解析】依法行政的基本要求包括：合法行政、合理行政、程序正当、高效便民、诚实守信、权责统一。

2012-002、2010-010. 依法行政的核心是(　　)。

A. 行政立法　　　　　　　　　　B. 行政执法

C. 行政司法　　　　　　　　　　D. 行政监督

【答案】B

【解析】由表1-2-9依法行政可知，依法行政的核心是行政执法。

2009-019. 下列不属于依法行政的基本要求的是(　　)。

A. 合法行政　　　　　　　　　　B. 合理行政

C. 程序正当　　　　　　　　　　D. 权责分离

【答案】D

【解析】由表1-2-9可知，依法行政的基本要求包括：合法行政、合理行政、程序正当、高效便民、诚实守信、权责统一。

2009-004. 我国各级行政机关不具备的职能是(　　)。

A. 行政立法权 　　　　　　　　　　B. 司法解释权

C. 行政司法权 　　　　　　　　　　D. 行政管理权

【答案】B

【解析】依法行政即有效的依法行政管理活动，具有行政管理权的范围包括：行政立法、行政执法、行政司法和行政监督，都要依照法律进行。故B项正确。

2009-002. 我国依法治国的核心和重点是(　　)。

A. 依法立法 　　　　　　　　　　　B. 依法行政

C. 依法司法 　　　　　　　　　　　D. 依法监督

【答案】B

【解析】依法行政是依法治国的核心和重点。因为一个国家的行政管理活动主要是依靠各级人民政府进行的。如果各级行政机关都能依法行使职权，依法进行管理，依法治国就有了基本保证。

五、行政行为

相关真题：2018-004

行政行为的概念、特征与内容 　　　　　　　　　　　　　　表 1-2-10

内容	说　明
概念	行政行为是指行政主体基于行政职权，为实现行政管理目标，行使公共权力，对外部做出的具有法律意义的行为。
特征	① **从属法律性**：行政行为是执行法律的行为，必须有法律的依据。 ② **裁量性**：行政行为的裁量性是由其权力因素的特点决定的；行政机关通过制定行政法规、规章，发布行政规范性文件，就未来事项做出预见性的规定；其批准、许可、禁止、免除，通常都涉及行政相对方未来的权利和义务；因此行政行为必须具有较强的自由裁量因素。 ③ **单方意志性**：行政行为是行政主体的单方意志性的行为；可以自行作出执行法律的命令或决定，无需与行政相对人协商或征得对方同意。 ④ **效力先定性**：效力先定性是指行政行为一旦做出，在没有被有权机关宣布撤销或变更之前，无论是合法的还是违法的，对行政主体、行政相对人和其他国家机关都具有约束力，任何个人或团体都必须服从。 ⑤ **强制性**：根据行政法的原则，行政主体在行使职能时如遇障碍，在没有其他途径可以克服的情况下，可以运用其行政权力和手段，或借助其他国家机关的强制手段消除障碍，确保行政行为的实现。 ⑥ **无偿性**：行政主体在行使公共权力的过程中，追求的是国家和社会的公共利益，其对公共利益的集合（如收税）、维护和分配都应该是无偿的。任何乱收费、乱摊派都是不允许的。

18

内容	说　明
内容	**权益的赋予与剥夺** 赋予权力：赋予行政相对人某种新的法律上的权益，包括权能、权力和利益。 剥夺权力：剥夺相对人已有的某种权益，包括法律上的权能、权力和利益。 **义务的设定与免除** 设定义务：主体通过行政行为使相对人承担某种作为或者不作为的义务。 免除义务：行政相对人原来承担的义务的解除，不再要求其履行义务。 **变更法律地位** 变更法律地位是指行政主体通过行政行为对行政相对人原来存在的法律地位予以改变，表现为原来所承担的义务或享有的权利范围扩大或缩小。 **法律事实与法律地位的确认** 确认法律事实：行政主体通过行政行为依法对某种行政法律关系有重大影响的事实是否存在予以确认。 确认法律地位：行政主体通过行政行为依法对某种行政法律关系是否存在和存在的范围予以确认。

2018-004. 下列关于行政行为的特征表述不正确的是(　　　)。

A. 行政行为是执行法律的行为，必须有法律的依据

B. 行政主体在行使公共权力的过程中，追求的是国家和社会的公共利益，其对公共利益的集合（如收税）、维护和分配都应该是无偿的

C. 行政行为一旦做出，对行政主体、行政相对人和其他国家机关都具有约束力，任何个人或团体都必须服从

D. 行政行为由行政主体做出时必须与行政相对人协商或征得对方同意

【答案】D

【解析】行政行为是行政主体的单方意志性的行为。可以自行作出执行法律的命令或决定，无需与行政相对人协商或征得对方同意。故应选D项。

相关真题：2017-086、2014-082、2013-083、2013-082、2011-085、2010-078

行政行为的效力、生效　　　　　　　　　　表 1-2-11

内容	说　明
效力	**行政行为的效力**：是指行政行为一旦成立，便对行政主体和行政相对人所产生的法律上的效果和作用，表现为一种特定的法律约束力与强制力。 ①确定力：有效成立的行政行为具有不可变更力，不得随意变更、撤销； ②拘束力：行政行为成立后，其内容对主体和相对人产生的法律上的约束力； ③执行力：行政行为生效后，行政主体依法有权采取一定的手段，使行政行为的内容得以实现的效力； ④公定力：行政行为在没有被有权机关宣布违法或无效之前，即使不符合法定条件，仍然视为有效，并对任何人都具有法律约束力，即不论合法还是违法，都推定合法有效。

内容	说　明
行政行为的生效与合法的要件	**行政行为的生效规则**：行政行为生效的前提条件是行政行为的成立。一个行政行为只有具备法定要件，才能有效成立，才是合法的。一般行政行为的生效规则是： ① 即时生效：指行政行为一经做出即具有效力，对相对方立即生效； ② 受领生效：指行政行为须为相对方受领才开始生效； ③ 告知生效：指将行政行为的内容采取公告或宣告等有效形式，使对方知悉； ④ 附条件生效：指行政行为的生效附有一定的期限或一定的条件，在所附期限到来或条件消除时，行政行为才开始生效。 **行政行为合法的要件**： ① 主体合法：包括行政机关合法、人员合法、委托合法三方面的内容； ② 权限合法：主体必须在法定的职权范围内，以一定的权限规则实施行政行为； ③ 内容合法：行政行为中体现的权利和义务，以及对权利、义务的影响与处理都应符合法律、法规的规定和社会公共利益； ④ 程序合法：行政主体在实施行政行为时必须依照法定程序进行，不得违反法定程序，任意作出某种行为。

2017-086. "建设单位在取得建设工程规划许可证后，必须按照许可证的要求进行建设"的规定，应当属于行政行为效力的(　　　)。

A. 确定力　　　　　　　　　　　B. 拘束力

C. 执行力　　　　　　　　　　　D. 公定力

E. 强制力

【答案】AB

【解析】"建设单位在取得建设工程规划许可证后，必须按照许可证的要求进行建设"的规定，应当属于行政行为效力的确定力和拘束力。

2014-082、2011-085. 一般行政行为的生效规则包括(　　　)。

A. 即时生效　　　　　　　　　　B. 自动生效

C. 受领生效　　　　　　　　　　D. 告知生效

E. 附条件生效

【答案】ACDE

【解析】一般行政行为的生效规则是：①即时生效：行政行为一经做出即具有效力，对相对方立即生效；②受领生效：行政行为须为被相对方受领才开始生效；③告知生效：行政机关将行政行为的内容采取公告或宣告等有效形式，使对方知悉；④附条件生效：行政行为的生效附有一定的期限或一定的条件，在所附期限到来或条件消除时，行政行为才开始生效。

2013-083. 行政行为合法的要件包括(　　　)。

A. 主体合法　　　　　　　　　　B. 权限合法

C. 内容合法　　　　　　　　　　D. 身份合法

E. 程序合法

【答案】ABCE

【解析】一个行政行为只有具备法定要件，才能有效成立，才是合法的。行政行为合法的要件是：主体合法、权限合法、内容合法、程序合法。

2013-082. 根据行政法学，下列属于行政行为效力的是(　　)。

A. 公信力

B. 确定力

C. 拘束力

D. 执行力

E. 公定力

【答案】BCDE

【解析】行政行为的效力，是指行政行为一旦成立，便对行政主体和行政相对人所产生的法律上的效果和作用，表现为一种特定的法律约束力与强制力，包括确定力、拘束力、执行力、公定力。

2010-078. 对城乡规划违法建设的行政处罚生效规则是(　　)。

A. 即时生效

B. 受领生效

C. 告知生效

D. 附件生效

【答案】B

【解析】行政处罚文书应按《行政处罚法》第四十条送达当事人。受领生效是行政行为生效规则之一，又称送达生效。受领是指将行政处理告知相对人，并为相对人接受、知晓和领会。

相关真题：2018-002、2017-085、2017-076、2017-026、2017-012、2017-011、2014-100、2014-023、2013-079、2013-072、2013-032、2012-099、2012-075、2012-005、2011-081、2011-006、2010-028、2009-007

行政行为的分类

表 1-2-12

内容	说　明
行政行为的分类	**抽象行政行为与具体行政行为** ① 抽象行政行为：是指特定的行政机关在行使职权的过程中，制定和发布普遍行为准则的行为。抽象行政行为能对未来发生拘束力，可以反复使用，可以起到拘束具体行政行为的作用的行为。包括制定法规、规章，发布命令、决定等。编制城市规划也属于抽象行政行为。 抽象行政行为的核心特征是：行政行为的不确定性或普遍性。抽象行政行为是对某一类人或事具有拘束力，且具有后及力；其不仅适用当时的行为或事件，而且适用于以后要发生的同类行为和事件。抽象行政行为具有普遍性、规范性和强制性的法律特征，并经过起草、征求意见、审议、修改、通过、签署、发布等一系列程序。 ② 具体行政行为：是指行政机关在行使职权的过程中，对特定的人或事件做出影响相对方权益的具体决定与措施的行为。具体行政行为是将行政法律关系双方的权利和义务内容的具体化，是在现实基础上的一次性行为。在已有行政法律规范的情况下实施具体行政行为必须遵守法定规则。

内容	说　　明
行政行为的分类	具体行政行为的特征是行为对象的特定性与具体化。其内容只涉及某一个人或组织的权益。具体行政行为一般包括行政许可与确认行为、行政奖励与给付行为、行政征收行为、行政处罚行为、行政强制行为、行政监督行为、行政裁决行为等。
	内部行政行为与外部行政行为 ① 内部行政行为：指行政主体在内部行政组织管理过程中所做的只对行政组织内部产生的法律效力的行为，如行政处分、行政命令等。 ② 外部行政行为：指行政主体对社会实施行政管理活动的过程中，针对公民、法人或其他组织所做出的行政行为，如行政处罚、行政许可等。
	羁束行政行为与自由裁量行政行为 ① 羁束行政行为：指法律规范对其范围、条件、标准、形式、程序等作了较详细、具体、明确规定的行政行为，如税务机关征税。 ② 自由裁量行政行为：指法律规范仅对行为目的、范围等作了原则性规定，而将行为的具体条件、标准、幅度、方式等留给行政机关自行选择、决定的行政行为。
	依职权的行政行为与依申请的行政行为 ① 依职权的行政行为：指行政机关依据法律授予的职权，无需相对方的请求而主动实施的行政行为，如行政处罚等。 ② 依申请的行政行为：指行政机关必须有相对方的申请才能实施的行政行为，如颁发营业执照、核发建设用地规划许可证、建设工程规划许可证等。
	单方行政行为与双方（多方）行政行为 ① 单方行政行为指行政机关单方意思的表示，无需征得相对人同意即可成立的行政行为，如行政处罚，行政监督等。 ② 双方（多方）行政行为指行政机关为实现公务目的，与相对方协商达成一致而成立的行政行为，如行政合同、行政机关与群众组织签订的各项协议。
	要式行政行为与非要式行政行为 ① 要式行政行为：指必须具备某种法定的形式，或遵守法定程序才能生效的行政行为，如行政处罚必须以书面形式加盖公章才能生效。 ② 非要式行政行为：指不需一定方式和程序，无论采取何种方式都可以成立的行政行为，如公安机关对酒驾采取强制措施。
	作为行政行为与不作为行政行为 ① 作为行政行为：指以积极作为的方式表现出来的行政行为，如行政奖励、行政强制。 ② 不作为行政行为：指以消极不作为的方式表现出来的行政行为，如《集会游行示威法》中规定，对于游行、集会的申请，主管机关对于申请"逾期不通知的，视为许可"就属于不作为的行政行为。

内容	说　明
行政行为的分类	**行政立法行为、行政执法行为与行政司法行为** ① 行政立法行为：指行政主体以法定职权和程序制定带有普遍约束力的规范性文件的行为。 ② 行政执法行为：指行政主体依法实施的直接影响对方权利和义务的行为，或者对个人、组织的权利和义务的行使和履行情况进行监督检查的行为，包括行政许可、行政确认、行政奖励等。 ③ 行政司法行为：指行政机关作为第三者，按照准司法程序审理特定的行政争议或民事争议案件所作出的裁决行为，包括行政裁决、行政复议等。 **授益行政行为与侵益行政行为** 赋予权益是指赋予行政相对人某种新的法律上的权益，包括法律上的权能、权力和利益。 剥夺权益是指行政主体依法剥夺行政相对人已有的某种权益，包括法律上的权能、权力和利益。一般而言，权益的剥夺只能针对行政相对人的行政违法行为而进行，是行政制裁。 赋予权益的行政行为又称"授益行政行为"。 剥夺行政权益的行政行为又称"侵益行政行为"。

2018-002. 下列关于行政行为的连接中，不正确的是(　　)。

A. 编制城市规划——具体行政行为　　　B. 进行行政处分——内部行政行为

C. 进行行政处罚——依职权的行政行为　D. 行政监督——单方行政行为

【答案】A

【解析】编制城市规划属于抽象行政行为，选项 A 错误。

2017-085. 规划部门组织编制控制性详细规划的行为，按照行政行为分类属于(　　)。

A. 抽象行政行为　　　　　　　　　B. 具体行政行为

C. 内部行政行为　　　　　　　　　D. 外部行政行为

E. 依职权的行政行为

【答案】ADE

【解析】规划部门组织编制控制性详细规划的行为，按照行政行为分类属于抽象行政行为、外部行政行为、依职权的行政行为。

2017-076. 编制城市规划，属于(　　)行政行为。

A. 具体　　　　　　　　　　　　　B. 抽象

C. 依申请　　　　　　　　　　　　D. 羁束

【答案】B

【解析】编制城市规划属于抽象行政行为。

2017-026. 城乡规划主管部门依法颁发合法的建设用地规划许可证，核发建设工程规划许可证、乡村建设规划许可证属于(　　)的行政行为。

    A. 依职权   B. 依申请

    C. 不作为   D. 作为

【答案】B

【解析】依申请的行政行为，是指行政机关必须有相对方的申请才能实施的行政行为。如颁发营业执照、核发建设用地规划许可证、建设工程规划许可证等。

2017-012. 下列行政行为，不属于具体行政行为的是(　　)。

    A. 制定城乡规划   B. 核发规划许可证

    C. 对违法建设作出处罚决定   D. 对违法行政人员进行处分

【答案】A

【解析】选项 A 制定城乡规划属于抽象行政行为。

2017-011. 划分抽象行政行为和具体行政行为的标准是(　　)。

    A. 行政行为的主体不同   B. 行政行为的客体不同

    C. 行政行为的方式和作用不同   D. 行政行为的结果不同

【答案】C

【解析】划分抽象行政行为和具体行政行为的标准是行政行为的方式和作用不同，故 C 项正确。

2014-100. 城市规划主管部门行使行政处罚权属于(　　)

    A. 具体行政行为   B. 依职权行政行为

    C. 依申请行政行为   D. 单方行政行为

    E. 外部行政行为

【答案】ABDE

【解析】参见表 1-2-12，本题应选 ABDE。

2014-023. 城乡规划主管部门依法核发建设用地规划许可证、建设工程规划许可证、乡村建设规划许可证属于(　　)行政行为。

    A. 要式   B. 依职权的

    C. 依申请的   D. 抽象

【答案】C

【解析】参照 2017-026。

2013-079. 《城乡规划法》中规划的强制拆除措施，不属于(　　)行政行为。

    A. 单方   B. 不作为

    C. 依职权   D. 具体

【答案】B

【解析】由表 1-2-12 行政行为的分类可知，选项 B 不属于其行政行为，此题选 B。

2013-072. 某城乡规划主管部门在建设单位尚未提出申请，就上门为其发放了建设工程规划许可证。该行为的错误在于核发规划许可证应该是(　　)

    A. 依职权的行政行为　　　　　　　　B. 依申请的行政行为

    C. 不作为的行政行为　　　　　　　　D. 非要式的行政行为

    【答案】B

    【解析】 依申请的行政行为是指行政机关必须有相对方的申请才能实施的行政行为。如颁发营业执照、核发建设用地规划许可证、建设工程规划许可证等。故 B 项正确。

2013-032. 城乡规划主管部门核发建设用地规划许可证，属于(　　)行政行为。

    A. 作为　　　　　　　　　　　　　　B. 不作为

    C. 依职权　　　　　　　　　　　　　D. 依申请

    【答案】D

    【解析】 由表 1-2-12 可知，依申请的行政行为是指行政机关必须有相对方的申请才能实施的行政行为。如颁发营业执照、核发建设用地规划许可证、建设工程规划许可证等。故 D 项正确。

2012-099. 对违法建设行为发出加盖公章的行政处罚通知书，属于(　　)行政行为。

    A. 抽象　　　　　　　　　　　　　　B. 具体

    C. 依职权　　　　　　　　　　　　　D. 要式

    E. 外部

    【答案】BCDE

    【解析】 要式行政行为：是指必须具备某种法定的形式，或遵守法定程序才能生效的行政行为，如行政处罚必须以书面形式加盖公章才能生效。参考表 1-2-12，本题应选 BCDE。

2012-075. 根据行政行为的分类，城乡规划行政许可属于(　　)。

    A. 依职权的行政行为　　　　　　　　B. 依申请的行政行为

    C. 双方行政行为　　　　　　　　　　D. 作为行政行为

    【答案】B

    【解析】 参照 2017-026。

2012-005. "对某一类人或事具有约束力，且具有后及力，其不仅适用当时的行为或事件，而且适用于以后要发生的同类行为和事件"的解释是指(　　)。

    A. 具体行政行为　　　　　　　　　　B. 抽象行政行为

    C. 羁束行政行为　　　　　　　　　　D. 自由裁量行政行为

    【答案】B

    【解析】 该题叙述的是抽象行为不确定性，详见表 1-2-12，应选 B。

2011-081. 下列属于行政执法行为的有(　　)。

    A. 行政许可　　　　　　　　　　　　B. 行政确认

    C. 行政奖励　　　　　　　　　　　　D. 行政裁决

    E. 行政复议

【答案】ABC

【解析】行政执法行为指行政机关对行政相对人采取的直接影响相对人权利和义务的行为，包括行政许可、行政确认、行政奖励等。

2011-006. 下列城乡规划主管部门作出的行政行为中，属于抽象行政行为的是( )。

A. 颁布《城市、镇控制性详细规划编制审批办法》

B. 核发建设工程规划许可证

C. 对违法建设工程发出行政处罚通知单

D. 要求有关单位提供与监督事项相关的文件

【答案】A

【解析】抽象行政行为：指特定的行政机关在行使职权的过程中，制定和发布普遍行为准则的行为。可以反复使用，对未来发生拘束力，编制城市规划属于抽象行政行为。具体行政行为：指特定的行政机关在行使职权的过程中，对特定的人或事件做出影响向对方权益的具体决策与措施的行为。

故本题选 A。B、C、D 项均为针对具体事项的行政行为。

2010-028. 城乡规划主管部门依法核发建设用地规划许可证和建设工程规划许可证属于( )行政行为。

A. 依职权　　　　　　　　　　　B. 依申请

C. 非要式　　　　　　　　　　　D. 不作为

【答案】B

【解析】《行政许可法》第二条：本法所称行政许可，是指行政机关根据公民、法人或者其他组织的申请，经过依法审查，准予其从事特定活动的行为。行政许可的特征：行政许可是依申请的行政行为，"无申请不许可"。

2009-007. 下列关于行政行为内容的对应关系中，不正确的是( )。

A. 城乡规划行政许可——授益行政行为

B. 城乡规划的编制——授益行政行为

C. 对违法建设进行行政处罚——侵益行政行为

D. 对违法直接责任人进行行政处分——侵益行政行为

【答案】C

【解析】赋予权益的行政行为又称"授益行政行为"；剥夺行政权益的行政行为又称"侵益行政行为"。对违法建设进行的行政处罚，其本身并未改变当事人已有的权利义务关系。

六、行政程序

相关真题：2010-066

行政程序　　　　　　　　　　　　　　　　　　　　　　　　表 1-2-13

内容	说　　明
内涵	一般认为行政程序是指为完成某项任务或者达到某个目标，预先设定好的方式、方法或步骤。行政程序有广义和狭义之分。

内容	说　明
内涵	**广义**：是指有关行政的程序，既包括行政行为的程序，也包括解决行政案件的程序等。 **狭义**：是指国家机关及其工作人员以及其他行政主体施行行政管理的程序，即行政主体实施其实体行政法权力（利），履行其实体行政法义务，依法必须遵循的方式、步骤、顺序以及时限的综合。其中，步骤是指行政过程的必经阶段；方式是指行政活动过程的方法和形式；时限是指行政行为完成限定的期限；顺序是指行政活动完成的先后次序。
基本内容	简单说来就是"**事先说明理由、事中征询意见、事后告知权力**"。 ① 行政程序的基本原则必须由法律规定，不得由行政部门自行设定、变更或撤销； ② 行政程序必须向利害关系人公开，并设置适当的程序规则予以保障； ③ 公民的权利和义务因某种行政行为而受到影响时，在该行政行为做出以前，应当有适当的程序规则保障其获得陈述意见和提供证据的公正机会，还必须设定必要的程序规则，保证利害关系人的意见和证据能够得到行政本部门的充分尊重； ④ 保障行政裁判人员的独立性，建立回避制度，引入分权制衡机制等； ⑤ 凡是可能损害行政相对人合法权益的行政行为都必须设有效的行政救济程序，并预先告知行政相对人寻求救济的渠道和方式； ⑥ 行政程序的设置应以最小成本尽可能获得最大收益，以达到设定的目标，充分体现合理原则。
类型	① 以行政程序使用的范围：分为内部行政程序和外部行政程序。 ② 以行政程序是否由法律加以明确规定为标准：分为法定程序和自由裁量程序。 ③ 以行政程序使用的时间不同为标准：分为事前行政程序和事后行政程序。 ④ 以适用于不同行政职能为标准：分为行政立法程序、行政执法程序和行政诉讼程序。 ⑤ 以行政程序的环节为标准：分为普通行政程序和简易行政程序。
价值	行政程序保障行政相对人的权利，扼制行政主体自由裁量的随意性；保障行政权的有效行使，有助于提高行政效率，在行政公正和效率之间起到平衡的作用。
行政程序法的基本原则	① **公开的原则**：指行政主体应当向行政相对人和社会公开其行政行为，包括行政处理、处罚、强制执行、裁决和复议决定等。 ② **公正的原则**：指公平的对待行政相对人或相对人各方的原则。 ③ **正当的原则**：指行政行为应当正规地、符合理性地进行，要求是正规性和逻辑性。 ④ **参与原则**：指公民或行政性对人对行政行为有权表达自己的意见，并且使这种意见得到应有的重视。 ⑤ **复审原则**：指行政行为在一定条件下应当进行复核。 ⑥ **效率原则**：指行政行为应当用最短的时间、最少的人力物力和财力取得最理想的行政结果。

2010-066. 我国汶川、玉树地震后，有关部门定期发布关于地震救灾的权威数据。这符合行政程序法中的(   )原则。

A. 公开   B. 公正

C. 正当   D. 复审

【答案】A

【解析】行政程序法的基本原则中的公开的原则：行政主体应当向行政相对人和社会公开其行政行为。主要包括：公开行政所依据的行政法规和规范性文件；公开行政决定，包括行政处理、处罚、强制执行、裁决和复议决定等；公开行政过程，包括行政机关的设置及不涉及国家或私人保密的一切情况。

相关真题：2017-096、2017-074、2013-098、2012-077、2011-004、2009-008

行政程序法的基本制度   表 1-2-14

内容	说　明
告知制度	**内涵**：告知制度指行政主体在实施行政行为的过程中，应当及时告知行政相对人拥有的各项权利，包括申辩权、出示证据权、要求听证权、必要的律师辩护权等。
	具体要求：行政主体作出影响行政相对人权益的行为，应事先告知该行为的内容，包括行为的时间、地点、主要过程、作出该行为的事实依据和法律根据，相对人对该行为依法享有的权利等；告知制度一般只适用于具体行政行为，对于行政行为的内容及根据的重要事项，必须事先告知。
	主要作用：告知制度尽可能防止行政主体违法或不当行为的发生，给行政相对人造成既成的不可弥补的损害；有利于减少行政行为的障碍或阻力，保障行政行为的顺利实施；事先告知也充分体现了行政主体对行政相对人的利益和人格的尊重。
	程序：告知制度的程序由表明身份和通知两部分构成。 ① 行政主体及其公务人员在实施行政行为时，应以适当的方式让行政相对人了解自己的公务身份，表明身份作为一种法律义务具有强制性。 ②"通知"是指行政主体将特定的行政事项通知有关行政相对人，以方便其行使有关权利的程序，通知是行政主体的一项义务。
听证制度	**概念**：听证制度分为广义听证和狭义听证两种方式。 ① 广义：是指在一定的行政主体及其公务人员的主持下，在有关当事人的参加下，对行政管理中的某一个问题进行论证的程序。它广泛地存在于行政立法、行政司法和行政执法的过程中。 ② 狭义：是指在行政执法过程中听取利害关系人意见的程序，即行政主体在作出有关行政决定之前，听取行政相对人的陈述、申辩和质询的程序。
	听证制度是现代程序法的核心制度；听证制度是行政相对人参与行政程序的重要形式；通过向行政机关陈述意见，并将陈述意见体现在行政决定中。行政相对人主动参与了行政程序，参与了影响自己权利、义务的行政决定的作出，体现了行政的公正和民主。因此听证制度已经成为现代行政程序法的基本制度之一。
	分类：行政听证可以分为立法听证、行政决策听证、具体行政行为听证等多种方式。

内容	说　明
听证制度	**基本内容：** ① 听证程序的主持人的确定：应当遵循职能分离的原则；听证程序应当由行政主体中具有相对独立地位的专门人员或部门来主持；主持人应当是行政主体中非直接参与案件调查取证的人员或单位，且他们也有独立的办案权。 ② 听证主持人职责和义务是：听证决定的通知，有关材料的送达、做好听证笔录；根据听证的证据、依据事实、法律法规，对案件独立地、客观地、公正地做出判断。 ③ 听证程序的当事人和其他参加人：听政程序的当事人是指参加听政的原告和被告。原告是指行政主体中直接参与案件调查取证的人员或部门；被告是指行政主体认为实施违法行为并将要受到行政处罚的公民、法人和其他组织；与处理结果有直接利害关系的第三人也有权要求参加听证。 ④ 公开举行：听证会一般应该公开举行，任何人员都可以参加，也可以进行宣传报道。但是，公开举行听证有可能损害公共安全和被告的合法权益，或者法律、法规规定的其他情况，行政主体也可以作出不公开举行听证的决定。 ⑤ 听证会的费用由国库承担，当事人不承担听证费用。
回避制度	回避制度是指国家行政机关的公务员在行使职权的过程中，如与其处理的行政法律事务有利害关系，为保证处理的结果和程序进展的公平性，依法终止其职务的形式并由其他人代理的一种程序法制度；其真正价值在于确保行政程序的公正性，保证行政程序公正的原则得到具体落实。
信息公开制度	信息公开制度是指凡涉及行政相对方权利和义务的行政信息资料，除法律规定予以保密的以外，有关行政机关都应该依法向社会公开，任何公民或组织都可以依法查阅复制。
职能分离制度	职能分离制度是指行政主体审查案件的职能和对案件裁决的职能，分别由内部不同的机构或人员来行使，确保行政相对人的合法权益不受侵犯的制度。
时效制度	时效制度是对行政主体行政行为给予时间上的限制，以保证行政效率和有效保障行政相对人合法权益的程序制度。 **内容：**包括行政行为的期限、违反行政时效的法律后果、对违反时效制度的司法审查。
救济制度	行政救济有广义和狭义之分。 ① 广义：包括行政机关系统内部的救济，也包括司法机关对行政相对方的救济，以及其他救济方式，如国家赔偿等。其实质是对行政行为的救济。 ② 狭义：是指行政相对方不服行政主体作出的行政行为，依法向作出该行政行为的行政主体或其上级机关，或法律、法规规定的机关提出行政复议申请；受理机关对原行政行为依法进行复查并作出裁决；或上级行政机关依职权主动进行救济；或应行政相对方的赔偿申请，赔偿机关予以理赔的法律制度。 **内容：**包括行政复议程序、行政赔偿程序和行政监督检查程序。

2017-096. 下列属于行政法学中救济制度范围的是(　　)。

    A. 行政复议　　　　　　　　　　　B. 行政管理

    C. 行政赔偿　　　　　　　　　　　D. 行政检查

    E. 行政处分

【答案】ACD

【解析】救济制度的内容包括行政复议程序、行政赔偿程序和行政监督检查程序。

2017-074. 下列连线中，行政行为的听证程序与听证分类不相符的是(　　)。

    A. 直辖市《城乡规划条例》送审之前——立法听证

    B. 相对人对行政处罚的申请听证——抽象行政行为听证

    C. 对规划实施情况的评估——决策听证

    D. 确需修改已经审定的总平面图——具体行政行为听证

【答案】B

【解析】抽象行政行为是指特定的行政机关在行使职权的过程中，制定和发布普遍行为准则的行为，可以反复使用，包括制定法规、规章、发布命令、决定等，相对人对行政处罚的申请听证属于具体行政行为听证，故选B。

2013-098. 根据《城乡规划法》，确需修改依法审定的控制性详细规划时，应该采取听证会等形式听取利害关系人的意见，这在行政法学中属于(　　)。

    A. 立法听证　　　　　　　　　　　B. 行政决策听证

    C. 广义的听证　　　　　　　　　　D. 狭义的听证

    E. 具体行政行为听证

【答案】BDE

【解析】行政听证可以分为：立法听证、行政决策听证、具体行政行为听证等多种方式。修改依法审定的控制性详细规划属于有关行政决策的具体的行政行为；故其采取听证会等形式听取利害关系人的意见属于狭义的听证，也属于行政决策听证和具体行政行为听证。

2012-077. 下列哪项不属于行政救济的内容？(　　)

    A. 建设单位认为规划行政主管部门行政许可违法，申请行政复议

    B. 因为修改详细规划给相对人造成损失进行行政赔偿

    C. 规划主管部门对建设行为进行监督检查

    D. 因修改技术设计总图利害关系人要求举行听证

【答案】D

【解析】行政救济的内容包括：行政复议程序、行政赔偿程序和行政监督检查程序。选项D不属于行政救济的内容。

2011-004. 现代程序法的核心制度是(　　)。

    A. 听证制度　　　　　　　　　　　B. 告知制度

    C. 回避制度　　　　　　　　　　　D. 职能分离制度

【答案】A

【解析】听证制度是现代程序法的核心制度；听证制度是行政相对人参与行政程序的重要形式；通过向行政机关陈述意见，并将陈述意见体现在行政决定中；行政相对人主动参与了行政程序，参与了影响自己权利、义务的行政决定的作出，体现了行政的公正和民主；因此听证制度已经成为现代行政程序法的基本制度之一。

2009-008. 下列关于"行政程序法的基本制度"的说法中，不正确的是(   )。

A. 没有公开的信息，不能作为行政主体行政行为的依据

B. 告知制度一般只适用于具体行政行为

C. 公务员任职回避范围限于直系血亲、三代以内旁系血亲和近姻亲关系

D. 职能分离制度调整的是行政主体和行政相对人的关系

【答案】D

【解析】① 行政主体应当提供条件和机会让公众知晓行政信息；没有公开的信息不能作为行政主体行政行为的依据，选项A正确。

② 告知制度的具体要求：行政主体作出影响行政对人权益的行为，应事先告知该行为的内容，包括行为的时间、地点、主要过程、作出该行为的事实依据和法律根据、相对人对该行为依法享有的权利等。告知制度一般只适用于具体行政行为，对于行政行为的内容及根据的重要事项，必须事先告知。选项B正确。

③ 人事部发布的《国家公务员任职回避和公务回避暂行办法》中规定，回避范围不仅有直系血亲关系，还对三代以内旁系血亲关系、近姻亲关系等都作了明确的规定。而且对任职回避程序、公务回避程序也作了具体规定，选项C正确。

④ 职能分离制度调整的不是行政主体与行政相对人的关系，而是行政机关内部的机构和人员的关系，因而选项D错误。

七、行政法律责任

相关真题：2018-087、2014-074、2013-100、2013-070、2013-021、2011-010、2009-097

行政法律责任   表 1-2-15

内容	说　　明
行政法律责任	**行政违法**：指行政法律关系主体违反行政法律规范，侵害受法律保护的行政关系，对社会造成一定程度的危害，尚未构成犯罪的行为。 行政违法可以表现为：行政机关违法和行政相对方违法；实体性违法和程序性违法；作为违法和不作为违法等形式。 **行政责任**：即行政法律责任，是指行政法律关系主体由于违反行政法律规范或不履行法律义务而依法承担的法律后果。 行政责任是一种法律责任，具有强制性，由国家机关来追究；引起行政责任的原因是行政违法；因此，承担法律责任的主体既可以是行政机关和授权组织，也可以是行政相对人。

内容	说　明
行政法律责任的构成要件	行为人的行为客观上已经构成了违法； 行为人必须具备责任能力（年龄、精神状况）； 行为人在主观上必须有过错； 行为人的违法行为必须以法定职责或法定义务为前提； 只有构成行政法律责任的全部要件，才能追究其法律责任。
承担行政责任的方式	**行政主体**：由于行政主体是代表国家参与行政法律关系的，行政主体承担行政责任的形式受到一定限制，主要包括停止、撤销或者纠正违法的行政行为、恢复原状、返还权益、通报批评、赔礼道歉、承认错误、恢复名誉、消除影响、行政赔偿等。 **公务员**：因为公务员的行政责任是职务行为，一般不直接对行政相对方承担行政责任，其行政责任一般是惩戒性的；其承担行政责任的方式是通报批评、行政处分和赔偿损失等形式。 **行政相对方**：行政相对人的违法行为被确认后，有关行政机关可以责令行政相对人承认错误、赔礼道歉、履行法定义务、恢复原状、返还原物、赔偿损失、接受行政处罚。
追究行政法律责任的原则	**教育与惩罚相结合的原则**：轻微的违法行为不能单纯地采用惩办手段，应当通过批评教育与适当的行政制裁来进行处理。 **责任法定原则**：构成行政违法的行为，必然是违反行政法的行为。追究行政违法行为的法律责任，必须严格按照行政法办事。 **责任自负原则**：谁违法谁承担法律责任。 **主客观一致的原则**：追究行政法律责任必须是其违反法定的义务或者法定职责。认定必须追究的行政法律责任时，应当分析是行政违法还是行政不当，要确定违法行为人在主观上有无过错。

2018-087. 追究行政法律责任的原则不包括(　　　)。

　　A. 劝诫的原则　　　　　　　　　　B. 责任自负原则

　　C. 责任法定原则　　　　　　　　　D. 主客观一致原则

　　E. 处分与训诫的原则

【答案】AE

【解析】追究行政法律责任的原则有：（1）教育与惩罚相结合的原则；（2）责任法定原则；（3）责任自负原则；（4）主客观一致的原则。故选 AE。

2014-074. 追究行政法律责任的原则是(　　　)。

　　A. 劝诫原则　　　　　　　　　　　B. 惩罚原则

　　C. 主客观分开原则　　　　　　　　D. 责任自负原则

【答案】D

【解析】追究行政法律责任的原则：教育与惩罚相结合的原则；责任法定原则；责任

自负原则；主客观一致的原则。选项D符合题意。

2013-100. 根据行政法学知识，下列哪些属于行政违法的表现形式？（　　）

A. 行政机关违法和行政相对方违法　　B. 实体性违法和程序性违法

C. 故意违法和过失违法　　D. 作为违法和不作为违法

E. 法人违法和自然人违法

【答案】ABD

【解析】行政违法是指行政法律关系主体违反行政法律规范，侵害受法律保护的行政关系，对社会造成一定程度的危害，尚未构成犯罪的行为。行政违法可以表现为行政机关违法和行政相对方违法、实体性违法和程序性违法、作为违法和不作为违法等形式。

2013-070. 根据行政法学原理，以下属于程序性违法行为的是（　　）。

A. 建设单位组织编制城市的控制性详细规划

B. 越权核发建设项目选址意见书

C. 擅自变更建设用地规划许可证内容

D. 未经审核批准核发建设工程规划许可证

【答案】D

【解析】行政机关的行政行为违反法定程序，即行政程序违法；申请办理建设工程规划许可证，应先经由城市、县人民政府城乡规划主管部门或者省、自治区、直辖市人民政府确定的镇人民政府审核再核发建设工程规划许可证；未经审核批准核发建设工程规划许可证违反了相应的程序，故属于程序性违法行为。

2013-021. 根据行政法学原理和城乡规划实施的实际，下列叙述中不正确的是（　　）。

A. 城乡规划法中规定的行政法律责任就是行政责任

B. 城乡规划中的行政法律责任仅是指建设单位因客观上违法建设而应承担的法律后果

C. 城乡规划行政违法主体，既可能是规划管理部门，也可能是建设单位

D. 城乡规划行政违法既有实体性违法也有程序性违法

【答案】B

【解析】行政违法可以表现为实体性违法和程序性违法，选项D正确；

行政责任，即行政法律责任，是指行政法律关系主体由于违反行政法律规范或不履行法律义务而依法承担的法律后果，选项A正确；

引起行政责任的原因是行政违法，因此，承担法律责任的主体既可以是行政机关和授权组织，也可以是行政相对人，选项B错误而选项C正确。故本题应选B。

2011-010. 根据公共行政管理的知识，不属于公共责任的是（　　）。

A. 政治责任　　B. 法律责任

C. 领导责任　　D. 行政责任

【答案】D

【解析】政府的公共责任包括政治责任、法律责任、道德责任、领导责任、经济责任五方面，公共责任是指政府在处理行政过程中需要承担的责任，而行政责任是基于行政违

法为前提的责任，只有行政违法在前，才涉及行政责任。

2009-097. 追究行政法律责任的四条原则包括(　　　)。

A. 教育的原则

B. 惩罚的原则

C. 责任法定原则

D. 责任自负原则

E. 教育与惩罚结合的原则

【答案】CDE

【解析】追究行政法律责任的原则：①教育与惩罚相结合的原则；②责任法定原则；③责任自负原则；④主客观一致的原则。

八、行政法制监督与行政监督

相关真题：2011-078、2009-074

行政法制监督与行政监督　　　　　　　　　　　　　　表 1-2-16

内容	说　明
概念	**行政法治监督**：是指国家权力机关、国家司法机关、专门行政监督机关及行政机关外部的个人、组织依法对行政主体及国家公务员行使行政职权的行为和遵纪守法行为进行的监督。 **行政监督**：又称行政执法监督或行政执法监督检查，是指国家行政机关按照法律规定对行政相对人（普通人）采取的直接影响其权利、义务，或对行政相对人权利、义务的行使和履行情况直接进行行政监督检查的行为。
我国的体系	**权力机关的监督**：即由**各级人民代表大会及其常务委员会**通过报告、调查、质询、询问、视察和检查等手段对行政机关及其工作人员实施全方位的监督。 **司法机关的监督**：是由**人民法院和人民检察院**通过行政诉讼、行政侵权赔偿诉讼、执行和刑事诉讼、司法建议等手段，对行政机关的行政行为和行政机关工作人员的职务行为进行审判、检察的活动。 **行政自我监督**：包括上级行政机关对下级行政机关的日常行政监督，主管机关对其他行政机关的行政监督和专门行政机关——审计监督，行政监察机关对特定范围内的行政行为的监督。 **政治监督**：即由各党派、各政治性团体对行政机关及其工作人员的行政行为进行监督；如中国共产党的纪律检查委员会的监督、政治协商制度等。 **社会监督**：即由公民、法人或者其他组织对行政机关及其工作人员的行政行为进行的一种不具法律效力，却有重要意义的监督，如社会舆论监督、新闻媒体监督、信访、申诉等。
基本原则	依法行使职权的原则； 实事求是，重证据、重调查研究的原则； 在适用法律和行政纪律上人人平等的原则； 教育与惩罚相结合、督察与改进工作相结合的原则； 专门工作和依靠群众的原则。

内容	说　　明
行政法制监督与行政监督区别	**监督对象不同**：行政法制监督对象是**行政主体和国家公务员**，行政监督对象是**行政相对人**。 　　**监督主体不同**：行政法制监督的主体是**国家权力机关、国家司法机关、专门行政监督机关以及行政机关以外的个人和组织**；而行政监督的主体正是行政法制监督的对象，即**行政主体**。 　　**监督内容不同**：行政法制监督主要是对**行政主体行为合法性的监督和对公务员遵纪守法的监督**；行政监督主要是对**行政相对人遵守法律和履行行政法上的义务进行监督**。 　　**监督方式不同**：行政法制监督主要采取**权力机关审查、调查、质询和司法审查、行政监察、审计、舆论监督**等方式；而行政监督主要采取**检查、检验、登记、统计、查验**等方式。
重要意义	行政法制监督是我国一项重要的法律制度，是我国国家行政管理活动遵守社会主义法制的重要保证；坚持和完善行政管理的法制监督制度，有利于实现国家行政管理的科学化、制度化和法律化，直接体现我国社会主义民主和法制化的发展水平。

2011-078. 行政机关依法对行政相对人采取的直接影响其权利、义务，或对行政相对人权利、义务的行使和履行情况直接进行监督检查的行为属于(　　　)范畴。

A. 行政监督　　　　　　　　　　B. 权力机关的监督

C. 政治监督　　　　　　　　　　D. 社会监督

【答案】A

【解析】主体对相对人是行政监督；法制监督相反，是相对人对主体的监督（因行政相对人的不同分为权力机关监督、自我监督、社会监督）。

2009-074. 下列关于"行政法制监督"的说法中，正确的是(　　　)。

A. 行政法制监督是我国一项重要的法律制度

B. 国家权力机关是行政法制监督的唯一主体

C. 社会团体和公民对公共行政有参与权，无行政法制监督权

D. 行政法制监督是国家行政机关对行政相对人行为的监督检查

【答案】A

【解析】由行政法治监督的重要意义可知，选项A正确。

第三节　行　政　立　法

一、行政立法的含义及特点

相关真题：2014-006

内容	说　　明
含义	**行政立法**：是指国家行政机关依照法定权限与程序制定、修改和废止行政法规、规章以及规范性文件的活动。
特点	**行政立法的主体是特定的国家行政机关**：我国的立法可以分为权力机关的立法和国家行政机关立法。 ① 权力机关的立法是享有立法权的人民代表大会及其常务委员会。 ② 国家行政机关作为权力机关的执行机关，可以有效地执行法律、法规和规章，以规范性文件的形式做出执行性解释，这种解释同样具有法律上的约束力。 **行政立法是从属性立法**：行政机关的立法是从属于权力机关的立法，是权力机关立法的延伸和具体化；其从属性决定了权力机关制定的法律、地方性法规的效力分别高于国务院的行政法规、规章和地方人民政府的地方性规章。 **行政立法的强适应性和针对性**：行政立法随着形势的变化，不断地立、改、废，因此具有周期短、节奏快、数量大的特点；通过制定行政规范和规则，为作出具体行政责任提供依据。 **行政立法的多样性和灵活性**：国家机关可以根据需要，采取灵活、多样的形式制定行政法规和规章。行政立法主体的多层次性，决定了行政立法在形式上的多样性，可以采取多样的发布形式，名称也是多样的，如条例、规定、办法等。

2014-006. 根据行政法学知识，下列对《城乡规划法》立法的叙述中正确的是（　　　）。

A. 属于行政立法范畴　　　　　　　　　　B. 属于从属性立法

C. 立法机关是全国人民代表大会常务委员　D. 有权进行法律解释的机关是国务院

【答案】C

【解析】《城乡规划法》由中华人民共和国第十届全国人民代表大会常务委员会第三十次会议于 2007 年 10 月 28 日通过并公布，自 2008 年 1 月 1 日起施行。因此《城乡规划法》的立法机关是全国人民代表大会常务委员会，属于法律范畴，不属于行政立法范畴，也不是从属性立法，国务院也无权对其进行法律解释；《立法法》第四十五条规定，法律解释权属于全国人民代表大会常务委员会。

二、行政立法的主体及权限

相关真题：2014-083

行政立法的主体及权限　　　　　　　　　　　　　　　　表 1-3-2

主体	说　　明
国务院	国务院是我国最高的行政立法主体，具有依职权立法的权力和依照最高国家权力机关和法律授权立法的权力。 国务院可以制定行政法规。 依照最高国家权力机关授权制定某些具有法律效力的暂行规定或条例。 具有对规章的批准权、改变权和撤销权。

主体	说　明
国务院各部委和直属机构	国务院各部委是国务院的职能部门，有根据法律和行政法规等法律规范在本部门权限内制定规章的权力。 其行政立法权来源于单项的法律、法规的授权。 制定的规章要经过国务院批准后才能作为行政规章发表。
有关地方人民政府	根据我国的组织法规定，省、自治区、直辖市人民政府基于依法授权可以在其权限范围内进行行政立法。 省、自治区人民政府所在地的人民政府，在其权限范围内，可以根据法律、法规制定行政规章。 经国务院批准的较大的市的人民政府，可以根据法律、法规，就其职权范围内的行政事项制定行政规章。

2014-083. 根据《立法法》，可以根据法律、行政法规和地方性法规制定地方政府规章的有(　　)。

A. 省、自治区、直辖市人民政府

B. 省会城市人民政府

C. 经济特区所在地的市人民政府

D. 城市人口规模在 50 万以上、不足 100 万的市人民政府

E. 经国务院批准的较大的市人民政府

【答案】ABCE

【解析】省、自治区、直辖市和较大的市的人民政府，可以根据法律、行政法规和本省、自治区、直辖市的地方性法规，制定规章。较大的市包括省、自治区的人民政府所在地的市，经济特区所在地的市和经国务院批准的较大的市。故选项 A、B、C、E 正确。

三、行政立法原则

行政立法原则　　　　　　　　　　　　表 1-3-3

内　容
依法立法的原则：行政立法必须依法进行；行政机关只有在宪法和组织法赋予行政立法权后，才能在其职权范围内进行行政事务性立法；必须根据法律、法规关于相应问题的规定立法；依据法律、法规规定的程序立法；行政机关行使紧急立法权，必须符合宪法所设定的紧急状态条件。
民主立法的原则：行政机关依照法律进行立法时，应采取各种方式听取各方意见，保证民众广泛参与行政立法。 ① 要建立公开制度，行政立法草案应提前公布，并附有立法目的、立法机关、立法时间等内容的说明，以便让人们有充分的时间发表对特定立法事项的意见。 ② 要建立咨询制度，设立专门的咨询机构和咨询程序，对特别重大的行政立法进行专门咨询；公民有权就立法所涉及的有关问题甚至立法行为本身请求立法机关予以说明和答复。 ③ 建立听证制度，将听取意见作为立法的必经环节和法定程序，并公布对立法意见的处理结果。

内　　容
加强管理与增进权益相结合的原则：行政立法具有层次性；直接的目的是为了加强或者改善某一行政领域内的行政事务的管理；最终目的是实现和增进公民的权益，保护人民的幸福。
效率原则：行政机关在切实保障行政相对人基本人权和公平行政的基础上，尽可能地以最低成本制定出最高质量的行政法律规范；建立立法成本—效益分析制度和时效制度。

四、行政立法程序

行政立法程序　　　　　　　　　　　　　　　表 1-3-4

内容	说　　明
概念	行政立法程序指行政立法主体依照宪法、法律、法规的规定，制定、修改和废止行政法规、规章和其他规范性文件的步骤。
步骤	根据规范性文件的内容和行政立法的实践，行政立法程序一般包括：编制立法规划、起草、征求意见、审查、审议通过、签署审批、发布备案。

五、行政立法的法律效力

相关真题：2018-006、2011-012

行政立法的法律效力　　　　　　　　　　　　表 1-3-5

内容	说　　明
含义	**效力等级**：是指行政法规在国家法律规范体系中所处的地位
效力等级	宪法：具有最高的法律效力。 法律：效力仅次于宪法，高于行政法规和规章。 行政法规：效力高于地方性法规和规章。 地方性法规：效力高于本级和下级地方政府规章。 省、自治区的人民政府制定规章：效力高于本行政区城内设区的市制定的规章。 部门规章之间，部门规章与地方政府规章之间：具有同等效力，在各自权限范围内施行。 **宪法＞法律＞行政法规＞地方性法规和规章＞本级和下级地方政府规章** 若地方性法规与部门规章对同一事项的规定不一致时，由国务院提出意见；国务院认为应当适用地方性行政法规时，应该决定在该地适用地方性法规的规定；认为应当适用部门规章的，应报请全国人大常委会裁决。
效力范围	在一般的情况下，中央行政机关的行政法规或者行政规章，在全国范围内都有约束力，地方性规章只在本行政区域内有效。

2018-006. 指出下列法律法规体系中对法律效力理解不正确的是(　　)。

A. 法律的效力高于法规和规章

B. 行政法规的效力高于地方性法规和规章

C. 地方性法规的效力高于地方政府规章

D. 部门规章的效力高于地方政府规章

【答案】D

【解析】部门规章与地方政府规章具有同等法律效力，在各自的范围内适用，故D选项错误。

2011-012. 下列法规、规章的法律效力关系式中，不符合《立法法》规定的是(　　)。

A. 地方性法规＞地方政府规章

B. 省、自治区人民政府制定的规章＞本行政区域内较大的市的人民政府制定的规章

C. 部门规章＞地方政府规章

D. 行政法规＞地方性法规

【答案】C

【解析】①宪法＞法律＞行政法规＞地方性法规＞本级和下级地方政府规章。②省、自治区的人民政府制定规章＞本行政区域内较大城市的人民政府制定的规章。③部门规章与地方政府规章具有同等法律效力，在各自权限范围内施行，无比较性。④地方性法规与部门规章对同一事项的规定不一致时，由国务院提出意见。国务院认为应当适用地方性法规时，应该决定在该地方适用地方性法规的规定，认为应当适用部门规章的，应报请全国人大常委会裁决。

第四节　行 政 许 可

一、行政许可的概念和特征

相关真题：2014-008、2009-012

行政许可的概念和特征　　　　　　　　　　　　　表 1-4-1

内容	说　　明
概念	《行政许可法》第二条规定，"本法所称行政许可，是指行政机关根据公民、法人或者其他组织的申请，经依法审查，准予其从事特定活动的行为"。
特征	① **行政许可是依申请的行政行为**：行政许可是根据公民、法人或其他组织提出申请而产生的行政行为；无申请即无许可。 ② **行政许可是管理型行为**：主要体现在行政机关作出行政许可的单方面性。不具有行政管理特征的行为，即使冠以审批、登记的名称，也不属于行政许可。 ③ **行政许可是外部行为**：有关行政机关对其直接管辖的事业单位的人事、财务、外事等事项的审批，属于内部管理行为，不属于行政许可。 ④ **行政许可是准予相对人从事特定活动的行为**：实施行政许可的结果，是使相对人获得了从事特定活动的权利或者资格。

2014-008. 下列关于城乡规划行政许可的叙述中，不正确的是(　　)。

　　A. 属于依职权的行政行为

　　B. 属于外部行政行为

　　C. 属于具体行政行为

　　D. 属于准予行政相对人从事特定活动的行政行为

　　【答案】A

　　【解析】以行政机关可否主动作出行政行为为标准，行政行为划分为依职权的行政行为和依申请的行政行为，依职权的行政行为，是指行政机关依据法律授予的职权，无需相对方的请求而主动实施的行政行为，如行政处罚等。依申请的行政行为，是指行政机关必须有相对方的申请才能实施的行政行为，如颁发营业执照、核发建设用地规划许可证、建设工程规划许可证等。城乡规划行政许可属于依申请的行政行为。

2009-012. 行政许可，是指行政机关根据公民、法人或者其他组织的(　　)，经依法审查，准予其从事特定活动的行为。

　　A. 实际情况　　　　　　　　　B. 隶属关系

　　C. 申请　　　　　　　　　　　D. 资格

　　【答案】C

　　【解析】行政许可是指行政机关根据公民、法人或者其他组织的申请，经依法审查，准予其从事特定活动的行为，选项C正确。

二、行政许可的作用

相关真题：2014-009

行政许可的作用　　　　　　　　　　　　　　　　　　表 1-4-2

内容	说　　明
综述	行政许可作为一项制度，是国家行政管理中的主要手段之一，是现代国家主要调控的形式；利用行政许可手段，既能使国家处于超然地位，进行宏观调控，又能发挥被管理者的主观能动性，被认为是一种刚柔相济、行之有效的行政权的行使方式。 　　行政许可不仅有积极的方面，也有消极的方面。
积极作用	① 有利于加强国家对社会经济活动的宏观管理，实现从直接命令式的行政手段到间接许可的法律手段的过渡，协调行政主体和行政相对人之间的关系。 ② 有利于保护广大消费者及人民大众的权益，制止不法经营，维护社会经济秩序和生活秩序。 ③ 有利于保护并合理分配和利用有限的国家资源，搞好生态平衡，避免资源、财力和人力的浪费。 ④ 有利于控制进出口贸易，发展民族经济，保持国内市场稳定。 ⑤ 有利于消除危害公共安全的因素，保障社会经济活动有一个良好的环境。

内容	说　明
消极作用	随着行政权力的拓展，行政官员利用行政管理权，特别是利用行政许可权贪污受贿的现象日益增多。 　　行政许可制度运用过滥、过宽，使社会发展减少动力，丧失活力，出现许可制度在各部门之间相互矛盾，重复设置，导致被许可人无所适从，从而降低行政效率，还为腐败行为提供可乘之机。 　　行政许可制度是建立在一般禁止的基础上的，被许可人一旦取得进入某项活动的资格和能力，有了法律保护，可能会失去积极进取和竞争力，这种消极作用在商业竞争和职业资格许可方面尤为突出。

2014-009. 行政许可过宽过乱会引起很多消极作用，下列不属于行政许可消极作用的是(　　　)。

A. 可能会使贪污受贿现象日益增多

B. 可能会使社会发展减少动力，丧失活力

C. 可能使被许可人失去积极进取和竞争的动力

D. 可能严重影响法律法规效力

【答案】D

【解析】详见表1-4-2。

三、行政许可的原则

相关真题：2017-024、2014-025、2012-071

行政许可的原则　　　　　　　　　　　　　　　　　　表 1-4-3

内　　　容
① **合法原则**：设定和实施行政许可，都必须严格依照法定的权限、范围、条件和程序进行。
② **公开、公平、公正的原则**：有关行政许可的规定必须公布，除涉及国家秘密、商业秘密或者个人隐私外，应当公开；对符合法定条件的申请人，要一视同仁，不得歧视。
③ **便民原则**：行政机关在实施行政许可的过程中，应当减少环节，降低成本、提高办事效率，提供优质服务；公民、法人或者其他组织在申请行政许可的过程中能够廉价、便捷、迅速地获得许可。
④ **救济原则**：指公民、法人或者其他组织认为行政机关实施的行政许可使其合法权益受到损害时，要求国家予以补救的制度。公民、法人或者其他组织对行政机关实施行政许可享有陈述权、申辩权、依法申请行政复议或者提起行政诉讼权。其合法权益因行政机关违法实施行政许可受到损害的，有权依法要求赔偿。
⑤ **信赖保护原则**：公民、法人或者其他组织依法取得的行政许可受法律保护，行政机关不得擅自改变已经生效的行政许可；除非行政许可所依据的法律、法规、规章修改或者废止，或者准予行政许可所依据的客观情况发生了重大变化，为了公众利益的需要，确需依法变更或者撤回已经生效的行政许可，但是，由此给公民、法人或者其他组织造成财产损失的，行政机关应当依法给予补偿。

内　　容
⑥ **监督原则**：县级以上人民政府必须建立健全对行政机关实施行政许可制度的监督制度；上级行政机关应当加强对下级行政机关实施行政许可的监督检查，及时纠正实施中的违法行为。同时，行政机关也要对公民法人或者其他组织从事行政许可事项的活动实施有效监督，发现违法行为应当依法查处。

2017-024. 行政许可的原则不包括(　　)。

    A. 合法原则　　　　　　　　　　　B. 公平、公开、公正原则

    C. 效率原则　　　　　　　　　　　D. 便民原则

【答案】C

【解析】由表 1-4-3 可知：选项 C 符合题意。

2014-025. 在城乡规划行政许可实施过程中，公民、法人或者其他组织享有的权利中不包括(　　)。

    A. 陈述权　　　　　　　　　　　　B. 申辩权

    C. 变更权　　　　　　　　　　　　D. 救济权

【答案】C

【解析】救济原则是指公民、法人或者其他组织认为行政机关实施的行政许可使其合法权益受到损害时，要求国家予以补救的制度。公民、法人或者其他组织对行政机关实施行政许可享有陈述权、申辩权；有依法申请行政复议或者提起行政诉讼权。

2012-071. 行政许可由具有行政许可权的行政机关在其(　　)范围内实施。

    A. 职权　　　　　　　　　　　　　B. 职业

    C. 权利　　　　　　　　　　　　　D. 责任

【答案】A

【解析】行政许可由具有行政许可权的行政机关在其法定职权范围内实施。

四、行政许可的分类及特征

相关真题：2013-022、2012-072、2009-072

行政许可的分类及特征　　　　　　　　　　　　　表 1-4-4

内　容	说　　明
普通许可	**概念**：普通许可指行政机关准予符合法定条件的公民、法人或者其他组织从事特定活动的行为，是运用最广的行政许可。 **主要特征**：对相对人行使法定权利或者从事法律没有禁止，但有附加条件的活动的准许；一般没有数量控制。行政机关实施普通许可一般没有自由裁量权。 **适用范围**：直接关系国家安全、公共安全的活动；基于高度社会信用的行业的市场准入和法定经营活动；利用财政资金或者由政府担保的外国政府、国际组织贷款的投资项目和涉及产业布局、需要实施宏观调控的项目；直接关系人身健康、生命财产安全的产品、物品的生产和销售活动。

内容	说　明
特许	**概念：**特许指行政机关代表国家依法向相对人转让某种特定的权利的行为。 **功能：**① 相对人取得特许权一般应当支付一定的费用，所取得的特许权可以转让、继承； ② 特许一般有数量控制； ③ 行政机关实施特许一般有自由裁量权。 **适用范围：**有限自然资源的开发利用；有限公共资源的配置；直接关系公共利益的垄断性企业市场准入等。
认可	**概念：**认可指行政机关对申请人是否具备特定技能的认定。 **主要特征：**一般要通过考试方式并根据考试结果决定是否认可；资格、资质证的认可，是对人的许可，与身份相联系，不能继承、转让；没有数量限制；行政机关实施认可一般没有自由裁量权。 **适用范围：**提供公共服务并且直接关系公共利益的职业、行业需要确定具备特殊信誉、特殊条件或者特殊技能等资格、资质的事项。
核准	**概念：**行政机关对某些事项是否达到特定技术标准、经济技术规范的判断、确定。 **主要特征：**依据主要是技术性和专业性的；一般要根据实地验收、检测决定；没有数量控制；行政机关实施核准没有自由裁量权。 **适用范围：**直接关系公共安全、人身健康、生命财产安全的特定产品、物品的检验、检疫。
登记	**概念：**登记指行政机关确立行政相对人的特定主体资格的行为。 **主要特征：**未经合法登记取得主体资格或者特定身份，从事涉及公众关系的经济、社会活动是非法的；没有数量控制；对申请登记的材料一般只进行形式审查，通常可以当场作出是否准予登记的决定；行政机关实施登记没有自由裁量权。 **适用范围：**确立个人、企业或者其他组织特定的主体资格、特定身份的事项。

2013-022. 城乡规划主管部门核发的规划许可证属于行政许可的(　　)许可类型。

A. 普通　　　　　　　　　　　　B. 特许

C. 核准　　　　　　　　　　　　D. 登记

【答案】A

【解析】普通许可：指行政机关准予符合法定条件的公民、法人或者其他组织从事特定活动的行为，是运用最广的行政许可；

特许：是指行政机关代表国家依法向相对人转让某种特定的权利的行为；

核准：是指行政机关对某些事项是否达到特定技术标准、经济技术规范的判断、确定；

登记：是指行政机关确立行政相对人的特定主体资格的行为。

城乡规划主管部门核发的规划许可证属于行政许可的普通许可类型。

2012-072. 按照行政许可的性质、功能和适用条件，其中的登记程序主要适用于(　　)。

A. 特定资源与特定区域的开发利用

B. 基于高度社会信用的行业的市场准入和法定经营活动

C. 确立个人、企业或者其他组织特定的主体资格、特定身份的事项

D. 关系公共安全、人身健康、生命财产安全的特定产品检验、检疫

【答案】C

【解析】登记主要适用于确立个人、企业或者其他组织特定的主体资格、特定身份的事项，因而选C。

2009-072. 根据《行政许可法》规定，（　　　）可以不设定行政许可。

A. 涉及经济原则调控事项　　　　　　B. 关系生态环境保护事项

C. 矿产资源开发事项　　　　　　　　D. 房地产交易

【答案】D

【解析】《行政许可法》第十三条：通过下列方式能够予以规范的，可以不设行政许可：

① 公民、法人或者其他组织能够自主决定的；

② 市场竞争机制，能够有效调节的；

③ 行业组织或者中介机构能够自律管理的；

④ 行政机关采用事后监督等其他行政管理方式能够解决的。

房地产交易满足上述要求，因而选D。

五、行政许可程序与期限

行政许可程序与期限　　　　　　　　　　表 1-4-5

内容	说　　明
一般程序	① **申请与受理**：申请是公民、法人或者其他组织作为申请人，向行政机关提出拟从事依法需要取得行政许可活动的意思表示；行政机关对申请人提出的申请进行形式审查后，申请事项依法属于本机关职责范围，申请材料齐全，符合法定形式的，因而对其申请予以接受，称之为受理。 ② **审查**：行政许可的审查程序，是指行政机关对已经受理的行政许可申请材料的实质内容进行核查的过程，是行政机关作出行政许可决定的必经环节，审查质量直接影响行政许可质量。 审查方式主要有：书面审查、实地核查、当面质询、听取第三人（利害关系人）意见、召开专家论证会等。 ③ **决定**：决定是行政许可机关根据行政许可申请材料审查的结果，作出是否准予行政许可的决定过程，行政许可的决定是根据审查认定的事实作出的。 ④ **核发证件**：行政许可决定有颁发证件的，也有不颁发证件的；颁发证件的种类有许可证、执照或者其他证书；资质证、资格证或其他合格证书；行政机关的批准文件；法律、法规规定的其他行政许可证件。不颁发证件的可以在行政许可申请书上加注文字，说明准予行政许可的时间、机关及内容，并加盖公章；或者与申请人签订行政合同等。对于行政许可的申请，行政机关不作为行为视为行政许可。 行政机关作出准予行政许可的决定，应当予以公开，公众有权查阅；行政机关作出不予行政许可的决定，应当说明理由并告知相对人救济权。

内容	说　　明
期限	一般期限：20 日； 对多个行政机关，实行统一办理或者联合办理、集中办理的期限：办理时间不超过 45 日； 颁发、送达行政许可的期限：作出行政许可决定后的 10 日内完成。

第五节　行　政　复　议

一、行政复议的概念与特征

相关真题：2014-078、2013-075、2012-076

行政复议的概念与特征　　　　　　　　　　　　　　　　　表 1-5-1

内容	说　　明
概念	行政复议是公民、法人或者其他组织认为具体行政行为侵犯其合法权益，向行政机关提出行政复议申请，行政机关受理并作出行政复议决定的专门活动。
特征	① 行政复议的启动是依据行政相对人的申请，行政复议机关在发现其所属行政主体所作的具体行政行为违法，或者行政行为不当时，可以主动予以撤销或者变更，但这不是行政复议行为，而是上级对下级的一种监督行为。 ② 行政复议的行政行为必须是具体行政行为。 ③ 行政复议的性质是行政机关处理行政纠纷的活动。 ④ 行政复议是对行政决定的一种法律救济机制。

2014-078. 行政复议的行为必须是(　　　)。

A. 抽象行政行为　　　　　　　　　　B. 具体行政行为

C. 羁束行政行为　　　　　　　　　　D. 作为行政行为

【答案】B

【解析】行政复议的行政行为必须是具体行政行为，选项 B 正确。

2013-075. 下列关于城乡规划行政复议的叙述中正确的是(　　　)。

A. 行政复议是依行政相对人申请的行政行为

B. 行政复议是抽象行政行为

C. 行政复议机关作出的行政复议决定不具有可诉性

D. 行政复议决定属于行政处罚的范畴

【答案】A

【解析】行政复议是公民、法人或者其他组织认为具体行政行为侵犯其合法权益，向行政机关提出行政复议申请，行政机关受理并作出行政复议决定的专门活动。行政复议的特征如下：

① 行政复议的启动是依据行政相对人的申请，故选项 A 正确；

② 行政复议的行政行为必须是具体行政行为，故选项 B 错误；

③ 行政复议的性质是行政机关处理行政纠纷的活动，行政复议机关作出的行政复议决定具有可诉性，故选项 C 错误；

④ 行政复议是对行政决定的一种法律救济机制，故选项 D 错误。

2012-076. 根据《城乡规划法》和《行政复议法》，下列行为正确的是(   )。

A. 利害关系人认为规划行政许可所依据的控制性详细规划不合理，申请行政复议

B. 省城乡规划主管部门对市规划主管部门的行政许可直接进行行政复议

C. 行政相对人向人民法院直接提出行政复议

D. 省级城乡规划主管部门直接撤销市规划主管部门违法作出的城乡规划许可

【答案】A

【解析】行政复议机关作出行政复议的决定必须基于行政相对人的申请；如果没有申请，行政复议机关不能主动实施行政复议的行为，故 B 项错误；

行政复议机关在发现其所属行政主体所作的具体行政行为违法，或者行政行为不当时，可以主动予以撤销或者变更，但这不是行政复议行为，而是上级对下级一种监督行为，故选项 D 项错误；

对于属于法院受理范围的行政案件，可以直接向法院提起诉讼；公民也可以先向上一级行政机关或者法律、法规规定的行政机关申请行政复议，对复议决定不服的，再向人民法院提起诉讼，故选项 C 错误；

由此可见，只有选项 A 符合题意。

二、行政复议与行政诉讼的关系与区别

相关真题：2011-076、2010-099

行政复议与行政诉讼的关系与区别   表 1-5-2

内容	说　明
关系	对于属于法院受理范围的行政案件，可以直接向法院提起诉讼；公民也可以先向上一级行政机关或者法律、法规规定的行政机关申请行政复议，对复议决定不服的，再向人民法院提起诉讼。 对属于人民法院受理范围的某些行政案件，法律、法规规定必须先向行政机关申请行政复议，对复议决定不服的，再向法院提起诉讼；否则法院不予受理。
区别	① **性质不同**：行政复议是行政复议机关作出的行政决定，行政诉讼是法院依法用审判权而进行的司法活动。 ② **职权不同**：行政复议是一种行政权；在行政复议中，有权变更有争议的行政决定，撤销或变更行政决定所依据的规章或者行政规范。人民法院行使的是一种审判权或司法权；无权撤销或者变更有争议的行政决定所依据的行政规章和行政规范，只能不予适用。

内容	说　明
区别	③ **审理方式不同**：行政复议一般实行书面审理的方式，有必要时才实行其他方式；行政诉讼一般实行开庭审理的方式，当事人双方都应到庭。 ④ **法律效力不同**：除法律有明文规定者外，行政复议不具有最终法律效力，行政相对人对行政复议不服的可以向法院提起行政诉讼。行政诉讼的终审判决具有最终的法律效力，双方当事人必须履行。

2011-076. 公民、法人或者其他组织向人民法院提起行政诉讼，人民法院已经依法受理的，（　　）行政复议。

    A. 必须申请   B. 可以申请

    C. 暂缓申请   D. 不得申请

【答案】D

【解析】公民、法人或者其他组织申请行政复议。对行政复议决定不服的，才可以再向人民法院提起行政诉讼；公民、法人或者其他组织向人民法院提起行政诉讼，人民法院已经依法受理的，不得申请行政复议，选项 D 符合题意。

2010-099. 因下列情形所提起行政诉讼时，人民法院应当受理的有（　　）。

    A. 对规划主管部门作出的行政处罚决定不服的

    B. 认为规划主管部门作出行政许可所依据的技术规范内容不正确的

    C. 对规划主管部门吊销规划编制资质不服的

    D. 因违法核发规划许可证件受到行政处分不服的

    E. 对规划主管部门做出拆除违法临时建筑不服的

【答案】ABCE

【解析】行政诉讼必须针对行政行为、必须是针对行政相对人的行为；D 项不是针对行政相对人的，是行政机关内部奖惩、任免行为；选项 ABCE 符合题意。

三、行政复议机关及其职责

行政复议机关及其职责　　　　　　　　　表 1-5-3

内容	说　明
行政复议机关	只有**县级以上人民政府以及县级以上人民政府工作部门**才可以成为行政复议机关，行政复议机关中负责行政法制工作的机构具体办理有关行政复议事项。
职责	受理行政复议申请； 向有关组织和人员调查取证、查阅文件和资料； 审查行政复议的具体行政行为是否合法与适当； 拟定行政复议决定； 处理或者转送对有关规定的审查； 对行政机关违法行为依照规定的权限和程序提出处理意见； 办理因不服行政复议决定提起行政诉讼的应诉事项； 法律、法规规定的其他职责。

四、行政复议的申请

相关真题：2013-077、2011-075、2009-028

行政复议的申请　　　　　　　　　　　　　　表 1-5-4

内容	说　　明
期限	公民、法人和其他组织对具体行政行为不服需要提出行政复议的，在知道具体行政行为之日起的 **60 日**内申请，法律规定超过 60 日的除外。
方式	既可以以**书面**形式申请，也可以以**口头**方式申请。对于口头申请，行政复议机关应当场记录申请人的基本情况、行政复议请求，申请复议的主要事实、理由和时间。
参加人	**申请复议人**：根据《行政复议法》的规定，认为具体行政行为侵犯其合法权益并向行政机关申请行政复议的公民、法人或其他组织是申请复议人，具有复议申请人资格；对于公民，除上述条件之外，还必须具有申请复议的行为能力。 **复议申请人资格的转移**：如果申请复议的公民死亡、法人或者其他组织终止的情况下，其复议资格依法自然转移给特定利害关系的公民、法人或者其他组织的制度称为复议申请人资格的转移。在申请人资格转移之后，他们具有了申请人的资格，以自己的名义提出行政复议。 **复议第三人**：如果与具体行政行为有法律上的利害关系，包括直接利害关系和间接利害关系可以作为复议第三人。 **被申请人**：行政复议的被申请人一般为行政机关。
管辖	《行政复议法》中规定的行政复议的管辖采用了"条块结合"的原则。 ① **对于县级以上地方各级人民政府工作部门具体行政行为不服的**复议申请人可以选择向该部门的本级人民政府申请，也可以向上一级主管部门申请。 ② **对于地方各级人民政府的具体行政行为不服的，**向上一级地方人民政府申请复议；对省、自治区人民政府依法设立的派出机关（例如：地区行署）所属的县级人民政府的具体行政行为不服的，向该派出机关申请复议。 ③ **对国务院部门或省、自治区、直辖市人民政府的具体行政行为不服的，**向做出该具体行政行为的国务院部门或者省、自治区、直辖市人民政府申请复议。对行政复议不服的，可以向人们法院提起诉讼；也可以向国务院申请裁决，国务院依照行政复议法的规定作出最终裁决。

2013-077. 根据《行政复议法》，下列关于申请行政复议的叙述中不正确的是(　　　)。

A. 两个或两个以上行政机关以共同名义作出具体行政行为的，它们的共同上一级行政机关是被申请人

B. 行政机关委托的组织作出具体行政行为的，委托行政机关是被申请人

C. 实行垂直领导的行政机关的具体行政行为，上一级主管部门是被申请人

D. 作出具体行政行为的行政机关被撤销的，继续行使其职权的行政机关是被申请人

【答案】A

【解析】公民、法人或者其他组织对行政机关的行政行为不服复议，作出具体行政行为的行政机关是被申请人；两个或两个以上行政机关以共同名义作出具体行政行为的，共

同作出具体行政行为的行政机关是共同被申请人，故本题选 A。

2011-075. 行政复议的第三人是指( )。

    A. 依法申请行政复议的公民、法人或者其他组织

    B. 同申请行政复议的具体行政行为有利害关系的其他公民、法人或者其他组织

    C. 对于申请行政复议的具体行政行为的见证人

    D. 参加行政复议机关审议的旁听人

【答案】B

【解析】同申请行政复议的具体行政行为有利害关系的其他公民、法人或者其他组织可以作为第三人参加行政复议。

2009-028. 按照《行政复议法》规定，公民、法人或者其他组织认为具体行政行为侵犯其合法权益的，可以自( )之日起六十日内提出行政复议申请；但是法律规定的申请期限超过六十日的除外。

    A. 该具体行政行为实施

    B. 知道该具体行政行为

    C. 该具体行政行为完成

    D. 行政机关批准该具体行政行为

【答案】B

【解析】《行政复议法》第九条规定，公民、法人或者其他组织认为具体行政行为侵犯其合法权益的，可以自知道该具体行政行为之日起六十日内提出行政复议申请；但是法律规定的申请期限超过六十日的除外，因不可抗力或者其他正当理由耽误法定申请期限的，申请期限自障碍消除之日起继续计算，故选 B。

五、行政复议的受理

相关真题：2013-099

行政复议的受理 表 1-5-5

内容	要　点
申请的处理	① 行政复议机关在收到行政复议申请后，应当在 5 日之内进行审查，对于符合申请条件，没有重复申请复议，没有向法院起诉且在法定期限内提出的复议申请，应予以受理。 ② 在接到复议申请之日起作为复议受理日期。对不符合条件或者超出法定期限。人民法院已经受理申请或者重复提出的申请不予受理。 ③ 对于符合条件但是不属于本行政机关受理的复议申请，应在决定不予受理的同时，告知申请人向有关行政复议机关提出。 ④ 接受行政复议申请的县级以上地方人民政府，对于属于其他机关受理的行政复议申请，应当自接到复议申请之日起 7 日内，转送有关行政复议机关，并告知行政复议人。

内容	要　点
行政复议的救济	行政复议的救济包括诉讼救济和行政救济。 　　**诉讼救济**：法律、法规规定应当先向行政复议机关申请的行政复议，对行政机关复议决定不服再向人民法院提起行政诉讼；行政机关不予受理或者受理后超过期限不做答复的，复议申请人自收到不予受理之日起，或者行政复议期限届满之日起15日之内，依法向法院提起诉讼。 　　**行政救济**：行政复议申请人提出申请后，行政机关没有正当理由不受理的，上级行政机关应当责令其受理；必要时，上级机关也可以直接受理。
行政复议期间行政行为的执行	《行政复议法》第二十一条：行政复议期间具体行政行为不停止执行；但是，有下列情形之一的，可以停止执行。 　　① 被申请人认为需要停止执行的； 　　② 行政复议机关认为需要停止执行的； 　　③ 申请人申请停止执行，行政复议机关认为其要求合理，决定停止执行的； 　　④ 法律规定停止执行的。

2013-099. 根据《行政复议法》，（　　　）属于受理复议的具体行政行为。

A. 制定城中村改造安置补偿办法　　　　B. 解决城中村改造安置补偿个体纠纷

C. 审核城中村改造规划方案　　　　　　D. 核发城中村改造建设工程规划许可证

E. 对城中村违法建设作出处罚决定

【答案】BE

【解析】具体行政行为即指行政机关行使行政权力，对特定的公民、法人和其他组织作出的有关其权利义务的单方行为，由此可知，BE 符合题意要求。

六、行政复议的决定

行政复议的决定　　　　　　　　　　　　　　　　　　　表 1-5-6

内容	说　明
审理	行政复议案件基本上**采用书面审查的方式**。复议机关认为有必要时，可以向有关组织和人员调查情况，听取申请人、被申请人和第三人的意见。
决定的种类	① **维持具体行政行为**：复议机关认为具体行政行为认定事实清楚、证据确凿、使用依据正确、程序合法、内容适当的，应当维持具体行政行为。 　　② **决定被申请人履行法定责任**：被申请人（行政机关）对于法律、法规规定的责任和义务必须履行。如不履行是一种失职行为，构成不作为违法；行政复议机关对此应该作出被申请人履行其职责的决定。

内容	说　明
决定的种类	③ **决定撤销、变更被申请人的具体行政行为或者确认该具体行政行为违法**：包括主要事实不清、证据不足的，适用法律错误的、违反法定程序的、超越或者滥用职权的、具体行政行为不当的。 ④ **不履行举证责任的法律后果**：被申请人不履行举证责任的视为该具体行政行为没有依据、没有证据，决定撤销。 ⑤ **不得重新作出相同的具体行政行为**：行政机关责令被申请人重新作出具体行政行为的，被申请人不得以同一事实和理由作出与原具体行政行为相同或基本相同的具体行政行为；否则无效。
期限、效力及履行	**期限**：行政复议的期限应当自受理申请之日起 60 日内作出行政复议决定；但是法律、法规规定的行政复议期限少于 60 日内的除外；特殊情况下，经行政复议机关负责人的批准可以适当延长，但延长的期限不得超过 30 日，并告知申请人和被申请人。 **效力**：行政复议机关作出的行政复议决定应当制作行政复议决定书，并加盖印章，行政复议决定书一经送达，即发生法律效力。 **履行**：被申请人应当履行行政复议的决定；不履行或者无正当理由拖延履行行政复议决定的，行政复议机关或者有关上级机关应当责令其限期履行。

第六节　行　政　处　罚

一、行政处罚的概念与特征

行政处罚的概念与特征　　　　　　　　　　　　表 1-6-1

内容	说　明
概念	行政处罚是指行政机关或者其他行政主体依法对违反行政法但尚未构成犯罪的行政相对人实施的制裁。
特征	行政处罚由**行政机关或其行政主体实施**，行政处罚权是行政权的一部分，除非法律另有规定，行政处罚权应由行政机关行使。 行政处罚权是**对行政相对人的处罚**，即对公民、法人或其他组织的处罚。 行政处罚针对的是**管理相对人违反行政法律法规的行为**，行政处罚以惩戒违法为目的。

二、行政处罚与相关概念的区别

行政处罚与相关概念的区别 表 1-6-2

内容	说　明
行政处罚与行政处分	① **共同点**：行政处罚与行政处分都属于行政法律制裁，都是由行政主体予以实施。 ② **针对的对象不同**：行政处分针对的是行政主体内部的人员，他们与行政主体一般有人事管理的隶属关系；行政处罚则是针对社会上的公民、法人或其他组织，他们与行政主体没有隶属关系。 ③ **制裁的方法与手段不同**：行政处分种类与内部的人事管理相适应，有警告、记过、记大过、降级、撤职、开除等六种，而行政处罚的种类在《行政处罚法》中规定。 ④ **制裁的依据不同**：行政处分制裁的依据是行政机关内部的奖励和惩处规定，如《公务员法》等，而行政处罚的依据只能是《行政处罚法》和其他相关法律。 ⑤ **救济途径不同**：对行政处罚不服的，可以向复议机关申请行政复议或向人民法院提起行政诉讼；对行政处分不服的只能向主管行政机关或专门的行政监察机关申诉。
行政处罚与刑罚	① **权力归属不同**：行政处罚属于行政权的一部分；刑罚权利属于审判权的范畴。 ② **实施惩罚的主体不同**：行政处罚是由有外部管理权限的行政机关或者法律、法规授权的组织实施；刑罚的主体是人民法院。 ③ **实施处罚的对象不同**：行政处罚的对象是违反了行政法律、法规的公民、法人或其他组织；刑罚适用的对象是依刑法应当惩罚的犯罪分子。 ④ **所依程序不同**：行政处罚是按照《行政处罚法》规定的程序做出的；刑罚是依据《刑事诉讼法》所规定的程序做出的。 ⑤ **种类不同**：行政处罚的种类很多，既有《行政处罚法》规定，又有单个行政法律、法规分散作出规定；刑罚统一由《刑法》规定。

三、行政处罚的基本原则

相关真题：2018-007

行政处罚的基本原则 表 1-6-3

内　容
① **处罚法定原则**：实施行政处罚的主体是法定的；实施行政处罚的依据是法定的；实施行政处罚的程序是法定的，法无明文规定的，不处罚。 ② **公正、公开的原则**：行政机关在处罚中，对受处罚者用同一尺度平等对待，即公正的原则。行政机关对于有关行政处罚的法律规范、执法人员身份、主要行政依据等，及行政处罚的有关情况，除可能危害公共利益或者损害其他公民或者组织的合法权益并有法律、法规特别规定的以外，都应当向当事人公开。 ③ **处罚与教育相结合的原则**：实施行政处罚，纠正违法行为，应当坚持处罚与教育相结合，教育公民、法人或其他组织自觉守法。 ④ **受到行政处罚者的权利救济原则**：受到处罚者享有陈述权、申辩权；对行政处罚不服的，有权依法申请行政复议或者提起行政诉讼。因行政机关的行政处罚受到损害的，有权依法提出赔偿要求。 ⑤ **行政处罚不能取代其他法律责任的原则**：即行政处罚不能代替民事制裁和刑事制裁；因为给予行政处罚是当事人因违反承担的行政责任，与民事责任和刑事责任属于不同的法律责任范畴；但是，要与行政处罚中的"一事不再罚"的原则区别开来。

2018-007. 行政处罚的基本原则中，**不正确**的是（　　　）。

A. 处罚法定原则 B. 一事不再罚原则

C. 行政处罚不能取代其他法律责任的原则 D. 处罚与教育相结合的原则

【答案】B

【解析】行政处罚的基本原则包括：处罚法定原则，公正、公开的原则，处罚与教育相结合的原则，受到行政处罚者的权利救济原则，行政处罚不能取代其他法律责任的原则，这要与行政处罚中的"一事不再罚"的原则区别开来；一事不再罚是对违法当事人的同一违法行为，不得给予两次以上的罚款的行政处罚，故B选项错误。

四、行政处罚的种类、适用和程序

相关真题：2011-100、2011-079

行政处罚的种类、适用和程序　　　　　　　　　表 1-6-4

内容	要点
行政处罚的种类	①警告；②罚款；③没收违法所得、没收非法财产；④责令停产停业；⑤暂扣或者吊销许可证或执照；⑥行政拘留。
行政处罚的适用	① **行政处罚与责令纠正并行**：行政机关不能一罚了事，而是要通过阻止、矫正行政违法行为，责令违法当事人改正违法行为，恢复被侵害的管理秩序；因此在实施行政处罚时，应当责令当事人改正或限期改正。 ② **一事不再罚**：对违法当事人的同一违法行为，不得给予两次以上的行政处罚。 ③ **行政处罚折抵刑罚**：行政处罚与刑罚的适用范围重合时，如无法判断违法行为是否构成犯罪，可以先适用行政处罚；当发现已经构成犯罪时，应及时追究当事人的刑事责任；行政机关已经给予当事人行政拘留的，应当折抵相应刑期；法院判处罚金时，行政机关已经罚款的，应当折抵相应罚金。 ④ **行政处罚追究时效**：违法行为在两年之内未被发现的，不再给予行政处罚，法律另有规定的除外。其期限是从违法行为发生之日起计算。违法行为有持续或连续状态时，从行为终了时算起。
行政处罚的程序	行政处罚程序包括简易程序、一般程序、听证程序。一般程序包括：调查取证、审查决定、制作行政处罚决定书、交付或者送达行政处罚书。

2011-100. 下列行为中，属于行政处罚的是（　　　）。

A. 宣布某部门规章作废 B. 吊销建设工程规划许可证

C. 责令建设工程停止建设并限期拆除 D. 撤销直接责任人的职务

E. 没收违法建筑物并处罚款

【答案】BCE

【解析】行政处罚的种类：警告、罚款、没收违法所得、没收非法财物、责令停产停业、暂扣或者吊销许可证、暂扣或者吊销执照、行政拘留，选项BCE符合题意。

2011-079.《行政处罚法》中规定的行政处罚程序**不包括**（　　　）。

A. 简易程序 B. 一般程序

C. 听证程序   D. 管辖程序

【答案】D

【解析】由《行政处罚法》第五章可知，行政处罚程序包括简易程序、一般程序、听证程序。

第二章 城乡规划法制建设概述

大纲要求 表 2-0-1

内容	说　明
城乡规划法制建设概况	了解我国城乡规划法制建设的历史演进
	熟悉我国城乡规划法规体系
	熟悉我国城乡规划技术标准与规范体系

第一节 我国城乡规划法制建设历程

一、国民经济恢复时期（1949～1952年）和第一个五年计划时期（1953～1957年）

国民经济恢复时期和第一个五年计划时期 表 2-1-1

内容	说　明
1949～1957 年	是我国实行计划经济体制，城市规划法制建设起步阶段。是新中国城市规划事业由创立到壮大的八年，是我国城乡规划事业第一个重要发展时期。
1951 年 2 月	"在城市建设计划中，应贯彻为生产、为工人服务的观点"成为当时城市建设的基本方针。
1952 年 8 月	中央人民政府建筑工程部（简称建工部）成立，主管全国建筑工程和城市建设工作。
1952 年 9 月	我国城市建设工作进入统一领导、按照规划进行城市建设的新阶段：①健全城市建设管理机构；②开展城市规划；③划定城市建设范围；④我国城市分类排队：重工业城市、工业比重较大的改建城市、工业比重不大的旧城市、一般城市四类。
1953 年起	第一个五年计划时期的基本任务是：集中主要力量进行以苏联援助的 154 个建设项目为中心、由限额以上的 694 个建设单位所组成的工业建设，以便建立社会主义工业化的初步基础。
1953 年 9 月	要求各地加强对城市建设的领导，建立健全城市建设机构，抽调得力干部及技术人员加强城市建设工作。
1954 年 6 月	第一次城市建设会议明确城市建设的目标是建设社会主义城市。
1954 年 11 月	国家建委成立。
1955 年 6 月、11 月	1955 年 6 月，国家颁布了设置市、镇建制的决定，11 月，为适应市、镇建制的调整，国务院颁布了城乡划分标准。
1956 年	国家建委颁发了《城市规划编制暂行办法》：成为新中国第一个关于城市规划的法规文件，规范了城市总体规划和详细规划的编制行为。
1957 年	国家先后批准了兰州、洛阳、太原、西安、包头、成都、大同、湛江、石家庄、郑州、哈尔滨、吉林、沈阳、抚顺、邯郸 15 个城市的总体规划和部分详细规划。

第一个五年计划时期，是我国实行计划经济体制，城市规划法制建设起步的阶段，对于城市建设能够按照城市规划实施发挥了积极的作用，取得了重要进展。

二、"大跃进"和调整时期（1958～1965 年）到"文化大革命"时期（1966～1976 年）

"大跃进"到"文化大革命"时期

表 2-1-2

内容	说　明
1958～1965 年	城市规划法制建设停滞不前，从反面实践和教训中，认识到城市规划法制建设的必要性、迫切性和重要意义。
1960 年 11 月	在第九次全国计划会议上，简单草率地宣布了"三年不搞城市规划"的决定。
1961 年 1 月	中共中央提出了"**调整、巩固、充实、提高**"的八字方针；第一，不搞集中的城市；第二，否定城市规划；第三，取消国家计划中的城市建设户头。

三、社会主义现代化建设新时期（1977～2011 年）

相关真题：2011-005

社会主义现代化建设新时期-1

表 2-1-3

内容	说　明
1977～2011 年	随着经济社会发展的深刻变化，"一手抓建设一手抓法制"以及《城市规划法》的颁布实施，城市规划和建设事业迈上崭新的轨道。
1978 年 8 月	国家建委在兰州召开城市规划工作座谈会，宣布全面恢复城市规划工作，要求立即开展编制城市总体规划的工作。
1980 年 10 月	国家建委在北京召开第一次全国城市规划工作会议，提出了"控制大城市规模，合理发展中等城市，积极发展小城市"的城市发展方针。
1980 年 12 月	国家建委颁发了《城市规划编制审批暂行办法》和《城市规划定额指标暂行规定》，这就为我国城市规划的编制和审批提供了法规与技术的依据和保障。
1984 年 1 月 5 日	国务院颁发了《城市规划条例》，共七章，五十五条，成为新中国城市规划建设管理方面的第一部行政法规。
1987 年 10 月	建设部在山东威海召开了全国首次城市规划管理工作会议，促进了城市规划管理工作的理论化、规范化、程序化进程。
1988 年	建设部在吉林市召开了第一次全国城市规划法规体系研讨会，首次提出了建立我国包括有关法律、行政法规、部门规章、地方性法规、地方性规章等在内的城市规划法规体系。
1989 年 12 月 26 日	《城市规划法》是我国城乡规划、建设、管理方面的第一部法律，为我国城市科学合理地建设和发展提供了法律保障，标志着我国城市规划法制建设又迈进了一大步，成为新中国城乡规划史上的一座里程碑。自 1990 年 4 月 1 日起施行。该法共六章，四十六条。

2011-005. 我国关于城乡规划方面的第一部行政法规是(　　)。

A.《城乡规划法》　　　　　　　　B.《城市规划法》

C.《城市规划条例》　　　　　　　D.《城市规划编制暂行办法》

【答案】C

【解析】从名称可以判断，A、B为法律，D为部门规章，C为行政法规，因而选C。

社会主义现代化建设新时期-2　　　　　　　　　　表 2-1-4

内容	说　　明
1993 年 6 月	国务院颁布《村庄和集镇规划建设管理条例》。
1994 年	建设部颁布《关于加强城市地下空间规划管理的通知》。
1994 年 8 月	建设部颁布《城镇体系规划编制审批办法》。
1994 年 9 月	建设部发布《历史文化名城保护规划编制要求》。
1995 年 6 月	建设部颁布《开发区规划管理办法》《建制镇规划建设管理办法》《城市规划编制办法实施细则》。
1997 年 10 月	建设部颁布《城市地下空间开发利用管理规定》。
1998 年	建设部发布《城市规划基本术语标准》，以及先后发布的《城市规划工程地质勘察规范》《城市居住区规划设计规范》《城市道路交通规划设计规范》《城市道路绿化规划与设计规范》《城市用地竖向规划规范》《城市工程管线综合规划规范》等20 多项城市规划技术标准和技术规范，初步形成了我国城乡规划技术标准和规范体系，为规范我国城乡规划的编制和实施提供了科学依据和技术保障。
2002 年至 2006 年	建设部相继颁布了《城市绿线管理办法》《城市紫线管理办法》《城市蓝线管理办法》《城市黄线管理办法》。
2006 年 9 月	国务院发布《风景名胜区条例》。
2007 年 10 月 28 日	《城乡规划法》颁布，自 2008 年 1 月 1 日起施行。该法共七章，七十条。《城乡规划法》是我国城乡规划法规体系中的基本法。
2008 年 4 月	国务院发布《历史文化名城名镇名村保护条例》。

从《城市规划法》到《城乡规划法》，体现了我国城乡规划法制建设的重大进步，树立了新中国城乡规划发展历史上的一座新的里程碑。围绕贯彻落实科学发展观和实施《城乡规划法》所进行的城乡规划法制建设的深入和对法定规划的进一步规范，标志着在社会主义现代化建设新时期我国城乡规范法制建设进入了一个全面建设和具体深化的新阶段，必将为推进我国城乡规划法制建设和依法行政展开新的篇章。

第二节　城乡规划法规体系

一、我国城乡规划法规体系构成

相关真题：2013-007、2012-081、2011-017

根据《立法法》规定，城乡规划法规体系的等级层次应包括法律、行政法规、地方性法规、自治条例和单行条例、规章（部门规章、地方政府规章）等，以构成完整的法规体系。

我国城乡规划法规体系构成 表 2-2-1

法规体系	说　　明
法律	**全国人民代表大会和全国人民代表大会常务委员会**行使国家立法权。 《城乡规划法》是我国城乡规划法规体系中的基本法。
行政法规	**国务院**根据宪法和法律，制定行政法规。 《风景名胜区条例》《历史文化名城名镇名村保护条例》等是城乡规划法规体系中的行政法规。
地方性法规	**省、自治区、直辖市、较大的市的人民代表大会及其常务委员会**根据本行政区域的具体情况和实际需要，在不同宪法、法律、行政法规相抵触的前提下，可以制定地方性法规。 根据《城乡规划法》，相继制定了地方性的规划条例或者实施细则、实施办法。
部门规章	**国务院各部、委员会**等，可以根据法律和国务院的行政法规、决定、命令，在本部门的权限范围内，制定规章。 国务院城乡规划主管部门所公布的《城市规划编制办法》《县域城镇体系规划编制审批办法》《城市、镇总体规划编制审批办法》《城市、镇控制性详细规划编制审批办法》《城市国有土地使用权出让转让规划管理办法》《近期建设规划工作暂行办法》《城市规划强制性内容暂行规定》《城市绿线管理办法》《城市紫线管理办法》《城市蓝线管理办法》《城市黄线管理办法》等都属于部门规章范畴，是我国城乡规划法规体系中的重要组成部分。
地方政府规章	**省、自治区、直辖市和较大的市的人民政府**，可以根据法律、行政法规和本省、自治区、直辖市的地方性法规，制定规章。

注：较大的市是指省、自治区的人民政府所在地的市，经济特区所在地的市，经国务院批准的较大的市。

2013-007、2011-017. 根据《立法法》，较大的市是指(　　)。

A. 直辖市
B. 省、自治区的人民政府所在的市
C. 城市人口 100 万及 100 万以上的市
D. 城市建成区面积超过 100 平方千米的市

【答案】B

【解析】《立法法》所称较大的市是指省、自治区的人民政府所在地的市，经济特区所在地的市和经国务院批准的较大的市，选项 B 符合题意。

2012-081. 根据《立法法》，较大的市是指(　　)

A. 省、自治区人民政府所在地的市
B. 城市人口规模超过 50 万、不足 100 万人的城市
C. 经济特区所在地的市
D. 直辖市

E. 经国务院批准的较大的市

【答案】ACE

【解析】解析同 2013-007。

二、纵向体系与横向体系

纵向体系与横向体系　　　　　　　　　　　　　　　表 2-2-2

内容	说　　明
纵向体系	从各级人大和政府按其立法权限所制定的法律、法规、规章，对于调整城乡规划建设方面的同一种类社会关系并采用同一调整方法的法律规范的总和来看，就构成了城乡规划的纵向法规体系。 　　这是城乡规划法规体系的直接组成部分，具体而言，城乡规划的纵向法规体系包括《城乡规划法》，国务院颁布的有关实施城乡规划法的行政法规，国务院城乡规划主管部门和其与有关部门联合制定的关于城乡规划编制、审批、实施、修改、监督检查、法律责任等内容的部门规章，各省、自治区、直辖市以及较大的市所公布的关于实施城乡规划法方面的地方性法规、地方政府规章等。
横向体系	城乡规划领域之外的，与城乡规划有着密切联系的相关法律、行政法规和有关部门规章等组成横向法规体系。 　　《土地管理法》《环境保护法》《文物保护法》《消防法》《建筑法》，以及《行政许可法》《行政复议法》《行政诉讼法》等。

三、我国现行城乡规划法规体系框架

相关真题：2018-094、2018-056、2018-022、2014-071、2014-052、2011-082、2009-031

我国现行城乡规划法规体系框架　　　　　　　　　　表 2-2-3

类别		法律规范和规章名称	颁布日期	施行日期	修订日期
法律		中华人民共和国城乡规划法	2007.10.28	2008.1.1	2019.4.23
行政法规		村庄和集镇规划建设管理条例	1993.6.29	1993.11.1	—
		风景名胜区条例	2006.9.19	2006.12.1	2016.2.6
		历史文化名城名镇名村保护条例	2008.4.2	2008.7.1	2017.10.7
部门规章与规范性文件	城乡规划编制与审批	城市规划编制办法	2005.12.31	2006.4.1	—
		省域城镇体系规划编制审批办法	2010.4.25	2010.7.1	—
		城市总体规划实施评估办法（试行）	2009.4.17	2009.4.17	—
		城市总体规划审查工作规则	1999.4.5	1999.4.5	—
		城市、镇总体规划编制审批办法	2010.12.1	2011.1.1	—
		城市、镇控制性详细规划编制审批办法	2010.12.1	2011.1.1	—
		历史文化名城保护规划编制审批办法	2014.10.15	2014.12.29	—
		城市绿化规划建设指标的规定	1993.11.4	1994.1.1	

类别		法律规范和规章名称	颁布日期	施行日期	修订日期
部门规章与规范性文件	城乡规划编制与审批	城市综合交通体系规划编制导则	2010.5.26	2010.5.26	—
		村镇规划编制办法（试行）	2000.2.14	2000.2.14	—
		城市规划强制性内容暂行规定	2002.8.29	2002.8.29	
	城乡规划实施管理与监督检查	建设项目选址规划管理办法	1991.8.23	1991.8.23	
		城市国有土地使用权出让转让规划管理办法	1992.12.4	1993.1.1	2011.1.26
		开发区规划管理办法	1995.6.1	1995.7.1	
		城市地下空间开发利用管理规定	1997.10.7	1998.1.1	2001.11.20
		城市抗震防灾规划管理规定	2003.9.19	2003.11.1	2011.1.26
		近期建设规划工作暂行办法	2002.8.29	2002.8.29	—
		城市绿线管理办法	2002.9.23	2002.12.17	2011.1.26
		城市紫线管理办法	2003.12.17	2004.2.1	2011.1.26
		城市黄线管理办法	2005.12.20	2006.3.1	2011.1.26
		城市蓝线管理办法	2005.12.20	2006.3.1	2011.1.26
		建制镇规划建设管理办法	1995.6.29	1995.7.1	2011.1.26
		市政公用设施抗灾设防管理规定	2008.9.18	2008.12.1	2015.1.22
		停车场建设和管理暂行规定	1988.10.3	1989.1.1	
		城建监察规定	1996.6.3	1996.11.1	2010.12.31
	城乡规划行业管理	城乡规划编制单位资质管理规定	2012.7.2	2012.9.1	2016.9.13
		注册城乡规划师职业资格制度规定	2017.5.22	2017.5.22	—

2018-094. 根据《城市综合交通体系规划编制导则》，以下选项中正确的是（   ）。

A. 城市综合交通体系规划范围应当与城市总体规划相一致

B. 城市综合交通体系规划期限应当与城市总体规划相一致

C. 城市综合交通体系规划成果编制应与城市总体规划成果编制相衔接

D. 城市综合交通体系规划是指导城市综合交通发展的基础性规划

E. 城市综合交通体系规划是城市总体规划的主要组成部分

【答案】ABCE

【解析】根据《城市综合交通体系规划编制导则》第1.4.1条，城市综合交通体系规划范围应当与城市总体规划相一致，A选项正确。第1.4.2条，城市综合交通体系规划期限应当与城市总体规划相一致，B选项正确。第2.1.3条，规划成果编制应与城市总体规划成果编制相衔接，C选项正确。第1.2.1条，城市综合交通体系规划是城市总体规划的重要组成部分，是指导城市综合交通发展的战略性规划。D选项错误，E选项正确。故选ABCE。

2018-056. 根据《开发区规划管理办法》，无权限批转设立开发区的是(   )。

A. 省人民政府   B. 自治区人民政府

C. 直辖市人民政府   D. 副省级城市人民政府

【答案】D

【解析】《开发区规划管理办法》所称开发区是指由国务院和省、自治区、直辖市人民政府批准在城市规划区内设立的经济技术开发区、保税区、高新技术产业开发区、国家旅游度假区等实行国家特定优惠政策的各类开发区。

2018-022. 根据《城市综合交通体系规划编制导则》，城市综合交通体系规划的期限应当与(   )相一致。

A. 城市战略发展规划   B. 城市总体规划

C. 城市近期建设规划   D. 控制性详细规划

【答案】B

【解析】《城市综合交通体系规划编制导则》

第1.4.1条规定，城市综合交通体系规划范围应当与城市总体规划相一致；

第1.4.2条规定，城市综合交通体系规划期限应当与城市总体规划相一致；

第1.4.3条规定，城市重大交通基础设施规划布局应考虑城市远景发展要求。

2014-071. 住房和城乡建设部、监察部联合发出的《关于加强建设用地容积率管理和监督检查的通知》属于(   )的范畴。

A. 行政法规   B. 部门规章

C. 政策文件   D. 技术规范

【答案】C

【解析】住房和城乡建设部、监察部联合发出的《关于加强建设用地容积率管理和监督检查的通知》属于政策文件，文号为建规〔2008〕227号。

2014-052. 城市紫线、绿线、蓝线、黄线管理办法属于(   )范畴。

A. 技术标准与规范   B. 政策文件

C. 行政法规   D. 部门规章

【答案】D

【解析】由表2-2-1可知，国务院城乡规划主管部门所公布的《城市绿线管理办法》《城市紫线管理办法》《城市蓝线管理办法》《城市黄线管理办法》等都属于部门规章范畴，是我国城乡规划法规体系中的重要组成部分。

2011-082. 在下列法规文件中，属于行政法规的有(   )。

A.《历史文化名城名镇名村保护条例》   B.《风景名胜区条例》

C.《北京市城乡规划条例》   D.《土地管理法实施办法》

E.《城市总体规划审查工作规则》

【答案】ABD

【解析】由表 2-2-3 可知，A、B 显然为国务院制定，C 为北京市地方法规，D 为国务院制定的落实《土地管理法》的办法，为行政法规；E 为建设部制定的部门规章；其中，国务院制定的法规多以"条例、办法"命名，而规章不可以用"条例"命名。

2009-031. 根据《开发区规划管理办法》的规定，开发区详细规划由(　　)审批。

A. 开发区管委会

B. 开发区管委会城乡规划行政主管部门

C. 开发区所在地的城市人民政府

D. 开发区所在地的城市人民政府城乡规划行政主管部门

【答案】C

【解析】《开发区规划管理办法》第七条规定，开发区详细规划由开发区所在地的城市人民政府审批。

我国现行城乡规划相关法规　　　　　　　　　　　　表 2-2-4

内容分类	法律	行政法规
土地利用与农田保护	土地管理法	土地管理法实施办法 城镇国有土地使用权出让和转让暂行条例 外商投资开发经营成片土地暂行管理办法 基本农田保护条例
自然资源与环境保护	环境保护法 节约能源法 矿产资源法 森林法 水法 环境影响评价法	自然保护区条例 建设项目环境保护管理条例 规划环境影响评价条例 民用建筑节能条例
自然与文化遗产保护	文物保护法	文物保护法实施条例 风景名胜区条例
建设工程管理	建筑法 公路法 测绘法 广告法 标准化法	中外合作设计工程项目暂行规定 城市道路管理条例 城镇燃气管理条例 城市市容和环境卫生管理条例 公共文化体育设施条例 城市绿化条例 城市供水条例 基础测绘条例
房地产开发管理	物权法 城市房地产管理法	城市房地产开发经营管理条例 城市房屋拆迁管理条例 城镇个人建造住宅管理条例
防空与防灾减灾管理	人民防空法 防灾减灾法 消防法	—

内容分类	法律	行政法规
军事设施与保密管理	军事设施保护法 保守国家秘密法	—
行政法律关系	行政许可法 行政复议法 行政诉讼法 行政处罚法 国家赔偿法 公务员法	信访条例 政府信息公开条例

第三节　城乡规划技术标准体系

一、城乡规划技术标准体系的构成

城乡规划技术标准体系的构成　　　　表 2-3-1

层级	类别	说明	数量
第一层	基础标准	指在某一专业范围内作为其他标准的基础并普遍使用，具有广泛指导意义。 如术语、符号、计量单位、图形、模数、基本分类、基本原则等的标准。	6 项
第二层	通用标准	针对某一类标准化对象制定的覆盖面较大的共性标准，作为制定专用标准的依据。 如通用的安全、卫生和环保要求，通用的质量要求，通用的设计、施工要求与试验方法，以及通用的管理技术等。	17 项
第三层	专用标准	针对某一具体标准化对象或作为通用标准的补充、延伸制定的专项标准，覆盖面不大。 如某种工程的勘察、规划、设计、施工、安装及质量验收的要求和方法，某个范围的安全、卫生、环保要求，某项试验方法，某类产品的应用技术以及管理技术等。	37 项

二、城乡规划技术标准体系的内容

城乡规划技术标准体系的内容　　　　表 2-3-2

内容	说　明
城市规划的编制标准	随着《城乡规划法》的实施及《省域城镇体系规划编制审批办法》《城市、镇总体规划编制审批办法》《城市、镇控制性详细规划编制审批办法》的颁布施行，各类法定规划的编制程序和内容都有了基本的规定。

内容	说　明
城市交通工程规划	为了适应城市交通迅速发展的需要，缓解城市交通拥堵的矛盾，大、中城市落实"优先发展城市公共交通的战略"，并逐步完善综合交通系统和建设新的交通设施。
城市专项工程规划	城市专项工程量大面广，涵盖了给水、排水、供电、通信、供热、燃气、环境卫生、环境保护、防洪、防汛、地下空间开发利用和人防、消防、抗震防灾等诸多专业。
历史文化保护	由于目前我国城市的快速发展，城市发展与保护的矛盾十分突出，随着《城乡规划法》的出台以及《历史文化名城名镇名村保护条例》的施行，尚需要将相关的内容逐步纳入标准规范体系中。
城市绿地系统规划	研究绿地在城市中的作用，通过绿地系统规划确定城市中各类园林绿地的布局和规模，从生态、游憩和审美考虑，从保存自然景观和协调城乡发展的目标出发，对风景区、修养胜地、自然保护区、防护绿地建设区进行系统规划。
村镇规划	中央提出建设社会主义新农村的战略构想和《城乡规划法》的实施，推动了村镇规划建设的发展和法制化建设，村镇规划的技术标准规范存在着巨大差距。

三、我国城乡规划技术标准体系框架

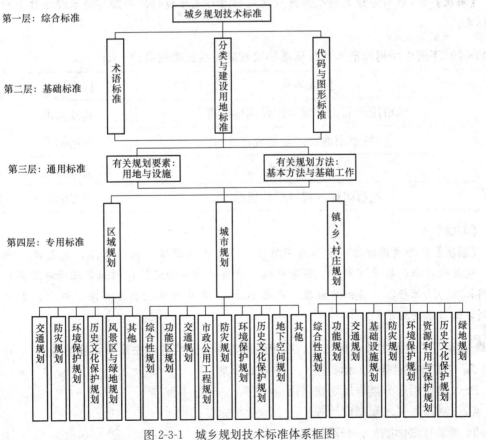

图 2-3-1　城乡规划技术标准体系框图

相关真题：2012-039、2011-019、2009-027

基础标准　　　　　　　　　　　　　　　　　表 2-3-3

标准层次	标准类型	标准名称	现行标准
基础标准	术语标准	城市规划基本术语标准	GB/T 50280-98
	图形标准	城市规划制图标准	CJJ/T 97-2003
	分类标准	城市用地分类与规划建设用地标准	GB 50137-2011
		城市用地分类代码	CJJ 46-91
		城市绿地分类标准	GJJ/T 85-2007
		城市规划基础资料搜集规程与分类代码	—
		村镇规划基础资料搜集规程	—

2012-039.《城市用地分类与规划建设用地标准》属于现行城乡规划技术标准体系中的(　　　)。

A. 综合标准　　　　　　　　　　B. 基础标准

C. 通用标准　　　　　　　　　　D. 专用标准

【答案】B

【解析】《城市用地分类与规划建设用地标准》属于现行城乡规划技术标准体系中的基础标准。

2011-019. 下表中所列标准名称与标准层次对应关系正确的是(　　　)。

	标准名称	标准层次
A.	城市用地分类与规划建设用地标准	基础标准
B.	城市用地竖向规划规范	专用标准
C.	村镇规划标准	基础标准
D.	城市居住区规划设计规范	通用标准

【答案】A

【解析】B 为通用标准，C 为通用标准，D 为专用标准。基础标准：就是最基础的标准，是其他标准的基础（术语、符号代码、分类标准特殊记忆；村镇基础资料搜集规程）；通用标准：共性标准（可细分标准、能源标准）；专用标准：具体标准（电力、电信等规定到详细目录的标准）。

2009-027. 下列应用的技术标准中，标准名称与所属分类对应关系不正确的是(　　　)。

A.《城市规划基本术语标准》——基础标准

B.《城市用地分类与规划建设用地标准》——通用标准

C.《城市居住区规划设计规范》——专用标准

D.《镇规划标准》——通用标准

【答案】B

【解析】《城市用地分类与规划建设用地标准》属于基础标准。

相关真题：2017-058、2014-020、2013-061、2012-045

通用标准 表 2-3-4

标准层次	标准类型	标准名称	现行标准
通用标准	城市规划	城市人口规模预测规程	—
		城市用地评定标准	CJJ 123 - 2009
		城市环境保护规划规范	—
		城市能源规划规范	—
		城市规划工程地质勘察规范	CJJ 57 - 94
		历史文化名城保护规划规范	GB 50357 - 2005
		城市地下空间规划标准	GB/T 51358—2019
		城市水系规划规范	GB 50513 - 2009
		城市用地竖向规划规范	CJJ 83 - 99
		城市工程管线综合规划规范	GB 50289 - 2016
		城市综合防灾规划标准	GB/T 51327—2018
	村镇规划	镇规划标准	GB 50188 - 2007
		村镇体系规划规范	—
		村镇用地评定标准	—

2017-058. 下列城乡规划技术标准规范中，属于通用标准的是(　　)。

　　A.《城市居住区规划设计规范》　　　　B.《城市用地分类与规划建设用地标准》

　　C.《城市道路交通规划设计规范》　　　D.《历史文化名城保护规划规范》

【答案】D

【解析】根据我国城乡规划技术标准的层次，《城市居住区规划设计规范》（现已更新为《城市居住区规划设计标准》GB 50180 - 2018）为专用标准；《城市用地分类与规划建设用地标准》为基础标准；《城市道路交通规划设计规范》为专用标准；《历史文化名城保护规划规范》为通用标准。

2014-020. 在我国现行城乡规划技术标准体系框架中，下列不属于专用标准的是(　　)。

　　A. 城市居住区规划设计规范　　　　　B. 城市消防规划规范

　　C. 城市地下空间规划规范　　　　　　D. 城镇老年人设施规划规范

【答案】C

【解析】我国现行城乡规划技术标准体系由基础标准、通用标准和专用标准组成。选项A、B、D属于专用标准；选项C属于通用标准，现已更新为《城市地下空间规划标准》。

2013-061. 下列城乡规划技术标准的标准层次叙述中不正确的是(　　)。

A. 《城市规划基础资料搜集规程与分类代码》是基础标准

B. 《城市水系规划规范》是通用标准

C. 《城市用地竖向规划规范》是专用标准

D. 《城市道路交通规划设计规范》是专用标准

【答案】C

【解析】《城市用地竖向规划规范》是通用标准。

2012-045. 《城市工程管线综合规划规范》属于现行城乡规划技术标准体系中的(　　)。

A. 综合标准　　　　　　　　　　B. 通用标准

C. 基础标准　　　　　　　　　　D. 专用标准

【答案】B

【解析】《城市工程管线综合规划规范》属于现行城乡规划技术标准体系中的通用标准。

相关真题：2014-053、2013-048、2011-089

专用标准　　　　　　　　　　　　　　　　　　　表 2-3-5

标准层次	标准类型	标准名称	现行标准
专用标准	城市规划	城市居住区规划设计标准	GB 50180－2018
		城市工业用地规划规范	—
		城市仓储用地规划规范	—
		城市公共设施规划规范	GB 50442－2008
		城市环境卫生设施规划规范	GB 50337－2003
		城市防地质灾害规划规范	—
		城市消防规划规范	—
		城市绿地设计规范	GB 50420－2007
		风景名胜区规划规范	GB 50298－2018
		城市岸线规划规范	—
		区域风景与绿色系统规划规范	—
		城镇老年人设施规划规范	GB 50437－2007
		城市给水工程规划规范	GB 50282－98
		城市排水工程规划规范	GB 50318－2000
		城市电力规划规范	GB 50293－1999
		城市通信工程规划规范	—
		城市供热工程规划规范	—
		城市燃气工程规划规范	—
		防洪标准	GB 50201－2014
		城市照明规划规范	—
		城市加油（汽）站规划规范	—
		城市道路交通规划设计规范	GB 50220－95
		城市公共交通规划规范	—

标准层次	标准类型	标准名称	现行标准
专用标准	城市规划	城市停车设施规划规范	—
		城市轨道交通线网规划编制标准	GB/T 50546-2009
		城市客运交通枢纽及广场交通规划规范	—
		城市对外交通规划规范	GB 50925-2013
		城市道路交通规划设计规范	GB 50220-95
		城市步行交通规划规范	—
		城市自行车交通规划规范	—
		城市道路绿化规划与设计规范	CJJ 75-97
		建设项目交通影响评价技术标准	CJJ/T 141-2010
		城市道路交叉口规划规范	GB 50647-2011
		城市快速公交（BRT）规划规范	—
	村镇规划	村镇居住用地规划规范	—
		村镇生产与仓储用地规划规范	—
		乡镇集贸市场规划设计标准	QJ/T 87-2000
		村镇绿地规划规范	—
		村镇环境保护规划规范	—
		村镇道路交通规划规范	—
		村镇公用工程规划规范	—
		村镇防灾规划规范	—

2014-053.《防洪标准》属于城乡规划技术标准层次中的(　　)。

A. 综合标准　　　　　　　　　　B. 基础标准

C. 通用标准　　　　　　　　　　D. 专用标准

【答案】D

【解析】城乡规划技术标准体系中，每部分体系中所含各专业的标准分体系，按各自学科或者专业内涵排列，在体系框架中分为基础标准、通用标准和专用标准三个层次。《防洪标准》为专用标准。

2013-048. 根据我国城乡规划技术标准的层次，下列正确的是(　　)。

A.《城市用地分类代码》——通用标准

B.《城市用地评定标准》——基础标准

C.《历史文化名城保护规划规范》——专用标准

D.《城市居住区规划设计规范》——专用标准

【答案】D

【解析】根据我国城乡规划技术标准的层次，《城市用地分类代码》为基础标准；《城市用地评定标准》为通用标准；《历史文化名城保护规划规范》为通用标准；《城市居住区规划设计规范》为专用标准。

2011-089. 下列城乡规划技术规范中已经颁布实施的有(　)。

A.《历史文化名城保护规划规范》　　　B.《风景名胜区规划规范》

C.《城镇老年人设施规划规范》　　　　D.《城市对外交通规划设计规范》

E.《城市消防规划规范》

【答案】ABCDE

【解析】（规范变动）

《历史文化名城保护规划规范》2005 年 7 月 15 日发布，2005 年 10 月 1 日实施。

《风景名胜区规划规范》1999 年 11 月 10 日发布，2000 年 1 月 1 日施行。

《城镇老年人设施规划规范》2007 年 10 月 25 日发布，2008 年 6 月 1 日施行。

《城市对外交通规划设计规范》2013 年 11 月 29 日发布，2014 年 6 月 1 日施行。

《城市消防规划规范》2015 年 1 月 21 日发布，2015 年 9 月 1 日实施。

第三章　城乡规划法

大纲要求　　　　　　　　　　　　　　　　表 3-0-1

内容	说　明
《中华人民共和国城乡规划法》	了解《中华人民共和国城乡规划法》立法背景
	熟悉《中华人民共和国城乡规划法》的重要意义与作用
	掌握《中华人民共和国城乡规划法》内容与说明

第一节 立法指导思想、背景和重要意义

一、立法指导思想

立法指导思想 表 3-1-1

内　容
制定《城乡规划法》的指导思想是：按照贯彻落实**科学发展观和构建社会主义和谐社会**的要求，统筹城乡建设和发展，确立科学的规划体系和严格的规划实施制度，正确处理近期建设与长远发展、局部利益与整体利益、经济发展与环境保护、现代化建设与历史文化保护等关系，强化城乡规划管理，协调城乡空间布局，改善人居环境，加强生态文明建设，实现城乡合理布局，节约资源，保护环境，体现特色，促进城乡经济社会可持续发展中的**科学指导**、**统筹协调**和**综合调控**作用。

二、立法背景

立法背景 表 3-1-2

内　容
《城乡规划法》是自 2000 年 8 月起由建设部起草的。它总结了 1990 年 4 月 1 日起施行的《城市规划法》和 1993 年 11 月 1 日起施行的《村庄集镇规划建设管理条例》的实施经验，结合我国城镇化发展战略实行以来城市经济社会发展中城乡规划管理遇到的一些新问题和建设社会主义新农村的客观需要，形成《城乡规划法（修订送审稿）》，2003 年 5 月上报国务院审议。 　国务院法制办会同建设部和有关部门多次进行研究、论证、协调、修改，并按照党的十六届三中全会、五中全会提出的统筹城乡发展和建设社会主义新农村的要求，进一步对有关内容作了补充、完善形成《城乡规划法（草案）》，2006 年 12 月经过国务院常务会议讨论通过，提请全国人民代表大会常务委员会审议。 　2007 年 4 月 24 日，第十届全国人民代表大会常务委员会第二十七次会议对《城乡规划法（草案）》进行了初次审议。2007 年 8 月法律委员会召开会议，根据常委会组成人员的审议意见和各方面的意见，对草案进行了逐条审议。8 月 24 日将修改情况提交人大常委会第二十九次会议进行第二次审议。之后，法律、法制工作委员会就进一步修改草案，同有关部门交换意见，再次召开会议审议修改，认为成熟可行，于 **2007 年 10 月 28 日经第十届全国人民代表大会常务委员会第三十次会议审议通过并颁布**。

三、制定《城乡规划法》的重要意义

重要意义 表 3-1-3

内　容
① 制定《城乡规划法》的重要意义，就在于**与时俱进**，通过新立法来提高城乡规划的**权威性和约束力**，进一步确立城乡规划的法律地位与法律效力，以适应我国社会主义现代化城市建设与社会主义新农村建设和发展的客观需要，使各级政府能够对城乡发展建设更加有效地依法行使规划、建设、管理的职能，从而保障我国城乡经济社会发展能够沿着法制化的轨道健康有序地前进； 　② 还在于它是从我国国情和各地城市发展的实际出发，以多年来我国城市和乡村规划工作实践经验为基础，并借鉴国外规划的立法和法制化建设经验，集中全社会各方面的思想智慧和远见，进一步强化城乡规划管理的具体体现。

第二节 《城乡规划法》基本框架

相关真题：2012-013

《城乡规划法》第一、二章框架 表 3-2-1

章别	内含条款	框架内容	主要内容
第一章 总则	共 12 条	城乡规划基本概念； 城镇体系规划； 城市、镇总体规划； 城市、镇详细规划； 乡规划和村庄规划； 规划区的划定； 制定和实施城乡规划的基本原则； 城乡规划与相关规划的协调； 城乡规划工作经费和技术保障； 城乡规划公开化与公众参与制度； 公民和单位的权利与义务； 城乡规划管理体制。	主要对本法的立法目的和宗旨，适用范围、调整对象、城乡规划制定和实施的原则、城乡规划与其他规划的关系、城乡规划编制与管理的经费来源和技术保障，以及城乡规划组织编制与管理及监督管理体制等作出了明确的规定。
第二章 城乡规划 的制定	共 16 条	全国城镇体系规划编制与审批； 省域城镇体系规划编制与审批； 城市、镇总体规划编制与审批； 本级人大审议规划； 总体规划主要内容与强制性内容； 乡规划、村庄规划内容，编制与审批； 城市、镇控制性详细规划编制与审批； 修建性详细规划的编制； 编制城乡规划应具备基础资料； 城乡规划编制的公告要求； 城乡规划编制的专家审查和公众参与； 城乡规划编制单位资质要求； 注册城乡规划师执业资格制度。	主要对城乡规划的组织编制和审批机构、权限、审批程序，城镇体系规划、城市和镇总体规划、乡规划和村庄规划等应当包括的内容，以及对城乡规划编制单位应当具备的资格条件和基础资料，城乡规划草案的公告和公众、专家和有关部门参与等作出了明确的规定。

2012-013. 《城乡规划法》中"城乡规划的制定"一章中未包括（　　）。

　　A. 省域城镇体系规划　　　　　B. 城市总体规划

　　C. 城市详细规划　　　　　　　D. 城市近期建设规划

【解析】根据《城乡规划法》基本框架可知，城乡规划的制定共十六条，主要对城乡规划的组织编制和审批，省域城镇体系规划，城市和镇总体规划，乡规划和村庄规划等应当包括的内容；城市、镇控制性详细规划编制与审批，城乡规划的公告，公众、专家和有关部门参与等作了明确的规定。

《城乡规划法》第三、四章框架 表 3-2-2

章别	内含条款	框架内容	主要内容
第三章 城乡规划 的实施	共 18 条	城乡发展和建设的指导思想； 城市新区开发必须注意的问题； 城市旧区更新必须注意的问题； 城市地下空间开发利用； 城市、镇近期建设规划内容和审批； 规划的重要用地禁止擅改用途； 城乡规划实施管理制度； 建设项目选址的规划管理； 建设用地（划拨方式）规划管理； 建设用地（出让方式）规划管理； 规划条件的规定； 建设工程规划管理； 乡村建设的许可和管理程序； 建设用地范围以外不得作出规划许可； 变更规划条件应遵循的原则和程序； 临时建设的规划行政许可； 建设工程竣工后的规划核实； 建设工程竣工资料的规划管理。	主要对地方各级人民政府实施城乡规划时应遵守的基本原则，城市、镇、乡和村庄各项规划、建设和发展实施规划时应遵守的原则，近期建设规划、建设项目选址规划管理、建设用地规划管理、建设工程规划管理、乡村建设规划管理、临时建设和临时用地规划管理等及其建设项目选址意见书、建设用地规划许可证、建设工程规划许可证、乡村建设规划许可证的核发，以及规划条件的变更，建设工程竣工验收和有关竣工验收资料的报送等作出了明确的规定。
第四章 城乡规划 的修改	共 5 条	规划实施情况的评估； 修改城乡规划的条件； 修改城镇体系规划的原则和程序； 修改总体规划的原则和程序； 修改乡规划、村庄规划的程序； 修改近期建设规划的原则和程序； 修改控制性详细规划的原则和程序； 修改修建性详细规划的原则和程序； 规划修改的补偿原则。	主要对省域城镇体系规划、城市总体规划、镇总体规划、控制性详细规划、乡规划、村庄规划的修改组织编制与审批，一书三证发放后城乡规划的修改，修建性详细规划、建设工程设计方案总平面的修改要求等作出了明确的规定。

章别	内含条款	框架内容	主要内容
第五章 监督检查	共 7 条	城乡规划监督检查范畴； 城乡规划人大监督； 城乡规划行政监督； 城乡规划公众监督； 对违法行为的行政处分； 对违法行为的行政处罚； 实施监督检查执法要求。	主要对城乡规划编制、审批、实施、修改的监督检查机构、权限、措施、程序、处理结果以及行政处分、行政处罚等作出了明确的规定。
第六章 法律责任	共 12 条	人民政府违法的行政法律责任； 城乡规划主管部门违法的行政法律责任； 相关行政部门违法的行政法律责任； 城乡规划编制单位违法的法律责任； 建设单位违法的法律责任； 乡村违法建设的法律责任； 临时建设违法的法律责任； 违反竣工验收制度的法律责任； 行政强制拆除规定； 违法行为的刑事法律责任。	主要对有关人民政府及其负责人和其他直接负责人，在城乡规划编制、审批、实施、修改中所发生的违法行为，城乡规划编制单位所出现的违法行为，建设单位或者个人所产生的违法建设行为的具体行政处分、行政处罚等作出了明确的规定。
第七章 附则	共 1 条	本法自 2008 年 1 月 1 日起施行 《城市规划法》同时废止	

第三节　《城乡规划法》主要内容

一、城乡规划的体系、原则和管理体制

相关真题：2017-013、2013-014

城乡规划的体系　　　　　　　　　　　　　　　　表 3-3-1

内　容
《城乡规划法》第二条规定，本法所称城乡规划，包括城镇体系规划、城市规划、镇规划和村庄规划。城市规划、镇规划分为总体规划和详细规划。详细规划分为控制性详细规划和修建性详细规划。第十二条、第十三条又规定了全国城镇体系规划和省域城镇体系规划的相关内容。 　　第三十四条还规定了近期建设规划的相关内容。这就形成了本法所法定的城乡规划体系，体系中的各类规划就是受法律保护的法定规划。

内　　容

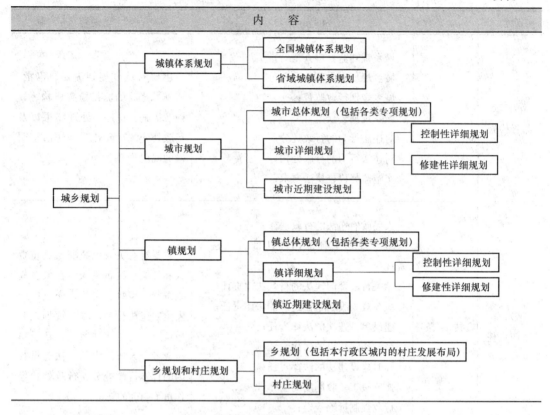

2017-013. 根据《城乡规划法》，下列规划体系中，不正确的是(　　)。

A. 城镇体系规划——全国城镇体系规划、省域城镇体系规划、市域城镇体系规划、县域城镇体系规划、镇域城镇体系规划

B. 城市规划——城市总体规划、城市详细规划（控制性详细规划、修建性详细规划）

C. 镇规划——镇总体规划、镇详细规划（控制性详细规划、修建性详细规划）

D. 乡村规划——乡规划（包括本行政区域内的村庄发展布局）、村庄规划

【答案】A

【解析】选项A不包括市域城镇体系规划、县域城镇体系规划、镇域城镇体系规划，因而选A。

2013-014. 根据《城乡规划法》，城乡规划包括城镇体系规划、城市规划、镇规划、(　　)。

A. 村庄和集镇规划　　　　　　B. 乡规划和村庄规划

C. 乡村发展布局规划　　　　　D. 新农村规划

【答案】B

【解析】本法所称城乡规划，包括城镇体系规划、城市规划、镇规划、乡规划和村庄规划。

相关真题：2018-073、2010-006、2009-082

内　容
① **城乡统筹、合理布局、节约土地、集约发展的原则**：充分发挥城市中心辐射带动作用，合理安排城市、镇、乡村空间布局，提高土地利用效益，走集约型可持续的道路； ② **先规划后建设的原则**：城乡各项建设活动必须依照城乡规划进行，保证城乡建设科学、合理、有序、可持续性进行和健康发展； ③ **环保节能，保护耕地的原则**：加大生态保护和建设力度，努力改善生态环境和生活环境； ④ **保护历史文化遗产和城乡特色风貌的原则**：加强对世界自然和文化遗产、历史文化名城、名镇、名村的保护，以及对历史文化街区、文物古迹和风景名胜区的保护，包括对非物质文化遗产的保护； ⑤ **公共安全、防灾减灾的原则**：努力满足防火、防爆、防震抗震、防洪防涝、防泥石流、防暴风雪、防沙漠侵袭等防灾减灾的需要，保障城乡人民群众生命财产安全和社会的和谐安定。

2018-073. 依据《城乡规划法》，制定和实施城乡规划，应当遵循城乡统筹、合理布局、节约用地、集约发展和(　　)的原则。

A. 保护生态环境　　　　　　　　B. 先规划后建设

C. 保护耕地　　　　　　　　　　D. 保持地方特色

【答案】B

【解析】《城乡规划法》第四条规定，制定和实施城乡规划，应当遵循城乡统筹、合理布局、节约土地、集约发展和先规划后建设的原则，改善生态环境，促进资源、能源节约和综合利用，保护耕地等自然资源和历史文化遗产，保持地方特色、民族特色和传统风貌，防止污染和其他公害，并符合区域人口发展、国防建设、防灾减灾和公共卫生、公共安全的需要。故选 B。

2010-006. 根据《城乡规划法》，制定和实施城乡规划，应当遵循的原则之一是(　　)。

A. 科学评估　　　　　　　　　　B. 综合开发和利用

C. 适用经济美观　　　　　　　　D. 集约发展

【答案】D

【解析】同 2018-073，应选 D。

2009-082. 城乡规划的基本原则有(　　)。

A. 城乡统筹、合理布局、节约土地、集约发展的原则

B. 先建设后规划的原则

C. 环保节能，保护耕地的原则

D. 保护历史文化遗产和城乡特色风貌的原则

E. 公共安全，防灾减灾的原则

【答案】ACDE

【解析】城乡规划的基本原则：①城乡统筹、合理布局、节约土地、集约发展的原则；②先规划后建设的原则；③环保节能，保护耕地的原则；④保护历史文化遗产和城乡特色风貌的原则；⑤公共安全、防灾减灾的原则。

相关真题：2018-009、2012-014、2010-020、2009-013

城乡规划的管理体制 表 3-3-3

内容	说　　明
概论	《城乡规划法》第十一条规定，**国务院城乡规划主管部门负责全国的城乡规划管理工作。县级以上地方人民政府城乡规划主管部门负责本行政区域内的城乡规划管理工作。**
国务院城乡规划主管部门	主要负责： 全国城镇体系规划的组织编制和报批、部门规章的制定； 报国务院审批的省域城镇体系规划和城市总体规划的报批有关工作； 规划编制单位资质等级的审查和许可； 对举报或控告的受理、核查和处理； 对全国城乡规划编制、审批、实施、修改的监督检查。
省、自治区城乡规划主管部门	主要负责： 省域城镇体系规划和本行政区内城市总体规划、县人民政府所在地镇总体规划的报批有关工作； 规划编制单位资质等级的审查和许可； 对举报或控告的受理、核查和处理； 对区域内城乡规划编制、审批、实施、修改的监督检查和实施行政措施等。
城市、县人民政府城乡规划主管部门	**城市、县人民政府城乡规划主管部门**主要负责： 城市、镇总体规划以及乡规和村庄规划的报批有关工作； 城市、镇控制性详细规划的组织编制和报批； 重要地块修建性详细规划的组织编制； 一书三证的受理、审查、核发； 对举报或控告的受理、核查和处理； 对区域内城乡规划编制、审批、实施、修改的监督检查和实施行政措施等； 直辖市人民政府城乡规划主管部门还负责对规划编制单位资质等级的审查和许可工作。
乡、镇人民政府	**乡、镇人民政府**负责乡规划、村庄规划的组织编制； 镇人民政府负责镇总体规划的组织编制，还负责镇的控制性详细规划的组织编制； 乡、镇人民政府对乡、村庄规划区内的违法建设实施行政处罚。

2018-009. 城乡规划主管部门实施城市规划管理的权力来自（　　）。

A. 国家政府职能　　　　　　　　　B. 规划部门职能

C. 行政管理公权　　　　　　　　　D. 法律法规授权

【答案】D

【解析】《城乡规划法》第十一条规定，国务院城乡规划主管部门负责全国的城乡规划管理工作。县级以上地方人民政府城乡规划主管部门负责本行政区域内的城乡规划管理工作。行政管理权是法律法规的授权，故选 D。

2012-014. 根据《城乡规划法》，县级以上地方人民政府城乡规划主管部门负责（　　）的城乡规划管理工作。

A. 本行政区域内　　　　　　　　　B. 本行政区域规划区内

C. 本行政区域建成区内　　　　　　D. 本行政区域建成用地范围内

【答案】A

【解析】国务院城乡规划主管部门负责全国的城乡规划管理工作。县级以上地方人民政府城乡规划主管部门负责本行政区域内的城乡规划管理工作。

2010-020. 以下哪种表述与《城乡规划法》的规定不符?(　　)

　　A. 国务院城乡规划主管部门负责全国的城镇体系规划

　　B. 省、自治区、直辖市人民政府城乡规划规划主管部门负责本行政区内的规划管理工作

　　C. 城市人民政府城乡规划主管部门负责本市的城乡规划管理工作

　　D. 县人民政府城乡规划主管部门负责本县县域范围的城乡规划管理工作

【答案】C

【解析】国务院城乡规划主管部门负责全国的城乡规划管理工作。县级以上地方人民政府城乡规划主管部门负责本行政区域内的城乡规划管理工作。

2009-013.《城乡规划法》规定,在城乡规划管理工作中,县级以上地方人民政府城乡规划主管部门的法定行政权范围是指城市、镇和村庄的(　　)范围。

　　A. 规划区　　　　　　　　　　　B. 规划控制区

　　C. 建成区　　　　　　　　　　　D. 行政区

【答案】D

【解析】县级以上地方人民政府城乡规划主管部门负责本行政区域内的城乡规划管理工作。

二、城乡规划的制定

相关真题:2018-075、2017-084、2014-092、2013-085、2012-083、2012-008、2011-041、2011-021、2010-014、2010-012、2009-011

城乡规划的主要内容　　　　　　　　　　　　　表 3-3-4

内　　容
省域城镇体系规划: 城镇空间布局和规模控制; 重大基础设施布局; 为保护生态环境、资源等需要严格控制的区域等。
城市、镇总体规划: 　应当包括城市、镇的发展布局、功能分区、用地布局、综合交通体系,禁止、限制和适宜建设的地域范围,各类专项规划等。 　**强制性内容:规划区范围、规划区内建设用地规模、基础设施和公共服务设施用地、水源地和水系、基本农田和绿化用地、环境保护、自然与历史文化遗产保护以及防灾减灾等内容。** 　**城市总体规划**还应对城市更长远的发展做出预测性安排。
乡规划和村庄规划: 　规划区范围,对住宅、道路、供水、排水、供电、垃圾收集、畜禽养殖场等农村生产、生活服务设施、公益事业等各项建设的用地布局、建设要求,以及对耕地等自然资源和历史文化遗产保护、防灾减灾等的具体安排。 　乡规划、村庄规划应当以农村实际出发,尊重村民意愿,体现地方和农村特色。乡规划还应当包括本行政区域内的村庄发展布局。

2018-075. 根据《城乡规划法》，城市总体规划的编制应当（　　　）。

A. 与国民经济和社会发展规划相衔接　　　B. 与土地利用总体规划相衔接

C. 与区域发展规划相衔接　　　D. 与省域城镇体系规划相衔接

【答案】B

【解析】《城乡规划法》第五条规定，城市总体规划、镇总体规划以及乡规划和村庄规划的编制，应当依据国民经济和社会发展规划，并与土地利用总体规划相衔接。

2017-084. 根据《城乡规划法》，省域城镇体系规划的内容应当包括（　　　）。

A. 城镇空间布局和规模控制

B. 重大基础设施的布局

C. 公共服务设施用地的布局

D. 为保护生态环境、资源等必须要严格控制的区域

E. 各类专项规划

【答案】ABD

【解析】省域城镇体系规划的内容应当包括：城镇空间布局和规模控制，重大基础设施的布局，为保护生态环境、资源等需要严格控制的区域。

2014-092. 根据《城乡规划法》，下列属于村庄规划内容的是（　　　）。

A. 确定各级公共服务中心的位置和规模

B. 农村生产、生活服务设施的用地布局

C. 对耕地等自然资源和历史文化遗产保护的具体安排

D. 对公益事业建设的用地布局

E. 村庄发展布局

【答案】BCD

【解析】乡规划、村庄规划的内容应当包括：规划区范围、住宅、道路、供水、排水、供电、垃圾收集、牲畜养殖场所等农村生产、生活服务设施、公益事业等各项建设的用地布局、建设要求，以及对耕地等自然资源和历史文化遗产保护、防灾减灾等的具体安排；乡规划还应当包括本行政区域内的村庄发展布局。

2013-085、2012-083. 《城乡规划法》对（　　　）的主要规划内容作了明确的规定。

A. 全国城镇体系规划　　　B. 省域城镇体系规划

C. 城市、镇总体规划　　　D. 城市、镇详细规划

E. 乡规划和村庄规划

【答案】BCE

【解析】《城乡规划法》第十三、十七、十八条分别对省域城镇体系规划、城市、镇总体规划、乡规划和村庄规划的主要规划内容作了明确的规定。

2012-008. 下列关于规划区的叙述中，不正确的是（　　　）。

A. 规划区是指城市和建制镇的建成区以及因城乡建设和发展需要，必须实行规划控制的区域

B. 在规划区内进行建设活动，应当遵守土地管理、自然资源和环境保护等法律法规的规定

C. 界定规划区范围属于城市规划、镇总体规划的强制性内容

D. 城市、镇规划区内的建设活动应当符合规划要求

【答案】A

【解析】《城市规划基础术语标准》第 3.0.5 条指出，城市规划区是指市市区、近郊区以及城市行政区域内其他因城市建设和发展需要实行规划控制的区域。

2011-041. 根据《城乡规划法》，乡规划应包括(　　)。

A. 总体规划

B. 近期建设规划

C. 控制性详细规划

D. 本行政区域内的村庄发展布局

【答案】D

【解析】乡规划、村庄规划应当从农村实际出发，尊重村民意愿，体现地方和农村特色。乡规划、村庄规划的内容应当包括：规划区范围，住宅、道路、供水、排水、供电、垃圾收集、畜禽养殖场所等农村生产、生活服务设施、公益事业等各项建设的用地布局、建设要求，以及对耕地等自然资源和历史文化遗产保护、防灾减灾等的具体安排。乡规划还应当包括本行政区域内的村庄发展布局。

2011-021. 镇总体规划的内容应当包括：镇的发展布局、功能分区、用地布局、综合交通体系、(　　)及各类专项规划等。

A. 禁止、限制和适宜建设的地域范围

B. 水资源和水系

C. 基本农田范围

D. 防灾减灾

【答案】A

【解析】城市总体规划、镇总体规划的内容应当包括：城市、镇的发展布局，功能分区，用地布局，综合交通体系，禁止、限制和适宜建设的地域范围，各类专项规划等。其他项是强制性规划的内容。

2010-014. 根据《城乡规划法》，下列哪种规划还应当对"更长远的发展"做出预测性安排？(　　)

A. 城市总体规划

B. 镇总体规划

C. 乡规划

D. 村庄规划

【答案】A

【解析】城市总体规划、镇总体规划的规划期限一般为二十年。城市总体规划还应当对城市更长远的发展作出预测性安排。

2010-012. 根据《城乡规划法》，下列哪项不属于省域城镇体系规划的内容？(　　)

A. 城镇空间布局

B. 城镇规模控制

C. 城镇功能分区

D. 重大基础设施布局

【答案】C

【解析】省、自治区人民政府组织编制省域城镇体系规划，报国务院审批。省域城镇体系规划的内容应当包括：城镇空间布局和规模控制，重大基础设施的布局，为保护生态

环境、资源等需要严格控制的区域。

2009-011. 规划区是指城市、镇和村庄的( )以及因城乡建设和发展需要，必须实行规划控制的区域。

A. 行政范围

B. 建设用地

C. 规划范围

D. 建成区

【答案】D

【解析】《城乡规划法》第二条规定，规划区是指城市、镇和村庄的建成区以及因城乡建设和发展需要，必须实行规划控制的区域。

相关真题：2014-086、2014-014、2013-016、2017-014

城乡规划编制和审批程序   表 3-3-5

内 容
全国城镇体系规划：国务院城乡规划主管部门会同国务院有关部门组织编制全国城镇体系规划，用于指导省域城镇体系规划、城市总体规划的编制。全国城镇体系规划由国务院城乡规划主管部门报国务院审批（第十二条）。
省域城镇体系规划：省、自治区人民政府组织编制省域城镇体系规划，报国务院审批（第十三条）。
直辖市城市总体规划：直辖市的城市总体规划由直辖市人民政府报国务院审批（第十四条）。
城市总体规划：省、自治区人民政府所在地的城市以及国务院确定的城市的总体规划，由省、自治区人民政府审查同意后，报国务院审批；其他城市的总体规划，由城市人民政府报省、自治区人民政府审批（第十四条）。
镇总体规划：县人民政府组织编制县人民政府所在地镇的总体规划，报上一级人民政府审批。其他镇的总体规划由镇人民政府组织编制，报上一级人民政府审批（第十五条）。

2014-086. 城市总体规划报送审批时，应当一并报送的内容有( )。

A. 省域城镇体系规划确定的城镇空间布局和规模控制要求

B. 本级人民代表大会常务委员会的审议意见

C. 根据本级人民代表大会常务委员会的审议意见作出修改规划的情况

D. 对公众及专家意见的采纳情况及理由

E. 城市总体规划编制单位的资质证书

【答案】BCD

【解析】《城乡规划法》第十六条规定，规划的组织编制机关报送审批省域城镇体系规划、城市总体规划或者镇总体规划，应当将本级人民代表大会常务委员会组成人员或者镇人民代表大会代表的审议意见和根据审议意见修改规划的情况一并报送。第二十六条规定，城乡规划报送审批前，组织编制机关应当依法将城乡规划草案予以公告，并采取论证会、听证会或者其他方式征求专家和公众的意见。公告的时间不得少于 30 日。组织编制机关应当充分考虑专家和公众的意见，并在报送审批的材料中附具意见采纳情况及理由。

2014-014. 根据《城乡规划法》，国务院城乡规划主管部门会同国务院有关部门组织编制全国城镇体系规划，用于指导省域城镇体系规划、（　　）的编制。

A. 市域城镇体系规划　　　　　　　B. 县域城镇体系规划

C. 城市总体规划　　　　　　　　　D. 城市详细规划

【答案】C

【解析】国务院城乡规划主管部门会同国务院有关部门组织编制全国城镇体系规划，用于指导省域城镇体系规划、城市总体规划的编制。全国城镇体系规划由国务院城乡规划主管部门报国务院审批。

2013-016. 下列关于规划备案的叙述中，不正确的是（　　）。

A. 镇人民政府编制的总体规划，报上一级人民政府备案

B. 城市人民政府编制的控制性详细规划，报上一级人民政府备案

C. 镇人民政府编制近期建设规划，报上一级人民政府备案

D. 城市人民政府编制的近期建设规划，报上一级人民政府备案

【答案】B

【解析】根据《城乡规划法》第十五、十九、二十、三十四条规定，县人民政府组织编制县人民政府所在地镇的总体规划，报上一级人民政府审批。其他镇的总体规划由镇人民政府组织编制，报上一级人民政府审批。城市人民政府城乡规划主管部门根据城市总体规划的要求，组织编制城市的控制性详细规划，经本级人民政府批准后，报本级人民代表大会常务委员会和上一级人民政府备案。城市、县、镇人民政府应当根据城市总体规划、镇总体规划、土地利用总体规划和年度计划以及国民经济和社会发展规划，制定近期建设规划，报总体规划审批机关备案。

2017-014. 下列规划的审批中，不属于国务院审批的是（　　）。

A. 全国城镇体系规划

B. 省、自治区人民政府所在地城市的总体规划

C. 省级风景名胜区的总体规划

D. 直辖市城市总体规划

【答案】C

【解析】选项 ABD 均要报国务院审批，因而此题选 C。

相关真题：2013-019、2010-027、2010-008、2009-066

城乡规划编制和审批的程序与要求　　　　　　　　　　　　表 3-3-6

内容	说　明
城乡规划编制和审批程序	乡、村庄规划由乡、**镇**人民政府组织编制，报上一级人民政府审批。村庄规划应经村民会议或者村民代表会议同意后报上一级人民政府审批。
	城市控制性详细规划由城市人民政府城乡规划主管部门组织编制，经本级人民政府批准后，报本级人民代表大会常务委员会和上一级人民政府备案。

内容	说　明
城乡规划编制和审批程序	县人民政府所在地镇的控制性详细规划，由**县人民政府城乡规划主管部门**组织编制，经县人民政府批准后，报**本级人民代表大会常务委员会和上一级人民政府备案**。其他镇的控制性详细规划，由**镇人民政府**组织编制，报上一级人民政府审批。
	修建性详细规划应当符合控制性详细规划。城市、镇重要地块的修建性详细规划，由**城市、县人民政府城乡规划主管部门和镇人民政府**组织编制。
科学、民主制定规划的要求	城乡规划组织编制机关，应当委托具有相应资质等级的单位承担城乡规划的具体编制工作。
	编制城乡规划，应当具备国家规定的勘察、测绘、气象、地震、水文、环境等基础资料。**国家鼓励采用先进的科学技术，增强城乡规划的科学性。**
	城乡规划报送审批前，应当依法将规划草案予以公告，并采取论证会、听证会或者其他方式征求专家和公众的意见。省域城镇体系规划、城市总体规划、镇总体规划批准前，应当组织专家和有关部门进行审查。

2013-019. 下列关于**镇控制性详细规划编制审批**的叙述中，**不正确**的是(　　)。

A. 所有镇的控制性详细规划由城市、县城乡规划主管部门组织编制

B. 镇控制性详细规划可以适当调整或减少控制指标和要求

C. 规模较小的建制镇的控制性详细规划，可与镇总体规划编制相结合，提出规划控制指标和要求

D. 县人民政府所在地镇的控制性详细规划，经县人民政府批准后，报本级人民代表大会常务委员会和上一级人民政府备案

【答案】A

【解析】城市、县人民政府城乡规划主管部门组织编制城市、县人民政府所在地镇的控制性详细规划；其他镇的控制性详细规划由镇人民政府组织编制。镇控制性详细规划可以根据实际情况，适当调整或者减少控制要求和指标。规模较小的建制镇的控制性详细规划，可以与镇总体规划编制相结合，提出规划控制要求和指标。县人民政府所在地镇的控制性详细规划，经县人民政府批准后，报本级人民代表大会常务委员会和上一级人民政府备案。其他镇的控制性详细规划由镇人民政府报上一级人民政府审批。

2010-027. 根据《城乡规划法》，组织编制城市控制性详细规划的是(　　)。

A. 城市人民政府　　　　　　　　　B. 城市人民政府城乡规划主管部门

C. 建设单位　　　　　　　　　　　D. 具有相应资质等级的规划编制单位

【答案】B

【解析】城市人民政府城乡规划主管部门根据城市总体规划的要求，组织编制城市的控制性详细规划，经本级人民政府批准后，报本级人民代表大会常务委员会和上一级人民政府备案。

2010-008. 国家鼓励采用( ),增强城乡规划的科学性,提高城乡规划实施及监督管理的效能。

A. 先进的科学技术　　　　　　　　B. 多学科的融合技术

C. 部门间的联动措施　　　　　　　　D. 可持续发展的措施

【答案】A

【解析】国家鼓励采用先进的科学技术,增强城乡规划的科学性,提高城乡规划实施及监督管理的效能。

2009-066. 县人民政府所在地镇的总体规划由( )组织编制。

A. 省人民政府　　　　　　　　　　B. 市人民政府

C. 县人民政府　　　　　　　　　　D. 镇人民政府

【答案】C

【解析】县人民政府组织编制县人民政府所在地镇的总体规划,报上一级人民政府审批。其他镇的总体规划由镇人民政府组织编制,报上一级人民政府审批。

三、城乡规划的实施

相关真题:2017-046、2017-028、2014-090、2013-018、2012-087、2011-056、2010-086、2010-034、2010-019、2009-026

城乡规划的实施　　　　　　　　　　　　　　　　　　　　　　表3-3-7

内容	说　　明
城乡规划实施的原则	**地方各级人民政府组织实施城乡规划时应遵循的原则:** 应当根据当地经济社会发展水平,量力而行,尊重群众意愿,有计划、分步骤地组织实施城乡规划。
	在城市建设和发展过程中实施规划时应遵循的原则: ① 第二十九条:城市的建设和发展,应当优先安排基础设施以及公共服务设施的建设,要妥善处理新区开发与旧区改建的关系,统筹兼顾进城务工人员生活和周边农村经济社会发展、村民生产与生活的需要。 ② 第三十条:城市新区的开发和建设,应当合理确定建设规模和时序,充分利用现有市政基础设施和公共服务设施,严格保护自然资源和生态环境,体现地方特色。在城市总体规划、镇总体规划确定的建设用地范围以外,不得设立各类开发区和城市新区。 ③ 第三十一条:旧城区的改建,应当保护历史文化遗产和传统风貌,合理确定拆迁和建设规模,有计划地对危房集中、基础设施落后等地段进行改建。历史文化名城、名镇、名村的保护以及受保护建筑物的维护和使用,应当遵守有关法律、行政法规和国务院的规定。 ④ 第三十二条:城乡建设和发展,应当依法保护和合理利用风景名胜资源,统筹安排风景名胜区及周边乡、镇、村庄的建设。风景名胜区的规划、建设和管理,应当遵守有关法律、行政法规和国务院的规定。 ⑤ 第三十三条:城市地下空间的开发和利用,应当与经济和技术发展水平相适应,遵循统筹安排、综合开发、合理利用的原则,充分考虑防灾减灾、人民防空和通信等需要,并符合城市规划,履行规划审批手续。

続表

内容	说　　明
城乡规划实施的原则	**在镇的建设和发展过程中实施规划时应遵循的原则**：应当结合农村经济社会发展和产业结构调整，优先安排供水、排水、供电、供气、道路、通信、广播电视等基础设施和学校、卫生院、文化站、幼儿园、福利院等公共服务设施的建设；为周边农村提供服务。
	在乡、村庄的建设和发展过程中实施规划应遵循的原则：应当因地制宜、节约用地，发挥村民自治组织的作用，引导村民合理进行建设，改善农村生产、生活条件。
	确定的用地在规划实施过程中禁止擅自改变用途的原则：这些用地是指城乡规划所确定的铁路、公路、港口、机场、道路、绿地、输配电设施及输电线路走廊、通信设施、广播电视设施、管道设施、河道、水库、水源地、自然保护区、防洪通道、消防通道、核电站、垃圾填埋场及焚烧场、污水处理厂和公共服务设施的用地以及其他需要依法保护的用地。
	确定的建设用地范围以外不得作出规划许可的原则：城乡规划主管部门不得在城乡规划确定的建设用地范围以外作出规划许可。
近期建设规划	**近期建设规划的制定**：第三十四条规定，城市、县、镇人民政府应当根据城市总体规划、镇总体规划、土地利用总体规划和年度计划以及国民经济和社会发展规划，制定近期建设规划，报总体规划审批机关备案。
	近期建设规划的重点内容：第三十四条规定，近期建设规划应当以重要基础设施、公共服务设施和中低收入居民住房建设以及生态环境保护为重点内容，明确近期建设的时序、发展方向和空间布局。
	近期建设规划的实施：城市、镇总体规划的实施是要靠近期建设规划的制定和实施来落实的。近期建设规划的规划期限为五年，有利于近期建设规划的具体落实和有效施行。

2017-046. 根据《城乡规划法》，城市的建设和发展，应当优先安排(　　)。

A. 居民住宅的建设和统筹安排进城务工人员的生活

B. 基础设施以及公共服务设施的建设

C. 社区绿化设施的建设

D. 地下空间开发和利用设施的建设

【答案】B

【解析】《城乡规划法》第二十九条城市的建设和发展，应当优先安排基础设施以及公共服务设施的建设，要妥善处理新区开发与旧区改建的关系，统筹兼顾进城务工人员生活和周边农村经济社会发展、村民生产与生活的需要。

2017-028、2013-018. 根据《城乡规划法》，在城市总体规划、镇总体规划确定的(　　)范围内之外，不得设立各类开发区和城市新区。

A. 规划区　　　　　　　　　　B. 建设用地

C. 生态红线　　　　　　　　　D. 开发边界

【答案】B

【解析】依据《城乡规划法》第三十条：在城市总体规划、镇总体规划确定的建设用地范围以外，不得设立各类开发区和城市新区，因而此题选 B。

2014-090. 根据《城乡规划法》，近期建设规划应当根据( )来制定。

　　A. 国民经济和社会发展规划　　　　B. 省域城镇体系规划

　　C. 城市总体规划　　　　　　　　　D. 控制性详细规划

　　E. 修建性详细规划

　　【答案】AC

　　【解析】《城乡规划法》第三十四条规定，城市、县、镇人民政府应当根据城市总体规划、镇总体规划、土地利用总体规划和年度计划以及国民经济和社会发展规划，制定近期建设规划，报总体规划审批机关备案。

2012-087. 根据城乡规划法，近期建设规划的重点内容有( )

　　A. 生态环境保护　　　　　　　　　B. 公共服务设施建设

　　C. 中低收入居民住房建设　　　　　D. 近期建设的时序

　　E. 重要基础设施建设

　　【答案】ABCE

　　【解析】《城乡规划法》第三十四条规定，近期建设规划应当以重要基础设施、公共服务设施和中低收入居民住房建设以及生态环境保护为重点内容，明确近期建设的时序、发展方向和空间布局。

2011-056. 下列属于近期建设规划内容的是( )

　　A. 自然遗产与历史文化遗产保护　　B. 地下空间的开发与利用

　　C. 河湖水系城市绿化等综合治理　　D. 中低收入居民住房建设

　　【答案】D

　　【解析】解析同 2012-087。

2010-086. 城市新区的开发和建设，应当( )。

　　A. 正确划定新区规划区范围

　　B. 合理确定建设规模和时序

　　C. 充分利用现有市政基础设施和公共服务设施

　　D. 严格保护自然资源和生态环境

　　E. 体现地方特色

　　【答案】BCDE

　　【解析】依据《城乡规划法》第三十条：城市新区的开发和建设，应当合理确定建设规模和时序，充分利用现有市政基础设施和公共服务设施，严格保护自然资源和生态环境，体现地方特色。在城市总体规划、镇总体规划确定的建设用地范围以外，不得设立各类开发区和城市新区。

2010-034. 根据《城乡规划法》，对中低收入居民住房建设内容应该在( )中确定。

　　A. 控制性详细规划　　　　　　　　B. 修建性详细规划

C. 工程设计总平面图   D. 近期建设规划

【答案】D

【解析】《城乡规划法》第二十九条规定，城市的建设和发展，应当优先安排基础设施以及公共服务设施的建设，要妥善处理新区开发与旧区改建的关系，统筹兼顾进城务工人员生活和周边农村经济社会发展、村民生产与生活的需要。

2010-019.《城乡规划法》规定，城市的建设和发展，应当优先安排(   )

     A. 基本农田和绿化用地   B. 基础设施和公共服务设施的建设

     C. 地下空间的开发和利用   D. 进城务工人员的生活

【答案】B

【解析】解析同 2017-046。

2009-026. 下列关于城市新区开发建设的说法中，符合《城乡规划法》规定的是(   )

     A. 城市新区应当设在城市总体规划确定的建设用地范围以外

     B. 在城市规划区内，省级经济技术开发区选址不受条件限制

     C. 各新开发区应当享受特殊扶持政策，独立实行规划管理

     D. 城市新区的开发和建设应当合理确定建设规模和时序

【答案】D

【解析】解析同 2010-086。

相关真题：2017-057、2014-031、2014-093、2013-045、2011-032、2009-069

城乡规划实施管理制度   表 3-3-8

阶段	程 序		主管部门	核发文件
建设项目选址规划管理	按照国家规定需要有关部门批准或者核准的建设项目，以**划拨方式提供国有土地使用权的**，建设单位在报送有关部门批准或者核准前，应当向**城乡规划主管部门申请核发选址意见书**。		城乡规划主管部门	选址意见书
建设用地规划管理	划拨方式	在城市、镇规划区内以**划拨方式提供国有土地使用权的建设项目**，经有关部门批准、核准、备案后，建设单位应当向**城市、县人民政府城乡规划主管部门**提出建设用地规划许可申请，由**城市、县人民政府城乡规划主管部门核发建设用地规划许可证**。	城市、县人民政府城乡规划主管部门	建设用地规划许可证
	出让方式	以**出让方式取得国有土地使用权的建设**项目，在签订**国有土地使用权出让合同后**，建设单位应当持建设项目的批准、核准、备案文件和国有土地使用权出让合同，向**城市、县人民政府城乡规划主管部门**领取建设用地规划许可证。		

阶段	程　序	主管部门	核发文件
建设工程规划管理	在城市、镇规划区内进行建筑物、构筑物、道路、管线和其他工程建设的，建设单位或者个人应当向**城市、县人民政府城乡规划主管部门或者省、自治区、直辖市人民政府确定的镇人民政府申请办理建设工程规划许可证**。对符合控制性详细规划和规划条件的，由城市、县人民政府城乡规划主管部门或者省、自治区、直辖市人民政府确定的镇人民政府核发建设工程规划许可证。	城市、县人民政府城乡规划主管部门或者省、自治区、直辖市人民政府确定的镇人民政府	建设工程规划许可证
乡村建设规划管理	在乡、村庄规划区内进行乡镇企业、乡村公共设施和公益事业建设的，建设单位或者个人应当向**乡、镇人民政府提出申请，由乡、镇人民政府报城市、县人民政府城乡规划主管部门核发乡村建设规划许可证**。进行乡镇企业、乡村公共设施和公益事业建设以及农村村民住宅建设，确需占用农用地的，应当办理**农用地转审批手续后，由城市、县人民政府城乡规划主管部门核发乡村建设规划许可证**。建设单位或者个人在取得乡村建设规划许可证后，方可办理用地审批手续。	由乡、镇人民政府上报城市、县人民政府城乡规划主管部门核发文件	乡村建设规划许可证
临时建设和临时用地规划管理	在城市、镇规划区内进行临时建设的，应当经城市、县人民政府城乡规划主管部门批准。临时建设和临用地规划管理的具体办法，由省、自治区、直辖市人民政府制定。	市、县人民政府城乡规划主管部门	—

2017-057. 根据《城乡规划法》，临时建设和临时和地的规划管理的具体办法，由（　　）制定。

A. 国务院城乡规划主管部门

B. 省、自治区、直辖市人民政府城乡规划主管部门

C. 省、自治区、直辖市人民政府

D. 乡、镇人民政府

【答案】C

【解析】在城市、镇规划区内进行临时建设的，应当经城市、县人民政府城乡规划主管部门批准。临时建设和临用地规划管理的具体办法，由省、自治区、直辖市人民政府制定。

2014-031. 某大型建设项目，拟以划拨方式获得国有土地使用权，建设单位在报送有关部门核准前，应当向城乡规划主管部门申请（　　）。

A. 核发选址意见书　　　　　　　B. 核发建设用地规划许可证

C. 核发建设工程规划许可证　　　D. 提供规划条件

【答案】A

【解析】按照国家规定需要有关部门批准或者核准的建设项目，以划拨方式提供国有土地使用权的，建设单位在报送有关部门批准或者核准前，应当向城乡规划主管部门申请核发选址意见书。

2014-093. 根据《城乡规划法》，审批建设项目选址意见书的前置条件是(   )。

A. 以划拨方式提供国有土地使用权的建设项目

B. 以出让方式提供国有土地使用权的建设项目

C. 符合控制性详细规划和规划条件的项目

D. 按照有关规定需要有关部门审批或者核准的项目

E. 需签订国有土地使用权出让合同的项目

【答案】AD

【解析】按照国家规定需要有关部门批准或者核准的建设项目，以划拨方式提供国有土地使用权的，建设单位在报送有关部门批准或者核准前，应当向城乡规划主管部门申请核发选址意见书。前款规定以外的建设项目不需要申请选址意见书。

2013-045. 可以接受建设申请并核发建设工程规划许可证的镇是指(   )。

A. 国务院城乡规划主管部门确定的重点镇人民政府

B. 省、自治区、直辖市人民政府确定的镇人民政府

C. 城市人民政府确定的镇人民政府

D. 县人民政府确定的镇人民政府

【答案】B

【解析】在城市、镇规划区内进行建筑物、构筑物、道路、管线和其他工程建设的，建设单位或者个人应当向城市、县人民政府城乡规划主管部门或者省、自治区、直辖市人民政府确定的镇人民政府申请办理建设工程规划许可证。

2011-032. 根据《城乡规划法》，由省、自治区、直辖市人民政府确定的镇人民政府可以依法核发(   )

A. 建设项目选址意见书   B. 建设用地规划许可证

C. 建设工程规划许可证   D. 乡村建设规划许可证

【答案】C

【解析】在城市、镇规划区内进行建筑物、构筑物、道路、管线和其他工程建设的，建设单位或者个人应当向城市、县人民政府城乡规划主管部门或者省、自治区、直辖市人民政府确定的镇人民政府申请办理建设工程规划许可证。

2009-069. 省、自治区、直辖市人民政府确定的镇人民政府在城乡规划实施管理中具有依法核发(   )的职能。

A. 建设项目选址意见书   B. 建设用地规划许可证

C. 建设工程规划许可证   D. 乡村建设规划许可证

【答案】C

【解析】解析同 2011-032。

四、城乡规划的修改

相关真题：2017-032、2014-087、2012-041、2012-018、2011-072、2011-034、2010-084、2010-071、2010-040、2009-077

城乡规划的修改 表 3-3-9

内容	要点说明
规划修改的前提条件	**省域城镇体系规划、城市总体规划、镇总体规划的修改：** 应当组织有关部门和专家定期对规划实施情况进行评估，并采取**论证会、听证会**或者其他方式征求公众意见。 组织编制机关应当向**本级人民代表大会常务委员会、镇人民代表大会和原审批机关**提出评估报告并附具征求意见的情况。 修改前，应当对**原规划的实施情况**进行总结，并向**原审批机关报告**。 修改涉及总体规划**强制性**内容的，应当先向**原审批机关提出专题报告**，经同意后方可编制修改方案。 **控制性详细规划的修改：** 应当对修改的必要性进行论证，征求规划地段内利害关系人的意见，并向**原审批机关提出专题报告**，经原审批机关同意后，方可编制修改方案。控制性详细规划的修改涉及**总体规划的强制性内容的，应当先修改总体规划**。 **修建性详细规划的修改：** 经依法审定的修建性详细规划、建设工程设计方案的总平面图不得随意修改。确需修改的，**城乡规划主管部门应当采取听证会**等形式，听取**利害关系人**的意见。 **乡规划、村庄规划的修改：** 应当依照《城乡规划法》第二十二条规定，经村民会议或者村民代表会议讨论同意。
规划修改的报审程序	① 省域城镇体系规划、城市总体规划、镇总体规划修改后**按照原规划的审批程序重新报批**。 ② 控制性详细规划修改后**按照原规划的审批程序重新报批**。 ③ 乡规划、村庄规划修改后，应当依照本法第二十二条规定的审批程序报批。 ④ 城市、县、镇人民政府修改近期建设规划的，应当将修改后的**近期建设规划报总体规划审批机关备案**。
规划修改后的补偿	在选址意见书、建设用地规划许可证、建设工程规划许可证或者乡村建设规划许可证发放后，**因依法修改城乡规划给被许可合法权益造成损失的，应当依法给予补偿**。 修建性详细规划、建设工程设计方案的总平面图，**因修改后给利害关系人合法权益造成损失的，应当依法给予补偿**。

2017-032. 经依法审定的修建性详细规划，建设工程设计方案总平面图确需修改的，应当采取听证会等形式，听取(   )意见。

  A. 城乡规划主管部门　　　　　　B. 社会群众代表

  C. 直接和相关责任人　　　　　　D. 利害关系人

【答案】D

【解析】经依法审定的修建性详细规划，建设工程设计方案总平面图确需修改的，应当采取听证会等形式，听取利害关系人的意见。

2014-087. 根据《城乡规划法》，规划的组织编制机关应当组织有关部门和专家定期对（　　）实施情况进行评估。

  A. 全国城镇体系规划　　　　　　　　B. 省域城镇体系规划

  C. 城市总体规划　　　　　　　　　　D. 镇总体规划

  E. 乡规划和村庄规划

【答案】BCD

【解析】省域城镇体系规划、城市总体规划、镇总体规划的组织编制机关，应当组织有关部和专家定期对规划实施情况进行评估，并采取论证会、听证会或者其他方式征求公众意见。组织编制机关应当向本级人民代表大会常务委员会、镇人民代表大会和原审批机关提出评估报告并附具征求意见的情况。

2012-041. 根据《城乡规划法》，应当组织有关部门和专家定期对（　　）实施情况进行评估，并采取论证会、听证会或者其他方式征求公众意见。

  A. 城市总体规划　　　　　　　　　　B. 控制性详细规划

  C. 修建性详细规划　　　　　　　　　D. 近期建设规划

【答案】A

【解析】解析同 2014-087。

2012-018. 控制性详细规划修改涉及城市总体规划、镇总体规划（　　）内容的，应当先修改总体规划。

  A. 强制性　　　　　　　　　　　　　B. 控制性

  C. 重要性　　　　　　　　　　　　　D. 关键性

【答案】A

【解析】控制性详细规划修改涉及城市总体规划、镇总体规划的强制性内容的，应当先修改总体规划。

2011-072、2010-040. 修建性详细规划确需修改的，应当采取听证会等形式听取（　　）意见。

  A. 有关部门　　　　　　　　　　　　B. 专家

  C. 利害关系人　　　　　　　　　　　D. 公众

【答案】C

【解析】解析同 2017-032。

2011-034. 镇人民政府组织编制的村庄规划，在报送上一级人民政府审批前，应当经（　　）讨论同意。

  A. 县人民代表大会　　　　　　　　　B. 镇人民代表大会

  C. 镇城乡规划主管部门　　　　　　　D. 村民会议或者村民代表会议

【答案】D

【解析】第二十二条乡、镇人民政府组织编制乡规划、村庄规划，报上一级人民政府审批。村庄规划在报送审批前，应当经村民会议或者村民代表会议讨论同意。

2010-084. 应当依法组织有关部门和专家定期对规划实施情况进行评估的是( )。

A. 省域城镇体系规划　　　　　　B. 城市总体规划、镇总体规划

C. 近期建设规划　　　　　　　　D. 控制性详细规划、修建性详细规划

E. 乡规划、村庄规划

【答案】AB

【解析】解析同 2014-087。

2010-071. 根据《城乡规划法》，以下哪项有误？( )

A. 近期建设规划应在城市和镇总体规划实施阶段完成

B. 近期建设规划修改完成后，应当报总体规划审批机关审批

C. 近期建设规划应明确建设时序、发展方向和空间布局

D. 近期建设规划的规划期限为五年

【答案】B

【解析】近期建设规划修改完成后，应当报总体规划审批机关备案。

2009-077. "在选址意见书、建设用地规划许可证、建设工程规划许可证或者乡村建设规划许可证发放后，因依法修改城乡规划给被许可人合法利益造成损失的，应当依法给予补偿"的规定出自( )。

A.《行政许可法》　　　　　　　B.《国家赔偿法》

C.《城乡规划法》　　　　　　　D.《物权法》

【答案】C

【解析】《城乡规划法》第五十条：在选址意见书、建设用地规划许可证、建设工程规划许可证或者乡村建设规划许可证发放后，因依法修改城乡规划给被许可人合法权益造成损失的，应当依法给予补偿。经依法审定的修建性详细规划、建设工程设计方案的总平面图不得随意修改；确需修改的，城乡规划主管部门应当采取听证会等形式，听取利害关系人的意见；因修改给利害关系人合法权益造成损失的，应当依法给予补偿。

五、城乡规划的监督检查和法律责任

相关真题：2013-071、2010-021

城乡规划的监督检查　　　　　　　　　　　　　　　表 3-3-10

内容	说　明
城乡规划的监督检查	行政监督检查： ① 包括县级人民政府及其城乡规划主管部门对下级政府及其城乡规划主管部门执行城乡规划编制、审批、实施、修改情况的监督检查。 ② 也包括县级以上地方人民政府城乡规划主管部门对城乡规划实施情况进行的监督检查，并对有权采取的措施作了明确规定。
	人民代表大会对政府的工作具有监督职能，地方各级人民政府应当向本级人民代表大会常务委员会或者乡、镇人民代表大会报告城乡规划的实施情况，并接受监督。

内容	说　明
城乡规划的监督检查	**县级以上人民政府及其城乡规划主管部门**的监督检查；县级以上地方各级人民代表大会常务委员会或者乡、镇人民代表大会对城乡规划工作的监督检查，其监督检查情况和处理结果应当依法公开，以便公众查阅和监督。任何单位和个人都有权向城乡规划主管部门或者其他有关部门举报或者控告违反城乡规划的行为。城乡规划主管部门或者有关部门对举报或者控告，应当及时受理并组织核查、处理。

2013-071. 根据《城乡规划法》，县级以上人民政府及其(　　)应当加强对城乡规划编制、审批、实施、修改的监督检查。

A. 人民代表大会常务委员会　　　　B. 城乡规划主管部门

C. 建设行政主管部门　　　　　　　D. 行政执法部门

【答案】B

【解析】《城乡规划法》第五十一条规定，县级以上人民政府及其城乡规划主管部门应当加强对城乡规划编制、审批、实施、修改的监督检查。

2010-021. 县人民政府组织编制的整体规划，在报上一级人民政府审批时，应当首先报本级人民代表大会常务委员会审议，这是指本级人大对该政府制定城市规划进行(　　)。

A. 审查　　　　　　　　　　　　　B. 监督

C. 质询　　　　　　　　　　　　　D. 听证

【答案】B

【解析】题干内容为权力机关对城乡规划工作的监督。

相关真题：2018-079、2014-077、2012-100、2010-098、2010-076、2009-080、2009-076

城乡规划的法律责任　　　　　　　　　　　　　　　表 3-3-11

违法主体或违法行为	依　据	处罚内容
人民政府	人民政府违反《城乡规划法》的行为所应承担的法律责任，按照第五十八条、第五十九条的规定	责令改正、通报批评和行政处分
镇人民政府或者县级以上人民政府城乡规划行政主管部门	对镇人民政府或者县级以上人民政府城乡规划行政主管部门违反《城乡规划法》的行为所应承担的法律责任，按照第六十条的规定	
县级以上人民政府有关部门	对县级以上人民政府有关部门违反《城乡规划法》的行为，按照第六十一条的规定	
城乡规划编制单位	对城乡规划编制单位违反《城乡规划法》的行为，按照第六十二条、第六十三条的规定	责令限期改正、罚款、责令停业整顿、降低资质等级、吊销资质证书、依法赔偿等

违法主体或违法行为	依　据	处罚内容
城镇建设单位	对于城镇违法建设行为所应承担的法律责任，按照《城乡规划法》第六十四条的规定	责令停止建设、限期改正并处罚款、限期拆除、没收实物或者违法收入亦可以并处罚款等
乡村建设组织或个人	对乡村建设的违法行为所应承担的法律责任，按照《城乡规划法》第六十五条规定	责令停止建设、限期改正和拆除
建设单位或者个人临时建设	对建设单位或者个人临时建设违法所应承担的法律责任，按照第六十六条的规定	责令限期拆除、并处罚款
建设单位程序违法	对建设单位未依法报送有关竣工验收资料所应承担的责任，按照第六十七条的规定	责令限期补报、罚款等
强制措施	城乡规划主管部门作出责令停止建设或者限期拆除的决定后，当事人不停止建设或者逾期不拆除的，按照第六十八条的规定	建设工程所在地县级以上地方人民政府可以责成有关部门采取查封施工现场、强制拆除等措施
构成犯罪行为	对违反《城乡规划法》的规定，构成犯罪行为的，按照第六十九条的规定	依法追究刑事责任

2018-079. 根据《城乡规划法》，对城乡规划主管部门违反本法规定作出行政许可的，下列表述中不正确的是(　　)。

A. 上级人民政府城乡规划主管部门有权责令作出许可的城乡规划主管部门撤销该行政许可

B. 上级人民政府城乡规划主管部门有权直接撤销该行政许可

C. 上级人民政府派出的城乡规划督察员有权责令停止建设

D. 因撤销行政许可给当事人合法权益造成损失的，应当依法给予补偿

【答案】C

【解析】《城乡规划法》第五十七条规定，城乡规划主管部门违反本法规定作出行政许可的，上级人民政府城乡规划主管部门有权责令其撤销或者直接撤销该行政许可。因撤销行政许可给当事人合法权益造成损失的，应当依法给予赔偿。

2014-077. 根据《城乡规划法》，城乡规划主管部门作出责令停止建设或者限期拆除的决定后，当事人不停止建设或者逾期不拆除的，建设工程所在地(　　)可以责成有关部门采取查封施工现场、强制拆除等措施。

A. 城乡规划主管部门　　　　　　　　B. 人民法院

C. 县级以上地方人民政府　　　　　　D. 城市行政综合执法部门

【答案】C

【解析】城乡规划主管部门作出责令停止建设或者限期拆除的决定后，当事人不停止

建设或者逾期不拆除的，建设工程所在地县级以上地方人民政府可以责成有关部门采取查封施工现场、强制拆除等措施。

2012-100. 下列不属于城乡规划管理部门的行政处罚职责范畴的是( )。

A. 没收实物或者违法收入，并处罚款   B. 限期改正，并处罚款

C. 限期拆除   D. 查封施工现场

E. 强制拆除

【答案】DE

【解析】对于城镇违法建设行为所应承担的法律责任，城乡规划管理部门的行政处罚职责范畴按照《城乡规划法》第六十四条的规定，包括责令停止建设、限期改正并处罚款、限期拆除、没收实物或者违法收入亦可以并处罚款等。故选DE。

2010-098. 《城乡规划法》对违法建设工程所规定的行政处罚类型有( )。

A. 责令停止建设   B. 通报批评

C. 限期改正和罚款   D. 限期拆除

E. 没收实物或者违法收入，并处罚款

【答案】ACDE

【解析】《城乡规划法》第六十四条规定，未取得建设工程规划许可证或者未按照建设工程规划许可证的规定进行建设的，由县级以上地方人民政府城乡规划主管部门责令停止建设；尚可采取改正措施消除对规划实施的影响的，限期改正，处建设工程造价百分之五以上百分之十以下的罚款；无法采取改正措施消除影响的，限期拆除，不能拆除的，没收实物或者违法收入，可以并处建设工程造价百分之十以下的罚款。

2010-076. 下列哪项不属于城乡规划部门的行政职责( )。

A. 没收实物或违法所得，并处罚款   B. 责令限期改正，并处罚款

C. 限期拆除   D. 查封施工现场，强制拆除

【答案】D

【解析】选项ABC为城乡规划部门实施的行政处罚。

2009-080. 根据《城乡规划法》，对未依法取得选址意见书的建设项目核发建设项目批准文件的，对直接负责的主管人员应依法给予( )。

A. 行政处罚   B. 行政处分

C. 行政处理   D. 行政处置

【答案】B

【解析】《城乡规划法》第六十条规定，县级以上人民政府有关部门有下列行为之一的，由本级人民政府或者上级人民政府有关部门责令改正，通报批评；对直接负责的主管人员和其他直接责任人员依法给予处分：①对未依法取得选址意见书的建设项目核发建设项目批准文件的；②未依法在国有土地使用权出让合同中确定规划条件或者改变国有土地使用权出让合同中依法确定的规划条件的；③对未依法取得建设用地规划许可证的建设单位划拨国有土地使用权的。

2009-076. 依据《城乡规划法》的规定，城乡规划主管部门发现违法建设，作出责令停止建设或者限期拆除的决定后，当事人不停止建设或者逾期不拆除的，建设工程所在地县级以上人民政府可以责成有关部门采取（　　）等措施。

    A. 加倍罚款   B. 没收建筑物

    C. 没收违法收入   D. 强制拆除

【答案】D

【解析】城乡规划主管部门作出责令停止建设或者限期拆除的决定后，当事人不停止建设或者逾期不拆除的，建设工程所在地县级以上地方人民政府可以责成有关部门采取查封施工现场、强制拆除等措施。

第四章 《城乡规划法》配套行政法规与规章

内容	说　明
《中华人民共和国城乡规划法》配套法规	熟悉城乡规划编制与审批现行法规的适用条件
	掌握城乡规划编制与审批现行法规的主要内容
	熟悉城乡规划实施与监督检查现行法规的适用条件
	掌握城乡规划实施与监督检查现行法规的主要内容

第一节 行 政 法 规

一、《村庄和集镇规划建设管理条例》

相关真题：2018-038、2014-038

《村庄和集镇规划建设管理条例》　　　　　　　　　　　　表 4-1-1

内容	说　明
立法背景及其适用范围	2008 年以前我国实行的是城乡分割的规划管理制度。1989 年 12 月 26 日，第七届全国人大常委会第十一次会议通过了《城市规划法》，该法适用于城市规划区，不包括广大农村地区（城市规划区内的村庄、集镇除外）。为了加强村庄、集镇的规划建设管理，改善村庄、集镇的生产、生活环境，促进农村经济和社会发展，1993 年 6 月 29 日国务院以第116 号令发布了《村庄和集镇规划建设管理条例》，并于同年 11 月 1 日起施行。 由于城乡二元化的规划管理体制，使得城市和乡村之间在资源配置和空间布局上缺乏统筹协调，很难适应快速发展的工业化和城镇化需要。2007 年 10 月 28 日，第十届全国人大常委会第三十次会议通过了《城乡规划法》。这部行政法贯彻了城乡统筹的原则，把乡规划和村庄规划纳入了城乡规划概念，并对其规划编制组织、编制内容、编制程序等作出了明确规定。由于法律的效力高于行政法规，因而《城乡规划法》的实施也使《村庄和集镇规划建设管理条例》中相当一部分内容相应作了调整。
《城乡规划法》对本例的调整	① **规划目标与原则**：《城乡规划法》明确乡规划和村庄规划应当以服务农业、农村和农民为基本目标。坚持因地制宜、循序渐进、统筹兼顾、协调发展的基本原则。规定乡规划、村庄规划应当从农村实际出发，尊重村民意愿，体现地方和农村特色。（《城乡规划法》第十八条） ② **规划名称及内容**：《城乡规划法》第十八条对本条例的名称及内容作了重大调整。 其一，将本条例中村庄、集镇总体规划和建设规划改称乡规划、村庄规划； 其二，将规划内容规定为规划范围，住宅、道路、供水、排水、供电、垃圾收集、畜禽养殖场所等农村生产、生活服务设施、公益事业等各项建设的用地布局、建设要求，以及对耕地等自然资源和历史文化遗产保护、防灾减灾等的具体安排。 乡规划还应当包括本行政区域内的村庄发展布局。 ③ **规划编制与审批**：《城乡规划法》第二十二条对本条例也作了调整。规定由乡、镇人民政府组织编制乡规划、村庄规划，报上一级人民政府审批。村庄规划在报送审批前，应当经村民会议或者村民代表会议讨论同意。
本条例内容的实施	《城乡规划法》明确规定自 2008 年 1 月 1 日起施行，但是法律没有明确规定同时废止《村庄和集镇规划建设管理条例》，因此本条例部分内容仍然具有法律效力，主要是村庄和集镇规划的实施、村庄和集镇建设的设计、施工管理、房屋、公共设施、村容镇貌和环境卫生管理、处罚等有关规定。

2018-038. 中国传统村落保护发展规划编制完成后，经组织专家技术审查，并经村民会议或者村民代表会议讨论同意，应报(　　　)审批。

A. 乡、镇人民政府　　　　　　　　B. 县人民政府

C. 市人民政府　　　　　　　　　　D. 省人民政府

【答案】B

【解析】《城乡规划法》（2015年修正）第二十二条规定，乡、镇人民政府组织编制乡规划、村庄规划，报上一级人民政府审批。村庄规划在报送审批前，应当经村民会议或者村民代表会议讨论同意。

2014-038. 根据《村镇规划编制办法》组织编制村镇规划的主体是(　　　　)。

A. 村民委员会　　　　　　　　　　B. 乡（镇）人民政府

C. 县级人民政府　　　　　　　　　D. 市级人民政府

【答案】B

【解析】由《村庄和集镇规划建设管理条例》可知，村镇规划由乡（镇）人民政府负责组织编制。

二、《历史文化名城名镇名村保护条例》

《历史文化名城名镇名村保护条例》概述　　　　　　　表 4-1-2

内容	说　明
立法背景	本条例的立法依据是《文物保护法》和《城乡规划法》，《文物保护法》授权国务院制定配套行政法规。《城乡规划法》也规定历史文化名城、名镇、名村保护应当遵守有关行政法规和国务院的规定。于是《历史文化名城名镇名村保护条例》应运而生，经 2008 年 4 月 2 日国务院第 3 次常务会议通过并公布，2017 年 10 月 7 日修正。
适用范围	**第二条**　历史文化名城、名镇、名村的申报、批准、规划、保护，适用本条例。
保护原则和要求	**第三条**　历史文化名城、名镇、名村的保护应当遵循科学规划、严格保护的原则，保持和延续其传统格局和历史风貌，维护历史文化遗产的真实性和完整性，继承和弘扬中华民族优秀传统文化，正确处理经济社会发展和历史文化遗产保护的关系。
保护监管责任主体	**第五条**　国务院建设主管部门会同国务院文物主管部门负责全国历史文化名城、名镇、名村的保护和监督管理工作。 　地方各级人民政府负责本行政区域历史文化名城、名镇、名村的保护和监督管理工作。

相关真题：2010-048

《历史文化名城名镇名村保护条例》之申报与批准　　　　表 4-1-3

内容	说　明
申报条件	**第七条**　具备下列条件的城市、镇、村庄，可以申报历史文化名城、名镇、名村。 ① 保存文物特别丰富； ② 历史建筑集中成片； ③ 保留着传统格局和历史风貌；

内容	说　明
申报条件	④ 历史上曾经作为政治、经济、文化、交通中心或者军事要地，或者发生过重要历史事件，或者其传统产业、历史上建设的重大工程对本地区的发展产生过重要影响，或者能够集中反映本地区建筑的文化特色、民族特色。 　　申报历史文化名城的，在所申报的历史文化名城保护范围内还应当有 2 个以上的历史文化街区。
审批机关及审批手续	**第九条**　申报历史文化名城，由省、自治区、直辖市人民政府提出申请，经国务院建设主管部门会同国务院文物主管部门组织有关部门、专家进行论证，提出审查意见，报国务院批准公布。 　　申报历史文化名镇、名村，由所在地县级人民政府提出申请，经省、自治区、直辖市人民政府确定的保护主管部门会同同级文物主管部门组织有关部门、专家进行论证，提出审查意见，报省、自治区、直辖市人民政府批准公布。 　　**第十一条**　国务院建设主管部门会同国务院文物主管部门可以在已批准公布的历史文化名镇、名村中，严格按照国家有关评价标准，选择具有重大历史、艺术、科学价值的历史文化名镇、名村，经专家论证，确定为中国历史文化名镇、名村。
濒危名单公布与补救	**第十二条**　已批准公布的历史文化名城、名镇、名村，因保护不力使其历史文化价值受到严重影响的，批准机关应当将其列入濒危名单，予以公布，并责成所在地城市、县人民政府限期采取补救措施，防止情况继续恶化，并完善保护制度，加强保护工作。

2010-048. 根据《历史文化名城名镇名村保护条例》，在已经批准公布的历史文化名镇、名村中确定中国历史文化名镇、名村的行政机关是(　　)。

　A. 国务院

　B. 国务院城乡规划主管部门

　C. 国务院文物主管部门

　D. 国务院建设主管部门会同国务院文物主管部门

【答案】D

【解析】依据《历史文化名城名镇名村保护条例》之第十一条，此题选 D。

　相关真题：2018-068、2017-022、2013-049、2012-066

《历史文化名城名镇名村保护条例》之保护规划　　　　表 4-1-4

内容	说　明
组织编制主体和编制期限	**第十三条**　历史文化名城批准公布后，历史文化名城人民政府应当组织编制历史文化名城保护规划。 　　历史文化名镇、名村批准公布后，所在地县级人民政府应当组织编制历史文化名镇、名村保护规划。 　　保护规划应当自历史文化名城、名镇、名村批准公布之日起 1 年内编制完成。

内容	说　明
规划内容 与期限	**第十四条**　保护规划应当包括下列内容： ① 保护原则、保护内容和保护范围； ② 保护措施、开发强度和建设控制要求； ③ 传统格局和历史风貌保护要求； ④ 历史文化街区、名镇、名村的核心保护范围和建设控制地带； ⑤ 保护规划分期实施方案。 **第十五条**　历史文化名城、名镇保护规划的规划期限应当与城市、镇总体规划的规划期限相一致；历史文化名村保护规划的规划期限应当与村庄规划的规划期限相一致。
规划审批 前后的规定	**第十六条**　保护规划报送审批前，保护规划的组织编制机关应当广泛征求有关部门、专家和公众的意见；必要时，可以举行听证。 保护规划报送审批文件中应当附具意见采纳情况及理由；经听证的，还应当附具听证笔录。 **第十七条**　保护规划由省、自治区、直辖市人民政府审批。 保护规划的组织编制机关应当将经依法批准的历史文化名城保护规划和中国历史文化名镇、名村保护规划，报国务院建设主管部门和国务院文物主管部门备案。 **第十八条**　保护规划的组织编制机关应当及时公布经依法批准的保护规划。 **第十九条**　经依法批准的保护规划，不得擅自修改；确需修改的，保护规划的组织编制机关应当向原审批机关提出专题报告，经同意后，方可编制修改方案。修改后的保护规划，应当按照原审批程序报送审批。 **第二十条**　国务院建设主管部门会同国务院文物主管部门应当加强对保护规划实施情况的监督检查。 县级以上地方人民政府应当加强对本行政区域保护规划实施情况的监督检查，并对历史文化名城、名镇、名村保护状况进行评估；对发现的问题，应当及时纠正、处理。

2018-068. 根据《历史文化名城名镇名村保护条例》，下列选项中不正确的是（　　　）。

A. 保护规划应当自历史文化名城名镇、名村批准公布之日起 1 年内编制完成

B. 历史文化名城的保护规划由国务院审批

C. 历史文化名镇、名村保护规划由省、自治区、直辖市人民政府审批

D. 依法批准的保护规划，确需修改的，保护规划的组织编制机关应当向原审批机关提出专题报告

【答案】B

【解析】依据《历史文化名城名镇名村保护条例》下列条款：

第十三条　历史文化名城批准公布后，历史文化名城人民政府应当组织编制历史文化名城保护规划。历史文化名镇、名村批准公布后，所在地县级人民政府应当组织编制历史文化名镇、名村保护规划。保护规划应当自历史文化名城、名镇、名村批准公布之日起 1

年内编制完成，选项 A 正确。

第十七条　保护规划由省、自治区、直辖市人民政府审批，选项 B 错误，选项 C 正确。

第十九条　经依法批准的保护规划，不得擅自修改；确需修改的，保护规划的组织编制机关应当向原审批机关提出专题报告，经同意后，方可编制修改方案。修改后的保护规划，应当按照原审批程序报送审批，选项 D 正确。

2017-022. 根据有关法律法规的规定，下列说法不正确的是(　　)。

    A. 城市总体规划实施情况评估工作，原则上应当每 2 年进行一次

    B. 风景名胜区应当自设立之日起 2 年内编制完成总体规划

    C. 历史文化名城保护规划应在批准公布之日起 2 年内编制完成

    D. 风景名胜区总体规划到期届满前 2 年，应组织专家进行评估，做出是否重新编制规划决定

【答案】C

【解析】依据《历史文化名城名镇名村保护条例》第十三条，历史文化名城保护规划应在批准公布之日起 1 年内编制完成，此题选 C。

2013-049. 根据《历史文化名城名镇名村保护条例》和《风景名胜区条例》，下列规定中不正确的是(　　)。

    A. 风景名胜区总体规划的规划期限一般为 20 年

    B. 历史文化名城保护规划的规划期限一般为 20 年

    C. 风景名胜区自设立之日起 2 年内编制完成总体规划

    D. 历史文化名城自批准之日起 2 年内编制完成保护规划

【答案】D

【解析】依据《历史文化名城名镇名村保护条例》第十三条，历史文化名城保护规划应在批准公布之日起 1 年内编制完成，此题选 D。

2012-066. 历史文化名镇名村保护规划的编制、送审、报批、修改有明确的规定，下列不正确的是(　　)。

    A. 保护规划应当自历史文化名镇、名村批准公布之日起 1 年内编制完成

    B. 保护规划报送审批前，必须举行听证

    C. 保护规划由省、自治区、直辖市人民政府审批

    D. 依法批准的保护规划，确需修改的，保护规划的组织编制机关应当向原审批机关提出专题报告

【答案】B

【解析】依据《历史文化名城名镇名村保护条例》第十六条，必要时，可以举行听证。故本题 B 项必须举行听证不对，应选 B。

相关真题：2018-012、2017-044、2014-050、2014-046、2014-044、2013-092、2013-052、2013-051、2012-091、2012-067、2010-049

内容	说　明
《历史文化名城名镇名村保护条例》之保护措施　　　　　　　　　**表 4-1-5**	
保护原则和内容	**第二十一条**　历史文化名城、名镇、名村应当整体保护，保持传统格局、历史风貌和空间尺度，不得改变与其相互依存的自然景观和环境。 　　**第二十二条**　历史文化名城、名镇、名村所在地县级以上地方人民政府应当根据当地经济社会发展水平，按照保护规划，控制历史文化名城、名镇、名村的人口数量，改善历史文化名城、名镇、名村的基础设施、公共服务设施和居住环境。
在保护范围内的保护措施	**第二十三条**　在历史文化名城、名镇、名村保护范围内从事建设活动，应当符合保护规划的要求，不得损害历史文化遗产的真实性和完整性，不得对其传统格局和历史风貌构成破坏性影响。 　　**第二十四条**　在历史文化名城、名镇、名村保护范围内**禁止进行下列活动：** ① 开山、采石、开矿等破坏传统格局和历史风貌的活动； ② 占用保护规划确定保留的园林绿地、河湖水系、道路等； ③ 修建生产、储存爆炸性、易燃性、放射性、毒害性、腐蚀性物品的工厂、仓库等； ④ 在历史建筑上刻划、涂污。 　　**第二十五条**　在历史文化名城、名镇、名村保护范围内进行下列活动，应当保护其传统格局、历史风貌和历史建筑，制订保护方案，并依照有关法律、法规的规定办理相关手续： ① 改变园林绿地、河湖水系等自然状态的活动； ② 在核心保护范围内进行影视摄制、举办大型群众性活动； ③ 其他影响传统格局、历史风貌或者历史建筑的活动。
在建设控制地带内的保护措施	**第二十六条**　历史文化街区、名镇、名村建设控制地带内的新建建筑物、构筑物，应当符合保护规划确定的建设控制要求。
在核心保护范围内的保护措施	**第二十七条**　对历史文化街区、名镇、名村核心保护范围内的建筑物、构筑物，应当区分不同情况，采取相应措施，实行分类保护。 　　历史文化街区、名镇、名村核心保护范围内的历史建筑，应当保持原有的高度、体量、外观形象及色彩等。 　　**第二十八条**　在历史文化街区、名镇、名村核心保护范围内，不得进行新建、扩建活动。但是，新建、扩建必要的基础设施和公共服务设施除外。 　　在历史文化街区、名镇、名村核心保护范围内，拆除历史建筑以外的建筑物、构筑物或者其他设施的，应当经城市、县人民政府城乡规划主管部门会同同级文物主管部门批准。
举行听证规定	**第二十九条**　审批本条例第二十八条规定的建设活动，审批机关应当组织专家论证，并将审批事项予以公示，征求公众意见，告知利害关系人有要求举行听证的权利。公示时间不得少于 20 日。 　　利害关系人要求听证的，应当在公示期间提出，审批机关应当在公示期满后及时举行听证。 　　在保护措施中，条例还对历史文化名城、名镇、名村核心保护范围设置标志牌、消防设施、建立保护标志和历史建筑档案作出了具体的规定（第三十条、第三十一条、第三十二条）。

内容	说　明
历史建筑保护措施	保护措施包括对历史建筑实施原址保护；不得损坏或者擅自迁移、拆除历史建筑；明确历史建筑的所有权人是维护修缮的主体；地方人民政府在维护修缮历史建筑中的责任；对其外部修缮装饰、添加设施以及改变历史建筑的结构或者使用性质的审批（第三十三条、第三十四条、第三十五条）。

2018-012、2017-044、2014-044. 据《历史文化名城名镇名村保护条例》，对历史文化名城、名镇、名村的保护应当（　　）。

　　A. 整体保护　　　　　　　　　　B. 重点保护

　　C. 分类保护　　　　　　　　　　D. 异地保护

　　【答案】A

　　【解析】《历史文化名城名镇名村保护条例》第二十一条规定，历史文化名城、名镇、名村应当整体保护，保持传统格局、历史风貌和空间尺度，不得改变与其相互依存的自然景观和环境。故选A。

2014-050. 对历史文化名城、名镇、名村核心保护范围内的建筑物、构筑物，应当区分不同情况，采取相应措施，实行（　　）。

　　A. 原址保护　　　　　　　　　　B. 分级保护

　　C. 分类保护　　　　　　　　　　D. 整体保护

　　【答案】C

　　【解析】《历史文化名城名镇名村保护条例》第二十七条规定，对历史文化街区、名镇、名村核心保护范围内的建筑物、构筑物，应当区分不同情况，采取相应措施，实行分类保护。故选C。

2014-046. 某国家历史文化名城在历史文化街区保护中，为求得资金就地平衡，采取土地有偿出让的办法，将该老街原有商铺和民居全部拆除，重新建起了仿古风貌的商业街，这就（　　）。

　　A. 体现了历史文化街区的传统特色　　B. 增添了历史文化街区的更新活力

　　C. 提高了历史文化街区的综合效益　　D. 破坏了历史文化街区的真实完整

　　【答案】D

　　【解析】依据《历史文化名城名镇名村保护条例》第二十一条规定，历史文化名城、名镇、名村应当整体保护，保持传统格局、历史风貌和空间尺度，不得改变与其相互依存的自然景观和环境，加强历史文化街区保护整治，禁止大拆大建改造以维护传统格局和历史风貌。故选D。

2013-092. 历史文化街区、名镇、名村核心保护区范围内的历史建筑，应当保持原有的（　　）。

　　A. 高度　　　　　　　　　　　　B. 体量

　　C. 外观形象　　　　　　　　　　D. 色彩

E. 居民

【答案】ABCD

【解析】依据《历史文化名城名镇名村保护条例》第二十七条，可知选项 ABCD 符合题意。

2013-052. 根据《历史文化名城名镇名村保护条例》，建设工程选址应当尽可能避开历史建筑；因特殊情况不能避开的，应当尽可能实施(   )。

A. 整体保护　　　　　　　　　　B. 分类保护

C. 异地保护　　　　　　　　　　D. 原址保护

【答案】D

【解析】《历史文化名城名镇名村保护条例》第三十四条规定，建设工程选址，应当尽可能避开历史建筑；因特殊情况不能避开的，应当尽可能实施原址保护。故选 D。

2013-051. 根据《历史文化名城名镇名村保护条例》，在(   )范围内从事建设活动，不得损害历史文化遗产的真实性和完整性。

A. 规划区　　　　　　　　　　B. 适建区

C. 保护区　　　　　　　　　　D. 建控区

【答案】C

【解析】据《历史文化名城名镇名村保护条例》第二十三条，可知选项 C 正确。

2012-091. 根据《历史文化名城名镇名村保护条例》，历史文化名城名镇名村应当整体保护，(   )。

A. 保持传统格局

B. 保持历史风貌

C. 保持空间尺度

D. 不得改变与其相互依存的自然景观和环境

E. 不得改变原有市政设施

【答案】ABCD

【解析】由《历史文化名城名镇名村保护条例》二十一条，可知选项 ABCD 符合题意。

2012-067. 对历史文化名镇、名村核心保护范围内的建筑物、构筑物，应当区分不同情况，采取相应措施，实行(   )。

A. 整体保护　　　　　　　　　　B. 分类保护

C. 专门保护　　　　　　　　　　D. 有效保护

【答案】B

【解析】依据《历史文化名城名镇名村保护条例》第二十七条，可知选项 B 正确。

2010-049. 关于"任何单位或者个人不得损坏或者擅自迁移、拆除历史建筑"的规定，出自哪部法律、法规或规范？(   )

A. 文物保护法　　　　　　　　　　B. 城乡规划法

C. 历史文化名城名镇名村保护条例　　　D. 历史文化名城保护规划规范

【答案】C

【解析】《历史文化名城名镇名村保护条例》第三十三条有相应规定，故选C。

《历史文化名城名镇名村保护条例》之法律责任　　　表 4-1-6

内容	说　明
关于行政主体的法律责任	**第三十七条**　违反本条例规定，国务院建设主管部门、国务院文物主管部门和县级以上地方人民政府及其有关主管部门的工作人员，不履行监督管理职责，发现违法行为不予查处或者有其他滥用职权、玩忽职守、徇私舞弊行为，构成犯罪的，依法追究刑事责任；尚不构成犯罪的，依法给予处分。 **第三十八条**　违反本条例规定，地方人民政府有下列行为之一的，由上级人民政府责令改正，对直接负责的主管人员和其他直接责任人员，依法给予处分： ① 未组织编制保护规划的； ② 未按照法定程序组织编制保护规划的； ③ 擅自修改保护规划的； ④ 未将批准的保护规划予以公布的。 **第三十九条**　违反本条例规定，省、自治区、直辖市人民政府确定的保护主管部门或者城市、县人民政府城乡规划主管部门，未按照保护规划的要求或者未按照法定程序履行本条例第二十八条、第三十四条、第三十五条规定的审批职责的，由本级人民政府或者上级人民政府有关部门责令改正，通报批评；对直接负责的主管人员和其他直接责任人员，依法给予处分。 **第四十条**　违反本条例规定，城市、县人民政府因保护不力，导致已批准公布的历史文化名城、名镇、名村被列入濒危名单的，由上级人民政府通报批评；对直接负责的主管人员和其他直接责任人员，依法给予处分。
关于行政相对人的法律责任	**第四十一条**　对应本条例第二十四条，有第①②③项情况之一的，由城市、县人民政府城乡规划主管部门责令停止违法行为、限期恢复原状或者采取其他补救措施；有违法所得的，没收违法所得；逾期不恢复原状或者不采取其他补救措施的，城乡规划主管部门可以指定有能力的单位代为恢复原状或者采取其他补救措施，所需费用由违法者承担；造成严重后果的，对单位并处 50 万元以上 100 万元以下的罚款，对个人并处 5 万元以上 10 万元以下的罚款；造成损失的，依法承担赔偿责任。 **第四十二条**　违反本条例规定，在历史建筑上刻划、涂污的，由城市、县人民政府城乡规划主管部门责令恢复原状或者采取其他补救措施，处 50 元的罚款。 **第四十三条**　违反本条例规定，未经城乡规划主管部门会同同级文物主管部门批准，有下列行为之一的，由城市、县人民政府城乡规划主管部门责令停止违法行为、限期恢复原状或者采取其他补救措施；有违法所得的，没收违法所得；逾期不恢复原状或者不采取其他补救措施的，城乡规划主管部门可以指定有能力的单位代为恢复原状或者采取其他补救措施，所需费用由违法者承担；造成严重后果的，对单位并处 5 万元以上 10 万元以下的罚款，对个人并处 1 万元以上 5 万元以下的罚款；造成损失的，依法承担赔偿责任： ① 拆除历史建筑以外的建筑物、构筑物或者其他设施的； ② 对历史建筑进行外部修缮装饰、添加设施以及改变历史建筑的结构或者使用性质的。

内容	说　明
关于行政相对人的法律责任	有关单位或者个人进行本条例第二十五条规定的活动，或者经批准进行本条第一款规定的活动，但是在活动过程中对传统格局、历史风貌或者历史建筑构成破坏性影响的，依照本条第一款规定予以处罚。 　　**第四十四条**　违反本条例规定，损坏或者擅自迁移、拆除历史建筑的，由城市、县人民政府城乡规划主管部门责令停止违法行为、限期恢复原状或者采取其他补救措施；有违法所得的，没收违法所得；逾期不恢复原状或者不采取其他补救措施的，城乡规划主管部门可以指定有能力的单位代为恢复原状或者采取其他补救措施，所需费用由违法者承担；造成严重后果的，对单位并处 20 万元以上 50 万元以下的罚款，对个人并处 10 万元以上 20 万元以下的罚款；造成损失的，依法承担赔偿责任。 　　**第四十五条**　违反本条例规定，擅自设置、移动、涂改或者损毁历史文化街区、名镇、名村标志牌的，由城市、县人民政府城乡规划主管部门责令限期改正；逾期不改正的，对单位处 1 万元以上 5 万元以下的罚款，对个人处 1000 元以上 1 万元以下的罚款。 　　**第四十六条**　违反本条例规定，对历史文化名城、名镇、名村中的文物造成损毁的，依照文物保护法律、法规的规定给予处罚；构成犯罪的，依法追究刑事责任。

三、《风景名胜区条例》

相关真题：2011-043、2010-058

《风景名胜区条例》概述　　　　　　　　　　　表 4-1-7

内容	说　明
立法背景及意义	①《中华人民共和国宪法修正案》：改革开放后，为适应社会主义现代化建设需要，1982 年 12 月 4 日，第五届全国人大第五次会议通过了《中华人民共和国宪法修正案》，将保障自然资源合理利用和保护名胜古迹规定为公民的一项根本活动准则。 　　②《风景名胜区管理暂行条例》：根据宪法修正案精神，国务院于 1985 年 6 月公布了《风景名胜区管理暂行条例》，随后下发了一系列有关风景名胜区管理的通知。建设部作为全国风景名胜区的主管部门，也陆续制定了部门规章和规范性文件。这些法规、规章和文件对于风景名胜区管理事业的健康发展，发挥了重要的指导和保障作用。 　　③《风景名胜区条例》：随着经济快速发展，各地风景名胜区盲目开发，出现了一些新的突出问题，造成了自然资源和人文资源的严重破坏。为了加强风景名胜资源保护和合理利用，建立和完善风景名胜区管理制度，在《风景名胜区管理暂行条例》的基础上，国务院于 2006 年 9 月 19 日公布了《风景名胜区条例》，2016 年 2 月 6 日修订。
目录结构	第一章　总则；第二章　设立；第三章　规划；第四章　保护；第五章　利用和管理；第六章　法律责任；第七章　附则。
与城乡规划的关系	根据《城乡规划法》规定，省域城镇体系规划的内容应当包括为保护生态环境、资源等需要严格控制的区域，同时自然与历史文化遗产保护也是城市总体规划、镇总体规划的强制性内容；因此《风景名胜区条例》与《城乡规划法》关系极为密切，同样属于配套性法规。

内容	说　明
总则	① **适用范围**：风景名胜区的设立、规划、保护、利用和管理，适用本条例（第二条）。 ② **定义**：本条例所称风景名胜区，是指具有观赏、文化或者科学价值，自然景观、人文景观比较集中，环境优美，可供人们游览或者进行科学、文化活动的区域（第二条）。 ③ **原则**：实行科学规划、统一管理、严格保护、永续利用的原则（第三条）。 ④ **管理机构**：风景名胜区所在地县级以上地方人民政府设置的风景名胜区管理机构，负责风景名胜区的保护、利用和统一管理工作（第四条）。 ⑤ **管理体制**：国务院建设主管部门负责全国风景名胜区的监督管理工作；省、自治区人民政府建设主管部门和直辖市人民政府风景名胜区主管部门，负责本行政区域内风景名胜区的监督管理工作（第五条）。

2011-043. 根据《风景名胜区条例》，风景名胜区管理实行"科学规划、统一管理、严格保护、（　　）"的原则。

A. 适度开发 　　　　　　　　　　B. 合理经营

C. 优化生态 　　　　　　　　　　D. 永续利用

【答案】D

【解析】由《风景名胜区条例》可知风景名胜区管理实行"科学规划、统一管理、严格保护、永续利用"的原则。故选 D。

2010-058. 《风景名胜区条例》规定，风景名胜区所在地（　　）负责风景名胜区的保护、利用和统一管理工作。

A. 县级以上人民政府建设主管部门

B. 县级以上人民政府规划主管部门

C. 县级以上人民政府有关部门按照规定的职责分工

D. 县级以上人民政府设置的风景名胜区管理机构

【答案】D

【解析】《风景名胜区条例》第四条规定，风景名胜区所在地县级以上地方人民政府设置的风景名胜区管理机构，负责风景名胜区的保护、利用和统一管理工作。故选 D。

风景名胜区的设立　　　　　　　　　　　　　　　　　表 4-1-8

内容	说　明
风景名胜区分级	**第八条**　风景名胜区划分为国家级风景名胜区和省级风景名胜区。
风景名胜区设立标准	**第八条**　自然景观和人文景观能够反映重要自然变化过程和重大历史文化发展过程，基本处于自然状态或者保持历史原貌，具有国家代表性的，可以申请设立国家级风景名胜区；具有区域代表性的，可以申请设立省级风景名胜区。

内容	说　明
风景名胜区设立审批	**第十条**　设立国家级风景名胜区，由省、自治区、直辖市人民政府提出申请，国务院建设主管部门会同国务院环境保护主管部门、林业主管部门、文物主管部门等有关部门组织论证，提出审查意见，报国务院批准公布。 　　设立省级风景名胜区，由县级人民政府提出申请，省、自治区人民政府建设主管部门或者直辖市人民政府风景名胜区主管部门，会同其他有关部门组织论证，提出审查意见，报省、自治区、直辖市人民政府批准公布。

相关真题：2018-091

风景名胜区规划　　　　　　　　　　　　　　表 4-1-9

内容	说　明
规划阶段与编制规划期限	**第十二条**　风景名胜区规划分为总体规划和详细规划。 　　**第十四条**　风景名胜区应当自设立之日起 2 年内编制完成总体规划，总体规划的规划期一般为 20 年。 　　**第二十三条**　风景名胜区总体规划的规划期届满前 2 年，规划的组织编制单位应当组织专家对规划进行评估，作出是否重新编制规划的决定。在新规划批准前，原规划继续有效。
总体规划编制原则和内容	**第十三条**　风景名胜区总体规划的编制，应当体现人与自然和谐相处、区域协调发展和经济社会全面进步的要求，坚持保护优先、开发服从保护的原则，突出风景名胜资源的自然特性、文化内涵和地方特色。 　　风景名胜区总体规划应当包括下列内容： 　　①风景资源评价；②生态资源保护措施、重大建设项目布局、开发利用强度；③风景名胜区的功能结构和空间布局；④禁止开发和限制开发的范围；⑤风景名胜区的游客容量；⑥有关专项规划。
详细规划的编制要求	**第十五条**　风景名胜区详细规划应当根据核心景区和其他景区的不同要求编制，确定基础设施、旅游设施、文化设施等建设项目的选址、布局与规模，并明确建设用地范围和规划设计条件。 　　风景名胜区详细规划，应当符合风景名胜区总体规划。
规划编制主体及审批	**第十六条**　国家级风景名胜区规划由省、自治区人民政府建设主管部门或者直辖市人民政府风景名胜区主管部门组织编制。 　　省级风景名胜区规划由县级人民政府组织编制。 　　**第十九条**　国家级风景名胜区的总体规划，由省、自治区、直辖市人民政府审查后，报国务院审批。国家级风景名胜区的详细规划，由省、自治区人民政府建设主管部门或者直辖市人民政府风景名胜区主管部门报国务院建设主管部门审批。 　　**第二十条**　省级风景名胜区的总体规划，由省、自治区、直辖市人民政府审批，报国务院建设主管部门备案；省级风景名胜区的详细规划，由省、自治区人民政府建设主管部门或者直辖市人民政府风景名胜区主管部门审批。
规划的公布、实施和修改	**第二十一条**　风景名胜区规划经批准后，应当向社会公布，任何组织和个人有权查阅。 　　风景名胜区内的单位和个人应当遵守经批准的风景名胜区规划，服从规划管理。 　　风景名胜区规划未经批准的，不得在风景名胜区内进行各类建设活动。 　　**第二十二条**　经批准的风景名胜区规划不得擅自修改。确需对风景名胜区总体规划中的风景名胜区范围、性质、保护目标、生态资源保护措施、重大建设项目布局、开发利用强度以及风景名胜区的功能结构、空间布局、游客容量进行修改的，应当报原审批机关批准；对其他内容进行修改的，应当报原审批机关备案。 　　风景名胜区详细规划确需修改的，应当报原审批机关批准。 　　政府或者政府部门修改风景名胜区规划对公民、法人或者其他组织造成财产损失的，应当依法给予补偿。

2018-091. 根据《风景名胜区条例》，风景名胜区总体规划应当确定的内容包括(   )。

A. 风景名胜区的范围   B. 禁止开发和限制开发的范围

C. 风景名胜区的性质   D. 风景名胜区的游客容量

E. 重大项目建设布局

【答案】BDE

【解析】根据《风景名胜区条例》第十三条，风景名胜区总体规划应当包括下列内容：(一)风景资源评价；(二)生态资源保护措施、重大建设项目布局、开发利用强度；(三)风景名胜区的功能结构和空间布局；(四)禁止开发和限制开发的范围；(五)风景名胜区的游客容量；(六)有关专项规划。故选BDE。

相关真题：2011-044

风景名胜区保护 表 4-1-10

内容	说　　明
基本要求	**第二十四条**　风景名胜区内的景观和自然环境，应当根据可持续发展的原则，严格保护，不得破坏或者随意改变。
条例禁止的行为	**第二十六条**　在风景名胜区内禁止进行下列活动： ① 开山、采石、开矿、开荒、修坟立碑等破坏景观、植被和地形地貌的活动； ② 修建储存爆炸性、易燃性、放射性、毒害性、腐蚀性物品的设施； ③ 在景物或者设施上刻划、涂污； ④ 乱扔垃圾。 **第二十七条**　禁止违反风景名胜区规划，在风景名胜区内设立各类开发区和在核心景区内建设宾馆、招待所、培训中心、疗养院以及与风景名胜资源保护无关的其他建筑物；已经建设的，应当按照风景名胜区规划，逐步迁出。
条例限制的行为	**第二十八条**　在风景名胜区内从事本条例第二十六条、第二十七条禁止范围以外的建设活动，应当经风景名胜区管理机构审核后，依照有关法律、法规的规定办理审批手续。 在国家级风景名胜区内修建缆车、索道等重大建设工程，项目的选址方案应当报省、自治区人民政府建设主管部门和直辖市人民政府风景名胜区主管部门核准。 **第二十九条**　在风景名胜区内进行下列活动，应当经风景名胜区管理机构审核后，依照有关法律、法规的规定报有关主管部门批准： ①设置、张贴商业广告；②举办大型游乐等活动；③改变水资源、水环境自然状态的活动；④其他影响生态和景观的活动。 **第三十条**　风景名胜区内的建设项目应当符合风景名胜区规划，并与景观相协调，不得破坏景观、污染环境、妨碍游览。 在风景名胜区内进行建设活动的，建设单位、施工单位应当制定污染防治和水土保持方案，并采取有效措施，保护好周围景物、水体、林草植被、野生动物资源和地形地貌。

2011-044. 根据《风景名胜区条例》，在风景名胜区规划中需划定景区范围的名称是(   )。

A. 核心景区   B. 核心保护区

C. 核心景区、建筑协调区   D. 核心保护区、建设控制地带

【答案】A

【解析】《风景名胜区条例》通篇没出现过除核心景区之外的上述字眼。故选A。

风景名胜区利用和管理   表 4-1-11

内容	说　明
游览娱乐活动	**第三十二条**　风景名胜区管理机构应当根据风景名胜区的特点，保护民族民间传统文化，开展健康有益的游览观光和文化娱乐活动，普及历史文化和科学知识。
交通服务设施	**第三十三条**　风景名胜区管理机构应当根据风景名胜区规划，合理利用风景名胜资源，改善交通、服务设施和游览条件。 　风景名胜区管理机构应当在风景名胜区内设置风景名胜区标志和路标、安全警示等标牌。
宗教活动场所	**第三十四条**　风景名胜区内宗教活动场所的管理，依照国家有关宗教活动场所管理的规定执行。 　风景名胜区内涉及自然资源保护、利用、管理和文物保护以及自然保护区管理的，还应当执行国家有关法律、法规的规定。
监督检查和评估	**第三十五条**　国务院建设主管部门应当对国家级风景名胜区的规划实施情况、资源保护状况进行监督检查和评估。对发现的问题，应当及时纠正、处理。
安全保障制度	**第三十六条**　风景名胜区管理机构应当建立健全安全保障制度，加强安全管理，保障游览安全，并督促风景名胜区内的经营单位接受有关部门依据法律、法规进行的监督检查。 　禁止超过允许容量接纳游客和在没有安全保障的区域开展游览活动。
政企分开规定	**第三十九条**　风景名胜区管理机构不得从事以营利为目的的经营活动，不得将规划、管理和监督等行政管理职能委托给企业或者个人行使。 　风景名胜区管理机构的工作人员，不得在风景名胜区内的企业兼职。

法律责任   表 4-1-12

说　明

第四十条　违反本条例的规定，有下列行为之一的，由风景名胜区管理机构责令停止违法行为、恢复原状或者限期拆除，没收违法所得，并处 50 万元以上 100 万元以下的罚款：

① 在风景名胜区内进行开山、采石、开矿等破坏景观、植被、地形地貌的活动的；

② 在风景名胜区内修建储存爆炸性、易燃性、放射性、毒害性、腐蚀性物品的设施的；

③ 在核心景区内建设宾馆、招待所、培训中心、疗养院以及与风景名胜资源保护无关的其他建筑物的。

县级以上地方人民政府及其有关主管部门批准实施本条第一款规定的行为的，对直接负责的主管人员和其他直接责任人员依法给予降级或者撤职的处分；构成犯罪的，依法追究刑事责任。

说　明

第四十二条　违反本条例的规定，在国家级风景名胜区内修建缆车、索道等重大建设工程，项目的选址方案未经省、自治区人民政府建设主管部门和直辖市人民政府风景名胜区主管部门核准，县级以上地方人民政府有关部门核发选址意见书的，对直接负责的主管人员和其他直接责任人员依法给予处分；构成犯罪的，依法追究刑事责任。

第四十七条　违反本条例的规定，国务院建设主管部门、县级以上地方人民政府及其有关主管部门有下列行为之一的，对直接负责的主管人员和其他直接责任人员依法给予处分；构成犯罪的，依法追究刑事责任：

① 违反风景名胜区规划在风景名胜区内设立各类开发区的；

② 风景名胜区自设立之日起未在 2 年内编制完成风景名胜区总体规划的；

③ 选择不具有相应资质等级的单位编制风景名胜区规划的；

④ 风景名胜区规划批准前批准在风景名胜区内进行建设活动的；

⑤ 擅自修改风景名胜区规划的；

⑥ 不依法履行监督管理职责的其他行为。

第四十八条　违反本条例的规定，风景名胜区管理机构有下列行为之一的，由设立该风景名胜区管理机构的县级以上地方人民政府责令改正；情节严重的，对直接负责的主管人员和其他直接责任人员给予降级或者撤职的处分；构成犯罪的，依法追究刑事责任：

① 超过允许容量接纳游客或者在没有安全保障的区域开展游览活动的；

② 未设置风景名胜区标志和路标、安全警示等标牌的；

③ 从事以营利为目的的经营活动的；

④ 将规划、管理和监督等行政管理职能委托给企业或者个人行使的；

⑤ 允许风景名胜区管理机构的工作人员在风景名胜区内的企业兼职的；

⑥ 审核同意在风景名胜区内进行不符合风景名胜区规划的建设活动的；

⑦ 发现违法行为不予查处的。

限期拆除执行

第五十一条　依照本条例的规定，责令限期拆除在风景名胜区内违法建设的建筑物、构筑物或者其他设施，有关单位或者个人必须立即停止建设活动，自行拆除；对继续进行建设的，作出责令限期拆除决定的机关有权制止。有关单位或者个人对责令限期拆除决定不服的，可以在接到责令限期拆除决定之日起 15 日内，向人民法院起诉；期满不起诉又不自行拆除的，由作出责令限期拆除决定的机关依法申请人民法院强制执行，费用由违法者承担。

第二节　部门规章及规范性文件

一、《城市规划编制办法》

相关真题：2013-013、2012-021、2009-022

内容	说　明
出台背景	为了更好地执行《城市规划法》，促进城市规划的编制规范化，提高城市规划的科学性，建设部在原《城市规划编制办法》的基础上，结合当时城市规划的实际情况，修订了《城市规划编制办法》，于 1991 年 9 月 3 日发布实施。2005 年又重新制定《城市规划编制办法》，于 2005 年 12 月 31 日发布，自 2006 年 4 月 1 日起施行。同时 1991 年 9 月 3 日颁布的《城市规划编制办法》废止。
目的和适用范围	第一条　为了规范城市规划编制工作，提高城市规划的科学性和严肃性，根据国家有关法律法规的规定，制定本办法。 　　第二条　按国家行政建制设立的市，组织编制城市规划，应当遵守本办法。 　　第四十五条　县人民政府所在地镇的城市规划编制，参照本办法执行。
城市规划编制的阶段	第七条　城市规划分为总体规划和详细规划两个阶段；大、中城市根据需要，可以依法在总体规划的基础上组织编制分区规划；城市详细规划分为控制性详细规划和修建性详细规划。
城市规划编制组织	① 城市人民政府负责组织编制城市总体规划和城市分区规划； 　　② 控制性详细规划由城市人民政府（规划）建设主管部门依据已经批准的城市总体规划或者城市分区规划组织编制； 　　③ 修建性详细规划可以由有关单位依据控制性详细规划及建设（规划）主管部门提出的规划条件，委托城市规划编制单位编制； 　　④ 城市人民政府应当依据城市总体规划，结合国民经济和社会发展规划以及土地利用总体规划，组织制定近期建设规划； 　　⑤ 承担城市规划编制的单位，应当取得城市规划编制资质证书，并在资质等级许可的范围内从事城市规划编制工作（第十条、第十一条）。
城市规划编制的原则要求	① 以科学发展观为指导，以构建社会主义和谐社会为基本目标，坚持五个统筹，坚持中国特色的城镇化道路； 　　② 考虑人民群众需要，改善人居环境，方便群众生活，充分关注中低收入人群，扶助弱势群体，维护社会稳定和公共安全； 　　③ 应当坚持政府组织、专家领衔、部门合作、公众参与、科学决策的原则； 　　④ 全国城镇体系规划和各省省域城镇体系规划，应当作为城市总体规划编制的依据，应当遵守国家有关标准和技术规范； 　　⑤ 对于影响城市未来发展的重大专题，应当在城市人民政府组织下，由相关领域的专家领衔进行研究； 　　⑥ 编制城市总体规划应充分吸取政府有关部门和军事机关的意见；编制城市详细规划应当充分听取政府有关部门的意见和规划涉及的单位、公众的意见；城市总体规划报送审批前，应充分征求社会公众的意见（第四条、第五条、第六条、第八条、第九条、第十四条至第十六条）。
城市规划编制的程序要求	① 在城市人民政府提出编制城市总体规划前，应当对现行规划的实施情况进行总结，对基础设施的支撑能力和建设条件作出评价； 　　② 城市人民政府提出编制城市总体规划要组织前期研究，按规定提出进行编制工作的报告，经同意后方可组织编制； 　　③ 编制城市总体规划要先编制城市总体规划纲要，按规定提请审查； 　　④ 城市总体规划成果，按法定程序报请审查和批准（第十二条、第十三条）。

2013-013.《城乡规划法》与《城市规划法》比较，没有出现的规划类型是(　　)。

A. 近期建设规划 　　　　　　　　B. 分区规划

C. 城镇体系规划 　　　　　　　　D. 详细规划

【答案】B

【解析】《城乡规划法》第二条规定，本法所称城乡规划，包括城镇体系规划、城市规划、镇规划、乡规划和村庄规划；城市规划、镇规划分为总体规划和详细规划；详细规划分为控制性详细规划和修建性详细规划；第十二条、第十三条又规定了全国城镇体系规划和省域城镇体系规划；第三十四条还规定了近期建设规划。这就形成了本法所法定的城乡规划体系，体系中的各类规划就是受法律保护的法定规划。故选 B。

2012-021.修建性详细规划可以依据控制详细规划及城乡规划主管部门提出的(　　)委托城市规划编制单位编制。

A. 规划程序 　　　　　　　　　　B. 规划条件

C. 规划内容 　　　　　　　　　　D. 规划方案

【答案】B

【解析】依据《城市规划编制办法》第十一条，修建性详细规划可以由有关单位依据控制性详细规划及建设（规划）主管部门提出的规划条件，委托城市规划编制单位编制。故选 B。

2009-022.城市规划分为(　　)两个阶段。

A. 纲要编制和成果编制 　　　　　B. 总体规划和详细规划

C. 总体规划和分区规划 　　　　　D. 城镇体系规划和总体规划

【答案】B

【解析】由《城市规划编制办法》第七条可知，城市规划分为总体规划和详细规划两个阶段。故选 B。

相关真题：2013-086、2012-012、2011-086

《城市规划编制办法》-2　　　　　　　　　　　　　　　　　　表 4-2-2

内　容
城市规划编制的内容要求
① 妥善处理城乡关系，引导城镇化健康发展，体现布局合理、资源节约、环境友好的原则。
② 对涉及城市发展长期保障的资源利用和环境保护、区域协调发展、风景名胜资源管理、自然与文化遗产保护、公共安全和公众利益等方面的内容，应当确定为必须严格执行的强制性内容。
③ 城市总体规划包括市域城镇体系规划和中心城区规划。
④ 编制城市分区规划和城市近期建设规划，应当以已经依法批准的城市总体规划为依据；编制城市控制性详细规划，应当以已经依法批准的城市总体规划或分区规划为依据；编制城市修建性详细规划，应当以已经依法批准的控制性详细规划为依据。
⑤ 历史文化名城的城市总体规划，应当包括专门的历史文化名城保护规划，历史文化街区应当编制专门的保护性详细规划。
⑥ 城市规划成果的表达应当清晰、规范，成果文件、图件与附件中说明、专题研究、分析图纸等表达应有区分。
⑦ 城市规划编制单位应当严格依据法律、法规的规定编制城市规划，提交的规划成果应当符合本办法和国家有关标准（第十八条至第二十七条）。

内　　容

城市总体规划

① 城市总体规划的期限一般为 20 年，同时可以对城市远景发展的空间布局提出设想。

② 城市总体规划纲要的主要内容包括市域城镇体系规划纲要，提出城市规划区范围；分析城市职能；提出城市性质和发展目标；提出禁建区、限建区、适建区范围；预测城市人口规模；研究中心城区空间增长边界，提出建设用地规模和建设用地范围，提出交通发展战略及主要对外交通设施布局原则；提出重大基础设施和公共服务设施的发展目标；提出建立综合防灾体系的原则和建设方针。

③ 市域城镇体系规划的内容包括提出市域城乡统筹的发展战略，中心城市应提出与相邻行政区域在空间发展布局、重大基础设施和公共服务设施建设、生态环境保护、城乡统筹发展等方面进行协调的建议；确定生态环境、土地和水资源、能源、自然和历史文化遗产等方面的保护与利用的综合目标和要求，提出空间管制原则和措施；预测市域总人口及城镇化水平，确定各城镇人口规模、职能分工、空间布局和建设标准；提出重点城镇的发展定位、用地规模和建设用地控制范围；确定市域交通发展策略；原则确定市域重大基础设施、重要社会服务设施、危险品生产储存设施的布局；划定城市规划区；提出实施规划的措施和建议。

④ 中心城区规划的内容包括分析确定城市性质、职能和发展目标；预测城市人口规模；划定禁建区、限建区、适建区和已建区，并制定空间管制措施；确定村镇发展与控制的原则和措施；确定需要发展、限制发展和不再保留的村庄，提出村镇建设控制标准；安排各种用地；研究中心城区空间增长边界，确定建设用地规模，划定建设用地范围；确定建设用地的空间布局，提出土地使用强度管制区划和相应的控制指标；确定市级和区级中心的位置和规模，提出主要的公共服务设施的布局；确定交通发展战略和城市公共交通的总体布局，确定主要对外交通设施和主要道路交通设施布局；确定绿地系统的发展目标及总体布局；确定历史文化保护及地方传统特色保护的内容和要求；确定住房政策、建设标准和居住用地布局；确定电信、供水、排水、供电、燃气、供热、环卫发展目标及重大设施总体布局；确定生态环境保护与建设目标，提出污染控制与治理措施；确定综合防灾与公共安全保障体系，提出规划原则和建设方针；确定旧区有机更新的原则和方法，提出改善旧区的标准和要求；提出地下空间开发利用的原则和建设方针；确定空间发展时序，提出规划实施步骤、措施和政策建议。

⑤ 城市总体规划的强制性内容包括城市规划区范围；市域内应当控制开发的地域；城市建设用地，包括规划期限内城市建设用地的发展规模、土地使用强度管制区划和相应的控制指标、城市各类绿地的具体布局、城市地下空间开发布局等；城市基础设施和公共服务设施的规划和布局；城市历史文化遗产保护，包括具体控制指标和规定以及有关历史文化遗产的具体位置和界线；生态环境保护与建设目标，污染控制与治理措施；城市防灾工程布局、规定和标准。

⑥ 总体规划纲要成果包括纲要文本、说明、相应的图纸和研究报告。

⑦ 城市总体规划的成果包括规划文本、图纸及附件（说明、研究报告和基础资料等），在规划文本中应当明确表述规划的强制性内容（第二十八条至第三十三条）。

2013-086. 根据《城市规划编制办法》，编制城市规划对涉及城市发展长期保障的资源利用和环境保护、（　　）和公众利益等方面的内容，应当确定为强制性内容。

  A. 人口规模   B. 区域协调发展

  C. 公共安全   D. 风景名胜资源管理

  E. 自然与文化遗产保护

  【答案】BCDE

【解析】由《城市规划编制办法》可知：对涉及城市发展长期保障的资源利用和环境保护、区域协调发展（B项）、风景名胜资源管理（D项）、自然与文化遗产保护（E项）、公共安全（C项）和公众利益等方面的内容，应当确定为必须严格执行的强制性内容。

2012-012. 根据《城市规划编制办法》，（   ）不属于在城市总体规划纲要阶段应当提出的空间管制范围。

A. 禁建区
B. 限建区
C. 适建区
D. 待建区

【答案】D

【解析】由《城市规划编制办法》可知，城市总体规划纲要的主要内容包括提出禁建区、限建区、适建区范围，故选D。

2011-086. 在城市总体规划的成果中，属于附件内容的有（   ）。

A. 文本
B. 图纸
C. 说明书
D. 研究报告
E. 基础资料

【答案】CDE

【解析】《城市规划编制办法》第三十三条规定，城市总体规划成果包括规划文本、图纸、附件（说明、研究报告和基础资料）。

相关真题：2018-092、2018-061、2013-017、2012-019

《城市规划编制办法》-3   表 4-2-3

内容	说　　明
城市近期建设规划	① 近期建设规划的期限：原则上应当与城市国民经济和社会发展规划的年限一致，并不得违背城市总体规划的强制性内容。 ② 近期建设规划的内容：确定近期人口和建设用地规模，确定近期建设用地范围和布局；确定近期交通发展策略，确定主要对外交通设施和主要道路交通设施布局；确定各项基础设施、公共服务和公益设施的建设规模和选址；确定近期居住用地安排和布局；确定历史文化名城、历史文化街区、风景名胜区等的保护措施，城市河湖水系、绿化、环境等保护、整治和建设措施；确定控制和引导城市近期发展的原则和措施。 ③ 近期建设规划的成果：包括规划文本、图纸，以及包括相应说明的附件。在规划文本中应当明确表达规划的强制性内容（第三十五条至第三十七条）。
城市分区规划	① 分区规划的内容：确定分区的空间布局、功能分区、土地使用性质和居住人口分布；确定绿地系统、河湖水面、供电高压线走廊、对外交通设施用地界线和风景名胜区、文物古迹、历史文化街区的保护范围，提出空间形态的保护要求；确定市、区、居住区级公共服务设施的分布、用地范围和控制原则；确定主要市政公用设施的位置、控制范围和工程干管的线路位置、管径；确定城市干道和支路的有关布局、指标，确定主要交通设施的位置和规模，确定轨道交通线路走向及控制范围。 ② 分区规划的成果：包括规划文本、图件以及相应说明的附件（第三十八条至第四十条）。

内容	说　　明
详细规划	① 控制性详细规划的内容：确定不同性质用地的界线及适建、不适建或者有条件地允许建设的建筑类型；确定各地块有关的控制指标及有关的设置要求；提出各地块的城市设计指导原则；根据交通需求分析，确定有关交通设施的范围和位置等，规定各级道路的相关指标，安排市政工程管线，进行管线综合；确定地下空间开发利用具体要求；制定相应的土地使用与建筑管理规定。 ② 控制性详细规划的强制性内容：包括各地块的主要用途、建筑密度、建筑高度、容积率、绿地率、基础设施和公共服务设施配套规定（第四十一条、第四十二条）。 ③ 修建性详细规划的主要内容：包括建设条件分析及综合技术经济论证；确定空间布局和景观规划设计；对住宅、医院、学校和托幼等建筑进行日照分析；提出交通组织方案和设计；市政工程管线规划设计和管线综合。 ④ 详细规划的成果：控制性详细规划的成果包括规划文本、图件和附件；修建性详细规划成果包括规划说明书和图纸（第四十一条至第四十四条）。

2018-092. 根据《城市规划编制办法》，以下选项中属于土地使用强制性指标的是（　　）。

　　A. 容积率　　　　　　　　　　　B. 建筑色彩

　　C. 建筑高度　　　　　　　　　　D. 建筑体量

　　E. 建筑密度

【答案】ACE

【解析】《城市规划编制办法》第四十二条规定，控制性详细规划确定的各地块的主要用途、建筑密度、建筑高度、容积率、绿地率、基础设施和公共服务设施配套规定应当作为强制性内容。故选 ACE。

2018-061. 根据《城市设计管理办法》，城市设计分为（　　）。

　　A. 总体城市设计和详细城市设计　　　B. 总体城市设计和重点地区城市设计

　　C. 重点地区城市设计和详细城市设计　D. 总体城市设计和专项城市设计

【答案】B

【解析】《城市设计管理办法》（2017 年）第七条规定，城市设计分为总体城市设计和重点地区城市设计，故选 B。

2013-017. 城市总体规划评估成果由评估报告和附件组成，其附件主要是（　　）。

　　A. 规划阶段性目标的落实情况

　　B. 各项强制性内容的执行情况

　　C. 规划委员会制度、公众参与程度等建立和运行情况

　　D. 征求和采纳公众意见的情况

【答案】D

【解析】由《城市规划编制办法》第十六条可知：在城市总体规划报送审批前，城市人民政府应当依法采取有效措施，充分征求社会公众的意见。成果中的附件内容主要是关

于征求和采纳公众意见的情况。

2012-019. 根据《城市规划编制办法》，下列关于城市规划编制成果的规定中，不正确的是( )。

    A. 近期建设规划的成果包括规划文本、图纸、附件

    B. 分区规划的成果包括规划文本、图纸、附件

    C. 控制性详细规划的成果包括规划文本、图纸、附件

    D. 修建性详细规划的成果包括规划文本、图纸、附件

【答案】D

【解析】由《城市规划编制办法》可知：近期建设规划成果包括规划文本、图纸，以及相应说明的附件。分区规划的成果包括规划文本、图件以及相应说明的附件。控制性详细规划的成果包括规划文本、图件和附件。修建性详细规划成果包括规划说明书和图纸，无附件，故选D。

二、《省域城镇体系规划编制审批办法》

相关真题：2018-059、2018-033、2012-011

《省域城镇体系规划编制审批办法》   表 4-2-4

内容	说　明
出台背景	为了规范省域城镇体系规划编制和审批工作，提高规划的科学性，根据《城乡规划法》，制定了《省域城镇体系规划编制审批办法》，经住房和城乡建设部第 55 次部常务会议审议通过，2010 年 4 月 25 日发布，自 2010 年 7 月 1 日起施行。1994 年 8 月 15 日建设部发布的《城镇体系规划编制审批办法》同时废止。
适用范围及作用	第二条　省域城镇体系规划的编制和审批，适用本办法。 第三条　省域城镇体系规划是省、自治区人民政府实施城乡规划管理，合理配置省域空间资源，优化城乡空间布局，统筹基础设施和公共设施建设的基本依据，是落实全国城镇体系规划，引导本省、自治区城镇化和城镇发展，指导下层次规划编制的公共政策。
编制省域城镇体系规划的要求	第四条　编制省域城镇体系规划，应当以科学发展观为指导，坚持城乡统筹规划，促进区域协调发展；坚持因地制宜，分类指导；坚持走有中国特色的城镇化道路，节约集约利用资源、能源，保护自然人文资源和生态环境。 第五条　编制省域城镇体系规划，应当遵守国家有关法律、行政法规，并与有关规划相协调。
制定与审批	第八条　省、自治区人民政府负责组织编制省域城镇体系规划。省、自治区人民政府城乡规划主管部门负责省域城镇体系规划组织编制的具体工作。 第九条　省、自治区人民政府城乡规划主管部门应当委托具有城乡规划甲级资质证书的单位承担省域城镇体系规划的具体编制工作。 第十条　省域城镇体系规划编制工作一般分为编制省域城镇体系规划纲要（以下简称规划纲要）和编制省域城镇体系规划成果（以下简称规划成果）两个阶段。 第十一条　编制规划纲要的目的是综合评价省、自治区城镇化发展条件及对城乡空间布局的基本要求，分析研究省域相关规划和重大项目布局对城乡空间的影响，明确规划编制的原则和重点，研究提出城镇化目标和拟采取的对策和措施，为编制规划成果提供基础。

内容	说　明
制定与审批	编制规划纲要时，应当对影响本省、自治区城镇化和城镇发展的重大问题进行专题研究。 　　第十二条　省、自治区人民政府城乡规划主管部门应当对规划纲要和规划成果进行充分论证，并征求同级人民政府有关部门和下一级人民政府的意见。 　　第十三条　国务院城乡规划主管部门应当加强对省域城镇体系规划编制工作的指导。 　　在规划纲要编制和规划成果编制阶段，国务院城乡规划主管部门应当分别组织对规划纲要和规划成果进行审查，并出具审查意见。 　　第十四条　省、自治区人民政府城乡规划主管部门向国务院城乡规划主管部门提交审查规划纲要和规划成果时，应当附专题研究报告、规划协调论证的说明和对各方面意见的采纳情况。 　　第十五条　省域城镇体系规划由省、自治区人民政府报国务院审批。 　　第十六条　省域城镇体系规划报送审批前，省、自治区人民政府应当将规划成果予以公告，并征求专家和公众的意见。公告时间不得少于三十日。
规划内容	① 分析评价现行省域城镇体系规划实施情况，明确规划编制原则、重点和应当解决的主要问题。 　　② 按照全国城镇体系规划的要求，提出本省、自治区在国家城镇化与区域协调发展中的地位和作用。 　　③ 综合评价土地资源、水资源、能源、生态环境承载能力等城镇发展支撑条件和制约因素，提出城镇化进程中重要资源、能源合理利用与保护、生态环境保护和防灾减灾的要求。 　　④ 综合分析经济社会发展目标和产业发展趋势、城乡人口流动和人口分布趋势、省域内城镇化和城镇发展的区域差异等影响本省、自治区城镇发展的主要因素，提出城镇化的目标、任务及要求。 　　⑤ 按照城乡区域全面协调可持续发展的要求，综合考虑经济社会发展与人口资源环境条件，提出优化城乡空间格局的规划要求，包括省域城乡空间布局，城乡居民点体系和优化农村居民点布局的要求；提出省域综合交通和重大市政基础设施、公共设施布局的建议；提出需要从省域层面重点协调、引导的地区，以及需要与相邻省（自治区、直辖市）共同协调解决的重大基础设施布局等相关问题。 　　⑥ 按照保护资源、生态环境和优化省域城乡空间布局的综合要求，研究提出适宜建设区、限制建设区、禁止建设区的划定原则和划定依据，明确限制建设区、禁止建设区的基本类型（第二十四条）。
规划成果	明确全省、自治区城乡统筹发展的总体要求。明确资源利用与资源生态环境保护的目标、要求和措施。明确省域城乡空间和规模控制要求。明确与城乡空间布局相协调的区域综合交通体系。明确城乡基础设施支撑体系。明确空间开发管制要求。明确对下层次城乡规划编制的要求。明确规划实施的政策措施（1个成果提出9个明确）。
强制性内容	限制建设区、禁止建设区的管制要求，重要资源和生态环境保护目标，省域内区域性重大基础设施布局等。

2018-059. 根据《省域城镇体系规划编制审批办法》，下列选项中不属于省域城镇体系规划强制性内容的是(　　)。

　　A. 限制建设区、禁止建设区的管制要求　　B. 规定实施的政策措施

　　C. 重要资源和生态环境保护目标　　D. 区域性重大基础设施布局

【答案】B

【解析】《省域城镇体系规划编制审批办法》第二十六条规定，限制建设区、禁止建设区的管制要求，重要资源和生态环境保护目标，省域内区域性重大基础设施布局等，应当作为省域城镇体系规划的强制性内容。故选 B。

2018-033. 下列选项不属于省域城镇体系规划应当包括的内容是(　　)。

　　A. 综合评价土地资源、水资源、能源等城镇发展支撑条件和制约因素

　　B. 综合分析经济社会发展目标和产业发展趋势

　　C. 明确资源利用与资源生态环境保护的目标、要求

　　D. 确定保护城市的生态环境、自然和人文景观以及历史文化遗产的原则和措施

【答案】D

【解析】选项 AB 属于省域城镇体系规划纲要的内容；选项 C 属于规划成果的内容。

2012-011. 关于省域城镇体系规划的编制，不正确的是(　　)。

　　A. 省、自治区人民政府负责组织编制省域城镇体系规划

　　B. 省域城镇体系规划的编制工作一般分为规划纲要和规划成果两个阶段

　　C. 省域城镇体系规划的成果应当包括规划文本、图纸

　　D. 省域城镇体系规划由国务院城乡主管部门审批

【答案】D

【解析】由《省域城镇体系规划编制审批办法》可知，省域城镇体系规划由省、自治区人民政府报国务院审批。

三、《城市、镇控制性详细规划编制审批办法》

相关真题：2018-055、2018-054、2018-052、2017-031、2017-017、2014-028、2014-017、2014-016、2012-043、2012-017、2009-083

《城市、镇控制性详细规划编制审批办法》　　　　　　　表 4-2-5

内容	说　明
出台背景	为了规范城市、镇控制性详细规划编制和审批工作，根据《城乡规划法》，在《城市规划编制办法》的基础上，制定了《城市、镇控制性详细规划编制审批办法》，经住房和城乡建设部第 64 次部常务会议审议通过，2010 年 12 月 1 日发布，自 2011 年 1 月 1 日起施行。
目录结构	第一章　总则；第二章　城市、镇控制性详细规划的编制；第三章　城市、镇控制性详细规划的审批；第四章　附则。

内容	说　明
适用范围及作用	**第二条**　控制性详细规划的编制和审批，适用本办法。 **第三条**　控制性详细规划是城乡规划主管部门作出规划行政许可、实施规划管理的依据。 　国有土地使用权的划拨、出让应当符合控制性详细规划。
编制控制性详细规划的要求	**第八条**　编制控制性详细规划，应当综合考虑当地资源条件、环境状况、历史文化遗产、公共安全以及土地权属等因素，满足城市地下空间利用的需要，妥善处理近期与长远、局部与整体、发展与保护的关系。 **第九条**　编制控制性详细规划，应当依据经批准的城市、镇总体规划，遵守国家有关标准和技术规范，采用符合国家有关规定的基础资料。 **第十三条**　控制性详细规划组织编制机关应当制订控制性详细规划编制工作计划，分期、分批地编制控制性详细规划。 　中心区、旧城改造地区、近期建设地区，以及拟进行土地储备或者土地出让的地区，应当优先编制控制性详细规划。
控制性详细规划的基本内容	**第十条**　控制性详细规划应当包括下列基本内容： （一）土地使用性质及其兼容性等用地功能控制要求； （二）容积率、建筑高度、建筑密度、绿地率等用地指标； （三）基础设施、公共服务设施、公共安全设施的用地规模、范围及具体控制要求，地下管线控制要求； （四）基础设施用地的控制界线（黄线）、各类绿地范围的控制线（绿线）、历史文化街区和历史建筑的保护范围界线（紫线）、地表水体保护和控制的地域界线（蓝线）等"四线"及控制要求。
控制性详细规划草案公布办法	**第十二条**　控制性详细规划草案编制完成后，控制性详细规划组织编制机关应当依法将控制性详细规划草案予以公告，并采取论证会、听证会或者其他方式征求专家和公众的意见公告的时间不得少于 30 日。公告的时间、地点及公众提交意见的期限、方式，应当在政府信息网站以及当地主要新闻媒体上公告。
控制性详细规划的审批与公布	**第十五条**　城市的控制性详细规划经本级人民政府批准后，报本级人民代表大会常务委员会和上一级人民政府备案； 　县人民政府所在地镇的控制性详细规划，经县人民政府批准后，报本级人民代表大会常务委员会和上一级人民政府备案。其他镇的控制性详细规划由镇人民政府报上一级人民政府审批。 **第十六条**　控制性详细规划组织编制机关应当组织召开由有关部门和专家参加的审查会。审查通过后，组织编制机关应当将控制性详细规划草案、审查意见、公众意见及处理结果报审批机关。 **第十七条**　控制性详细规划应当自批准之日起 20 个工作日内，通过政府信息网站以及当地主要新闻媒体等便于公众知晓的方式公布。

2018-055. 根据《城市、镇控制性详细规划编制审批办法》，下列表述中不正确的是(　　)。

    A. 城市人民政府城乡规划主管部门组织编制城市控制性详细规划

    B. 县人民政府组织编制县人民政府所在地镇控制性详细规划

    C. 城市的控制性详细规划由本级人民政府审批

    D. 镇控制性详细规划可以根据实际情况，适当调整或者减少控制要求和指标

    【答案】B

    【解析】本题考查的是《城市、镇控制性详细规划编制审批办法》。县人民政府所在地镇的控制性详细规划，由县人民政府城乡规划主管部门根据镇总体规划的要求组织编制，经县人民政府批准后，报本级人民代表大会常务委员会和上一级人民政府备案。

2018-054. 根据《城市、镇控制性详细规划编制审批办法》，下列不属于控制性详细规划基本内容的是(　　)。

    A. 土地使用性质及其兼容性等用地功能控制要求

    B. 容积率、建筑高度、建筑密度、绿地率等用地指标

    C. 划定禁建区、限建区范围

    D. 基础设施、公共服务设施、公共安全设施的用地规模、范围及具体控制要求，地下管线控制要求

    【答案】C

    【解析】依据《城市、镇控制性详细规划编制审批办法》第十条，可知选项A、B、D正确，C项为城市总体规划纲要的主要内容，故选C。

2018-052. 根据《城市、镇控制性详细规划编制审批办法》，中心区、(　　)、近期建设地区，以及拟进行土地储备或者土地出让的地区，应当优先编制控制性详细规划。

    A. 新城区　　　　　　　　　　　　B. 旧城改造地区

    C. 大专院校集中地区　　　　　　　D. 公共建筑集中地区

    【答案】B

    【解析】《城市、镇控制性详细规划编制审批办法》第十三条规定，控制性详细规划组织编制机关应当制订控制性详细规划编制工作计划，分期、分批地编制控制性详细规划。中心区、旧城改区（B项）、近期建设地区，以及拟进行土地储备或者土地出让的地区，应当优先编制控制性详细规划。

2017-031. 下列不属于控制性详细规划编制基本内容的是(　　)。

    A. 土地利用的性质

    B. 容积率

    C. 黄线、绿线、紫线、蓝线以及控制要求

    D. 划定限建区

    【答案】D

    【解析】由《城市、镇控制性详细规划编制审批办法》可知，控制性详细规划编制基本内容是土地利用的性质；容积率、建筑高度、建筑密度、绿地率等用地指标；黄线、绿

线、紫线、蓝线以及控制要求等。选项 D 不属于其内容，因而此题选 D。

2017-017. 根据《城市、镇控制性详细规划审批办法》，控制性详细规划应当批准之日起（   ）个工作日内，通过政府信息网站以及当地主要新闻媒体等方式公布。

A. 15 B. 20
C. 30 D. 45

【答案】B

【解析】由《城市、镇控制性详细规划编制审批办法》可知，控制性详细规划应当批准之日起 20 个工作日内，通过政府信息网站以及当地主要新闻媒体等便于公众知晓的方式公布。

2014-028. 容积率作为规划条件中重要的开发强度指标，必须经法定程序在（   ）中确定，并在规划实施管理中严格遵守。

A. 城市总体规划 B. 近期建设规划
C. 控制性详细规划 D. 修建性详细规划

【答案】C

【解析】容积率是控制性详细规划的基本内容，作为规划设计条件中重要的开发强度指标，必须经法定程序在控制性详细规划中确定，并在规划实施管理中严格遵守，不得突破经法定程序批准的规划确定的容积率指标。

2014-017. 根据城乡规划管理需要，城市中心区、旧城改造区、拟进行土地储备或者土地出让的地区，应当优先组织编制（   ）。

A. 战略规划 B. 分区规划
C. 控制性详细规划 D. 修建性详细规划

【答案】C

【解析】由表 4-2-5 可知：中心区、旧城改造地区、近期建设地区，以及拟进行土地储备或者土地出让的地区，应当优先编制控制性详细规划。

2014-016. 根据《城市、镇控制性详细规划编制审批办法》，下列叙述中不正确的是（   ）。

A. 国有土地使用权的划拨应当符合控制性详细规划

B. 控制性详细规划是城乡规划主管部门实施规划管理的重要依据

C. 城乡规划主管部门组织编制城市控制性详细规划

D. 县人民政府所在地镇的控制性详细规划由镇人民政府组织编制

【答案】D

【解析】由《城市、镇控制性详细规划编制审批办法》可知，控制性详细规划是城乡规划主管部门作出规划行政许可、实施规划管理的依据（B 项）。国有土地使用权的划拨、出让应当符合控制性详细规划（A 项）。第六条规定，城市、县人民政府城乡规划主管部门组织编制城市、县人民政府所在地镇的控制性详细规划；其他镇的控制性详细规划由镇人民政府组织编制。故选 D。

2012-043. 控制性详细规划是城乡规划主管部门作出规划（　　）、实施规划管理的依据。

A. 决定　　　　　　　　　　　　B. 行政许可
C. 评估　　　　　　　　　　　　D. 方案

【答案】B

【解析】《城市、镇控制性详细规划编制审批办法》第二条规定，控制性详细规划是城乡规划主管部门作出规划行政许可、实施规划管理的依据。

2012-017. 下列关于详细规划的叙述中，正确的是（　　）。

A. 修建性详细规划由城市人民政府组织编制
B. 修建性详细规划是城乡规划主管部门作出建设项目规划许可的依据
C. 控制性详细规划是城乡规划主管部门作出建设项目规划许可的依据
D. 控制性详细规划应对所在地块的建设提出具体的安排和设计

【答案】C

【解析】控制性详细规划是城乡规划主管部门作出规划行政许可、实施规划管理的依据。

2009-083. 控制性详细规划应当包括的基本内容（　　）。

A. 土地使用性质及其兼容性等用地功能控制要求
B. 容积率、建筑高度、建筑密度、绿地率等用地指标及建筑位置
C. 基础设施、公共服务设施、公共安全设施的用地规模、范围
D. 地下管线控制要求
E. "四线"及控制要求

【答案】ACDE

【解析】《城市、镇控制性详细规划编制审批办法》控制性详细规划应当包括下列基本内容：①土地使用性质及其兼容性等用地功能控制要求；②容积率、建筑高度、建筑密度、绿地率等用地指标；③基础设施、公共服务设施、公共安全设施的用地规模、范围及具体控制要求，地下管线控制要求；④基础设施用地的控制界线（黄线）、各类绿地范围的控制线（绿线）、历史文化街区和历史建筑的保护范围界线（紫线）、地表水体保护和控制的地域界线（蓝线）等"四线"及控制要求。B项中多了建筑位置，应选B。

四、《建制镇规划建设管理办法》

相关真题：2018-050

《建制镇规划建设管理办法》 表 4-2-6

内容	说　　明
出台背景	为了加强建制镇规划建设管理，根据《城市规划法》《城市房地产管理法》等法律、行政法规的规定，1995 年 6 月 29 日建设部发布了《建制镇规划建设管理办法》，自 1995 年 7 月 1 日起施行，2011 年 1 月 26 日修正。

内容	说　　明
相关概念	**第三条**　本办法所称建制镇，是指国家按行政建制设立的镇，不含县城关镇。建制镇规划区，是指镇政府驻地的建成区和因建设及发展需要实行规划控制的区域。建制镇规划区的具体范围，在建制镇总体规划中划定。
规划管理	① 适用范围：制定和实施建制镇规划，在建制镇规划区内进行建设和房地产、市政公用设施、镇容环境卫生等管理，必须遵守本办法（第二条）。 　　② 规划原则：应当坚持合理布局、节约用地的原则，全面规划、正确引导、依靠群众、自力更生、因地制宜、逐步建设，实现经济效益、社会效益和环境效益的统筹（第五条）。 　　③ 规划编制：建制镇规划由建制镇人民政府负责组织编制（第九条）。 　　④ 规划审批：建制镇的总体规划报县级人民政府审批，详细规划报建制镇人民政府审批。建制镇人民政府在向县级人民政府报请审批建制镇总体规划前，须经建制镇人民代表大会审查同意（第十条）。
建设管理	① 建制镇规划区内的土地利用和各项建设必须符合建制镇规划，服从规划管理（第十二条）。 　　② 建制镇规划区内的建设工程项目在报请计划部门批准时，必须附有县级以上建设（规划）主管部门的选址意见书（第十三条）。 　　③ 在建制镇规划区内进行建设需要申请用地的，必须持建设项目的批准文件，向建制镇建设（规划）主管部门申请定点，由建制镇建设（规划）主管部门根据规划核定其用地位置和界限，并提出规划设计条件的意见，报县级人民政府建设（规划）主管部门审批。县级人民政府建设（规划）主管部门审核批准的，发给建设用地规划许可证。建设单位和个人在取得建设用地规划许可证后，方可依法申请办理用地批准手续（第十四条）。 　　④ 在建制镇规划区内新建、扩建和改建建筑物、构筑物、道路、管线和其他工程设施，必须持有关批准文件向建制镇建设（规划）主管部门提出建设工程规划许可证的申请，由建制镇建设（规划）主管部门对工程项目施工图进行审查，并提出是否发给建设工程规划许可证的意见，报县级人民政府建设（规划）主管部门审批。县级人民政府建设（规划）主管部门审核批准的，发给建设工程规划许可证。建设单位和个人在取得建设工程规划许可证件和其他有关批准文件后，方可申请办理开工手续（第十六条）。

2018-050. **根据《建制镇规划建设管理办法》，下列选项中不正确的是（　　　）。**

A. 国家行政建制设立的镇，均应执行《建制镇规划建设管理办法》

B. 建制镇规划区的具体范围，在建制镇总体规划中划定

C. 灾害易发生地区的建制镇，在建制镇总体规划中要制定防灾措施

D. 建制镇人民政府的建设行政主管部门负责建制镇的建设管理工作

【答案】 A

【解析】《建制镇规划建设管理办法》第三条规定，本办法所称建制镇，是指国家按行政建制设立的镇，县、城关镇虽然也是按行政建制设立的镇，但并不适用该管理办法，故选 A。

五、《城市总体规划审查工作规则》

相关真题：2018-063

《城市总体规划审查工作规则》 表 4-2-7

内容	说 明
出台背景	为了贯彻《国务院关于加强城市规划工作的通知》（国发〔1996〕18 号）和《中共中央、国务院关于进一步加强土地管理切实保护耕地的通知》（中发〔1997〕11 号）精神，加强对报国务院审批的城市总体规划（以下简称规划）的审查工作，规范工作程序，提高工作质量和效率，建设部制定了《城市总体规划审查工作规则》，1999 年 4 月 22 日，国务院办公厅批准了《城市总体规划审查工作规则》。
规划审查的主要依据	① 党和国家的有关方针政策； ②《城市规划法》及建设部制定的《城市规划编制办法》和相关的法律、法规、标准规范； ③ 国家国民经济和社会发展规划、国家产业政策； ④ 全国城镇体系规划和省域城镇体系规划； ⑤ 当地经济、社会和自然历史情况、现状特点和发展条件。
规划审查的程序与时限	① **前期工作：**有关城市人民政府在拟修编城市总体规划之前，应书面报告建设部，由建设部作出应属修编或调整的认定。城市人民政府在编制城市总体规划前，先组织编制规划纲要，规划纲要完成后，由建设部组织专家组进行现场调查和检查复核，提出初步审查意见。 ② **上报要求：**有关城市人民政府根据规划纲要及有关的法律、法规组织编制城市总体规划，报经省（自治区、直辖市）人民政府审查同意后，由省（自治区、直辖市）人民政府报国务院审批。上报材料包括规划文本、报告、图纸以及省（自治区、直辖市）有关部门的意见、技术评审意见和省（自治区、直辖市）人民政府的审查意见。 ③ **征求有关部门的意见：**建设部接国务院交办文件后，将报批的城市总体规划连同有关附件分送有关部门，征求意见。 ④ **协调意见：**建设部组织召开部际联席会议，讨论、协调国务院有关部门的意见。 ⑤ **报批：**建设部依据协调意见，起草审查意见和批复代拟稿，与国务院有关部门的书面意见一并报国务院。

2018-063. 根据《城市总体规划审查工作规则》，不属于城市总体规划审查重点内容的是(   )。

A. 城市的人口规模和用地规模　　　B. 城市基础设施建设和环境保护

C. 城市的空间布局和功能分区　　　D. 城市近期建设项目的具体落实

【答案】D

【解析】根据《城市总体规划审查工作规则》的规定，城市总体规划审查的重点内容包括：

（一）城市的性质。城市性质的确定是否经过充分论证；是否科学、实际；是否符合国家对该城市职能的要求；是否与全国和省域城镇体系规划相一致。

（二）城市的发展目标。城市发展目标的确定是否从当地实际出发，实事求是；是否有利于促进当地经济的繁荣和社会全面进步；是否与国家国民经济和社会发展规划、国家产业政策相协调。

（三）城市的规模。是否明确制订了人口规模和用地规模分五年控制性目标。

人口规模的确定是否充分考虑了当地经济发展水平以及土地、水等自然资源和环境等制约因素；是否经过科学测算，并经专家专题论证。城市人口包括居住在规划建成区内的非农业人口、农业人口和一年以上的暂住人口。

用地规模的确定是否坚持了国家节约和合理利用土地及空间资源的原则；是否符合国家严格控制大城市规模、合理发展中等城市和小城市的方针；是否符合国家《城市用地分类与规划建设用地标准》；是否做到在一定行政区域内耕地总量的动态平衡。

（四）城市的空间布局和功能分区。是否对城市空间布局作出统一规划；空间布局和功能分区是否科学合理；是否有利于提高城市的环境质量、生活质量和城市景观的艺术水平；是否有利于保护历史文化遗产、城市传统风貌、地方特色和自然景观。

（五）城市综合交通布局。对城市交通是否作出统一规划；城市交通体系规划是否符合交通管理现代化的需要；城市对外交通系统的布局是否与城市交通系统及城市长远发展相协调。

（六）城市基础设施建设和环境保护。是否综合协调并确定城市基础设施及市政公用事业的发展目标；是否合理配置各项城市基础设施建设；城市基础设施规划是否正确处理好远期与近期建设的关系；是否制定了城市环境保护规划；是否有利于城市环境的综合保护。

（七）协调发展。规划编制是否做到统筹兼顾，综合部署；是否与国土规划、区域规划、江河流域规划、土地利用总体规划相协调；是否有利于指导城市合理发展。

（八）规划实施。是否有保护规划实施的政策措施、技术规定；有关的政策措施是否可行。

（九）是否达到了建设部制定的《城市规划编制办法》规定的基本要求。

六、《城市国有土地使用权出让转让规划管理办法》

相关考题：2014-030、2013-035、2011-030、2010-031、2009-034

内容	说　明
出台背景	为了加强城市国有土地使用权出让、转让的规划管理，保证城市规划实施，科学、合理利用城市土地，根据《城市规划法》、《土地管理法》、《城镇国有土地使用权出让和转让暂行条例》和《外商投资开发经营成片土地暂行管理办法》等，1992 年 12 月 4 日建设部发布了《城市国有土地使用权出让转让规划管理办法》，于 1993 年 1 月 1 日起施行，2011 年 1 月 26 日修订。
适用范围	第二条　在城市规划区内城市国有土地使用权出让、转让必须遵守本办法。
主管部门	第三条　国务院城市规划主管部门负责全国城市国有土地使用权出让、转让规划管理的指导工作省、自治区、直辖市人民政府城市规划主管部门负责本行政区域内城市国有土地使用权出让、转让规划管理的指导工作；直辖市、市和县人民政府城市规划主管部门负责城市规划区内城市国有土地使用权出让、转让的规划管理工作。
城市国有土地使用权出让的规划和计划	第四条　城市规划主管部门和有关部门要根据城市规划实施的步骤和要求，编制城市国有土地使用权出让规划和计划，包括地块数量、用地面积、地块位置、出让步骤等，保证城市国有土地使用权的出让有规划、有步骤、有计划地进行，使城市国有土地使用权出让的投放量应当与城市土地资源、经济社会发展和市场需求相适应。土地使用权出让、转让应当与建设项目相结合。
城市国有土地使用权出让的规划控制	① 城市国有土地使用权出让前，应当制定控制性详细规划。城市规划主管部门根据详细规划提出规划设计条件及附图。城市国有土地使用权出让、转让合同必须附具规划设计条件及附图。 　　② 规划设计条件及附图，出让方和受让方不得擅自变更。在出让、转让过程中确需变更的，必须经城市规划主管部门批准。 　　③ 已取得土地出让合同的，受让方应当持附具城市规划主管部门提供规划设计条件及附图的出让、转让合同，依法向城市规划主管部门申请建设用地规划许可证。在取得建设用地规划许可证后，方可办理土地使用权属证明。 　　④ 通过出让获得的土地使用权再转让时，仍应遵守原出让合同附具的规划设计条件。 　　⑤ 受让方在符合规划设计条件外为公众提供公共使用空间或设施的，经城市规划行政主管部门批准后，可给予适当提高容积率的补偿（第五条、第七条至第十二条）。
城市国有土地使用权出让规划设计条件及附图	第六条　规划设计条件应当包括地块面积，土地使用性质，容积率，建筑密度，建筑高度，停车泊位，主要出入口，绿地比例，需配置的公共设施、工程设施，建筑界线，开发期限以及其他要求。 　　附图应当包括地块区位和现状，地块坐标、标高，道路红线坐标、标高，出入口位置，建筑界线以及地块周围地区环境与基础设施条件。

2014-030. 在经济技术开发区内土地使用权出让、转让的依据是(　　)。

A. 控制性详细规划
B. 近期建设规划
C. 修建性详细规划
D. 城市设计

【答案】A

【解析】开发区内土地使用权的出让、转让，必须以建设项目为前提，以经批准的控制性详细规划为依据。

2013-035、2011-030. 通过出让获得的土地使用权进行转让时，受让方应遵守原出让合同附具的规划条件，并由( )向城乡规划主管部门办理登记手续。

A. 出让方 　　　　　　　　　　B. 受让方

C. 中介方 　　　　　　　　　　D. 委托办

【答案】B

【解析】《城市国有土地使用权出让转让规划管理办法》第十条：通过出让获得的土地使用权再转让时，受让方应当遵守原出让合同附具的规划设计条件，并由受让方向城市规划行政主管部门办理登记手续。受让方如需改变原规划设计条件，应当先经城市规划行政主管部门批准。

2010-031. 城市国有土地使用权出让时，必须由城市规划主管部门提出规划条件。以下哪项不属于必须提供的规划条件( )。

A. 停车泊位 　　　　　　　　　B. 建筑色彩

C. 需配置的公共设施、工程设施 　　D. 建筑界限

【答案】B

【解析】《城市国有土地使用权出让转让规划管理办法》第六条规定，规划设计条件应当包括地块面积，土地使用性质，容积率，建筑密度，建筑高度，停车泊位，主要出入口，绿地比例，需配置的公共设施，工程设施，建筑界线，开发期限以及其他要求。附图应当包括地块区位和现状，地块坐标、标高。道路红线坐标、标高，出入口位置，建筑界线以及地块周围地区环境与基础设施条件。

2009-034. 根据《城市国有土地使用权出让转让规划管理办法》，城市国有土地使用权出让、转让合同必须附具( )。

A. 该地块的控制性详细规划 　　　B. 该地块的规划设计条件及附图

C. 该地块的建筑工程设计方案 　　D. 合同双方对规划的修改意见

【答案】B

【解析】《城市国有土地使用权出让转让规划管理办法》第七条规定，城市国有土地使用权出让、转让合同必须附具规划设计条件及附图；规划设计条件及附图，出让方和受让方不得擅自变更；在出让、转让过程中确需变更的，必须经城市规划行政主管部门批准。

七、《近期建设规划工作暂行办法》

相关真题：2017-021、2013-040

《近期建设规划工作暂行办法》 　　　　　　　　表 4-2-9

内容	说　明
出台背景	为了促进近期建设规划工作，规范城市规划强制性内容，建设部制定了《近期建设规划工作暂行办法》和《城市规划强制性内容暂行规定》（建规〔2002〕218号），要求各地依据《办法》和《规定》，切实抓紧组织制定近期建设规划和明确城市规划强制性内容工作。

内容	说　　明
近期建设规划的基本任务	**第四条**　明确近期内实施城市总体规划的发展重点和建设时序；确定城市近期发展方向、规模和空间布局，自然遗产与历史文化遗产保护措施；提出城市重要基础设施和公共设施、城市生态环境建设安排的意见。设市城市人民政府负责组织制定近期建设规划。
编制近期建设规划遵循的原则	① 处理好近期建设与长远发展，经济发展与资源环境条件的关系，注重生态环境与历史文化遗产的保护，实施可持续发展战略。 　　② 与城市国民经济和社会发展计划相协调，符合资源、环境、财力的实际条件，并能适应市场经济发展的要求。 　　③ 坚持为最广大人民群众服务，维护公共利益，完善城市综合服务功能，改善人居环境。 　　④ 严格依据城市总体规划，不得违背总体规划的强制性内容。 　　⑤ 近期建设规划的期限为 5 年，原则上与城市国民经济和社会发展计划的年限一致（第五条、第六条）。
近期建设规划的强制性内容	① 确定城市近期建设重点和发展规模。 　　② 依据城市近期建设重点和发展规模，确定城市近期发展区域。对规划年限内的城市建设用地总量、空间分布和实施时序等进行具体安排，并制定控制和引导城市发展的规定。 　　③ 根据城市近期建设重点，提出对历史文化名城、历史文化保护区、风景名胜区等相应的保护措施（第七条）。
近期建设规划的指导性内容	① 根据城市建设近期重点，提出机场、铁路、港口、高速公路等对外交通设施，城市主干道、轨道交通、大型停车场等城市交通设施，自来水厂、污水处理厂、变电站、垃圾处理厂，以及相应的管网等市政公用设施的选址、规模和实施时序的意见。 　　② 根据城市近期建设重点，提出文化、教育、体育等重要公共服务设施的选址和实施时序。 　　③ 提出城市河湖水系、城市绿化、城市广场等的治理和建设意见。 　　④ 提出近期城市环境综合治理措施。 　　城市人民政府可以根据本地区的实际，决定增加近期建设规划中的指导性内容（第八条）。 　　⑤ 近期建设规划成果。包括规划文本，以及必要的图纸和说明（第九条）。
近期建设规划的审批	① 近期建设规划编制完成后，由城乡规划主管部门负责组织专家进行论证。 　　② 城市人民政府批准近期建设规划，批准前必须征求同级人民代表大会常务委员意见。 　　③ 批准后的近期建设规划应当报总体规划审批机关备案，其中国务院审批总体规划的城市，报建设部备案（第十条）。

2017-021. 根据《近期建设规划工作暂行办法》，近期建设规划的强制性内容不包括(　　)。

　　A. 城市近期发展规模

B. 城市近期建设重点

C. 对历史文化名城的保护措施

D. 对城市名胜区系、城市绿化、城市广场的治理和建设意见

【答案】D

【解析】《近期建设规划工作暂行办法》第七条 近期建设规划必须具备的强制性内容包括：

① 确定城市近期建设重点和发展规模。

② 依据城市近期建设重点和发展规模，确定城市近期发展区域。对规划年限内的城市建设用地总量、空间分布和实施时序等进行具体安排，并制定控制和引导城市发展的规定。

③ 根据城市近期建设重点，提出对历史文化名城、历史文化保护区、风景名胜区等相应的保护措施。

2013-040. 根据《近期建设规划工作暂行办法》，近期建设规划的强制性内容不包括( )。

A. 确定城市近期发展区域

B. 对规划年限内的城市建设用地总量进行具体安排

C. 提出对历史文化名城、历史文化保护区等相应的保护措施

D. 提出近期城市环境综合治理措施

【答案】D

【解析】解析见 2017-021。

八、《城市规划强制性内容暂行规定》

相关真题：2017-016、2017-015、2012-056、2012-033、2012-015、2009-029、2009-023

《城市规划强制性内容暂行规定》 表 4-2-10

内容	说 明
适用范围	**第四条** 编制省域城镇体系规划、城市总体规划和详细规划，必须明确强制性内容。
城市规划强制性内容的定义	**第二条** 本规定所称强制性内容，是指省域城镇体系规划、城市总体规划、城市详细规划中涉及区域协调发展、资源利用、环境保护、风景名胜资源管理、自然与文化遗产保护、公众利益和公共安全等方面的内容。 城市规划强制性内容是对城市规划实施进行监督检查的基本依据。强制性内容原则上不得调整。
城市规划强制性内容的基本要求	① 城市规划强制性内容是省域城镇体系规划、城市总体规划和详细规划的必备内容，应当在图纸上有准确标明，在文本上有明确、规范的表述，并应当提出相应的管理措施。 ② 编制省域城镇体系规划、城市总体规划和详细规划，必须明确强制性内容（第三条、第四条）。

续表

内容	说　明
省域城镇体系规划的强制性内容	第五条　省域城镇体系规划的强制性内容包括： ① 省域内必须控制开发的区域。包括自然保护区、退耕还林（草）地区、大型湖泊、水源保护区、分滞洪地区，以及其他生态敏感区。 ② 省域内的区域性重大基础设施的布局。包括高速公路、干线公路、铁路、港口、机场、区域性电厂和高压输电网、天然气门站、天然气主干管、区域性防洪、滞洪骨干工程、水利枢纽工程、区域引水工程等。 ③ 涉及相邻城市的重大基础设施布局。包括城市取水口、城市污水排放口、城市垃圾处理场等。
城市总体规划的强制性内容	第六条　城市总体规划的强制性内容包括： ① 市域内必须控制开发的地域。包括风景名胜区，湿地、水源保护区等生态敏感区，基本农田保护区，地下矿产资源分布地区。 ② 城市建设用地。包括规划期限内城市建设用地的发展规模、发展方向，根据建设用地评价确定的土地使用限制性规定；城市各类园林和绿地的具体布局。 ③ 城市基础设施和公共服务设施。包括城市主干道的走向、城市轨道交通的线路走向、大型停车场布局；城市取水口及其保护区范围、给水和排水主管网的布局；电厂位置、大型变电站位置、燃气储气罐站位置；文化、教育、卫生、体育、垃圾和污水处理等公共服务设施的布局。 ④ 历史文化名城保护。包括历史文化名城保护规划确定的具体控制指标和规定；历史文化保护区、历史建筑群、重要地下文物埋藏区的具体位置和界线。 ⑤ 城市防灾工程。包括城市防洪标准、防洪堤走向；城市抗震与消防疏散通道；城市人防设施布局；地质灾害防护规定。 ⑥ 近期建设规划。包括城市近期建设重点和发展规模；近期建设用地的具体位置和范围；近期内保护历史文化遗产和风景资源的具体措施。
城市详细规划的强制性内容	第七条　城市详细规划的强制性内容包括： ① 规划地段各个地块的土地主要用途。 ② 规划地段各个地块允许的建设总量。 ③ 对特定地区地段规划允许的建设高度。 ④ 规划地段各个地块的绿化率、公共绿地面积规定。 ⑤ 规划地段基础设施和公共服务设施配套建设的规定。 ⑥ 历史文化保护区内重点保护地段的建设控制指标和规定，建设控制地区的建设控制指标。
规划强制性内容的调整	① 调整省域城镇体系规划强制性内容，省（自治区）人民政府必须组织论证，提出专题报告，经审查批准后方可进行调整。调整后的省域城镇体系规划按照《城镇体系规划编制审批办法》规定的程序重新审批。 ② 调整城市总体规划强制性内容，城市人民政府必须组织论证，提出专题报告，经审查批准后方可进行调整。调整后的总体规划，必须依据《城市规划法》规定的程序重新审批。 ③ 调整详细规划强制性内容的，城乡规划主管部门必须就调整的必要性组织论证，涉及公众权益的，应当进行公示。调整后的详细规划必须依法重新审批后方可执行。 ④ 历史文化保护区详细规划强制性内容原则上不得调整。因保护工作的特殊要求确需调整的，必须组织专家进行论证，并依法重新组织编制和审批（第九条至第十一条）。

2017-016. 城市总体规划、镇总体规划的强制性内容不包括(　　)。

　　A. 规划区范围　　　　　　　　B. 基础设施和公共服务设施用地

　　C. 城市性质　　　　　　　　　D. 基本农田

　　【答案】C

　　【解析】由《城市规划强制性内容暂行规定》第六条可知，城市总体规划的强制性内容包括：

　　①市域内必须控制开发的地域；②城市建设用地；③城市基础设施和公共服务设施；④历史文化名城保护；⑤城市防灾工程；⑥近期建设规划。

2017-015. 根据《城乡规划法》及部门规章，下列不属于城市总体规划强制性内容的是(　　)。

　　A. 城市人口规模　　　　　　　B. 城市防护绿地

　　C. 城市湿地　　　　　　　　　D. 历史建筑的风貌协调区

　　【答案】A

　　【解析】解析同 2017-016。

2012-056. 根据《城市规划强制性内容暂行规定》，在城市防灾工程规划中，下列哪项不是必须控制的内容？(　　)。

　　A. 城市防洪标准　　　　　　　B. 建筑物、构筑物抗震加固

　　C. 城市人防设施布局　　　　　D. 城市抗震与消防疏散通道

　　【答案】B

　　【解析】城市防灾工程包括城市防洪标准、防洪堤走向；城市抗震与消防疏散通道；城市人防设施布局；地质灾害防护规定。

2012-033. 下表中关于强制性内容的归类都符合《城市规划强制性内容暂行规定》的是(　　)。

	总体规划强制性内容	详细规划强制性内容
A.	土地使用限制性规定	地块的土地主要用途
B.	重要地下文物埋藏区的界线	历史建筑群
C.	基本农田保护区	各类园林绿地的具体布局
D.	电厂位置	大型变电站位置

　　【答案】A

　　【解析】《城市规划强制性内容暂行规定》第六条规定，城市总体规划的强制性内容包括：

　　①市域内必须控制开发的地域；②城市建设用地；③城市基础设施和公共服务设施；④历史文化名城保护；⑤城市防灾工程；⑥近期建设规划。

　　第七条规定，城市详细规划的强制性内容包括：

　　①规划地段各个地块的土地主要用途；②规划地段各个地块允许的建设总量；③对特定地区地段规划允许的建设高度；④规划地段各个地块的绿化率、公共绿地面积规定；⑤规划地段基础设施和公共服务设施配套建设的规定；⑥历史文化保护区内重点保护地段的建设控制指标和规定，建设控制地区的建设控制指标。

　　故选 A。

2012-015. 下列不属于城市总体规划强制内容的是( )。

    A. 城市性质　　　　　　　　　　B. 城市建设用地

    C. 城市历史文化遗产保护　　　　D. 城市防灾工程

【答案】A

【解析】解析同 2017-016。

2009-029. 下列不属于城市控制性详细规划强制性内容的是( )。

    A. 土地的主要用途　　　　　　　B. 建筑色彩

    C. 建设高度　　　　　　　　　　D. 绿化率

【答案】B

【解析】由《城市规划强制性内容暂行规定》第七条可知，城市详细规划的强制性内容包括：

①规划地段各个地块的土地主要用途；②规划地段各个地块允许的建设总量；③对特定地区地段规划允许的建设高度；④规划地段各个地块的绿化率、公共绿地面积规定；⑤规划地段基础设施和公共服务设施配套建设的规定；⑥历史文化保护区内重点保护地段的建设控制指标和规定，建设控制地区的建设控制指标。故选 B。

2009-023. 城市总体规划的强制性内容应当包括必须控制开发的生态敏感区。下列属于生态敏感区的是( )。

    A. 基本农田保护区　　　　　　　B. 风景名胜区

    C. 水源保护区　　　　　　　　　D. 地下矿产资源分布区

【答案】C

【解析】由表《城市规划强制性内容暂行规定》第六条，城市总体规划的强制性内容包括市域内必须控制开发的地域，包括风景名胜区，湿地、水源保护区等生态敏感区，基本农田保护区，地下矿产资源分布地区。因而此题选 C。

九、《城市紫线管理办法》

相关真题：2018-048、2014-048、2014-047、2014-051、2013-056、2013-057、2012-064、2011-055、2011-048、2010-054、2010-053、2009-045、2009-030

《城市紫线管理办法》　　　　　　　　　　表 4-2-11

内容	说　　明
出台背景	为了加强对城市历史文化街区和历史建筑的保护，根据《城市规划法》、《文物保护法》和国务院有关规定，建设部制定了《城市紫线管理办法》，2003 年 11 月 15 日建设部第 22 次常务会议审议通过，2003 年 12 月 17 日发布，2011 年 1 月 26 日修订。
适用范围	**第二条**　划定城市紫线和对城市紫线范围内的建设活动实施监督、管理，共 22 条。
定义	**第二条**　本办法所称城市紫线，是指国家历史文化名城内的历史文化街区和省、自治区、直辖市人民政府公布的历史文化街区的保护范围界线，以及历史文化街区外经县级以上人民政府公布保护的历史建筑的保护范围界线。本办法所称紫线管理是划定城市紫线和对城市紫线范围内的建设活动实施监督、管理。

内容	说　明
划定时间	**第三条**　在编制城市规划时应当划定保护历史文化街区和历史建筑的紫线。国家历史文化名城的城市紫线由城市人民政府在组织编制历史文化名城保护规划时划定。其他城市的城市紫线由城市人民政府在组织编制城市总体规划时划定。
管理部门	**第四条**　国务院建设行政主管部门负责全国城市紫线管理工作； 省、自治区人民政府建设行政主管部门负责本行政区域内的城市紫线管理工作； 市、县人民政府城乡规划行政主管部门负责本行政区域内的城市紫线管理工作。
划定原则	**第六条**　划定保护历史文化街区和历史建筑的紫线应当遵循下列原则： ① 历史文化街区的保护范围应当包括历史建筑物、构筑物和其风貌环境所组成的核心地段，以及为确保该地段的风貌、特色完整性而必须进行建设控制的地区； ② 历史建筑的保护范围应当包括历史建筑本身和必要的风貌协调区； ③ 控制范围清晰，附有明确的地理坐标及相应的界址地形图； 城市紫线范围内文物保护单位保护范围的划定，依据国家有关文物保护的法律、法规。
备案制度	**第十六条**　城市紫线范围内各类建设的规划审批，实行备案制度。 省、自治区、直辖市人民政府公布的历史文化街区，报省、自治区人民政府建设行政主管部门或者直辖市人民政府城乡规划行政主管部门备案。其中国家历史文化名城内的历史文化街区报国务院建设行政主管部门备案。
禁止活动	**第十三条**　在城市紫线范围内禁止进行下列活动： ① 违反保护规划的大面积拆除、开发； ② 对历史文化街区传统格局和风貌构成影响的大面积改建； ③ 损坏或者拆毁保护规划确定保护的建筑物、构筑物和其他设施； ④ 修建破坏历史文化街区传统风貌的建筑物、构筑物和其他设施； ⑤ 占用或者破坏保护规划确定保留的园林绿地、河湖水系、道路和古树名木等； ⑥ 其他对历史文化街区和历史建筑的保护构成破坏性影响的活动。
实施管理	**第十四条**　在城市紫线范围内确定各类建设项目，必须先由市、县人民政府城乡规划行政主管部门依据保护规划进行审查，组织专家论证并进行公示后核发选址意见书。

2018-048. 依据《城市紫线管理办法》，国家历史文化名城的城市紫线由人民政府在组织编制(　　)时划定。

A. 省域城镇体系规划　　　　　　　B. 市域城镇体系规划

C. 城市总体规划　　　　　　　　　D. 历史文化名城保护规划

【答案】D

【解析】《城市紫线管理办法》第三条规定，在编制城市规划时应当划定保护历史文化街区和历史建筑的紫线。国家历史文化名城的城市紫线由城市人民政府在组织编制历史文化名城保护规划时划定。其他城市的城市紫线由城市人民政府在组织编制城市总体规划时划定，故选D。

2014-048. 根据《城市紫线管理办法》，下列叙述中不正确的是(   )。

    A. 国家历史文化名城内的历史文化街区的保护范围界线属于紫线

    B. 省、自治区、直辖市人民政府公布的历史文化街区的保护界线属于紫线

    C. 历史文化街区以外经县级以上人民政府公布保护的历史建筑的保护范围界线属于紫线

    D. 历史文化名城、名镇、名村的保护范围界线属于紫线

    【答案】D

    【解析】依据《城市紫线管理办法》第二条相关定义，可知选项D正确。

2014-047、2011-055. 根据《城市紫线管理办法》，城市紫线范围内各类建设的规划审批，实行(   )。

    A. 听证制度   B. 报告制度

    C. 复审制度   D. 备案制度

    【答案】D

    【解析】《城市紫线管理办法》第十六条规定，城市紫线范围内各类建设的规划审批，实行备案制度。

2014-051、2010-053. 根据《城市紫线管理办法》，历史建筑的保护范围应当包括历史建筑本身和必要的(   )。

    A. 建设控制地带   B. 历史文化保护区

    C. 核心保护地带   D. 风貌协调区

    【答案】D

    【解析】依据《城市紫线管理办法》第六条，可知选项D正确。

2013-056. 历史文化街区的保护范围应当包括历史建筑物、构筑物和风貌环境所组成的核心地段，以及为确保该地段的风貌、特色完整性而必须进行(   )的地区。

    A. 风貌协调   B. 拆迁改造

    C. 保护更新   D. 建设控制

    【答案】D

    【解析】依据《城市紫线管理办法》第六条，可知选项D正确。

2013-057. 下列关于划定城市紫线、绿线、蓝线、黄线的叙述中，不正确的是(   )。

    A. 城市紫线在城市总体规划和详细规划中划定

    B. 城市绿线在城市总体规划和详细规划中划定

    C. 城市蓝线在城市总体规划和详细规划中划定

    D. 城市黄线在城市总体规划和详细规划中划定

    【答案】A

    【解析】解析同2017-018。

2012-064. 国家历史文化名城的城市紫线由城市人民政府在组织编制历史文化名城保护规划时划定。其他城市的城市紫线由城市人民政府在组织编制(   )时划定。

A. 城镇体系规划　　　　　　　　　B. 城市总体规划

C. 控制性详细规划　　　　　　　　D. 修建性详细规划

【答案】B

【解析】解析同 2017-018。

2011-048. 在紫线范围内确定各类建设项目，必须先经市、县人民政府城乡规划主管部门依据保护规划进行审查，组织专家论证并进行公示后核发（　　）。

A. 选址意见书　　　　　　　　　　B. 建设用地规划许可证

C. 建设工程规划许可证　　　　　　D. 乡村建设规划许可证

【答案】A

【解析】《城市紫线管理办法》第十四条规定，在城市紫线范围内确定各类建设项目，必须先由市、县人民政府城乡规划行政主管部门依据保护规划进行审查，组织专家论证并进行公示后核发选址意见书。

2010-054. 在城市紫线范围内各类建设项目的选址应当按照一定行政程序审批。下列哪个程序是正确的？（　　）

A. 专家论证—公示—规划审查—核发选址意见书

B. 规划审查—专家论证—公示—核发选址意见书

C. 公示—专家论证—规划审查—核发选址意见书

D. 专家论证—规划审查—人大批准—核发选址意见书

【答案】B

【解析】《城市紫线管理办法》第十四条规定，在城市紫线范围内确定各类建设项目，必须先由市、县人民政府城乡规划行政主管部门依据保护规划进行审查，组织专家论证并进行公示后核发选址意见书。

2009-045. 下列关于城市紫线管理的表述中，不完整的是（　　）。

A. 城市紫线由城市人民政府在组织编制城市总体规划时划定

B. 国家历史文化名城的城市紫线由城市人民政府在组织编制历史文化名城保护规划时划定

C. 撤销国家历史文化名城中的城市紫线，应当经国务院建设行政主管部门批准

D. 城市紫线范围内各类建设的规划审批，实行备案制度

【答案】A

【解析】解析同 2017-018。

2009-030. 在详细规划阶段不需要划定的控制线是（　　）。

A. 城市绿线　　　　　　　　　　　B. 城市黄线

C. 城市紫线　　　　　　　　　　　D. 城市蓝线

【答案】C

【解析】解析同 2017-018。

十、《城市绿线管理办法》

相关真题：2018-049、2017-018、2014-061、2010-042

《城市绿线管理办法》 表 4-2-12

内容	说　明
出台背景	为建立并严格实行城市绿线管理制度，加强城市生态环境建设，创造良好的人居环境，促进城市可持续发展，建设部制定了《城市绿线管理办法》，2002 年 9 月 23 日发布，2011 年 1 月 26 日修订。
定义	第二条　本办法所称城市绿线，是指城市各类绿地范围的控制线。本办法所称城市，是指国家按行政建制设立的直辖市、市、镇。
主管部门	第四条　国务院建设行政主管部门负责全国城市绿线管理工作。 　　省、自治区人民政府建设行政主管部门负责本行政区域内的城市绿线管理工作。 　　城市人民政府规划、园林绿化行政主管部门，按照职责分工负责城市绿线的监督和管理工作。
城市绿线的划定	第五条　城市规划、园林绿化等行政主管部门应当密切合作，组织编制城市绿地系统规划。城市绿地系统规划是城市总体规划的组成部分，应当确定城市绿化目标和布局，规定城市各类绿地的控制原则，按照规定标准确定绿化用地面积，分层次合理布局公共绿地，确定防护绿地、大型公共绿地等的绿线。 　　第六条　控制性详细规划应当提出不同类型用地的界线、规定绿化率控制指标和绿化用地界线的具体坐标。 　　第七条　修建性详细规划应当根据控制性详细规划，明确绿地布局，提出绿化配置的原则或者方案，划定绿地界线。
绿线内建设要求	第十条　城市绿线范围内的公共绿地、防护绿地、生产绿地、居住区绿地、单位附属绿地、道路绿地、风景林地等，必须按照《城市用地分类与规划建设用地标准》《公园设计规范》等标准，进行绿地建设。
绿线内建设要求	第十一条　城市绿线内的用地，不得改作他用，不得违反法律法规、强制性标准以及批准的规划进行开发建设。有关部门不得违反规定，批准在城市绿线范围内进行建设。因建设或者其他特殊情况，需要临时占用城市绿线内用地的，必须依法办理相关审批手续。在城市绿线范围内，不符合规划要求的建筑物、构筑物及其他设施应当限期迁出。 　　第十二条　任何单位和个人不得在城市绿地范围内进行拦河截溪、取土采石、设置垃圾堆场、排放污水以及其他对生态环境构成破坏的活动。近期不进行绿化建设的规划绿地范围内的建设活动，应当进行生态环境影响分析，并按照《中华人民共和国城乡规划法》的规定，予以严格控制。 　　第十三条　居住区绿化、单位绿化及各类建设项目的配套绿化都要达到《城市绿化规划建设指标的规定》的标准。各类建设工程要与其配套的绿化工程同步设计，同步施工，同步验收。达不到规定标准的，不得投入使用。

2018-049. 根据《城市绿线管理办法》，城市绿地系统规划是(　　)的组成部分。

　　A. 省域城镇体系规划　　　　　　　　　　B. 城市总体规划

C. 近期建设规划   D. 控制性详细规划

【答案】B

【解析】依据《城市绿线管理办法》第五条,城市绿地系统规划是城市总体规划的组成部分,故选 B。

2017-018. 下列对于城市规划绿线、黄线、蓝线、紫线的划定的叙述中,不正确的是(　　)。

    A. 城市绿线在编制城镇体系规划时划定

    B. 城市黄线在制定城市总体规划和详细规划时划定

    C. 城市蓝线在编制城市规划时划定

    D. 城市紫线在编制城市规划时划定

【答案】A

【解析】城市绿线应在城市总体规划和详细规划时划定,故选 A。

2014-061. 根据《城市绿线管理办法》,城市绿地系统规划是(　　)的组成部分。

    A. 城市战略规划   B. 城市总体规划

    C. 控制性详细规划   D. 修建性详细规划

【答案】B

【解析】《城市绿线管理办法》第五条规定,城市绿地系统规划是城市总体规划的组成部分,应当确定城市绿化目标和布局,规定城市各类绿地的控制原则,按照规定标准确定绿化用地面积,分层次合理布局公共绿地,确定防护绿地、大型公共绿地等的绿线。

2010-042. 《城市绿线管理办法》不涉及绿线划定的是(　　)。

    A. 城市总体规划   B. 近期建设规划

    C. 控制性详细规划   D. 修建性详细规划

【答案】B

【解析】《城市绿线管理办法》第五条:总体规划分层次合理布局公共绿地,确定防护绿地、大型公共绿地等的绿线;第六条:控制性详细规划应当提出不同类型用地的界线、规定绿化率控制指标和绿化用地界线的具体坐标;第七条:修建性详细规划应当根据控制性详细规划,明确绿地布局,提出绿化配置的原则或者方案,划定绿地界线;而未提及近期建设规划阶段,因而选项 B 符合题意。

十一、《城市蓝线管理办法》

相关真题:2018-045、2012-048、2011-046

《城市蓝线管理办法》   表 4-2-13

内容	说　明
出台背景	为了加强对城市水系的保护与管理,保障城市供水、防洪防涝和通航安全,改善城市人居生态环境,提升城市功能,促进城市健康、协调和可持续发展,根据《城市规划法》、《水法》,建设部制定了《城市蓝线管理办法》,2005 年 11 月 28 日经建设部第 80 次常务会议讨论通过,2005 年 12 月 20 日发布,2011 年 1 月 26 日修订。

内容	说　明
定义	**第二条**　本办法所称城市蓝线，是指城市规划确定的江、河、湖、库、渠和湿地等城市地表水体保护和控制的地域界线。城市蓝线的划定和管理，应当遵守本办法。
主管部门	**第三条**　国务院建设主管部门负责全国城市蓝线管理工作；县级以上地方人民政府建设主管部门（城乡规划主管部门）负责本行政区域内的城市蓝线管理工作。
城市蓝线划定	**第五条**　城市蓝线由直辖市、市、县人民政府在组织编制各类城市规划时划定。城市蓝线应当与城市规划一并报批。 **第六条**　城市蓝线划定原则： ① 统筹考虑城市水系的整体性、协调性、安全性和功能性，改善城市生态和人居环境，保障城市水系安全； ② 与同阶段城市规划的深度保持一致； ③ 控制范围界定清晰； ④ 符合法律、法规的规定和国家有关技术标准、规范的要求。
城市蓝线调整	**第七条**　在城市总体规划阶段，应当确定城市规划区范围内需要保护和控制的主要地表水体，划定城市蓝线，并明确城市蓝线保护和控制的要求。 **第八条**　在控制性详细规划阶段，应当依据城市总体规划划定的城市蓝线，规定城市蓝线范围内的保护要求和控制指标，并附有明确的城市蓝线坐标和相应的界址地形图。 **第九条**　城市蓝线一经批准，不得擅自调整。确实需要调整城市蓝线的，应当依法调整城市规划，并相应调整城市蓝线。调整后的城市蓝线，应当随调整后的城市规划一并报批。调整后的城市蓝线应当在报批前进行公示。
城市蓝线内所禁止的活动	在城市蓝线内禁止进行下列活动： ① 违反城市蓝线保护和控制要求的建设活动； ② 擅自填埋、占用城市蓝线内水域； ③ 影响水系安全的爆破、采石、取土； ④ 擅自建设各类排污设施； ⑤ 其他对城市水系保护构成破坏的活动。
在城市蓝线内进行建设的要求	**第十一条**　在城市蓝线内进行各项建设，必须符合经批准的城市规划。在城市蓝线内新建、改建、扩建各类建筑物、构筑物、道路、管线和其他工程设施，应当依法向建设主管部门（城乡规划主管部门）申请办理城市规划许可，并依照有关法律、法规办理相关手续。 **第十二条**　需要临时占用城市蓝线内的用地或水域的，应当报经直辖市、市、县人民政府建设主管部门（城乡规划主管部门）同意，并依法办理相关审批手续；临时占用后，应当限期恢复。

2018-045. 依据《城市蓝线管理办法》，下列选项中不正确的是( )。

A. 编制城市总体规划，应当划定城市蓝线

B. 编制控制性详细规划，应当划定城市蓝线

C. 城市蓝线划定后，报规划审批机关备案

D. 划定城市蓝线，其控制范围应当界定清晰

【答案】C

【解析】《城市蓝线管理办法》第五条规定，编制各类城市规划，应当划定城市蓝线；第六条规定，划定城市蓝线，应遵循控制范围界定清晰等原则。故 A、B、D 选项正确。城市蓝线在编制各类城市规划时由审批机关审批，不需要再备案，故选项 C 错误。

2012-048. 根据《城市蓝线管理办法》，下列不正确的是( )。

A. 城市蓝线只能在城市总体规划阶段划定

B. 城市蓝线应当与城市规划一并报批

C. 城市蓝线确需调整时，应当依法调整城市规划

D. 调整后的城市蓝线应当在报批前进行公示

【答案】A

【解析】《城市蓝线管理办法》第五条规定，城市蓝线由直辖市、市、县人民政府在组织编制各类城市规划时划定。城市蓝线应当与城市规划一并报批。第九条规定，城市蓝线一经批准，不得擅自调整。确实需要调整城市蓝线的，应当依法调整城市规划，并相应调整城市蓝线。调整后的城市蓝线，应当随调整后的城市规划一并报批。调整后的城市蓝线应当在报批前进行公示。

2011-046. 下列关于"四线"的定义，符合《城市紫线管理办法》、《城市绿线管理办法》、《城市蓝线管理办法》或《城市黄线管理办法》规定的是( )。

A. 城市紫线，是指国家历史文化名城内文物古迹及其文物保护单位的保护范围界线

B. 城市绿线，是指城市规划区内风景园林和公园绿地范围的控制线

C. 城市蓝线，是指城市规划确定的江、河、湖、水库和湿地等城市地表水体保护和控制的地域界线

D. 城市黄线，是指城市规划确定的给水排水、电力电讯、热力煤气等地下管线设施用地的控制界线

【答案】C

【解析】城市紫线：是指国家历史文化名城内的历史文化街区和省、自治区、直辖市人民政府公布的历史文化街区的保护范围界线，以及历史文化街区外经县级以上人民政府公布保护的历史建筑的保护范围界线；

城市绿线：是指城市各类绿地范围的控制线；

城市蓝线：是指城市规划确定的江、河、湖、库和湿地等城市地表水体保护和控制的地域界线；

城市黄线：是指对城市发展全局有影响的、城市规划中确定的、必须控制的城市基础设施用地的控制界线。

十二、《城市黄线管理办法》

相关真题：2017-029、2014-058、2011-057、2009-062

《城市黄线管理办法》-1 表 4-2-14

内容	说　明
出台背景	为了加强城市基础设施用地管理，保障城市基础设施的正常、高效运转，保证城市经济、社会健康发展，根据《城市规划法》，建设部制定了《城市黄线管理办法》，于 2005 年 12 月 20 日发布，2011 年 1 月 26 日修订。
定义	**第二条**　本办法所称城市黄线，是指对城市发展全局有影响的、城市规划中确定的、必须控制的城市基础设施用地的控制界线。本办法适用于城市黄线的划定和规划管理。
列入黄线控制的城市基础设施	**第二条**　本办法所称城市基础设施包括： ① 城市公共交通设施：城市公共汽车首末站、出租汽车停车场、大型公共停车场；城市轨道交通线、站、场、车辆段、保养维修基地；城市水运码头，机场，城市交通综合换乘枢纽；城市交通广场等城市公共交通设施。 ② 城市供水设施：取水工程设施和水处理工程设施等城市供水设施。 ③ 城市环境卫生设施：排水设施；污水处理设施；垃圾转运站、垃圾码头、垃圾堆肥厂、垃圾焚烧厂、卫生填埋场（厂）；环境卫生车辆停车场和修造厂；环境质量监测站等城市环境卫生设施。 ④ 城市供燃气设施：城市气源和燃气储配站等城市供燃气设施。 ⑤ 城市供热设施：城市热源、区域性热力站、热力线走廊等城市供热设施。 ⑥ 城市供电设施：城市发电厂、区域变电所（站）、市区变电所（站）、高压线走廊等城市供电设施。 ⑦ 城市通信设施：邮政局、邮政通信枢纽、邮政支局；电信局、电信支局；卫星接收站、微波站；广播电台、电视台等城市通信设施。 ⑧ 城市消防设施：消防指挥调度中心、消防站等城市消防设施。 ⑨ 城市防洪设施：防洪堤墙、排洪沟与截洪沟、防洪闸等城市防洪设施。 ⑩ 城市抗震防灾设施：避震疏散场地、气象预警中心等城市抗震防灾设施。 ⑪ 城市基础设施：其他对城市发展全局有影响的城市基础设施。
主管部门	**第三条**　国务院建设主管部门负责全国城市黄线管理工作，县级以上地方人民政府建设主管部门（城乡规划主管部门）负责本行政区域内城市黄线的规划管理工作。

2017-029. 对城市发展布局有影响的，城市规划中确定的，必须控制的城市基础设施用地的控制界线，应当依据住房和城乡建设部发布的(　　)来划定。

　　A.《城市蓝线管理办法》　　　　　　　B.《城市紫线管理办法》

　　C.《城市黄线管理办法》　　　　　　　D.《城市绿线管理办法》

　　【答案】C

　　【解析】《城市黄线管理办法》第二条规定，本办法所称城市黄线，是指对城市发展全局有影响的、城市规划中确定的、必须控制的城市基础设施用地的控制界线。

2014-058.《城市黄线管理办法》中所称城市黄线是指(　　)。

　　A. 城市未经绿化的用地界线　　　　　B. 城市受沙尘暴影响的范围界线

　　C. 城市总体规划确定限建用地的界线　D. 城市基础设施用地的控制界线

　　【答案】D

【解析】《城市黄线管理办法》第二条规定，本办法所称城市黄线，是指对城市发展全局有影响的、城市规划中确定的、必须控制的城市基础设施用地的控制界线。

2011-057. 根据《黄线管理办法》，不属于黄线管理范畴的是(   )。

A. 城市环境质量监测站　　　　　　B. 城市供电设施

C. 城市供燃气设施　　　　　　　　D. 城市道路桥梁

【答案】D

【解析】由《城市黄线管理办法》第二条可知，黄线管理范畴不包括城市道路桥梁。

2009-062. 下列不属于环境卫生设施的是(   )。

A. 粪便污水前端处理设施　　　　　B. 城市污水处理设施

C. 城市垃圾处理设施　　　　　　　D. 公共厕所

【答案】B

【解析】依据《环境卫生设施设置标准》CJJ 27-2012，环境卫生设施分为：

① 环境卫生公共设施：包括公共厕所、生活垃圾收集点、废物箱、粪便污水前端处理设施等。

② 环境卫生工程设施：包括生活垃圾转运站、水上环境卫生工程设施、粪便处理厂、生活垃圾卫生填埋场、生活垃圾焚烧厂等。

③其他环境卫生设施：包括车辆清洗站、环境卫生车辆停车场、环境卫生车辆通道、洒水车供水器等。

《城市黄线管理办法》-2　　　　　　　　　　　　　表 4-2-15

内容	说　明
城市黄线划定的原则	**第六条** 城市黄线的划定，应当遵循以下原则： ① 与同阶段城市规划内容及深度保持一致； ② 控制范围界定清晰； ③ 符合国家有关技术标准、规范。
城市黄线的划定	**第五条** 城市黄线应当在制定城市总体规划和详细规划时划定。直辖市、市、县人民政府建设主管部门（城乡规划主管部门）应当根据不同规划阶段的规划深度要求，负责组织划定城市黄线的具体工作。 **第七条** 编制城市总体规划，应当根据规划内容和深度要求，合理布置城市基础设施，确定城市基础设施的用地位置和范围，划定其用地控制界线。 **第八条** 编制控制性详细规划，应当依据城市总体规划，落实城市总体规划确定的城市基础设施的用地位置和面积，划定城市基础设施用地界线，规定城市黄线范围内的控制指标和要求，并明确城市黄线的地理坐标。 修建性详细规划应当依据控制性详细规划，按不同项目具体落实城市基础设施用地界线，提出城市基础设施用地配置原则或者方案，并标明城市黄线的地理坐标和相应的界址地形图。 **第九条** 城市黄线应当作为城市规划的强制性内容，与城市规划一并报批。城市黄线上报审批前，应当进行技术经济论证，并征求有关部门意见。 **第十条** 城市黄线经批准后，应当与城市规划一并由直辖市、市、县人民政府予以公布；但法律、法规规定不得公开的除外。 **第十一条** 城市黄线一经批准，不得擅自调整。因城市发展和城市功能、布局变化等，需要调整城市黄线的，应当组织专家论证，依法调整城市规划，并相应调整城市黄线。调整后的城市黄线，应当随调整后的城市规划一并报批。

内容	说　明
在城市黄线内进行建设的要求	**第十二条**　在城市黄线内进行建设活动，应当贯彻安全、高效、经济的方针，处理好近远期关系，根据城市发展的实际需要，分期有序实施。 **第十四条**　在城市黄线内进行建设，应当符合经批准的城市规划。在城市黄线内新建、改建、扩建各类建筑物、构筑物、道路、管线和其他工程设施，应当依法向建设主管部门（城乡规划主管部门）申请办理城市规划许可，并依据有关法律、法规办理相关手续。迁移、拆除城市黄线内城市基础设施的，应当依据有关法律、法规办理相关手续。 **第十五条**　因建设或其他特殊情况需要临时占用城市黄线内土地的，应当依法办理相关审批手续。
在城市黄线范围内禁止进行下列活动	**第十三条**　在城市黄线范围内禁止进行下列活动： ① 违反城市规划要求，进行建筑物、构筑物及其他设施的建设； ② 违反国家有关技术标准和规范进行建设； ③ 未经批准，改装、迁移或拆毁原有城市基础设施； ④ 其他损坏城市基础设施或影响城市基础设施安全和正常运转的行为。

十三、《城市地下空间开发利用管理规定》

相关真题：2018-041、2018-031、2017-094、2017-062、2014-097、2010-068、2010-041

《城市地下空间开发利用管理规定》　　　　　　　表 4-2-16

内容	说　明
出台背景	开发利用城市地下空间是合理利用城市空间资源、提高城市效益的重要途径。为了加强对城市地下空间开发利用的管理，合理开发城市地下空间资源，适应城市现代化和城市可持续发展建设的需要，依据有关法律、法规，建设部于 1997 年 10 月 7 日发布了《城市地下空间开发利用管理规定》，自 1998 年 1 月 1 日起施行。2001 年 11 月 20 日建设部对《城市地下空间开发利用管理规定》进行了修正。
适用范围	**第二条**　适用范围为城市规划区。本规定所称的城市地下空间，是指城市规划区内地表以下的空间。编制城市地下空间规划，对城市规划区范围内的地下空间进行开发利用，必须遵守本规定。
城市地下空间开发利用的原则	**第三条**　城市地下空间的开发利用应贯彻统一规划、综合开发、合理利用、依法管理的原则，坚持社会效益、经济效益和环境效益相结合，考虑防灾和人民防空等需要。
行政主体	**第四条**　国务院建设行政主管部门负责全国城市地下空间的开发利用管理工作。省、自治区人民政府建设行政主管部门负责本行政区域内城市地下空间的开发利用管理工作。直辖市、市、县人民政府建设行政主管部门和城市规划行政主管部门按照职责分工，负责本行政区域内城市地下空间的开发利用管理工作。
城市地下空间规划的编制原则和要求	**原则：**城市地下空间规划是城市规划的重要组成部分。城市地下空间的规划编制应注意保护和改善城市的生态环境，科学预测城市发展的需要；坚持因地制宜，远近兼顾，全面规划，分步实施，使城市地下空间的开发利用同国家和地方的经济技术发展水平相适应（第五条、第七条）。 **要求：**各级人民政府在组织编制城市总体规划时，应根据城市发展的需要，编制城市地下空间开发利用规划。各级人民政府在编制城市详细规划时，应当依据城市地下空间开发利用规划对城市地下空间开发利用作出具体规定（第五条）。

内容	说　明
城市地下空间开发利用规划的主要内容	第六条　地下空间现状及发展预测，地下空间开发战略，开发层次、内容、期限，规模与布局，以及地下空间开发实施步骤等。
城市地下空间开发利用规划的审批	第九条　城市地下空间规划作为城市规划的组成部分，依据《城市规划法》的规定进行审批和调整。城市地下空间建设规划由城市人民政府城市规划主管部门负责审查后，报城市人民政府批准。城市地下空间规划需要变更的，须经原批准机关审批。
城市地下空间的工程建设	第十条　城市地下空间的工程建设必须符合城市地下空间规划，服从规划管理。 　第十二条　地下工程建设均应向城市规划主管部门申请办理选址意见书、建设用地规划许可证、建设工程规划许可证。
城市地下空间的工程管理	第二十四条　城市地下工程由开发利用的建设单位或者使用单位进行管理，并接受建设行政主管部门的监督检查。 　第三十条　进行城市地下空间的开发建设，违反城市地下空间的规划及法定实施管理程序规定的，由县级以上人民政府城市规划主管部门依法处罚。

2018-041. 根据《城市地下空间开发利用管理规定》，下列说法错误的是（　　）。

A. 城市地下空间建设规划，由城市人民政府审查、批准

B. 城市地下空间需要变更的，须经原审批机关审批

C. 城市地下空间的工程建设必须符合城市地下空间规划，服从规划管理

D. 地下工程施工应推行工程监理制度

【答案】A

【解析】《城市地下空间开发利用管理规定》第九条规定，城市地下空间建设规划由城市人民政府城市规划行政主管部门负责审查后，报城市人民政府批准。因而选项A错误，故选A。

2018-031. 根据《城市地下空间开发利用管理规定》，对城市地下空间进行开发建设时，违反城市地下空间的规划办法实施管理程序的，应由（　　）进行处罚。

A. 建设行政主管部门　　　　　　　　B. 城市规划行政主管部门

C. 地下空间开发建设指挥部门　　　　D. 城市人大办公室

【答案】B

【解析】《城市地下空间开发利用管理规定》第三十条规定，进行城市地下空间的开发建设，违反城市地下空间的规划及法定实施管理程序规定的，由县级以上人民政府城市规划行政主管部门依法进行处罚。

2017-094. 依据《城市地下空间开发利用管理规定》，下列叙述中不正确的是（　　）。

A. 城市地下空间是指市域范围内地表以下的空间

B. 国务院建设行政主管部门和全国人防办负责全国城市地下空间的开发利用管理工作

C. 城市地下空间规划是城市规划的重要组成部分

D. 城市地下空间建设规划报上一级人民政府审批

E. 编制城市地下空间开发利用规划，包括总体规划和建设规划两个阶段

【答案】ABDE

【解析】依据《城市地下空间开发利用管理规定》第二条，本规定所称的城市地下空间，是指城市规划区内地表以下的空间；故选项 A 不正确；

依据第四条，国务院建设行政主管部门负责全国城市地下空间的开发利用管理工作，故选项 B 不正确；

依据第五条，城市地下空间规划是城市规划的重要组成部分，故选项 C 正确；

依据第九条，城市地下空间规划作为城市规划的组成部分，依据《城乡规划法》的规定进行审批和调整。城市地下空间建设规划由城市人民政府城市规划行政主管部门负责审查后，报城市人民政府批准。城市地下空间规划需要变更的，须经原批准机关审批，故选项 D 不正确；

依据第五条，城市地下空间规划是城市规划的重要组成部分。各级人民政府在组织编制城市总体规划时，应根据城市发展的需要，编制城市地下空间开发利用规划。各级人民政府在编制城市详细规划时，应当依据城市地下空间开发利用规划对城市地下空间开发利用作出具体规定。因而编制城市地下空间开发利用规划，包括总体规划和详细规划两个阶段，故选项 E 不正确。

2017-062. 《城市地下空间开发利用管理规定》所称的地下空间，是指城市(　　)内地表下的空间。

A. 规划区　　　　　　　　　　　　B. 建设用地范围

C. 建成区　　　　　　　　　　　　D. 适建区

【答案】A

【解析】《城市地下空间开发利用管理规定》第二条：本规定所称的城市地下空间，是指城市规划区内地表以下的空间。

2014-097. 根据《城市地下空间开发利用管理规定》，下列叙述中正确的是(　　)。

A. 城市地下空间是指城市规划区内地表以下的空间

B. 城市地下空间的工程建设必须符合地下空间规划

C. 城市地下空间规划是城市规划的重要组成部分

D. 附着地面建筑进行地下工程建设，应单独向城乡规划主管部门申请办理建设工程规划许可证

E. 城市地下空间规划需要变更的，需经原批准机关审批

【答案】ABCE

【解析】依据《城市地下空间开发利用管理规定》的下列条文，可知 ABCE 符合题意。

第二条：本规定所称的城市地下空间，是指城市规划区内地表以下的空间。选项 A 正确。

第十条：城市地下空间的工程建设必须符合城市地下空间规划。选项 B 正确。

第九条：城市地下空间规划作为城市规划的组成部分。选项 C 正确。

第十一条：附着地面建筑进行地下工程建设，应随地面建筑一并向城市规划行政主管

部门申请办理选址意见书、建设用地规划许可证、建设工程规划许可证。选项 D 错误。

第九条：城市地下空间规划需要变更的，须经原批准机关审批。选项 E 正确。

2010-068. 城市地下空间的开发利用应贯彻统一规划、综合开发、(　　)、依法管理的原则。

  A. 因地制宜   B. 合理利用

  C. 分步实施   D. 切实可行

  【答案】B

  【解析】《城市地下空间开发利用管理规定》第三条规定，城市地下空间的开发利用应贯彻统一规划、综合开发、合理利用、依法管理的原则，坚持社会效益、经济效益和环境效益相结合，考虑防灾和人民防空等需要。

2010-041. 城市地下空间建设规划，由(　　)批准。

  A. 上一级人民政府

  B. 城市人大常委会

  C. 省、自治区、直辖市规划、建设行政主管部门

  D. 城市人民政府

  【答案】D

  【解析】《城市地下空间开发利用管理规定》第九条规定，城市地下空间建设规划由城市人民政府城市规划行政主管部门负责审查后，报城市人民政府批准。城市地下空间规划需要变更的，须经原批准机关审批。

十四、《城市抗震防灾规划管理规定》

  相关真题：2018-034、2018-029、2017-095、2017-061、2014-095、2014-055、2013-060、2012-089、2012-055、2011-038、2011-036、2009-040、2009-039

《城市抗震防灾规划管理规定》   表 4-2-17

内容	说　明
背景	为了提高城市的综合抗震防灾能力，减轻地震灾害，根据《城市规划法》、《防震减灾法》等有关法律、法规，建设部 2003 年 9 月 19 日以建设部令第 117 号颁布了《城市抗震防灾规划管理规定》，自 2003 年 11 月 1 日起施行，2011 年 1 月 26 日修订。
抗震设防区定义	**第二条**　在抗震设防区的城市，编制与实施城市抗震防灾规划，必须遵守本规定。抗震设防区，是指地震基本烈度六度及六度以上地区（地震动峰值加速度≥0.05g 的地区）。
主管部门	**国务院建设行政主管部门**：负责全国的城市抗震防灾规划综合管理工作。 　　**省、自治区人民政府建设行政主管部门**：负责本行政区城内的城市抗震防灾规划的管理工作。 　　**直辖市、市、县人民政府城乡规划行政主管部门**：会同有关部门组织编制本行政区域内的城市抗震防灾规划，并进行监督实施（第五条）。

内容	说　明
规划编制必要性及方针	**第三条**　城市抗震防灾规划是城市总体规划中的专业规划。在抗震设防区的城市，编制城市总体规划时必须包括城市抗震防灾规划。城市抗震防灾规划的规划范围应当与城市总体规划相一致，并与城市总体规划同步实施。城市总体规划与防震减灾规划应当相互协调。 **第四条**　城市抗震规划的编制要贯彻"预防为主，防、抗、避、救相结合"的方针，结合实际、因地制宜、突出重点。 **第七条**　编制和实施城市抗震防灾规划应当符合有关的标准和技术，应当采用先进技术方法和手段。
规划编制基本目标	**第八条**　城市抗震防灾规划编制应当达到下列基本目标： ① 当遭受多遇地震时，城市一般功能正常。 ② 当遭受相当于抗震设防烈度的地震时，城市一般功能及生命系统基本正常，重要工矿企业能正常或者很快恢复生产。 ③ 当遭受罕遇地震时，城市功能不瘫痪，要害系统和生命线工程不遭受破坏，不发生严重的次生灾害。
城市抗震防灾规划的编制要求	**第十条**　城市抗震防灾规划中的抗震设防标准、建设用地评价与要求、抗震防灾措施应当列为城市总体规划的强制性内容，作为编制城市详细规划的依据。 **第十一条**　城市抗震防灾规划应当按照城市规模、重要性和抗震防灾的要求，分为甲、乙、丙三种模式。 **甲类模式：**位于地震基本烈度七度及七度以上地区（地震动峰值加速度≥0.10g的地区）的大城市应当按照甲类模式编制。 **乙类模式：**中等城市和位于地震基本烈度六度地区（地震动峰值加速度等于0.05g的地区）的大城市按照乙类模式编制。 **丙类模式：**其他在抗震设防区的城市按照丙类模式编制。 抗震防灾规划的编制深度应当按照有关的技术规定执行。
有关的建设要求	**第十六条**　抗震设防区城市的各项建设必须符合城市抗震防灾规划的要求。 **第十七条**　在城市抗震防灾规划所确定的危险地段不得进行新的开发建设，已建的应当限期拆除或者停止使用。 **第十八条**　重大建设工程和各类生命线工程的选址与建设应当避开不利地段，并采取有效的抗震措施。 **第十九条**　地震时可能发生严重次生灾害的工程不得建在城市人口稠密地区，已建的应当逐步迁出；正在使用的，迁出前应当采取必要的抗震防灾措施。 **第二十条**　严禁在抗震防灾规划确定的避震疏散场地和避震通道上搭建临时性建（构）筑物或者堆放物资。 重要建（构）筑物，超高建（构）筑物，人员密集的教育、文化、体育等设施的外部通道及间距应当满足抗震防灾的原则要求。

2018-034. 城市抗震防灾规划中不属于城市总体规划的强制性内容的是(   )。

A. 城市抗震防灾能力评价   B. 城市防震设防标准

C. 建设用地评价与要求   D. 抗震防灾措施

【答案】A

【解析】依据《城市抗震防灾规划管理规定》第十条，可知本题应选 A。

2018-029. 根据《城市抗震防灾规划管理规定》，下列选项中不正确的是(   )。

A. 位于地震基本烈度 7 度地区的大城市应当按照甲类模式编制防灾减灾规划

B. 位于地震基本烈度 6 度地区的大城市应当按照乙类模式编制防灾减灾规划

C. 位于地震基本烈度 7 度地区的中等城市应按照乙类模式编制防灾减灾规划

D. 位于地震基本烈度 6 度地区的中等城市应按照丙类模式编制防灾减灾规划

【答案】D

【解析】依据《城市抗震防灾规划管理规定》第十一条规定，城市抗震防灾规划应当按照城市规模、重要性和抗震防灾的要求，分为甲、乙、丙三种模式：(一)位于地震基本烈度 7 度及 7 度以上地区（地震动峰值加速度≥0.10g 的地区）的大城市应当按照甲类模式编制；(二)中等城市和位于地震基本烈度 6 度地区（地震动峰值加速度等于 0.05g 的地区）的大城市按照乙类模式编制；(三)其他在抗震设防区的城市按照丙类模式编制。从以上分析可知，D 选项错误。

2017-095. 根据《城市抗震防灾规划管理规定》，作为编制详细规划的依据，下列属于城市总体规划强制性内容的是(   )。

A. 城市抗震防灾现状   B. 城市抗震能力评价

C. 城市抗震设防标准   D. 建设用地评价和要求

E. 抗震防灾措施

【答案】CDE

【解析】依据《城市抗震防灾规划管理规定》第十条，可知本题应选 CDE。

2017-061. 根据《城市抗震防灾规划管理规定》，下列叙述中正确的是(   )。

A. 在抗震防灾区的城市，抗震防灾规划的范围应当与中心城区一致

B. 规定所称抗震设防区，是指地震基本烈度六度及六度以上地区

C. 规定所称抗震设防区，是指地震地质条件复杂的地区

D. 规定所称抗震设防区，是指地震活动峰值加速度大于等于 0.1g 的地区

【答案】B

【解析】依据《城市抗震防灾规划管理规定》第二条，可知选项 B 正确。

2014-095. 根据《城市抗震防灾规划管理规定》，当遭受罕见的地震时，城市抗震防灾规划编制应达到的基本目标是(   )。

A. 城市一般功能及生命系统基本正常

B. 城市功能不瘫痪

C. 重要的工矿企业能正常或很快恢复生产

D. 要害系统和生命线工程不遭受破坏

E. 不发生严重的次生灾害

【答案】BDE

【解析】依据《城市抗震防灾规划管理规定》第八条，可知选项 BDE 正确。

2014-055. 根据《城市抗震防灾规划管理规定》，城市抗震设防区是指(　　)。

　　A. 地震动峰值加速度≥0.10g 的地区

　　B. 地震基本烈度六度及六度以上地区

　　C. 地震震波能够波及的地区

　　D. 地震次生灾害容易发生的地区

【答案】B

【解析】依据《城市抗震防灾规划管理规定》第二条，可知选项 B 正确。

2013-060. 根据《城市防震防灾规划管理规定》，当城市遭受多遇地震时，要求城市应达到的基本目标是(　　)。

　　A. 城市一般功能正常

　　B. 城市一般功能基本正常

　　C. 城市功能不瘫痪

　　D. 城市重要功能不瘫痪

【答案】A

【解析】依据《城市抗震防灾规划管理规定》第八条，可知选项 A 正确。

2012-089. 下列属于城市抗震防灾的部门规章是(　　)。

　　A.《防灾减灾法》

　　B.《城市抗震防灾规划管理规定》

　　C.《市政公用设施抗灾设防管理规定》

　　D.《城市抗震防灾规划标准》

　　E.《城市地下空间开发利用管理规定》

【答案】BC

【解析】选项 A 属于城乡规划相关法律，选项 BC 属于城市抗震防灾的部门规章，选项 D 属于城乡规划技术标准，选项 E 虽然属于城市规划行政法规，但不属于城市抗震防灾的部门规章，因而选项 BC 是正确的。

2012-055. 根据《城市抗震防灾规划管理规定》，下列不正确的是(　　)。

　　A. 城市抗震防灾规划是城市总体规划中的专业规划

　　B. 在抗震设防区的城市，在城市总体规划批准后，应单独编制城市抗震防灾规划

　　C. 城市抗震防灾规划的规划范围应当与城市总体规划相一致

　　D. 批准后的抗震防灾规划应当公布

【答案】B

【解析】依据《城市抗震防灾规划管理规定》第三条可知，城市抗震防灾规划应与城市总体规划同步实施，故应选 B。

2011-038. 根据《城市抗震防灾规划管理规定》，(   )不属于城市总体规划的强制性内容。

    A. 抗震设防标准   B. 建设用地评价与要求

    C. 抗震防灾措施   D. 抗震防灾规划目标

【答案】D

【解析】依据《城市抗震防灾规划管理规定》第十条，可知选项D正确。

2011-036. 某城市位于地震基本烈度七度及七度以上地区，应该按照(   )模式编制抗震防灾规划。

    A. A 级   B. 甲类

    C. B 级   D. 乙类

【答案】B

【解析】依据《城市抗震防灾规划管理规定》第八条，可知选项B正确。

2009-040. 在城市抗震防灾规划所确定的危险地段不得进行新的开发建设，已建的应当(   )。

    A. 立即停止使用并拆除   B. 限期拆除或停止使用

    C. 立即停止使用   D. 立即拆除

【答案】B

【解析】依据《城市抗震防灾规划管理规定》第十七条，可知选项B正确。

2009-039. 编制城市抗震规划应贯彻的方针是(   )。

    A. 预防为主，因地制宜，突出重点

    B. 预防为主，安全第一，生命第一

    C. 预防为主，防、抗、避、救相结合

    D. 预防为主，结合实际，安全第一

【答案】C

【解析】依据《城市抗震防灾规划管理规定》第四条，可知选项C正确。

十五、《停车场建设和管理暂行规定》

《停车场建设和管理暂行规定》   表 4-2-18

内容	说　明
出台背景	为了加强停车场的建设和管理，改善道路交通状况，保障交通安全畅通，根据有关规定，公安部和建设部制定了《停车场建设和管理暂行规定》，于1989年1月1日起施行。
停车场定义	第三条　停车场是指供各种机动车和非机动车停放的露天或室内场所。分为专用停车场和公共停车场。专用停车场是指主要供本单位车辆停放的场所和私人停车场所；公共停车场是指主要为社会车辆提供服务的停车场所。
适用范围	第二条　本规定适用于城市、重点旅游区停车场的建设和管理。

内容	说　明
停车场的建设要求	① 停车场的建设必须符合城市规划和保障道路交通安全畅通的要求，其规划设计须遵守《停车场规划设计规则（试行）》。 ② 停车场的设计方案（包括有关的主体工程设计方案），须经城市规划主管部门审核，并征得公安交通管理部门同意，方可办理施工手续；停车场竣工后，须经公安交通管理部门参加验收合格方可使用。 ③ 新建、改建、扩建的公共建筑和商业街（区），必须配建或增建停车场；有条件的小型公共建筑须配建自行车停车场。停车场应与主体工程同时设计、同时施工、同时使用；大型公共建筑工程设计没有停车场规划的，城市规划主管部门不予批准施工。 ④ 规划和建设居民住宅区，应根据需要配建相应的停车场。 ⑤ 机关、团体、企业、事业单位应根据需要配建满足本单位车辆使用的停车场。 ⑥ 应当配建停车场而未配建或停车场地不足的，应逐步补建或扩建。 ⑦ 单位或者个人需要临时占用停车场作为非停车之用时，应征得当地公安交通管理部门同意。改变停车场的使用性质，须经当地公安交通管理部门和城市规划主管部门批准。 ⑧ 需要利用街道、公共广场作为临时停车场地的，应由公安交通管理部门会同城市规划主管部门统一规划，由公安交通管理部门统管（第四条至第七条）。
主管部门	**第九条**　公安交通管理部门应当协同城市规划主管部门制订停车场的规划，并对停车场的建设和管理实行监督。

十六、《城建监察规定》

《城建监察规定》

表 4-2-19

内容	说　明
出台背景	为了加强城市的规划、建设、管理，保证国家和地方城市规划、建设、管理的法律、法规、规章的正确实施，依据有关法律、法规，1992 年 6 月 3 日建设部以第 20 号令颁布了《城建监察规定》，自 1992 年 11 月 1 日起施行，2010 年 12 月 31 日修正。
城建监察定义	**第三条**　城建监察是指对城市规划、市政工程、公用事业、市容环境卫生、园林绿化等的监督、检查和管理，以及法律、法规授权或者行政主管部门委托实施行政处罚的行为。 **第四条**　国务院建设行政主管部门负责人全国城建监察工作。县级以上地方人民政府建设行政主管部门负责本行政区域内的城建监察工作。
适用范围	**第二条**　适用于国家按行政建制设立的直辖市、市、镇。

内容	说　明
建设行政主管部门的主要职责	**第六条**　县级以上人民政府建设行政主管部门在城建监察工作中有关城市规划管理的职责：负责对城市规划、市政工程、公用事业、园林绿化、市容环境卫生等行业的城建监察的业务指导。
城建监察队伍的基本职责	① 实施城市规划方面的监察。依据《城乡规划法》及有关法规和规章，对城市规划区内的建设用地和建设行为进行监察。 ② 实施城市市政工程设施方面的监察。依据《城市道路管理条例》及有关法律、法规和规章，对占用、挖掘、损坏城市道路、桥涵、排水设施、防洪堤坝等方面违法、违章行为进行监察。 ③ 实施城市公用事业方面的监察。依据《城市供水条例》及有关法律、法规和规章，对危害、损坏城市供水、供气、供热、公交通设施的违法违章行为和对城市客运交通营运、供气安全、城市规划区地下水资源的开发、利用、保护以及城市节约用水等方面的违法、违章行为进行监察。 ④ 实施城市市容环境卫生方面的监察。依据《城市市容和环境卫生管理条例》及有关法律、法规和规章，对损坏环境卫生设施、影响城市市容环境卫生等方面的违法、违章行为进行监察。 ⑤ 实施城市园林绿化方面的监察。依据《城市绿化条例》及有关法律、法规和规章，对损坏城市绿地、花草、树木、园林绿化设施及乱砍树木等方面的违法、违章行为进行监察（第七条）。
城建监察人员在进行城建监察时的要求	**第十条**　应当严格执行法律、法规和规章，贯彻以事实为依据，以法律为准绳和教育与处罚相结合的原则，秉公执法，服从组织纪律，保守国家秘密。在上岗时应当持城建监察证、佩戴标志、自动接受监察，不得滥用职权，徇私舞弊。

十七、《城乡规划编制单位资质管理规定》

相关真题：2018-043、2018-037、2018-023、2012-080

《城乡规划编制单位资质管理规定》　　　　　　　　　　　表 4-2-20

内容	说　明
出台背景	为了加强城市规划编制单位的管理，规范城市规划编制工作，保证城市规划编制质量，建设部于 2001 年 1 月 23 日颁发了《城市规划编制单位资质管理规定》，自 2001 年 3 月 1 日起施行。2012 年 7 月 2 日发布《城乡规划编制单位资质管理规定》，2012 年 9 月 1 日施行。2016 年 1 月 11 日进行了修改。
目录结构	第一章　总则；第二章　资质等级与标准；第三章　资质申请与审批；第四章　监督管理；第五章　法律责任；第六章　附则
资质分级	第六条　城乡规划编制单位资质分为甲级、乙级、丙级。

内容	说　明
甲级城市规划编制单位标准	第七条　甲级城乡规划编制单位资质标准： （一）有法人资格； （二）专业技术人员不少于 40 人，其中具有城乡规划专业高级技术职称的不少于 4 人，具有其他专业高级技术职称的不少于 4 人（建筑、道路交通、给排水专业各不少于 1 人）；具有城乡规划专业中级技术职称的不少于 8 人，具有其他专业中级技术职称的不少于 15 人； （三）注册规划师不少于 10 人； （四）具备符合业务要求的计算机图形输入输出设备及软件； （五）有 400 平方米以上的固定工作场所，以及完善的技术、质量、财务管理制度。
乙级城市规划编制单位标准	第八条　乙级城乡规划编制单位资质标准： （一）有法人资格； （二）专业技术人员不少于 25 人，其中具有城乡规划专业高级技术职称的不少于 2 人，具有高级建筑师不少于 1 人，具有高级工程师不少于 1 人；具有城乡规划专业中级技术职称的不少于 5 人，具有其他专业中级技术职称的不少于 10 人； （三）注册规划师不少于 4 人； （四）具备符合业务要求的计算机图形输入输出设备； （五）有 200 平方米以上的固定工作场所，以及完善的技术、质量、财务管理制度。
丙级城市规划编制单位标准	第九条　丙级城乡规划编制单位资质标准： （一）有法人资格； （二）专业技术人员不少于 15 人，其中具有城乡规划专业中级技术职称的不少于 2 人，具有其他专业中级技术职称的不少于 4 人； （三）注册规划师不少于 1 人； （四）专业技术人员配备计算机达 80%； （五）有 100 平方米以上的固定工作场所，以及完善的技术、质量、财务管理制度。
业务范围	甲级城市规划编制单位承担城市规划编制任务的范围不受限制。 乙级城乡规划编制单位可以在全国承担下列业务： （一）镇、20 万现状人口以下城市总体规划的编制； （二）镇、登记注册所在地城市和 100 万现状人口以下城市相关专项规划的编制； （三）详细规划的编制； （四）乡、村庄规划的编制； （五）建设工程项目规划选址的可行性研究。 丙级城乡规划编制单位可以在全国承担下列业务： （一）镇总体规划（县人民政府所在地镇除外）的编制； （二）镇、登记注册所在地城市和 20 万现状人口以下城市的相关专项规划及控制性详细规划的编制； （三）修建性详细规划的编制； （四）乡、村庄规划的编制； （五）中、小型建设工程项目规划选址的可行性研究。

2018-043. 根据《城乡规划编制单位资质管理规定》下列表述中不正确的是(　　)。

A. 高等院校的城乡规划编制单位中专职从事城乡规划编制的人员不得低于技术人员总数的60%

B. 乙级、丙级城乡规划编制单位取得资质证书满2年后，可以申请高一级别的城乡规划编制单位资质

C. 乙级城乡规划编制单位可以在全国承担镇、20万现状人口以下城市总体规划的编制

D. 丙级城乡规划编制单位可以在全国承担镇总体规划（县人民政府所在地镇除外）的编制

【答案】A

【解析】《城乡规划编制单位资质管理规定》第十条规定，高等院校的城乡规划编制单位中专职从事城乡规划编制的人员不得低于技术人员总数的70%。因此A选项错误。

2018-037. 根据《城市规划编制单位资质管理规定》，城乡规划编制单位取得资质后，不再符合相应资质条件的，由原资质许可机关责令(　　)。

A. 停业整顿　　　　　　　　　　　B. 限期改正
C. 降低资质等级　　　　　　　　　D. 交回资质证书

【答案】B

【解析】《城乡规划编制单位资质管理规定》(2016年修正)第三十二条规定，城乡规划编制单位违法从事城乡规划编制活动的，违法行为发生地的县级以上地方人民政府城乡规划主管部门应当依法查处，并将违法事实、处理结果或者处理建议及时告知该城乡规划编制单位的资质许可机关。第三十三条规定，城乡规划编制单位取得资质后，不再符合相应资质条件的，由原资质许可机关责令限期改正；逾期不改的，降低资质等级或者吊销资质证书。

2018-023. 城市规划行政主管部门工作人员在城市规划编制单位资质管理工作中玩忽职守滥用职权、徇私舞弊，尚未构成犯罪的，由其所在单位或上级主管机关给予(　　)。

A. 罚款　　　　　　　　　　　　　B. 责令停职检查
C. 取消执法资格　　　　　　　　　D. 行政处分

【答案】D

【解析】《城乡规划编制单位资质管理规定》(2012版)第四十一条规定，城乡规划主管部门及其工作人员，违反本规定，有下列情形之一的，由其上级行政机关或者监察机关责令改正；情节严重的，对直接负责的主管人员和其他直接责任人员，依法给予行政处分：

① 对不符合条件的申请人准予城乡规划编制单位资质许可的；

② 对符合条件的申请人不予城乡规划编制单位资质许可或者未在法定期限内作出准予许可决定的；

③ 对符合条件的申请不予受理或者未在法定期限内初审完毕的；

④ 利用职务上的便利，收受他人财物或者其他好处的；

⑤ 不依法履行监督职责或者监督不力，造成严重后果的。

2012-080. 城乡规划主管部门工作人员在城市规划编制单位资质管理工作中玩忽职守、滥用职权、徇私舞弊，尚未构成犯罪的，由其所在单位或上级主管机关给予(　　)。

A. 行政处罚　　　　　　　　　　　B. 行政处分

C. 行政拘留　　　　　　　　　　　D. 行政教育

【答案】B

【解析】参照 2018-023。

十八、《注册城乡规划师职业资格制度规定》

相关真题：2010-080

《注册城乡规划师职业资格制度规定》

表 4-2-21

内容	说　　　　明
出台背景	为了加强城市规划专业技术人员的执业准入控制，保障城市规划工作质量，维护国家、社会和公众的利益，根据《城市规划法》以及职业资格证书制度的有关规定，人事部、建设部于 1999 年 4 月 7 日发布《注册城市规划师执业资格制度暂行规定》，新版更名为《注册城乡规划师职业资格制度规定》于 2017 年 5 月 22 日发布实施。
目录结构	第一章　总则；第二章　考试；第三章　注册；第四章　执业；第五章　权利和义务；第六章　附则。
管理部门	第四条　人力资源社会保障部、住房城乡建设部共同负责注册城乡规划师职业资格制度的政策制定，并按职责分工对制度的实施进行指导、监督和检查。各省、自治区、直辖市人力资源社会保障行政主管部门和城乡规划行政主管部门，按照职责分工负责本行政区域内注册城乡规划师职业资格制度实施的监督管理。
办理撤销注册手续	第十五条　以不正当手段取得注册证书的，由发证机构撤销其注册证书，3 年内不予重新注册，构成犯罪的依法追究刑事责任。出租出借注册证书的，由发证机构撤销其注册证书；构成犯罪的依法追究刑事责任。

2010-080. 注册城市规划师职业资格管理办法由(　　)制定。

A. 国务院城乡规划主管部门

B. 国务院人事主管部门

C. 国务院人事主管部门会同城乡规划主管部门

D. 国务院城乡规划主管部门会同人事主管部门

【答案】C

【解析】依据《注册城乡规划师职业资格制度规定》第四条，可知 C 项正确。

十九、《城市总体规划实施评估办法》

相关真题：2018-046、2017-030、2012-085

内容	说　明
城市总体规划实施评估工作的组织机关	城市人民政府可以委托规划编制单位或组织专家组承担具体评估工作，评估工作原则上**每两年**进行一次。
规划评估成果	**由评估报告**和**附件**组成。
评估报告	主要包括城市总体规划实施的基本情况、存在问题、下一步实施的建议等。
附件	主要是征求和采纳公众意见的情况。

2018-046. 根据《城市总体规划实施评估办法（试行）》，可根据实际情况，确定开展评估工作的具体时间，并报(　　)。

　　A. 城市人民政府建设主管部门

　　B. 本级人民代表大会常务委员会

　　C. 城市总体规划的审批机关

　　D. 城市规划专家委员会

【答案】C

【解析】《城市总体规划实施评估办法（试行）》第六条规定，城市总体规划实施情况评估工作，原则上应当每两年进行一次。各地可以根据本地的实际情况，确定开展评估工作的具体时间，并上报城市总体规划的审批机关，故选C。

2017-030. 根据《城市总体规划实施评估办法》，城市总体规划实施评估工作的组织机关是(　　)。

　　A. 城市规划委员会

　　B. 本级人民代表大会

　　C. 城市人民政府

　　D. 城市人民政府城乡规划主管部门

【答案】C

【解析】由《城市总体规划实施评估办法》可知，城市总体规划实施评估工作的组织机关是城市人民政府。

2012-085. 下列符合《城市总体规划实施评估办法》规定的是(　　)。

　　A. 实施评估工作的组织机关是城市人民政府

　　B. 实施评估工作的组织机关是城乡规划主管部门

　　C. 实施评估工作的组织机关可以委托规划编制单位承担评估工作

　　D. 实施评估工作的组织机关可以委托专家组承担评估工作

　　E. 城市总体规划的评估工作原则上是5年评估一次

【答案】ACD

【解析】《城市总体规划实施评估办法》第二条规定，城市人民政府是城市总体规划实施评估工作的组织机关；第三条规定，城市人民政府可以委托规划编制单位或者组织专家组承担具体评估工作；第六条规定，城市总体规划实施情况评估工作，原则上应当每2年进行一次。

二十、《历史文化名城保护规划编制要求》

相关真题：2013-054

《历史文化名城保护规划编制要求》　　　　表 4-2-23

内容	比例尺要求
文化古迹、传统街区、风景名胜分布图	比例尺为 1/5000～1/10000
历史文化名城保护规划总图	比例尺为 1/5000～1/10000
重点保护区域保护界线	比例尺为 1/500～1/2000

2013-054. 下列历史文化名城保护规划成果中，规划图纸比例尺均符合要求的是（　　）。

文物古迹、传统街区分布图	历史文化名城保护规划总图	重点保护区域保护界限图
A. 1/5000～1/10000	1/5000～1/10000	1/500～1/2000
B. 1/5000～1/10000	1/5000～1/10000	1/5000～1/10000
C. 1/500～1/2000	1/500～1/2000	1/500～1/2000
D. 1/5000～1/10000	1/500～1/2000	1/500～1/2000

【答案】A

【解析】由《历史文化名城保护规划编制要求》可知：文物古迹、传统街区、风景名胜分布图比例尺为 1/5000～1/10000，可以将市域和古城区按不同比例尺分别绘制。历史文化名城保护规划总图比例尺为 1/5000～1/10000。重点保护区域保护界线图比例尺为 1/500～1/2000。可在绘有现状建筑和地形地物的底图上，逐个、分张画出重点文物保护范围和建设控制地带的具体界线；逐片、分张画出历史文化保护区、风景名胜保护区的具体范围。

二十一、《市政公用设施抗灾设防管理规定》

相关真题：2018-062、2014-057、2013-094、2013-058

《市政公用设施抗灾设防管理规定》　　　　表 4-2-24

内容	说明
出台背景	为了加强对市政公用设施抗灾设防的监督管理，提高市政公用设施的抗灾能力，保障市政公用设施的运行安全，保护人民生命财产安全，根据《中华人民共和国城乡规划法》、《中华人民共和国防震减灾法》、《中华人民共和国突发事件应对法》、《建设工程质量管理条例》等法律、行政法规，由住房和城乡建设制定。本规定共三十五条，自 2008 年 12 月 1 日起施行。2015 年 1 月 22 日修订。
方针	预防为主、平灾结合

内容	说　明
抗震设防依据	第二十九条　地震后修复或者建设市政公用设施，应当以国家地震部门审定、发布的地震动参数复核结果，作为抗震设防的依据。当发生超过当地设防标准的其他自然灾害时，灾后修复或者建设的市政公用设施，应当以国家相关灾害预测、预报部门公布的灾害发生概率，作为抗灾设防的依据。
需要建设单位在初步设计阶段组织专家进行抗震专项论证的内容	① 属于《建筑工程抗震设防分类标准》中特殊设防类、重点设防类的市政公用设施； 　　② 结构复杂或者采用隔震减震措施的大型城镇桥梁和城市轨道交通桥梁，直接作为地面建筑或者桥梁基础以及处于可能液化或者软黏土层的隧道； 　　③ 超过一万平方米的地下停车场等地下工程设施； 　　④ 震后可能发生严重次生灾害的共同沟工程、污水集中处理设施和生活垃圾集中处理设施； 　　⑤ 超出现行工程建设标准适用范围的市政公用设施。国家或者地方对抗震设防区的市政公用设施还有其他规定的，还应当符合其他规定（第十四条）。

2018-062. 根据《市政公用设施抗灾设防管理规定》，下列选项中不正确的是(　　　)。

A. 市政公用设施抗灾设防实行预防为主、平灾结合的方针

B. 任何单位和个人不得擅自降低抗灾设防标准

C. 对抗震设防区超过 5000 平方米的地下停车场等地下工程设施，建设单位应当在初步设计阶段组织专家进行抗震专项论证

D. 灾区人民政府建设主管部门进行恢复重建时，应当坚持基本设施先行原则

【答案】C

【解析】《市政公用设施抗灾设防管理规定》第十四条规定，对抗震设防区的下列市政公用设施，建设单位应当在初步设计阶段组织专家进行抗震专项论证：

① 属于《建筑工程抗震设防分类标准》中特殊设防类、重点设防类的市政公用设施；

② 结构复杂或者采用隔震减震措施的大型城镇桥梁和城市轨道交通桥梁，直接作为地面建筑或者桥梁基础以及处于可能液化或者软黏土层的隧道；

③ 超过一万平方米的地下停车场等地下工程设施；

④ 震后可能发生严重次生灾害的共同沟工程、污水集中处理设施和生活垃圾集中处理设施；

⑤ 超出现行工程建设标准适用范围的市政公用设施。

国家或者地方对抗震设防区的市政公用设施还有其他规定的，还应当符合其规定。

故本题 C 项 5000 平方米错误，应选 C。

2014-057. 根据《市政公用设施抗灾设防管理规定》，地震后修复或者建设市政公用设施，应当以国家地震部门审定、发布的(　　　)作为抗震设防的依据。

A. 地震动参数　　　　　　　　　　B. 抗震设防区划

C. 地震震级　　　　　　　　　　　D. 地震预测

【答案】A

【解析】《市政公用设施抗灾设防管理规定》第二十九条规定，地震后修复或者建设市政公用设施，应当以国家地震部门审定、发布的地震动参数复核结果，作为抗震设防的依据。故选A。

2013-094. 根据《市政公用设施抗灾设防管理规定》，对抗震设防区的( )，建设单位应当在初步设计阶段组织专家进行抗震专项论证。

A. 属于《建筑工程抗震设防分类标准》中特殊设防类、重点设防类的市政公用设施

B. 结构复杂的城镇桥梁、城市轨道交通桥梁和隧道

C. 五千平方米的地下停车场

D. 震后可能发生严重次生灾害的共同沟工程、污水集中处理和生活垃圾集中处理设施

E. 超出现行工程建设标准适用范围的市政公用设施

【答案】ABDE

【解析】解析参照 2018-062。

2013-058. 根据《市政公用设施抗灾设防管理规定》，建设单位应当在初步设计阶段，对抗震设防区的一些市政公用设施，组织专家进行抗震专项论证。下列不属于进行论证的设施是( )。

A. 结构复杂的桥梁

B. 处于软黏土层的隧道

C. 超过一万平方米的地下停车场

D. 防灾公园绿地

【答案】D

【解析】解析参照 2018-062。

二十二、《县域村镇体系规划编制暂行办法》

相关真题：2018-069、2018-044

《县域村镇体系规划编制暂行办法》   表 4-2-25

内容	说　明
出台背景	为进一步加强县域村镇体系规划的编制工作，建设部制定了《县域村镇体系规划编制暂行办法》，2006 年 7 月 25 日执行。
目录结构	第一章　总则；第二章　县域村镇体系规划编制的组织；第三章　县域村镇体系规划编制要求；第四章　县域村镇体系规划编制内容；第五章　附则。
县域村镇体系规划编制的组织	第二条　按国家行政建制设立的县、自治县、旗，组织编制县域村镇体系规划，适用本办法。县域村镇体系规划应当与县级人民政府所在地总体规划一同编制，也可以单独编制。 第五条　编制县域村镇体系规划，应当坚持政府组织、部门合作、公众参与、科学决策的原则。 第八条　承担县域村镇体系规划编制的单位，应当具有乙级以上的规划编制资质。

内容	说　明
县域村镇体系规划的强制性内容	第二十四条　县域村镇体系规划的强制性内容包括： ① 县域内按空间管制分区确定的应当控制开发的地域及其限制措施； ② 各镇区建设用地规模，中心村建设用地标准； ③ 县域基础设施和社会公共服务设施的布局，以及农村基础设施与社会公共服务设施的配置标准； ④ 村镇历史文化保护的重点内容； ⑤ 生态环境保护与建设目标，污染控制与治理措施； ⑥ 县域防灾减灾工程，包括村镇消防、防洪和抗震标准，地质等自然灾害防护规定。

2018-069. 根据《县域村镇体系规划编制暂行办法》的规定，下列选项中不正确的是(　　)。

A. 承担县域村镇体系规划编制的单位，应当具有甲级规划编制资质

B. 县域村镇体系规划应当与县级人民政府所在地总体规划一同编制

C. 县域村镇体系规划也可以单独编制

D. 编制县域村镇体系规划，应当坚持政府组织、部门合作、公众参与、科学决策的原则

【答案】A

【解析】依据《县域村镇体系规划暂行办法》第二条、第五条、第八条可知，选项A符合题意。

2018-044. 下列选项中，不属于县域村镇体系规划编制强制性内容的是(　　)。

A. 各镇区建设用地规模

B. 确定重点发展的中心镇

C. 中心村建设用地标准

D. 县域防灾减灾工程

【答案】B

【解析】《县域村镇体系规划编制暂行办法》第二十四条可知，选项B符合题意。

第五章 城乡规划技术标准与规范

大纲要求 表 5-0-1

内容	说　明
城乡规划技术标准与规范	了解城乡规划技术标准与规范的知识
	熟悉城乡规划技术标准与规范的主要内容
	掌握城乡规划技术标准与规范中的强制性条文

第一节 技术标准

一、《城市规划基础术语标准》GB/T 50280-98

相关真题：2018-028、2013-034、2013-015、2012-037、2011-052、2011-050、2011-026、2011-015、2009-017

《城市规划基础术语标准》 表 5-1-1

内容	说　明
出台背景	为了科学地统一和规范城市规划术语，1998 年 8 月 13 日建设部发布了国家标准《城市规划基础术语标准》，于 1999 年 2 月 1 日起施行。
适用范围	本标准适用于城市规划的设计、管理、教学、科研及其他相关领域。
基本内容	① 正文包括：总则、城市和城市化、城市规划概述、城市规划编制（含发展战略、城市人口、城市用地、城市总体布局、居住区规划、城市道路交通、城市给水工程、城市排水工程、城市电力工程、城市通信工程、城市供热工程、城市燃气工程、城市绿地系统、城市环境保护、城市历史文化地区保护、城市防灾、竖向规划和工程管线综合）、城市规划管理等领域内的常用术语的规范。 ② 附录包括：汉语拼音对照索引、附加说明、条文说明。
《城乡规划法》对基础术语的调整	① 应增补的基础术语为：城乡规划、镇规划、乡规划、村庄规划、建设用地、建设工程设计方案、规划条件、临时用地、临时建设、宅基地、农用地、乡村建设规划许可证等。 ② 应依法修订的基础术语。规划区，是指城市、镇和村庄的建成区以及因城乡建设和发展需要，必须实行规划控制的区域。

2018-028. 根据《城市规划基本术语标准》，日照标准是指根据各地区的气候条件和（　　）要求确定的，居住区域建筑正面向阳房间在规定的日照标准获得的日照量。

 A. 经济条件   B. 居住卫生

 C. 居住性质   D. 建筑性质

【答案】B

【解析】《城市规划基本术语标准》5.0.16 条规定，根据各地区的气候条件和居住卫生要求确定的，居住建筑正面向阳房间在规定的日照标准日获得的日照量，是编制居住区规划确定居住建筑间距的主要依据，故选 B。

2013-034. 每公顷建筑用地上容纳的建筑物的总建筑面积是指（　　）。

 A. 建筑密度   B. 建筑面积密度

 C. 容积率   D. 开发强度

【答案】B

【解析】根据《城市规划基本术语标准》5.0.8 条，建筑面积密度是指每公顷建筑用地上容纳的建筑物的总建筑面积；建筑密度是指一定地块内所有建筑物的基底总面积占用地面积的比例；容积率是指一定地块内，总建筑面积与建筑用地面积的比值。

2013-015、2011-015. 《城市规划基本术语标准》中，"城市在一定地域内的经济、社会发展中所发挥的作用和承担的分工"是(　　)定义。

A. 城市发展战略 　　　　　　　　　　B. 城市性质

C. 城市发展目标 　　　　　　　　　　D. 城市职能

【答案】D

【解析】《城市规划基本术语标准》4.1.2　城市职能：城市在一定地域内的经济、社会发展中所发挥的作用和承担的分工。4.1.3　城市性质：城市在一定地区、国家以至更大范围内的政治、经济与社会发展中所处的地位和所担负的主要职能。此处特别注意：城市性质是城市的主要职能，也就是最基本的作用和承担的分工。

2012-037. 下列关于"容积率"的解释中符合《城市规划基本术语标准》的是(　　)。

A. 一定地块内，总建筑面积与建筑用地面积的比值

B. 一定地块拥有的住宅总建筑面积

C. 每公顷建设用地上容纳的住宅建筑的总面积

D. 每公顷建设用地上拥有的各类建筑的总建筑面积

【答案】A

【解析】根据《城市规划基本术语标准》5.0.9条：容积率系指在一定的地块内，总建筑面积与建设用地面积的比值。

2011-052. 根据《城市规划基本术语标准》，下列表述中不正确的是(　　)。

A. 居住用地是指在城市中包括住宅及相当于居住小区及小区级以下的公共服务设施、道路和绿地等设施的建设用地

B. 工业用地是指城市工矿企业的生产车间、库房、堆场、构筑物及其附属设施的建设用地

C. 道路广场用地是指城市中道路、广场的建设用地

D. 绿地是指城市中专用以改善生态、保护环境、为居民提供游憩场地和美化景观的绿化用地

【答案】C

【解析】根据《城市规划基本术语标准》4.3.7条：道路广场用地是指城市中道路、广场和公共停车场等设施的建设用地，因而选C。

2011-050. 根据《城市规划基本术语标准》，下图中建筑红线应该划在(　　)处。

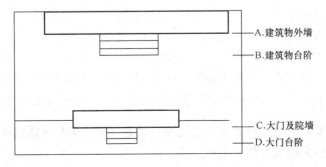

【答案】D

【解析】 根据《城市规划基本术语标准》5.0.12条，建筑红线：城市道路两侧控制沿街建筑物或构筑物（如外墙、台阶等）靠临街面的界线，又称建筑控制线。

2011-026. 根据《城市规划基本术语标准》，下列表述中不正确的是(   )。

    A. 城市规划管理是城市规划主管部门依法核发选址意见书、建设用地规划许可证、建设工程规划许可证等法律凭证的总称

    B. 选址意见书是城市规划主管部门依法核发的有关建设项目的选址和布局的法律凭证

    C. 建设用地规划许可证是指经城市规划主管部门依法确定其建设项目位置和用地范围的法律凭证

    D. 建设工程规划许可证是指城市规划主管部依法核发的有关建设工程的法律凭证

【答案】A

【解析】 根据《城市规划基本术语标准》3.0.16条：城市规划管理是城市规划编制、审批和实施等管理工作的统称。

2009-017. 下列关于"城市性质"的定义中，符合《城市规划基本术语标准》的是(   )。

    A. 对城市经济、社会、环境发展所作的规定

    B. 城市在一定地域内经济、社会发展中所发挥的作用和承担的分工

    C. 城市在一定地区、国家以至更大范围内的政治、经济与社会发展中所处的地位和所担负的主要职能

    D. 城市在一定时期内的发展所应达到的目的和指标

【答案】C

【解析】 根据《城市规划基本术语标准》第4.1.3条可知，城市性质是城市在一定地区、国家以至更大范围内的政治、经济与社会发展中所处的地位和所担负的主要职能。

二、《城市规划制图标准》CJJ/T 97 - 2003

相关真题：2017-019、2014-011、2013-010、2013-009、2012-042、2011-053、2011-031、2010-025、2009-021

相关图例详见附录

2017-019. 某市总体规划图标示的风玫瑰图上叠加绘制了虚线玫瑰，按照《城市规划制图标准》规定，虚线玫瑰是(   )。

    A. 污染系数玫瑰   B. 污染频率玫瑰

    C. 冬季风玫瑰   D. 夏季风玫瑰

【答案】A

【解析】 根据《城市规划制图标准》2.4.5条，风象玫瑰图应以细实线绘制风频玫瑰图，以细虚线绘制污染系数玫瑰图。风频玫瑰图与污染系数玫瑰图应重叠绘制在一起。

2014-011. 下列对城市规划图件的定位叙述中，符合《城市规划制图标准》的是(   )。

    A. 单点定位应采用城市独立坐标系定位

B. 单点定位应采用西安坐标系或北京坐标系定位

C. 竖向定位宜单独使用相对高差进行竖向定位

D. 竖向定位应采用东海高程系海拔数值定位

【答案】B

【解析】根据《城市规划制图标准》的 2.15.2 条规定，点的平面定位，单点定位采用北京坐标系或西安坐标系定位，不宜采用城市独立坐标系定位。在个别地方使用坐标定位有困难时，可以采用与固定点相对位置定位（矢量定位、向量定位等）。城市规划图的竖向定位应采用黄海高程系海拔数值定位，不得单独使用相对高差进行竖向定位。

2013-010. 根据《城市规划制图标准》，点的平面定位坐标系和竖向定位的高程系都符合规定的是(   )。

	点的平面定位	竖向定位
A.	北京坐标系	相对高程
B.	西安坐标系	黄海高程
C.	WGS-84 坐标系	吴淞高程
D.	城市独立坐标系	珠江高程

【答案】B

【解析】解析同 2014-011。

2013-009. 根据《城市规划制图标准》，下列图例中表示垃圾无害化处理厂的是(   )。

A.　　　　　　　　　　　　　　　　B.

C.　　　　　　　　　　　　　　　　D.

【答案】C

【解析】根据《城市规划制图标准》，选项 A 表示雨、污泵站，选项 B 表示污水处理厂，选项 C 表示垃圾无害化处理厂（场），选项 D 表示垃圾转运站。

2012-042. 下列(   )图例表示地下采空区。

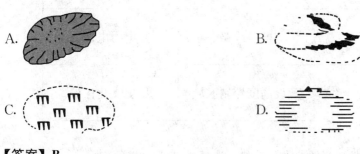

A.　　　　　　　　　　　　　　　　B.

C.　　　　　　　　　　　　　　　　D.

【答案】B

【解析】根据城市规划要素图例符号可知，选项 A 表示溶洞区；选项 B 表示地下采空区；选项 C 表示地面沉降区，选项 D 表示水源地。

2011-053. 根据《城市规划制图标准》，下列表述中不正确的是(   )。

A. 城市规划图纸可分为现状图、规划图、分析图三类

B. 《城市规划制图标准》不对分析图的制图作出规定

C. 《城市规划制图标准》只适用于城乡总体规划和城市详细规划

D. 城市总体规划图纸应标注风象玫瑰

【答案】C

【解析】《城市规划制图标准》1.0.2 规定，本标准适用于城市总体规划、城市分区规划，城市详细规划可参照使用；因而 C 不正确，此题选 C。

2011-031. 根据《城市规划制图标准》，下列表示"工程设施用地"图例的是(   )。

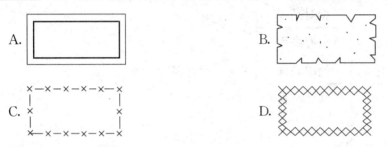

【答案】A

【解析】根据《城市规划制图标准》CJJ/T 97-2003，B 项为公共绿地，C 项为保护区，D 项为特殊用地。

2010-025. 下列哪种图例、名称与其所属专业的对应关系不符合《城市规划制图标准》的规定？(   )

	图例	名称	专业
A.	R_2	门站	供热
B.		闸门	防洪
C.	○	电信线路	电力电信
D.	50m / 30m	建设高度控制区域	历史文化保护

【答案】A

【解析】根据《城市规划制图标准》图例，选项 A 专业为燃气。

2009-021. 下列图例中，表示泥石流区的是( )。

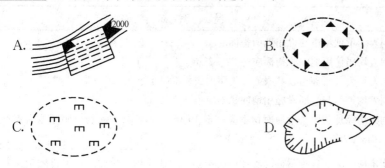

A. B. C. D.

【答案】B

【解析】根据《城市规划制图标准》图例可知，选项 A 表示滑坡区，选项 B 表示泥石流区，选项 C 表示地面沉降区，选项 D 表示溶洞区。

三、《城市用地分类与规划建设用地标准》GB 50137–2011

相关真题：2018-098、2018-097、2017-043、2017-042、2014-037、2014-027、2013-029、2012-040、2011-023、2009-100、2009-042

《城市用地分类与规划建设用地标准》 表 5-1-2

内容	说 明
适用范围	本标准适用于城市总体规划工作和城市用地统计工作。
城市用地分类	用地分类包括城乡用地分类、城市建设用地分类两部分。 ① 城乡用地分为建设用地（H）和非建设用地（E）2 大类、9 中类、14 小类。 ② 城市建设用地分为 8 大类、35 中类、42 小类。 8 大类为：居住用地（R）、公共管理与公共服务设施用地（A）、商业服务业设施用地（B）、工业用地（M）、物流仓储用地（W）、道路交通设施用地（S）、公共设施用地（U）、绿地与广场用地（G）。
城市用地计算原则	① 用地面积应按平面投影计算。每块用地只可计算一次，不得重复。 ② 城市（镇）总体规划宜采用 1/10000 或 1/5000 比例尺的图纸进行建设用地分类计算，控制性详细规划宜采用 1/2000 或 1/1000 比例尺的图纸进行用地分类计算。现状和规划的用地分类计算应采用同一比例尺。 ③ 用地的计量单位应为万平方米（公顷），代码为"hm^2"。
规划建设用地标准	规划人均城市建设用地面积指标应根据现状人均城市建设用地面积指标、城市（镇）所在的气候区以及规划人口规模综合确定，并应同时符合允许采用的规划人均城市建设用地面积指标和允许调整幅度双因子的限制要求，允许采用的规划人均城市建设用地面积指标均应≤115.0 m^2/人。 ① 新建城市（镇）的规划人均城市建设用地面积指标宜在（85.1～105.0）m^2/人内确定； ② 首都的规划人均城市建设用地面积指标应在（105.1～115.0）m^2/人内确定； ③ 边远地区、少数民族地区城市（镇）以及部分山地城市（镇）、人口较少的工矿业城市（镇）、风景旅游城市（镇）等，应专门论证确定规划人均城市建设用地面积指标，且上限不得大于 150.0 m^2/人。

内容	说　　明
规划建设用地标准	规划人均单项城市建设用地面积标准： 规划人均居住用地面积指标应为 $23\sim38m^2/$ 人。 规划人均公共管理与公共服务设施用地面积不应小于 $5.5m^2/$ 人。 规划人均道路与交通设施用地面积不应小于 $12.0m^2/$ 人。 规划人均绿地与广场用地面积不应小于 $10.0m^2/$ 人，其中人均公园绿地面积不应小于 $8.0m^2/$ 人。
	居住用地、公共管理与公共服务设施用地、工业用地、道路与交通设施用地和绿地与广场用地五大类主要用地规划占城市建设用地的比例宜为： ① 居住用地：$25\%\sim40\%$； ② 公共管理与公共服务设施用地：$5\%\sim8\%$； ③ 工业用地：$15\%\sim30\%$； ④ 道路及交通设施用地：$8\%\sim15\%$； ⑤ 绿地与广场用地：$8\%\sim15\%$。

2018-098. 下列选项中，不属于《村庄规划用地分类指南》中用地分类的是（　　　）。

A. 对外交通设施用地　　　　　　　　B. 生产绿地

C. 村庄生产仓储用地　　　　　　　　D. 工业用地

E. 村庄道路用地

【答案】BD

【解析】依据《村庄规划用地分类指南》，选项中生产绿地、工业用地不属于《村庄规划用地分类指南》中的分类。故选 BD。

2018-097. 根据《城市用地分类与规划建设用地标准》，规划人均城市建设用地指标应依据（　　　），按照相关规定综合确定。

A. 现状人均城市建设用地指标　　　　B. 现状人口规模

C. 城市（镇）所在气候区　　　　　　D. 规划人口规模

E. 城市土地资源

【答案】ACD

【解析】《城市用地分类与规划建设用地标准》GB 50137－2011 中第 4.2.1 条规定，规划人均城市建设用地面积指标应根据现状人均城市建设用地面积指标、城市（镇）所在的气候区以及规划人口规模确定。故选 ACD。

2017-043. 根据《城乡用地分类和规划建设用地标准》，人均居住用地是指城市内的居住用地面积除以（　　　）的常住人口。

A. 城市规划区范围　　　　　　　　　B. 城市建成区范围

C. 城乡居民点建设用地　　　　　　　D. 城市建设用地

【答案】D

【解析】由《城市用地分类与规划建设用地标准》2.0.6 条可知，人均居住用地面积指城市（镇）内的居住用地面积除以城市建设用地内的常住人口数量，单位为 m^2/人。

2017-042. 根据《城乡用地分类和规划建设用地标准》，城乡用地包括(   )两部分。

　　A. 建设用地分类和非建设用地分类

　　B. 城乡用地分类和城市用地分类

　　C. 城市建设用地分类和乡村建设用地分类

　　D. 现状建设用地分类和规划建设用地分类

　　【答案】A

　　【解析】由《城市用地分类与规划建设用地标准》可知，城乡用地包括建设用地分类和非建设用地分类两部分。因而此题选 A。

2014-037. 某高层多功能综合楼，地下室为车库，底层是商店，2～15 层是商务办公用房，16～20 层为公寓。根据上述条件和《城市用地分类与规划建设用地标准》，该楼的用地应该归为(   )。

　　A. 居住用地　　　　　　　　　　B. 公共管理与公共服务设施用地

　　C. 商业服务业设施用地　　　　　　D. 公共设施用地

　　【答案】C

　　【解析】由《城市用地分类与规划建设用地标准》可知，商业服务业设施用地是指商业、商务、娱乐康体等设施用地；居住用地是指住宅和相应服务设施的用地；公共管理与公共服务用地是指行政、文化、教育、体育、卫生等机构和设施的用地；公用设施用地是指供应、环境、安全等设施用地。

2014-027、2013-029、2011-023. 根据《城市用地分类与规划建设用地标准》，下列用地类别代码大类与中类关系式中正确的是(   )。

　　A. R＝R1＋R2＋R3＋R4　　　　　B. M＝M1＋M2＋M3＋M4

　　C. G＝G1＋G2＋G3＋G4　　　　　D. S＝S1＋S2＋S3＋S4

　　【答案】D

　　【解析】由表 5-1-2《城市用地分类与规划建设用地标准》可知，R 表示居住用地（R），工业用地（M）和绿地与广场用地（G）均只分为 3 个中类，因而选项 ABC 错误，此题选 D。

2012-040. 《城市用地分类与规划建设用地标准》GB 50137－2011 中采用的"双因子"控制是指允许采用(   )。

　　A. 规划城市建设用地面积指标和允许调整幅度

　　B. 规划城市建设用地结构指标和允许调整比例

　　C. 规划人均城市建设用地面积指标和允许调整幅度

　　D. 规划人均城市建设用地结构指标和允许调整比例

　　【答案】C

　　【解析】由《城市用地分类与规划建设用地标准》的表 4.2.1 可知，规划人均城市建设用地面积指标应根据现状人均城市建设用地面积指标、城市（镇）所在的气候区以及规划人口规模综合确定，并应同时符合允许采用的规划人均城市建设用地面积指标和允许调整幅度双因子的限制要求。

2009-100.《城市用地分类与规划建设用地标准》GB 50137 - 2011 将我国城市用地性质分为( )类。

A. 7 大类
B. 9 大类
C. 10 大类
D. 12 大类
E. 46 中类

【答案】CE

【解析】在《城市用地分类与规划建设用地标准》GBJ 137 - 90 中，城市用地共分 10 大类、46 中类和 73 小类。在现行《城市用地分类与规划建设用地标准》GB 50137 - 2011 中，城市用地共分 8 大类、35 中类和 42 小类。

2009-042. 根据《城市用地分类与规划建设用地标准》有关规定，我国城市用地按( )划分和归类。

A. 土地使用的主要性质
B. 土地适用性
C. 土地用地性评价
D. 土地区位条件

【答案】A

【解析】由《城市用地分类与规划建设用地标准》3.1.1 条文说明可知，本标准的用地分类按土地实际使用的主要性质或规划引导的主要性质进行划分和归类，具有多种用途的用地应以其地面使用的主导设施性质作为归类的依据。如高层多功能综合楼用地，底层是商店，2～15 层为商务办公室，16～20 层为公寓，地下室为车库，其使用的主要性质是商务办公，因此归为"商务用地"（B2）。若综合楼使用的主要性质难以确定时，按底层使用的主要性质进行归类。

四、《镇规划标准》GB 50188 - 2007

相关真题：2018-051、2011-097、2011-024、2010-064、2010-063、2009-068

《镇规划标准》   表 5-1-3

内容	说 明
出台背景	2007 年 1 月，建设部发布了《镇规划标准》，于 2007 年 5 月 1 日起施行。
适用范围	本标准适用于全国县级人民政府驻地以外的镇规划，乡规划可按本标准执行。
镇用地分类	镇用地按土地使用的主要性质划分为 9 大类，30 小类。 ① 其中大类为：居住用地（R）、公共设施用地（C）、生产设施用地（M）、仓储用地（W）、对外交通用地（T）、道路广场用地（S）、工程设施用地（U）、绿地（G）、水域和其他用地（E）。 ② 在大类下，又根据土地的不同使用用途和使用条件划分了 30 小类，并在大类代码下，加注阿拉伯数字代码，以表明其小类的具体类别。如 R1 表示一类居住用地，C1 表示行政管理用地，S1 表示道路用地，G1 表示公共绿地等。镇用地分类代号用于镇规划文件的编制和用地统计工作。
镇用地计算原则	镇的现状和规划用地应统一按规划范围进行计算。规划范围应为建设用地以及因发展需要实行规划控制的区域，包括规划确定的**预留发展**、**交通设施**、**工程设施**等用地，以及**水源保护区**、文物保护区、风景名胜区、自然保护区等。分片布局的规划用地应分片计算用地，再进行汇总。

内容	说　明
规划建设用地标准	规划的建设用地标准，应包括人均建设用地指标、建设用地比例和建设用地选择三部分。 　①镇建设用地应包括除水域和其他用地（E）类外的其他8大类用地。人均建设用地指标应为规划范围内的建设用地面积除以常住人口数量的平均数量，人口统计应与用地统计的范围相一致。 　②镇区规划中的居住、公共绿地、道路广场以及绿地中的公共绿地四类用地占建设用地的比例宜符合标准。 　③镇建设用地宜选在生产作业区附近，并应充分利用原有用地调整挖潜，同土地利用总体规划相协调；需要扩大用地规模时，宜选择荒地、薄地，不占或少占耕地、林地和牧草地。 　④关于居住、公共设施、生产设施和仓储、道路交通和公用工程设施规划用地，本标准还规定了其单项建设用地规划指标和具体规定。

2018-051. 镇区和村庄的规划规模应按人口数量划分为(　　)。

A. 大、中、小型三级　　　　　　　　　B. 特大、大、中、小四级

C. 超大、大、中、小四级　　　　　　　D. 超大、特大、大、中、小五级

【答案】B

【解析】根据《镇规划标准》GB 50188－2007的3.1.3条，镇区、村庄分别按规划人口的规模分为特大、大、中、小型四级，故选B。

2011-097. 根据《镇规划标准》，属于"水域和其他用地"的是(　　)。

A. 特殊用地　　　　　　　　　　　　　B. 未利用地

C. 墓地　　　　　　　　　　　　　　　D. 防灾设施用地

E. 农林用地

【答案】ABCE

【解析】由《镇规划标准》表4.1.3可知，水域和其他用地包括水域、农林用地、牧草和养殖用地、保护区、墓地、未利用地、特殊用地。

2011-024. 根据《镇规划标准》，"农业服务设施用地"应该归为(　　)。

A. 农林用地　　　　　　　　　　　　　B. 公共设施用地

C. 工程设施用地　　　　　　　　　　　D. 生产设施用地

【答案】D

【解析】由《镇规划标准》表4.1.3可知，M4农业服务设施属于生产设施用地。

2010-064. 《镇规划标准》规定，特大、大型镇区消防站的位置应以接到报警(　　)分钟内消防队到达辖区边缘为准。

A. 2　　　　　　　　　　　　　　　　　B. 3

C. 4　　　　　　　　　　　　　　　　　D. 5

【答案】D

【解析】由《镇规划标准》11.2.4-1可知，特大、大型镇区消防站的位置应以接到报

警 5 分钟内消防队到辖区边缘为准，并应设在辖区内的适中位置和便于消防车辆迅速出动的地段。

2010-063. 《镇规划标准》对于公用设施规划有一些强制性规定，下列哪项说法是不正确的？（　　）

 A. 选择地下水作为给水水源时，不得超量开采

 B. 选择地表水作为给水水源时，其枯水期的保证率不得低于 85%

 C. 污水采用集中处理时，污水处理厂的位置应选在镇区的下游，靠近受纳水体或农田灌溉区

 D. 镇中心应设专用线路供电，并应设置备用电源

【答案】B

【解析】由《镇规划标准》10.2.5-4 可知，选择地下水作为给水水源时，不得超量开采；选择地表水作为给水水源时，其枯水期的保证率不得低于 90%。

2009-068. 根据《镇规划标准》，镇的全部建设用地分为（　　）。

 A. 居住用地、公共设施用地、生产设施用地、仓储用地、对外交通用地、道路广场用地、工程设施用地、绿地

 B. 居住用地、公共设施用地、生产设施用地、仓储用地、对外交通用地、广场用地、工程设施用地、绿地、特殊用地

 C. 居住用地、公共设施用地、生产设施用地、仓储用地、对外交通用地、道路广场用地、工程设施用地、绿地、特殊用地

 D. 居住用地、公共设施用地、生产设施用地、仓储用地、对外交通用地、道路广场用地、工程设施用地、绿地、未利用地

【答案】A

【解析】由《镇规划标准》表 5.1.1 可知，镇建设用地包括居住用地、公共设施用地、生产设施用地、仓储用地、对外交通用地、道路广场用地、工程设施用地和绿地 8 大类用地之和。

五、《防洪标准》GB 50201－2014

相关真题：2014-088、2014-063、2010-046、2009-053、2009-047

《防洪标准》 表 5-1-4

内容	说　明
出台背景	1994 年建设部发布了强制性国家标准《防洪标准》，现更新编号为 GB 50201－2014，施行日期：2015 年 5 月 1 日。
适用范围	1.0.2　本标准适用于防洪保护区、工矿企业、交通运输设施、电力设施、环境保护设施、通信设施、文物古迹和旅游设施、水利水电工程等防护对象，防御暴雨洪水、融雪洪水、雨雪混合洪水和海岸、河口地区防御潮水的规划、设计、施工和运行管理工作。

内容	说　明
防洪标准的确定	3.0.1　防护对象的防洪标准应以防御的洪水或潮水的重现期表示；对于特别重要的防护对象，可采用可能最大洪水表示。防洪标准可根据不同防护对象的需要，采用设计一级或设计、校核两级。 3.0.2　各类防护对象的防洪标准应根据经济、社会、政治、环境等因素对防洪安全的要求，统筹协调局部与整体、近期与长远及上下游、左右岸、干支流的关系，通过综合分析论证确定。有条件时，宜进行不同防洪标准所可能减免的洪灾经济损失与所需防洪费用的对比分析。 3.0.3　同一防洪保护区受不同河流、湖泊或海洋洪水威胁时，宜根据不同河流、湖泊或海洋洪水灾害的轻重程度分别确定相应的防洪标准。 3.0.4　防洪保护区内的防护对象，当要求的防洪标准高于防洪保护区的防洪标准，且能进行单独防护时，该防护对象的防洪标准应单独确定，并应采取单独的防护措施。 3.0.5　当防洪保护区内有两种以上的防护对象，且不能分别进行防护时，该防洪保护区的防洪标准应按防洪保护区和主要防护对象中要求较高者确定。 3.0.6　对于影响公共防洪安全的防护对象，应按自身和公共防洪安全两者要求的防洪标准中较高者确定。 3.0.7　防洪工程规划确定的兼有防洪作用的路基、围墙等建筑物、构筑物，其防洪标准应按防洪保护区和该建筑物、构筑物的防洪标准中较高者确定。 3.0.8　下列防护对象的防洪标准，经论证可提高或降低： ①　遭受洪灾或失事后损失巨大、影响十分严重的防护对象，可提高防洪标准； ②　遭受洪灾或失事后损失和影响均较小、使用期限较短及临时性的防护对象，可降低防洪标准。 3.0.9　按本标准规定的防洪标准进行防洪建设，经论证确有困难时，可在报请主管部门批准后，分期实施、逐步达到。
防洪保护区	城市防护区应根据政治、经济地位的重要性、常住人口或当量经济规模指标分为四个防护等级；乡村防护区应根据人口或耕地面积分为四个防护等级。

2014-088.《城市防洪工程设计规范》中规定的洪水类型有(　　　　)。

A. 山体滑坡　　　　　　　　　　　B. 海潮

C. 山洪　　　　　　　　　　　　　D. 雪崩

E. 泥石流

【答案】BCE

【解析】《城市防洪工程设计规范》中规定的洪水类型有江河洪水、海潮、山洪、泥石流和涝水。

2014-063. 根据《防洪标准》，不耐淹的文物古迹等级属于国家级的，其防洪标准的重现期为(　　　　)年。

A. ≥100　　　　　　　　　　　　　B. 100～50

C. 50～20　　　　　　　　　　　　D. 20

【答案】A

【解析】依据《防洪标准》10.1.1，国家级的文物的防洪标准的重现期为≥100年。

2010-046. 《防洪标准》规定，不同重要程度的机场其防洪标准是不一样的。下列关于机场防洪标准（重现期）中不正确的一项是( )。

A. 特别重要的国际机场，200~100（年）

B. 重要的国内干线机场，150~100（年）

C. 一般的国际机场，100~50（年）

D. 一般的国内支线机场，50~20（年）

【答案】B

【解析】由《防洪标准》表6.4.1可知，重要的国内干线机场一般的国际机场防洪标准［重现期（年）］≥50（年）。

2009-053. 比较《防洪标准》和《城市防洪工程设计规范》，下列说法中错误的是( )。

A. 《标准》适用于各类防护对象的规划、设计、施工和运行管理

B. 《规范》适用于防洪工程的规划设计

C. 《标准》中防洪建筑级别是指被防护对象的防洪级别

D. 《规范》中防洪建筑级别是指防洪工程的防洪级别

【答案】C

【解析】《防洪标准》适用于城市、乡村、工矿企业、交通运输设施、水利水电工程、动力设施、通信设施文物古迹和旅游设施等防护对象，防御暴雨洪水融雪洪水、雨雪混合洪水和海岸、河口地区防御潮水的规划、设计、施工和运行管理工作，选项A正确；《城市防洪工程设计规范》适用于我国城市范围内的河（江）洪、海潮、山洪和泥石流防治等防洪工程的规划、设计，工矿区可参照执行，选项B正确；防洪建筑级别是指防洪工程的防洪级别，选项D正确。因而此题选C。

2009-047. 按照《防洪标准》的规定，工矿企业根据其规模分为特大型、大型、中型、小型四类，其防洪等级也有所不同，对应"防洪标准［重现期（年）］"为**50~20年**的是( )企业。

A. 特大型   B. 大型   C. 中型   D. 小型

【答案】C

【解析】由《防洪标准》表5.0.1可知，中型企业防洪标准［重现期（年）］为50~20年。

六、《城市绿地分类标准》CJJ/T 85-2017

真题解析：2018-060、2014-069、2014-068、2013-067、2013-066、2012-046、2010-060、2010-043、2009-050、2009-046

《城市绿地分类标准》   表 5-1-5

内容	说　明
出台背景	为了统一全国城市绿地分类，科学地编制、审批、实施城市绿地系统规划，规范绿地的保护、建设和管理，改善城市生态环境，促进城市的可持续发展，2002年6月建设部公布了《城市绿地分类标准》，于2002年9月1日起施行，现更新编号为CJJ/T 85-2017，施行日期：2018年6月1日。

内容	说　明
适用范围	1.0.2　本标准适用于绿地的规划、设计、建设、管理和统计等工作。
城市绿地分类	2.0.1　绿地分类应与《城市用地分类与规划建设用地标准》GB 50137－2011 相对应，包括城市建设用地内的绿地与广场用地和城市建设用地外的区域绿地两部分。 2.0.2　绿地应按主要功能进行分类。 2.0.3　绿地分类应采用大类、中类、小类三个层次。 2.0.4　绿地类别应采用英文字母组合表示，或采用英文字母和阿拉伯数字组合表示。 本标准将城市绿地分为 **5 大类**、**15 中类**、**11 小类**。 5 大类为：公园绿地（G1）、防护绿地（G2）、广场绿地（G3）、附属绿地（XG）、区域绿地（EG）。 大类用 G 和一位阿拉伯数字表示，中类和小类各增加一位阿拉伯数字表示。如 G1 表示公园绿地，G11 表示公园绿地中的综合公园。
城市绿地计算原则与方法	3.0.1　计算现状绿地和规划绿地的指标时，应分别采用相应的人口数据和用地数据；规划年限、城市建设用地面积、人口统计口径应与城市总体规划一致，统一进行汇总计算。 3.0.2　用地面积应按平面投影计算，每块用地只应计算一次。 3.0.3　用地计算的所用图纸比例、计算单位和统计数字精确度均应与城市规划相应阶段的要求一致。 3.0.4　绿地的主要统计指标为绿地率、人均绿地面积、人均公园绿地面积、城乡绿地率，应按本标准的计算公式计算。

2018-060. 在 2002 年 9 月 1 日起实施的《城市绿地分类标准》中，哪类绿地名称取消，不再使用？（　　）

A. 公共绿地　　　　　　　　　　　B. 公园绿地

C. 生产绿地　　　　　　　　　　　D. 附属绿地

【答案】A

【解析】《城市绿地分类标准》CJJ/T 85－2002 取消了"公共绿地"的分类名称，标准将"公共绿地"改称为"公园绿地"。

2014-069. 根据《城市绿地分类标准》，下列不属于专类公园的是（　　）。

A. 儿童公园　　　　　　　　　　　B. 动物园

C. 纪念性公园　　　　　　　　　　D. 社区公园

【答案】D

【解析】由《城市绿地分类标准》CJJ/T 85－2017 表 2.0.4-1 城市建设用地内的绿地分类和代码可知，专类公园，指具有特定内容或形式，有相应的游憩和服务设施的绿地。包括儿童公园、动物园、植物园、历史名园、风景名胜公园、游乐公园、其他专类公园

（包括纪念性公园）。

2014-068. 根据《城市绿地分类标准》，下列不属于道路绿地的是(　　)。

　　A. 行道树绿带　　　　　　　　　B. 分车绿带

　　C. 街道广场绿地　　　　　　　　D. 停车场绿地

　　【答案】无

　　【解析】题目过时。由《城市绿地分类标准》CJJ/T 85－2017 表 2.0.4-1 城市建设用地内的绿地分类和代码可知，广场绿地为一大类、道路与交通设施用地附属用地为附属绿地下的中类。

2013-067. 根据《城市绿地分类标准》，居住组团内的绿地应该归属于(　　)。

	大类	中类
A.	公园绿地	社区公园
B.	公园绿地	小区公园
C.	附属绿地	特殊绿地
D.	附属绿地	居住绿地

　　【答案】A

　　【解析】由《城市绿地分类标准》CJJ/T 85－2017 表 2.0.4-1 城市建设用地内的绿地分类和代码可知，本题中选项 A 正确，选项 D 附属绿地包括居住用地附属绿地，名称已变。

2013-066. 根据《城市绿地分类标准》，城市绿地分为大类、中类、小类三个层次。下列绿地不属于大类的是(　　)。

　　A. 生产绿地　　　　　　　　　　B. 其他绿地

　　C. 工业绿地　　　　　　　　　　D. 防护绿地

　　【答案】ABC

　　【解析】题目过时。由《城市绿地分类标准》CJJ/T 85－2017 表 2.0.4-1 城市建设用地内的绿地分类和代码可知，选项中只有防护绿地为大类。

2012-046. 在 2002 版《城市绿地分类标准》公布实施后，原来的"公共绿地"的名称改为(　　)。

　　A. 公共设施绿地　　　　　　　　B. 公园绿地

　　C. 市政设施绿地　　　　　　　　D. 专类绿地

　　【答案】B

　　【解析】《城市绿地分类标准》将"公共绿地"改称为"公园绿地"。

2010-060. 下列哪项绿地不属于道路绿地的范畴？(　　)

　　A. 行道树绿带　　　　　　　　　B. 街旁绿地

　　C. 停车场绿地　　　　　　　　　D. 分车绿带

　　【答案】无

　　【解析】题目过时。由《城市绿地分类标准》CJJ/T 85－2017 表 2.0.4-1 道路与交通设施附属绿地为中类，已不分小类。

2010-043. 下列哪种说法符合《城市绿地分类标准》的规定(　　)。

A. 公园归属公共绿地

B. 组团绿地归属附属绿地

C. 居住区公园归属社区公园

D. 街道广场绿地与道路绿地中的道路广场绿地是同一概念

【答案】无

【解析】题目过时。由《城市绿地分类标准》CJJ/T 85－2017 表 2.0.4-1 城市建设用地内的绿地分类和代码可知，公园归属于公园绿地；组团绿地归属居住用地附属绿地；街道广场绿地归属广场绿地及道路与交通设施附属绿地；居住区公园归属居住用地附属绿地。

2009-050. 下列关于城市绿地计算指标的说法中，不正确的是(　　)。

A. 计算人均绿地时应以城市人口数量为准

B. 计算绿地率时应以城市用地面积为准

C. 山丘、坡地上的绿地不能以表面积计算

D. 在不同规划阶段计算绿地面积时，应使用同一比例尺地形图纸计算，以保证数据统一

【答案】D

【解析】由《城市绿地分类标准》CJJ/T 85－2017 3.0.3 可知，用地计算的所用图纸比例、计算单位和统计数字精确度均应与城市规划相应阶段的要求一致。

2009-046. 根据城市绿地分类标准，不参与城市建设用地平衡的是(　　)。

A. 特殊绿地   B. 其他绿地

C. 附属绿地   D. 生产绿地

【答案】无

【解析】题目过时。由《城市绿地分类标准》CJJ/T 85－2017 表 3.0.5 绿地统计表可知，"区域绿地"不参与城市建设用地平衡。

七、《城市抗震防灾规划标准》GB 50413－2007

真题解析：2014-056、2013-095、2012-094、2011-035、2009-015

《城市抗震防灾规划标准》　　　　　　　　　　　　　　　　表 5-1-6

内容	说　　明
出台背景	本标准是根据建设部《关于印发〈2002～2003 年度工程建设国家标准制订、修订计划〉的通知》(建标〔2003〕102 号)的要求，由北京工业大学抗震减灾研究所会同有关的规划、设计、勘察、研究和教学单位编制而成。
适用范围	1.0.2　本标准适用于地震动峰值加速度大于或等于 0.05g (地震基本烈度为 6 度及以上)地区的城市抗震防灾规划

内容	说　明
基本防御目标	1.0.5　按照本标准进行城市抗震防灾规划，应达到以下基本防御目标： 1. 当遭受多遇地震影响时，城市功能正常，建设工程一般不发生破坏； 2. 当遭受相当于本地区地震基本烈度的地震影响时，城市生命线系统和重要设施基本正常，一般建设工程可能发生破坏但基本不影响城市整体功能，重要工矿企业能很快恢复生产或运营； 3. 当遭受罕遇地震影响时，城市功能基本不瘫痪，要害系统、生命线系统和重要工程设施不遭受严重破坏，无重大人员伤亡，不发生严重的次生灾害。
基本规定	3.0.11　对国务院公布的历史文化名城以及城市规划区内的国家重点风景名胜区、国家级自然保护区和申请列入的"世界遗产名录"的地区、城市重点保护建筑等，宜根据需要做专门研究或编制专门的抗震保护规划。
城市用地	4.1.1　城市用地抗震性能评价包括：城市用地抗震防灾类型分区，地震破坏及不利地形影响估计，抗震适宜性评价。

2014-056. 根据《城市抗震防灾规划标准》，下列不属于城市用地抗震性能评价内容的是(　　)。

A. 城市用地抗震防灾类型分区　　　　B. 城市地震破坏及不利地形影响估计

C. 抗震适宜性评价　　　　　　　　　D. 抗震设防区划

【答案】D

【解析】依据《城市抗震防灾规划标准》第4.1.1条可知，选项D符合题意。

2013-095. 根据《城市抗震防灾规划标准》，对(　　)宜根据需要做专门的研究或编制专门的抗震保护规划。

A. 国务院公布的历史文化名城　　　　B. 城市规划区内的国家重点风景名胜区

C. 申请列入"世界遗产名录"的地区　　D. 城市中心区

E. 城市重点保护建筑

【答案】ABCE

【解析】依据《城市抗震防灾规划标准》第3.0.11条可知，选项ABCE符合题意。

2012-094. 根据《城市抗震防灾规划标准》，当遭受罕遇地震时，城市抗震防灾规划应达到的基本防御目标包括(　　)。

A. 城市功能基本不瘫痪　　　　　　　B. 无重大人员伤亡

C. 不发生严重的次生灾害　　　　　　D. 重要工矿企业很快恢复生产或运营

E. 生命线系统不遭受严重破坏

【答案】ACE

【解析】依据《城市抗震防灾规划标准》第1.0.5条可知，选项ACE正确。

2011-035. 《城市抗震防灾规划标准》适用于(　　)地区的城市抗震防灾规划。

A. 地震震级为6级及以上　　　　　　B. 地震震级为7级及以上

C. 地震基本烈度为 6 度及以上　　　　　D. 地震基本烈度为 7 度及以上

【答案】C

【解析】 依据《城市抗震防灾规划标准》第 1.0.2 条可知，选项 C 符合题意。

2009-015. 紧急避震疏散场所内外的避震疏散通道有效宽度不宜低于(　　)米。

A. 3　　　　　　　B. 4　　　　　　　C. 6　　　　　　　D. 7

【答案】B

【解析】《城市抗震防灾规划标准》GB 50413-2007 第 8.2.15 条规定，紧急避震疏散场所内外的避震疏散通道有效宽度不宜低于 4m，固定避震疏散场所内外的避震疏散主通道有效宽度不宜低于 7m。与城市出入口、中心避震疏散场所、市政府抗震救灾指挥中心相连的救灾主干道不宜低于 15m。

第二节　技　术　规　范

一、《城乡规划工程地质勘察规范》CJJ 57-2012

相关真题：2009-018

《城乡规划工程地质勘察规范》　　　　　　　　　　　　　表 5-2-1

内容	说　　明
出台背景	为了在城市规划工程地质勘察中执行国家的技术经济政策，做到技术先进、经济合理、安全使用、确保质量，1994 年 5 月建设部发布了《城市规划工程地质勘察规范》，自 1994 年 11 月 1 日起施行，现更新为 CJJ 57-2012，自 2013 年 3 月 1 日起实施。
适用范围	1.0.2　本规范适用于城乡规划的工程地质勘察。
一般规定	3.0.1　城乡规划编制前，应进行工程地质勘察，并应满足不同阶段规划的要求。城市规划区内的各场地，根据其**场地条件和地基的复杂程度**分为Ⅰ、Ⅱ、Ⅲ三类。详细规划勘察阶段，近期建设区内的拟建工程的等级，应根据地基损坏造成工程破坏的后果的严重性分为：**一级、很严重；二级、严重；三级、不严重。**
总体规划阶段	4.2.1　总体规划勘察应包括下列工作内容： ① 搜集、整理和分析相关的已有资料、文献； ② 调查地形地貌、地质构造、地层结构及地质年代、岩土的成因类型及特征等条件，划分工程地质单元； ③ 调查地下水的类型、埋藏条件、补给和排泄条件、动态规律、历史和近期最高水位，采取代表性的地表水和地下水试样进行水质分析； ④ 调查不良地质作用、地质灾害及特殊性岩土的成因、类型、分布等基本特征，分析对规划建设项目的潜在影响并提出防治建议； ⑤ 对地质构造复杂、抗震设防烈度 6 度及以上地区，分析地震后可能诱发的地质灾害； ⑥ 调查规划区场地的建设开发历史和使用概况； ⑦ 按评价单元对规划区进行场地稳定性和工程建设适宜性评价。

内容	说　　明
详细规划阶段	5.2.1　详细规划勘察应包括下列工作内容： ① 搜集、整理和分析相关的已有资料； ② 初步查明地形地貌、地质构造、地层结构及成因年代、岩土主要工程性质； ③ 初步查明不良地质作用和地质灾害的成因、类型、分布范围、发生条件，提出防治建议； ④ 初步查明特殊性岩土的类型、分布范围及其工程地质特性； ⑤ 初步查明地下水的类型和埋藏条件，调查地表水情况和地下水位动态及其变化规律，评价地表水、地下水、土对建筑材料的腐蚀性； ⑥ 在抗震设防烈度 6 度及以上地区，评价场地和地基的地震效应； ⑦ 对各评价单元的场地稳定性和工程建设适宜性作出工程地质评价； ⑧ 对规划方案和规划建设项目提出建议。
总体规划和详细规划勘察前的有关规定	总体规划和详细规划勘察前，必须取得城市规划部门下达的勘察任务书及地形图等文件。
勘察报告	勘察报告包括**勘察报告正文和工程地质图系**两部分。

2009-018. 工程地质勘察是城乡规划编制的重要前期工作。下列工作中，**不属于**城市总体规划阶段工程地质勘察内容的是(　　)。

A. 对规划区内各场地的稳定性和工程建设适宜性作出评价

B. 调查研究并预测地质条件变化或人类活动引起的环境工程地质问题

C. 调查了解规划区内的地震地质背景和地震基本烈度

D. 为拟建的重大工程地基基础设计和不良地质现象的防治提供技术依据

【答案】D

【解析】依据最新的《城乡规划工程地质勘察规范》4.2.1条，可知选项 D 符合题意。

二、《城市居住区规划设计标准》GB 50180－2018

相关真题：2017-049、2014-085、2013-027、2012-016、2010-038、2009-091、2009-032

《城市居住区规划设计标准》-1　　　　　　　　　　　　　　表 5-2-2

内容	说　　明
出台背景	《城市居住区规划设计标准》为国家标准，编号为 GB 50180－2018，自 2018 年 12 月 1 日起实施。
适用范围	1.0.2　本标准适用于城市规划的编制以及城市居住区的规划设计。
居住区分级控制规模	**2.0.2　十五分钟生活圈居住区**：以居民步行十五分钟可满足其物质与生活文化需求为原则划分的居住区范围；一般由城市干路或用地边界线所围合，居住人口规模为 50000～100000 人（约 17000～32000 套住宅），配套设施完善的地区。 **2.0.3　十分钟生活圈居住区**：以居民步行十分钟可满足其基本物质与生活文化需求为原则划分的居住区范围；一般由城市干路、支路或用地边界线所围合，居住人口规模为 15000～25000 人（约 5000～8000 套住宅），配套设施齐全的地区。

内容	说　　明
居住区分级控制规模	**2.0.4　五分钟生活圈居住区**：以居民步行五分钟可满足其基本生活需求为原则划分的居住区范围；一般由支路及以上级城市道路或用地边界线所围合，居住人口规模为 5000～12000 人（约 1500～4000 套住宅），配建社区服务设施的地区。 **2.0.5　居住街坊**：由支路等城市道路或用地边界线围合的住宅用地，是住宅建筑组合形成的居住基本单元；居住人口规模在 1000～3000 人（约 300～1000 套住宅，用地面积 2～4hm²），并配建有便民服务设施。
用地、建筑与规划布局	2.0.6　居住区用地：城市居住区的住宅用地、配套设施用地、公共绿地以及城市道路用地的总称。
住宅	4.0.9　住宅建筑的间距应符合相应的规定；对特定情况，还应符合下列规定： ① 老年人居住建筑日照标准不应低于冬至日日照时数 2h； ② 在原设计建筑外增加任何设施不应使相邻住宅原有日照标准降低，既有住宅建筑进行无障碍改造加装电梯除外； ③ 旧区改建项目内新建住宅建筑日照标准不应低于大寒日日照时数 1h。
公共服务设施	5.0.1　配套设施应遵循配套建设、方便使用，统筹开放、兼顾发展的原则进行配置，其布局应遵循集中和分散兼顾、独立和混合使用并重的原则，并应符合下列规定： ① 十五分钟和十分钟生活圈居住区配套设施，应依照其服务半径相对居中布局； ② 十五分钟生活圈居住区配套设施中，文化活动中心、社区服务中心（街道级）、街道办事处等服务设施宜联合建设并形成街道综合服务中心，其用地面积不宜小于 1hm²； ③ 五分钟生活圈居住区配套设施中，社区服务站、文化活动站（含青少年、老年活动站）、老年人日间照料中心（托老所）、社区卫生服务站、社区商业网点等服务设施，宜集中布局、联合建设，并形成社区综合服务中心，其用地面积不宜小于 0.3hm²； ④ 旧区改建项目应根据所在居住区各级配套设施的承载能力合理确定居住人口规模与住宅建筑容量；当不匹配时，应增补相应的配套设施或对应控制住宅建筑增量。

2017-049. 根据《城市居住区规划设计规范》，下列叙述中不正确的是(　　　)。

A. 老年人居住建筑设置与否视具体情况而定

B. 老年人居住建筑的日照标准不应低于冬至日日照 2 小时的标准

C. 老年人居住建筑宜靠近相关服务设施

D. 老年人居住建设宜靠近公共绿地

【答案】无

【解析】新规范《城市居住区规划设计标准》4.0.9，住宅建筑的间距应符合相应的规定；对特定情况，还应符合下列规定：老年人居住建筑日照标准不应低于冬至日日照时数 2h，B 选项正确；十五分钟生活圈居住区应配建养老院，五分钟生活圈居住区应配建托老所。

2014-085. 根据《城市居住区规划设计规范》，住宅间距在满足日照要求的基础上，还要综合考虑(　　)要求。

A. 采光　　　　　　　　　　　　B. 地面停车场

C. 消防　　　　　　　　　　　　D. 通风

E. 视觉卫生

【答案】ACDE

【解析】《城市居住区规划设计标准》4.0.8条，住宅建筑与相邻建、构筑物的间距应在综合考虑日照、采光、通风、管线埋设、视觉卫生、防灾等要求的基础上统筹确定，并应符合现行国家标准《建筑设计防火规范》GB 50016的有关规定。

2013-027. 在进行城市居住区规划时，需要综合考虑多方面因素确定住宅间距，应以满足(　　)要求为基础。

A. 日照　　　　　　　　　　　　B. 采光

C. 消防　　　　　　　　　　　　D. 防灾

【答案】A

【解析】解析同2014-085。

2012-016. 根据《城市居住区规划设计规范》，下列关于住宅日照标准的规定中，不正确的是(　　)。

A. 日照标准根据建筑气候分区和城市规模分别采用冬至日和大寒日两级标准

B. 旧区改建项目内新建住宅日照标准，最低不应低于大寒日日照1小时的标准

C. 在原建筑外增加任何设施，不应使相邻住宅日照标准降低

D. 老年人居住建筑不应低于大寒日日照2小时的标准

【答案】D

【解析】新规范《城市居住区规划设计标准》4.0.9，住宅建筑的间距应符合相应的规定；对特定情况，还应符合下列规定：老年人居住建筑日照标准不应低于冬至日日照时数2h。

2010-038. 《城市居住区规划设计规范》规定，条式多层住宅的侧面间距，不宜小于(　　)米。

A. 6　　　　　　　　　　　　　　B. 8

C. 9　　　　　　　　　　　　　　D. 10

【答案】A

【解析】《城市居住区规划设计标准》对此无规定，由消防规范可知，条式住宅侧面间距：多层之间不宜小于6m。

2009-091. 住宅间距大小的确定，一般要考虑(　　)因素。

A. 采光、通风　　　　　　　　　B. 消防、防震

C. 管线埋设　　　　　　　　　　D. 绿化种植

E. 避免视线干扰

【答案】ABCE

【解析】解析同 2014-085。

2009-032. 根据《城市居住区规划设计规范》，下列设施不属于居住区公共服务设施的是(   )。

A. 煤气调压站
B. 公交首末站
C. 社区服务中心
D. 户籍派出所

【答案】B

【解析】题目过时。新规范规定：十五分钟生活圈居住区、十分钟生活圈居住区应设公交车站，公交首末站按需配建。

相关真题：2018-027、2013-047、2010-037、2010-036、2010-035

《城市居住区规划设计标准》-2   表 5-2-3

内容	说　　明
绿地	4.0.4　新建各级生活圈居住区应配套规划建设公共绿地，并应集中设置具有一定规模，且能开展休闲、体育活动的居住区公园；公共绿地控制指标应符合人均公共绿地面积：十五分钟生活圈居住区不少于 2.0m^2/人，十分钟生活圈居住区不少于 1.0m^2/人，五分钟生活圈居住区不少于 1.0m^2/人。 居住区公园中应设置 10%～15% 的体育活动场地。
	4.0.5　当旧区改建确实无法满足规定时，可采取多点分布以及立体绿化等方式改善居住环境，但人均公共绿地面积不应低于相应控制指标的 70%。
	4.0.6　居住街坊内的绿地应结合住宅建筑布局设置集中绿地和宅旁绿地。
	4.0.7　居住街坊内集中绿地的规划建设，应符合下列规定： ① 新区建设不应低于 0.5m^2/人，旧区改建不应低于 0.35m^2/人； ② 宽度不应小于 8m； ③ 在标准的建筑日照阴影线范围之外的绿地面积不应少于 1/3，其中应设置老年人、儿童活动场地。
道路	6.0.2　居住区的路网系统应与城市道路交通系统有机衔接，并应符合下列规定： ① 居住区应采取"小街区、密路网"的交通组织方式，路网密度不应小于 8km/km^2；城市道路间距不应超过 300m，宜为 150～250m，并应与居住街坊的布局相结合； ② 居住区内的步行系统应连续、安全、符合无障碍要求，并应便捷连接公共交通站点； ③ 在适宜自行车骑行的地区，应构建连续的非机动车道； ④ 旧区改建，应保留和利用有历史文化价值的街道、延续原有的城市肌理。

内容	说　　明
道路	6.0.3　居住区内各级城市道路应突出居住使用功能特征与要求，并应符合下列规定： ① 两侧集中布局了配套设施的道路，应形成尺度宜人的生活性街道；道路两侧建筑退线距离，应与街道尺度相协调； ② 支路的红线宽度，宜为 14～20m； ③ 道路断面形式应满足适宜步行及自行车骑行的要求，人行道宽度不应小于 2.5m； ④ 支路应采取交通稳静化措施，适当控制机动车行驶速度。
	6.0.4　居住街坊内附属道路的规划设计应满足消防、救护、搬家等车辆的通达要求，并应符合下列规定： ① 主要附属道路至少应有两个车行出入口连接城市道路，其路面宽度不应小于 4.0m；其他附属道路的路面宽度不宜小于 2.5m； ② 人行出口间距不宜超过 200m； ③ 最小纵坡不应小于 0.3%，最大纵坡应符合标准中的相关规定；机动车与非机动车混行的道路，其纵坡宜按照或分段按照非机动车道要求进行设计。

2018-027. 根据《城市居住区规划设计规范》，下列关于城市居住区的规定表述不正确的是（　　）。

A. 在原设计建筑外增加任何设施不应使相邻住宅原有日照标准降低

B. 条式住宅，多层之间侧间距不得小于 6m；高层与各种层数的住宅之间不宜小于 13m

C. 老年人居住建筑不应低于大寒日日照 2h 标准

D. 住宅间距，应以满足日照要求为基础

【答案】C

【解析】规范已变更为《城市居住区规划设计标准》GB 50180－2018，相关条文为 4.0.9-1 条：老年人居住建筑日照标准不应低于冬至日日照时数 2h。因此 C 选项错误。

2013-047. 《城市居住区规划设计规范》中对一些术语进行了规范定义，下列定义中不正确的是（　　）。

A. 绿地率是指居住区用地范围内各类绿地面积的总和占居住区用地面积的比率

B. 停车率是指居住区内居民汽车的停车位数量与居住户数的比率

C. 地面停车率是指地面停车数量与总停车位的比率

D. 建筑密度是指在居住用地内，各类建筑的基底总面积与居住区用地面积的比率

【答案】C

【解析】依据旧规范《城市居住区规划设计规范》2.0.32b 条规定，地面停车率是指

居民汽车的地面停车位数量与居住户数的比率，新规范未提及这些术语。

2010-037.《城市居住区规划设计规范》规定，小区内主要道路至少应有两个出入口，居住区内主要道路至少应有两个方向与外围道路相连，机动车对外出入口间距不应小于（　　）米。

　　A. 100　　　　　　　　　　　　　B. 120
　　C. 150　　　　　　　　　　　　　D. 200

【答案】C

【解析】题目过时。新规范《城市居住区规划设计标准》6.0.2条：居住区的路网系统应与城市道路交通系统有机衔接，并应符合下列规定：

　　居住区应采取"小街区、密路网"的交通组织方式，路网密度不应小于 $8km/km^2$；城市道路间距不应超过 300m，宜为 150～250m，并应与居住街坊的布局相结合。

2010-036.《城市居住区规划设计规范》规定，当自然地形坡度大于（　　）时，居住区地面连接形式宜选用台地式。

　　A. 5%　　　　　　　　　　　　　B. 6%
　　C. 7%　　　　　　　　　　　　　D. 8%

【答案】D

【解析】《城市居住区规划设计标准》对此无规定；《城乡建设用地竖向规划规范》CJJ 83－2016 4.0.3：用地自然坡度小于 5% 时，宜规划为平坡式；用地自然坡度大于 8% 时，宜规划为台阶式；用地自然坡度为 5%～8% 时，宜规划为混合式。

2010-035.《城市居住区规划设计规范》规定，居住区公共活动空间的环境设计应处理好建筑、道路、广场、院落、绿地和（　　）之间及其与人活动之间的相互关系。

　　A. 建筑小品　　　　　　　　　　B. 周边环境
　　C. 路网结构　　　　　　　　　　D. 群体组合

【答案】A

【解析】题目过时。新规范《城市居住区规划设计标准》的要求是：居住区规划设计应统筹庭院、街道、公园及小广场等公共空间形成连续、完整的公共空间系统。

三、《城市道路交通规划设计规范》GB 50220－95

相关真题：2009-092

《城市道路交通规划设计规范》-1　　　　　　　　　　　　　　表 5-2-4

内容	说　明
出台背景	为了科学、合理地进行城市道路交通规划设计，优化城市用地布局，提高城市的运转效能，提供安全、高效、经济、舒适和低公害的交通条件，1995 年 1 月建设部组织编制并发布了《城市道路交通规划设计规范》，于 1995 年 9 月 1 日起施行。 　　近年来，城市交通发展很快，多元化的各类交通规划内容不断发生变化，1995 年的《城市道路交通规划设计规范》已经显得不敷应用，亟待对此规范进行修订。

内容	说　明
适用范围	1.0.2　本规范适用于全国各类城市的城市道路交通规划设计。
规划设计基本 要求	1.0.5　城市道路交通规划应包括城市道路交通发展战略规划和城市道路交通综合网络规划两个组成部分。 　　**1.0.6　城市道路交通发展战略应包括下列内容：** 　　1.0.6.1　确定交通发展目标和水平； 　　1.0.6.2　确定城市交通方式和交通结构； 　　1.0.6.3　确定城市道路交通综合网络布局、城市对外交通和市内的客货运设施的选址和用地规模； 　　1.0.6.4　提出实施城市道路交通规划过程中的重要技术经济对策； 　　1.0.6.5　提出有关交通发展政策和交通需求管理政策的建议。 　　**1.0.7　城市道路交通综合网络规划应包括下列内容：** 　　1.0.7.1　确定城市公共交通系统、各种交通的衔接方式、大型公共换乘枢纽和公共交通场站设施的分布和用地范围； 　　1.0.7.2　确定各级城市道路红线宽度、横断面形式、主要交叉口的形式和用地范围，以及广场、公共停车场、桥梁、渡口的位置和用地范围； 　　1.0.7.3　平衡各种交通方式的运输能力的运量； 　　1.0.7.4　对网络规划方案作技术经济评估； 　　1.0.7.5　提出分期建设与交通建设项目排序的建议。

2009-092. 城市道路交通发展战略规划应包括(　　　　)。

A. 确定交通发展目标和水平

B. 提出分期建设与交通建设项目排序建议

C. 确定城市道路交通综合网络布局、城市对外交通和市内的客货运设施的选址和用地规模

D. 提出有关交通发展政策和交通需求管理政策的建议

E. 确定城市公共交通系统、各种交通的衔接方式

【答案】ACD

【解析】依据《城市道路交通规划设计规范》1.0.6，可知选项 ACD 符合题意。

相关真题：2018-040、2014-070、2013-062、2012-051、2011-096、2011-065、2011-059、2009-060、2009-052、2009-051

《城市道路交通规划设计规范》-2　　　　　　　　　　　　　　**表 5-2-5**

内容	说　明
城市公共交通	3.1.6　规划城市人口超过 200 万人的城市，应控制预留设置快速轨道交通的用地。 　　3.3.2　公共交通车站服务面积，以 300m 半径计算，不得小于城市用地面积的 50%；以 500m 半径计算，不得小于 90%。 　　3.3.4.1　在路段上，同向换乘距离不应大于 50m，异向换乘距离不应大于 100m；对置设站，应在车辆前进方向迎面错开 30m。 　　3.3.4.2　在道路平面交叉口和立体交叉口上设置的车站，换乘距离不宜大于 150m，并不得大于 200m。

内容	说　明
自行车交通	4.2.1　自行车道路网规划应由单独设置的自行车专用路、城市干路两侧的自行车道、城市支路和居住区内的道路共同组成一个能保证自行车连续交通的网络。 4.2.2　大、中城市干路网规划设计时，应使用自行车与机动车分道行驶。
步行交通	5.1.2　人行道、人行天桥、人行地道、商业步行道、城市滨河步道或林荫道的规划，应与居住区的步行系统，与城市中车站、码头集散广场，城市游憩集会广场等的步行系统紧密结合，构成一个完整的城市步行系统。
城市货运交通	6.1.2　城市货运交通应包括过境货运交通、出入市货运交通与市内货运交通三个部分。 6.1.3　货运车辆场站的规模与布局宜采用大、中、小相结合的原则。大城市宜采用分散布点；中、小城市宜采用集中布点。场站选址应靠近主要货源点，并与货物流通中心相结合。
城市道路系统与道路交通设施	7.1.2　城市道路交通规划应符合人与车交通分行，机动车与非机动车交通分道的要求。 7.1.3　城市道路应分为快速路、主干路、次干路和支路四类。 7.1.4　城市道路用地面积应占城市建设用地面积的 8%～15%，对规划人口在 200 万以上的大城市，宜为 15%～20%。 7.3.1.1　规划人口在 200 万以上的大城市和长度超过 30km 的带形城市应设置快速路。快速路应与其他干路构成系统，与城市对外公路有便捷的联系。 7.4.1　城市道路交叉口，应根据相交道路的等级、分向流量、公共交通站点设置、交叉口周围用地的性质，确定交叉口的形式及其用地范围。

2018-040. 下列选项中，不符合《城市道路交通规划设计规范》的是(　　)。

A. 内环路应设置在老城区城市中心区的外围

B. 外环路宜设置在城市用地的边界外 1～2km

C. 河网地区城市道路宜平行或垂直于河道布置

D. 山区城市道路应平行等高线设置

【答案】B

【解析】依据《城市道路交通规划设计规范》7.2 条：(1)内环路应设置在老城区或市中心区的外围；(2)外环路宜设置在城市用地的边界内 1～2km 处，当城市放射的干路与外环路相交时，应规划好交叉口上的左转交通；(3)河网城市道路宜平行或垂直于河道布置；(4)山区城市道路网应平行等高线设置，并应考虑防洪要求。因此 B 选项错误。

2014-070. 下列关于城市道路交通的叙述中，不符合《城市道路交通规划设计规范》的是(　　)。

A. 新建地区宜从道路系统上实行分流交通，不宜再采用"三幅路"进行分流，这个

原理应在道路规划和改造中长期贯彻下去

  B. 不同规模的城市对交通需求等有很大差异,大城市道路可以将道路分为四级,中等城市的道路可分为三级,小城市只将道路分为两级

  C. 50万人口以上的城市应设置快速路,对50万人口以下的城市可以根据城市用地形状和交通需求确定是否建造快速路

  D. 一般快速路可呈"十字形"在城市中心区的外围切过

【答案】C

【解析】由《城市道路交通规划设计规范》7.3.1.1可知,规划人口在200万以上的大城市和长度超过30km的带形城市应设置快速路。快速路应与其他干路构成系统,与城市对外公路有便捷的联系。

2013-062. 根据《城市道路交通规划设计规范》,城市中规划步行交通系统应以步行人流的( )为基本依据。

  A. 速度和密度   B. 观测和预测

  C. 分布和构成   D. 流量和流向

【答案】D

【解析】根据《城市道路交通规划设计规范》5.1.1条,城市中规划步行交通系统应以步行人流的流量和流向为基本依据。并应因地制宜采用各种有效措施,满足行人活动的要求,保障行人的交通安全和交通连续性,避免无故中断和任意缩减人行道。

2012-051. 确定城乡道路交叉口的形式及其用地范围的因素中不包括( )。

  A. 相交道路等级   B. 分向流量

  C. 交叉口周围用地性质   D. 道路纵向坡度

【答案】D

【解析】由《城市道路交通规划设计规范》7.4.1可知:城市道路交叉口,应根据相交道路的等级、分向流量、公共交通站点设置、交叉口周围用地的性质,确定交叉口的形式及其用地范围;选项D符合题意。

2011-096. 根据《城市道路交通规划设计规范》,在大、中城市道路的( )交叉口必须设立体交叉设施。

  A. 快速路同快速路   B. 快速路同主干路

  C. 主干路同次干路   D. 主干路同支路

  E. 次干路同次干路

【答案】AB

【解析】由《城市道路交通规划设计规范》中的表7.2.14-1可知,选项AB正确。

2011-065. 根据《城市道路交通规划设计规范》,下列表述中不正确的是( )。

  A. 机动停车场的出入口应右转出入车道

  B. 机动停车场的出入口距离人行过街天桥需大于50m

  C. 机动停车场的出入口距离地道、隧道需大于50m

  D. 机动停车场的出入口距离桥梁需大于60m

【答案】B

【解析】机动车和基地出入口在设计规范中多次规定，但各规定不一致。

《城市道路交通规划设计规范》8.1.8.1，出入口应符合行车视距的要求，并应右转出入车道；8.1.8.2，出入口应距离交叉口、桥隧坡道起止线50m远。

《民用建筑设计统一标准》4.2.4，建筑基地机动车出入口位置，应符合所在地控制性详细规划，并应符合下列规定：

① 中等城市、大城市的主干路交叉口，自道路红线交叉点起沿线70.0m范围内不应设置机动车出入口；

② 距人行横道、人行天桥、人行地道（包括引道、引桥）的最近边缘线不应小于5.0m；

③ 距地铁出入口、公共交通站台边缘不应小于15.0m；

④ 距公园、学校及有儿童、老年人、残疾人使用建筑的出入口最近边缘不应小于20.0m。

2011-059. 根据《城市道路交通规划设计规范》，规划城市人口超过(　　)万人的城市，应控制预留设置快速轨道交通的用地。

A. 50　　　　　　　　　　　　B. 100

C. 150　　　　　　　　　　　　D. 200

【答案】D

【解析】由《城市道路交通规划设计规范》3.1.6可知，规划城市人口超过200万人的城市，应控制预留设置快速轨道交通的用地。

2009-060. 根据《城市道路交通规划设计规范》的规定，下列公共交通的规划指标中，不正确的(　　)。

A. 城市公共汽车和电车的规划拥有量，大城市应每800～1000人一辆标准车

B. 规划城市人口超过300万人的城市，应控制预留设置快速轨道交通的用地

C. 城市公共汽车和电车的规划拥有量，中、小城市应每1200～1500人一辆标准车

D. 大城市出租车每千人不宜少于2辆

【答案】B

【解析】解析同2011-059。

2009-052. 规划道路红线宽度时，应同时确定道路绿地率。下列表述中，不符合道路绿地率规定的是(　　)。

A. 园林景观路绿地率不得小于35％

B. 红线宽度大于50米的道路绿地率不得小于30％

C. 红线宽度在40～50米的道路绿地率不得小于25％

D. 红线宽度小于40米的道路绿地率不得小于20％

【答案】A

【解析】《城市道路绿化规划与设计规范》第3.1.2条，道路绿地率应符合下列规定：园林景观路绿地率不得小于40％；红线宽度大于50m的道路绿地率不得小于30％；红线

宽度在 40~50m 的道路绿地率不得小于 25％；红线宽度小于 40m 的道路绿地率不得小于 20％。

2009-051. 一般情况下，城市道路用地面积应占城市建设用地面积的 **8％～15％**，对规划人口 **200 万以上的大城市，宜为(　　　)。**

　A. 10％～15％ 　　　　　　　　　B. 10％～18％

　C. 2％～8％ 　　　　　　　　　　D. 15％～20％

【答案】D

【解析】由《城市道路交通规划设计规范》7.1.4 可知，城市道路用地面积应占城市建设用地面积的 8％～15％，对规划人口在 200 万以上的大城市，宜为 15％～20％。

四、《城市道路绿化规划与设计规范》CJJ 75－97

相关真题：2018-064、2011-062、2010-044

《城市道路绿化规划与设计规范》　　　　　　　　　　　　　表 5-2-6

内容	说　　明
出台背景	为了发挥道路绿化在改善城市生态环境和丰富城市景观中的作用，避免绿化影响交通安全，保证绿化植物的生存环境，使道路绿化规划设计规范化、提高道路绿化规划设计水平，1997 年 10 月建设部发布了《城市道路绿化规划与设计规范》，于 1998 年 5 月 1 日起施行。
适用范围	1.0.2　本规范适用于城市的主干路、次干路、支路、广场和社会停车场的绿地规划与设计。
基本原则	1.0.3　道路绿化规划与设计应遵循下列基本原则： 1.0.3.1　道路绿化应以乔木为主，乔木、灌木、地被植物相结合，不得裸露土壤； 1.0.3.2　道路绿化应符合行车视线和行车净空要求； 1.0.3.3　绿化树木与市政公用设施的相互位置应统筹安排，并应保证树木有需要的立地条件与生长空间； 1.0.3.4　植物种植应适地适树，并符合植物间伴生的生态习性；不适宜绿化的土质，应改善土壤进行绿化； 1.0.3.5　修建道路时，宜保留有价值的原有树木，对古树名木应予以保护； 1.0.3.6　道路绿地应根据需要配备灌溉设施；道路绿地的坡向、坡度应符合排水要求并与城市排水系统结合，防止绿地内积水和水土流失； 1.0.3.7　道路绿化应远近期结合。
道路绿化规划	3.1.2　道路绿地率应符合下列规定： 3.1.2.1　园林景观路绿地率不得小于 40％； 3.1.2.2　红线宽度大于 50m 的道路绿地率不得小于 30％； 3.1.2.3　红线宽度在 40~50m 的道路绿地率不得小于 25％； 3.1.2.4　红线宽度小于 40m 的道路绿地率不得小于 20％。

内容	说　明
道路绿地布局与景观规划	3.2.1　道路绿地布局应符合下列规定： 3.2.1.1　种植乔木的分车绿带宽度不得小于 1.5m；主干路上的分车绿带宽度不宜小于 2.5m；行道树绿带宽度不得小于 1.5m； 3.2.1.2　主、次干路中间分车绿带和交通岛绿地不得布置成开放式绿地； 3.2.1.3　路侧绿带宜与相邻的道路红线外侧其他绿地相结合； 3.2.1.4　人行道毗邻商业建筑的路段，路侧绿带可与行道树绿带合并； 3.2.1.5　道路两侧环境条件差异较大时，宜将路侧绿带集中布置在条件较好的一侧。 3.2.2　道路绿化景观规划应符合下列规定： 3.2.2.1　在城市绿地系统规划中，应确定园林景观路与主干路的绿化景观特色；园林景观路应配置观赏价值高、有地方特色的植物，并与街景结合；主干路应体现城市道路绿化景观风貌； 3.2.2.2　同一道路的绿化宜有统一的景观风格，不同路段的绿化形式可有所变化； 3.2.2.3　同一路段上的各类绿带，在植物配置上应相互配合，并应协调空间层次、树形组合、色彩搭配和季相变化的关系； 3.2.2.4　毗邻山、河、湖、海的道路，其绿化应结合自然环境，突出自然景观特色。
道路绿带设计	4.1.1　分车绿带的植物配置应形式简洁，树形整齐，排列一致。乔木树干中心至机动车道路缘石外侧距离不宜小于 0.75m。 4.1.2　中间分车绿带应阻挡相向行驶车辆的眩光，在距相邻机动车道路面高度 0.6m 至 1.5m 之间的范围内，配置植物的树冠应常年枝叶茂密，其株距不得大于冠幅的 5 倍。 4.1.3　两侧分车绿带宽度大于或等于 1.5m 的，应以种植乔木为主，并宜乔木、灌木、地被植物相结合。其两侧乔木树冠不宜在机动车道上方搭接。分车绿带宽度小于 1.5m 的，应以种植灌木为主，并应灌木、地被植物相结合。 4.1.4　被人行横道或道路出入口断开的分车绿带，其端部应采取通透式配置。
交通岛、广场和停车场绿地设计	5.1.1　交通岛周边的植物配置宜增强导向作用，在行车视距范围内应采用通透式配置。 5.2.2　公共活动广场周边宜种植高大乔木。集中成片绿地不应小于广场总面积的 25%，并宜设计成开放式绿地，植物配置宜疏朗通透。 5.2.3　车站、码头、机场的集散广场绿化应选择具有地方特色的树种。集中成片绿地不应小于广场总面积的 10%。 5.3.1　停车场周边宜种植高大庇荫乔木，并宜种植隔离防护绿带；在停车场内宜结合停车间隔带种植高大庇荫乔木。 5.3.2　停车场种植的庇荫乔木可选择行道树种。其树木枝下高度应符合停车位净高度的规定：小型汽车为 2.5m；中型汽车为 3.5m；载货汽车为 4.5m。
道路绿化与有关设施	6.1.1　在分车绿带和行道树绿带上方不宜设置架空线。必须设置时，应保证架空线下有不小于 9m 的树木生长空间。架空线下配置的乔木应选择开放型树冠或耐修剪的树种。

2018-064. 根据《城市道路绿化规划与设计规范》，种植乔木的分车绿化带宽度不得小于( )。

　　A. 1.5　　　　　　　　　　　　　B. 2

　　C. 2.5　　　　　　　　　　　　　D. 3

【答案】A

【解析】由《城市道路绿化规划与设计规范》第3.2.1条可知，道路绿地布局应符合下列规定：种植乔木的分车绿带宽度不得小于1.5m，主干路上的分车绿带宽度不宜小于2.5m；行道树绿带宽度不得小于1.5m。

2011-062. 下列定义中，不符合《城市道路绿化规划与设计规范》的是( )。

　　A. 道路绿地：城市道路红线范围内的绿地

　　B. 交通岛绿地：可绿化的交通岛绿地

　　C. 道路绿地率：道路红线范围内各种绿带宽度之和占总宽度的百分比

　　D. 行道树绿带：布设在人行道与车行道之间，以种植行道树为主的绿带

【答案】A

【解析】由《城市道路绿化规划与设计规范》2.0.1可知，道路绿地是道路及广场用地范围内的可进行绿化的用地。道路绿地分为道路绿带、交通岛绿地、广场绿地和停车场绿地。

2010-044. 《城市道路绿化规划与设计规范》规定，公共活动广场周边宜种植高大乔木。集中成片绿地不应小于广场总面积的25%，并宜设计成开放式绿地，( )。

　　A. 协调与四周建筑物的关系　　　　B. 结合周边的自然和人造景观环境

　　C. 可以提高广场的利用率　　　　　D. 植物配置宜疏朗通透

【答案】D

【解析】由《城市道路绿化规划与设计规范》5.2.2可知，公共活动广场周边宜种植高大乔木。集中成片绿地不应小于广场总面积的25%，并宜设计成开放式绿地，植物配置宜疏朗通透。

五、《城市工程管线综合规划规范》GB 50289-2016

相关真题：2018-096、2018-035、2018-032、2017-067、2017-053、2017-050、2014-091、2014-060、2013-064、2012-058、2012-052、2009-089、2009-064

《城市工程管线综合规划规范》　　　　　　　　　表 5-2-7

内容	说　明
出台背景	为了合理利用城市用地，统筹安排工程管线在城市的地上和地下空间位置，协调工程管线之间及城市工程管线与其他各项工程之间的关系，并为工程管线规划设计和规划管理提供依据，1998年12月建设部组织编制并发布了《城市工程管线综合规划规范》，于1999年5月1日起施行，现更新为GB 50289-2016，自2016年12月1日起实施。
适用范围	1.0.2　本规范适用于城市规划中的工程管线综合规划和工程管线综合专项规划。

内容	说　明
管线综合规划基本要求	3.0.1　城市工程管线综合规划的主要内容应包括：协调各工程管线布局；确定工程管线的敷设方式；确定工程管线敷设的排列顺序和位置；确定相邻工程管线的水平间距、交叉工程管线的垂直间距；确定地下敷设的工程管线控制高程和覆土深度等。 　3.0.6　区域工程管线应避开城市建成区，且应与城市空间布局和交通廊道相协调，在城市用地规划中控制管线廊道。
地下敷设	4.1.3　工程管线在道路下面的规划位置宜相对固定，分支线少、埋深大、检修周期短和损坏时对建筑物基础安全有影响的工程管线应远离建筑物。工程管线从道路红线向道路中心线方向平行布置的次序宜为：电力、通信、给水（配水）、燃气（配气）、热力、燃气（输气）、给水（输水）、再生水、污水、雨水。 　4.1.4　工程管线在庭院内由建筑线向外方向平行布置的顺序，应根据工程管线的性质和埋设深度确定，其布置次序宜为：电力、通信、污水、雨水、给水、燃气、热力、再生水。 　4.1.5　沿城市道路规划的工程管线应与道路中心线平行，其主干线应靠近分支管线多的一侧。工程管线不宜从道路一侧转到另一侧。 　道路红线宽度超过40m的城市干道宜两侧布置配水、配气、通信、电力和排水管线。 　4.1.8　河底敷设的工程管线应选择在稳定河段，管线高程应按不妨碍河道的整治和管线安全的原则确定，并应符合下列规定： 　①在Ⅰ级～Ⅴ级航道下面敷设，其顶部高程应在远期规划航道底标高2.0m以下； 　②在Ⅵ级、Ⅶ级航道下面敷设，其顶部高程应在远期规划航道底标高1.0m以下； 　③在其他河道下面敷设，其顶部高程应在河道底设计高程0.5m以下。
综合管廊	4.2.1　当遇下列情况之一时，工程管线宜采用综合管廊敷设： 　①交通流量大或地下管线密集的城市道路以及配合地铁、地下道路、城市地下综合体等工程建设地段； 　②高强度集中开发区域、重要的公共空间； 　③道路宽度难以满足直埋或架空敷设多种管线的路段； 　④道路与铁路或河流的交叉处或管线复杂的道路交叉口； 　⑤不宜开挖路面的地段。 　4.2.2　综合管廊内可敷设电力、通信、给水、热力、再生水、天然气、污水、雨水管线等城市工程管线。 　4.2.3　干线综合管廊宜设置在机动车道、道路绿化带下，支线综合管廊宜设置在绿化带、人行道或非机动车道下。综合管廊覆土深度应根据道路施工、行车荷载、其他地下管线、绿化种植以及设计冰冻深度等因素综合确定。

内容	说　明
架空敷设	5.0.5　架空电力线及通信线同杆架设应符合下列规定： ①　高压电力线可采用多回线同杆架设； ②　中、低压配电线可同杆架设； ③　高压与中、低压配电线同杆架设时，应进行绝缘配合的论证； ④　中、低压电力线与通信线同杆架设应采取绝缘、屏蔽等安全措施。 5.0.6　架空金属管线与架空输电线、电气化铁路的馈电线交叉时，应采取接地保护措施。

2018-096. 下列选项中属于市政管线工程规划主要内容的是(　　)。

A. 协调各工程管线布局

B. 确定工程管线的敷设方式

C. 确定管线管径大小设计

D. 确定工程管线敷设的排列顺序和位置

E. 确定交叉口周围用地性质

【答案】ABD

【解析】《城市工程管线综合规划规范》GB 50289－2016 的 3.0.1 条规定，城市工程管线综合规划的主要内容应包括：协调各工程管线布局；确定工程管线的敷设方式；确定工程管线敷设的排列顺序和位置，确定相邻工程管线的水平间距、交叉工程管线的垂直间距；确定地下敷设的工程管线控制高程和覆土深度等。故选 ABD。

2018-035. 下列选项中不适合综合管廊敷设条件的是(　　)。

A. 不宜开挖路面的地段　　　　　　B. 道路与铁路的交叉口

C. 管线复杂的道路交叉口　　　　　D. 地质条件复杂的道路交叉口

【答案】D

【解析】依据《城市工程管线综合规划规范》4.2.1 可知，选项 D 符合题意。

2018-032. 当城市道路红线宽度超过 40 米时，不宜在城市干道两侧布置的管线是(　　)。

A. 排水管线　　　　　　　　　　　B. 配水管线

C. 电力管线　　　　　　　　　　　D. 热力管线

【答案】D

【解析】由《城市工程管线综合规划规范》4.1.5 可知，沿城市道路规划的工程管线应与道路中心线平行，其主干线应靠近分支管线多的一侧，工程管线不宜从道路一侧转到另一侧。道路红线宽度超过 40m 的城市干道宜两侧布置配水、配气、通信、电力和排水管线。

2017-067、2012-052. 当城市干道红线宽度超过 30 米时，宜在城市干道两侧布置的管线是(　　)。

A. 排水管线　　　　　　　　　　　B. 给水管线

C. 电力管线   D. 热力管线

【答案】B

【解析】题目过时。新规范的规定为：4.1.5 沿城市道路规划的工程管线应与道路中心线平行，其主干线应靠近分支管线多的一侧，工程管线不宜从道路一侧转到另一侧。道路红线宽度超过 40m 的城市干道宜两侧布置配水、配气、通信、电力和排水管线。

2017-053、2014-060. 根据《城市工程管线综合规划规范》，下列关于综合管沟内敷设的叙述，不正确的是(   )。

A. 相互无干扰的工程管线可以设置在管沟的同一小室

B. 相互有干扰的工程管线应敷设在管沟的不同小室

C. 电信电缆管线与高压输电电缆管线必须分开设置

D. 综合管沟内不宜敷设热力管线

【答案】D

【解析】依据《城市工程管线综合规划规范》4.2.2 可知，选项 D 叙述不正确。此题选 D。

2017-050. 根据《城市工程管线综合规划规范》，下列有关城市工程管线下敷设的叙述中，不正确的是(   )。

A. 在严寒地区应根据土壤冰冻深度确定给排水管线覆土深度

B. 应根据土壤性质和地面承受荷载的大小确定热力管线的覆土深度

C. 当工程管线交叉敷设时，供水管线宜让雨水排水管线

D. 各种管线应在垂直方向上重叠直埋敷设

【答案】D

【解析】由《城市工程管线综合规划规范》4.1.6 可知，各种工程管线不应在垂直方向上重叠敷设。

2014-091. 严寒或寒冷地区以外地区的工程管线应该根据(   )确定覆土深度。

A. 土壤冰冻深度   B. 土壤性质

C. 地面承受荷载大小   D. 建筑气候区划

E. 管线敷设位置

【答案】BC

【解析】由《城市工程管线综合规划规范》GB 50289－2016 4.1.1 可知，严寒或寒冷地区给水、排水、再生水、直埋电力及湿燃气等工程管线应根据土壤冰冻深度确定管线覆土深度；非直埋电力、通信、热力及干燃气等工程管线以及严寒或寒冷地区以外地区的工程管线应根据土壤性质和地面承受荷载的大小确定管线的覆土深度。

2013-064. 根据《城市工程管线综合规划规范》，工程管线干线综合管沟应敷设在(   )下面。

A. 机动车道   B. 非机动车道

C. 人行道   D. 绿化隔离带

【答案】A

【解析】依据《城市工程管线综合规划规范》4.2.3可知，选项A正确。

2012-058. 城市工程管线的布置，从道路红线向道路中心线方向平行布置最适宜的次序是( )。

    A. 热力干线、燃气输气、电力电缆、电信电缆、给水输水、雨水排水、污水排水

    B. 给水输水、雨水排水、污水排水、电力电缆、电信电缆、热力干线、燃气输气

    C. 电力电缆、电信电缆、热力干线、燃气输气、给水输水、雨水排水、污水排水

    D. 热力干线、热气输气、给水输水、雨水排水、污水排水、电力电缆、电信电缆

【答案】C

【解析】依据《城市工程管线综合规划规范》4.1.3可知，选项C正确。

2009-089. 市政管线中( )可以布置在快车道下。

    A. 电力电缆   B. 配水管

    C. 输气管   D. 雨水干管

    E. 污水干管

【答案】AC

【解析】污水干管一般沿城市道路布置，不宜设在交通繁忙的快车道和狭窄的街道下，也不宜设在无道路的空地上，而通常设在污水量较大或地下管线较少的一侧的人行道、绿化带或慢车道下。雨水管道一般布置在慢车道下，不宜布置在快车道下，以免积水影响交通；如道路宽大于40m时，可考虑在道路两侧分别设置雨水管道。配水管宜避开城市交通主干道，以免维修时影响交通。

2009-064. 根据《城市工程管线综合规划规范》的规定，当( )可在建筑物两侧中任一侧引入均满足要求时，该管线应布置在管线较少的一侧。

    A. 电力管线   B. 污水排水管线

    C. 燃气管线   D. 热力管线

【答案】C

【解析】规范更新，新规范已无此规定。

六、《城市给水工程规划规范》GB 50282－2016

相关真题：2018-099、2013-028、2009-054

《城市给水工程规划规范》   表 5-2-8

内容	说　明
出台背景	为了在城市给水工程规划中贯彻执行《城市规划法》《水法》《环境保护法》，提高城市给水工程规划编制质量，1988年8月建设部组织编制并发布《城市给水工程规划规范》，已于1999年2月1日起施行，现更新为GB 50282－2016，自2017年4月1日起实施。
适用范围	1.0.2　本规范适用于城市总体规划、控制性详细规划和给水工程专项规划。

内容	说　　明
规划基本要求	3.0.1　城市给水工程规划的主要内容应包括：预测城市用水量，进行城市水资源与城市用水量之间的供需平衡分析，选择给水水源和水源地，确定给水系统布局，明确主要给水工程设施的规模、位置及用地控制，设置应急水源和备用水源，提出水源保护、节约用水和安全保障等措施。 3.0.4　城市给水工程规划的阶段与期限应与城市规划的阶段与期限相一致。 3.0.5　城市给水工程规划应近、远期结合，并应适应城市远景发展的需要。 3.0.6　城市给水工程规划范围应与相应的城市规划范围一致。 3.0.7　当城市给水工程规划中的水源地位于城市规划区以外时，水源地和输水管道应纳入城市给水工程规划范围；当输水管道途经的城镇需由同一水源供水时，应对取水和输水工程规模进行统一规划。
城市水资源及城市用水量	4.0.3　用水量指标应根据城市的地理位置、水资源状况、城市性质和规模、产业结构、国民经济发展和居民生活水平、工业用水重复利用率等因素，在一定时期用水量和现状用水量调查基础上，结合节水要求，综合分析确定。 5.1.2　在城市水资源的供需平衡分析时，应提出保持水资源平衡的对策及保护水资源的措施，合理确定城市规模及产业结构。常规水资源不足的城市应限制高耗水产业，提出利用非常规水资源的措施。
给水范围和规模、水源、水厂	① 城市给水工程规划范围应和城市总体规划范围一致。给水规模应根据城市给水工程统一供给的**城市最高日用水量**确定。 ② 选择城市给水水源，应以水资源勘察或分析研究报告和区域、流域水资源规划及城市供水水源开发利用规划为依据，并应满足规划区城市用水量和水质等方面的要求。水资源不足的城市宜以城市污水再生处理后用作工业用水、生活杂用水及河湖环境用水、农业灌溉用水等，其水质应符合相应标准的规定。水源地应设有水量、水质有保证和易于实施水源环境保护的地段。 ③ 城市给水系统应满足城市的水量、水质、水压及城市消防、安全给水的要求，并应按城市地形、规划布局、技术经济等因素经济综合评价后确定。市区的配水管网应布置成**环状**。 7.0.1　地表水水厂的位置应根据给水系统的布局确定。应选择在不受洪水威胁、有良好的工程地质条件、供电安全可靠、交通便捷和水厂生产废水处置方便的地方。 7.0.2　地下水水厂的位置应根据水源地的地点和取水方式确定，选择在取水构筑物附近。

2018-099. 《城市给水工程规划规范》中，符合"给水系统安全性"说法的是(　　　　)。

A. 工程设施不应设置在不良地质地区

B. 地表水取水构筑物应设置在河岸及河床稳定的地段

C. 工程设施的防洪排涝等级应不低于所在城市设防的相应等级

D. 市区的配水管网应布置成环状

E. 供水工程主要工程设施供电等级应为二级负荷

【答案】ABCD

【解析】据《城市给水工程规划规范》6.2.1条，城市给水系统中的工程设施不应设置在易发生滑坡、泥石流、塌陷等不良地质地区，洪水淹没及低洼内涝地区。地表水取水构筑物应设置在河岸及河床稳定的地段。工程设施的防洪及排涝等级不应低于所在城市设防的相应等级。ABC选项正确。

6.2.3条规定，配水管网应布置成环状。D选项正确。

6.2.6条规定，城市给水系统主要工程设施供电等级应为一级负荷。E选项错误。故选ABCD。

2013-028. 根据《城市给水工程规划规范》，城市有地形可供利用时，宜采用(　　)系统。

A. 重力输配水　　　　　　　　　　B. 分区给水

C. 分质给水　　　　　　　　　　　D. 分压给水

【答案】A

【解析】由《城市给水工程规划规范》6.1.7可知，有地形可供利用的城市，宜采用重力输配水系统。

2009-054. 下列关于生活饮用水水质标准的说法中，不符合《城市给水工程规划规范》规定的是(　　)。

A. 根据城市供水规模，生活饮用水可以采用不同的水质指标

B. 我国城市生活饮用水水质标准宜符合国际先进水平

C. 最高日供水量超过50万立方米不到100万立方米的城市生活饮用水水质标准宜符合国际水平

D. 最高日供水量超过100万立方米的大城市的生活饮用水水质标准宜符合国际先进水平

【答案】B

【解析】题目过时，新规范《城市给水工程规划规范》3.0.2规定：城市给水工程规划中的生活饮用水水质应符合现行国家标准《生活饮用水卫生标准》GB 5749的规定，其他类别用水水质应符合国家现行相应水质标准的规定。

七、《城市排水工程规划规范》GB 50318-2017

相关真题：2017-093、2013-097、2010-096、2009-063

《城市排水工程规划规范》　　　　　　　　　　　　　　　　　　表5-2-9

内容	说　明
出台背景	为了在城市排水工程规划中贯彻执行国家有关法规和技术经济政策，提高城市排水工程规划的编制质量，2000年12月，建设部发布了《城市排水工程规划规范》，自2001年6月1日起施行，现更新为GB 50318-2017，自2017年7月1日起实施。
适用范围	1.0.2　本规范适用于城市规划的排水工程规划和城市排水工程专项规划的编制。

内容	说　明
主要内容	**内容** 　3.1.1　城市排水工程规划的主要内容应包括：确定规划目标与原则，划定城市排水规划范围，确定排水体制、排水分区和排水系统布局，预测城市排水量，确定排水设施的规模与用地、雨水滞蓄空间用地、初期雨水与污水处理程度、污水再生利用和污水处理厂污泥的处理处置要求。 **排水范围** 　3.2.1　城市排水工程规划范围，应与相应层次的城市规划范围一致。 　3.2.2　城市雨水系统的服务范围，除规划范围外，还应包括其上游汇流区域。 　3.2.3　城市污水系统的服务范围，除规划范围外，还应兼顾距离污水处理厂较近、地形地势允许的相邻地区，包括乡村或独立居民点。 **排水体制** 　3.3.1　城市排水体制应根据城市环境保护要求、当地自然条件（地理位置、地形及气候）、受纳水体条件和原有排水设施情况，经综合分析比较后确定。同一城市的不同地区可采用不同的排水体制。 　3.3.2　除干旱地区外，城市新建地区和旧城改造地区的排水系统应采用分流制；不具备改造条件的合流制地区可采用截流式合流制排水体制。 **污水量** 　4.2.1　城市污水量应包括城市综合生活污水量和工业废水量。地下水位较高的地区，污水量还应计入地下水渗入量。 　4.2.2　城市污水量可根据城市用水量和城市污水排放系数确定。 **雨水量** 　5.2.1　城市总体规划应按气候分区、水文特征、地质条件等，确定径流总量控制目标；专项规划应将城市的径流总量控制目标进行分解和落实。 　5.2.2　采用数学模型法计算雨水设计流量时，宜采用当地设计暴雨雨型。设计降雨历时应根据本地降雨特征、雨水系统的汇水面积、汇流时间等因素综合确定，其中雨水排放系统宜采用短历时降雨，防涝系统宜采用不同历时的降雨。 **污水处理厂选址** 　4.4.2　城市污水处理厂选址，宜根据下列因素综合确定： ①便于污水再生利用，并符合供水水源防护要求； ②城市夏季最小频率风向的上风侧； ③与城市居住及公共服务设施用地保持必要的卫生防护距离； ④工程地质及防洪排涝条件良好的地区； ⑤有扩建的可能。

2017-093. 城镇污水处理厂位置的选址宜符合一定的条件，下列要求中不正确的是（　　）。

A. 在城市水源的下游并符合对水系的防护要求

B. 在城市冬季最小频率风向的上风向

C. 应有方便的交通、运输和水电条件

D. 与城市工业区保持一定的卫生防护距离

E. 靠近污水、污泥的排放和利用地段

【答案】BD

【解析】依据《城市排水工程规划规范》第 4.4.2 条可知，选项 BD 正确。

2013-097. 城市雨水量的计算参数，包括(　　)。

    A. 暴雨强度   B. 径流系数

    C. 频率系数   D. 汇水面积

    E. 重现期

【答案】ABD

【解析】依据《城市排水工程规划规范》第 5.2.6 条可知，选项 ABD 正确。

2010-096. 采用污水排放系数方法计算城市污水量时，工业污水排放系数计算中不包括下列哪些工业类型?(　　)

    A. 天然气开采业   B. 钢铁生产业

    C. 电力蒸汽热水产供业   D. 铁矿采选业

    E. 石油化学工业

【答案】ACDE

【解析】由《城市排水工程规划规范》4.2.3 可知，城市工业废水排放系数不含石油和天然气开采业、煤炭开采和洗选业、其他采矿业以及电力、热力生产和供应业废水排放系数，其数据应按厂、矿区的气候、水文地质条件和废水利用、排放方式等因素确定。

2009-063. 城市污水处理般应达到(　　)的标准。

    A. 一级生化处理   B. 二级生化处理

    C. 一级物理化学处理   D. 二级物理一级化学处理

【答案】B

【解析】新规范对此问题的规定为：4.4.5 排入城市污水管渠的污水水质应符合现行国家标准《污水排入城镇下水道水质标准》GB/T 31962 的要求。4.4.6 城市污水的处理程度应根据进厂污水的水质、水量和处理后污水的出路（利用或排放）及受纳水体的水环境容量确定。污水处理厂的出水水质应执行现行国家标准《城镇污水处理厂污染物排放标准》GB 18918，并满足当地水环境功能区划对受纳水体环境质量的控制要求。

八、《城市电力规划规范》GB/T 50293-2014

相关真题：2017-051、2009-055

《城市电力规划规范》   表 5-2-10

内容	说　明
出台背景	为了使城市电力规划编制工作更好地贯彻执行国家城市规划、电力能源的有关法规和方针政策，提高城市电力规划的科学性、经济性和合理性，确保规划编制质量，1999 年 6 月建设部组织编制并发布了《城市电力规划规范》，于 1999 年 10 月 1 日起施行，现更新为 GB/T 50293-2014，自 2015 年 5 月 1 日起实施。

内容	说　明
适用范围	1.0.2　本规范适用于城市规划的电力规划编制工作。
规划基本要求	3.0.1　城市电力规划应符合地区电力系统规划总体要求，并应与城市总体规划相协调。 3.0.2　城市电力规划编制阶段、期限和范围应与城市规划相一致。 3.0.3　城市电力规划应根据所在城市的性质、规模、国民经济、社会发展、地区能源资源分布、能源结构和电力供应现状等条件，结合所在地区电力发展规划及其重大电力设施工程项目近期建设进度安排，由城市规划、电力部门通过协商进行编制。 3.0.5　规划新建的各类电力设施运行噪声及废水、废气、废渣三废排放对周围环境的干扰和影响，应符合国家环境保护方面法律、法规的有关规定。 3.0.6　城市电力规划编制过程中，应与道路交通、绿化、供水、排水、供热、燃气、通信等规划相协调，统筹安排，空间共享，妥善处理相互间影响和矛盾。
城市用电负荷	4.1.1　城市用电负荷按城市建设用地性质分类，应与现行国家标准《城市用地分类与规划建设用地标准》GB 50137 所规定的城市建设用地分类相一致。城市用电负荷按产业和生活用电性质分类，可分为第一产业用电、第二产业用电、第三产业用电、城乡居民生活用电。 4.1.2　城市用电负荷按城市负荷分布特点，可分为一般负荷（均布负荷）和点负荷两类。
城市供电电源、电网和供电设施	**城市供电电源** 5.1.1　城市供电电源可分为城市发电厂和接受市域外电力系统电能的电源变电站。 5.1.2　城市供电电源的选择，应综合研究所在地区的能源资源状况、环境条件和可开发利用条件，进行统筹规划，经济合理地确定城市供电电源。 **城市电网** 6.1.1　城市电网规划应分层分区，各分层分区应有明确的供电范围，并应避免重叠、交错。 6.1.2　城市电网应与城市电网同步规划，城市电网应根据地区发展规划和地区负荷密度，规划电源和走廊用地。 6.1.3　城市电网规划应满足结构合理、安全可靠、经济运行的要求，各级电网的接线宜标准化，并应保证电能质量，满足城市用电需求。 **城市供电设施** 7.1.1　规划新建或改建的城市供电设施的建设标准、结构选型，应与城市现代化建设整体水平相适应。 7.1.2　设备选型应安全可靠、经济实用、兼顾差异，应用通用设备，选择技术成熟、节能环保和抗震性能好的产品，并应符合国家有关标准的规定。

2017-051. 根据《城市电力规划规范》，在大、中城市的繁华商务区规划新建的变电所，宜采用(　　)结构。

    A. 全户外式　　　　　　　　　　　B. 箱体式

    C. 附属式　　　　　　　　　　　　D. 小型户内式

【答案】D

【解析】由《城市电力规划规范》7.2.6可知，规划新建城市变电站的结构形式选择，宜符合下列规定：

    ① 在市区边缘或郊区，可采用布置紧凑、占地较少的全户外式或半户外式；

    ② 在市区内宜采用全户内式或半户外式；

    ③ 在市中心地区可在充分论证的前提下结合绿地或广场建设全地下式或半地下式；

    ④ 在大、中城市的超高层公共建筑群、中心商务区及繁华、金融商贸街区，宜采用小型户内式；可建设附建式或地下变电站。

2009-055. 城市总体规划编制阶段的用电负荷预测内容，不应当包括(　　)。

    A. 全市及规划区最大负荷　　　　　B. 全市及规划区规划年用电总量

    C. 市区及各分区规划负荷密度　　　D. 分区规划年用电量

【答案】D

【解析】由《城市电力规划规范》4.2.1可知，城市总体规划阶段的电力规划负荷预测宜包括下列内容：

    ① 市域及中心城区规划最大负荷；

    ② 市域及中心城区规划年总用电量；

    ③ 中心城区规划负荷密度。

九、《城市环境卫生设施规划标准》GB/T 50337－2018

相关真题：2018-039、2018-036、2017-060、2014-062、2012-059、2011-095、2011-070、2010-047、2009-061

《城市环境卫生设施规划标准》　　　　　　　　　　表 5-2-11

内容	说　明
出台背景	为了在城市环境卫生设施规划中贯彻执行国家城市规划、环境保护的有关法规和技术政策，提高城市环境卫生设施规划编制质量，满足城市环境卫生设施建设的需要，落实城市环境卫生设施规划用地，保持与城市协调发展，2003 年 9 月建设部组织编制并发布了《城市环境卫生设施规划规范》，于 2003 年 12 月 1 日起施行，现更新为《城市环境卫生设施规划标准》GB/T 50337－2018，自 2019 年 4 月 1 日起实施。原国家标准《城市环境卫生设施规划规范》GB 50337－2003 同时废止。
适用范围	1.0.2　本标准适用于各层次城市规划中环境卫生设施规划的编制，以及区域重大环境卫生设施布局。

内容	说　明
基本要求	2.0.1　城市环境卫生设施规划应结合当地社会经济、城市建设和城市管理的实际情况及发展需求，合理确定环境卫生设施体系。 2.0.2　城市环境卫生设施规划应满足城市生活垃圾分类收集、分类转运、分类处理处置的要求，重大环境卫生设施规划宜按照"区域共享、城乡统筹"的原则，进行科学配置。 2.0.3　在城市总体规划中应确定环境卫生设施体系，预测生活垃圾产量，确定生活垃圾收集、转运、处理和处置方式，选择相应的环境卫生设施，提出其设置原则、类型、标准，明确主要环境卫生设施的数量、规模、布局和防护要求。 城市环境卫生设施专项规划除满足上述要求外，还应明确各类环境卫生设施的等级、数量和用地面积等，提出工艺、技术、建设等要求，同时应确定生活垃圾运输通道，并规划环境卫生应急系统。规划期限和范围应与城市总体规划相衔接。 在详细规划中应在落实总体规划和专项规划相关要求的基础上，确定各项环境卫生设施的数量、具体位置、规模、用地界线等，并划定防护绿带或明确具体防护要求。 2.0.4　城市环境卫生设施设置应满足城市用地布局、环境保护、市容景观、公共安全等要求。 2.0.5　环境卫生设施应集约建设。环境卫生处理及处置设施宜集中布局，条件允许时可形成综合处理园区；其他环境卫生设施在满足卫生及防疫要求的条件下，可结合城市其他建设项目设置。
主要内容	**环境卫生收集设施** 4.1.1　环境卫生收集设施一般包括生活垃圾收集点、生活垃圾收集站、废物箱、水域保洁及垃圾收集设施。 4.1.2　环境卫生收集设施应满足生活垃圾的分类收集要求，生活垃圾分类收集方式应与分类处理方式相适应。 4.1.3　环境卫生收集设施位置宜相对固定，且不影响城市卫生和景观环境。 **环境卫生转运设施** 5.1.1　环境卫生转运设施一般包括生活垃圾转运站和垃圾转运码头、粪便码头。 5.1.2　环境卫生转运设施宜布局在服务区域内并靠近生活垃圾产量多且交通运输方便的场所，不宜在公共设施集中区域和靠近人流、车流集中区段。环境卫生转运设施的布置应满足作业要求并与周边环境协调，便于垃圾分类收运、回收利用。 **环境卫生处理及处置设施** 6.1.1　城市环境卫生处理及处置设施一般包括：生活垃圾焚烧厂、生活垃圾卫生填埋场、生活垃圾堆肥处理设施、餐厨垃圾处理设施、建筑垃圾处理设施、粪便处理设施、其他固体废弃物处理厂（处置场）等。 6.1.2　应综合研究所在地区的实际情况，统筹规划、经济合理地确定各类垃圾的处理、处置方式，并根据处理处置方式规划环境卫生处理处置设施。 6.1.3　环境卫生处理及处置设施应设置在交通运输及市政配套方便，并对周边居民影响较小的地区。在提高工艺水平，并满足环境影响评价的前提下，可适当压缩本标准确定的防护距离。 **其他环境卫生设施** 包括公共厕所、环境卫生车辆停车场、洒水（冲洗）车供水器、环卫工人作息场所。

2018-039. 《城市环境卫生设施规划规范》对公共厕所的设置有明确的要求，下列选项中不正确的是( )。

    A. 公共厕所应设置在人流较多的道路沿线

    B. 独立式公共厕所与相邻建筑物间宜设置不小于3m宽的绿化隔离带

    C. 城市绿地内不应设置公共厕所

    D. 附属式公共厕所不应影响主体建筑的功能

【答案】C

【解析】由《城市环境卫生设施规划标准》7.1.3可知，公共厕所设置应符合下列要求：

①设置在人流较多的道路沿线、大型公共建筑及公共活动场所附近；

②公共厕所应以附属式公共厕所为主，独立式公共厕所为辅，移动式公共厕所为补充；

③附属式公共厕所不应影响主体建筑的功能，宜在地面层临道路设置，并单独设置出入口；

④公共厕所宜与其他环境卫生设施合建；

⑤在满足环境及景观要求的条件下，城市公园绿地内可以设置公共厕所。

2018-036. 根据《城市环境卫生设施规划规范》，生活垃圾卫生填埋场距大、中城市规划建成区应大于( )。

    A. 3km   B. 5km

    C. 8km   D. 10km

【答案】B

【解析】《城市环境卫生设施规划标准》6.3.2规定，综合考虑协调城市发展空间、选址的经济性和环境要求，新建生活垃圾卫生填埋场不应位于城市主导发展方向上，且用地边界距20万人口以上城市的规划建成区不宜小于5km，距20万人口以下城市的规划建成区不宜小于2km。

2017-060、2012-059. 城市公共厕所的设置应符合《城市环境卫生设施规划规范》的要求，下列叙述中不符合规定的是( )。

    A. 在满足环境及景观要求条件下，城市绿地内可以设置公共厕所

    B. 一般公共设施用地公厕的配建密度高于居住用地

    C. 公共厕所宜与其他环境卫生设施合建

    D. 小城市公共厕所的设置宜采用公共厕所设置标准的下限

【答案】D

【解析】由《城市环境卫生设施规划标准》7.1.3可知公共厕所设置应符合下列要求：公共厕所宜与其他环境卫生设施合建；在满足环境及景观要求的条件下，城市公园绿地内可以设置公共厕所。

    由标准中表7.1.4可知，选项B是正确的，因而此题选D。

2014-062. 根据《城市环境卫生设施规划规范》，下列设施中，不属于环境卫生公共设施的是( )。

A. 公共厕所   B. 生活垃圾收集点

C. 生活垃圾转运站   D. 废物箱

【答案】C

【解析】《城市环境卫生设施规划标准》无环境卫生公共设施的规定，只有环境卫生设施的规定，包括环境卫生收集设施、环境卫生转运设施、环境卫生处理及处置设施、环境卫生其他设施。

2011-095. 下列表述中符合《城市环境卫生设施规划规范》的是(   )。

    A. 公共厕所应设置在人流较多的道路沿线

    B. 独立式公共厕所与相邻建筑物建议设置不小于 5 米宽的绿化隔离带

    C. 城市绿地内不应设置公共厕所

    D. 公共厕所宜与其他环境卫生设施合建

    E. 附属式公共厕所不应影响主体建筑的功能

【答案】ADE

【解析】解析同 2018-039。

2011-070. 城市生活垃圾处理的方法中不包括(   )。

    A. 填埋   B. 焚烧

    C. 堆肥   D. 消化

【答案】D

【解析】由《城市环境卫生设施规划标准》6.1.1 可知，城市环境卫生处理及处置设施一般包括：生活垃圾焚烧厂、生活垃圾卫生填埋场、生活垃圾堆肥处理设施、餐厨垃圾处理设施、建筑垃圾处理设施、粪便处理设施、其他固体废弃物处理厂（处置场）等；由此可见，选项 D 符合题意。

2010-047. 《城市环境卫生设施规划规范》规定，生活垃圾卫生填埋场距大、中城市规划建成区的距离应大于(   )千米。

    A. 10   B. 8

    C. 5   D. 4

【答案】C

【解析】解析同 2018-036。

2009-061. 下列关于城市独立式公共厕所建设地点的说法中，符合《城市环境卫生设施规划》规范，要求的是(   )。

    A. 不应设在人流较多的道路沿线，以免影响城市景观

    B. 不应与其他环境卫生设施合建，以免相互影响

    C. 不应设置在城市绿地中，以免影响环境

    D. 与相邻建筑之间宜设置不小于 3 米宽的绿化隔离带

【答案】无

【解析】解析同 2011-095。

十、《风景名胜区规划规范》GB 50298-2018

相关真题：2010-059

《风景名胜区规划规范》GB 50298-2018　　　　　　　　　表 5-2-12

内容	说　　明
出台背景	为了适应风景名胜区保护、利用、管理、发展的需要，优化风景区用地布局，全面发挥风景的功能和作用，提高风景区的规划设计水平和规范化程度，1999 年 11 月建设部发布了《风景名胜区规划规范》，自 2000 年 1 月 1 日起实施。现更新为《风景名胜区总体规划标准》GB/T 50298-2018。
适用范围	1.0.2　本标准适用于我国风景区的总体规划。
定义与类型	2.0.2　风景名胜区总体规划：为保护培育、合理利用和经营管理好风景区，发挥其综合功能作用、促进风景区科学发展所进行的统筹部署和具体安排。经相应的人民政府审查批准后的风景区总体规划，是统一管理风景区的基本依据，具有法定效力，必须严格执行。 3.0.1　风景名胜区按用地规模可分为小型风景区（20km² 以下）、中型风景区（21～100km²）、大型风景区（101～500km²）、特大型风景区（500km² 以上）。
规划阶段	风景区名胜规划应分为**总体规划**、**详细规划**两个阶段进行。
主要内容	① **现状分析**：3.0.4 现状分析结果应明确提出风景区发展的优势与动力、矛盾与制约因素、规划对策与规划重点三方面内容。 ② **风景资源评价**：3.1.1 风景名胜资源评价应包括：景源分类筛选、景源等级评价、评价指标与分级标准、综合价值评价、评价结论等内容。 ③ **分级**：3.1.6 风景名胜资源分级标准，应符合下列规定： 景源评价分级应分为五级：特级、一级、二级、三级、四级。 ④ **规划范围**：3.2.1 确定风景区范围及其外围保护地带，符合下列基本原则：应确保景源特征与生态环境的完整性；应保持历史文化与社会发展的连续性；应满足地域单元的相对独立性；应有利于保护、利用、管理的必要性与可行性。 ⑤ **分区**：3.2.5 功能分区规划应包括：明确具体对象与功能特征，划定功能区范围，确定管理原则和措施。功能分区应划分为特别保存区、风景游览区、风景恢复区、发展控制区、旅游服务区等。 ⑥ **容量、人口**：3.3.3 风景区总人口容量应包括外来游人、服务人口、当地居民三类人口容量，并应符合下列规定： 当风景区的居住人口密度超过 50 人/km² 时，宜测定用地的居民容量； 当风景区的居住人口密度超过 100 人/km² 时，必须测定用地的居民容量； 居民容量应根据淡水、用地、相关设施、生态环境等要素的容量分析确定。 ⑦ 3.3.1 风景区游人容量应根据该地区的生态允许标准、功能技术标准、游览心理等因素进行计算以及采取多种方法校核后综合确定。 游人容量应由一次性游人容量、日游人容量、年游人容量三个层次表示。
专项规划	包括保护培育规划、游赏规划、设施规划、居民社会调控与经济发展引导规划、土地利用协调规划、分期发展规划等。

2010-059. 风景区构景的基本单元是(　　　)。

A. 景物 　　　　　　　　　　　　　B. 景观

C. 景点 　　　　　　　　　　　　　D. 景群

【答案】A

【解析】由《风景名胜区规划规范》2.0.4 可知，景物指具有独立欣赏价值的风景素材个体，是风景区构景的基本单元。

十一、《历史文化名城保护规划规范》GB/T 50357-2018

相关真题：2018-070、2017-066、2017-065、2013-055、2012-092、2012-090、2012-069、2012-065、2011-068、2011-049、2010-056、2010-055、2009-075、2009-056

《历史文化名城保护规划规范》　　　　　　　　　　表 5-2-13

内容	说　明
出台背景	为了确保我国历史文化遗产得到切实的保护，使历史文化遗产的保护规划及其实施管理工作科学、合理、有效进行，2005 年 7 月，建设部发布了《历史文化名城保护规划规范》，自 2005 年 10 月 1 日起施行。现改为《历史文化名城保护规划标准》，为国家标准，编号为 GB/T 50357-2018，自 2019 年 4 月 1 日起实施。原国家标准《历史文化名城保护规划规范》GB 50357-2005 同时废止。
适用范围	1.0.2　本标准适用于历史文化名城、历史文化街区、文物保护单位及历史建筑的保护规划，以及非历史文化名城的历史城区、历史地段、文物古迹等的保护规划。
基本原则	1.0.3　保护规划必须应保尽保，并应遵循下列原则： ① 保护历史真实载体的原则； ② 保护历史环境的原则； ③ 合理利用、永续发展的原则； ④ 统筹规划、建设、管理的原则。
主要内容	**历史文化名城** 　　3.1.1　历史文化名城保护应包括下列内容： ① 城址环境及与之相互依存的山川形胜； ② 历史城区的传统格局与历史风貌； ③ 历史文化街区和其他历史地段； ④ 需要保护的建筑，包括文物保护单位、历史建筑、已登记尚未核定公布为文物保护单位的不可移动文物、传统风貌建筑等； ⑤ 历史环境要素； ⑥ 非物质文化遗产以及优秀传统文化。 　　本规范对保护界线、格局与风貌、道路交通、市政工程、防灾和环境保护等作了具体规定。 **历史文化街区** 　　4.1.1　历史文化街区应具备下列条件： ① 应有比较完整的历史风貌； ② 构成历史风貌的历史建筑和历史环境要素应是历史存留的原物；

内容	说　明
主要内容	③ 历史文化街区核心保护范围面积不应小于 1hm²； ④ 历史文化街区核心保护范围内的文物保护单位、历史建筑、传统风貌建筑的总用地面积不应小于核心保护范围内建筑总用地面积的 60%； 本规范对保护界限、保护与整治、道路交通、市政工程、防灾和环境保护等作了具体规定。 **文物保护单位与历史建筑** 5.0.5　保护规划应对历史建筑保护范围内的各项建设活动提出管控要求，历史建筑保护范围内新建、扩建、改建的建筑，应在高度、体量、立面、材料、色彩、功能等方面与历史建筑相协调，并不得影响历史建筑风貌的展示。 5.0.6　历史建筑应保持和延续原有的使用功能；确需改变功能的，应保护和提示原有的历史文化特征，并不得危害历史建筑的安全。 5.0.7　保护规划应对历史建筑周边各类建设工程选址提出要求，应避开历史建筑；因特殊情况不能避开的，应实施原址保护，并提出必要的工程防护措施。

2018-070. 根据《历史文化名城保护规划规范》，下列有关历史城区道路交通的表述不正确的是(　　)。

A. 历史城区道路系统要保持或延续原有道路格局

B. 历史城区道路规划的密度指标可在国家标准规定的上限范围内选取

C. 历史城区道路宽度可在国家标准规定的上限内选取

D. 对富有特色的街巷，应保持原有的空间尺度

【答案】C

【解析】《历史文化名城保护规划规范》3.4.2 条规定，历史城区道路规划的密度指标可在国家标准规定的上限范围内选取，历史城区道路宽度可在国家标准规定的下限内选取。故选 C。

2017-066. 根据《历史文化名城保护规划规范》，在"建设控制地带"以外的环境协调区，其主要保护的是(　　)。

A. 建筑物的性质　　　　　　　　　B. 建筑物的高度

C. 原有道路格局　　　　　　　　　D. 自然地形地貌

【答案】无

【解析】题目过时，新规范已无环境协调区。

2017-065. 根据《历史文化名城保护规划规范》，历史文化街区内文物古迹和历史建筑的用地面积宜达到保护区内总建筑用地(　　)以上。

A. 25%　　　　　　　　　　　　　B. 35%

C. 50%　　　　　　　　　　　　　D. 60%

【答案】D

【解析】由《历史文化名城保护规划标准》第 4.1.1 条可知，历史文化街区应具备下列条件：

历史文化街区核心保护范围内的文物保护单位、历史建筑、传统风貌建筑的总用地面积不应小于核心保护范围内建筑总用地面积的60%。

2013-055. 《历史文化名城保护规划规范》对在历史城区内市政工程设施的设置做了明确规定。下列规定中不正确的是(　　)。

    A. 历史城区内不应保留污水处理厂　　　B. 历史城区内不应保留贮油设施

    C. 历史城区内不应保留水厂　　　D. 历史城区内不应保留燃气设施

【答案】C

【解析】由《历史文化名城保护规划标准》3.5.1可知，历史城区内应积极改善市政基础设施，与用地布局、道路交通组织等统筹协调，并应符合下列规定：

对现状已存在的大型市政设施，应进行统筹优化，提出调整措施；历史城区内不应保留污水处理厂、固体废弃物处理厂（场）、区域锅炉房、高压输气与输油管线和贮气与贮油设施等环境敏感型设施；不宜保留枢纽变电站、大中型垃圾转运站、高压配气调压站、通信枢纽局等设施。

2012-092. 根据《历史文化名城保护规划规范》历史文化街区应划定或可划定(　　)界限。

    A. 保护区　　　　　　　　　　B. 建设控制地带

    C. 文物古迹　　　　　　　　　D. 地下文物埋藏区

    E. 环境协调区

【答案】AB

【解析】由《历史文化名城保护规划规范》4.1.3可知，历史文化街区保护规划应达到详细规划深度要求。历史文化街区保护规划应对保护范围内的建筑物、构筑物提出分类保护与整治要求。对核心保护范围应提出建筑的高度、体量、风格、色彩、材质等具体控制要求和措施，并应保护历史风貌特征；建设控制地带应与核心保护范围的风貌协调，至少应提出建筑高度、体量、色彩等控制要求。由此可见，历史文化街区只分为核心保护范围及建设控制地带。

2012-090. 根据《历史文化名城保护规划规范》历史文化街区应当具备的条件是(　　)。

    A. 有比较完整的历史风貌

    B. 有比较丰富的地下文物埋藏

    C. 构成历史风貌的历史建筑和历史环境要素基本上是历史存留的原物

    D. 历史文化街区内文物古迹和历史建筑的用地面积宜达到保护区内建筑总用地面积的60%以上

    E. 历史文化街区用地面积不少于1hm²

【答案】ACDE

【解析】依据《历史文化名城保护规划规范》第4.1.1条可知，选项ACDE符合题意。

2012-069. 根据《历史文化名城保护规划规范》，下列有关历史城区道路交通叙述中不正确的是(　　)。

    A. 历史城区道路系统要保持或延续原有道路格局

B. 历史城区道路规划的密度指标可在国家标准规定的上限规范内选取

C. 历史城区道路规划的道路宽度可在国家规定的上限范围内选取

D. 对历史城区中富有特色的街巷，应保持原有的空间尺度

【答案】BC

【解析】由《历史文化名城保护规划标准》3.4.1可知，历史城区应保持或延续原有的道路格局，保护有价值的街巷系统，保持特色街巷的原有空间尺度和界面，新规范无选项B、C的规定。

2012-065. 《历史文化名城保护规划规范》中所称的历史环境要素，是指除文物古迹、历史建筑之外，构成历史风貌的(　　　)。

　　A. 房屋、地面设施、长廊、亭台等建筑物

　　B. 塔架、桥梁、涵洞、电杆等构筑物

　　C. 墙、石阶、铺地、驳岸、树木等景物

　　D. 山丘、水面、草原、沙漠等自然环境景观

【答案】C

【解析】由《历史文化名城保护规划标准》2.0.12可知，历史环境要素包括反映历史风貌的古井、围墙、石阶、铺地、驳岸、古树名木等。

2011-068. 根据《历史文化名城保护规划规范》，历史城区道路系统要保持或延续原有道路格局；对富有特色的街巷，应保持原有的(　　　)。

　　A. 道路等级　　　　　　　　　　B. 整体风貌

　　C. 空间尺度　　　　　　　　　　D. 文化传统

【答案】C

【解析】由《历史文化名城保护规划标准》第3.4.1条可知，历史城区应保持或延续原有的道路格局，保护有价值的街巷系统，保持特色街巷的原有空间尺度和界面。

2011-049. 根据《历史文化名城保护规划规范》，按照文物保护单位的保护方法进行保护的具有较高历史、科学和艺术价值的建（构）筑物称之为(　　　)。

　　A. 保护建筑　　　　　　　　　　B. 文化建筑

　　C. 历史建筑　　　　　　　　　　D. 文物建筑

【答案】A

【解析】按老规范《历史文化名城保护规划规范》2.0.12 保护建筑定义：具有较高历史、科学和艺术价值，规划认为应按文物保护单位方法进行保护的建（构）筑物。新规范已无此定义。

2010-056、2009-056. 《历史文化名城保护规划规范》规定，历史文化街区内(　　　)新设大型停车场和广场，以及高架道路、立交桥、高架轨道、客运货运枢纽、公交场站等交通设施。

　　A. 不宜　　　　　　　　　　　　B. 不应

　　C. 严禁　　　　　　　　　　　　D. 可以

【答案】B

【解析】题目过时。新规范《历史文化名城保护规划标准》相关条文包括，3.4.2 历史文化名城应通过完善综合交通体系，改善历史城区的交通条件。历史城区的交通组织应以疏导为主，应将通过性的交通干路、交通换乘设施、大型机动车停车场等安排在历史城区外围。3.4.4 历史城区应控制机动车停车位的供给，完善停车收费和管理制度，采取分散、多样化的停车布局方式，不宜增建大型机动车停车场。

2010-055. 下列历史文化街区应具备的条件中，哪项是错误的？（   ）

A. 有比较完整的历史风貌

B. 构成历史风貌的历史建筑和历史环境要素基本上是历史存留的原物

C. 历史文化街区面积不小于 $1hm^2$

D. 历史文化街区内文物古迹和历史建筑的用地面积宜达到保护区内建筑总用地的 50％以上

【答案】D

【解析】依据《历史文化名城保护规划规范》第 4.1.1 条可知，选项 D 是错误的。

2009-075. 历史城区的交通组织应以（   ）交通为主。

A. 疏解   B. 穿越

C. 转换   D. 静态

【答案】A

【解析】《历史文化名城保护规划标准》第 3.4.2 条：历史文化名城应通过完善综合交通体系，改善历史城区的交通条件。历史城区的交通组织应以疏导为主，应将通过性的交通干路、交通换乘设施、大型机动车停车场等安排在历史城区外围。

十二、《城乡建设用地竖向规划规范》CJJ 83-2016

相关真题：2018-057、2017-059、2011-066、2009-020

《城市用地竖向规划规范》   表 5-2-14

内容	说　　明
出台背景	1999 年 4 月，建设部发布了《城市用地竖向规划规范》，现更新为《城乡建设用地竖向规划规范》CJJ 83-2016，施行日期：2016 年 8 月 1 日。
适用范围	1.0.2　本规范适用于城市、镇、乡和村庄的规划建设用地竖向规划。
主要内容	3.0.2　城乡建设用地竖向规划应符合下列规定： ① 低影响开发的要求； ② 城乡道路、交通运输的技术要求和利用道路路面纵坡排除超标雨水的要求； ③ 各项工程建设场地及工程管线敷设的高程要求； ④ 建筑布置及景观塑造的要求； ⑤ 城市排水防涝、防洪以及安全保护、水土保持的要求； ⑥ 历史文化保护的要求； ⑦ 周边地区的竖向衔接要求。
规划地面形式	4.0.3　用地自然坡度小于 5％时，宜规划为平坡式；用地自然坡度大于 8％时，宜规划为台阶式；用地自然坡度为 5％～8％时，宜规划为混合式。

内容	说　明
城乡建设用地选择及用地布局	4.0.1　城乡建设用地选择及用地布局应充分考虑竖向规划的要求，并应符合下列规定： ① 城镇中心区用地应选择地质、排水防涝及防洪条件较好且相对平坦和完整的用地，其自然坡度宜小于 20%，规划坡度宜小于 15%； ② 居住用地宜选择向阳、通风条件好的用地，其自然坡度宜小于 25%，规划坡度宜小于 25%； ③ 工业、物流用地宜选择便于交通组织和生产工艺流程组织的用地，其自然坡度宜小于 15%，规划坡度宜小于 10%； ④ 超过 8m 的高填方区宜优先用作绿地、广场、运动场等开敞空间； ⑤ 应结合低影响开发的要求进行绿地、低洼地、滨河水系周边空间的生态保护、修复和竖向利用； ⑥ 乡村建设用地结合地形，因地制宜，在场地安全的前提下，可选择自然坡度大于 25% 的用地。
广场竖向规划	5.0.3　广场竖向规划除满足自身功能要求外，尚应与相邻道路和建筑物相协调。广场规划坡度宜为 0.3%～3%。地形困难时，可建成阶梯式广场。
地面排水	6.0.2　城乡建设用地竖向规划应符合下列规定： ① 满足地面排水的规划要求；地面自然排水坡度不宜小于 0.3%；小于 0.3% 时应采用多坡向或特殊措施排水； ② 除用于雨水调蓄的下凹式绿地和滞水区等之外，建设用地的规划高程宜比周边道路的最低路段的地面高程或地面雨水收集点高出 0.2m 以上，小于 0.2m 时应有排水安全保障措施或雨水滞蓄利用方案。

2018-057. 根据《城乡建设用地竖向规划规范》，城乡建设用地竖向规划应符合定的规定，下列选项中不正确的是(　　)。

A. 应满足各项工程建设场地及工程管线敷设的高程要求

B. 应满足城乡道路、交通运输的技术要求

C. 应满足城市防洪、防涝的要求

D. 应满足区域内土石方平衡的要求

【答案】D

【解析】《城乡建设用地竖向规划规范》CJJ 83—2016 3.0.2 条：城乡建设用地竖向规划应符合下列规定：①低影响开发的要求；②城乡道路、交通运输的技术要求和利用道路路面纵坡排除超标雨水的要求；③各项工程建设场地及工程管线敷设的高程要求；④建筑布置及景观塑造的要求；⑤城市排水防涝、防洪以及安全保护、水土保持的要求；⑥历史文化保护的要求；⑦周边地区的竖向衔接要求。

2017-059.《城市用地竖向规划规范》对城市主要建设用地适宜规划坡度作了规定，其中最大坡度可达 25% 的建设用地是(　　)。

A. 工业用地　　　　　　　　　　B. 铁路用地

C. 居住用地　　　　　　　　　　D. 公共设施用地

【答案】C

【解析】《城乡建设用地竖向规划规范》CJJ 83—2016 4.0.1条：城乡建设用地选择及用地布局应充分考虑竖向规划的要求，并应符合下列规定：

① 城镇中心区用地应选择地质、排水防涝及防洪条件较好且相对平坦和完整的用地，其自然坡度宜小于20%，规划坡度宜小于15%；

② 居住用地宜选择向阳、通风条件好的用地，其自然坡度宜小于25%，规划坡度宜小于25%；

③ 工业、物流用地宜选择便于交通组织和生产工艺流程组织的用地，其自然坡度宜小于15%，规划坡度宜小于10%；

④ 超过8m的高填方区宜优先用作绿地、广场、运动场等开敞空间；

⑤ 应结合低影响开发的要求进行绿地、低洼地、滨河水系周边空间的生态保护、修复和竖向利用；

⑥ 乡村建设用地宜结合地形，因地制宜，在场地安全的前提下，可选择自然坡度大于25%的用地。

2011-066. 根据《城市用地竖向规划规范》，下列表述中不正确的是( )。

A. 市中心区用地的自然坡度宜小于15%

B. 居住用地的自然坡度宜小于30%

C. 工业用地的自然坡度宜小于20%

D. 仓储用地的自然坡度宜小于15%

【答案】D

【解析】解析同2017-059。

2009-020. 某市距国家统一的高程系统水准点较远，就选用市内一水准面作为高程起算的基准面，这个水准面称为( )。

A. 相对水准面   B. 基准水准面

C. 假定水准面   D. 绝对水准面

【答案】C

【解析】如果在某一局部地区，距国家统一的高程系统水准点较远，也可选定任一水准面作为高程起算的基准面，这处水准面称为假定水准面，地面作一侧点与假定水准面的垂直距离称为相对高程或相对标高。

十三、《城镇老年人设施规划规范》GB 50437-2007

相关真题：2017-092、2013-090、2013-043、2013-037、2012-060、2011-069、2009-067

《城镇老年人设施规划规范》   表 5-2-15

内容	说　明
出台背景	为了适应我国人口结构老龄化，加强老年人设施的规划，为老年人提供安全、方便、舒适、卫生的生活环境，满足老年人日益增长的物质与精神文化需要，2007年10月建设部颁布了《城镇老年人设施规划规范》，自2008年6月1日起施行，该规划局部修订的条文自2019年5月1日起实施。

内容	说　明
适用范围	1.0.2　本规范适用于城镇老年人设施的新建、扩建或改建的规划。
基本原则	1.0.3　老年人设施的规划，应符合下列要求： ① 符合城镇总体规划及其他相关规划的要求； ② 符合"统一规划、合理布局、因地制宜、综合开发、配套建设"的原则； ③ 符合老年人生理和心理的需求，并综合考虑日照、通风、防寒、采光、防灾及管理等要求； ④ 符合社会效益、环境效益和经济效益相结合的原则。
分级、规模和内容	3.1.1　老年活动中心、老年学校（大学）按服务范围分为市级、区级。老年学校（大学）宜结合市级、区级文化馆统筹建设。
布局与选址	4.1.1　老年人设施布局应符合当地老年人口的分布特点，并宜靠近居住人口集中的地区布局。 4.1.2　老年养护院、养老院用地宜独立设置。 4.1.4　建制镇老年人设施布局宜与镇区公共中心集中设置，统一安排，并宜靠近医疗设施与公共绿地。 4.2.1　老年人设施应选择在地形平坦、自然环境较好、阳光充足、通风良好的地段布置。 4.2.2　老年人设施应选择在具有良好基础设施条件的地段布置。 4.2.3　年设施应选择在交通便捷、方便可达的地段布置，但应避开对外公路、快速路及交通量大的交叉路口等地段。 4.2.4　老年人设施应远离污染源、噪声源及危险品的生产储运等用地。
场地规划	5.1.2　老年人设施的日照要求应满足相关标准的规定。 5.1.3　独立占地的老年人设施的建筑密度不宜大于30%，场地内建筑宜以多层为主。 5.2.1　老年人设施室外活动场地应平整防滑、排水畅通，坡度不应大于2.5%。 5.3.1　老年人设施场地范围内的绿地率：新建不应低于40%，扩建和改建不应低于35%。 5.3.2　集中绿地内可统筹设置少量老年人活动场地。

2017-092. 根据《城镇老年人设施规划规范》，居住区应配建属于老年人设施的是(　　　)。

A. 老年公寓　　　　　　　　　　　B. 养老院

C. 老年大学　　　　　　　　　　　D. 老年活动中心

E. 老年服务中心

【答案】BCE

【解析】新规范无规定。

2013-090. 为适应老龄化社会发展的需要，老年人设施应选择在(　　　)的地段布置。

A. 地形平坦、自然环境较好、阳光充足、通风良好

B. 对外公路、高速道路等交通便捷、方便可达的交叉路口

C. 具有良好基础设施条件

D. 靠近居住人口集中

E. 远离污染源、噪声源及危险品的生产储运

【答案】ACE

【解析】依据《城镇老年人设施规划规范》第 4.2.1、4.2.2、4.2.4 条可知，选项 ACE 符合题意。

2013-043. 根据《城镇老年人设施规划规范》，老年服务中心是指(   )。

A. 为老年人集中养老提供独立或半独立家居形式的居住建筑

B. 为接待老年人安度晚年而设置的社会养老服务机构

C. 为老年人提供各种综合性服务的社区服务机构和场所

D. 为短期接待老年人托管服务的社区养老服务场所

【答案】C

【解析】新规范已无此定义。

2013-037. 根据《城镇老年人设施规划规范》，下列符合场地规划规定的是(   )。

A. 老年人设施场地内建筑容积率不宜大于 1.0

B. 老年人设施场地坡度不应大于 5%

C. 老年人设施场地范围内的绿地率：新建不应低于 40%，扩建和改建不应低于 35%

D. 集中绿地面积应按每位老年人不低于 1m² 设置

【答案】C

【解析】由《城镇老年人设施规划规范》5.3.1 条可知，选项 C 正确。

2012-060. 根据城镇老年人设施规划规范，下列符合规定的是(   )。

A. 老年人设施场地范围内的绿化率：新建不应低于 35%，改建扩建不应低于 30%

B. 老年人设施场地坡度不应大于 3%

C. 老年人设施场地内步行道宽度不应小于 1.2 米

D. 新建小区老年活动中心的用地面积不应小于 250 平方米/处

【答案】B

【解析】规范更新，相应条款如下：

5.3.1 老年人设施场地范围内的绿地率：新建不应低于 40%，扩建和改建不应低于 35%；

5.2.1 老年人设施室外活动场地应平整防滑、排水畅通，坡度不应大于 2.5%。

对于老年人设施场地内步行道宽度及新建小区老年活动中心的用地面积已无规定。

2011-069. 《城镇老年人设施规划规范》所称老年人设施是指(   )。

A. 专为老年人服务的居住建筑和公共建筑

B. 专为老年人设立的城市公园和活动场所

C. 专为老年人方便就医的市级老年病医院

D. 专为老年人使用的城市专用道路

【答案】A

【解析】由《城镇老年人设施规划规范》2.0.1可知，老年人设施：是专为老年人服务的公共服务设施。

2009-067. 按照《城镇老年人设施规划规范》要求，老年人设施场地坡度应不大于(　　)。

A. 0.01　　　　　　　　　　　　B. 0.02

C. 0.03　　　　　　　　　　　　D. 0.04

【答案】无

【解析】规范更新，由《城镇老年人设施规划规范》5.2.1可知，老年人设施室外活动场地应平整防滑、排水畅通，坡度不应大于2.5%。

第六章　城乡规划相关法律、法规

内容	说　明
城乡规划相关法律法规	熟悉主要相关法律的内容
	了解其他相关法律的内容
	熟悉主要相关行政法规的内容
	了解其他相关行政法规的内容

第一节 相 关 法 律

一、《行政许可法》

相关真题：2014-099

《行政许可法》概述   表 6-1-1

内容	说　明
出台背景	为了规范行政许可的设定和实施，保护公民、法人和其他组织的合法权益，维护公共利益和社会秩序，保障和监督行政机关有效实施行政管理，2003 年 8 月 27 日第十届全国人民代表大会常务委员会第四次会议通过了《中华人民共和国行政许可法》。该法自 2004 年 7 月 1 日起施行。
定义	**第二条**　本法所称行政许可，是行政机关根据公民、法人或者其他组织的申请，经依法审查，准予其从事特定活动的行为。
适用范围	**第三条**　行政许可的设定和实施，适用本法。有关行政机关对其他机关或者对其直接管理的事业单位的人事、财务、外事等事项的审批，不适用本法。
设定和实施行政许可原则	**第五条**　设定和实施行政许可，应当遵循公开、公平、公正的原则。有关行政许可的规定应当公布；未经公布的，不得作为实施行政许可的依据。行政许可的实施和结果，除涉及国家秘密、商业秘密或者个人隐私的外，应当公开。符合法定条件、标准的，申请人有依法取得行政许可的平等权利，行政机关不得歧视。 **第六条**　实施行政许可，应当遵循便民的原则，提高办事效率，提供优质服务。
被许可人享有的四项权利（陈述权、申辩权、诉讼权、求偿权）	**第七条**　公民、法人或者其他组织对行政机关实施行政许可，享有陈述权、申辩权；有权依法申请行政复议或者提起行政诉讼；其合法权益因行政机关违法实施行政许可受到损害的，有权依法要求赔偿。
行政许可不得随意转让	**第九条**　依法取得的行政许可，除法律、法规规定依照法定条件和程序可以转让的外，不得转让。

2014-099. 根据《行政许可法》，设定和实施行政许可必须遵循的原则是（　　　）

A. 分级管理的原则　　　　　　　　　B. 权责统一的原则

C. 便民的原则　　　　　　　　　　　D. 自由裁量的原则

E. 公开、公平、公正的原则

【答案】CE

【解析】《行政许可法》第五条规定，设定和实施行政许可，应当遵循公开、公平、公正的原则，第六条规定，实施行政许可，应当遵循便民的原则，提高办事效率，提供优质服务。故选 CE。

相关真题：2018-084、2014-094、2014-007、2012-096

《行政许可法》的设定

表 6-1-2

内容	说　明
设定行政许可事项	**第十二条**　下列于城乡规划有关事项可以设定行政许可： ① 直接涉及国家安全、公共安全、经济宏观调控、生态环境保护以及直接关系人身健康、生命财产安全等特定活动，需要按照法定条件予以批准的事项。 ② 有限自然资源开发利用、公共资源配置以及直接关系公共利益的特定行业的市场准入等，需要赋予特定权利的事项。 ③ 提供公众服务并且直接关系公共利益的职业、行业，需要确定具备特殊信誉、特殊条件或者特殊技能等资格、资质的事项。
不设行政许可事项	**第十三条**　本法第十二条所列事项，通过下列方式能够予以规范的，可以不设行政许可： ① 公民、法人或者其他组织能够自主决定的。 ② 市场竞争机制能够有效调节的。 ③ 行业组织或者中介机构能够自律管理的。 ④ 行政机关采用事后监督等其他行政管理方式能够解决的。
设定行政许可权限	① **第十四条**　本法第十二条所列事项，法律可以设定行政许可。尚未制定法律的，行政法规可以设定行政许可。必要时，国务院可以采用发布决定的方式设定行政许可。实施后，除临时性行政许可事项外，国务院应当及时提请全国人民代表大会及其常务委员会制定法律，或者自行制定行政法规。 ② **第十五条**　本法第十二条所列事项，尚未制定法律、行政法规的，地方性法规可以设定行政许可；尚未制定法律、行政法规和地方性法规的，因行政管理的需要，确需立即实施行政许可的，省、自治区、直辖市人民政府规章可以设定临时性的行政许可。临时性的行政许可实施满一年需要继续实施的，应当提请本级人民代表大会及其常务委员会制定地方性法规。地方性法规和省、自治区、直辖市人民政府规章，不得设定应当由国家统一确定的公民、法人或者其他组织的资格、资质的行政许可；不得设定企业或者其他组织的设立登记及其前置性行政许可。其设定的行政许可，不得限制其他地区的个人或者企业到本地区从事生产经营和提供服务，不得限制其他地区的商品进入本地区市场。 ③ **第十六条**　行政法规可以在法律设定的行政许可事项范围内，对实施该行政许可作出具体规定。地方性法规可以在法律、行政法规设定的行政许可事项范围内，对实施该行政许可作出具体规定。规章可以在上位法设定的行政许可事项范围内，对实施该行政许可作出具体规定。法规、规章对实施上位法设定的行政许可作出的具体规定，不得增设行政许可；对行政许可条件作出的具体规定，不得增设违反上位法的其他条件。 ④ **第十七条**　除本法第十四条、第十五条规定的外，其他规范性文件一律不得设定行政许可。
设定行政许可内容	**第十八条**　设定行政许可，应当规定行政许可的实施机关、条件、程序、期限。

2018-084. 根据《行政许可法》，设定行政许可，应当规定行政许可的(　　)。

A. 实施机关　　　　　　　　　　B. 收费标准

C. 条件　　　　　　　　　　　　D. 程序

E. 期限

【答案】ACDE

【解析】《行政许可法》第十八条规定，设定行政许可，应当规定行政许可的实施机关、条件、程序、期限。故选 ACDE。

2014-094、2012-096. 根据《行政许可法》，设定行政许可，应当规定行政许可的(　　)。

A. 必要性　　　　　　　　　　B. 实施机关

C. 条件　　　　　　　　　　　D. 程序

E. 期限

【答案】BCDE

【解析】据表 6-1-2，应选 BCDE。

2014-007. 根据《行政许可法》，行政法规可以在(　　)设定的行政许可事项范围内，对实施该行政许可作出具体规定。

A. 法律　　　　　　　　　　B. 地方性法规

C. 部门规章　　　　　　　　D. 规范性文件

【答案】A

【解析】《行政许可法》第十六条规定，行政法规可以在法律设定的行政许可事项范围内，对实施该行政许可作出具体规定。

相关真题：2012-071

《行政许可法》的实施　　　　　　　　　　　　　　表 6-1-3

内容	说　　明
行政许可实施条件	**第二十二条**　行政许可由具有行政许可权的行政机关在其法定职权范围内实施。
行政许可委托实施条件	**第二十四条**　行政机关在其法定职权范围内，依照法律、法规、规章的规定，可以委托其他行政机关实施行政许可。委托机关应当将受委托行政机关和受委托实施行政许可的内容予以公告。委托行政机关对受委托行政机关实施行政许可的行为应当负责监督，并对该行为的后果承担法律责任。受委托行政机关在委托范围内，以委托行政机关名义实施行政许可；不得再委托其他组织或者个人实施行政许可。

2012-071. 行政许可由具有行政许可权的行政机关在其(　　)范围内实施。

A. 职权　　　　　　　　　　B. 职业

C. 权利　　　　　　　　　　D. 责任

【答案】A

【解析】根据《行政许可法》第二十二条，行政许可由具有行政许可权的行政机关在其法定职权范围内实施。

《行政许可法》的申请与受理 表 6-1-4

内容	说明
行政许可受理原则	**第二十六条** 行政许可需要行政机关内设的多个机构办理的，该行政机关应当确定一个机构统一受理行政许可申请，统一送达行政许可决定。行政许可依法由地方人民政府两个以上部门分别实施的，本级人民政府可以确定一个部门受理行政许可申请并转告有关部门分别提出意见后统一办理，或者组织有关部门联合办理、集中办理。
行政许可申请方式	**第二十九条** 行政许可申请可以通过信函、电报、电传、传真、电子数据交换和电子邮件等方式提出。
行政许可受理条件	**第三十二条** 行政机关对申请人提出的行政许可申请，应当根据下列情况分别作出处理： ① 申请事项依法不需要取得行政许可的，应当即时告知申请人不受理； ② 申请事项依法不属于本行政机关职权范围的，应当即时作出不予受理的决定，并告知申请人向有关行政机关申请； ③ 申请材料存在可以当场更正的错误的，应当允许申请人当场更正； ④ 申请材料不齐全或者不符合法定形式的，应当当场或者在五日内一次告知申请人需要补正的全部内容，逾期不告知的，自收到申请材料之日起即为受理； ⑤ 申请事项属于本行政机关职权范围，申请材料齐全、符合法定形式，或者申请人按照本行政机关的要求提交全部补正申请材料的，应当受理行政许可申请。行政机关受理或者不予受理行政许可申请，应当出具加盖本行政机关专用印章和注明日期的书面凭证。

《行政许可法》的审查与决定 表 6-1-5

内容	说明
行政许可审查	**第三十四条** 行政机关应当对申请人提交的申请材料进行审查。申请人提交的申请材料齐全、符合法定形式，行政机关能够当场作出决定的，应当当场作出书面的行政许可决定。根据法定条件和程序，需要对申请材料的实质内容进行核实的，行政机关应当指派两名以上工作人员进行核查。 **第三十五条** 依法应当先经下级行政机关审查后报上级行政机关决定的行政许可，下级行政机关应当在法定期限内将初步审查意见和全部申请材料直接报送上级行政机关。上级行政机关不得要求申请人重复提供申请材料。 **第三十六条** 行政机关对行政许可申请进行审查时，发现行政许可事项直接关系他人重大利益的，应当告知该利害关系人。申请人、利害关系人有权进行陈述和申辩。行政机关应当听取申请人、利害关系人的意见。 **第三十七条** 行政机关对行政许可申请进行审查后，除当场作出行政许可决定的外，应当在法定期限内按照规定程序作出行政许可决定。

内容	说　明
行政许可决定	**第三十八条**　申请人的申请符合法定条件、标准的，行政机关应当依法作出准予行政许可的书面决定。行政机关依法作出不予行政许可的书面决定的，应当说明理由，并告知申请人享有依法申请行政复议或者提起行政诉讼的权利。
行政许可期限	**第四十二条**　除可以当场作出行政许可决定的外，行政机关应当自受理行政许可申请之日起二十日内作出行政许可决定。二十日内不能作出决定的，经本行政机关负责人批准，可以延长十日，并应当将延长期限的理由告知申请人。但是，法律、法规另有规定的，依照其规定。依照本法第二十六条的规定，行政许可采取统一办理或者联合办理、集中办理的，办理的时间不得超过四十五日；四十五日内不能办结的，经本级人民政府负责人批准，可以延长十五日，并应当将延长期限的理由告知申请人。
行政许可期限	**第四十三条**　依法应当先经下级行政机关审查后报上级行政机关决定的行政许可，下级行政机关应当自其受理行政许可申请之日起二十日内审查完毕。但是，法律、法规另有规定的，依照其规定。 **第四十四条**　行政机关作出准予行政许可的决定，应当自作出决定之日起十日内向申请人颁发、送达行政许可证件，或者加贴标签、加盖检验、检测、检疫印章。

相关真题：2014-076、2012-073

《行政许可法》听证　　　　　　　　　　　　　　表 6-1-6

内容	说　明
法律、法规、规章规定听证事项	**第四十六条**　法律、法规、规章规定实施行政许可应当听证的事项，或者行政机关认为需要听证的其他涉及公共利益的重大行政许可事项，行政机关应当向社会公告，并举行听证。
涉及申请人、利害关系人听证事项	**第四十七条**　行政许可直接涉及申请人与他人之间重大利益关系的，行政机关在作出行政许可决定前，应当告知申请人、利害关系人享有要求听证的权利；申请人、利害关系人在被告知听证权利之日起五日内提出听证申请的，行政机关应当在二十日内组织听证。申请人、利害关系人不承担行政机关组织听证的费用
听证法定程序	**第四十八条**　听证按照下列程序进行：（一）行政机关应当于举行听证的七日前将举行听证的时间、地点通知申请人、利害关系人，必要时予以公告；（二）听证应当公开举行；（三）行政机关应当指定审查该行政许可申请的工作人员以外的人员为听证主持人，申请人、利害关系人认为主持人与该行政许可事项有直接利害关系的，有权申请回避；（四）举行听证时，审查该行政许可申请的工作人员应当提供审查意见的证据、理由，申请人、利害关系人可以提出证据，并进行申辩和质证；（五）听证应当制作笔录，听证笔录应当交听证参加人确认无误后签字或者盖章。行政机关应当根据听证笔录，作出行政许可决定。

2014-076. 下列听证法定程序中，不正确的是（　　　）。

A. 行政机关应当与举行听证的七日前将举行听证的时间、地点通知申请人、利害关系人，必要时予以公告

B. 听证应当公开举行

C. 举行听证时，申请人应当提供审查意见的证据、理由，并进行申辩和质证

D. 听证应当制作笔录，听证笔录应当交听证参加人确认无误后签字或者盖章

【答案】C

【解析】据《行政许可法》第四十八条，举行听证时，审查该行政许可申请的工作人员应当提供审查意见的证据、理由，申请人、利害关系人可以提出证据，并进行申辩和质证，由此可见，选项C不正确。

2012-073. 行政许可直接涉及申请人与他人之间重大利益关系的，行政机关在作出行政许可决定前，应当告知申请人、利害关系人享有要求听证的权利，（　　）组织听证的费用。

A. 申请人承担　　　　　　　　B. 利害关系人承担

C. 申请人、利害关系人共同承担　　D. 申请人、利害关系人都不承担

【答案】D

【解析】据《行政许可法》第四十七条，行政许可直接涉及申请人与他人之间重大利益关系的，行政机关在作出行政许可决定前，应当告知申请人、利害关系人享有要求听证的权利；申请人、利害关系人在被告知听证权利之日起五日内提出听证申请的，行政机关应当在二十日内组织听证，申请人、利害关系人不承担行政机关组织听证的费用。

<h3 style="text-align:center">行政许可变更与延续　　　　　　表 6-1-7</h3>

内容	说　明
行政许可变更申请	**第四十九条**　被许可人要求变更行政许可事项的，应当向作出行政许可决定的行政机关提出申请；符合法定条件、标准的，行政机关应当依法办理变更手续。
行政许可延续	**第五十条**　被许可人需要延续依法取得的行政许可的有效期的，应当在该行政许可有效期届满三十日前向作出行政许可决定的行政机关提出申请。但是，法律、法规、规章另有规定的，依照其规定。行政机关应当根据被许可人的申请，在该行政许可有效期届满前作出是否准予延续的决定；逾期未作决定的，视为准予延续。

<h3 style="text-align:center">行政许可撤销与注销　　　　　　表 6-1-8</h3>

内容	说　明
撤销行政许可的条件	**第六十九条**　有下列情形之一的，作出行政许可决定的行政机关或者其上级行政机关，根据利害关系人的请求或者依据职权，可以撤销行政许可： ① 行政机关工作人员滥用职权、玩忽职守作出准予行政许可决定的。 ② 超越法定职权作出准予行政许可决定的。 ③ 违反法定程序作出准予行政许可决定的。 ④ 对不具备申请资格或者不符合法定条件的申请人准予行政许可的。 ⑤ 依法可以撤销行政许可的其他情形。 被许可人以欺骗、贿赂等不正当手段取得行政许可的，应当予以撤销。依照前两款的规定撤销行政许可，可能对公共利益造成重大损害的，不予撤销。依照本条第一款的规定撤销行政许可，被许可人的合法权益受到损害的，行政机关应当依法给予赔偿。依照本条第二款的规定撤销行政许可的，被许可人基于行政许可取得的利益不受保护。

内容	说　明
注销行政 许可的条件	**第七十条**　有下列情形之一的，行政机关应当依法办理有关行政许可的注销手续： ① 行政许可有效期届满未延续的； ② 赋予公民特定资格的行政许可，该公民死亡或者丧失行为能力的； ③ 法人或者其他组织依法终止的； ④ 行政许可依法被撤销、撤回，或者行政许可证件依法被吊销的； ⑤ 因不可抗力导致行政许可事项无法实施的； ⑥ 法律、法规规定的应当注销行政许可的其他情形。

法律责任　　　　　　　　　　　　　　　　　　　表 6-1-9

内容	说　明
对行政许可 撤销处理	**第七十一条**　违反本法第十七条规定设定的行政许可，有关机关应当责令设定该行政许可的机关改正，或者依法予以撤销。
行政机关及其 工作人员的行 政责任	**第七十二条**　行政机关及其工作人员违反本法的规定，有下列情形之一的，由其上级行政机关或者监察机关责令改正；情节严重的，对直接负责的主管人员和其他直接责任人员依法给予行政处分： ① 对符合法定条件的行政许可申请不予受理的； ② 不在办公场所公示依法应当公示的材料的； ③ 在受理、审查、决定行政许可过程中，未向申请人、利害关系人履行法定告知义务的； ④ 申请人提交的申请材料不齐全、不符合法定形式，不一次告知申请人必须补正的全部内容的； ⑤ 未依法说明不受理行政许可申请或者不予行政许可的理由的； ⑥ 依法应当举行听证而不举行听证的。
行政机关工作 人员的刑事责 任或行政责任	**第七十三条**　行政机关工作人员办理行政许可、实施监督检查，索取或者收受他人财物或者谋取其他利益，构成犯罪的，依法追究刑事责任；尚不构成犯罪的，依法给予行政处分。 **第七十四条**　行政机关实施行政许可，有下列情形之一的，由其上级行政机关或者监察机关责令改正，对直接负责的主管人员和其他直接责任人员依法给予行政处分；构成犯罪的，依法追究刑事责任：（一）对不符合法定条件的申请人准予行政许可或者超越法定职权作出准予行政许可决定的；（二）对符合法定条件的申请人不予行政许可或者不在法定期限内作出准予行政许可决定的；（三）依法应当根据招标、拍卖结果或者考试成绩择优作出准予行政许可决定，未经招标、拍卖或者考试，或者不根据招标、拍卖结果或者考试成绩择优作出准予行政许可决定的。 **第七十五条**　行政机关实施行政许可，擅自收费或者不按照法定项目和标准收费的，由其上级行政机关或者监察机关责令退还非法收取的费用；对直接负责的主管人员和其他直接责任人员依法给予行政处分。截留、挪用、私分或者变相私分实施行政许可依法收取的费用的，予以追缴；对直接负责的主管人员和其他直接责任人员依法给予行政处分；构成犯罪的，依法追究刑事责任。

内容	说　明
行政机关违法的民事责任	**第七十六条**　行政机关违法实施行政许可，给当事人的合法权益造成损害的，应当依照国家赔偿法的规定给予赔偿。
对被许可人的行政处罚	**第八十条**　被许可人有下列行为之一的，行政机关应当依法给予行政处罚；构成犯罪的，依法追究刑事责任：①涂改、倒卖、出租、出借行政许可证件，或者以其他形式非法转让行政许可的；②超越行政许可范围进行活动的；③向负责监督检查的行政机关隐瞒有关情况、提供虚假材料或者拒绝提供反映其活动情况的真实材料的；④法律、法规、规章规定的其他违法行为。
被许可人的行政处罚或刑事处罚	**第八十一条**　公民、法人或者其他组织未经行政许可，擅自从事依法应当取得行政许可的活动的，行政机关应当依法采取措施予以制止，并依法给予行政处罚；构成犯罪的，依法追究刑事责任。

二、《行政复议法》

相关真题：2018-003

行政复议基本规定　　　　　　　　　　　　表 6-1-10

内容	说　明
出台背景	为了防止和纠正违法的或者不当的具体行政行为，保护公民、法人和其他组织的合法权益，保障和监督行政机关依法行使职权，根据《宪法》制定了本法，经 1999 年 4 月 29 日第九届全国人民代表大会常务委员会第九次会议通过，1999 年 4 月 29 日中华人民共和国主席令第十六号公布。本法自 1999 年 10 月 1 日起施行，2017 年 9 月 1 日第二次修正。
适用范围	**第二条**　公民、法人或者其他组织认为具体行政行为侵犯其合法权益，向行政机关提出行政复议申请，行政机关受理行政复议申请、作出行政复议决定，适用本法。
行政复议原则	**第四条**　行政复议机关履行行政复议职责，应当遵循合法、公正、公开、及时、便民的原则，坚持有错必纠，保障法律、法规的正确实施。
行政复议与刑事诉讼	**第五条**　公民、法人或者其他组织对行政复议决定不服的，可以依照行政诉讼法的规定向人民法院提起行政诉讼，但是法律规定行政复议决定为最终裁决的除外。
行政复议范围	**第六条**　有下列情形之一的，公民、法人或者其他组织可以依照本法申请行政复议：①对行政机关作出的警告、罚款、没收违法所得、没收非法财物、责令停产停业、暂扣或者吊销许可证、暂扣或者吊销执照、行政拘留等行政处罚决定不服的；②对行政机关作出的限制人身自由或者查封、扣押、冻结财产等行政强制措施决定不服的；③对行政机关作出的有关许可证、执照、资质证、资格证等证书变更、中止、撤销的决定不服的；④对行政机关作出的关于确认土地、矿藏、水流、森林、山岭、草原、荒地、滩涂、海域等自然资源的所有权或者使用权的决定不服的；⑤认为行政机关侵犯合法的经营自主权的；⑥认为行政机关变更或者废止农业承包合同，侵犯其合法权益的；⑦认为行政机关违法集资、征收财物、摊派费用或者违法要求履行其他义务的；⑧认为符合法定条件，申请行政机关颁发许可证、执照、资质证、资格证等证书，或者申请行政机关审批、登记有关事项，行政机关没有依法办理的；⑨申请行政机关履行保护人身权利、财产权利、受教育权利的法定职责，行政机关没有依法履行的；⑩申请行政机关依法发放抚恤金、社会保险金或者最低生活保障费，行政机关没有依法发放的；⑪认为行政机关的其他具体行政行为侵犯其合法权益的。

内容	说　明
对具体行政行为所依据规定的审查申请	**第七条** 公民、法人或者其他组织认为行政机关的具体行政行为所依据的下列规定不合法，在对具体行政行为申请行政复议时，可以一并向行政复议机关提出对该规定的审查申请：①国务院部门的规定；②县级以上地方各级人民政府及其工作部门的规定；③乡、镇人民政府的规定。前款所列规定不含国务院部、委员会规章和地方人民政府规章。规章的审查依照法律、行政法规办理。
申诉与诉讼	**第八条** 不服行政机关作出的行政处分或者其他人事处理决定的，依照有关法律、行政法规的规定提出申诉。不服行政机关对民事纠纷作出的调解或者其他处理，依法申请仲裁或者向人民法院提起诉讼。

2018-003. 在下列情况下，规划管理的行政相对人不能申请行政复议的是（　　）。

A. 对市政府批准的控制性详细规划不服的

B. 对规划部门不批准用地规划许可不服的

C. 对规划部门撤销本单位规划设计资质不服的

D. 认为规划部门选址不当的

【答案】A

【解析】行政复议的行政行为必须是具体行政行为，公民提出行政复议请求的前提是存在具体行政行为，不能单纯以行政主体的抽象行政行为不合法提出行政复议，选项 A 符合题意。

相关真题：2009-057

行政复议申请　　　　　　　　　　　　　　　　　　表 6-1-11

内容	说　明
行政复议申请期限	**第九条** 公民、法人或者其他组织认为具体行政行为侵犯其合法权益的，可以自知道该具体行政行为之日起六十日内提出行政复议申请；但是法律规定的申请期限超过六十日的除外。因不可抗力或者其他正当理由耽误法定申请期限的，申请期限自障碍消除之日起继续计算。
法定申请人和被申请人	**第十条** 依照本法申请行政复议的公民、法人或者其他组织是申请人。有权申请行政复议的公民死亡的，其近亲属可以申请行政复议。有权申请行政复议的公民为无民事行为能力人或者限制民事行为能力人的，其法定代理人可以代为申请行政复议。有权申请行政复议的法人或者其他组织终止的，承受其权利的法人或者其他组织可以申请行政复议。同申请行政复议的具体行政行为有利害关系的其他公民、法人或者其他组织，可以作为第三人参加行政复议。公民、法人或者其他组织对行政机关的具体行政行为不服申请行政复议的，作出具体行政行为的行政机关是被申请人。申请人、第三人可以委托代理人代为参加行政复议。
申请行政复议的方式及内容	**第十一条** 申请人申请行政复议，可以书面申请，也可以口头申请；口头申请的，行政复议机关应当当场记录申请人的基本情况、行政复议请求、申请行政复议的主要事实、理由和时间。

内容	说　明
不服地方政府工作部门具体行政行为的申请	**第十二条**　对县级以上地方各级人民政府工作部门的具体行政行为不服的，由申请人选择，可以向该部门的本级人民政府申请行政复议，也可以向上一级主管部门申请行政复议。对海关、金融、国税、外汇管理等实行垂直领导的行政机关和国家安全机关的具体行政行为不服的，向上一级主管部门申请行政复议。
不服地方人民政府具体行政行为的申请	**第十三条**　对地方各级人民政府的具体行政行为不服的，向上一级地方人民政府申请行政复议。对省、自治区人民政府依法设立的派出机关所属的县级地方人民政府的具体行政行为不服的，向该派出机关申请行政复议。
不服国务院部门或省级政府具体行政行为的申请	**第十四条**　对国务院部门或者省、自治区、直辖市人民政府的具体行政行为不服的，向作出该具体行政行为的国务院部门或者省、自治区、直辖市人民政府申请行政复议。对行政复议决定不服的，可以向人民法院提起行政诉讼；也可以向国务院申请裁决，国务院依照本法的规定作出最终裁决。
不服其他行政机关、组织具体行政行为的申请	**第十五条**　对本法第十二条、第十三条、第十四条规定以外的其他行政机关、组织的具体行政行为不服的，按照下列规定申请行政复议：（一）对县级以上地方人民政府依法设立的派出机关的具体行政行为不服的，向设立该派出机关的人民政府申请行政复议；（二）对政府工作部门依法设立的派出机构依照法律、法规或者规章规定，以自己的名义作出的具体行政行为不服的，向设立该派出机构的部门或者该部门的本级地方人民政府申请行政复议；（三）对法律、法规授权的组织的具体行政行为不服的，分别向直接管理该组织的地方人民政府、地方人民政府工作部门或者国务院部门申请行政复议；（四）对两个或者两个以上行政机关以共同的名义作出的具体行政行为不服的，向其共同上一级行政机关申请行政复议；（五）对被撤销的行政机关在撤销前所作出的具体行政行为不服的，向继续行使其职权的行政机关的上一级行政机关申请行政复议。有前款所列情形之一的，申请人也可以向具体行政行为发生地的县级地方人民政府提出行政复议申请，由接受申请的县级地方人民政府依照本法第十八条的规定办理。
不得同时申请行政复议和提起行政诉讼	**第十六条**　公民、法人或者其他组织申请行政复议，行政复议机关已经依法受理的，或者法律、法规规定应当先向行政复议机关申请行政复议、对行政复议决定不服再向人民法院提起行政诉讼的，在法定行政复议期限内不得向人民法院提起行政诉讼。公民、法人或者其他组织向人民法院提起行政诉讼，人民法院已经依法受理的，不得申请行政复议。

2009-057. 某市规划局依照省建设厅发布的《城市日照间距规划管理技术导则》批准了某工程建设，相邻住宅中的一些住户认为规划局依据的《技术导则》不符合国家规定，侵犯自己合法权益，拟申请行政复议。符合《行政复议法》的是(　　)。

A. 向省建设厅申请行政复议，并向省人大申请审查《技术导则》

B. 向省建设厅申请行政复议，并申请审查《技术导则》

C. 向市政府申请行政复议，并向市人大申请审查《技术导则》

D. 向省政府申请行政复议，并申请审查《技术导则》

【答案】A

【解析】 据《行政复议法》第十二条，对县级以上地方各级人民政府工作部门的具体行政行为不服的，由申请人选择，可以向该部门的本级人民政府申请行政复议，也可以向上一级主管部门申请行政复议。即申请人可以向市政府或省建设厅申请行政复议，由于《技术导则》属于地方政府规章，因而要审核。

行政复议受理 表 6-1-12

内容	说　明
对行政复议申请审查的法定时限和处理意见	第十七条　行政复议机关收到行政复议申请后，应当在五日内进行审查，对不符合本法规定的行政复议申请，决定不予受理，并书面告知申请人；对符合本法规定，但是不属于本机关受理的行政复议申请，应当告知申请人向有关行政复议机关提出。除前款规定外，行政复议申请自行政复议机关负责法制工作的机构收到之日起即为受理。
提起行政诉讼的三种情况及期限	第十九条　法律、法规规定应当先向行政复议机关申请行政复议、对行政复议决定不服再向人民法院提起行政诉讼的，行政复议机关决定不予受理或者受理后超过行政复议期限不作答复的，公民、法人或者其他组织可以自收到不予受理决定书之日起或者行政复议期满之日起十五日内，依法向人民法院提起行政诉讼。
行政复议机关的上级级机关受理规定	第二十条　公民、法人或者其他组织依法提出行政复议申请，行政复议机关无正当理由不予受理的，上级行政机关应当责令其受理；必要时，上级行政机关也可以直接受理。
行政复议期间停止执行具体行政行为的三种情况	第二十一条　行政复议期间具体行政行为不停止执行；但是，有下列情形之一的，可以停止执行：（一）被申请人认为需要停止执行的；（二）行政复议机关认为需要停止执行的；（三）申请人申请停止执行，行政复议机关认为其要求合理，决定停止执行的；（四）法律规定停止执行的。

行政复议决定 表 6-1-13

内容	说　明
行政复议审查办法	第二十二条　行政复议原则上采取书面审查的办法，但是申请人提出要求或者行政复议机关负责法制工作的机构认为有必要时，可以向有关组织和人员调查情况，听取申请人、被申请人和第三人的意见。
被申请人受理行政复议及书面答复期限	第二十三条　行政复议机关负责法制工作的机构应当自行政复议申请受理之日起七日内，将行政复议申请书副本或者行政复议申请笔录复印件发送被申请人。被申请人应当自收到申请书副本或者申请笔录复印件之日起十日内，提出书面答复，并提交当初作出具体行政行为的证据、依据和其他有关材料。申请人、第三人可以查阅被申请人提出的书面答复、作出具体行政行为的证据、依据和其他有关材料，除涉及国家秘密、商业秘密或者个人隐私外，行政复议机关不得拒绝。
行政复议申请的撤回	第二十五条　行政复议决定作出前，申请人要求撤回行政复议申请的，经说明理由，可以撤回；撤回行政复议申请的，行政复议终止。

内容	说　明
行政复议审查处理期限	**第二十七条**　行政复议机关在对被申请人作出的具体行政行为进行审查时,认为其依据不合法,本机关有权处理的,应当在三十日内依法处理;无权处理的,应当在七日内按照法定程序转送有权处理的国家机关依法处理。处理期间,中止对具体行政行为的审查。
作出行政复议决定的程序和内容	**第二十八条**　行政复议机关负责法制工作的机构应当对被申请人作出的具体行政行为进行审查,提出意见,经行政复议机关的负责人同意或者集体讨论通过后,按照下列规定作出行政复议决定:(一)具体行政行为认定事实清楚,证据确凿,适用依据正确,程序合法,内容适当的,决定维持;(二)被申请人不履行法定职责的,决定其在一定期限内履行;(三)具体行政行为有下列情形之一的,决定撤销、变更或者确认该具体行政行为违法;决定撤销或者确认该具体行政行为违法的,可以责令被申请人在一定期限内重新作出具体行政行为:①主要事实不清、证据不足的;②适用依据错误的;③违反法定程序的;④超越或者滥用职权的;⑤具体行政行为明显不当的。(四)被申请人不按照本法第二十三条的规定提出书面答复、提交当初作出具体行政行为的证据、依据和其他有关材料的,视为该具体行政行为没有证据、依据,决定撤销该具体行政行为。行政复议机关责令被申请人重新作出具体行政行为的,被申请人不得以同一的事实和理由作出与原具体行政行为相同或者基本相同的具体行政行为。
行政复议附带行政赔偿的审查决定	**第二十九条**　申请人在申请行政复议时可以一并提出行政赔偿请求,行政复议机关对符合国家赔偿法的有关规定应当给予赔偿的,在决定撤销、变更具体行政行为或者确认具体行政行为违法时,应当同时决定被申请人依法给予赔偿。申请人在申请行政复议时没有提出行政赔偿请求的,行政复议机关在依法决定撤销或者变更罚款,撤销违法集资、没收财物、征收财物、摊派费用以及对财产的查封、扣押、冻结等具体行政行为时,应当同时责令被申请人返还财产,解除对财产的查封、扣押、冻结措施,或者赔偿相应的价款。
作出行政复议决定的期限	**第三十一条**　行政复议机关应当自受理申请之日起六十日内作出行政复议决定;但是法律规定的行政复议期限少于六十日的除外。情况复杂,不能在规定期限内作出行政复议决定的,经行政复议机关的负责人批准,可以适当延长,并告知申请人和被申请人;但是延长期限最多不超过三十日。行政复议机关作出行政复议决定,应当制作行政复议决定书,并加盖印章。行政复议决定书一经送达,即发生法律效力。
被申请人对行政复议决定的履行	**第三十二条**　被申请人应当履行行政复议决定。被申请人不履行或者无正当理由拖延履行行政复议决定的,行政复议机关或者有关上级行政机关应当责令其限期履行。 **第三十三条**　申请人逾期不起诉又不履行行政复议决定的,或者不履行最终裁决的行政复议决定的,按照下列规定分别处理:(一)维持具体行政行为的行政复议决定,由作出具体行政行为的行政机关依法强制执行,或者申请人民法院强制执行;(二)变更具体行政行为的行政复议决定,由行政复议机关依法强制执行,或者申请人民法院强制执行。

法律责任   表 6-1-14

内容	说　明
行政复议机关的责任	**第三十四条**　行政复议机关违反本法规定，无正当理由不予受理依法提出的行政复议申请或者不按照规定转送行政复议申请的，或者在法定期限内不作出行政复议决定的，对直接负责的主管人员和其他直接责任人员依法给予警告、记过、记大过的行政处分；经责令受理仍不受理或者不按照规定转送行政复议申请，造成严重后果的，依法给予降级、撤职、开除的行政处分。
行政复议机关工作人员的违法责任	**第三十五条**　行政复议机关工作人员在行政复议活动中，徇私舞弊或者有其他渎职、失职行为的，依法给予警告、记过、记大过的行政处分；情节严重的，依法给予降级、撤职、开除的行政处分；构成犯罪的，依法追究刑事责任。
被申请人的违法责任	**第三十六条**　被申请人违反本法规定，不提出书面答复或者不提交作出具体行政行为的证据、依据和其他有关材料，或者阻挠、变相阻挠公民、法人或者其他组织依法申请行政复议的，对直接负责的主管人员和其他直接责任人员依法给予警告、记过、记大过的行政处分；进行报复陷害的，依法给予降级、撤职、开除的行政处分；构成犯罪的，依法追究刑事责任。
被申请人直接主管人员和其他直接责任人员的违法责任	**第三十七条**　被申请人不履行或者无正当理由拖延履行行政复议决定的，对直接负责的主管人员和其他直接责任人员依法给予警告、记过、记大过的行政处分；经责令履行仍拒不履行的，依法给予降级、撤职、开除的行政处分。
行政复议期间、送达的规定	**第四十条**　行政复议期间的计算和行政复议文书的送达，依照民事诉讼法关于期间、送达的规定执行。本法关于行政复议期间有关"五日"、"七日"的规定是指工作日，不含节假日。

三、《行政诉讼法》

行政诉讼法基本规定   表 6-1-15

内容	说　明
出台背景	为了保证人民法院正确、及时审理行政案件，保护公民、法人和其他组织的合法权益，维护和监督行政机关依法行使行政职权，根据《宪法》，1989 年 4 月 4 日经第七届全国人民代表大会第二次会议通过本法，自 1990 年 10 月 1 日施行；2017 年 6 月 27 日第二次修正。
适用范围	**第二条**　公民、法人或者其他组织认为行政机关和行政机关工作人员的行政行为侵犯其合法权益，有权依照本法向人民法院提起诉讼。前款所称行政行为，包括法律、法规、规章授权的组织作出的行政行为。
审理行政案件原则	**第五条**　人民法院审理行政案件，以事实为根据，以法律为准绳。
行政案件审查针对行政行为	**第六条**　人民法院审理行政案件，对行政行为是否合法进行审查。

内容	说　明
适用范围行政案件审理制度	**第七条**　人民法院审理行政案件，依法实行合议、回避、公开审判和两审终审制度。
当事人的法律地位	**第八条**　当事人在行政诉讼中的法律地位平等。
当事人享有辩论权	**第十条**　当事人在行政诉讼中有权进行辩论。

相关真题：2014-079、2013-076、2009-095

受案范围和诉讼参加人　　　　　　　　　　表 6-1-16

内容	说　明
受理行政诉讼的行政行为	**第十二条**　人民法院受理公民、法人或者其他组织提起的下列诉讼： （一）对行政拘留、暂扣或者吊销许可证和执照、责令停产停业、没收违法所得、没收非法财物、罚款、警告等行政处罚不服的； （二）对限制人身自由或者对财产的查封、扣押、冻结等行政强制措施和行政强制执行不服的； （三）申请行政许可，行政机关拒绝或者在法定期限内不予答复，或者对行政机关作出的有关行政许可的其他决定不服的； （四）对行政机关作出的关于确认土地、矿藏、水流、森林、山岭、草原、荒地、滩涂、海域等自然资源的所有权或者使用权的决定不服的； （五）对征收、征用决定及其补偿决定不服的； （六）申请行政机关履行保护人身权、财产权等合法权益的法定职责，行政机关拒绝履行或者不予答复的； （七）认为行政机关侵犯其经营自主权或者农村土地承包经营权、农村土地经营权的； （八）认为行政机关滥用行政权力排除或者限制竞争的； （九）认为行政机关违法集资、摊派费用或者违法要求履行其他义务的； （十）认为行政机关没有依法支付抚恤金、最低生活保障待遇或者社会保险待遇的； （十一）认为行政机关不依法履行、未按照约定履行或者违法变更、解除政府特许经营协议、土地房屋征收补偿协议等协议的； （十二）认为行政机关侵犯其他人身权、财产权等合法权益的。 除前款规定外，人民法院受理法律、法规规定可以提起诉讼的其他行政案件。
不受理行政诉讼的行政行为	**第十三条**　人民法院不受理公民、法人或者其他组织对下列事项提起的诉讼： （一）国防、外交等国家行为； （二）行政法规、规章或者行政机关制定、发布的具有普遍约束力的决定、命令； （三）行政机关对行政机关工作人员的奖惩、任免等决定； （四）法律规定由行政机关最终裁决的行政行为。

内容	说　明
原告为公民、法人或者其他组织	第二十五条　行政行为的相对人以及其他与行政行为有利害关系的公民、法人或者其他组织，有权提起诉讼。有权提起诉讼的公民死亡，其近亲属可以提起诉讼。有权提起诉讼的法人或者其他组织终止，承受其权利的法人或者其他组织可以提起诉讼。
被告为作出行政行为的行政机关	第二十六条　公民、法人或者其他组织直接向人民法院提起诉讼的，作出行政行为的行政机关是被告。经复议的案件，复议机关决定维持原行政行为的，作出原行政行为的行政机关和复议机关是共同被告；复议机关改变原行政行为的，复议机关是被告。复议机关在法定期限内未作出复议决定，公民、法人或者其他组织起诉原行政行为的，作出原行政行为的行政机关是被告；起诉复议机关不作为的，复议机关是被告。两个以上行政机关作出同一行政行为的，共同作出行政行为的行政机关是共同被告。行政机关委托的组织所作的行政行为，委托的行政机关是被告。行政机关被撤销或者职权变更的，继续行使其职权的行政机关是被告。

2014-079. 根据《行政诉讼法》，公民、法人或者其他组织直接向人民法院提起诉讼的，作出（　　）行政行为的行政机关是被告。

  A. 具体   B. 抽象

  C. 要式   D. 非要式

  【答案】ABCD

  【解析】此题过时，1989 年公布的《行政诉讼法》第二十五条规定，公民、法人或者其他组织直接向人民法院提起诉讼的，作出具体行政行为的行政机关是被告。该法律于 2014 年 11 月 1 日进行一次修订，2017 年 6 月 27 日又进行一次修订，修订后其第二十六条规定，公民、法人或者其他组织直接向人民法院提起诉讼的，作出行政行为的行政机关是被告。

2013-076. 在下列情况下行政相对人拟提起行政诉讼，法院不予受理的是（　　）。

  A. 对城乡规划主管部门作出的行政处罚不服的

  B. 经过行政复议但对行政复议结果不服的

  C. 认为城乡规划主管部门工作人员的行政行为侵犯其合法权益的

  D. 由行政机关最终裁决的具体行政行为

  【答案】D

  【解析】据《行政诉讼法》第十三条，人民法院不受理公民、法人或者其他组织对下列事项提起的诉讼：

  ① 国防、外交等国家行为；

  ② 行政法规、规章或者行政机关制定、发布的具有普遍约束力的决定、命令；

  ③ 行政机关对行政机关工作人员的奖惩、任免等决定；

  ④ 法律规定由行政机关最终裁决的具体行政行为。

2009-095. 人民法院受理公民、法人和其他组织，对下列（　　）具体行政行为不服提出的诉讼。

    A. 行政机关对行政机关工作人员的奖惩、任免等决定

    B. 国防、外交等国家行为

    C. 对拘留、罚款、吊销许可证和执照、责令停产停业、没收财物等行政处罚不服的

    D. 申请行政机关履行保护人身权、财产权的法定职责，行政机关拒绝履行或者不予答复的

    E. 认为行政机关侵犯其他人身权、财产权的

【答案】CDE

【解析】依据《行政诉讼法》第十二条，CDE 符合题意。

相关真题：2010-079

证据 表 6-1-17

内　　容
第三十三条　证据包括：（一）书证；（二）物证；（三）视听资料；（四）电子数据；（五）证人证言；（六）当事人的陈述；（七）鉴定意见；（八）勘验笔录、现场笔录。以上证据经法庭审查属实，才能作为认定案件事实的根据。
第三十四条　被告对作出的行政行为负有举证责任，应当提供作出该行政行为的证据和所依据的规范性文件。被告不提供或者无正当理由逾期提供证据，视为没有相应证据。但是，被诉行政行为涉及第三人合法权益，第三人提供证据的除外。
第三十五条　在诉讼过程中，被告及其诉讼代理人不得自行向原告、第三人和证人收集证据。

2010-079.《行政诉讼法》规定，行政诉讼的证据不包括(　　　)。

    A. 勘验笔录，现场笔录

    B. 物证

    C. 当事人陈述

    D. 诉讼过程中，被告自行向证人收集的证据

【答案】D

【解析】根据《行政诉讼法》第三十三条：证据包括：①书证；②物证；③视听资料；④电子数据；⑤证人证言；⑥当事人的陈述；⑦鉴定意见；⑧勘验笔录、现场笔录。以上证据经法庭审查属实，才能作为认定案件事实的根据。

第三十五条：在诉讼过程中，被告及其诉讼代理人不得自行向原告、第三人和证人收集证据。故选 D。

行政案件起诉与受理 表 6-1-18

内容	说　　明
提起诉讼的两种程序	第四十四条　对属于人民法院受案范围的行政案件，公民、法人或者其他组织可以先向行政机关申请复议，对复议决定不服的，再向人民法院提起诉讼；也可以直接向人民法院提起诉讼。法律、法规规定应当先向行政机关申请复议，对复议决定不服再向人民法院提起诉讼的，依照法律、法规的规定。

内容	说　明
对行政复议提起诉讼的法定期限	第四十五条　公民、法人或者其他组织不服复议决定的，可以在收到复议决定书之日起十五日内向人民法院提起诉讼。复议机关逾期不作决定的，申请人可以在复议期满之日起十五日内向人民法院提起诉讼。法律另有规定的除外。
直接提起诉讼的法定期限	第四十六条　公民、法人或者其他组织直接向人民法院提起诉讼的，应当自知道或者应当知道作出行政行为之日起六个月内提出。法律另有规定的除外。因不动产提起诉讼的案件自行政行为作出之日起超过二十年，其他案件自行政行为作出之日起超过五年提起诉讼的，人民法院不予受理。
因特殊障碍影响的法定期限	第四十八条　公民、法人或者其他组织因不可抗力或者其他不属于其自身的原因耽误起诉期限的，被耽误的时间不计算在起诉期限内。公民、法人或者其他组织因前款规定以外的其他特殊情况耽误起诉期限的，在障碍消除后十日内，可以申请延长期限，是否准许由人民法院决定。
提起诉讼的条件	第四十九条　提起诉讼应当符合下列条件：（一）原告是符合本法第二十五条规定的公民、法人或者其他组织；（二）有明确的被告；（三）有具体的诉讼请求和事实根据；（四）属于人民法院受案范围和受诉人民法院管辖。
原告提起上诉的条件	第五十一条　人民法院在接到起诉状时对符合本法规定的起诉条件的，应当登记立案。对当场不能判定是否符合本法规定的起诉条件的，应当接收起诉状，出具注明收到日期的书面凭证，并在七日内决定是否立案。不符合起诉条件的，作出不予立案的裁定。裁定书应当载明不予立案的理由。原告对裁定不服的，可以提起上诉。

行政案件审理与判决　　　　　　　　　　　　　　　　表 6-1-19

内容	说　明
被告提出答辩状的期限	第六十七条　人民法院应当在立案之日起五日内，将起诉状副本发送被告。被告应当在收到起诉状副本之日起十五日内向人民法院提交作出行政行为的证据和所依据的规范性文件，并提出答辩状。人民法院应当在收到答辩状之日起五日内，将答辩状副本发送原告。被告不提出答辩状的，不影响人民法院审理。
行政案件审理中的审判人员回避制度	第五十五条　当事人认为审判人员与本案有利害关系或者有其他关系可能影响公正审判，有权申请审判人员回避。审判人员认为自己与本案有利害关系或者有其他关系，应当申请回避。前两款规定，适用于书记员、翻译人员、鉴定人、勘验人。院长担任审判长时的回避，由审判委员会决定；审判人员的回避，由院长决定；其他人员的回避，由审判长决定。当事人对决定不服的，可以申请复议一次。
诉讼期间停止行政行为的规定	第五十六条　诉讼期间，不停止行政行为的执行。但有下列情形之一的，裁定停止执行：（一）被告认为需要停止执行的；（二）原告或者利害关系人申请停止执行，人民法院认为该行政行为的执行会造成难以弥补的损失，并且停止执行不损害国家利益、社会公共利益的；（三）人民法院认为该行政行为的执行会给国家利益、社会公共利益造成重大损害的；（四）法律、法规规定停止执行的。当事人对停止执行或者不停止执行的裁定不服的，可以申请复议一次。

内容	说　明
行政案件 不适用调解	第六十条　人民法院审理行政案件，不适用调解。但是，行政赔偿、补偿以及行政机关行使法律、法规规定的自由裁量权的案件可以调解。调解应当遵循自愿、合法原则，不得损害国家利益、社会公共利益和他人合法权益。
原告申请撤诉 的规定	第六十二条　人民法院对行政案件宣告判决或者裁定前，原告申请撤诉的，或者被告改变其所作的行政行为，原告同意并申请撤诉的，是否准许，由人民法院裁定。

相关真题：2018-010

2018-010. 依据《行政诉讼法》，公民、法人或者其他组织对具体行政行为在法定期间不提起诉讼又不履行的，行政机关可以申请人民法院（　　　），或者依法强制执行。

A. 进行裁决
B. 进行判决
C. 直接执行
D. 强制执行

【答案】D

【解析】《行政诉讼法》第九十七条规定，公民、法人或者其他组织对行政行为在法定期间不提起诉讼又不履行的，行政机关可以申请人民法院强制执行，或者依法强制执行，故选D。

执行　　　　　　　　　　　　　　　　　　　　　　　　　　　表 6-1-20

内　容
第九十四条　当事人必须履行人民法院发生法律效力的判决、裁定、调解书。
第九十五条　公民、法人或者其他组织拒绝履行判决、裁定、调解书的，行政机关或者第三人可以向第一审人民法院申请强制执行，或者由行政机关依法强制执行。
第九十六条　行政机关拒绝履行判决、裁定、调解书的，第一审人民法院可以采取下列措施：（一）对应当归还的罚款或者应当给付的款额，通知银行从该行政机关的账户内划拨；（二）在规定期限内不履行的，从期满之日起，对该行政机关负责人按日处五十元至一百元的罚款；（三）将行政机关拒绝履行的情况予以公告；（四）向监察机关或者该行政机关的上一级行政机关提出司法建议。接受司法建议的机关，根据有关规定进行处理，并将处理情况告知人民法院；（五）拒不履行判决、裁定、调解书，社会影响恶劣的，可以对该行政机关直接负责的主管人员和其他直接责任人员予以拘留；情节严重，构成犯罪的，依法追究刑事责任。
第九十七条　公民、法人或者其他组织对行政行为在法定期限内不提起诉讼又不履行的，行政机关可以申请人民法院强制执行，或者依法强制执行。

四、《行政处罚法》

相关真题：2017-077

《行政处罚法》概述　　　　　　　　　　　　　　　　　　　　　表 6-1-21

内容	说　明
出台背景	为了规范行政处罚的设定和实施，保障和监督行政机关有效实施行政管理，维护公共利益和社会秩序，保护公民、法人或者其他组织的合法权益，根据《宪法》，制定本法，于1996年3月17日经第八届全国人民代表大会第四次会议通过，自1996年10月1日起施行，2017年9月1日第二次修正。

内容	说　明
适用范围	**第二条**　行政处罚的设定和实施，适用本法。
适用对象	**第三条**　公民、法人或者其他组织违反行政管理秩序的行为，应当给予行政处罚的，依照本法由法律、法规或者规章规定，并由行政机关依照本法规定的程序实施。没有法定依据或者不遵守法定程序的，行政处罚无效。
行政处罚遵循原则	**第四条**　行政处罚遵循公正、公开的原则。设定和实施行政处罚必须以事实为依据，与违法行为的事实、性质、情节以及社会危害程度相当。对违法行为给予行政处罚的规定必须公布；未经公布的，不得作为行政处罚的依据。 **第五条**　实施行政处罚，纠正违法行为，应当坚持处罚与教育相结合，教育公民、法人或者其他组织自觉守法。
当事人享有的权利	**第六条**　公民、法人或者其他组织对行政机关所给予的行政处罚，享有陈述权、申辩权；对行政处罚不服的，有权依法申请行政复议或者提起行政诉讼。公民、法人或者其他组织因行政机关违法给予行政处罚受到损害的，有权依法提出赔偿要求。
当事人附带的民事责任或刑事责任	**第七条**　公民、法人或者其他组织因违法受到行政处罚，其违法行为对他人造成损害的，应当依法承担民事责任。违法行为构成犯罪，应当依法追究刑事责任，不得以行政处罚代替刑事处罚。

2017-077. 根据《行政处罚法》，违法行为构成犯罪的，应当依法追究刑事责任，不得以（　　）代替刑事处罚。

A. 行政拘留　　　　　　　　　　B. 行政诉讼

C. 行政处罚　　　　　　　　　　D. 刑事诉讼

【答案】C

【解析】据《行政处罚法》第七条，公民、法人或者其他组织因违法受到行政处罚，其违法行为对他人造成损害的，应当依法承担民事责任。违法行为构成犯罪，应当依法追究刑事责任，不得以行政处罚代替刑事处罚。

相关真题：2017-078、2013-080、2012-079

行政处罚的种类和设定　　　　　　　　　　表 6-1-22

内容	说　明
行政处罚的种类	**第八条**　行政处罚的种类：（一）警告；（二）罚款；（三）没收违法所得、没收非法财物；（四）责令停产停业；（五）暂扣或者吊销许可证、暂扣或者吊销执照；（六）行政拘留；（七）法律、行政法规规定的其他行政处罚。
法律可以设定的行政处罚	**第九条**　法律可以设定各种行政处罚。限制人身自由的行政处罚，只能由法律设定。

内容	说　　明
行政法规可以设定的行政处罚	**第十条**　行政法规可以设定除限制人身自由以外的行政处罚。法律对违法行为已经作出行政处罚规定，行政法规需要作出具体规定的，必须在法律规定的给予行政处罚的行为、种类和幅度的范围内规定。
地方性法规可以设定的行政处罚	**第十一条**　地方性法规可以设定除限制人身自由、吊销企业营业执照以外的行政处罚。法律、行政法规对违法行为已经作出行政处罚规定，地方性法规需要作出具体规定的，必须在法律、行政法规规定的给予行政处罚的行为、种类和幅度的范围内规定。
部门规章可以设定的行政处罚	**第十二条**　国务院部、委员会制定的规章可以在法律、行政法规规定的给予行政处罚的行为、种类和幅度的范围内作出具体规定。尚未制定法律、行政法规的，前款规定的国务院部、委员会制定的规章对违反行政管理秩序的行为，可以设定警告或者一定数量罚款的行政处罚。罚款的限额由国务院规定。国务院可以授权具有行政处罚权的直属机构依照本条第一款、第二款的规定，规定行政处罚。
地方政府规章可以设定的行政处罚	**第十三条**　省、自治区、直辖市人民政府和省、自治区人民政府所在地的市人民政府以及经国务院批准的较大的市人民政府制定的规章可以在法律、法规规定的给予行政处罚的行为、种类和幅度的范围内作出具体规定。尚未制定法律、法规的，前款规定的人民政府制定的规章对违反行政管理秩序的行为，可以设定警告或者一定数量罚款的行政处罚。罚款的限额由省、自治区、直辖市人民代表大会常务委员会规定
其他规范性文件不得设定行政处罚	**第十四条**　除本法第九条、第十条、第十一条、第十二条以及第十三条的规定外，其他规范性文件不得设定行政处罚。

2017-078. 根据《行政处罚法》，下列不属于行政处罚的是(　　　)。

A. 警告　　　　　　　　　　　　　　B. 罚款

C. 羁束　　　　　　　　　　　　　　D. 没收违法所得

【答案】C

【解析】据《行政处罚法》第八条，行政处罚的种类：（一）警告；（二）罚款；（三）没收违法所得、没收非法财物；（四）责令停产停业；（五）暂扣或者吊销许可证、暂扣或者吊销执照；（六）行政拘留；（七）法律、行政法规规定的其他行政处罚。故选C。

2013-080. 下列不属于行政处罚的是(　　　)。

A. 警告　　　　　　　　　　　　　　B. 行政拘留

C. 管制　　　　　　　　　　　　　　D. 罚款

【答案】C

【解析】解析同 2017-078。

2012-079. 根据《行政处罚法》，在下列行政处罚种类中，不属于地方性法规设定的行政处罚是（　　）。

　　A. 警告、惩罚　　　　　　　　　　B. 没收违法所得

　　C. 责令停产停业　　　　　　　　　D. 吊销企业营业执照

【答案】D

【解析】据《行政处罚法》第十一条，地方性法规可以设定除限制人身自由、吊销企业营业执照以外的行政处罚。

相关真题：2014-080

行政处罚的管辖与适用　　　　　　　　　　　　　　　表 6-1-23

内容	说　明
当事人改正或者限期改正违法行为	**第二十三条**　行政机关实施行政处罚时，应当责令当事人改正或者限期改正违法行为。
一事不再罚	**第二十四条**　对当事人的同一个违法行为，不得给予两次以上罚款的行政处罚。
行政处罚适用期限	**第二十九条**　违法行为在二年内未被发现的，不再给予行政处罚。法律另有规定的除外。前款规定的期限，从违法行为发生之日起计算；违法行为有连续或者继续状态的，从行为终了之日起计算。

2014-080. 行政机关实施行政处罚时，应当责令当事人（　　）违法行为。

　　A. 中止　　　　　　　　　　　　　B. 检讨

　　C. 消除　　　　　　　　　　　　　D. 改正

【答案】D

【解析】据《行政处罚法》第二十三条，行政机关实施行政处罚时，应当责令当事人改正或者限期改正违法行为。

行政处罚的决定　　　　　　　　　　　　　　　　　表 6-1-24

内容	说　明
行政处罚简易程序	**第三十三条**　违法事实确凿并有法定依据，对公民处以五十元以下、对法人或者其他组织处以一千元以下罚款或者警告的行政处罚的，可以当场作出行政处罚决定。当事人应当依照本法第四十六条、第四十七条、第四十八条的规定履行行政处罚决定。 　　**第三十四条**　执法人员当场作出行政处罚决定的，应当向当事人出示执法身份证件，填写预定格式、编有号码的行政处罚决定书。行政处罚决定书应当当场交付当事人。前款规定的行政处罚决定书应当载明当事人的违法行为、行政处罚依据、罚款数额、时间、地点以及行政机关名称，并由执法人员签名或者盖章。执法人员当场作出的行政处罚决定，必须报所属行政机关备案。 　　**第三十五条**　当事人对当场作出的行政处罚决定不服的，可以依法申请行政复议或者提起行政诉讼。

内容	说　明
行政处罚 一般程序	**第三十六条**　除本法第三十三条规定的可以当场作出的行政处罚外，行政机关发现公民、法人或者其他组织有依法应当给予行政处罚的行为的，必须全面、客观、公正地调查，收集有关证据；必要时，依照法律、法规的规定，可以进行检查。 **第三十七条**　行政机关在调查或者进行检查时，执法人员不得少于两人，并应当向当事人或者有关人员出示证件。当事人或者有关人员应当如实回答询问，并协助调查或者检查，不得阻挠。询问或者检查应当制作笔录。行政机关在收集证据时，可以采取抽样取证的方法；在证据可能灭失或者以后难以取得的情况下，经行政机关负责人批准，可以先行登记保存，并应当在七日内及时作出处理决定，在此期间，当事人或者有关人员不得销毁或者转移证据。执法人员与当事人有直接利害关系的，应当回避。
行政处罚决定	**第三十八条**　调查终结，行政机关负责人应当对调查结果进行审查，根据不同情况，分别作出如下决定：（一）确有应受行政处罚的违法行为的，根据情节轻重及具体情况，作出行政处罚决定；（二）违法行为轻微，依法可以不予行政处罚的，不予行政处罚；（三）违法事实不能成立的，不得给予行政处罚；（四）违法行为已构成犯罪，移送司法机关。对情节复杂或者重大违法行为给予较重的行政处罚，行政机关的负责人应当集体讨论决定。在行政机关负责人作出决定之前，应当由从事行政处罚决定审核的人员进行审核。行政机关中初次从事行政处罚决定审核的人员，应当通过国家统一法律职业资格考试取得法律职业资格。

行政处罚的实施机关　　　　　　　　　　　　　　　　　　表 6-1-25

内容	说　明
行政处罚实施机 关的法定要求	**第十五条**　行政处罚由具有行政处罚权的行政机关在法定职权范围内实施。
国务院或国务院 授权的省级 人民政府	**第十六条**　国务院或者经国务院授权的省、自治区、直辖市人民政府可以决定一个行政机关行使有关行政机关的行政处罚权，但限制人身自由的行政处罚权只能由公安机关行使。
法律、法规 授权的组织	**第十七条**　法律、法规授权的具有管理公共事务职能的组织可以在法定授权范围内实施行政处罚。
行政机关依法 实施行政处罚	**第十八条**　行政机关依照法律、法规或者规章的规定，可以在其法定权限内委托符合本法第十九条规定条件的组织实施行政处罚。行政机关不得委托其他组织或者个人实施行政处罚。委托行政机关对受委托的组织实施行政处罚的行为应当负责监督，并对该行为的后果承担法律责任。受委托组织在委托范围内，以委托行政机关名义实施行政处罚；不得再委托其他任何组织或者个人实施行政处罚。

相关真题：2018-011、2011-074

内容	说　明
在行政处罚决定期限内履行行政处罚	**第四十四条**　行政处罚决定依法作出后，当事人应当在行政处罚决定的期限内，予以履行。
行政复议或行政诉讼期间行政处罚不予停止	**第四十五条**　当事人对行政处罚决定不服申请行政复议或者提起行政诉讼的，行政处罚不停止执行，法律另有规定的除外。
行政处罚的监督制度	**第五十四条**　行政机关应当建立健全对行政处罚的监督制度。县级以上人民政府应当加强对行政处罚的监督检查。公民、法人或者其他组织对行政机关作出的行政处罚，有权申诉或者检举；行政机关应当认真审查，发现行政处罚有错误的，应当主动改正。
行政机关违法须承担相应责任	**第六十条**　行政机关违法实行检查措施或者执行措施，给公民人身或者财产造成损害、给法人或者其他组织造成损失的，应当依法予以赔偿，对直接负责的主管人员和其他直接责任人员依法给予行政处分；情节严重构成犯罪的，依法追究刑事责任。
执法人员玩忽职守须承担法律责任	**第六十二条**　执法人员玩忽职守，对应当予以制止和处罚的违法行为不予制止、处罚，致使公民、法人或者其他组织的合法权益、公共利益和社会秩序遭受损害的，对直接负责的主管人员和其他直接责任人员依法给予行政处分；情节严重构成犯罪的，依法追究刑事责任。

行政处罚执行　　　　　　　　　　　　　　　　表 6-1-26

2018-011. 根据《行政处罚法》，下列关于听证程序的规定中不正确的是(　　　)。

A. 当事人要求听证的，应当在行政机关告知后七日内提出

B. 行政机关应当在听证七日前，通知当事人举行听证的时间、地点

C. 除涉及国家秘密、商业秘密或者个人隐私外，听证公开举行

D. 当事人认为主持人与本案有直接利害关系的，有权申请回避

【答案】A

【解析】《行政处罚法》第四十二条：行政机关作出责令停产停业、吊销许可证或者执照、较大数额罚款等行政处罚决定之前，应当告知当事人有要求举行听证的权利；当事人要求听证的，行政机关应当组织听证。当事人不承担行政机关组织听证的费用。听证依照以下程序组织：（一）当事人要求听证的，应当在行政机关告知后三日内提出；（二）行政机关应当在听证的七日前，通知当事人举行听证的时间、地点；（三）除涉及国家秘密、商业秘密或者个人隐私外，听证公开举行；（四）听证由行政机关指定的非本案调查人员主持；当事人认为主持人与本案有直接利害关系的，有权申请回避。综上所述，选项 A 符合题意。

2011-074. 当事人对行政处罚决定不服申请行政复议或者提起行政诉讼的，行政处罚（　　）执行，法律另有规定的除外。

A. 不停止
B. 停止
C. 有条件地
D. 暂缓

【答案】A

【解析】依据《行政处罚法》第四十五条可知，选项 A 正确。

五、《土地管理法》

相关真题：2017-034、2012-098、2012-031

《土地管理法》概述　　　　　　　　　　表 6-1-27

内容	说　　明
出台背景	为了加强土地管理，维护土地的社会主义公有制，保护、开发土地资源，合理利用土地，切实保护耕地，促进社会、经济的可持续发展，1986 年 6 月 25 日，全国人大常委会通过了《中华人民共和国土地管理法》，并在 1988 年、1998 年和 2004 年进行了三次修订。1998 年《土地管理法》实施后，国务院又发布了《中华人民共和国〈土地管理法〉实施条例》、《基本农田保护条例》等配套法规。
主要内容	包括总则，土地的所有权和所有权管理，土地利用总体规划和土地利用年度计划的编制、审批、实施制度，耕地的特殊保护规定，建设用地的取得和审批规定，土地管理的监督检查制度以及违反《土地管理法》的相关法律责任。
土地所有制和使用制度	第二条　中华人民共和国实行土地的社会主义公有制，即全民所有制和劳动群众集体所有制。全民所有，即国家所有土地的所有权由国务院代表国家行使。任何单位和个人不得侵占、买卖或者以其他形式非法转让土地。土地使用权可以依法转让。国家为了公共利益的需要，可以依法对土地实行征收或者征用并给予补偿。国家依法实行国有土地有偿使用制度。但是，国家在法律规定的范围内划拨国有土地使用权的除外。
土地管理基本国策	第三条　十分珍惜、合理利用土地和切实保护耕地是我国的基本国策。各级人民政府应当采取措施，全面规划，严格管理，保护、开发土地资源，制止非法占用土地的行为。
国家实行土地用途管制制度	第四条　国家实行土地用途管制制度。国家编制土地利用总体规划，规定土地用途，将土地分为农用地、建设用地和未利用地。严格限制农用地转为建设用地，控制建设用地总量，对耕地实行特殊保护。前款所称农用地是指直接用于农业生产的土地，包括耕地、林地、草地、农田水利用地、养殖水面等；建设用地是指建造建筑物、构筑物的土地，包括城乡住宅和公共设施用地、工矿用地、交通水利设施用地、旅游用地、军事设施用地等；未利用地是指农用地和建设用地以外的土地。使用土地的单位和个人必须严格按照土地利用总体规划确定的用途使用土地。
土地管理责任主体	第五条　国务院土地行政主管部门统一负责全国土地的管理和监督工作。县级以上地方人民政府土地行政主管部门的设置及其职责，由省、自治区、直辖市人民政府根据国务院有关规定确定。

2017-034. 根据《土地管理法》，下列土地分类正确的是(　　)。

  A. 农用地、城乡用地和开发用地 B. 农用地、城乡用地和工矿用地

  C. 农用地、建设用地和未用地 D. 农用地、一般建设用地和军事用地

【答案】C

【解析】《土地管理法》第四条规定，国家实行土地用途管制制度，国家编制土地利用总体规划，规定土地用途，将土地分为农用地、建设用地和未利用地。

2012-098. 住房和城乡建设部派驻某城市的城乡规划监督员发现，该市位于城市生态绿化隔离带内出现疑似违法建设。经查，该项目未办理任何行政许可，且仍在加紧施工，该建设项目违反了(　　)。

  A. 立法法   B. 土地管理法

  C. 城乡规划法   D. 城市房地产管理法

  E. 国家赔偿法

【答案】BC

【解析】《土地管理法》是为了加强土地管理，维护土地的社会主义公有制，保护、开发土地资源，合理利用土地，切实保护耕地，促进社会、经济的可持续发展而制定的。由于本题是在城市生态绿化隔离带内进行违法建设活动，所以该建设项目违反了《土地管理法》和《城乡规划法》。故选BC。

2012-031. 某开发商通过拍卖获得一块建设用地使用权，未进行投资建设就把土地转让给另一个开发单位进行开发，结果受到有关部门的查处，查处该案件所依据的法律是(　　)。

  A.《城乡规划法》   B.《土地管理法》

  C.《城市房地产管理法》 D.《建筑法》

【答案】B

【解析】《土地管理法》第二条规定，土地所有制和使用制度规定，我国实行土地的社会主义公有制，即全民所有制和劳动群众集体所有制。国家为了公共利益的需要，可以依法对土地实行征收或者征用并给予补偿。任何单位和个人不得侵占、买卖或者以其他形式非法转让土地。土地使用权可以依法转让。

相关真题：2018-089、2018-015、2012-026、2011-090、2011-088、2010-065

《土地管理法》的相关规定

表 6-1-28

内容	说　明
城市总体规划与土地利用总体规划	第二十一条　城市建设用地规模应当符合国家规定的标准，充分利用现有建设用地，不占或者尽量少占农用地。城市总体规划、村庄和集镇规划，应当与土地利用总体规划相衔接，城市总体规划、村庄和集镇规划中建设用地规模不得超过土地利用总体规划确定的城市和村庄、集镇建设用地规模。在城市规划区内、村庄和集镇规划区内，城市和村庄、集镇建设用地应当符合城市规划、村庄和集镇规划。

内容	说　明
耕地保护	第三十三条　国家实行基本农田保护制度。下列耕地应当根据土地利用总体规划划入基本农田保护区，严格管理：（一）经国务院有关主管部门或者县级以上地方人民政府批准确定的粮、棉、油生产基地内的耕地；（二）有良好的水利与水土保持设施的耕地，正在实施改造计划以及可以改造的中、低产田；（三）蔬菜生产基地；（四）农业科研、教学试验田；（五）国务院规定应当划入基本农田保护区的其他耕地。各省、自治区、直辖市划定的基本农田一般应当占本行政区域内耕地的百分之八十以上。具体比例由国务院根据各省、自治区、直辖市耕地实际情况规定。 第三十六条　非农业建设必须节约使用土地，可以利用荒地的，不得占用耕地；可以利用劣地的，不得占用好地。禁止占用耕地建窑、建坟或者擅自在耕地上建房、挖砂、采石、采矿、取土等。禁止占用基本农田发展林果业和挖塘养鱼。
土地征收	第四十六条　征收下列土地的，由国务院批准：（一）基本农田；（二）基本农田以外的耕地超过三十五公顷的；（三）其他土地超过七十公顷的。
以划拨方式取得建设用地的规定	第五十四条　建设单位使用国有土地，应当以出让等有偿使用方式取得；但是，下列建设用地，经县级以上人民政府依法批准，可以以划拨方式取得：（一）国家机关用地和军事用地；（二）城市基础设施用地和公益事业用地；（三）国家重点扶持的能源、交通、水利等基础设施用地；（四）法律、行政法规规定的其他用地。

2018-089. 《土地管理法》中规定的"临时用地"是(　　)。

A. 建设项目施工需要的临时使用的国有土地

B. 地质勘察需要临时使用的集体土地

C. 建设临时厂房需要租用的集体土地

D. 建设临时报刊亭占用道路旁边的用地

E. 建设项目施工场地临时使用的集体土地

【答案】ABE

【解析】《土地管理法》第五十七条规定，建设项目施工和地质勘察需要临时使用国有土地或者农民集体所有的土地的，由县级以上人民政府土地行政主管部门批准。

2018-015. 根据《土地管理法》，各省、自治区、直辖市划定的基本农田应当占本行政区域内耕地的比例不得低于(　　)。

A. 75%　　　　　　　　　　　　B. 80%

C. 85%　　　　　　　　　　　　D. 90%

【答案】B

【解析】据《土地管理法》第三十四条，各省、自治区、直辖市划定的基本农田应当占本行政区域内耕地的百分之八十以上。故选B。

2012-026. 下列哪项建设用地的使用权可以采用行政划拨的方式取得？(　　)

A. 商住建设用地　　　　　　　　B. 基础设施建设用地

C. 多功能影剧院用地   D. 酒店宾馆用地

【答案】B

【解析】《土地管理法》第五十四条，国有土地行政划拨类型规定，建设单位使用国有土地，应当以出让等有偿使用方式取得；但是，下列建设用地经县级以上人民政府依法批准，可以以划拨方式取得：①国家机关用地和军事用地；②城市基础设施用地和公用事业用地；③国家重点扶持的能源、交通、水利等基础设施用地；④法律、行政法规规定的其他用地。故选 B。

2011-090. 下列由国务院批准征用土地的有(　　　　)。

A. 蔬菜生产基地   B. 农业科研、科学试验田

C. 基本农田以外的耕地超过三十五公顷   D. 自留山地超过三十五公顷

E. 其他土地超过七十公顷

【答案】CE

【解析】《土地管理法》第四十五条规定，征收下列土地的，由国务院批准：(一)基本农田；(二)基本农田以外的耕地超过三十五公顷的；(三)其他土地超过七十公顷的。故选择 CE。

2011-088. 下列具体的建设行为中，属于现行法规和政策明令禁止的是(　　　　)。

A. 在建设用地范围之外设立"工业开发园区"

B. 用集体土地从事房地产开发

C. 在村庄规划区内从事乡镇企业建设

D. 在城市规划区内修建高尔夫球场

E. 利用基本农田进行绿化工程建设

【答案】ABDE

【解析】依据《中华人民共和国城乡规划法》第三十条，在城市总体规划、镇总体规划确定的建设用地范围以外，不得设立各类开发区和城市新区。故选项 A 为明令禁止行为。

依据《中华人民共和国城市房地产管理法》第九条，城市规划区内的集体所有的土地，经依法征收转为国有土地后，该幅国有土地的使用权方可有偿出让。房地产开发用地是以出让方式取得的，故选项 B 为明令禁止行为。

依据《中华人民共和国城乡规划法》第四十一条，在乡、村庄规划区内进行乡镇企业、乡村公共设施和公益事业建设的，建设单位或者个人应当向乡、镇人民政府提出申请，由乡、镇人民政府报城市、县人民政府城乡规划主管部门核发乡村建设规划许可证。故选项 C 为法规认可的行为。

依据 2011 年 6 月 1 日公布的《产业结构调整指导目录（2011 年本)》，将高尔夫球场项目归为限制类项目。根据《国务院关于发布实施〈促进产业结构调整暂行规定〉的决定》第十八条的规定，对属于限制类的新建项目，禁止投资。故选项 D 为明令禁止行为。

依据《中华人民共和国土地管理法》第三十六条，禁止占用基本农田发展林果业和挖塘养鱼。故选项 E 为明令禁止行为。

2010-065. "城市总体规划、村庄和集镇规划中建设用地规模不得超过土地利用总体规划确定的城市和村庄、集镇建设用地规模"的规定出自(　　)。

A. 土地管理法　　　　　　　　　B. 城乡规划法

C. 村庄和集镇规划建设管理条例　　D. 基本农田保护条例

【答案】A

【解析】《土地管理法》第二十二条规定，城市总体规划、村庄和集镇规划中建设用地规模不得超过土地利用总体规划确定的城市和村庄、集镇建设用地规模。故选择A。

六、《文物保护法》

相关真题：2013-091、2009-044

《文物保护法》-1　　　　　　　　　　　　　　　　　　表 6-1-29

内容	说　　明
出台背景	为了加强对文物的保护，继承中华民族优秀的历史文化遗产，促进科学研究工作，进行爱国主义和革命传统教育，建设社会主义精神文明和物质文明，1982 年 11 月 19 日，全国人大常委会通过了《中华人民共和国文物保护法》，自公布之日起施行，2017 年 11 月 4 日第五次修正。 文物工作贯彻保护为主、抢救第一、合理利用、加强管理的方针。
文物保护单位	**第三条**　古文化遗址、古墓葬、古建筑、石窟寺、石刻、壁画、近代现代重要史迹和代表性建筑等不可移动文物，根据它们的历史、艺术、科学价值，可以分别确定为全国重点文物保护单位，省级文物保护单位，市、县级文物保护单位。
文物保护单位定级	**第十三条**　国务院文物行政部门在省级、市、县级文物保护单位中，选择具有重大历史、艺术、科学价值的确定为全国重点文物保护单位，或者直接确定为全国重点文物保护单位，报国务院核定公布。省级文物保护单位，由省、自治区、直辖市人民政府核定公布，并报国务院备案。市级和县级文物保护单位，分别由设区的市、自治州和县级人民政府核定公布，并报省、自治区、直辖市人民政府备案。尚未核定公布为文物保护单位的不可移动文物，由县级人民政府文物行政部门予以登记并公布。
历史文化名城，历史文化街区、村镇的编制与保护办法制定	**第十四条**　保存文物特别丰富并且具有重大历史价值或者革命纪念意义的城市，由国务院核定公布为历史文化名城。 保存文物特别丰富并且具有重大历史价值或者革命纪念意义的城镇、街道、村庄，由省、自治区、直辖市人民政府核定公布为历史文化街区、村镇，并报国务院备案。 历史文化名城和历史文化街区、村镇所在地的县级以上地方人民政府应当组织编制专门的历史文化名城和历史文化街区、村镇保护规划，并纳入城市总体规划。 历史文化名城和历史文化街区、村镇的保护办法，由国务院制定。

2013-091. 根据《文物保护法》，以下属于不可移动文物的是(　　)。

A. 珍贵文物　　　　　　　　　　B. 历史文化名城

C. 历史文化街区　　　　　　　　D. 历史建筑

E. 古文化遗址

【答案】BCDE

【解析】《文物保护法》第三条规定，古文化遗址、古墓葬、古建筑、石窟寺、石刻、壁画、近代现代重要史迹和代表性建筑等不可移动文物，根据它们的历史、艺术、科学价值，可以分别确定为全国重点文物保护单位，省级文物保护单位，市、县级文物保护单位，故选 BCDE。

2009-044. 可移动文物不包括(　　)。

A. 石刻壁画 　　　　　　　　　　　B. 历史实物

C. 文献资料 　　　　　　　　　　　D. 古艺术品

【答案】A

【解析】石刻壁画为不可移动文物。

相关真题：2018-067、2017-068、2017-064、2014-042、2013-050、2013-036、2012-068、2011-054、2010-052

《文物保护法》-2 　　　　　　　　　　　　　　　　　　　表 6-1-30

内容	说　明
建设控制地带内保护措施	第十八条　根据保护文物的实际需要，经省、自治区、直辖市人民政府批准，可以在文物保护单位的周围划出一定的建设控制地带，并予以公布。在文物保护单位的建设控制地带内进行建设工程，不得破坏文物保护单位的历史风貌；工程设计方案应当根据文物保护单位的级别，经相应的文物行政部门同意后，报城乡建设规划部门批准。
建设工程选址	第二十条　建设工程选址，应当尽可能避开不可移动文物；因特殊情况不能避开的，对文物保护单位应当尽可能实施原址保护。
文物实施原址保护	实施原址保护的，建设单位应当事先确定保护措施，根据文物保护单位的级别报相应的文物行政部门批准；未经批准的，不得开工建设。
文物异地保护或拆除	无法实施原址保护，必须迁移异地保护或者拆除的，应当报省、自治区、直辖市人民政府批准；迁移或者拆除省级文物保护单位的，批准前须征得国务院文物行政部门同意。全国重点文物保护单位不得拆除；需要迁移的，须由省、自治区、直辖市人民政府报国务院批准。
损坏文物遗址保护与原址重建	第二十二条　不可移动文物已经全部毁坏的，应当实施遗址保护，不得在原址重建。但是，因特殊情况需要在原址重建的，由省、自治区、直辖市人民政府文物行政部门报省、自治区、直辖市人民政府批准；全国重点文物保护单位需要在原址重建的，由省、自治区、直辖市人民政府报国务院批准。
使用不可移动文物原则	第二十六条　使用不可移动文物，必须遵守不改变文物原状的原则，负责保护建筑物及其附属文物的安全，不得损毁、改建、添建或者拆除不可移动文物。对危害文物保护单位安全、破坏文物保护单位历史风貌的建筑物、构筑物，当地人民政府应当及时调查处理，必要时，对该建筑物、构筑物予以拆迁。

2018-067. 根据《文物保护法》，对不可移动文物实施原址保护的，其工作内容不包括(　　)。

  A. 事先确定保护措施

  B. 根据文物保护单位的级别报相应的文物行政部门批准

  C. 将保护措施列入可行性研究报告或者设计任务书

  D. 编制保护规划

【答案】D

【解析】《文物保护法》第二十条规定，建设工程选址，应当尽可能避开不可移动文物；因特殊情况不能避开的，文物保护单位应当尽可能实施原址保护。实施原址保护的，建设单位应当事先确定保护措施，根据文物保护单位的级别报相应的文物行政部门批准，并将保护措施列入可行性研究报告或者设计任务书。故选 D。

2017-068. 根据《文物保护法》，对不可移动文物的修缮、保养、迁移，必须遵守(　　)。

  A. 完好如初的原则

  B. 使用原材料、原工艺、原风格保护的原则

  C. 保护文物本体及周边环境的原则

  D. 不改变文物原状的原则

【答案】D

【解析】《文物保护法》第二十六条规定，使用不可移动文物，必须遵守不改变文物原状的原则，负责保护建筑物及其附属文物的安全，不得损毁、改建、添建或者拆除不可移动文物。

2017-064. 根据《文物保护法》，下列叙述中正确是(　　)。

  A. 迁移或者拆除省级以上文物保护单位的，批准前需取得国务院文物主管部门的同意

  B. 全国重点文物保护单位一律不得迁移

  C. 不可移动文物全部损坏的，一律不得在原址重建

  D. 历史文化名城和历史文化街区、村镇的保护办法，由国家文物局制定

【答案】C

【解析】依据《文物保护法》第二十条：迁移或者拆除省级文物保护单位的，批准前须征得国务院文物行政部门同意。全国重点文物保护单位不得拆除；需要迁移的，须由省、自治区、直辖市人民政府报国务院批准，故选项 A、B 错误；

第二十二条：不可移动文物已经全部毁坏的，应当实施遗址保护，不得在原址重建。但是，因特殊情况需要在原址重建的，由省、自治区、直辖市人民政府文物行政部门报省、自治区、直辖市人民政府批准；全国重点文物保护单位需要在原址重建的，由省、自治区、直辖市人民政府报国务院批准，故选项 C 正确。

第十四条：历史文化名城和历史文化街区、村镇的保护办法，由国务院制定，故选项 D 错误。

2014-042. 对于不可移动文物已经全部毁坏的，符合《文物保护法》要求的保护方式是(　　)。

  A. 实施原址保护，不得在原址重建

B. 实施遗址保护，可在原址周边适当地方仿建

C. 实施原址重建，再现历史风貌

D. 实施遗址废止，进行全面拆除

【答案】A

【解析】《文物保护法》第二十二条规定，不可移动文物已经全部毁坏的，应当实施遗址保护，不得在原址重建。但是，因特殊情况需要在原址重建的，由省、自治区、直辖市人民政府文物行政部门报省、自治区、直辖市人民政府批准；全国重点文物保护单位需要在原址重建的，由省、自治区、直辖市人民政府报国务院批准。

2013-050. 使用或对不可移动文物采取保护措施，必须遵守的原则是(　　)。

A. 不改变文物用途　　　　　　　　　　B. 不改变文物修缮方法

C. 不改变文物权属　　　　　　　　　　D. 不改变文物原状

【答案】D

【解析】解析同 2017-068。

2013-036. "建设工程选址，应当尽可能避开不可移动文物"的规定出自(　　)。

A.《文物保护法》　　　　　　　　　　B.《历史文化名城名镇名村保护条例》

C.《城市紫线管理办法》　　　　　　　D.《历史文化名城保护规划规范》

【答案】A

【解析】《文物保护法》第二十条规定，建设工程选址，应当尽可能避开不可移动文物；因特殊情况不能避开的，对文物保护单位应当尽可能实施原址保护。故选 A。

2012-068. 在文物保护单位的建设控制地带内进行建设工程，不得破坏文物保护单位的历史风貌，工程设计方案应当根据文物保护单位的(　　)，经相应的文物行政部门同意后，报城乡建设规划部门批准。

A. 保护需要　　　　　　　　　　　　　B. 保护措施

C. 级别　　　　　　　　　　　　　　　D. 要求

【答案】B

【解析】《文物保护法》第十八条规定，在文物保护单位的建设控制地带内进行建设工程，不得破坏文物保护单位的历史风貌；工程设计方案应当根据文物保护单位的级别，经相应的文物行政部门同意后，报城乡建设规划部门批准。故选 B。

2011-054. 根据保护文物的实际需要，经批准可以在文物保护单位的周围划出一定的(　　)。

A. 建设控制地带　　　　　　　　　　　B. 保护地带

C. 景观地带　　　　　　　　　　　　　D. 建设地带

【答案】A

【解析】《文物保护法》第十八条规定，根据保护文物的实际需要，经省、自治区、直辖市人民政府批准，可以在文物保护单位的周围划出一定的建设控制地带，并予以公布。故选 A。

2010-052. 《文物保护法》规定，使用不可移动文物，必须遵守(　　)原则。

A. 保持文物原有用途 　　　　B. 不改变文物原状

C. 文物保护级别不变 　　　　D. 不改变文物权属

【答案】B

【解析】解析同 2017-068。

七、《城市房地产管理法》

相关真题：2018-080、2018-016、2018-014、2017-040、2017-038、2013-087、2013-042、2013-030、2012-030、2012-029、2011-029、2010-033、2009-084、2009-033

《城市房地产管理法》　　　　　　　　　　　　　　　　表 6-1-31

内容	说　明
法定概念与 土地使用 制度	**适用范围**：在中华人民共和国城市规划区国有土地（以下简称国有土地）范围内取得房地产开发用地的土地使用权，从事房地产开发、房地产交易，实施房地产管理，应当遵守本法（第二条）。
	房地产开发法定概念：本法所称房地产开发，是指在依据本法取得国有土地使用权的土地上进行基础设施、房屋建设的行为（第二条）。
	房地产交易法定概念：本法所称房地产交易，包括房地产转让、抵押和房屋租赁（第二条）。
	国有土地使用制度：国家依法实行国有土地有偿、有限期使用制度。划拨国有土地的除外（第三条）。
土地使用权出让	**土地使用权出让仅限于国有土地**：土地使用权出让，是指国家将国有土地使用权（以下简称土地使用权）在一定年限内出让给土地使用者，由土地使用者向国家支付土地使用权出让金的行为。城市规划区内的集体所有的土地，经依法征用转为国有土地后，该幅国有土地的使用权方可有偿出让（第八条、第九条）。
	土地使用权出让的规划和计划要求：土地使用权出让，必须符合土地利用总体规划、城市规划和年度建设用地计划（第十条）。
	土地使用权出让必须有计划、有步骤：县级以上地方人民政府出让土地使用权用于房地产开发的，须根据省级以上人民政府下达的控制指标拟订年度出让土地使用权总面积方案，按照国务院规定，报国务院或者省级人民政府批准（第十一条、第十二条）。
	土地使用权出让方式：可以采取拍卖、招标或者双方协议的方式。商业、旅游、娱乐和豪华住宅用地，有条件的，必须采取拍卖、招标方式；没有条件，不能采取拍卖、招标方式的，可以采取双方协议的方式（第十三条）。
	土地使用权出让最高年限规定权：土地使用权出让最高年限由国务院规定（第十四条）。

内容	说　　明
土地使用权出让	**改变土地使用权出让约定用途的规划管理**：土地使用者需要改变土地使用权出让合同约定的土地用途的，必须取得出让方和市、县人民政府城市规划行政主管部门的同意，签订土地使用权出让合同变更协议或者重新签订土地使用权出让合同，相应调整土地使用权出让金（第十八条）。
土地使用权划拨	**土地使用权划拨概念**：土地使用权划拨，是指县级以上人民政府依法批准，在土地使用者缴纳补偿、安置费等费用后，将该幅土地交付其使用，或者将国有土地使用权无偿交付给土地使用者使用的行为（第二十三条）。
	土地使用权划拨范围：土地使用权划拨适用于国家机关和军事用途；城市基础设施和公益事业用地；国家重点扶持的能源、交通、水利等项目用地；以及法律、行政法规规定的其他用地（第二十四条）。
房地产规划管理	**房地产开发必须严格执行城市规划**：房地产开发必须严格执行城市规划，按照经济效益、社会效益、环境效益相统一的原则，实行全面规划，合理布局，综合开发，配套建设（第二十五条）。
	房地产开发不得闲置土地：以出让方式取得土地使用权进行房地产开发的，必须按照土地使用权出让合同约定的土地用途、动工开发期限开发土地。超过出让合同约定的动工开发日期满1年未动工开发的，可以征收相当于土地使用权出让金20%以下的土地闲置费；满2年未动工开发的。可以无偿收回土地使用权；但是，因不可抗力或者政府、政府有关部门的行为或者动工开发必需的前期工作造成动工开发迟延的除外（第二十六条）。
	房地产转让后改变原土地用途的规划管理：以出让方式取得土地使用权的，转让房地产后，受让人改变原土地使用权出让合同约定的土地用途的，必须取得原出让方和市、县人民政府城市规划行政主管部门的同意，签订土地使用权出让合同变更协议或者重新签订土地使用权出让合同，相应调整土地使用权出让金（第四十四条）。
	商品房预售规划管理：商品房预售应当持有建设工程规划许可证（第四十五条）。

2018-080、2010-033. 根据《房地产管理法》，下列选项中与城市规划管理职能有关的是（　　）。

A. 房地产转让　　　　　　　　　B. 房地产抵押
C. 房地产租赁　　　　　　　　　D. 房地产中介服务

【答案】A

【解析】与规划相关的是房地产转让后改变原土地用途的规划管理，故选A。

2018-016.《房地产管理法》的适用范围包括(　　)。

A. 所有从事房地产开发、房地产交易、实施房地产管理

B. 城市行政区内的房地产开发、房地产交易

C. 城市建成区内的土地使用权转让，房地产开发、房地产交易

D. 城市规划区国有土地范围内取得房地产开发用地的土地使用权，从事房地产开发、房地产交易，实施房地产管理

【答案】D

【解析】《城市房地产管理法》第二条规定，在中华人民共和国城市规划区国有土地范围内取得房地产开发用地的土地使用权，从事房地产开发、房地产交易，实施房地产管理，应当遵守本法。故选D。

2018-014. 根据《房地产管理法》，土地使用权出让必须符合( )的规定。

A. 土地利用总体规划、城市规划、国民经济和社会发展规划

B. 土地利用总体规划、城市总体规划、控制性详细规划

C. 土地利用总体规划、控制性详细规划、年度建设用地规划

D. 土地利用总体规划、城市规划、年度建设用地规划

【答案】D

【解析】《城市房地产管理法》第十条规定，土地使用权出让，必须符合土地利用总体规划、城市规划和年度建设用地计划。故选D。

2017-040. 某开发商以出让方式取得某地块的建设用地使用权，由于( )，根据《房地产管理法》，将受到无偿收回建设用地使用权的处罚。

A. 未取得建设用地规划许可证

B. 擅自改变土地的用途

C. 超过土地使用权出让合同约定的动工开发期限，满2年未动工开发

D. 未取得建设工程规划许可证开工建设

【答案】C

【解析】据《城市房地产管理法》第二十六条，以出让方式取得土地使用权进行房地产开发的，必须按照土地使用权出让合同约定的土地用途、动工开发期限开发土地。超过出让合同约定的动工开发日期满1年未动工开发的，可以征收相当于土地使用权出让金20%以下的土地闲置费；满2年未动工开发的，可以无偿收回土地使用权。此题选C。

2017-038. 根据《房地产管理法》，以划拨方式取得土地使用权的，除法律、行政法规另有规定外，使用期限为( )。

A. 70年   B. 50年

C. 40年   D. 没有期限

【答案】D

【解析】《城市房地产管理法》第二十三条：土地使用权划拨，是指县级以上人民政府依法批准，在土地使用者缴纳补偿、安置等费用后将该幅土地交付其使用，或者将土地使用权无偿交付给土地使用者使用的行为。依照本法规定以划拨方式取得土地使用权的，除法律、行政法规另有规定外，没有使用期限的限制。故选D。

2013-087. 下列连线中，其内容是由该法律规定的是(　　)。

　　A. 土地出让权的获得与开发——《土地管理法》

　　B. 确定土地用途——《城市房地产管理法》

　　C. 确定建设用地性质——《城乡规划法》

　　D. 房地产转让——《土地管理法》

　　E. 无偿收回土地使用权——《城市房地产管理法》

　　【答案】CE

　　【解析】《土地管理法》第四条规定了有关确定土地用途的内容（B项）。

《城乡规划法》第三章城乡规划的实施规定了有关确定建设用地性质的内容（C项）。

《城市房地产管理法》第二章第一节土地使用权出让，规定了有关土地出让权的获得与开发（A项）以及无偿收回土地使用权（E项）的内容，第四章第二节规定了房地产转让相关内容（D项）。故选CE。

2013-042. 城市规划区内集体所有土地上建设学校，须经(　　)后，方可办理有关手续。

　　A. 2/3 以上的村民同意　　　　　　B. 依法征用转为国有土地

　　C. 房地产交易　　　　　　　　　　D. 有关部门办理划拨手续

　　【答案】B

　　【解析】《城市房地产管理法》第九条规定，城市规划区内的集体所有的土地，经依法征用转为国有土地后，该国有土地的使用权方可有偿出让，故选B。

2013-030. 根据《城市房地产管理法》，下列关于土地使用制度的叙述正确的是(　　)。

　　A. 以划拨方式取得土地使用权的，除法律、行政法规另有规定外，没有使用期限的限制

　　B. 土地使用权出让行为不属于市场行为

　　C. 土地使用权是国有土地使用权和集体土地使用权的简称

　　D. 土地使用权出让合同由市、县人民政府与土地使用者签订

　　【答案】A

　　【解析】解析参照 2017-038。

2012-030. 以出让方式获得土地使用权进行房地产开发的，(　　)未动工开发，可由县级以上人民政府无偿收回土地使用权。

　　A. 交付土地出让金后

　　B. 超出出让合同约定的动工开发日期满 2 年

　　C. 完成全部拆迁后

　　D. 超出出让合同约定的动工开发日期满 1 年

　　【答案】B

　　【解析】解析同 2017-040。

2012-029. 根据我国有关法律规定，获得城乡建设用地使用权的方式不包括(　　)。

　　A. 出租　　　　　　　　　　　　　　B. 划拨

C. 有偿出让   D. 协议出让

【答案】A

【解析】当前,我国建设单位的国有土地使用权的获得方式有两种,即土地使用权无偿划拨和有偿出让。《城市房地产管理法》第十三条规定,土地使用权出让,可以采取拍卖、招标或者双方协议的方式。商业、旅游、娱乐和豪华住宅用地,有条件的,必须采取拍卖、招标方式;没有条件的,不能采取拍卖、招标方式的,可以采取双方协议的方式。所以获得城乡建设用地使用权的方式不包括出租。故选A。

2011-029. 商业用地的土地使用权出让,不得采取(　　)方式。

A. 划拨   B. 拍卖

C. 招标   D. 双方协议

【答案】A

【解析】据《城市房地产管理法》第十二条,土地使用权出让,可以采取拍卖、招标或者双方协议的方式。商业、旅游、娱乐和豪华住宅用地,有条件的,必须采取拍卖、招标方式;没有条件,不能采取拍卖、招标方式的,可以采取双方协议的方式。采取双方协议方式出让土地使用权的出让金不得低于按国家规定所确定的最低价。故选A。

2009-084. 商品房预售,应当符合的条件包括以下各项中的(　　)。

A. 已交付部分土地使用权出让金

B. 持有建设工程规划许可证

C. 按提供预售的商品房计算,投资人开发建设的资金达到工程建设总投资的25%以上,并已经确定施工进度和竣工交付日期

D. 开发商共有房地产,经其他共有人书面同意预售的

E. 城中村自主开发自建房完工的

【答案】BC

【解析】《城市房地产管理法》第四十五条规定,商品房预售,应当符合下列条件:

① 已交付全部土地使用权出让金(A项错),取得土地使用权证书;

② 持有建设工程规划许可证(B项);

③ 按提供预售的商品房计算,投入开发建设的资金达到工程建设总投资的25%以上,并已经确定施工进度和竣工交付日期(C项);

④ 向县级以上人民政府房产管理部门办理预售登记,取得商品房预售许可证明;商品房预售人应当按照国家有关规定将预售合同报县级以上人民政府房产管理部门和土地管理部门登记备案;商品房预售所得款项,必须用于有关的工程建设。

未涉及DE项,故选BC。

2009-033. 以出让方式取得土地使用权进行房地产开发的,必须按照(　　)的土地用途,动工开发土地。

A. 土地利用规划   B. 城市规划

C. 近期建设规划   D. 土地使用权出让合同约定

【答案】D

【解析】《城市房地产管理法》第二十六条规定，以出让方式取得土地使用权进行房地产开发的，必须按照土地使用权出让合同约定的土地用途、动工开发期限开发土地。故选 D。

八、《建筑法》

相关真题：2018-020、2009-036

《建筑法》   表 6-1-32

内容	说　　明
出台背景	为了加强对建筑活动的监督管理，维护建筑市场秩序，保证建筑工程的质量和安全，促进建筑业健康发展，1997 年 11 月 1 日，全国人大常委会审议通过了《中华人民共和国建筑法》，2019 年最新修订。
目录结构	第一章　总则；第二章　建筑许可；第三章　建筑工程发包与承包；第四章　建筑工程监理；第五章　建筑安全生产管理；第六章　建筑工程质量管理；第七章　法律责任。
主要内容	**建筑工程施工许可规定** 　　第七条　建筑工程开工前，建设单位应当按照国家有关规定向工程所在地县级以上人民政府建设行政主管部门申请领取施工许可证；但是国务院建设行政主管部门确定的限额以下的小型工程除外。 **建筑工程因故中止施工的规定** 　　第十条　在建的建筑工程因故中止施工的，建设单位应当自中止施工之日起一个月内，向发证机关报告，并按照规定做好建筑工程的维护管理工作。 　　建筑工程恢复施工时，应当向发证机关报告；中止施工满一年的工程恢复施工前，建设单位应当报发证机关核验施工许可证。 **申请领取施工许可证条件** 　　第八条　申请领取施工许可证，应当具备下列规划条件： 　　① 已经办理该建筑工程工地批准手续； 　　② 依法应当办理建设工程规划许可证的，已经取得建设工程规划许可证； 　　③ 需要拆迁的，其拆迁进度符合施工要求； 　　④ 已经确定建筑施工企业； 　　⑤ 有满足施工需要的施工图纸及技术资料； 　　⑥ 有保证工程质量和安全的具体措施。 **施工临时占地规划管理** 　　第四十二条　需要临时占用规划批准范围以外场地的，建设单位应当按照国家有关规定办理申请批准手续。

2018-020.《建筑法》中规定的申领施工许可证的前置条件中不包括（　　）。

A. 已经办理建设用地批准手续　　　　B. 已经取得建设工程规划许可证

C. 有项目批准或者核准的文件　　　　D. 建设资金已经落实

【答案】 D

【解析】 2019 新修订的《建筑法》申请领取施工许可证，应当具备下列条件：①已经办理该建筑工程工地批准手续；②依法应当办理建设工程规划许可证的，已经取得建设工程规划许可证；③需要拆迁的，其拆迁进度符合施工要求；④已经确定建筑施工企业；⑤有满足施工需要的施工图纸及技术资料；⑥有保证工程质量和安全的具体措施。故选D。

2009-036. 在建的建筑工程因故中止施工的，建设单位应当自中止施工之日起一个月内，向发证机关报告，并按规定做好( )。

A. 施工许可证证期申请　　　　　B. 建筑工程的维护管理

C. 建筑工程质量和安全　　　　　D. 满足施工需要的技术

【答案】B

【解析】据《建筑法》第十条，在建的建筑工程因故中止施工的，建设单位应当自中止施工之日起一个月内，向发证机关报告，并按照规定做好建筑工程的维护管理工作。

九、《环境保护法》

相关真题：2018-090、2018-013、2014-059、2010-016

《环境保护法》　　　　　　　　　　　　　　　　　　表 6-1-33

内容	说　明
出台背景	为了保护和改善生活环境与生态环境，防治污染和其他公害，保障人体健康，促进社会主义现代化建设的发展，1989 年 12 月 26 日，全国人大常委会通过了《中华人民共和国环境保护法》，2014 年 4 月 24 日修订通过。
环境保护规划	**第十三条** 县级以上人民政府应当将环境保护工作纳入国民经济和社会发展规划。 国务院环境保护主管部门会同有关部门，根据国民经济和社会发展规划编制国家环境保护规划，报国务院批准并公布实施。 县级以上地方人民政府环境保护主管部门会同有关部门，根据国家环境保护规划的要求，编制本行政区域的环境保护规划，报同级人民政府批准并公布实施。 环境保护规划的内容应当包括生态保护和污染防治的目标、任务、保障措施等，并与主体功能区规划、土地利用总体规划和城乡规划等相衔接。
环境影响评价	**第十九条** 编制有关开发利用规划，建设对环境有影响的项目，应当依法进行环境影响评价。未依法进行环境影响评价的开发利用规划，不得组织实施；未依法进行环境影响评价的建设项目，不得开工建设。

2018-090. 根据《节约能源法》，建筑主管部门对于不符合建筑节能标准的可采取的措施有( )。

A. 不得批准开工建设

B. 已经开工建设的，责令停止施工，限期改正

C. 拒不停止施工的，进行强制拆除

D. 已经建成的，不得销售或者使用

E. 吊销建设工程规划许可证

【答案】ABD

【解析】《节约能源法》第三十五条规定，建筑工程的建设、设计、施工和监理单位应当遵守建筑节能标准。不符合建筑节能标准的建筑工程，建设主管部门不得批准开工建设，已经开工建设的应当责令停止施工、限期改正；已经建成的，不得销售或者使用，故选ABD。

2018-013. 《环境保护法》规定，建设项目防止污染的设施必须与主体工程(　　)。

　　A. 同时设计、同时施工、同时验收　　B. 同时设计、同时施工、同时竣工

　　C. 同时设计、同时验收、同时投产使用　　D. 同时设计、同时施工、同时投产使用

【答案】D

【解析】《环境保护法》第二十六条规定，建设项目中防治污染的措施，必须与主体工程同时设计、同时施工、同时投产使用，故选D。

2014-059. 根据《环境保护法》，制定城市规划，应当确定保护和改善环境的(　　)。

　　A. 目标和任务　　　　　　　　　B. 内容和方法

　　C. 项目和责任　　　　　　　　　D. 标准和措施

【答案】A

【解析】1989 年发布的《环境保护法》第二十二条规定，制定城市规划，应当确定保护和改善环境的目标和任务。《环境保护法》已于 2014 年 4 月 24 日修订通过，自 2015 年 1 月 1 日起施行，修订后此法已无此条内容。

2010-016. 根据《环境保护法》规定，以下哪项是对编制城市规划的要求？(　　)

　　A. 确定所在城市的环境质量标准

　　B. 制定所在城市的污染物排放标准

　　C. 确定保护和改善环境的目标和任务

　　D. 提出防治环境污染和其他公害的措施

【答案】C

【解析】1989 年发布的《环境保护法》第二十二条规定，制定城市规划，应当确定保护和改善环境的目标和任务。《环境保护法》已于 2014 年 4 月 24 日修订通过，自 2015 年 1 月 1 日起施行，修订后此法已无此条内容。

十、《环境影响评价法》

《环境影响评价法》　　　　　　　　　　　　　　　表 6-1-34

项目	要点	内容
规划的环境影响评价	环境影响评价的概念	本法所称环境影响评价，是指对规划和建设项目实施后可能造成的环境影响进行分析、预测和评估，提出预防或者减轻不良环境影响的对策和措施，进行跟踪监测的方法与制度。
	环境影响评价的规划范围	国务院有关部门、设区的市级以上地方人民政府及其有关部门，对其组织编制的土地利用的有关规划，区域、流域、海域的建设、开发利用规划，应当在规划编制过程中组织进行环境影响评价，编写该规划有关环境影响的篇章或者说明。
	环境影响评价的内容与审批	编写该规划有关环境影响的篇章或者说明，应当对规划实施后可能造成的环境影响作出分析、预测和评估，提出预防或者减轻不良环境影响的对策和措施，作为规划草案的组成部分一并报送规划审批机关。未编写有关环境影响的篇章或者说明的规划草案，审批机关不予审批。

项目	要点	内容
规划的环境影响评价	环境影响评价的内容与审批	国务院有关部门、设区的市级以上地方人民政府及其有关部门,对其组织编制的工业、农业、畜牧业、林业、能源、水利、交通、城市建设、旅游、自然资源开发的有关专项规划(以下简称专项规划),应当在该专项规划草案上报审批前,组织进行环境影响评价,并向审批该专项规划的机关提出环境影响报告书。 专项规划中的指导性规划,按照第七条的规定进行环境影响评价。
	专项规划环境影响报告书要求	① 实施该规划对环境可能造成影响的分析、预测和评估; ② 预防或者减轻不良环境影响的对策和措施; ③ 环境影响评价的结论。
	专项规划附送环境影响报告书的要求	专项规划的编制机关在报批规划草案时,应当将环境影响报告书一并附送审批机关审查;未附送环境影响报告书的,审批机关不予审批。
建设项目的环境影响评价	环境影响评价分类管理	① 可能造成重大环境影响的,应当编制环境影响报告书,对产生的环境影响进行全面评价; ② 可能造成轻度环境影响的,应当编制环境影响报告表,对产生的环境影响进行分析或者专项评价; ③ 对环境影响很小、不需要进行环境影响评价的,应当填报环境影响登记表。建设项目的环境影响评价分类管理名录,由国务院环境保护行政主管部门制定并公布。
	建设项目环境影响评价文件审批	建设项目的环境影响评价文件,由建设单位按照国务院的规定报有审批权的环境保护行政主管部门审批;建设项目有行业主管部门的,其环境影响报告书或者环境影响报告表应当经行业主管部门预审后,报有审批权的环境保护行政主管部门审批。
	未批环境影响评价文件的建设项目不得开工	建设项目的环境影响评价文件未经法律规定的审批部门审查或者审查后未予批准的,该项目审批部门不得批准其建设,建设单位不得开工建设。

十一、《物权法》

相关真题:2017-098、2014-072、2013-031、2012-088、2010-067

《物权法》概述 表 6-1-35

内容	说 明
出台背景	为了维护国家基本经济制度,维护社会主义市场经济秩序,明确物的归属,发挥物的效用,保护权利人的物权,2007 年 3 月 16 日,全国人大通过了《中华人民共和国物权法》,自 2007 年 10 月 1 日起施行。其主要内容包括物权的设立、变更、转让、消灭和保护,国家所有权、集体所有权、私人所有权、业主的建筑物区分所有权、相邻关系和共有等所有权的规定,土地承包经营权、建设用地使用权、宅基地使用权、地役权等用益物权的规定,抵押权、质权、留置权等担保物权以及占有的规定等。

内容	说　明
物权法及其基本原则	**物和物权的法定概念** **第二条**　因物的归属和利用而产生的民事关系，适用本法。 本法所称物，包括不动产和动产。法律规定权利作为物权客体的，依照其规定。 本法所称物权，是指权利人依法对特定的物享有直接支配和排他的权利，包括所有权、用益物权和担保物权。
四类物权受法律保护	**第四条**　国家、集体、私人的物权和其他权利人的物权受法律保护，任何单位和个人不得侵犯。
取得和使用物权的原则	**第七条**　物权的取得和使用，应当遵守法律，尊重社会公德，不得危害公共利益和他人合法权益。
物权的设立、变更、转让和消灭	**第九条**　不动产物权登记生效以及所有权可不登记的规定 不动产物权的设立、变更、转让和消灭，经依法登记，发生效力；未经登记，不发生效力，但法律另有规定的除外。依法属于国家所有的自然资源，所有权可以不登记。 **第十条**　不动产登记机构和国家统一登记制度 不动产登记，由不动产所在地的登记机构办理。国家对不动产实行统一登记制度。统一登记的范围、登记机构和登记办法，由法律、行政法规规定。 **第二十九条**　因继承或者受遗赠等而取得物权 因继承或者受遗赠取得物权的，自继承或者受遗赠开始时发生效力。 **第三十条**　因事实行为而设立或者消灭物权 因合法建造、拆除房屋等事实行为设立或者消灭物权的，自事实行为成就时发生效力。
物权的保护	**物权受到侵害的解决途径** **第三十二条**　物权受到侵害的，权利人可以通过和解、调解、仲裁、诉讼等途径解决。 **物权争议的权利确认** **第三十三条**　因物权的归属、内容发生争议的，利害关系人可以请求确认权利。 **物权保护方式的适用** **第三十八条**　本章规定的物权保护方式，可以单独适用，也可以根据权利被侵害的情形合并适用。 侵害物权，除承担民事责任外，违反行政管理的，依法承担行政责任；构成犯罪的，依法追究刑事责任。
所有权一般规定	**所有权人享有的权利** **第三十九条**　所有权人对自己的不动产或者动产，依法享有占有、使用、收益和处分的权利。 **第四十二条**　征收 为了公共利益的需要，依照法律规定的权限和程序可以征收集体所有的土地和单位、个人的房屋及其他不动产。征收集体所有的土地，应当依法足额支付土地补偿费、安置补助费、地上附着物和青苗的补偿费等费用，安排被征地农民的社会保障费用，保障被征地农民的生活，维护被征地农民的合法权益。征收单位、个人的房屋及其他不动产，应当依法给予拆迁补偿，维护被征收人的合法权益；征收个人住宅的，还应当保障被征收人的居住条件。任何单位和个人不得贪污、挪用、私分、截留、拖欠征收补偿费等费用。 **国家对耕地实行特殊保护** **第四十三条**　国家对耕地实行特殊保护，严格限制农用地转为建设用地，控制建设用地总量。不得违反法律规定的权限和程序征收集体所有的土地。

2017-098. 根据《物权法》，物权受到侵害的，权利人可以通过(　　)等途径解决。

A. 和解
B. 变更
C. 调解
D. 仲裁
E. 诉讼

【答案】ACDE

【解析】《物权法》第三十二条规定，物权受到侵害的，权利人可以通过和解、调解、仲裁、诉讼等途径解决。

2014-072. 某市政府因新建快速路修改城市规划，需拆迁医学院部门设施和住宅楼，致使该院及住户合法利益受到损失。为此，该院和住户应依据(　　)要求市政府给予补偿。

A. 行政许可法
B. 行政处罚法
C. 物权法
D. 城乡规划法

【答案】C

【解析】依据《物权法》第四十二条，选项C正确。

2013-031. 根据《物权法》，国家对(　　)实行特殊保护，严格限制农用地转为建设用地，控制建设用地总量。

A. 国有土地
B. 集体土地
C. 宅基地
D. 耕地

【答案】D

【解析】《物权法》第四十三条规定，国家对耕地实行特殊保护，严格限制农用地转为建设用地，控制建设用地总量。不得违反法律规定的权限和程序征收集体所有的土地。故选D。

2012-088. 依据物权法，不动产物权的(　　)，经依法登记，发生效力；未经登记，不发生效力，但法律另有规定除外。

A. 设立
B. 使用
C. 变更
D. 转让
E. 消灭

【答案】ACDE

【解析】《物权法》第九条规定，不动产物权的设立、变更、转让和消灭，经依法登记，发生效力；未经登记，不发生效力，但法律另有规定的除外。故选ACDE。

2010-067. 国家对耕地实行特殊保护，严格限制农用地转为(　　)。

A. 生产基地
B. 建设用地
C. 经济林地
D. 临时用地

【答案】B

【解析】参照2013-031。

相关真题：2017-037、2010-073、2010-082、2009-073

内 容	说 明
业主所有权与共有权区分	**第七十条** 业主对建筑物内的住宅、经营性用房等专有部分享有所有权，对专有部分以外的共有部分享有共有和共同管理的权利。
业主对专有部分权利	**第七十一条** 业主对其建筑物专有部分享有占有、使用、收益和处分的权利。业主行使权利不得危及建筑物的安全，不得损害其他业主的合法权益。
业主对共有部分权利	**第七十二条** 业主对建筑物专有部分以外的共有部分，享有权利，承担义务；不得以放弃权利不履行义务。 业主转让建筑物内的住宅、经营性用房，其对共有部分享有的共有和共同管理的权利一并转让。
建筑区划内的公用设施	**第七十三条** 建筑区划内的道路，属于业主共有，但属于城镇公共道路的除外。建筑区划内的绿地，属于业主共有，但属于城镇公共绿地或者明示属于个人的除外。建筑区划内的其他公共场所、公用设施和物业服务用房，属于业主共有。
建筑区划内规划停车位	**第七十四条** 建筑区划内，规划用于停放汽车的车位、车库应当首先满足业主的需要。 建筑区划内，规划用于停放汽车的车位、车库的归属，由当事人通过出售、附赠或者出租等方式约定。 占用业主共有的道路或者其他场地用于停放汽车的车位，属于业主共有。
改变住宅用途的规定	**第七十七条** 业主不得违反法律、法规以及管理规约，将住宅改变为经营性用房。业主将住宅改变为经营性用房的，除遵守法律、法规以及管理规约外，应当经有利害关系的业主同意。

2017-037. 根据《物权法》，业主的住宅改变为经营性用房的，除遵守法律、法规以及管理规定外，还应当经( )同意。

A. 有利害关系的业主　　　　　　B. 业主大会

C. 业主委员会　　　　　　　　　D. 过半数业主

【答案】A

【解析】《物权法》第七十七条规定，将住宅改变为经营性用房的规定，业主不得违反法律、法规以及管理规约，将住宅改变为经营性用房。业主将住宅改变为经营性用房的，除遵守法律、法规以及管理规约外，应当经有利害关系的业主同意。

2010-073. 根据《物权法》关于业主的建筑物区分所有权的规定，下列位于建筑区划内的哪项设施不属于业主共有( )。

A. 城市次干路　　　　　　　　　B. 居住小区道路

C. 小区绿地　　　　　　　　　　D. 地下停车库

【答案】A

【解析】《物权法》第七十三条规定，建筑区划内的道路，属于业主共有，但属于城镇公共道路的除外。

2010-082.《物权法》规定，建筑区划内，规划用于停放汽车的车位、车库的归属，由当事人通过(   )等方式约定。占用业主共有的道路或其他场地用于停放汽车的车位除外。

A. 协议

B. 出售

C. 附赠

D. 出租

E. 分摊

【答案】BCD

【解析】据《物权法》第七十四条，建筑区划内，规划用于停放汽车的车位、车库应当首先满足业主的需要。建筑区划内，规划用于停放汽车的车位、车库的归属，由当事人通过出售、附赠或者出租等方式约定。占用业主共有的道路或者其他场地用于停放汽车的车位，属于业主共有。故选BCD。

2009-073. 依据《物权法》关于"业主的建筑物区分所有权"规定，业主对建筑物专有部分外的绿地、公共设施和其他公共场所等享有(   )。

A. 占有的权利

B. 使用的权力

C. 处分的权利

D. 共有和共同管理的权力

【答案】D

【解析】《物权法》第七十条规定，业主对建筑物内的住宅、经营性用房等专有部分享有所有权，对专有部分以外的共有部分享有共有和共同管理的权利。

第七十三条规定，建筑区划内的道路，属于业主共有，但属于城镇公共道路的除外。建筑区划内的绿地，属于业主共有，但属于城镇公共绿地或者明示属于个人的除外。建筑区划内的其他公共场所、公用设施和物业服务用房，属于业主共有。故选D。

相关真题：2014-034、2011-099

相邻关系

表 6-1-37

内容	说明
处理相邻关系的原则	**第八十四条** 不动产的相邻权利人应当按照有利生产、方便生活、团结互助、公平合理的原则，正确处理相邻关系。
相邻权利人用水、排水	**第八十六条** 不动产权利人应当为相邻权利人用水、排水提供必要的便利。对自然流水的利用，应当在不动产的相邻权利人之间合理分配。对自然流水的排放，应当尊重自然流向。
利用相邻土地通行	**第八十七条** 不动产权利人对相邻权利人因通行等必须利用其土地的，应当提供必要的便利
利用相邻土地、建筑进行建设	**第八十八条** 不动产权利人因建造、修缮建筑物以及铺设电线、电缆、水管、暖气和燃气管线等必须利用相邻土地、建筑物的，该土地、建筑物的权利人应当提供必要的便利。
建造房屋不得妨碍相邻建筑物通风、采光和日照	**第八十九条** 建造建筑物，不得违反国家有关工程建设标准，妨碍相邻建筑物的通风、采光和日照。

内容	说　明
不动产人进行建设不得危及相邻安全	**第九十一条**　不动产权利人挖掘土地、建造建筑物、铺设管线以及安装设备等，不得危及相邻不动产的安全。
因用水、排水、通行、建设的相邻关系	**第九十二条**　不动产权利人因用水、排水、通行、铺设管线等利用相邻不动产的，应当尽量避免对相邻的不动产权利人造成损害；造成损害的，应当给予赔偿。

2014-034. "建造建筑物，不得违反国家有关工程建设标准，妨碍相邻建筑物的通风、采光和日照"的规定条款出自(　　)。

A.《城乡规划法》　　　　　　　　　　B.《城市房地产管理法》

C.《建筑法》　　　　　　　　　　　　D.《物权法》

【答案】D

【解析】《物权法》第八十九条规定，建造建筑物，不得违反国家有关工程建设标准，妨碍相邻建筑物的通风、采光和日照。故选D。

2011-099. 根据《物权法》，建造建筑物，不得违反国家有关工程建设标准，妨碍相邻建筑物的(　　)。

A. 通风　　　　　　　　　　　　　　B. 采光

C. 日照　　　　　　　　　　　　　　D. 朝向

E. 景观

【答案】ABC

【解析】《物权法》第八十九条建造建筑物，不得违反国家有关工程建设标准，妨碍相邻建筑物的通风、采光和日照。故选ABC。

相关真题：2018-085、2018-024、2017-054、2017-047、2017-035、2014-032、2014-029、2014-026、2013-088、2013-038、2012-028、2011-025

用益物权　　　　　　　　　　　　　　表6-1-38

内容	说　明
建设用地使用权	**第一百三十五条**　建设用地使用权人依法对国家所有的土地享有占有、使用和收益的权利，有权利用该土地建造建筑物、构筑物及其附属设施。
建设用地使用权取得方式	**第一百三十七条**　设立建设用地使用权，可以采取出让或者划拨等方式。 工业、商业、旅游、娱乐和商品住宅等经营性用地以及同一土地有两个以上意向用地者的，应当采取招标、拍卖等公开竞价的方式出让。 严格限制以划拨方式设立建设用地使用权。采取划拨方式的，应当遵守法律、行政法规关于土地用途的规定。
改变建设用地用途规定	**第一百四十条**　建设用地使用权人应当合理利用土地，不得改变土地用途；需要改变土地用途的，应当依法经有关行政主管部门批准。

续表

内容	说　　明
建设用地使用权流转方式	第一百四十三条　建设用地使用权人有权将建设用地使用权转让、互换、出资、赠予或者抵押，但法律另有规定的除外。
住宅建设用地续期	第一百四十九条　住宅建设用地使用权期间届满的，自动续期。
集体所有土地作为建设用地	第一百五十一条　集体所有的土地作为建设用地的，应当依照土地管理法等法律规定办理。

2018-085. 下列哪些法律规定了应采取拍卖、招标或者双方协议的方式确定土地使用权出让?（　　）

A. 物权法　　　　　　　　　　B. 城乡规划法

C. 建筑法　　　　　　　　　　D. 土地管理法

E. 房地产管理法

【答案】AE

【解析】《物权法》第一百三十八条规定，采取招标、拍卖、协议等出让方式设立建设用地使用权的，当事人应当采取书面形式订立建设用地使用权出让合同。《房地产管理法》第十三条规定，土地使用权出让，可以采取拍卖、招标或者双方协议的方式，故选AE。

2018-024. 根据《物权法》，下列关于建设用地使用权的表述中，不正确的是（　　）。

A. 设立建设用地使用权，可以采取出让或者划拨等方式

B. 设立建设用地使用权的，应当向登记机构申请建设用地使用权登记

C. 建设用地使用权自登记时设立

D. 建设用地使用权不得在地表以下设立

【答案】D

【解析】据《物权法》第一百三十六条，建设用地使用权可以在土地的地表、地上或者地下分别设立。

2017-054. 根据《物权法》，下列建设用地使用权的叙述中，不正确的是（　　）。

A. 建设用地使用权应当向登记机构登记设立

B. 新设立的建设用地使用权，不得损害已设立的用益物权

C. 设立建设用地使用权，可以采取出让或划拨等方式

D. 建设用地使用权人无权将建设用地使用权转让、互换、出资、赠予或者抵押，但法律另有规定的除外

【答案】D

【解析】《物权法》第一百四十三条规定了建设用地使用权流转方式：建设用地使用权人有权将建设用地使用权转让、互换、出资、赠予或者抵押，但法律另有规定的除外。

2017-047. 根据《物权法》，使用权期间届满，自动续期的建设用地的是( )。

    A. 餐饮用地   B. 一类工业用地

    C. 社会停车场用地   D. 住宅用地

    【答案】D

    【解析】《物权法》第一百四十九条规定，住宅建设用地使用权期间届满的，自动续期。

2017-035. "建设用地的使用权可以放在土地的地表、地上或者地下分别设立"是由( )规定的。

    A.《土地管理法》   B.《物权法》

    C.《城乡规划法》   D.《人民防空法》

    【答案】B

    【解析】《物权法》第一百三十六条规定，建设用地使用权可以在土地的地表、地上或者地下分别设立，选项B正确。

2014-032. "工业、商业、旅游、娱乐和商品住宅等经营性用地以及同一土地有两个以上意向用地者的，应当采取招标、拍卖等公开竞价的方式出让"的规定条款出自( )。

    A.《土地管理法》   B.《城市房地产管理法》

    C.《招投标法》   D.《物权法》

    【答案】D

    【解析】《物权法》第一百三十七条规定，设立建设用地使用权，可以采取出让或者划拨等方式。工业、商业、旅游、娱乐和商品住宅等经营性用地以及同一土地有两个以上意向用地者的，应当采取招标、拍卖等公开竞价的方式出让。故选D。

2014-029. 《物权法》规定建设用地使用权人依法对国家所有的土地享有的权利中不包括( )。

    A. 占有   B. 使用

    C. 租赁   D. 收益

    【答案】C

    【解析】《物权法》第一百三十五条规定，建设用地使用权人依法对国家所有的土地享有占有、使用和收益的权利，有权利用该土地建造建筑物、构筑物及其附属设施。故选C。

2014-026. 下列关于建设用地的叙述中，不符合《物权法》规定的是( )。

    A. 建设用地使用权可以在土地的地表、地上或者地下分别设立

    B. 严格限制以划拨方式设立建设用地使用权

    C. 住宅建设用地使用权期间届满的，自动续期

    D. 集体所有土地作为建设用地的，应当依照《城市房地产管理法》办理

    【答案】D

    【解析】据《物权法》第一百三十六条，建设用地使用权可以在土地的地表、地上或

者地下分别设立，选项 A 正确；

第一百三十七条，严格限制以划拨方式设立建设用地使用权，选项 B 正确；

第一百四十九条，住宅建设用地使用权期间届满的，自动续期，选项 C 正确；

第一百五十一条，集体所有的土地作为建设用地的，应当依照土地管理法等法律规定办理，选项 D 错误，应选 D。

2013-088. 下列哪些法律中规定了采取拍卖、招标或者双方协议方式进行出让以获得土地使用权？（   ）

A.《物权法》
B.《建筑法》
C.《城市房地产管理法》
D.《土地管理法》
E.《城乡规划法》

【答案】AC

【解析】《物权法》第一百三十七条规定，设立建设用地使用权，可以采取出让或者划拨等方式。工业、商业、旅游、娱乐和商品住宅等经营性用地以及同一土地有两个以上意向用地者的，应当采取招标、拍卖等公开竞价的方式出让。严格限制以划拨方式设立建设用地使用权。采取划拨方式的，应当遵守法律、行政法规关于土地用途的规定。

《城市房地产管理法》第十三条规定，土地使用权出让，可以采取拍卖、招标或者双方协议的方式。商业、旅游、娱乐和豪华住宅用地，有条件的，必须采取拍卖、招标方式；没有条件不能采取拍卖、招标方式的，可以采取双方协议的方式。采取双方协议方式出让土地使用权的出让金不得低于按国家规定所确定的最低价。故选 AC。

2013-038、2012-028. "工业、商业、旅游、娱乐和商品住宅等经营性用地以及同一土地有两个以上用地者的，应当采取招标、拍卖等公开竞价的方式出让"的条款出自（   ）。

A.《城乡规划法》
B.《土地管理法》
C.《城市房地产管理法》
D.《物权法》

【答案】D

【解析】《物权法》第一百三十七条规定，工业、商业、旅游、娱乐和商品住宅等经营性用地以及同一土地有两个以上意向用地者的，应当采取招标、拍卖等公开竞价的方式出让，故选 D。

2011-025. 根据《物权法》，下列关于建设用地使用权表述中，不正确的是（   ）。

A. 建设用地使用权人依法对国家所有的土地享有占用、使用和收益的权利
B. 建设用地使用权不可以在土地的地表、地上或者地下分别设立
C. 设立建设用地使用权，可以采取出让或者划拨等方式
D. 建设用地使用权人有权将建设用地使用权转让、互换、出资、赠予或者抵押，但法律另有规定的除外

【答案】B

【解析】据《物权法》第一百三十六条，建设用地使用权可以在土地的地表、地上或者地下分别设立。

十二、《立法法》

内容	说　明
出台背景	为了规范立法活动，健全国家立法制度，建立和完善有中国特色社会主义法律体系，保障和发展社会主义民主，推进依法治国，建设社会主义法治国家，根据《宪法》，制定本法，于 2000 年 3 月 15 日全国人大通过，自 2000 年 7 月 1 日起施行，2015 年 3 月 15 日修正。
适用范围	**第二条**　法律、行政法规、地方性法规、自治条例和单行条例的制定、修改和废止，适用本法。国务院部门规章和地方政府规章的制定、修改和废止，依照本法的有关规定执行。
法律制定权限	**第七条**　全国人民代表大会和全国人民代表大会常务委员会行使国家立法权。全国人民代表大会制定和修改刑事、民事、国家机构的和其他的基本法律。全国人民代表大会常务委员会制定和修改除应当由全国人民代表大会制定的法律以外的其他法律；在全国人民代表大会闭会期间，对全国人民代表大会制定的法律进行部分补充和修改，但是不得同该法律的基本原则相抵触。
法律公布权	**第二十五条**　全国人民代表大会通过的法律由国家主席签署主席令予以公布。 **第四十四条**　常务委员会通过的法律由国家主席签署主席令予以公布。 **第五十八条**　签署公布法律的主席令载明该法律的制定机关、通过和施行日期。法律签署公布后，及时在全国人民代表大会常务委员会公报和中国人大网以及在全国范围内发行的报纸上刊载。 在常务委员会公报上刊登的法律文本为标准文本。
法律解释权	**第四十五条**　法律解释权属于全国人民代表大会常务委员会。 **第五十条**　全国人民代表大会常务委员会的法律解释同法律具有同等效力。
行政法规制定权限	**第六十五条**　国务院根据宪法和法律，制定行政法规。
行政法规公布	**第七十条**　行政法规由总理签署国务院令公布。 **第七十一条**　行政法规签署公布后，及时在国务院公报和中国政府法制信息网以及在全国范围内发行的报纸上刊载。在国务院公报上刊登的行政法规文本为标准文本。

相关真题：2014-010

内容	说　明
省、自治区、直辖市地方性法规制定	**第七十二条**　省、自治区、直辖市的人民代表大会及其常务委员会根据本行政区域的具体情况和实际需要，在不同宪法、法律、行政法规相抵触的前提下，可以制定地方性法规。

内容	说　明
较大的市地方性法规制定	**第七十二条**　设区的市的人民代表大会及其常务委员会根据本市的具体情况和实际需要，在不同宪法、法律、行政法规和本省、自治区的地方性法规相抵触的前提下，可以对城乡建设与管理、环境保护、历史文化保护等方面的事项制定地方性法规，法律对设区的市制定地方性法规的事项另有规定的，从其规定。设区的市的地方性法规须报省、自治区的人民代表大会常务委员会批准后施行。省、自治区的人民代表大会常务委员会对报请批准的地方性法规，应当对其合法性进行审查，同宪法、法律、行政法规和本省、自治区的地方性法规不抵触的，应当在四个月内予以批准。 省、自治区的人民代表大会常务委员会在对报请批准的设区的市的地方性法规进行审查时，发现其同本省、自治区的人民政府的规章相抵触的，应当作出处理决定。
经济特区地方性法规制定	**第七十四条**　经济特区所在地的省、市的人民代表大会及其常务委员会根据全国人民代表大会的授权决定，制定法规，在经济特区范围内实施。
自治区的自治条例和单行条例制定	**第七十五条**　民族自治地方的人民代表大会有权依照当地民族的政治、经济和文化的特点，制定自治条例和单行条例。自治区的自治条例和单行条例，报全国人民代表大会常务委员会批准后生效。自治州、自治县的自治条例和单行条例，报省、自治区、直辖市的人民代表大会常务委员会批准后生效。自治条例和单行条例可以依照当地民族的特点，对法律和行政法规的规定作出变通规定，但不得违背法律或者行政法规的基本原则，不得对宪法和民族区域自治法的规定以及其他有关法律、行政法规专门就民族自治地方所作的规定作出变通规定。
制定特别重大事项的地方性法规的通过权	**第七十六条**　规定本行政区域特别重大事项的地方性法规，应当由人民代表大会通过。
地方性法规、自治区的自治条例和单行条例的公布权	**第七十八条**　省、自治区、直辖市的人民代表大会制定的地方性法规由大会主席团发布公告予以公布。省、自治区、直辖市的人民代表大会常务委员会制定的地方性法规由常务委员会发布公告予以公布。设区的市、自治州的人民代表大会及其常务委员会制定的地方性法规报经批准后，由设区的市、自治州的人民代表大会常务委员会发布公告予以公布。自治条例和单行条例报经批准后，分别由自治区、自治州、自治县的人民代表大会常务委员会发布公告予以公布。

2014-010. 根据《立法法》，较大的市的人民代表大会常务委员可以制定（　　），报省、自治区人民代表大会常务委员会批准后施行。

A. 行政法规　　　　　　　　　　B. 地方性法规

C. 地方政府规章　　　　　　　　D. 部门规章

【答案】无

【解析】题目过时，《立法法》2015 年 3 月 15 日修正，相关内容为第七十二条：省、自治区、直辖市的人民代表大会及其常务委员会根据本行政区域的具体情况和实际需要，在不同宪法、法律、行政法规相抵触的前提下，可以制定地方性法规。设区的市的人民代表大会及其常务委员会根据本市的具体情况和实际需要，在不同宪法、法律、行政法规和本省、自治区的地方性法规相抵触的前提下，可以对城乡建设与管理、环境保护、历史文化保护等方面的事项制定地方性法规，法律对设区的市制定地方性法规的事项另有规定的，从其规定。设区的市的地方性法规须报省、自治区的人民代表大会常务委员会批准后施行。

相关真题：2018-088

《立法法》-3 表 6-1-41

内容	说　明
地方性法规、自治区的自治条例和单行条例的刊登	**第七十九条**　地方性法规、自治区的自治条例和单行条例公布后，及时在本级人民代表大会常务委员会公报和中国人大网、本地方人民代表大会网站以及在本行政区域范围内发行的报纸上刊载。在常务委员会公报上刊登的地方性法规、自治条例和单行条例文本为标准文本。
部门规章制定	**第八十条**　国务院各部、委员会、中国人民银行、审计署和具有行政管理职能的直属机构，可以根据法律和国务院的行政法规、决定、命令，在本部门的权限范围内，制定规章。部门规章规定的事项应当属于执行法律或者国务院的行政法规、决定、命令的事项。没有法律或者国务院的行政法规、决定、命令的依据，部门规章不得设定减损公民、法人和其他组织权利或者增加其义务的规范，不得增加本部门的权力或者减少本部门的法定职责。 **第八十一条**　涉及两个以上国务院部门职权范围的事项，应当提请国务院制定行政法规或者由国务院有关部门联合制定规章。
地方政府规章制定	**第八十二条**　省、自治区、直辖市和设区的市、自治州的人民政府，可以根据法律、行政法规和本省、自治区、直辖市的地方性法规，制定规章。
部门规章和地方政府规章的制定程序	**第八十三条**　国务院部门规章和地方政府规章的制定程序，参照本法第三章的规定，由国务院规定。
部门规章和地方政府规章的决定权	**第八十四条**　部门规章应当经部务会议或者委员会会议决定。 地方政府规章应当经政府常务会议或者全体会议决定。
部门规章和地方政府规章的公布权	**第八十六条**　部门规章签署公布后，及时在国务院公报或者部门公报和中国政府法制信息网以及在全国范围内发行的报纸上刊载。地方政府规章签署公布后，及时在本级人民政府公报和中国政府法制信息网以及在本行政区域范围内发行的报纸上刊载。在国务院公报或者部门公报和地方人民政府公报上刊登的规章文本为标准文本。

2018-088. 下列具有立法主体资格的人民政府有(　　　)。

A. 设区城市　　　　　　　　　　　B. 直辖市人民政府

C. 经国务院批准的较大的市　　　　D. 省、自治区人民政府

E. 人口在 100 万以上的城市

【答案】ABD

【解析】《立法法》第八十二条规定，省、自治区、直辖市和设区的市、自治州的人民政府，可以根据法律、行政法规和本省、自治区、直辖市的地方性法规，制定规章。故选 ABD。

相关真题：2014-002、2013-004、2012-003、2010-003

《立法法》-4　　　　　　　　　　　　　　　　　　表 6-1-42

内　容	说　　明
宪法的法律效力	第八十七条　宪法具有最高的法律效力，一切法律、行政法规、地方性法规、自治条例和单行条例、规章都不得同宪法相抵触。
法律和行政法规的效力	第八十八条　法律的效力高于行政法规、地方性法规、规章。行政法规的效力高于地方性法规、规章。
地方性法规和地方政府规章的效力	第八十九条　地方性法规的效力高于本级和下级地方政府规章。省、自治区的人民政府制定的规章的效力高于本行政区域内的设区的市、自治州的人民政府制定的规章。
自治条例和单行条例的效力	第九十条　自治条例和单行条例依法对法律、行政法规、地方性法规作变通规定的，在本自治地方适用自治条例和单行条例的规定。经济特区法规根据授权对法律、行政法规、地方性法规作变通规定的，在本经济特区适用经济特区法规的规定。
经济特区法规的效力	第九十一条　部门规章之间、部门规章与地方政府规章之间具有同等效力，在各自的权限范围内施行。
效力原则	第九十五条　地方性法规、规章之间不一致时，由有关机关依照下列规定的权限作出裁决：(一)同一机关制定的新的一般规定与旧的特别规定不一致时，由制定机关裁决；(二)地方性法规与部门规章之间对同一事项的规定不一致，不能确定如何适用时，由国务院提出意见，国务院认为应当适用地方性法规的，应当决定在该地方适用地方性法规的规定；认为应当适用部门规章的，应当提请全国人民代表大会常务委员会裁决；(三)部门规章之间、部门规章与地方政府规章之间对同一事项的规定不一致时，由国务院裁决。根据授权制定的法规与法律规定不一致，不能确定如何适用时，由全国人民代表大会常务委员会裁决。

2014-002、2013-004、2012-003、2010-003. 下列法律法规的效力不等式中，不正确的是(　　　)。

A. 法律＞行政法规　　　　　　　　B. 行政法规＞地方性法规

C. 地方性法规＞地方政府规章　　　D. 地方政府规章＞部门规章

【答案】D

【解析】《立法法》第九十一条：部门规章之间、部门规章与地方政府规章之间具有同等效力，在各自的权限范围内施行。

故选项 D 中地方政府规章的效力大于部门规章的表述是不正确的。

十三、《国家赔偿法》

相关真题：2012-078、2011-073

《国家赔偿法》-1　　　　　　　　　　　　表 6-1-43

内容	说　明
出台背景	为了保障公民、法人和其他组织享有依法取得国家赔偿的权利，促进国家机关依法行使职权，根据《宪法》，制定本法，于 1994 年 5 月 12 日全国人大常委会通过，2012 年 10 月 26 日第二次修正。
目录结构	第一章　总则；第二章　行政赔偿；第三章　刑事赔偿；第四章　赔偿方式和计算标准；第五章　其他规定；第六章　附则。
适用范围	**第二条**　国家机关和国家机关工作人员行使职权，有本法规定的侵犯公民、法人和其他组织合法权益的情形，造成损害的，受害人有依照本法取得国家赔偿的权利，本法规定的赔偿义务机关，应当依照本法及时履行赔偿义务。
行政赔偿范围	**第三条**　行政机关及其工作人员在行使行政职权时，有侵犯人身权或侵犯财产权情形的，受害人有取得赔偿的权利。
不承担行政赔偿的情形	**第五条**　属于下列情形之一的，国家不承担赔偿责任： ① 行政机关工作人员与行使职权无关的个人行为； ② 因公民、法人和其他组织自己的行为致使损害发生的； ③ 法律规定的其他情形。
行政赔偿请求人	**第六条**　受害的公民、法人和其他组织有权要求赔偿。 受害的公民死亡，其继承人和其他有抚养关系的亲属有权要求赔偿。 受害的法人或者其他组织终止，承受其权利的法人或者其他组织有权要求赔偿。
赔偿义务机关	**第七条**　行政机关及其工作人员行使行政职权侵犯公民、法人和其他组织的合法权益造成损害的，该行政机关为赔偿义务机关。 两个以上行政机关共同行使行政职权时侵犯公民、法人和其他组织的合法权益造成损害的，共同行使行政职权的行政机关为共同赔偿义务机关。 法律、法规授权的组织在行使授予的行政权力时侵犯公民、法人和其他组织的合法权益造成损害的，被授权的组织为赔偿义务机关。 受行政机关委托的组织或者个人在行使受委托的行政权力时侵犯公民、法人和其他组织的合法权益造成损害的，委托的行政机关为赔偿义务机关。 赔偿义务机关被撤销的，继续行使其职权的行政机关为赔偿义务机关；没有继续行使其职权的行政机关的，撤销该赔偿义务机关的行政机关为赔偿义务机关。

2012-078. 下列哪项属于《国家赔偿法》规定的赔偿范畴(　　)。

　　A. 民事赔偿　　　　　　　　　　　B. 经济赔偿

　　C. 行政赔偿　　　　　　　　　　　D. 劳动赔偿

　　【答案】C

　　【解析】由《国家赔偿法》的章节设定可以看出，赔偿范畴仅包括行政赔偿和刑事赔偿，故选 C。

2011-073. 行政机关违法实施行政许可，给当事人的合法权益造成损害的，应当依照(　　)。

　　A. 国家赔偿法　　　　　　　　　　B. 行政处罚法

　　C. 行政诉讼法　　　　　　　　　　D. 行政复议法

　　【答案】A

　　【解析】《国家赔偿法》第二条规定，国家机关和国家机关工作人员行使职权，有本法规定的侵犯公民、法人和其他组织合法权益的情形，造成损害的，受害人有依照本法取得国家赔偿的权利，本法规定的赔偿义务机关，应当依照本法及时履行赔偿义务。

　　相关真题：2014-066、2009-079

《国家赔偿法》-2　　　　　　　　　　　　　　　　　　表 6-1-44

内容	说　　明
经行政机关复议造成侵权的赔偿义务机关	第八条　经复议机关复议的，最初造成侵权行为的行政机关为赔偿义务机关，但复议机关的复议决定加重损害的，复议机关对加重的部分履行赔偿义务。
赔偿义务机关	第九条　赔偿义务机关对依法确认有本法行政赔偿范围规定的情形之一的，应当给予赔偿；赔偿请求人要求赔偿应当先向赔偿义务机关提出，也可以在申请行政复议和提起行政诉讼时一并提出。
刑事赔偿范围	第二十一条　行使侦查、检察、审判、监狱管理职权的机关及其工作人员在行使职权时，对没有犯罪事实或者没有事实证明有犯罪重大嫌疑的人，有侵犯人身权和财产权的情形，受害人有取得赔偿的权利。
赔偿义务机关赔偿决定	第二十三条　赔偿义务机关应当自收到申请之日起 2 个月内，作出是否赔偿的决定。赔偿义务机关作出赔偿决定，应当充分听取赔偿请求人的意见，并可以与赔偿请求人就赔偿方式、赔偿项目和赔偿数额依照本法第四章的规定进行协商。

2014-066. 根据《国家赔偿法》的规定，行政赔偿的主管机关应当自收到赔偿申请之日起(　　)作出赔偿处理决定。

　　A. 一个月以内　　　　　　　　　　B. 两个月以内

　　C. 三个月以内　　　　　　　　　　D. 四个月以内

　　【答案】B

【解析】依据《国家赔偿法》第二十三条可知，选项B正确。

2009-079. 某市规划局对某建设项目行政处罚不当，给建设单位造成损失，受害人要求国家行政赔偿，应当向(　　)提出。

A. 市政府 　　　　　　　　　　　　B. 市人大

C. 市法院 　　　　　　　　　　　　D. 市规划局

【答案】D

【解析】《国家赔偿法》第九条规定，赔偿义务机关对依法确认有本法第三条、第四条规定的情形之一的，应当给予赔偿。赔偿请求人要求赔偿应当先向赔偿义务机关提出，也可以在申请行政复议和提起行政诉讼时一并提出。市规划局在本题中为赔偿义务机关，故选D。

十四、《测绘法》

《测绘法》　　　　　　　　　　　　　　　　　　　　　　　　表 6-1-45

内容	说　明
出台背景	为了加强测绘管理，促进测绘事业发展，保障测绘事业为国家经济建设、国防建设和社会发展服务，2002年8月29日，全国人大常委会通过了《中华人民共和国测绘法》，2017年4月27日第二次修订。
测绘基准	**第九条** 国家设立和采用全国统一的大地基准、高程基准、深度基准和重力基准，其数据由国务院测绘行政主管部门审核，并与国务院其他有关部门、军队测绘主管部门会商后，报国务院批准。
测绘系统	**第十条** 国家建立全国统一的大地坐标系统、平面坐标系统、高程系统、地心坐标系统和重力测量系统，确定国家大地测量等级和精度以及国家基本比例尺地图的系列和基本精度。具体规范和要求由国务院测绘地理信息主管部门会同国务院其他有关部门、军队测绘部门制定。
土地及建筑物等权属界址线	**第二十二条** 测量土地、建筑物、构筑物和地面其他附着物的权属界址线，应当按照县级以上人民政府确定的权属界线的界址点、界址线或者提供的有关登记资料和附图进行。权属界址线发生变化时，有关当事人应当及时进行变更测绘。
建设工程与房屋产权测量	**第二十三条** 应当执行由国务院建设行政主管部门、国务院测绘行政主管部门负责组织编制的测量技术规范。
测绘成果使用制度	**第三十六条** 基础测绘成果和国家投资完成的其他测绘成果，用于国家机关决策和社会公益性事业的，应当无偿提供。前款规定之外的，依法实行有偿使用制度；但是，政府及其有关部门和军队因防灾、减灾、国防建设和公共利益的需要，可以无偿使用。
测量标志保护	**第四十一条** 任何单位和个人不得损毁或者擅自移动永久性测量标志和正在使用中的临时性测量标志，不得侵占永久性测量标志用地，不得在永久性测量标志安全控制范围内从事危害测量标志安全和使用效能的活动。

十五、《水法》

相关真题：2018-018、2017-052、2011-098

《水法》
表 6-1-46

内容	说　明
出台背景	为了合理开发、利用、节约和保护水资源，防治水害，实现水资源的可持续利用，适应国民经济和社会发展的需要，1988 年 1 月 21 日，全国人大常委会通过了《中华人民共和国水法》，2016 年 7 月 2 日第二次修正。
基本规定	**适用范围** 　　**第二条**　在中华人民共和国领域内开发、利用、节约、保护、管理水资源，防治水害，适用本法。本法所称水资源，包括地表水和地下水。 **水资源所有权和使用权** 　　**第三条**　水资源属于国家所有。水资源的所有权由国务院代表国家行使。农村集体经济组织的水塘和由农村集体经济组织修建管理的水库中的水，归该集体农村集体经济组织使用。 **水资源开发、利用和保护** 　　**第四条**　开发、利用、节约、保护水资源和防治水害，应当全面规划、统筹兼顾、标本兼治、综合利用、讲求效益，发挥水资源的多种功能，协调好生活、生产经营和生态环境用水。 **水资源使用制度** 　　**第七条**　国家对水资源依法实行取水许可制度和有偿使用制度。但是，农村集体组织及其成员使用本农村集体组织的水塘、水库中的水除外。国务院水行政主管部门负责全国取水许可制度和水资源有偿使用制度的组织实施。 **节约用水方针** 　　**第八条**　国家厉行节约用水，大力推行节约用水措施，推广节约用水新技术、新工艺，发展节水型工业、农业和服务业，建设节水型社会。 **水资源管理体制** 　　**第十二条**　国家对水资源实行流域管理与行政区域管理相结合的管理体制。 **水行政主管部门职责** 　　**第十二条**　国务院水行政主管部门负责全国水资源的统一管理和监督工作。县级以上地方人民政府水行政主管部门按照规定的权限，负责本行政区域内水资源的统一管理和监督工作。 **各级政府有关部门职责** 　　**第十三条**　国务院有关部门按照职责分工，负责水资源开发、利用、节约和保护的有关工作，县级以上地方人民政府有关部门按照职责分工，负责本行政区域内水资源开发、利用、节约和保护的有关工作。

内容	说　明
水资源开发利用	**兴利与除害相结合原则** 第二十条　开发、利用水资源，应当坚持兴利与除害相结合，兼顾上下游、左右岸和有关地区之间的利益，充分发挥水资源的综合效益，并服从防洪的总体安排。 **城乡居民生活用水优先原则** 第二十一条　开发、利用水资源，应当首先满足城乡居民生活用水，统筹兼顾农业、工业、生态环境用水以及航运等需要。 在干旱和半干旱地区开发、利用水资源，应当充分考虑生态环境用水需要。 **饮用水水源保护区制度** 第三十三条　国家建立饮用水水源保护区制度。省、自治区、直辖市人民政府应当划定饮用水水源保护区，并采取措施，防止水资源枯竭和水体污染，保证城乡居民饮用水安全。 **饮用水水源保护区规划管理** 第三十四条　禁止在饮用水水源保护区内设置排污口。 在江河、湖泊新建、改建或者扩大排污口，应当经过有管辖权的水行政主管部门或者流域管理机构同意，由环境保护行政主管部门负责对该建设项目的环境影响报告书进行审批。 **河道内工程建设管理** 第三十八条　在河道管理范围内建设桥梁、码头和其他拦河、跨河、临河建筑物、构筑物，铺设跨河管道、电缆，应当符合国家规定的防洪标准和其他有关技术要求，工程建设方案应当依照有关规定报经有关水行政主管部门审查同意。
水资源配置和节约使用	**国家实行的用水制度** 第四十七条　国家对用水实行总量控制和定额管理相结合的制度。 **坚持建设项目与节水措施三同时原则** 第五十三条　新建、扩建、改建建设项目，应当制订节水措施方案，配套建设节水设施。节水设施应当与主体工程同时设计、同时施工、同时投产。

2018-018. 根据《水法》，下列关于水资源的表述中，不正确的是(　　　)。

A. 国家对水资源实行分类管理

B. 开发利用水资源，应当服从防洪的总体安排

C. 开发利用水资源，应当首先满足城乡居民生活用水

D. 对城市中直接从地下取水的单位，征收水资源费

【答案】A

【解析】《水法》第十二条规范，国家对水资源实行流域管理与行政区域管理相结合的

管理体制，故选 A。

2017-052. 根据《水法》，开发利用水资源，应当首先满足城乡居民用水，统筹兼顾农业、工业用水和(　　)需要。

A. 绿化景观 B. 城乡建设施工

C. 城市环境卫生公共设施 D. 航运

【答案】D

【解析】《水法》第二十一条规范，开发、利用水资源，应当首先满足城乡居民生活用水，统筹兼顾农业、工业、生态环境用水以及航运等需要；在干旱和半干旱地区开发、利用水资源，应当充分考虑生态环境用水需要。

2011-098. 下列表述中符合《水法》规定的是(　　)。

A. 计划用水、节约用水

B. 开发利用水资源，应服从防洪的总体安排，实行兴利与除害相结合的原则

C. 协调好生活、生产经营和生态环境用水，工业、农业用水优先的原则

D. 新建、扩建、改建的建设项目，必须申请用水许可

E. 农业集体经济组织所有的水塘、水库中的水属于国家所有

【答案】ABE

【解析】依据《水法》第七、八条可知，选项 A 正确；依据第二十条可知，选项 B 正确；依据第二十一条可知，选项 C 错误；依据第五十三条，即新建、扩建、改建建设项目，应当制订节水措施方案，配套建设节水设施，选项 D 不正确；依据第三条可知，选项 E 正确。

十六、《军事设施保护法》

相关真题：2013-068、2009-094、2009-085

《军事设施保护法》　　　　　　　　　　　　　　　　　　　表 6-1-47

内容	说　明
出台背景	为了保护军事设施的安全，保障军事设施的使用效能和军事活动的正常进行，加强国防现代化建设，巩固国防，抵御侵略，1990 年 2 月 23 日，全国人大常委会通过了《中华人民共和国军事设施保护法》，2014 年 6 月 27 日第二次修正。
军事设施涵盖范围	本法所称军事设施，是指国家直接用于军事目的的下列建筑、场地和设备：（一）指挥机关，地面和地下的指挥工程、作战工程；（二）军用机场、港口、码头；（三）营区、训练场、试验场；（四）军用洞库、仓库；（五）军用通信、侦察、导航、观测台站，测量、导航、助航标志；（六）军用公路、铁路专用线，军用通信、输电线路，军用输油、输水管道；（七）边防、海防管控设施；（八）国务院和中央军事委员会规定的其他军事设施。前款规定的军事设施，包括军队为执行任务必需设置的临时设施（第二条）。

内容	说 明
军事设施保护方针	① 国家对军事设施实行分类保护、确保重点的方针（第六条）； ② 国家根据军事设施的性质、作用、安全保密的需要和使用效能的要求，划定军事禁区、军事管理区（第八条）； ③ 没有划入军事禁区、军事管理区的军事设施，军事设施管理单位应当采取措施予以保护（第二十三条）。
军事禁区保护	军事禁区管理单位应当根据具体条件，按照划定的范围，为陆地军事禁区修筑围墙、设置铁丝网等障碍物；为水域军事禁区设置障碍物或者界线标志（第十四条）。
军事禁区外安全控制范围	在军事禁区外围安全控制范围内，当地群众可以照常生产、生活，但是不得进行爆破、射击以及其他危害军事设施安全和使用效能的活动（第十八条）。
军事管理区保护	军事管理区管理单位应当按照划定的范围，为军事管理区修筑围墙、设置铁丝网或者界线标志（第十九条）。
没有划入军事禁区、军事管理区的军事设施保护	在没有划入军事禁区、军事管理区的军事设施一定距离内，进行采石、取土、爆破等活动，不得危害军事设施的安全和使用效能（第二十四条）。

2013-068. 下列不符合《军事设施保护法》规定的是(   )。

    A. 军事设施都应划入军事禁区，采取措施予以保护

    B. 国家对军事设施实行分类保护、确保重点的方针

    C. 县级以上人民政府编制经济和社会发展规划，应当考虑军事设施保护的需要

    D. 禁止航空器进入空中军事禁区

【答案】A

【解析】由表 6-1-47 可知，《军事设施保护法》第八条规定，国家根据军事设施的性质、作用、安全保密的需要和使用效能的要求，划定军事禁区、军事管理区；第二十三条，没有划入军事禁区、军事管理区的军事设施，军事设施管理单位应当采取措施予以保护，故选项 A 符合题意。

2009-094. 下列(   )建筑、场地和设备，属于军事设施。

    A. 指挥机关、地面和地下的指挥工程，作战工程

    B. 军用机场、港口、码头

    C. 军用医院及附属用地

    D. 军用公路、铁路专用线，军用通信、输电线路，军用输油、输水管道

    E. 军队家属区及公共设施用地

【答案】ABD

【解析】《军事设施保护法》第二条规定，本法所称军事设施，是指国家直接用于军事

目的的下列建筑、场地和设备：①指挥机关，地面和地下的指挥工程、作战工程（A项）；②军用机场、港口、码头（B项）；③营区、训练场、试验场；④军用洞库、仓库；⑤军用通信、侦察、导航、观测台站，测量、导航、助航标志；⑥军用公路、铁路专用线，军用通信、输电线路，军用输油、输水管道（D项）；⑦边防、海防管控设施；⑧国务院和中央军事委员会规定的其他军事设施。前款规定的军事设施，包括军队为执行任务必需设置的临时设施。故选 ABD。

2009-085. 军事禁区管理单位的范围的划定是通过(   )确定的。

A. 为陆地军事禁区修筑围墙，设置铁丝网等障碍物

B. 为陆地军事禁区修筑掩蔽设备

C. 为水域军事禁区设置障碍物或者界线标志

D. 为水域军事禁区设置掩蔽设备

E. 为军事管理区修筑围墙

【答案】AC

【解析】《军事设施保护法》第十四条规定，军事禁区管理单位应当根据具体条件，按照划定的范围，为陆地军事禁区修筑围墙、设置铁丝网等障碍物；为水域军事禁区设置障碍物或者界线标志。

十七、《人民防空法》

相关真题：2014-067、2011-064、2009-086、2009-078

《人民防空法》   表 6-1-48

内容	说　　明
出台背景	为了有效地组织人民防空，保护人民的生命和财产安全，保障社会主义现代化建设的顺利进行，1996 年 10 月 29 日，全国人大常委会通过了《中华人民共和国人民防空法》2009 年 8 月 27 日修正。
人民防空的方针	人民防空实行长期准备、重点建设、平战结合的方针，贯彻与经济建设协调发展、与城市建设相结合的原则（第二条）。
防护重点	① 城市是人民防空的重点，国家对城市实行分类防护；国家对人民防空工程建设，按照不同的防护要求，实行分类指导；城市的防护类别、防护标准，由国务院、中央军事委员会规定（第十一条）。 ② 城市人民政府应当制定人民防空工程建设规划，并纳入城市总体规划（第十三条）。 ③ 城市的地下交通干线以及其他地下工程的建设，应当兼顾人民防空需要（第十四条）。 ④ 工矿企业、科研基地、交通枢纽、通信枢纽、桥梁、水库、电站等重要的经济目标，应列为规划重点防护目标（第十六条）。
人民防空工程	国家对人民防空工程建设，按照不同的防护要求，实行分类指导（第十九条）。 建设人民防空工程，应当在保证战时使用效能的前提下，有利于平时的经济建设、群众的生产生活和工程的开发利用（第二十条）。

内容	说　　明
新建民用建筑防空要求	城市新建民用建筑，按照国家有关规定修建战时可以用于防空的地下室（第二十二条）。
建设用地保障和必要条件	县级以上人民政府有关部门对人民防空工程所需的建设用地应当依法予以保障；对人民防空工程连接城市的道路、供电、供热、供水、排水、通讯等系统的设施建设，应当提供必要的条件（第二十四条）。

2014-067. 下列不符合《人民防空法》规定的是(　　　)。

A. 城市是人民防空的重点

B. 国家对城市实行分类防护

C. 城市防空类别、防护标准由中央军事委员会规定

D. 城市人民政府应当制定人民防空工程建设规划，并纳入城市总体规划

【答案】C

【解析】《人民防空法》第十一条规定，城市是人民防空的重点，国家对城市实行分类防护，城市的防护类别、防护标准，由国务院、中央军事委员会规定；

第十三条规定，城市人民政府应当制定人民防空工程建设规划，并纳入城市总体规划。

2011-064. 根据《人民防空法》，不属于重要的经济目标的是(　　　)。

A. 工矿企业 B. 科研基地

C. 通讯枢纽 D. 加油站

【答案】D

【解析】《人民防空法》第十六条规定，对重要的经济目标，有关部门必须采取有效防护措施，并制定应急抢险抢修方案。前款所称重要的经济目标，包括重要的工矿企业、科研基地、交通枢纽、通信枢纽、桥梁、水库、仓库、电站等。

2009-086. 城市平时能够利用人民防空工程设施的活动包括(　　　)。

A. 修建地下交通干线

B. 作为城市货物储存仓库

C. 开展商业经济活动

D. 部分作为城市通信系统设施管道

E. 作为城市泄洪通道

【答案】BCD

【解析】《人民防空法》第二十六条规定，国家鼓励平时利用人民防空工程为经济建设和人民生活服务。平时利用人民防空工程，不得影响其防空效能。选项AE错误。

2009-078. 城市是人民防空的重点，国家对城市实行(　　　)。

A. 分级防护 B. 分类防护

C. 重点防护   D. 定向防护

【答案】B

【解析】《人民防空法》第十一条规定，城市是人民防空的重点，国家对城市实行分类保护。城市的防护类别、防护标准，由国务院、中央军事委员会规定。

十八、《防震减灾法》

相关真题：2014-054、2013-096、2011-037、2010-045

《防震减灾法》   表 6-1-49

内容	说　明
出台背景	为了防御与减轻地震灾害，保护人民生命和财产安全，保障社会主义建设顺利进行，1997 年 12 月 29 日，全国人大常委会通过了《中华人民共和国防震减灾法》，2008 年 12 月 27 日修订。
防震减灾工作方针	实行预防为主、防御与救助相结合的方针（第三条）。
建设工程抗震设防	新建、扩建、改建建设工程，必须达到抗震设防要求。 ① 一般工程，必须按照国家颁布的地震烈度区划图或者地震动参数区划图规定的抗震设防要求，进行抗震设防。 ② 重大建设工程和可能发生严重次生灾害的建设工程，必须进行地震安全性评价；并根据地震安全性评价的结果，确定抗震设防要求，进行抗震设防。 ③ 本法所称重大建设工程，是指对社会有重大价值或者有重大影响的工程。 ④ 本法所称可能发生严重次生灾害的建设工程，是指受地震破坏后可能引发水灾、火灾、爆炸、剧毒或者强腐蚀性物质大量泄漏和其他严重次生灾害的建设工程，包括水库大坝、堤防和贮油、贮气、贮存易燃易爆、剧毒或者强腐蚀性物质的设施以及其他可能发生严重次生灾害的建设工程。 ⑤ 核电站和核设施建设工程，受地震破坏后可能引发放射性污染的严重次生灾害，必须认真进行地震安全性评价，并依法进行严格的抗震设防（第十七条）。
建设工程抗震设计和施工	建设工程必须按照抗震设防要求和抗震设计规范进行抗震设计，并按照抗震设计进行施工（第十九条）。
防震减灾规划的编制和审批	根据震情和震害预测结果，国务院地震行政主管部门和县级以上地方人民政府负责管理地震工作的部门或者机构，应当会同同级有关部门编制防震减灾规划，报本级人民政府批准后实施（第二十二条）。
典型地震遗址、遗迹的保护	国家依法保护典型地震遗址、遗迹。典型地震遗址、遗迹的保护，应当列入地震灾区的重建规划（第四十二条）。

2014-054. "典型地震遗址、遗迹的保护，应当列入地震灾区的重建规划"的条款出自（　　）。

A.《防震减灾法》

B.《市政公用设施抗灾设防管理规定》

C. 《城市抗震防灾规划标准》

D. 《城市抗震防灾规划管理规定》

【答案】无

【解析】《防震减灾法》第四十二条规定，国家依法保护典型地震遗址、遗迹。典型地震遗址、遗迹的保护，应当列入地震灾区的重建规划。但是该法律于 2008 年 12 月 27 日修订，自 2009 年 5 月 1 日起施行，修订后此法已无此项规定。

2013-096. 四川雅安芦山发生七级地震，地震烈度为 9 度。政府可以依法在地震灾区实行的紧急应急措施有(　　)。

A. 停水停电

B. 交通管制

C. 临时征用房屋、运输工具和通信设备

D. 对食品等基本生活必需品和药品统一发放和分配

E. 需要采取的其他紧急应急措施

【答案】BCDE

【解析】《防震减灾法》第三十二条规定，严重破坏性地震发生后，为了抢险救灾并维护社会秩序，国务院或者地震灾区的省、自治区、直辖市人民政府，可以在地震灾区实行下列紧急应急措施：①交通管制；②对食品等基本生活必需品和药品统一发放和分配；③临时征用房屋、运输工具和通信设备等；④需要采取的其他紧急应急措施。故选BCDE。

2011-037. 核设施工程受地震破坏后，可能引发放射性污染的严重次生灾害，必须认真进行(　　)。

A. 地震安全性评价　　　　　　　　B. 地震破坏性评价

C. 次生灾害评价　　　　　　　　　D. 防灾措施评价

【答案】A

【解析】《中华人民共和国防震减灾法》第三章第十七条核设施工程受地震破坏后，可能引发放射性污染的严重次生灾害，必须认真进行地震安全性评价，并依法进行严格的抗震设防，故选 A。

2010-045. 《防震减灾法》规定，国家鼓励、扶持(　　)、救助技术和装备的研究开发工作。

A. 地震应急　　　　　　　　　　　B. 应急预案

C. 通信设备　　　　　　　　　　　D. 运输工具

【答案】A

【解析】《防震减灾法》第二十七条规定，国家鼓励、扶持地震应急、救助技术和装备的研究开发工作。

十九、《消防法》

相关真题：2014-064、2012-054

内容	说　明
出台背景	为了预防火灾和减少火灾危害,保护公民人身、公共财产和公民财产的安全,维护公共安全,保障社会主义现代化建设的顺利进行,1998 年 4 月 29 日,全国人大常委会通过了《中华人民共和国消防法》,2019 年 4 月 23 日修订。
消防工作的方针、原则和责任制	**第二条**　消防工作贯彻预防为主、防消结合的方针,按照政府统一领导、部门依法监管、单位全面负责、公民积极参与的原则,实行消防安全责任制,建立健全社会化的消防工作网络。
城市消防规划的内容	**第八条**　地方各级人民政府应当将包括消防安全布局、消防站、消防供水、消防通信、消防车通道、消防装备等内容的消防规划纳入城乡规划,并负责组织实施。
建设项目选址要求	**第二十二条**　生产、储存、装卸易燃易爆危险品的工厂、仓库和专用车站、码头的设置,应当符合消防技术标准。易燃易爆气体和液体的充装站、供应站、调压站,应当设置在符合消防安全要求的位置,并符合防火防爆要求。
建筑设计审核要求	①　**第十条**　对按照国家工程建设消防技术标准需要进行消防设计的建设工程,实行建设工程消防设计审查验收制度。 ②　**第十一条**　国务院住房和城乡建设主管部门规定的特殊建设工程,建设单位应当将消防设计文件报送住房和城乡建设主管部门审查,住房和城乡建设主管部门依法对审查的结果负责; 前款规定以外的其他建设工程,建设单位申请领取施工许可证或者申请批准开工报告时应当提供满足施工需要的消防设计图纸及技术资料。 ③　**第十二条**　特殊建设工程未经消防设计审查或者审查不合格的,建设单位、施工单位不得施工;其他建设工程,建设单位未提供满足施工需要的消防设计图纸及技术资料的,有关部门不得发放施工许可证或者批准开工报告。 ④　**第十三条**　国务院住房和城乡建设主管部门规定应当申请消防验收的建设工程竣工,建设单位应当向住房和城乡建设主管部门申请消防验收。 前款规定以外的其他建设工程,建设单位在验收后应当报住房和城乡建设主管部门备案,住房和城乡建设主管部门应当进行抽查。 依法应当进行消防验收的建设工程,未经消防验收或者消防验收不合格的,禁止投入使用;其他建设工程经依法抽查不合格的,应当停止使用。

2014-064. 根据《消防法》,公安消防机构对于消防设计的审核,应该属于(　　)的法定前置条件。

A. 建设项目核准　　　　　　　　　　　B. 建设用地规划许可

C. 建设工程规划许可　　　　　　　　　D. 施工许可

【答案】D

【解析】《消防法》第十二条规定，特殊建设工程未经消防设计审查或者审查不合格的，建设单位、施工单位不得施工；其他建设工程，建设单位未提供满足施工需要的消防设计图纸及技术资料的，有关部门不得发放施工许可证或者批准开工报告，故选 D。

2012-054. 根据《消防法》，需要进行消防设计的建筑工程，公安消防机构应该对( )进行审核。

A. 建设工程总平面图 　　　　　B. 建设工程扩大初步设计图

C. 建筑工程消防设计图 　　　　D. 建设工程方案设计图

【答案】C

【解析】《消防法》第十一条规定，国务院住房和城乡建设主管部门规定的特殊建设工程，建设单位应当将消防设计文件报送住房和城乡建设主管部门审查，住房和城乡建设主管部门依法对审查的结果负责；前款规定以外的其他建设工程，建设单位申请领取施工许可证或者申请批准开工报告时应当提供满足施工需要的消防设计图纸及技术资料，故选 C。

二十、《广告法》

《广告法》　　　　　　　　　　　　　　　表 6-1-51

内容	说　明
出台背景	为了规范广告活动，促进广告业的健康发展，保护消费者的合法权益，维护社会秩序，发挥广告在社会主义市场经济中的积极作用，1994 年 10 月 27 日，全国人大常委会通过了《中华人民共和国广告法》，2018 年 10 月 26 日修正。
适用范围	第二条　在中华人民共和国境内，商品经营者或者服务提供者通过一定媒介和形式直接或者间接地介绍自己所推销的商品或者服务的商业广告活动，适用本法。
禁止设置户外广告的区域	第四十二条　有下列情形之一的，不得设置户外广告： ① 利用交通安全设施、交通标志的； ② 影响市政公共设施、交通安全设施、交通标志、消防设施、消防安全标志使用的； ③ 妨碍生产或者人民生活，损害市容市貌的； ④ 在国家机关、文物保护单位、风景名胜区等的建筑控制地带，或者县级以上地方人民政府禁止设置户外广告的区域设置的。
户外广告设置的规划和管理	第四十一条　县级以上地方人民政府应当组织有关部门加强对利用户外场所、空间、设施等发布户外广告的监督管理，制定户外广告设置规划和安全要求。户外广告的管理办法，由地方性法规、地方政府规章规定。

二十一、《保守国家秘密法》

相关真题：2017-073

《保守国家秘密法》之国家秘密的范围和密级　　　　　　表 6-1-52

内容	说　明
出台背景	为保守国家秘密，维护国家的安全和利益，保障改革开放和社会主义建设事业的顺利进行，1988 年 9 月 5 日，第七届全国人大常委会第三次会议通过，自 1989 年 5 月 1 日起施行。2010 年 4 月 29 日第十一届全国人大常委会第十四次会议修订。
范围	下列涉及国家安全和利益的事项，泄漏后可能损害国家在政治、经济、国防、外交等领域的安全和利益的，应当确定为国家秘密： ① 国家事务重大决策中的秘密事项； ② 国防建设和武装力量活动中的秘密事项； ③ 外交和外事活动中的秘密事项以及对外承担保密义务的秘密事项； ④ 国民经济和社会发展中的秘密事项； ⑤ 科学技术中的秘密事项； ⑥ 维护国家安全活动和追查刑事犯罪中的秘密事项； ⑦ 经国家保密行政管理部门确定的其他秘密事项。 政党的秘密事项中符合前款规定的，属于国家秘密。
密级	国家秘密的密级分为 **“绝密”、“机密”、“秘密”** 三级。绝密级国家秘密是最重要的国家秘密，泄漏会使国家安全和利益遭受特别严重的损害；机密级国家秘密是重要的国家秘密，泄漏会使国家安全和利益遭受严重的损害；秘密级国家秘密是一般的国家秘密，泄漏会使国家安全和利益遭受损害。
保密期限	国家秘密的保密期限，除另有规定外，绝密级不超过 30 年，机密级不超过 20 年，秘密级不超过 10 年。国家秘密的保密期限已满的，自行解密。
国家秘密标志的规定	机关、单位对承载国家秘密的纸介质、光介质、电磁介质等载体（以下简称国家秘密载体）以及属于国家秘密的设备、产品，应当作出国家秘密标志。 不属于国家秘密的，不应当作出国家秘密标志。

2017-073. 根据《保守国家秘密法》，以下不属于国家秘密密级的是(　　　　)。

A. 绝密事项　　　　　　　　　　　　　B. 机密事项

C. 保密事项　　　　　　　　　　　　　D. 秘密事项

【答案】C

【解析】由《保守国家秘密法》可知，国家秘密密级分为“绝密”、“机密”、“秘密”三级。

《保守国家秘密法》之保密制度　　　　　　表 6-1-53

内　容
加强对涉密信息系统的管理 机关、单位应当加强对涉密信息系统的管理，任何组织和个人不得有下列行为： ① 将涉密计算机、涉密存储设备接入互联网及其他公共信息网络； ② 在未采取防护措施的情况下，在涉密信息系统与互联网及其他公共信息网络之间进行信息交换； ③ 使用非涉密计算机、非涉密存储设备存储、处理国家秘密信息； ④ 擅自卸载、修改涉密信息系统的安全技术程序、管理程序； ⑤ 将未经安全技术处理的退出使用的涉密计算机、涉密存储设备赠送、出售、丢失或者改作其他用途。

内　　容

加强对国家秘密载体的管理

机关、单位应当加强对国家秘密载体的管理，任何组织和个人不得有下列行为：

① 非法获取、持有国家秘密载体；

② 买卖、转送或者私自销毁国家秘密载体；

③ 通过普通邮政、快递等无保密措施的渠道传递国家秘密载体；

④ 邮寄、托运国家秘密载体出境；

⑤ 未经有关主管部门批准，携带、传递国家秘密载体出境。

其他保密纪律

禁止非法复制、记录、存储国家秘密；

禁止在互联网及其他公共信息网络或者未采取保密措施的有线和无线通信中传递国家秘密；

禁止在私人交往和通信中涉及国家秘密。

公布信息和采购设备的保密规定

机关、单位公开发布信息以及对涉及国家秘密的工程、货物、服务进行采购时，应当遵守保密规定。

二十二、《森林法》

相关真题：2011-058、2010-062

《森林法》　　　　　　　　　　　　　　　　　　　表 6-1-54

内容	说　　明
出台背景	为了保护、培育和合理利用森林资源，加快国土绿化，发挥森林蓄水保土、调节气候、改善环境和提供林产品的作用，适应社会主义建设和人民生活的需要，1984 年 9 月 20 日，全国人大常委会通过了《中华人民共和国森林法》，自 1985 年 1 月 1 日起施行。1998 年 4 月 29 日全国人大常委会对《森林法》进行了修订。
目录结构	第一章　总则；第二章 森林经营管理；第三章 森林保护；第四章 植树造林；第五章 森林采伐；第六章 法律责任；第七章 附则。
适用范围	**第二条**　在中华人民共和国领域内从事森林、林木的培育种植、采伐利用和森林、林木、林地的经营管理活动，都必须遵守本法。
森林资源所有权	**第三条**　森林资源属于国家所有，由法律规定属于集体所有的除外。
森林分类	**第四条**　森林分为以下五类：即防护林、用材林、经济林、薪炭林和特种用途林。
林业建设的方针	**第五条**　林业建设实行以营林为基础，普遍护林，大力造林，采育结合，永续利用的方针。

内容	说　明
森林经营管理	第十五条　下列森林、林木、林地使用权可以依法转让，也可以依法作价入股或者作为合资、合作造林、经营林木的出资、合作条件，但不得将林地改为非林地： ① 用材林、经济林、薪炭林； ② 用材林、经济林、薪炭林的林地使用权； ③ 用材林、经济林、薪炭林的采伐迹地、火烧迹地的林地使用权； ④ 国务院规定的其他森林、林木和其他林地使用权。 依照前款规定转让、作价入股或者作为合资、合作造林、经营林木的出资、合作条件的，已经取得的林木采伐许可证可以同时转让，同时转让双方都必须遵守本法关于森林、林木采伐和更新造林的规定；除本法第一款规定的情形外，其他森林、林木和其他林地使用权不得转让；具体办法由国务院规定。
森林采伐	第三十一条　采伐森林和林木必须遵守下列规定： ① 成熟的用材林应当根据不同情况，分别采取择伐、皆伐和渐伐方式。皆伐应当严格控制，并在采伐的当年或者次年内完成更新造林； ② 防护林和特种用途林中的国防林、母树林、环境保护林、风景林，只准进行抚育和更新性质的采伐； ③ 特种用途林中的名胜古迹和革命纪念地的林木、自然保护区的森林，严禁采伐。

2011-058. 根据《森林法》，（　　）使用权可以依法转让，也可以依法作价入股或者作为合资、合作造林、经营林木的出资、合作条件。

A. 防护林地　　　　　　　　　　B. 实验林地

C. 薪炭林地　　　　　　　　　　D. 母树林地

【答案】C

【解析】依据《森林法》第十五条规定，应选C。

2010-062. 《森林法》规定，特殊用途林中的名胜古迹和革命纪念地的林木、自然保护区的森林，（　　）。

A. 采取择伐、皆伐和渐伐方式采伐

B. 在采伐的当年或次年内完成更新造林

C. 只准进行抚育和更新性质的采伐

D. 严禁采伐

【答案】D

【解析】据《森林法》第三十一条，应选D。

二十三、《公路法》

《公路法》

表 6-1-55

内容	说明
出台背景	为了加强公路的建设和管理，促进公路事业的发展，适应社会主义现代化建设和人民生活的需要，1997 年 7 月 3 日，全国人大常委会通过了《中华人民共和国公路法》，2017 年 11 月 4 日进行了第五次修正。
公路发展的原则	**第三条** 公路的发展应当遵循全面规划、合理布局、确保质量、保障畅通、保护环境、建设改造与养护并重的原则。
公路类型	**第六条** 公路按其在公路路网中的地位分为国道、省道、县道和乡道，并按技术等级分为高速公路、一级公路、二级公路、三级公路和四级公路。
重要规定	**公路规划应与城乡规划相协调** **第十二条** 公路规划应当根据国民经济和社会发展以及国防建设的需要编制，与城市建设发展规划和其他方式的交通运输发展规划相协调。 **公路建设用地规划应纳入年度建设用地规划** **第十三条** 公路建设用地规划应当符合土地利用总体规划，当年建设用地应当纳入年度建设用地规划。 **新建村镇、开发区防止公路街道化** **第十八条** 规划和新建村镇、开发区，应当与公路保持规定的距离并避免在公路两侧对应进行，防止造成公路街道化，影响公路的运行安全与畅通。
路政管理	**第五十六条** 除公路防护、养护需要的以外，禁止在公路两侧的建筑控制区内修建建筑物和地面构筑物；需要在建筑控制区内埋设管线、电缆等设施的，应当事先经县级以上地方人民政府交通主管部门批准。

二十四、《公务员法》

相关真题：2011-080、2010-100

《公务员法》

表 6-1-56

内容	说明
出台背景	《中华人民共和国公务员法》是为了规范公务员的管理，保障公务员的合法权益，加强对公务员的监督，促进公务员正确履职尽责，建设信念坚定、为民服务、勤政务实、敢于担当、清正廉洁的高素质专业化公务员队伍，根据宪法，制定的法律。2005 年 4 月 27 日，第十届全国人民代表大会常务委员会第十五次会议通过。2018 年 12 月 29 日，第十三届全国人民代表大会常务委员会第七次会议修订，自 2019 年 6 月 1 日起施行。

内容	说　明
目录结构	第一章　总则；第二章　公务员的条件、义务与权利；第三章　职务与级别；第四章　录用；第五章　考核；第六章　职务任免；第七章　职务升降；第八章　奖励；第九章　惩戒；第十章　培训；第十一章　交流与回避；第十二章　工资福利保险；第十三章　辞职辞退；第十四章　退休；第十五章　申诉控告；第十六章　职位聘任；第十七章　法律责任；第十八章　附则。
公务员享有下列权利	第十三条　公务员享有下列权利：（一）获得履行职责应当具有的工作条件；（二）非因法定事由、非经法定程序，不被免职、降职、辞退或者处分；（三）获得工资报酬，享受福利、保险待遇；（四）参加培训；（五）对机关工作和领导人员提出批评和建议；（六）提出申诉和控告；（七）申请辞职；（八）法律规定的其他权利。
公务员执行公务免责条件	第五十四条　公务员执行公务时，认为上级的决定或者命令有错误的，可以向上级提出改正或者撤销该决定或者命令的意见；上级不改变该决定或者命令，或者要求立即执行的，公务员应当执行该决定或者命令，执行的后果由上级负责，公务员不承担责任；但是，公务员执行明显违法的决定或者命令的，应当依法承担相应的责任。

2011-080. 公务员执行公务时，认为上级的决定有错误但上级不改变决定的，公务员应执行该决定，执行的后果（　　　）。

A. 由公务员负责　　　　　　　　　　B. 由上级负责

C. 由上级和公务员共同负责　　　　　D. 上级和公务员均不负责

【答案】B

【解析】依据《公务员法》第五十四条可知，选项B正确。

2010-100. 下列哪些不属于《公务员法》所规定的公务员的权利（　　　）。

A. 按照规定的权限和程序认真履行职责，努力提高工作效率

B. 非因法定理由、非经法定程序，不被免职、降职、辞退或者处分

C. 保守国家秘密和工作秘密

D. 提出申诉或控告

E. 获得履行职责应当具有的工作条件

【答案】AC

【解析】依据《公务员法》第十三条可知，选项A、C正确。

第二节 相关行政法规

一、《城市道路管理条例》

《城市道路管理条例》（2017 修订）   表 6-2-1

内容	说　明
出台背景	为了加强城市道路管理，保障城市道路完好，充分发挥城市道路功能，促进城市经济和社会发展，1996 年 6 月 4 日，国务院发布了《城市道路管理条例》，2017 年 3 月 1 日修订。
城市道路的定义	**第二条**　本条例所称城市道路，是指城市供车辆、行人通行的，具备一定技术条件的道路、桥梁及其附属设施。
适用范围	**第三条**　本条例适用于城市道路规划、建设、养护、维修和路政管理。
城市道路管理的原则	**第四条**　城市道路管理实行统一规划、配套建设、协调发展和建设、养护、管理并重的原则。
城市道路发展规划的编制	**第七条**　县级以上城市人民政府应当组织市政工程、城市规划、公安交通等部门，根据城市总体规划编制城市道路发展规划。
城市道路的组织建设	**第十条**　政府投资建设城市道路的，应当根据城市道路发展规划和年度建设计划，由市政工程行政主管部门组织建设单位投资城市道路的，应当符合城市道路发展规划，并经市政工程行政主管部门批准。 城市住宅小区、开发区内的道路建设，应当分别纳入住宅小区、开发区的开发建设计划配套建设。
城市道路管线建设原则	**第十二条**　城市供水、排水、燃气、热力、供电、通信、消防等依附于城市道路的各种管线、杆线等设施的建设计划，应当与城市道路发展规划和年度建设计划相协调，坚持先地下、后地上的施工原则，与城市道路同步建设。
新建城市道路与铁路干线相交的处理	**第十三条**　新建的城市道路与铁路干线相交的，应当根据需要在城市规划中预留立体交通设施的建设位置。

二、《基本农田保护条例》

相关真题：2012-032

《基本农田保护条例》   表 6-2-2

内容	说　明
出台背景	为了对基本农田实行特殊保护，促进农业生产和社会经济的可持续发展，根据《中华人民共和国农业法》和《中华人民共和国土地管理法》，1998 年 12 月 27 日国务院发布了《基本农田保护条例》，自 1999 年 1 月 1 日起施行。1994 年 8 月 18 日国务院发布的《基本农田保护条例》同时废止。

内容	说　明
国家实行基本农田保护制度	**第二条**　本条例所称基本农田，是指按照一定时期人口和社会经济发展对农产品的需求，依据土地利用总体规划确定的不得占用的耕地。 　　本条例所称基本农田保护区，是指为对基本农田实行特殊保护而依据土地利用总体规划和依照法定程序确定的特定保护区域。
基本农田保护方针	**第三条**　基本农田保护实行全面规划、合理利用、用养结合、严格保护的方针。
基本农田保护应纳入土地利用总体规划	**第八条**　各级人民政府在编制土地利用总体规划时，应当将基本农田保护作为规划的一项内容，明确基本农田保护的布局安排、数量指标和质量要求；县级和乡（镇）土地利用总体规划应当确定基本农田保护区。
基本农田的划定	省、自治区、直辖市划定的基本农田保护区应当占本行政区域内耕地面积的80％以上，具体数量指标根据全国土地利用总体规划逐级分解下达。 　　下列耕地应当划入基本农田保护区，严格管理： 　　① 经国务院有关主管部门或者县级以上地方人民政府批准确定的粮、棉、油生产基地内的耕地； 　　② 有良好的水利与水土保持设施的耕地，正在实施改造计划以及可以改造的中低产田； 　　③ 蔬菜生产基地； 　　④ 农业科研、教学试验田。 　　根据土地利用总体规划，铁路、公路等交通沿线，城市和村庄、集镇建设用地区周边的耕地，应当优先划入基本农田保护区；需要退耕还林、还牧、还湖的耕地，不应当划入基本农田保护区（第九条、第十条）。
经依法划定的基本农田保护区不得改变或者占用	**第十五条**　基本农田保护区经依法划定后，任何单位和个人不得改变或者占用。国家能源、交通、水利、军事设施等重点建设项目选址确实无法避开基本农田保护区，需要占用基本农田、涉及农用地转用或者征用土地的，必须经国务院批准。
在基本农田保护区内的禁止行为	**第十七条**　禁止任何单位和个人在基本农田保护区内建窑、建房、建坟、挖沙、采石、采矿、取土、堆放固体废弃物或者进行其他破坏基本农田的活动。 　　禁止任何单位和个人占用基本农田发展林果业和挖塘养鱼。

2012-032. 应当划入基本农田保护区进行严格管理的耕地不包括(　　)。

A. 经政府批准确定的粮棉油生产基地内的耕地

B. 农业科研、教学试验田

C. 需要退耕还林、还牧、还湖的耕地

D. 蔬菜生产基地

【答案】C

【解析】《基本农田保护条例》第九条、第十条规定，下列耕地应当划入基本农田保护区，严格管理：

① 经国务院有关主管部门或者县级以上地方人民政府批准确定的粮、棉、油生产基地内的耕地；

② 有良好的水利与水土保持设施的耕地，正在实施改造计划以及可以改造的中低产田；

③ 蔬菜生产基地；

④ 农业科研、教学试验田。

三、《公共文化体育设施条例》

《公共文化体育设施条例》   表 6-2-3

内容	说　明
出台背景	为了促进公共文化体育设施的建设，加强对公共文化体育设施的管理和保护，充分发挥公共文化体育设施的功能，繁荣文化体育事业，满足人民群众开展文化体育活动的基本需求，2003 年 6 月 18 日，国务院常务会议通过《公共文化体育设施条例》，自 2003 年 8 月 1 日起施行。
公共文化体育设施的定义	**第二条**　本条例所称公共文化体育设施，是指由各级人民政府举办或者社会力量举办的，向公众开放用于开展文化体育活动的公益性的图书馆、博物馆、纪念馆、美术馆、文化馆（站）、体育场（馆）、青少年宫、工人文化宫等的建筑物、场地和设备。
公共文化体育设施监督管理	**第七条**　国务院文化行政主管部门、体育行政主管部门依据国务院规定的职责，负责全国的公共文化体育设施的监督管理。
公共文化体育设施规划建设	**第十条**　公共文化体育设施的数量、种类、规模以及布局，应当根据国民经济和社会发展水平、人口结构、环境条件以及文化体育事业发展的需要，统筹兼顾，优化配置，并符合国家关于城乡公共文化体育设施用地定额指标的规定。 　　公共文化体育设施的用地定额指标，由国务院土地行政主管部门、建设行政主管部门分别会同国务院文化行政主管部门、体育行政主管部门制定。
公共文化体育设施的建设选址	**第十一条**　公共文化体育设施的建设选址，应当符合人口集中、交通便利的原则。
公共文化体育设施的设计	**第十二条**　公共文化体育设施的设计，应当符合实用、安全、科学、美观等要求，并采取无障碍措施，方便残疾人使用。
公共文化体育设施建设预留地	**第十四条**　公共文化体育设施的建设预留地，由县级以上地方人民政府土地行政主管部门、城乡规划主管部门按照国家有关用地定额指标，纳入土地利用总体规划和城乡规划，并依照法定程序审批。任何单位或者个人不得侵占公共文化体育设施建设预留地或者改变其用途。 　　因特殊情况需要调整公共文化体育设施建设预留地的，应当依法调整城乡规划，并依照前款规定重新确定建设预留地。重新确定的公共文化体育设施建设预留地不得少于原有面积。

内容	说　　明
居民住宅区内文化体育设施规划建设	**第十五条**　新建、改建、扩建居民住宅区，应当按照国家有关规定规划和建设相应的文化体育设施。居民住宅区配套建设的文化体育设施，应当与居民住宅区的主体工程同时设计、同时施工、同时投入使用。任何单位或者个人不得擅自改变文化体育设施的建设项目和功能，不得缩小其建设规模和降低其用地指标。
拆除公共文化体育设施或改变其功能规定	**第二十七条**　因城乡建设确需拆除公共文化体育设施或者改变其功能、用途的，有关地方人民政府在作出决定前，应当组织专家论证，并征得上一级人民政府文化行政主管部门、体育行政主管部门同意，报上一级人民政府批准。 涉及大型公共文化体育设施的，上一级人民政府在批准前，应当举行听证会，听取公众意见。 经批准拆除公共文化体育设施或者改变其功能、用途的，应当依照国家有关法律、行政法规的规定择地重建。重新建设的公共文化体育设施，应当符合规划要求，一般不得小于原有规模。迁建工作应当坚持先建设后拆除或者建设拆除同时进行的原则。迁建所需费用由造成迁建的单位承担。

四、《城市绿化条例》

《城市绿化条例》

表 6-2-4

内容	说　　明
出台背景	为了促进城市绿化事业的发展，改善生态环境，美化生活环境，增进人民身体健康，1992 年 6 月 22 日，国务院发布了《城市绿化条例》，2017 年 3 月 1 日第二次修订。
适用范围	**第二条**　本条例适用于城市规划区内种植和养护树木、花草等城市绿化的规划、建设、保护和管理活动。
城市绿化的规划编制	**第八条**　城市人民政府应当组织城市规划主管部门和城市绿化行政主管部门等共同编制城市绿化规划，并纳入城市总体规划。 **第九条**　城市绿化规划应当从实际出发，根据城市发展需要，合理安排与城市人口和城市面积相适应的城市绿化用地面积。 城市人均公共绿地面积和绿化覆盖率等规划指标，由国务院城市建设行政主管部门根据不同城市的性质、规模和自然条件等实际情况规定。 **第十条**　城市绿化规划应当根据当地的特点，利用原有的地形、地貌、水体、植被和历史文化遗址等自然、人文条件，以方便群众为原则，合理设置公共绿地、居住区绿地、防护绿地、生产绿地和风景林地等。
城市防护绿地规划建设	**第十三条**　城市绿化规划应当因地制宜规划不同类型的防护绿地。各有关单位应当依照有关规定，负责本单位管界内防护绿地的绿化建设。
不得擅自改变城市绿化规划用地	**第十八条**　任何单位和个人都不得擅自改变城市绿化规划用地性质或者破坏绿化规划用地的地形、地貌、水体和植被。

五、《自然保护区条例》

相关真题：2017-069

《自然保护区条例》-1   表 6-2-5

内容	说　明
出台背景	为了加强自然保护区的建设和管理，保护自然环境和自然资源，1994 年 10 月 9 日国务院发布了《中华人民共和国自然保护区条例》，2017 年 10 月 7 日进行了修改。
自然保护区法定概念	**第二条**　本法所称自然保护区，是指对有代表性的自然生态系统、珍稀濒危野生动植物种的天然集中分布区、有特殊意义的自然遗迹等保护对象所在的陆地、陆地水体或者海域，依法划出一定面积予以特殊保护和管理的区域。
自然保护区管理体制	**第八条**　国家对自然保护区实行综合管理与分部门管理相结合的管理体制。 　　国务院环境保护行政主管部门负责全国自然保护区的综合管理。 　　国务院林业、农业、地质矿产、水利、海洋等有关行政主管部门在各自的职责范围内，主管有关的自然保护区。 　　县级以上地方人民政府负责自然保护区管理的部门的设置和职责，由省、自治区、直辖市人民政府根据具体情况确定。
建设自然保护区的条件	**第十条**　凡具有下列条件之一的，应当建立自然保护区： 　　① 典型的自然地理区域、有代表性的自然生态系统区域以及已经遭受破坏但经保护能够恢复的同类自然生态系统区域。 　　② 珍稀、濒危野生动植物物种的天然集中分布区域。 　　③ 具有特殊保护价值的海域、海岸、岛屿、湿地、内陆水域、森林、草原和荒漠。 　　④ 具有重大科学文化价值的地质构造、著名溶洞、化石分布区、冰川、火山、温泉等自然遗迹。 　　⑤ 经国务院或者省、自治区、直辖市人民政府批准，需要予以特殊保护的其他自然区域。
自然保护区分级	**第十一条**　自然保护区分为国家级自然保护区和地方级自然保护区。 　　在国内外有典型意义、在科学上有重大国际影响或者有特殊科学研究价值的自然保护区，列为国家级自然保护区。 　　除国家级自然保护区以外，其他具有典型意义或者重要科学价值的自然保护区列为地方级自然保护区。地方级自然保护区可以分级管理。
自然保护区规划建设	**第十七条**　国务院环境保护行政主管部门应当会同国务院有关自然保护区行政主管部门，在对全国自然环境和自然资源状况进行调查和评价的基础上，拟定国家自然保护区发展规划，经国务院计划部门综合平衡后，报国务院批准实施。 　　自然保护区管理机构或者该自然保护区行政主管部门应当组织编制自然保护区的建设规划，按照规划的程序纳入国家的、地方的或者部门的投资计划，并组织实施。

2017-069. 根据《自然保护区条例》，自然保护区的范围不包括(　　)。

A. 有大量历史文物古迹的林区

B. 珍稀濒危野生动植物物种的天然集中分布区域

C. 典型的自然地理区域

D. 具有特殊保护价值的海域、岛屿

【答案】A

【解析】由《自然保护区条例》第十条可知，自然保护区的范围不包括大量历史文物古迹的林区。

相关真题：2018-017、2017-070

《自然保护区条例》-2　　　　　　　　　　　　　　　　　表 6-2-6

内　　容
自然保护区核心区、缓冲区和实验区划定 第十八条　自然保护区可以分为核心区、缓冲区和实验区。 自然保护区内保存完好的天然状态的生态系统以及珍稀、濒危动植物的集中分布地，应当划为核心区，禁止任何单位和个人进入；除依照本条例规定经批准外，也不允许从事科学研究活动。 核心区外围可以划定一定面积的缓冲区，只准进入从事科学研究观测活动。 缓冲区外围划为实验区，可以进入从事科学实验、教学实验、参观考察、旅游以及驯化、繁殖珍稀、频、濒危野生动植物等活动。 原批准建立自然保护区的人民政府认为必要时，可以在自然保护区的外围划定一定面积的外围保护地带。
自然保护区核心区的管理 第二十七条　禁止任何人进入自然保护区的核心区。因科学研究需要，必须进入核心区从事科学研究观测、调查活动的，应当事先向自然保护区管理机构提交申请和活动计划，并经省级以上人民政府有关自然保护区行政主管部门批准；其中，进入国家级自然保护区核心区的，必须经国务院有关自然保护区行政主管部门批准。 自然保护区核心区内原有居民确有必要迁出的，由自然保护区所在地的地方人民政府予以妥善安置。
自然保护区缓冲区的管理 第二十八条　禁止在自然保护区的缓冲区开展旅游和生产经营活动。因教学科研的目的，需要进入自然保护区的缓冲区从事非破坏性科学研究、教学实习和标本采集活动的，应当事先向自然保护区管理机构提交申请和活动计划，经自然保护区管理机构批准。从事前款活动的单位和个人，应当将其活动成果的副本提交自然保护区管理机构。
自然保护区实验区的管理 第二十九条　在国家级自然保护区的实验区开展参观、旅游活动的，由自然保护区管理机构提出方案，经省、自治区、直辖市人民政府有关自然保护区行政主管部门审核后，报国务院有关自然保护区行政主管部门批准；在地方级自然保护区的实验区开展参观、旅游活动的，由自然保护区管理机构提出方案，经省、自治区、直辖市人民政府有关自然保护区行政主管部门批准。 在自然保护区组织参观、旅游活动的，必须按照批准的方案进行，并加强管理；进入自然保护区参观、旅游的单位和个人，应当服从自然保护区管理机构的管理。

内　容

自然保护区建设控制

第三十二条　在自然保护区的核心区和缓冲区内，不得建设任何生产设施，在自然保护区的实验区内，不得建设污染环境、破坏资源或者景观的生产设施；建设其他项目，其污染物排放不得超过国家和地方规定的污染物排放标准。

在自然保护区的外围保护地带建设的项目，不得损害自然保护区内的环境质量；已造成损害的，应当限期治理。

限期治理决定由法律、法规规定的机关作出，被限期治理的企事业单位必须按期完成治理任务。

2018-017. 根据《自然保护区条例》，下列选项中不正确的是(　　)。

A. 自然保护区分为国家级自然保护区和地方级自然保护区

B. 自然保护区可以分为核心区、缓冲区和实验区

C. 在自然保护区的缓冲区和实验区可以开展旅游活动

D. 自然保护区的核心区禁止任何单位和个人进入

【答案】C

【解析】《自然保护区条例》第十八条规定，核心区外围可以划定一定面积的缓冲区，只准进入从事科学研究观测活动；缓冲区外围划为实验区，可以进入从事科学实验、教学实验、参观考察、旅游以及驯化、繁殖珍稀、濒危野生动植物等活动。故选C。

2017-070. 根据《自然保护区条例》，进入国家级自然保护区核心区域，必须经(　　)有关自然保护区行政主管部门批准。

A. 国务院　　　　　　　　　　　　B. 省政府

C. 市政府　　　　　　　　　　　　D. 县政府

【答案】A

【解析】据《自然保护区条例》第二十七条，禁止任何人进入自然保护区的核心区。因科学研究需要，必须进入核心区从事科学研究观测、调查活动的，应当事先向自然保护区管理机构提交申请和活动计划，并经省级以上人民政府有关自然保护区行政主管部门批准；其中，进入国家级自然保护区核心区的，必须经国务院有关自然保护区行政主管部门批准。

六、《文物保护法实施条例》

《文物保护法实施条例》　　　　　　　　　　　　　　　表 6-2-7

内容	说　明
出台背景	根据《中华人民共和国文物保护法》，国务院于 2003 年 5 月 13 日通过了《中华人民共和国文物保护法实施条例》，2017 年 3 月 1 日第三次修订。
历史文化名城核定公布程序	第七条　历史文化名城，由国务院建设行政主管部门会同国务院文物行政主管部门报国务院核定公布。

内容	说　明
历史文化街区、村镇核定公布程序	**第七条**　历史文化街区、村镇，由省、自治区、直辖市人民政府城乡规划主管部门会同文物行政主管部门报本级人民政府核定公布。
历史文化名城、街区、村镇保护规划	**第七条**　县级以上地方人民政府组织编制的历史文化名城和历史文化街区、村镇的保护规划，应当符合文物保护的要求。
合理划定保护范围	**第九条**　文物保护单位的保护范围，应当根据文物保护单位的类别、规模、内容以及周围环境的历史和现实情况合理划定，并在文物保护单位本体之外保持一定的安全距离，确保文物保护单位的真实性和完整性。
合理划定建设控制地带	**第十三条**　应当根据文物保护单位的类别、规模、内容以及周围环境的历史和现实情况合理划定。

第七章　城乡规划方针政策

内容	说　明
城乡规划方针政策	熟悉国家有关城乡规划的方针政策
	了解部门有关城乡规划的政策

第一节　国家有关的方针政策

一、贯彻落实科学发展观

相关真题：2018-001、2011-001、2010-001、2009-001

科学发展观概述　　　　　　　　　　　　表 7-1-1

项目	内　　容
科学发展观定义	科学发展观，是指我国经济社会的各项发展事业都必须坚持"**以人为本、全面、协调、可持续**"地科学发展。科学发展观是我们党坚持马克思主义、毛泽东思想、邓小平理论和"三个代表"重要思想。
第一要义	强调第一要义是**发展**，就是要牢牢抓住经济建设这个中心，聚精会神搞建设、一心一意谋发展，不断解放和发展社会生产力，为发展中国特色社会主义奠定坚实和丰厚的物质基础。
本质和核心	**以人为本**，就是以实现人的全国发展为目标，从人民群众的根本利益出发谋发展、促发展，不断满足人民群众日益增长的物质文化需求，切实保障人民群众的经济、政治和文化权益，让发展的成果惠及全体人民。
基本要求	全面，是指发展要有全面性、整体性、全局性，不仅经济发展，而且各个方面都要发展。
	协调，是指发展要有协调性、均衡性、各个方面、各个环节的发展要相互适应、相互促进。
	可持续，是指发展要有持久性、连续性，不仅当前要发展，而且要保证长远发展。
根本方法	掌握统筹兼顾的科学思想方法，提高辩证思维能力，不断增强统筹兼顾的本领，才能更好地妥善处理当前各方面突出矛盾、协调好各种利益关系，实现全面、协调、可持续地发展。

2018-001. 习近平同志在党的十九大报告中指出："我们要在继续推动发展的基础上，着力解决好(　　)的问题。"

A. 发展不平衡不充分

B. 发展质量和效益

C. 满足人民在经济、政治、文化、社会、生态等方面日益增长需要

D. 推动人的全面发展、社会全面进步

【答案】A

【解析】习近平同志在党的十九大报告中指出："我们要在继续推动发展的基础上，着力解决好发展不平衡不充分问题，大力提升发展质量和效益，更好满足人民在经济、政治、文化、社会、生态等方面日益增长的需要，更好推动人的全面发展、社会全面进步。"故选 A。

2011-001、2010-001.科学发展观的根本方法是( )。

A. 以人为本
B. 全面、协调、可持续发展
C. 改革开放
D. 统筹兼顾

【答案】D

【解析】统筹兼顾是科学发展观的根本方法，故选D。

2009-001.科学发展观第一要义是发展，核心是以人为本，基本要求是全面协调可持续，根本方法是( )。

A. 改革开放
B. 构建和谐社会
C. 建设生态文明
D. 统筹兼顾

【答案】D

【解析】统筹兼顾是科学发展观的根本方法，故选D。

二、构建和谐社会

构建和谐社会方法 表 7-1-2

项目	内 容
基础知识	和谐社会是经济建设、政治建设、文化建设、社会建设以及生态文明建设协调发展的社会，是人与人、人与社会、人与自然整体和谐的社会。
	社会和谐在很大程度上**取决于社会生产力的发展水平**，取决于**发展的协调性**。
区域协调	构建和谐社会，首先要促进区域的**均衡发展、协调发展、共同发展**。推进区域经济社会协调发展，就要继续深入推进西部大开发，全面振兴东北地区等老工业基地，大力促进中部地区崛起，鼓励东部地区率先发展，形成分工合理、特色明显、优势互补的区域产业结构，推动各地区共同发展，加大对欠发达地区和困难地区的扶持力度。
促进城乡协调发展	要坚定地走中国特色城镇化道路，促进**大中小城市和小城镇协调发展**，着力提高城镇综合承载能力，发挥城市对农村的辐射带动作用，促进城镇化和新农村建设良性互动。要深化农村改革，调整优化农村经济结构，积极稳妥地推进城镇化，发展壮大县域经济。**把解决好"三农"问题作为重中之重**的工作。
促进教育公平	坚持公共教育资源向农村、中西部地区、贫困地区、边疆地区、民族地区倾斜，逐步**缩小城乡、区域教育发展差距**，推动公共教育协调发展。
提高人民健康水平	**健全医疗卫生服务体系**，重点加强农村三级卫生服务网络和以社会卫生服务为基础的新兴城市卫生服务体系建设。
满足人民文化需求	**加强公益性文化设施建设**，鼓励社会力量捐助和兴办公益性文化事业，加快建立覆盖全社会的公共文化服务体系。优先安排关怀群众切身利益的文化建设项目，突出抓好广播电视村村通工程、社区和乡镇综合文化站（室）工程、全国文化信息资源共享工程。加强历史文化遗产保护和非物质文化遗产保护。

项目	内　容
促进人与自然相和谐	要以解决危害群众健康和影响可持续发展的环境问题为重点，**加快建设资源节约型、环境友好型社会**。实施重大生态建设和环境整治工程，有效地遏制生态环境恶化趋势。统筹城乡环境建设，加强城市环境综合治理，改善农村生活环境和村容村貌。
促进社会和谐进步	要千方百计**扩大就业**，构建和谐劳动关系。要全面做好人口工作，促进人口长期均衡发展，切实维护社会和谐稳定。要加快推进以改善民生、保障民生等重点的社会建设，促进社会公平正义，完善社会管理，激发社会创造活力，创造人与社会、人与人和谐相处的局面，推动社会和谐发展和进步。

三、乡村振兴

相关真题：2018-082、2018-081

乡村振兴　　　　　　　　　　　　　　　　表 7-1-3

内容	要　点
总要求	各地政府遵循"产业兴旺、生态宜居、乡风文明、治理有效、生活富裕"的总体要求。
内容	① **制度改革方面**：大力推进城乡协调发展，建立健全城乡融合发展体制机制和政策体系；深化农村各项改革，落实并完善农村承包地"三权"分置制度；深化农村"三变"改革，即"资源变资产、资金变股金、农民变股东"。 ② **乡村规划方面**：加强乡村振兴规划引领，编制城乡融合发展专项规划；根据不同地区和乡村的个性特色，注重保护乡村传统肌理、空间形态和传统建筑；做好重要空间、建筑和景观设计，深挖历史古韵，传承乡土文脉，形成特色风貌。 ③ **基础建设方面**：加快垃圾、污水处理设施和电网、供水、网络等建设；加大"四好农村路"建设，党中央高度重视"四好农村路"建设，连续3年在中央一号文件中对建好、管好、护好、运营好农村公路作出部署。 ④ **农村环境建设方面**：落实农村人居环境整治三年行动方案，加强农村突出环境综合治理，以垃圾污水治理、"厕所革命"、安全饮水、村容村貌整治为重点，改善农村生产生活条件。
重点	① **产业振兴**：把产业发展落到促进农民增收上来，全力以赴消除农村贫困。 ② **人才振兴**：让愿意留在乡村、建设家乡的人留得安心，打造一支强大的乡村振兴人才队伍。 ③ **文化振兴**：培育文明乡风、良好家风、淳朴民风，提高乡村社会文明程度。 ④ **生态振兴**：扎实实施农村人居环境整治三年行动方案，推进农村"厕所革命"，完善农村生活设施。 ⑤ **组织振兴**：打造千千万万个坚强的农村基层党组织，确保乡村社会充满活力、安定有序。

2018-082. 依据《中共中央国务院关于加快推进生态文明建设的意见》"积极实施主体功能区规划"战略中提出的"多规合一"是指经济社会发展、（ ）等规划。

A. 国土规划   B. 城乡规划
C. 区域规划   D. 土地利用规划
E. 生态环境保护规划

【答案】BDE

【解析】《中共中央国务院关于加快推进生态文明建设的意见》要求，全面落实主体功能区规划，健全财政、投资、产业、土地、人口、环境等配套政策和各有侧重的绩效考核评价体系。推进市县落实主体功能定位，推动经济社会发展、城乡、土地利用、生态环境保护等规划"多规合一"。故选BDE。

2018-081. 依据中共中央、国务院办公厅关于印发《党政领导干部生态环境损害责任追究办法（试行）》，下列（ ）情形属于应当追究相关地方党委和政府主要领导成员的责任。

A. 作出的决策与生态环境和资源方面政策、法律法规相违背的
B. 本地区发生主要领导成员职责范围内的严重环境污染和生态破坏事件或者对严重环境污染和生态破坏（灾害）事件处置不力的
C. 作出的决策严重违反城乡、土地利用、生态环境保护等规划的
D. 生态环境保护意识不到位的
E. 对公益诉讼裁决和资源环境保护督察整改要求执行不力的

【答案】ABCE

【解析】《党政领导干部生态环境损害责任追究办法（试行）》第五条规定，有下列情形之一的，应当追究相关地方党委和政府主要领导成员的责任：（一）贯彻落实中央关于生态文明建设的决策部署不力，致使本地区生态环境和资源问题突出或者任期内生态环境状况明显恶化的；（二）作出的决策与生态环境和资源方面政策、法律法规相违背的；（三）违反主体功能区定位或者突破资源环境生态红线、城镇开发边界，不顾资源环境承载能力盲目决策造成严重后果的；（四）作出的决策严重违反城乡、土地利用、生态环境保护等规划的；（五）地区和部门之间在生态环境和资源保护协作方面推诿扯皮，主要领导成员不担当、不作为，造成严重后果的；（六）本地区发生主要领导成员职责范围内的严重环境污染和生态破坏事件，或者对严重环境污染和生态破坏（灾害）事件处置不力的；（七）对公益诉讼裁决和资源环境保护督察整改要求执行不力的；（八）其他应当追究责任的情形。有上述情形的，在追究相关地方党委和政府主要领导成员责任的同时，对其他有关领导成员及相关部门领导成员依据职责分工和履职情况追究相应责任。故选ABCE。

四、转变经济发展

相关真题：2014-001、2012-001

转变经济发展概述

表 7-1-4

项 目	内 容
主攻方向	坚持把**经济结构战略性调整**作为加快转变经济发展方式的**主攻方向**。构建扩大内需长效机制，促进经济增长向依靠消费、投资、出口协调拉动转变，形成消费、投资、出口协调拉动经济增长新局面，保持经济平稳较快发展。
重要支撑	坚持把**科学进步和创新**作为加快转变经济发展方式的**重要支撑**。深入实施科教兴国战略和人才强国战略，充分发挥科技第一生产力和人才第一资源作用。
根本出发点和落脚点	坚持**以人为本**，把保障和改善民生作为加快转变经济发展方式的根本出发点和落脚点。完善保障和改善民生的制度安排，把促进就业放在经济社会发展优先位置，构建和谐劳动关系。
重要着力点	坚持把**建设资源节约型、环境友好型社会**作为加快转变经济发展方式的重要着力点。深入贯彻节约资源和保护环境基本国策，构建资源节约、环境友好的生产方式和消费模式，树立绿色、低碳发展理念。
强大动力	**改革开放**以来，我国经济、社会、文化发展发生了巨大变化。必须继续坚持把改革开放作为加快转变经济发展方式的强大动力。要加快改革攻坚步伐，坚定推进经济、政治、文化、社会等领域改革，加快构建有利于科学发展的体制机制，最大限度解放和发展生产力。

2014-001. 根据《国民经济和社会发展第十二个五年规划纲要》，坚持把建设资源节约型、环境友好型社会作为加快转变经济发展方式的(　　)。

A. 主攻方向　　　　　　　　　　B. 重要支撑

C. 根本出发点和落脚点　　　　　D. 重要着力点

【答案】D

【解析】坚持把建设资源节约型、环境友好型社会作为加快转变经济发展方式的重要着力点，故选 D。

2012-001. 建设资源节约型、环境友好型社会是加快经济增长方式的(　　)。

A. 主攻方向　　　　　　　　　　B. 根本出发点和落脚点

C. 重要着力点　　　　　　　　　D. 重要支撑

【答案】C

【解析】解析同 2014-001。

第二节 其他有关城乡规划的政策

一、节能节地

概　　述

表 7-2-1

项目	内容
节能	**制定全国城镇体系规划**、省域城镇体系规划要从节约能源的角度，统筹考虑城镇空间布局和规模控制以及重大基础设施布局。
	制定城市总体规划，要根据本地区的环境、资源条件，科学确定发展目标、方式、功能分区、用地布局，确定交通发展战略和城市公共交通总体布局，落实公交优先政策，确定主要对外交通设施和主要道路交通设施布局，限制高能耗产业用地规模。村镇规划要符合村镇体系布局，规划建设指标必须符合国家规定。严禁高能耗、高污染企业向乡镇转移，不得为国家明确退出和限制建设的各类企业安排用地。
	从规划源头控制高耗能居住建筑的建设。各地应根据当地住房的实际状况以及土地、能源、水资源和环境等综合承载能力，分析住房需求，制定住房建设规划，合理确定当地新建商品住房总面积的套型结构比例。
	城乡规划主管部门要会同建设、房地产主管部门将住房建设规划纳入当地国民经济和社会发展中长期规划和近期建设规划，**按建设资源节约型和环境友好型城镇的总体要求，合理安排套型建筑面积 90m² 以下住房为主的普通商品住房和经济适用住房布局**。
节能省地型住宅和公共建筑	充分认识发展节能省地型住宅和公共建筑的重要意义，做好建筑节能节地节水节材工作，是落实科学发展观，调整经济结构、转变经济增长方式的重要内容，是保证国家能源和粮食安全的重要途径，是建设节约型社会和节约型城镇的重要举措。
	<table><tr><td>工业建筑</td><td>提高容积率</td></tr><tr><td>公共建筑</td><td>提高建筑密度</td></tr><tr><td>居住建筑</td><td>在符合健康卫生和节能采光标准的前提下合理确定建筑密度和容积率</td></tr><tr><td>地下空间</td><td>要深入开发地下空间，实现集约用地</td></tr><tr><td>黏土砖生产</td><td>进一步减少黏土砖生产对耕地的占用和破坏</td></tr></table>
	到 2010 年，城乡新增建设用地占用耕地的增长幅度要在现有基础上力争减少 20%；**到 2020 年，城乡新增建设用地占用耕地的增长幅度要在 2010 年目标基础上再大幅度减少**。
	主要政策措施。加强城乡规划的引导和调控。充分发挥城乡规划在推进节能省地型住宅和公共建筑建设中的重要作用，统筹城乡发展，促进城镇发展用地合理布局。在城镇化过程中，要通过合理布局，提高土地利用的集约和节约程度。

二、土地管理

土　地　管　理　　　　　　　　　　　　　　　　　表 7-2-2

项目	内容
切实做好土地利用总体规划与城乡规划的互相衔接工作	依法做好土地利用总体规划、城市总体规划、村庄和集镇规划的相互衔接工作。
	在城乡规划制定工作中加强基本农田的保护。
	充分发挥近期建设规划的综合协调作用。
	要优先安排危旧房改造和城市基础设施中拆迁安置用房、普通商品住房、经济适用住房建设项目用地，保证近期建设规划中确定的国家重点建设项目和基础设施项目用地。
严格执行建设用地指标，促进土地资源的集约和合理利用	加快制定建设用地指标。抓紧工程项目建设用地指标制定和修改完善工作，优先开展城市基础设施项目，教育和公共文化、体育、卫生基础设施项目建设用地指标的编制工作，重点做好城市规划区范围内道路等市政工程建设用地指标、城市和村镇建设用地指标的编制工作，尽快建立科学合理的用地指标框架体系。
	编制和审批城乡规划，必须符合国家建设用地指标。各地要严格依据国家规定的建设用地指标编制和审批城市总体规划、村庄和集镇规划，合理确定城乡建设和用地规模。
	各类新建、改建、扩建工程项目必须严格执行用地指标。城乡规划主管部门在审批建设项目用地申请时，要依据国家规定的建设用地指标，对建设用地面积进行严格审查，对超过国家规定用地指标的，不得发放建设用地规划许可证、建设工程规划许可证。
	各地要立足于本地区土地资源的实际状况，合理确定与城市发展相适应的绿化用地面积。鼓励和推广屋顶绿化和立体绿化。进行绿化建设，必须符合城市总体规划、城市绿化规划。禁止利用基本农田进行绿化。
	指导和推广集约利用土地资源的新技术、新材料。要加快城乡规划动态监测系统及监测网络建设，充分利用现代高新技术实施城乡规划动态监测。
	禁止超过国家用地指标、以"花园式工厂"为名圈占土地。禁止占用耕地烧制实心黏土砖。

项 目	内　容
加强城乡规划对城乡建设和土地利用的调控和指导	省级人民政府必须依据省域城镇体系规划，统筹安排本行政区域内各行业和各地区用地。
	加强近期建设规划实施监管。近期建设规划确定的发展建设范围，必须符合已经法定程序批准的城市总体规划。
	加强开发区规划管理。开发区范围内规划制定、审批权必须集中由所在市、县城乡规划主管部门行使，不得下放。
	加强对存量土地利用的规划安排，控制新增建设用地。新建建设项目凡能利用存量土地的，不得批准新增建设用地。
	加强城乡规划对土地储备、供应的调控和引导。城乡规划主管部门要依据城市总体规划和近期建设规划，就近期内需要收购储备、供应土地的位置和数量提出建议。
	规范建设用地和项目审批程序。在城市规划区内进行建设需要申请用地的，必须持有关文件，向城乡规划主管部门申请办理规划许可手续。

相关真题：2012-086、2009-070

具 体 措 施　　　　　　　　　　　　　　　　表 7-2-3

项　目	内　容
加强对划拨土地上开发活动和集体建设用地流转的管理	规范原有划拨土地的房地产开发活动。经依法批准利用原有划拨土地从事房地产开发的，应按市场价补缴土地出让金，依法取得房地产开发资质，并纳入房地产开发管理。
	严格集体建设用地流转管理。建制镇、村庄和集镇中的农民集体所有建设用地使用权流转，必须符合建制镇、村庄和集镇规划，由城乡规划主管部门依据规划出具有关流转地块的规划条件。
	加强对集体土地上房屋拆迁的管理。要与国土资源部门共同研究制定城市规划区内集体土地上房屋拆迁补偿有关政策。
	《城市房地产管理法》中规定，依法取得国有土地使用权的土地进行基础设施，房屋建设，禁止以"现代农业园区"或"设施农业"为名，利用集体建设用地变相从事房地产开发和商品房销售活动。

项　目	内　容
强化村庄集镇建设和用地管理	**加强村镇规划编制工作。**省域城镇体系规划要确定重点镇的数量；县（市）域城镇体系规划要确定镇和中心村的布局；村庄集镇总体规划，要合理确定农村居民点的数量、布局和建设用地规模。要统筹规划工业用地，严禁零散安排乡村工业用地。
	加强对农村宅基地管理。新村镇宅基地必须位于村庄、集镇规划区内，并符合村庄、集镇规划的安排。
	采取切实措施，加大对村镇规划建设管理的资金支持和技术指导，理顺管理体制，加强村镇基层规划建设管理工作。
依法严肃查处违法违规行为	**依法监督和查处违法用地行为。**地方各级城乡规划、建设行政主管部门要开展专项监督检查，重点查处未经审批乱圈地、突破国家用地指标和规划确定的用地规模使用土地、占用基本农田进行建设等问题。
	建立行政过错纠正和行政责任追究制度。上级部门要加强对下级部门的监督检查。

2012-086. 住房和城乡建设部《关于贯彻〈国务院关于深化改革严格土地管理的决定〉的通知》中规定（　　　）。

　　A. 禁止以"现代农业园区"或"设施农业"为名，利用集体建设用地变相从事房地产开发和商品房销售活动

　　B. 禁止超过国家用地指标，以"花园式工厂"为名圈占土地

　　C. 禁止利用基本农田进行绿化

　　D. 禁止以大拆大建的方式对"城中村"进行改造

　　E. 禁止占用耕地烧制实心黏土砖

【答案】ABCD

【解析】房地产开发企业应按照《城市房地产管理法》的规定，依法在取得国有地使用权的土地上进行基础设施、房屋建设，禁止以"现代农业园区"或"设施农业"为名、利用集体建设用地变相从事房地产开发和商品房销售活动。禁止超过国家用地指标、以"花园式工厂"为名圈占土地。鼓励和推广屋顶绿化和立体绿化。进行绿化建设，必须符合城市总体规划、城市绿化规划。禁止利用基本农田进行绿化。基本农田上进行绿化建设的城市，不得列入园林城市、生态园林城市考核范围。凡在基本农田上进行绿化建设的，必须立即停止并予以纠正。禁止占用耕地烧制实心黏土砖。新建建设项目凡能利用存量土地的，不得批准新增建设用地。采取有力措施，做好"城中村"改造。故选ABCD。

2009-070. 建制镇、村庄和集镇的农民集体所有建设用地使用权流转，必须符合建制镇、村庄和集镇规划，由城乡规划行政主管部依据规划出具有关流转地块的（　　　）。

　　A. 批准文件　　　　　　　　　　　B. 允许流转证明

C. 用地指标   D. 规划条件

【答案】D

【解析】《关于贯彻〈国务院关于深化改革严格土地管理的决定〉的通知》中严格规定了集体建设用地流转管理。建制镇、村庄和集镇中的农民集体所有建设地使用权流转，必须符合建制镇、村庄和集镇规划，由城乡规划主管部门依据规划出具有关流转地块的规划条件。

三、住房建设

相关真题：2010-007

住房建设   表 7-2-4

项目	内 容
加强领导，认真制定住房建设规划与住房建设年度计划	要按照"**政府组织、专家领衔、部门合作、公众参与、科学决策**"的原则，做好前期调研、专题研究、规划编制等工作。
深入调查，科学确定住房建设发展目标	制定和实施住房建设规划与住房建设年度计划，政策性强、涉及面广、统计与分析任务重。做好这项工作，**要加强全面调查，建立城市居民住房现状及动态管理档案，加强科学分析和预测。**
突出重点，落实保障性住房建设标准及要求	**落实逐步解决城市中低收入家庭住房困难的目标**，合理确定居住用地供应规模、土地开发强度和住宅供应规模。要把**普通住房供应作为主要内容，突出强调以廉租住房制度为重点、多渠道解决城市低收入家庭住房困难。**
	住房建设规划的成果由**规划文本、图册与附件**组成。规划文本应包括总则、住房发展目标、住房用地供应目标与空间布局、住房政策、规划实施保障措施等内容。附件应包括规划说明、研究报告与基础资料。
加强监督，明确住房建设规划实施的保障措施	各地要**结合城乡规划效能监察工作，要引入社会监督机制，形成有效的信息反馈机制，及时发现新情况、解决新问题，确保住房建设规划落实到位。**

2010-007. 转变城市总体规划修编方式，推进科学民主决策，应当遵循(　　)的要求。

A. 政府牵头、专家领衔、部门配合、市场参与、科学决策

B. 政府组织、专家领衔、部门配合、公众参与、民主决策

C. 政府牵头、专家参与、部门合作、公众监督、科学决策

D. 政府组织、专家领衔、部门合作、公众参与、科学决策

【答案】D

【解析】由表 7-2-4 可知：制定住房建设规划应当坚持政府组织、专家领衔、部门合作、公众参与、科学决策的原则。

四、城乡规划效能监察

具体措施   表 7-2-5

项目	内容
城乡规划 效能监察	**城乡规划依法编制、审批情况**。是否进行了城市总体规划修编的前期研究和论证；是否经原审批机关的认定后，开展城市总体规划修编工作；城市总体规划修编是否委托符合资质条件的编制单位承担；是否参照经国务院批准的《城市总体规划审查工作规则》，建立相应的城市总体规划审查工作机制；是否建立了城市总体规划与土地利用总体规划的协调机制；上报审批的规划编制成果是否符合法律、法规和技术标准规范要求。
	城乡规划行政许可的清理、实施、监督情况。是否严格按照《行政许可法》的要求清理、规范了城乡规划行政许可事项；是否建立了完善的建设项目规划审批流程；是否建立了城乡规划行政许可的内部监督制度；地（市）、县（市）一级规划的行政管理权是否集中统一管理；各类开发区是否纳入规划和管理；是否存在以政府文件和会议纪要等形式取代选址程序，未取得"选址意见书"而批准立项、未取得"建设用地规划许可证"而批准使用土地等情况；建立派驻城乡规划督察员制度情况等。
	城乡规划政务公开情况。是否建立了城乡规划公示、听证等公众参与制度；是否建立了城乡规划主动公开和依申请公开制度；是否建立了城乡规划信息咨询及查询制度；是否研究制定了地方性法规或规章，逐步把政务公开纳入法制化轨道。
	城乡规划廉政、勤政情况。是否存在个别领导干部违纪违法干预城乡规划实施的现象；是否违反经批准的规划和法定程序建设政府工程；是否建立了违纪违法案件举报制度；对违纪违法案件是否进行了认真查处。
城市总体规划 的编制与审批	**充分认识做好城市总体规划修编工作的重要性**。城市总体规划是促进城市科学协调发展的重要依据，是保障城市公共安全与公众利益的重要公共政策，是指导城市科学发展的法规性文件。
	切实加强城市总体规划与土地利用总体规划的协调和衔接。要完善城市总体规划与土地利用总体规划修编工作的协调机制。
	认真做好城市总体规划修编的前期论证工作。要重视和加强城市总体规划修编的前期研究和论证工作。
	改进和完善城市总体规划修编的方法与内容。城市总体规划修编要转变单一由部门编制的方式，采取政府组织、专家领衔、部门合作、公众参与、科学决策、依法办事的方式。
	严格执行城市总体规划审批制度。目前正在修编的、由国务院审批城市总体规划的城市，应当按照合理限制发展规模、防止滥占土地、与土地利用总体规划协调和衔接，以及完善城市总体规划修编方法和内容的要求，对总体规划修编工作进行检查。

项　目	内　容
城乡规划督察员制度	**充分认识建立派驻城乡规划督察员制度的重要意义**。建立派驻城乡规划督察员制度，贯彻落实中共中央《建立健全教育、制度、监督并重的惩治和预防腐败体系实施纲要》的重要举措，对于落实科学发展观，构建社会主义和谐社会，维护城乡规划的严肃性，更好发挥城乡规划作用，具有重要的意义。
	明确建立派驻城乡规划督察员制度的基本思路。派驻城乡规划督察员制度是在现有的多种监督形式的基础上建立的一项新的监督制度。
	城乡规划督察员的职责。城乡规划督察员要重点督察以下几方面内容：**城乡规划审批权限问题；城乡规划管理程序问题；重点建设项目选址定点问题；历史文化名城、古建筑保护和风景名胜区保护问题；群众关心的"热点、难点"问题。城乡规划督察员特别要加大对大案要案的督察力度。** 城乡规划督察员应当本着"**到位不越位、监督不包办**"的原则。
控制道路广场建设	**暂停城市宽马路、大广场的建设**。自本通知印发之日起，各地城市一律暂停批准红线宽度超过 80 米（含 80 米）城市道路项目和超过 2 公顷（含 2 公顷）的游憩集会广场项目。在此之前，已经批准的 2 公顷以上（含 2 公顷）的游憩集会广场项目，尚未竣工的，一律暂停建设；对已经办理规划、用地和开工批准手续，但尚未动工的，一律暂停开工；已经批准，但尚未办理用地和开工批准手续的，一律暂停办理用地和开工批准手续。
	清理城市各类广场、道路建设项目。清理检查的重点是各类广场、道路建设项目是否符合土地利用总体规划和城市总体规划，用地是否符合国家法律、法规和国务院有关文件的规定，建设规模和标准是否符合本通知的规定，拆迁安置是否得到妥善落实，是否存在拖欠和摊派建设资金的情况。
	规范城市广场、道路建设规划。各地要在清理检查的基础上。对城市各类广场、道路建设规划进行规范。今后，各地建设城市游憩集会广场的规模，原则上，小城市和镇不得超过 1 公顷，中等城市不得超过 2 公顷，大城市不得超过 3 公顷，人口规模在 200 万以上的特大城市不得超过 5 公顷；而且在数量与布局上，也要符合城市总体规划与人均绿地规范等要求。
	加强对城市建设用地和城市建设资金的管理。要加强城市建设土地供应和土地出让的管理。城市建设中土地征用、土地开发等活动，都不得违背土地利用总体规划和城市总体规划。

项 目	内 容
容积率管理	**充分认识强化容积率管理工作的重要性**。在城乡发展建设中，城市和镇人民政府依据《城乡规划法》制定本地的控制性详细规划，并依据控制性详细规划对建设项目进行规划管理是法律赋予的权力和责任。
	严格容积率指标的规划管理。《城乡规划法》中明确规定在城市、镇规划区内以划拨方式提供国有土地使用权的建设项目，由城市、县人民政府城乡规划主管部门依据经批准的控制性详细规划核定建设用地的位置、面积允许建设的范围。
	严格容积率指标的调整理序。国有土地使用权出让前，城乡规划主管部门应当严格依据经批准的控制性详细规划确定规划设计条件。规划设计条件中容积率指标如果突破控制性详细规划或其他规划的规定，应当依据《城乡规划法》的规定，先行调整控制性详细规划，涉及其他规划的须先行调整涉及的其他规划。所有涉及建设用地容积率调整的建设项目，其规划管理的有关内容必须依法公开，接受社会监督。
	国有土地使用权一经出让，任何单位和个人都无权擅自更改规划设计条件确定的容积率。确需变更规划条件确定的容积率的建设项目，应根据程序进行：
	① **申请**。建设单位或个人可以向城乡规划主管部门提出书面申请并说明变更的理由。
	② **论证**。城乡规划主管部门应当从建立的专家库中随机抽调专家，并组织专家对调整的必要性和规划方案的合理性进行论证。
	③ **公示**。在本地的主要媒体上进行公示，采用多种形式征求利害关系人的意见，必要时应组织听证。
	④ **申请批准**。经专家论证、征求利害关系人的意见后，城乡规划主管部门应依法提出容积率调整建议并附论证、公示（听证）等相关材料报城市、县人民政府批准。
	⑤ **批准备案**。经城市、县人民政府批准后，城乡规划主管部门方可办理后续的规划审批并及时将依法变更后的规划条件抄告土地管理部门备案。
	⑥ **办理手续**。建设单位或个人应根据变更后的容积率向土地主管部门办理相关土地出让收入补交等手续。
	严格核查建设工程是否符合容积率要求。城乡规划主管部门要依法核实完工的建设工程是否符合规划行政许可要求。核实中要严格审查建设工程总建筑面积是否超出规划许可允许建设的建筑面积。
	加强建设用地容积率管理监督检查。要抓紧完善建设用地容积率管理制度。
	要切实加强对建设用地容积率管理的监督检查，督促各级城乡规划主管部门完善容积率管理制度，加大案件查办力度。
	各省（区、市）城乡规划主管部门、监察机关要结合城乡规划效能监察工作，抓紧做好整章建制工作，并对近年来建设用地和建设项目的规划管理情况进行检查。

第八章　公共行政学基础

大纲要求　　　　　　　　　　　　　　表 8-0-1

内　容	说　明
公共行政管理知识	了解公共行政的概念
	熟悉公共行政的主体与对象
	掌握政府的主要职能
	熟悉行政权力与行政责任
	掌握公共政策与公共问题

第一节　行政与公共行政

一、行政与公共行政概念

相关真题：2017-010

概　述　　　　　　　　　　　　　　　　　　　　表 8-1-1

要点	说　明
行政	行政是一种组织的职能，任何组织（包括国家）的生存和发展都必须有相应的机构和人员行使执行和管理的职能。
公共行政	公共行政是指政府处理公共事务，提供公共服务的管理活动。公共行政是以国家行政机关为主的公共管理组织的活动。立法机关、司法机关的管理活动和私营企业的管理活动不属于公共行政。

2017-010. 下列有关公共行政的叙述，不正确的是（　　）。

A. 立法机关的管理活动不属于公共行政

B. 公共行政客体既包括企业和事业单位，也包括个人

C. 公共行政是指政府处理公共事务的管理活动

D. 行政是一种组织的职能

【答案】B

【解析】公共行政客体，即公共行政是指政府处理公共事务，故选 B。

二、公共行政的特点

相关真题：2018-008、2017-009、2013-006、2013-002、2011-011、2011-010、2011-009

公共行政的特点　　　　　　　　　　　　　　　　　　　　表 8-1-2

要点	说　明
概述	公共行政包括"公共"和"行政"两方面的内容。"公共"是指公共权力机构整合社会资源、满足社会公共需要、实现公众利益、处理公共事务而进行的管理活动。"行政"则是公共机构制定和实施公共政策、组织、协调、控制等一系列管理活动的总和。
公共性	① **公共权力**：政府公权行使的一个重要原则是"越权无效"。 ② **公共需要与公众利益**：政府可以直接提供公共产品，如公共绿地、市政工程设施等；也可以通过间接手段和方式，对社会和市场进行管理和调控，如货币、价格政策；还可以依法运用行政手段进行强制性管制，如市场监管、行政处罚等。 ③ **社会资源**：包括公共资源与民间资源。政府必须投入资源和产出资源。因此，要善于利用政府机制、市场机制、社会自治机制这三种机制对公共资源和民间资源充分利用和整合。 ④ **公共产品和公共服务**：为人民服务是政府的主要职责，政府活动的目的是为社会和全体公民提供全面、优质的公共产品，为社会提供公正、公平的服务，政府不提供私人产品。 ⑤ **公共事务**：政府活动的核心是对公共事务的处理，政府在公共事务管理上具有权威性。 ⑥ **公共责任**：政府的公共责任包括政治责任、法律责任、道德责任、领导责任和经济责任五方面。 ⑦ **公平、公正、公开与公民参与**："公民第一"的原则是公共行政的核心原则。

要点	说　　明
行政性	公共行政包括政府对公共事务的管理和政府自身管理两个方面；是一系列政府管理活动的综合；包括决策、组织、协调和控制四方面的基本管理活动。 ①**决策活动**：包括制定公共政策、确定行政目标、作出行政规划。 ②**组织活动**：包括组织机构的建立、职责的划分、目标体系的建立、规章制度的制定等。 ③**协调活动**：指政府调控与市场关系的协调、政府部门之间的协调、政策执行过程中的沟通与协调等。 ④**控制活动**：指行政机关的监控，包括行政机关的自我监控以及立法机关的监控、司法机关的监控和政党、群众团体、新闻媒体、人民群众等外部力量对公共行政的监控机制等。

2018-008. 公共行政的核心原则是(　　)。

A. 公民第一 　　　　　　　　　　　　B. 行政权力

C. 讲究效率 　　　　　　　　　　　　D. 能力建设

【答案】A

【解析】"公民第一"的原则是公共行政的核心原则，故选A。

2017-009. 公共行政的核心原则是(　　)。

A. 廉洁政府 　　　　　　　　　　　　B. 越权无效

C. 综合调控 　　　　　　　　　　　　D. 公民第一

【答案】D

【解析】公共行政的核心原则是"公民第一"。故选D。

2013-006、2011-010. 根据公共行政管理的知识，不属于公共责任的是(　　)。

A. 政治责任 　　　　　　　　　　　　B. 法律责任

C. 领导责任 　　　　　　　　　　　　D. 行政责任

【答案】D

【解析】政府的公共责任包括政治责任、法律责任、道德责任、领导责任、经济责任五方面，故选D。

2013-002、2011-009. 公共行政的核心原则是(　　)

A. 公民第一原则 　　　　　　　　　　B. 公众参与原则

C. 公平、公正、公开原则 　　　　　　D. 公共服务原则

【答案】A

【解析】公共行政的核心原则是"公民第一"。故选A。

2011-011. 编制城乡规划属于(　　)方面的公共行政活动

A. 决策 　　　　　　　　　　　　　　B. 组织

C. 协调 　　　　　　　　　　　　　　D. 控制

【答案】A

【解析】决策活动包括制定公共政策、确定行政目标、作出行政规划。选项A符合题意。

三、公共行政的主体与对象

相关真题：2018-005

公共行政的主体与对象
表 8-1-3

内容	说　　明
公共行政主体	一般认为是政府，包括行政机关，以及依法成立的各种享有行政权的独立机构。 公共行政的主体是以国家为主体的公共管理组织；公共管理组织除国家行政机关之外，还包括依法成立的具有一定行政权的独立行政机构和法定组织。 立法机关和司法机关不属于公共行政的主体。
公共行政的对象	又称公共行政客体；即公共行政主体所管理的公共事务；公共事务包括国家事务、共同事务、地方事务和公民事务。 ① 国家事务：指全国性的统一事务，如社会保障、国防事务、外交事务等。 ② 共同事务：指涉及较为广泛的区域或者利益集团的事务，如流域治理、跨行政区域的规划编制、区域之间的关系协调等。 ③ 地方事务：专指地方性的行政事务，如市政工程、公用事业、市容环卫、公共交通等。 ④ 公民事务：指涉及公民权利的事务，如户籍管理、老龄工作、人口控制等。

2018-005. 根据行政管理学原理，下列说法中不准确的是（　　）。

A. 行政机关是行使国家权力的机关

B. 行政机关是实现国家管理职能的机关

C. 行政机关就是国家行政机构

D. 行政机关是行政法律关系中的主体

【答案】C

【解析】行政机构作为行政机关的内部组成部分，除获得法律、法规和规章的特别授权外，一般情况下是不具有独立的行政主体资格的。行政机构主要包括内设机构、派出机构、办公机构和办事机构。行政机关是一定行政机构的整体，具有行政主体的资格，可以自己的名义独立进行行政活动并独立承担由此产生的法律后果。

相关真题：2010-005、2009-010

公　共　产　品
表 8-1-4

内　　容
公共产品：是由以政府机关为主的公共部门生产的、供全社会所有公民共同消费、所有消费者平等享受的社会产品。 　　在市场经济条件下，公共行政的主要责任是生产和提供公共产品，因而，政府要建立科学、全面、公平的政府公共产品体系；公共产品体系构成政府所管理公共事务的范围；从公共产品类别来划分，政府公共产品体系由如下几方面构成： 　　① **经济类公共产品**。如国民经济发展战略与中长期指导性规划、技术开发与资源开发规划、财政政策与收入分配政策、产业政策、经济立法与司法、产品质量与劳动监督、重点工程建设与基础公共设施建设等。 　　② **政治类公共产品**。如外事、国防、公安、海关、国家机关管理等。 　　③ **社会类公共产品**。如社会保障、社会福利、社会救济、基层政权建设与社区自我管理、城市公用事业管理与公共设施管理、城市土地管理与城市规划、环境保护与环境卫生、保健与防疫等。 　　④ **科技、教育与文化类公共产品**。如教育战略与教育法规、义务教育、高等教育资助、科技发展战略与国家科技开发创新体系建设、基础性科学研究与高新技术国家资助、科学普及、民族文化建设与文物保护、群众性体育活动与竞技体育资助等。

2010-005. 公共行政的主要责任是提供公共产品，城乡规划属于(   )。

A. 政治类公共产品

B. 社会类公共产品

C. 经济类公共产品

D. 科技、教育、文化类公共产品

【答案】B

【解析】社会类公共产品，如社会保障、社会福利、社会救济、基层政权建设与社区自我管理、城市公用事业管理与公共设施管理、城市土地管理与城市规划、环境保护与环境卫生、保健与防疫等。故选项B符合题意。

2009-010. 下列不属于"公共产品"的是(   )。

A. 城市基础设施建设　　　　　　　B. 国家外交事务

C. 社会救济　　　　　　　　　　　D. 城市房地产开发

【答案】D

【解析】政府公共产品体系由如下几方面构成：①经济类公共产品，如A项的城市基础设施建设；②政治类公共产品，如B项的国家外交事务；③社会类公共产品，如C项的社会救济；④科技、教育与文化类公共产品。故选D。

公 共 服 务　　　　　　　　　　　　　　　　　表 8-1-5

内　　容

　　政府的公共服务：是政府满足社会公共需要，提供公共产品的劳务和服务的总称；社会公共需要只有在被立法机构以立法形式确认，并交由行政机关执行、由司法机关司法的情况下才会成为公共服务。

　　公共服务可以分为：

　　① 政府提供基本产品的公共服务。如法律体系、公民权利的保护；保证分配公正和经济稳定增长的财政、金融和税收政策；社会保险和社会福利政策；国防、外交、国家安全、航天科技；公费小学教育等。

　　② 政府提供的混合产品的基本服务。自然垄断型的混合公共产品，如市政公用事业系统、铁路运输系统、公路交通系统、电力系统等。

　　③ 一些无论收入高低都要消费或者得到的公共产品。如卫生防疫、统计情报等服务。

　　④ 还有一些需要政府管理但由私人部门生产，需要政府对企业进行监督并提供统一的技术标准、卫生标准、安全标准的服务。

　　提供公共服务的主体：政府有提供公共服务的责任，但公共服务不一定都要政府机关及其公务员亲自提供。可以采取政府负责，社会和企业提供；政府与企业合作提供等多种方式。因此，提供公共服务的主体可以有三种——公共部门、非政府组织、私人部门。

第二节　行政体制和行政机构

一、行政体制

相关真题：2011-002

内容	说　　明
基本内涵	行政体制是指国家行政机关的组织制度；行政体制是政治体制的重要组成部分，在公共行政中发挥着重要的制度保障作用。 　　一个国家的行政体制是否合理、健全，对公共行政的效果会产生深刻的影响；行政体制通常与国家的立法体制、司法体制相对应。
内容	行政体制包括广泛的内容，例如政府组织机构、行政权力结构、行政区划体制、行政规范等，其核心是政府的机构设置、职权划分以及运行机制。
	① **政府组织机构**：是行政体制的载体，任何一种行政体制都必须建立在一定的组织形态之上；政府组织机构通常包括从中央到地方的纵向政府机构设置和各级政府内部的横向机构设置等多种类型。
	② **行政权力结构**：是行政体制的核心组成部分，也是行政体制得以正常运转的动力；行政权力结构不仅规定行政权力的来源、方向、方式等，而且还要规定行政机关与其他国家机关、政党组织以及群众团体之间的权力配置关系，其核心内容是国家行政机关在政治体制中所拥有的职权范围、权力地位以及行政机关内部各部门之间的职权划分等。
	③ **行政区划体制**：是指国家为实现对社会公共事务的有效管理，将全国领土划分为若干层次的区域单位，并建立相应的各级各类行政机关实施管理的制度。我国现行的行政区划体制为：省级行政区域，地、市级行政区域，县级行政区域，乡级行政区域等。
	④ **行政规范**：是指建立在一定宪政基础之上的行政法律规范的总称，它是国家行政机关行使公共权力、实施公共事务管理的行为规则；任何行政活动都必须有相应的法律授权，所有国家行政机关行使的权力、各部门的职责权限等也必须通过一定法律加以限定。
政治制度与行政体制	**政治制度**：是一个国家的根本制度，是指统治阶级为实现其阶级统治所确立的政权组织形式及其相关的制度；它是政治统治性质和政治统治形式的总和，也就是我们平常所说的国体与政体的统一；它决定行政体制的性质和发展方向，行政体制是为一定的政治统治服务的。
	国务院制：是以中国为代表的一种政府组织形式；国务院是全国最高国家行政机关，实行总理负责制；国务院制是一种建立在合议制基础之上的个人负责制的行政体制；它体现了民主集中制、法制以及对国家最高权力机关负责的原则，是符合中国国情的一种行政管理体制。

2011-002. 根据行政体制概念，不属于"行政体制"范畴的是(　　　)。

A. 政府组织机构　　　　　　　　　　　B. 国家权力机构

C. 行政区划体制　　　　　　　　　　　D. 行政规范

【答案】B

【解析】行政体制包括政府组织机构、行政权力机构、行政区划体制、行政规范等，故选 B；应注意区别行政权力机构和国家权力机构，详见表 8-2-1。

二、行政机构（组织）

行政机构（组织）　　　　　　　　　　　　　　　　　　表 8-2-2

内容	说　　明
概念	**行政机构（组织）**：是指在国家机构中除立法、司法机关以外的行政机构系统，即各级行政机关；其主要功能是通过计划、组织、指挥、协调等手段，来行使国家行政权力，代表国家管理各种公共事务。 行政组织具有政治性、强制性、社会性和服务性的特征。
类型	行政机构可以有多种分类标准。 ① 按照公共行政程序划分：可以把行政组织分为决策部门、职能部门（执行部门）、咨询信息部门、监督部门等。 ② 按照行政组织的职能划分：可以分为领导机关、执行机关、辅助机关和派出机关。 **领导机关**：指中央政府和地方人民政府。 **执行机关**：又称职能机关；是负责管理某一方面具体公共事物的具体部门，如国务院各部、委，省直各厅局等。 **辅助机关**：指行政组织系统的内部机关，主要是协调领导机关或行政机关的关系，办理领导交办的各项行政事务，或负责行政机关某一方面的综合性工作或专业性工作。 **派出机关**：指根据公共行政的需要，按照法律规定或者上级批准在职权所辖区域内设立的代表机关。

第三节　行政权力和行政职责

一、行政权力

相关真题：2017-081、2012-006、2010-011

行政权力的概念与特征　　　　　　　　　　　　　　　　表 8-3-1

内容	说　　明
概念	行政权力是指各级行政机关执行法律，制定和发布行政法规，在法律授权的范围内实现对公共事务的管理，解决一系列行政问题的强制力量与影响力；在国家权力结构中，行政权力属于国家权力的重要组成部分，与国家的立法权、司法权共同构成国家权力的主要内容。
特征	**公共性**：政府是整个社会公众利益的代表者，代表国家对各种公共事务实行管理，这就决定了行政权力的公共性。 **强制性**：由于行政权力的行使和运用是通过国家行政机关依据法律进行的，因此，行政权力具有较高的强制性。 **权威性**：在一定的行政权力管辖范围之内，所有的组织和个人都必须严格地服从，这在一定程度上保证了行政权力的权威性。 **约束性**：尽管行政权力的行使和运用具有一定权威性和强制性，但是作为一种公共权力，它又必须受到一定的制约，接受来自包括广大民众在内的各种力量的监督，以便保证行政权力行使的公正与公平，防止行政权力的变异。

内容	说　　明
行政权力的内容	**立法参与权**：指政府参与立法过程的相关权力；在我国，政府拥有提出法律草案的权力。 **委托立法权**：指立法机关制定一些法律原则，委托行政机关制定具体条文的法律制度；在此原则下，政府可以依据宪法和相关法律，制定法规、条例，做出决定、命令、指示等。 **行政管理权**：这是政府的基本职责。即代表国家管理各种公共事务，行使行政管理权。 **司法行政权**：指政府依据法律所拥有的司法行政方面的权力，如决定赦免，对行政活动中有争议的问题进行调节、复议和仲裁等。

2017-081. 在我国，行政权力主要包括(　　　)。

A. 立法参与权 　　　　　　　　　　　B. 法律解释权

C. 委托立法权 　　　　　　　　　　　D. 司法行政权

E. 行政管理权

【答案】ACDE

【解析】行政权力主要包括立法参与权、委托立法权、司法行政权、行政管理权。

2012-006、2010-011. 城乡规划主管部门对于规划实施中出现的一些问题具有行政调解、复议和仲裁的权力，这些权力在公共行政管理的分类上属于(　　　)。

A. 立法参与权 　　　　　　　　　　　B. 立法权

C. 行政管理权 　　　　　　　　　　　D. 司法行政权

【答案】D

【解析】司法行政权指政府依据法律所拥有的司法行政方面的权利，如决定赦免，对行政活动中有争议的问题进行调解、复议和仲裁等。故选D。

二、行政责任

相关真题：2014-005

行政责任的概念、权力与职位　　　　　　　　　　　表 8-3-2

内容	说　　明
概念	行政责任是与行政权力相对应的一个范畴，主要包括法律上的行政责任和普通行政责任。 **法律上的行政责任**：是指政府工作人员除了遵守一般公民必须遵守的法律、法规之外，还必须遵守有关政府工作人员的法律规范；如果违反了有关政府工作人员的法律规范，则要承担法律上的行政责任，即依法承担相应的法律后果。 **普通行政责任**：不涉及法律问题，主要包括政治责任、社会责任和道德责任等。 ① 政治责任：是行政机关和行政人员的最重要的责任之一。 ② 社会责任：是行政机关和行政人员对社会所承担的职责。 ③ 道德责任：是行政机关和行政人员所承担的道义上的职责。

内容	说　　明
行政责任行政权力行政职位	任何行政组织都必须保持职、权、责的平衡和一致，这是公共行政顺利进行的前提条件。 　　① 要明确划分各个行政机构的职能以及相应的职责范围，并依据其承担的职能和职责，授予相应的行政职权；进一步明确上下级行政机关之间的责任关系，建立完善的权责体系。 　　② 要把行政机构的权责体系，具体地落实到每一个公务人员身上，各行其权，各负其责。 　　③ 要建立有关权责一致、平衡的制度保障体系；这些制度主要包括监督、考核、奖惩、升降等，保证其尽职、尽责，正确地运用和行使权力。

2014-005. 普通行政责任不包括(　　　)。

A. 政治责任　　　　　　　　　　　B. 法律责任

C. 社会责任　　　　　　　　　　　D. 道德责任

【答案】B

【解析】行政责任主要包括法律上的行政责任和普通行政责任；普通行政责任则不涉及法律问题，主要包括政治责任、社会责任和道德责任等；不包括法律责任，故选B。

第四节　公共行政领导

一、行政领导的概念与特点

行政领导的概念、特点、职位、职责及职权　　　　　　　　表 8-4-1

内容	说　　明
概念	一般来说，行政领导既指政府领导机关、领导班子和领导干部等公共行政的决策主体和管理主体，又指公共行政领导中的领导职能和领导过程。
特点	**法定性**：行政领导的职权由宪法和法律赋予，领导者必须在宪法和法律的范围内行使职权，绝不能滥用权力。 　　**权威性**：由于行政领导的职权受到法律的认可和保障，因而具有强制性。上级机关颁布的命令，下级机关和群众必须服从，否则将受到惩戒。 　　**协同性**：行政领导有赖于下级和群众的支持和认同，只有行政领导和被领导者协同起来，相互激励，才能顺利实施决策，完成行政任务。

二、行政领导者的职位、职责及职权

行政领导者的职位、职责及职权　　　　　　　　　　表 8-4-2

内容	说　　明
行政领导者	是指在行政机关中享有一定的法定职权，率领和指挥下属完成行政事务，负有特定义务和责任的人；在我国，行政领导通常是指担任科级以上领导职务的干部。

内容	说　明
职位	行政领导的职位是指上级组织依据国家有关规定分配给每一个领导者的职务和位置。行政领导的职位是以"事权"为中心，而不是以"人"为中心。
职责	行政领导的职责是指该职位必须做什么；该职位的领导者对其工作的承诺程度；行政领导的职责既要与行政领导的职位相称，又要与行政领导的职权一致。 　　行政领导的职责包括：政治职责、法律职责和工作职责。 　　行政领导的主要职责是服务，包括为下级提供工作方向、规则；为下级提供必要的工作条件和环境；为下级提供必要的指导和辅导；为下级和群众提供工作和生活的保障。
职权	是指与行政职位相应的法定权力而不是个人特权；主要有对本组织、本部门重大问题的决策权；对直接下级人员的任免权和奖惩权；对人力、财力、物力的支配权；对本组织、本部门各种活动的指挥权和协调权；对上级机关的提案权；对下级机关和人员的授权；对外工作的代表权；其他法定权力。

第五节　政府的基本职能体系

在长期社会发展过程中，政府职能范围不断扩大，逐步形成了一个完整交错的多层次、多元化的体系；大致可分为基本职能体系和运行职能体系两种，这里简述政府的基本职能体系。

相关真题：2013-003

政府的基本职能体系　　　　　　　　　　　　　　　　　　　表 8-5-1

内容	说　明
政治职能	政治职能主要是指保卫国家的独立和主权，保护公民的生命安全及各种合法权益，保护国家、集体和个人的财产不受侵犯，维护国家的政治秩序等方面的职能。
经济职能	这是现代国家公共行政的基本职能之一；政府作为上层建筑的主要组成部分，必须以积极手段推动社会生产力的发展，维护经济基础的巩固和发展。 　　一般包括宏观经济调控、区域性经济调节、国有资产管理、微观经济管制、组织协调全国的力量办大事（即规划并组织实施国家的大型经济建设项目）。
文化职能	指领导和组织精神文明建设的职能，包括进行思想政治工作，对科学、教育、文化等事业进行规划管理等；其根本目的是提高全民族素质，铸造可以使国民自立于世界民族之林的强大精神支柱。
社会职能	社会职能即组织动员全社会力量对社会公共生活领域进行管理的职能；它主要是通过专门机构（民政部门、城乡建设、环境保护以及政府调控下的各种非营利性组织）对社会保障、福利救济等社会公益事业实施管理来实现的。

2013-003. 我国政府的经济职能不包括( )。

    A. 宏观经济调控   B. 微观政策制定

    C. 国有资产管理   D. 个人财产保护

【答案】D

【解析】经济职能一般包括宏观经济调控、区域性经济调节、国有资产管理、微观经济管制、组织协调全国的力量办大事（即规划并组织实施国家的大型经济建设项目），没有个人财产保护，故选 D。

第六节 公 共 政 策

一、社会公共问题与公共政策

相关真题：2012-047、2009-009

社会公共问题与公共政策   表 8-6-1

内容	说 明
社会公共问题	任何社会都存在许多引起人们关注的社会现象，其中一部分或迟或早会构成社会问题而引起人们的广泛注意。那些有广泛影响，迫使社会必须认真对待的问题，称为社会公共问题。

公共政策及其本质	① 公共政策是政府为处理社会公共事务而制定的行为规范，凡是为解决社会公共问题的政策都是公共政策，在所有制定公共政策的主体中，政府是核心的力量。
	  ② 公共政策的本质是政府对全社会公共利益所作的权威性的分配，政府制定政策，就是在承认每一个利益主体对利益追求合理性和自主性的基础上，解决好人们之间的利益矛盾，使人们在追求个人利益时，承担对社会的义务和责任，从而使人们对利益的追求真正成为社会进步的动力。
	  ③ 利益分配是一个复杂的动态过程，包括利益选择、利益整合、利益分配和利益落实等步骤。

2012-047. 政府对全社会公共利益所做的分配利益是一个复杂的动态过程，包括( )。

    A. 利益选择、利益划分、利益落实、利益分配

    B. 利益选择、利益整合、利益落实、利益分配

    C. 利益整合、利益划分、利益选择、利益落实

    D. 利益划分、利益整合、利益落实、利益兑现

【答案】B

【解析】利益分配是一个复杂的动态过程，包括利益选择、利益整合、利益分配和利益落实等步骤。

2009-009. 下列关于"公共政策"的解释中，不正确的是( )。

    A. 政府为处理社会公共事务而制定的行为规范

    B. 为解决社会公共问题的政策都是公共政策

    C. 政府对社会公共利益所作的有权威的分配

D. 政府对社会公共利益进行选择、整合、分配和落实所制定的法律准则

【答案】D

【解析】公共政策是政府为处理社会公共事务而制定的行为规范，其本质体现了政府对全社会公共利益所做的权威性分配。凡是为解决社会公共问题的政策都是公共政策，在所有制定公共政策的主体中，政府是核心的力量，故选项D符合题意。

二、公共政策的基本功能

相关真题：2017-082

公共政策的基本功能   表 8-6-2

内容	说　　明
导向功能	公共政策是针对社会利益关系中的矛盾所引发的社会问题提出的；为解决某个政策问题，政府依据特定的目标，通过政策对人们的行为和事物的发展加以引导，使得政策具有导向性；政策的导向是行为的导向，也是观念的导向。
调控功能	公共政策的调控功能是指政府运用政策，对社会公共事务中出现的各种利益矛盾进行调节和控制所起的作用；调节作用与控制作用往往是联系在一起的，经常是调节中有控制，在控制中实现调节。
分配功能	社会中每个利益群体与个体都希望在有限的资源中多获得一些利益，这必然会在分配各种具体利益时造成冲突；这就需要政府站在公正的立场上，用政策来调整利益关系。 在通常情况下，下列三种利益群体和个体，容易从公共政策中获得利益： ① 与政府主观偏好一致或基本一致者； ② 最能代表社会生产力发展方向者； ③ 普遍获益的社会多数者。

2017-082. 城乡规划具有重要的公共政策属性，这是因为其(　　　　)。

A. 对城市建设和发展具有导向功能

B. 对城市建设中的各种社会利益具有调控功能

C. 对城市空间资源具有分配功能

D. 体现了城市政府的政治职能

E. 体现政府对管理城市社会公共事务中所发挥的作用

【答案】ABC

【解析】城乡规划具有重要的公共政策属性，这是因为其有导向功能、调控功能、分配功能。

第九章　城乡规划编制与审批管理

大纲要求　　　　　　　　　　　　　　　　　　表 9-0-1

内容	要点	说　　明
城乡规划编制与审批管理	城乡规划编制管理	掌握城乡规划体系与城乡规划的内容和要求
		掌握城乡规划组织编制的主体
		掌握城乡规划的编制与报批程序
	城乡规划审批管理	熟悉城乡规划的审查规则
		掌握城乡规划审批主体
		掌握城乡规划的审批程序与方法
	城乡规划修改的管理	掌握城乡规划修改的原则与条件
		掌握城乡规划修改的主体
		掌握城乡规划修改报批程序与方法
	城乡规划编制单位资质管理	了解各级城乡规划编制单位的资质等级及其条件
		了解各级城乡规划编制单位的资质审批程序
		熟悉各级城乡规划编制单位承担项目的内容

第一节 城乡规划编制与审批管理

一、制定和实施规划必须遵循的基本原则

相关真题：2017-088

制定和实施规划必须遵循的基本原则

表 9-1-1

内容	说　明
概述	《城乡规划法》第四条规定了制定和实施城乡规划的原则："应当遵循城乡统筹、合理布局、节约土地、集约发展和先规划后建设的原则；改善生态环境，促进资源、能源节约和综合利用，保护耕地等自然资源和历史文化遗产，保持地方特色、民族特色和传统风貌，防止污染和其他公害，并符合区域人口发展、国防建设、防灾减灾和公共卫生、公共安全的需要。"
城乡统筹的原则	《城乡规划法》中构建了城乡统筹的城乡规划体系；即城镇体系规划、城市规划、镇规划、乡规划和村庄建设规划；有利于在规划制定和实施的过程中将城市、镇、乡和村庄的发展统筹考虑，促进城乡居民享受公共服务的均衡化。
合理布局的原则	合理布局是城乡规划制定和实施的重要内容。《城乡规划法》明确规定省域城镇体系规划中要有城镇空间布局和规模控制的内容。
节约资源、能源，保护耕地的原则	《城乡规划法》中明确规定应当保护耕地等自然资源。
集约发展的原则	建设生态文明，基本形成节约能源、资源和保护生态环境的产业结构、增长方式、消费方式。
先规划后建设的原则	坚持"先规划后建设"的原则是《城乡规划法》确定的重要原则。

2017-088. 根据《城乡规划法》，制定和实施城乡规划，应当遵循的原则是(　　　)。

A. 城乡统筹　　　　　　　　　　B. 合理布局

C. 先地上后地下　　　　　　　　D. 先规划后建设

E. 节约土地和集约发展

【答案】ABDE

【解析】制定和实施城乡规划应当遵循的原则是：城乡统筹、合理布局、先规划后建设、节约土地和集约发展。

二、城乡规划编制的依据

相关真题：2009-025

城乡规划编制的依据   表 9-1-2

内容	说　明
已有规划	以已经依法制定和批准的上一层次规划为编制依据
技术规范	以城乡规划有关的法律、法规、技术标准和规范为编制依据
政策方针	以党和国家的方针政策和地方政府的规范性文件、指导意见为编制依据
地域特色	城乡地区的现状条件和环境、资源以及自然地理、历史特点作为规划编制的依据

2009-025.《城乡规划法》规定:"镇人民政府根据镇总体规划的要求,组织编制镇的控制性详细规划。"该规定集中体现了(　　)。

　　A. 保持地方特色、民族特色的原则　　　B. 先规划,后建设的原则
　　C. 控制性详细规划全覆盖的原则　　　　D. 下位规划从上位规划的原则
　　【答案】D
　　【解析】城乡规划编制的依据,下一层次的规划必须以上一层次的规划控制要求作为编制规划的依据;城市控制性详细规划必须以总体规划为依据,镇规划、乡规划、村庄规划也是如此;该规定体现了下位规划从上位规划的原则,故选 D。

三、城乡规划的强制性内容

相关真题:2014-018、2012-084、2011-040、2010-023、2009-024

城乡规划的强制性内容   表 9-1-3

内　容	说　明
城乡规划确定的禁止擅自改变用途的用地	《城乡规划法》第三十五条:"城乡规划确定的铁路、公路、港口、机场、道路、绿地、输配电设施及输电线路走廊、通信设施、广播电视设施、管道设施,河道、水库、水源地、自然保护区、消防通道、核电站、垃圾填埋场及焚烧厂、污水处理厂和公共服务设施的用地以及其他需要依法保护的用地,禁止擅自改变用途。"
城市、镇总体规划强制性内容	《城乡规划法》第十七条:"规划区范围、规划区内建设用地规模、基础设施和公共服务设施用地、水源地和水系、基本农田和绿化用地、环境保护、自然与历史文化遗产保护以及防灾减灾等内容,应当作为城市总体规划、镇总体规划的强制性内容。"

2014-018. 根据《城乡规划法》,某城市拟对滨湖地段控制性详细规划进行修改,修改方案对道路和绿地系统作出较大的调整,应当(　　)。

　　A. 由规划委员会审议决定

　　B. 由市长办公会批准实施

　　C. 先申请修改城市总体规划

　　D. 报省城乡规划主管部门备案后实施

　　【答案】C

　　【解析】《城乡规划法》规定控制性详细规划修改涉及城市总体规划、镇总体规划的强

制性内容的，应当先修改总体规划。故选 C。相关内容也可参见本书表 4-2-3。

2012-084. 城市总体规划、镇总体规划的强制性内容有明确规定，下列不属于强制性内容的是( )。

A. 禁止、限制和适宜建设的地域范围

B. 规划区内建设用地规模

C. 规划区人口发展规模

D. 水源地

E. 环境保护

【答案】AC

【解析】《城乡规划法》第十七条："规划区范围、规划区内建设用地规模、基础设施和公共服务设施用地、水源地和水系、基本农田和绿化用地、环境保护、自然与历史文化遗产保护以及防灾减灾等内容，应当作为城市总体规划、镇总体规划的强制性内容。"故选 AC。

2011-040. 城市详细规划的强制性内容中不包括( )。

A. 规划地段各个地块的土地主要用途

B. 规划地段各个地块的允许人口规模

C. 规划地段各个地块允许的建设总量

D. 特定地区地段规划允许的建设高度

【答案】B

【解析】由《城市规划执行内容暂行管理规定》第七条城市详细规划的强制性内容包括：

① 规划地段各个地块的土地主要用途；

② 规划地段各个地块允许的建设总量；

③ 对特定地区地段规划允许的建设高度；

④ 规划地段各个地块的绿化率、公共绿地面积规定；

⑤ 规划地段基础设施和公共服务设施配套建设的规定；

⑥ 历史文化保护区内重点保护地段的建设控制指标和规定，建设控制地区的建设控制指标。

故选 B。相关内容也可参见本书表 4-2-10。

2010-023. 根据《城乡规划法》，以下哪项不属于城市总体规划和镇总体规划的强制性内容？( )

A. 规划区范围   B. 近期建设用地

C. 基本农田用地   D. 防灾减灾

【答案】B

【解析】由表 9-1-3 可知选项 B 符合题意。

2009-024. 下列不属于城市总体规划强制性内容的是( )。

A. 城市人口规模   B. 城市建设用地

C. 城市基础设施   D. 城市防灾工程

【答案】A

【解析】由表 9-1-3 可知选项 A 符合题意。

四、城乡规划的组织编制主体和审批主体

相关真题：2018-030、2014-015、2012-020、2011-084、2010-083、2010-039、2010-018

城乡规划的组织编制主体和审批主体   表 9-1-4

内容	说　明
城镇体系规划	全国城镇体系规划由国务院城乡规划主管部门会同有关部门组织编制。 全国城镇体系规划由国务院城乡规划主管部门报国务院审批。
	省域城镇体系规划由省或自治区人民政府组织编制。 报国务院审批。
城市总体规划	城市人民政府组织编制城市总体规划；城市人民政府包括直辖市人民政府和其他设市城市的人民政府。
	直辖市的城市总体规划由直辖市人民政府报国务院审批；省、自治区人民政府所在地的城市以及国务院确定城市的总体规划，由省、自治区人民政府审查同意后，报国务院审批；其他城市的总体规划，由城市人民政府报省、自治区人民政府审批（《城乡规划法》第十四条）。
镇总体规划	县人民政府组织编制县人民政府所在地镇的总体规划。 报上一级人民政府审批。
	其他镇的总体规划由镇人民政府组织编制。 报上一级人民政府审批。
乡规划、村庄规划	乡、镇人民政府组织编制乡规划、村庄规划。 报上一级人民政府审批。
控制性详细规划	① 城市人民政府城乡规划主管部门根据城市总体规划的要求，组织编制城市的控制性详细规划，经本级人民政府批准后，报本级人民代表大会常务委员会和上一级人民政府备案。 ② 县人民政府所在地镇的控制性详细规划，由县人民政府城乡规划主管部门根据镇总体规划的要求组织编制，经县人民政府批准后，报本级人民代表大会常务委员会和上一级人民政府备案。 ③ 镇人民政府根据镇总体规划的要求，组织编制镇的控制性详细规划，报上一级人民政府审批。
修建性详细规划	城市、县人民政府城乡规划主管部门和镇人民政府可以组织编制重要地块的修建性详细规划；其他地区的修建性详细规划的编制主体是建设单位。各类修建性详细规划由城市、县城乡规划主管部门依法负责审定；修建性详细规划应当符合控制性详细规划。

2018-030. 下列关于城市规划组织编制主体的表述中，不正确的是（　　）。

　　A. 村庄集镇规划组织编制主体是县级人民政府

　　B. 城市总体规划组织编制主体是城市人民政府

　　C. 直辖市城市总体规划由直辖市人民政府负责组织编制

　　D. 县级以上人民政府所在地镇的总体规划，由县级人民政府负责组织编制

【答案】A

【解析】本题考查的是城乡规划的组织编制主体和审批主体；乡、镇人民政府组织编制乡规划、村庄规划，报上一级人民政府审批；县人民政府组织编制县人民政府所在地镇的总体规划，报上一级人民政府审批。故选A。

2014-015. 根据《城乡规划法》，城乡规划主管部门对编制完成的"修建性详细规划"施行的行政行为应当是（　　）。

　　A. 审定　　　　　　　　　　　　B. 许可

　　C. 评估　　　　　　　　　　　　D. 裁决

【答案】A

【解析】城市、县人民政府城乡规划主管部门和镇人民政府可以组织编制重要地块的修建性详细规划；其他地区的修建性详细规划的编制主体是建设单位。各类修建性详细规划由城市、县城乡规划主管部门依法负责审定。故选A。

2012-020、2010-039. 下表中，关于城市修建性详细规划的编制主体均正确的是（　　）。

	城市政府	规划主管部门	规划设计编制单位	设计单位
A	●	●		
B		●	●	
C			●	●
D		●		●

【答案】D

【解析】《城乡规划法》第二十一条规定，城市、县人民政府城乡规划主管部门和镇人民政府可以组织编制重要地块的修建性详细规划；其他地区的修建性详细规划的编制主体是建设单位。故选D。

2011-084. 根据《城乡规划法》，由国务院审批城市总体规划的城市有（　　）。

　　A. 直辖市

　　B. 省、自治区人民政府所在地的城市

　　C. 较大的市

　　D. 国务院确定的城市

　　E. 新建开发区的城市

【答案】ABD

【解析】《城乡规划法》第十四条规定，城市人民政府组织编制城市总体规划；直辖市

的城市总体规划由直辖市人民政府报国务院审批；省、自治区人民政府所在地的城市以及国务院确定的城市的总体规划，由省、自治区人民政府审查同意后，报国务院审批。其他城市的总体规划，由城市人民政府报省、自治区人民政府审批。

2010-083. 依法由国务院审批的城市总体规划包括(　　)。

    A. 直辖市城市总体规划

    B. 省、自治区人民政府所在地的城市总体规划

    C. 较大的市的城市总体规划

    D. 国务院确定的城市的总体规划

    E. 特别行政区的城市总体规划

【答案】ABD

【解析】解析同 2011-084。

2010-018. 省、自治区、直辖市人民政府确定的镇，经审定的修建性详细规划，建设工程设计方案的总平面图由(　　)予以公布。

    A. 县人民政府   B. 镇人民政府

    C. 县城乡规划主管部门   D. 县发展改革局

【答案】B

【解析】《城乡规划法》第四十条规定，城市、县人民政府城乡规划主管部门或者省、自治区、直辖市人民政府确定的镇人民政府应当依法将经审定的修建性详细规划、建设工程设计方案的总平面图予以公布。

五、城乡规划的审批程序

相关真题：2017-083

城乡规划的审批程序　　　　　　　　　　　　　　　　　　表 9-1-5

相关程序	说　明
前置程序	**报请审议：** ① 省域城镇体系规划和城市总体规划在报上一级人民政府审批前，应当先经本级人民代表大会常务委员会审议，常务委员会组成人员的审议意见交由本级人民政府研究处理。 ② 镇总体规划在报上一级人民政府审批前，应当先经镇人民代表大会审议，代表的审议意见交由本级人民政府研究处理。 ③ 城乡规划的组织编制机关报送审批的省域城镇体系规划、城市总体规划或者镇总体规划时，应当将本级人民代表大会常务委员会组成人员或者镇人民代表大会代表的审议意见和根据审议意见修改规划的情况一并报送。 ④ 村庄规划在报送审批前。应当经过村民会议或者村民代表会议讨论同意。 **规划公告：**城乡规划报送审批前，组织编制机关应当依法将城乡规划草案予以公告，并采取论证会、听证会或者其他方式征求专家和公众的意见。公告的时间不得少于 30 日。组织编制机关应当充分考虑专家和公众的意见，并在报送审批的材料中附具意见采纳情况及理由（第二十六条）。
上报程序	根据城乡规划法规定，组织编制城乡规划的机关为城乡规划上报机关。

相关程序	说　　明
批准程序	省域城镇体系规划、城市总体规划、镇总体规划批准前，审批机关应当组织专家和有关部门进行审查，城乡规划审批机关在对上报的城乡规划组织审查同意后，予以书面批复（二十七条）。
公布程序	城乡规划组织编织机关应当及时公布依法批准的城乡规划。

2017-083. 根据《城乡规划法》，审批机关批准（　　　）前，应当组织专家和有关部门进行审查。

A. 省域城镇体系规划　　　　　　　　B. 城市总体规划

C. 近期建设规划　　　　　　　　　　D. 镇总体规划

E. 乡规划、村庄规划

【答案】ABD

【解析】《城乡规划法》第四十六条规定，省域城镇体系规划、城市总体规划、镇总体规划的组织编制机关应当组织有关部门和专家定期对规划实施情况进行评估，并采取论证会、听证会或者其他方式征求公众意见。

第二节　城乡规划修改的管理

为了切实加强城乡规划的科学性和严肃性，在规划实施过程中加强管理，防止人为因素随意更改规划从而造成环境资源遭到破坏、公众的合法权益受到侵害，《城乡规划法》专门设立"城乡规划的修改"一章，从法律上明确了严格的规划修改制度。

一、省域城镇体系规划、城市总体规划、镇总体规划的修改

相关真题：2018-078、2018-076、2013-084、2013-020

省域城镇体系规划、城市总体规划、镇总体规划的修改　　　　表 9-2-1

项目	内　　容
规划实施的情况评估	省域城镇体系规划、城市总体规划、镇总体规划的规划组织编制机关应当组织有关部门和专家定期对规划实施情况进行评估，并采取听证会、论证会或者其他方式征求公众意见。组织编制机关应当向本级人民代表大会常务委员会，镇人民代表大会和原审批机关提出评估报告并附具征求意见的情况（四十六条）。
规划修改的条件	根据《城乡规划法》第四十七条的规定，有下列情况之一的，组织编制机关方可按照规定的权限和程序修改省域城镇体系规划、城市总体规划、镇总体规划： ① 上级人民政府制定的城乡规划发生变更，提出修改规划要求的； ② 行政区划调整确需修改规划的； ③ 因国务院批准重大建设工程确需修改规划的； ④ 经评估确需修改规划的； ⑤ 城乡规划的审批机关认为应当修改规划的其他情形。

项目	内　容
规划修改的程序	① 修改省域城镇体系规划、城市总体规划、镇总体规划组织编制机关应当对原规划的实施情况进行总结，并向原审批机关报告。 ② 修改涉及城市总体规划、镇总体规划强制性内容的，应当先向原审批机关提出专题报告，经同意后，方可编制修改方案（第四十七条）。 ③ 修改后的省域城镇体系规划、城市总体规划、镇总体规划，应当依照《城乡规划法》第十三条、第十四条、第十五条、第十六条规定的审批程序报批。

2018-078. 根据《城乡规划法》，下列选项中不正确的是(　　)。

A. 经依法审定的修建性详细规划、建设工程设计方案的总平面图不得随意修改

B. 控制性详细规划修改涉及城市总体规划、镇总体规划强制性内容的，应当先修改总体规划

C. 修改城市总体规划前，组织编制机关应向原审批机关提出专题报告、方可编制修改方案

D. 修改涉及镇总体规划强制性内容的，应当先向原审批机关提出专题报告，方可编制修改方案

【答案】C

【解析】城市总体规划修改前，应当对原规划的实施情况进行总结，并向原审批机关报告，故选 C。

2018-076. 根据《城乡规划法》，下列有关城市总体规划修改的表述中，不正确的是(　　)。

A. 上级人民政府制定的城乡规划发生变更，提出修改规划要求的

B. 行政区划调整确需修改规划的

C. 因直辖市、省、自治区人民政府批准重大建设工程确需修改规划的

D. 经评估确需修改规划的

【答案】C

【解析】由表 9-2-1 可知选项 C 符合题意。

2013-084. 根据《城乡规划法》，(　　)的组织编制机关，应组织有关部门和专家定期对规划实施情况进行评估。

A. 省域城镇体系规划　　　　　　　　B. 城市总体规划

C. 控制性详细规划　　　　　　　　　D. 近期建设规划

E. 镇总体规划

【答案】ABE

【解析】由表 9-2-1 可知选项 ABE 符合题意。

2013-020. 根据《城乡规划法》，下列关于城市总体规划可以修改的叙述中，不正确的是(　　)。

A. 上级人民政府制定的城乡规划发生变更、提出修改规划要求的

B. 行政区划调整确需修改规划的

C. 因省、自治区政府批准重大建设工程确需修改规划的

D. 经评估需修改规划的

【答案】C

【解析】由表 9-2-1 可知选项 C 符合题意。

二、其他规划的修改

相关真题：2018-095、2017-023、2010-017

控制性详细规划的修改 　　　　　　　　　表 9-2-2

项　目	内　　　容
控制性详细规划 的修改	① 组织编制机关应当对修改的必要性进行论证，征求规划地段内利害关系人的意见，并向原审批机关提出专题报告。 ② 经原审批机关同意后，方可编制修改方案，涉及城市总体规划、镇总体规划的强制性内容的，应当修改总体规划。 ③ 修改后的控制性详细规划应当依据《城乡规划法》第十九条、第二十条规定的审批程序报批。
修建性详细规划 的修改	① 经依法审定的修建性详细规划、建设工程涉及方案的总平面图不得随意修改。 ② 确需修改的，城乡规划主管部门应当采取听证会等形式，听取利害关系人的意见。 ③ 因修改给利害关系人合法权益造成损失的，应当依法给予补偿（《城乡规划法》第五十条）。
乡规划、村庄 规划的修改	根据《城乡规划法》第二十二条规定的审批程序报批。即乡、镇人民政府组织修改乡规划、村庄规划，报上一级人民政府审批。
近期建设规划 修改的备案	城市、县、镇人民政府修改近期建设规划的，应当将修改后的近期建设规划报总体规划审批机关备案（《城乡规划法》第四十九条）。

2018-095. 城市控制性详细规划调整应当(　　　)。

A. 取得规划批准机关的同意

B. 报本级人大常委会和上级人民政府备案

C. 向社会公开

D. 听取有关单位和公众的意见

E. 划定限建区

【答案】ABCD

【解析】《城乡规划法》第四十八条规定，修改控制性详细规划的，组织编制机关应当对修改的必要性进行论证，征求规划地段内利害关系人的意见，并向原审批机关提出专题报告，经原审批机关同意后，方可编制修改方案。修改后的控制性详细规划，应当依照本

法第十九条、第二十条规定的审批程序报批。控制性详细规划修改涉及城市总体规划、镇总体规划的强制性内容的，应当先修改总体规划。故选 ABCD。

2017-023. 在修改控制性详细规划时，组织编制机关应当对修改的必要性进行论证(　　)，并向原审批机关提出专题报告，经原审批机关同意后，方可编制修改方案。

    A. 对规划实施情况进行评估

    B. 采取听证会或者其他方式征求公众意见

    C. 征求规划地段内利害关系人的意见

    D. 征求本级人民代表大会的意见

    【答案】C

    【解析】《城乡规划法》第四十八条规定，修改控制性详细规划的，组织编制机关应当对修改的必要性进行论证，征求规划地段内利害关系人的意见，并向原审批机关提出专题报告，经原审批机关同意后，方可编制修改方案。修改后的控制性详细规划，应当依照本法第十九条、第二十条规定的审批程序报批。控制性详细规划修改涉及城市总体规划、镇总体规划的强制性内容的，应当先修改总体规划。

2010-017. 详细规划修改涉及城市总体规划、镇总体规划的强制性内容，应当先修改(　　)。

    A. 城镇体系规划   B. 总体规划纲要

    C. 总体规划实施的评估报告   D. 总体规划

    【答案】D

    【解析】《城乡规划法》四十八条规定，控制性详细规划修改涉及城市总体规划、镇总体规划的强制性内容的，应当先修改总体规划。

第三节　城乡规划编制单位资质的管理

一、城乡规划编制单位的资质

<table>
<tr><td colspan="2" align="center">城乡规划编制单位的资质</td><td align="right">表 9-3-1</td></tr>
<tr><td colspan="3" align="center">内　　容</td></tr>
<tr><td colspan="3">

《城乡规划法》第二十四条

城乡规划组织编制机关应当委托具有相应资质等级的单位承担城乡规划的具体编制工作；

从事城乡规划编制工作应当具备下列条件，并经国务院城乡规划主管部门或者省、自治区、直辖市人民政府城乡规划主管部门依法审查合格，取得相应等级的资质证书后，方可在资质等级许可的范围内从事城乡规划编制工作：

　① 有法人资格；

　② 有规定数量的经全国城市规划协会批准的规划师；

　③ 有规定数量的相关专业技术人员；

　④ 有相应的技术准备；

　⑤ 有健全的技术、质量、财务管理制度。

编制城乡规划必须遵守国家有关标准。

</td></tr>
</table>

二、城乡规划编制单位资质的具体规定

根据建设部颁布的《城乡规划编制单位资质管理规定》，"从事城市规划编制的单位，应当取得相应等级的资质证书"。并规定，"在资质等级许可的范围内从事城乡规划编制工作"。"委托编制规划，应当选择具有相应资质的城市规划编制单位"，"禁止转包城市规划编制任务。禁止无《资质证书》的单位和个人以任何名义承接城市规划编制任务"。依法对城乡规划编制单位进行管理。

资质管理行政主体包括：①国务院城乡规划行政主管部门负责全国城市规划编制单位的资质管理工作；②县级以上地方人民政府城乡规划主管部门负责本行政区域内城乡规划编制单位资质管理工作。

资质等级与标准

表 9-3-2

资质等级	标　准
甲级	① 具备承担各种城市规划编制任务的能力； ② 具有高级技术职称的人员占全部专业技术人员的比例不低于20％，其中高级城市规划师不少于4人（建筑、道路交通、给排水专业各不少于1人）；具有中级技术职称的城市规划专业人员不少于8人，其他专业（建筑、道路交通、园林绿化、给排水、电力、通信、燃气、环保等）人员不少于15人； ③ 达到国务院城市规划主管部门规定的技术装备及应用水平考核标准； ④ 有健全的技术、质量、经营、财务管理制度并得到有效执行； ⑤ 注册资金不少于80万元； ⑥ 有固定的工作场所，人均建筑面积不少于10m²。
乙级	① 具备相应的承担城市规划编制任务的能力； ② 具有高级技术职称的人员占全部专业技术人员的比例不低于15％，其中高级城市规划师不少于2人，高级建筑师不少于1人，高级工程师不少于1人；具有中级技术职称的城市规划专业人员不少于5人，其他专业（建筑、道路交通、园林绿化、给排水、电力、通信、燃气、环保等）人员不少于10人； ③ 达到省、自治区、直辖市城市规划主管部门规定的技术装备及应用水平考核标准； ④ 有健全的技术、质量、经营、财务管理制度并得到有效执行； ⑤ 注册资金不少于50万元； ⑥ 有固定的工作场所，人均建筑面积不少于10m²。
丙级	①具备相应的承担城市规划编制任务的能力； ② 专业技术人员不少于20人，其中城市规划师不少于2人，建筑、道路交通、园林绿化、给排水等专业具有中级技术职称的人员不少于5人； ③ 达到省、自治区、直辖市城市规划主管部门规定的技术装备及应用水平考核标准； ④ 有健全的技术、质量、经营、财务管理制度并得到有效执行； ⑤ 注册资金不少于20万元； ⑥ 有固定的工作场所，人均建筑面积不少于10m²。

<h2 style="text-align:center">各等级规划编制单位依法承担编制市规划业务范围   表 9-3-3</h2>

城市规划编制单位等级	依法承担编制市规划业务范围
甲级	承担城市规划编制任务的范围不受限制
乙级	① 20 万人口以下城市总体规划和各种专项规划的编制（含修订或者调整）； ② 详细规划的编制； ③ 研究拟定大型工程项目规划选址意见书。
丙级	① 建制镇总体规划编制和修订； ② 20 万人口以下城市的详细规划的编制； ③ 20 万人口以下城市的各种专项规划的编制； ④ 中、小型建设工程项目规划选址的可行性研究。

<h2 style="text-align:center">资质管理程序   表 9-3-4</h2>

相关程序	说　明
申请程序	① 工程勘察设计单位、科研机构、高等院校及其他非以城市规划为主业的单位，符合本规定资质标准的，均可申请城市规划编制资质。其中高等院校、科研单位的城市规划编制机构中专职从事城市规划编制的人员不得低于技术人员总数的 60％。 ② 新设立的城市规划编制单位，在具备相应的技术人员、技术装备和注册资金时，可以申请暂定资质等级，暂定资质等级有效期 2 年。有效期满后，发证部门根据其业务情况，确定其资质等级。 ③ 乙、丙级城市规划编制单位，取得《资质证书》至少满 3 年并符合城市规划编制资质分级标准的有关要求时，方可申请高一级的城市规划编制资质。 ④ 甲、乙级城市规划编制单位跨省、自治区。直辖市设立的分支机构中，凡属独立法人性质的机构，应当按照《城乡规划编制单位资质管理规定》申请《资质证书》。非独立法人的机构，不得以分支机构名义承揽业务。
审批程序	① 申请甲级资质的，由省、自治区、直辖市人民政府城市规划主管部门初审，国务院城市规划主管部门审批，核发《资质证书》。 ② 申请乙级、丙级资质的，由所在地市、县人民政府城市规划主管部门审批，核发《资质证书》，并报国务院城市规划主管部门备案。
变更程序	① 城市规划编制单位撤销或者更名，应当在批准之日起 30 日内到发证部门办理《资质证书》注销或者变更手续。 ② 城市规划编制单位合并或者分立，应当在批准之日起 30 日内重新申请办理《资质证书》。
换发、补发程序	《资质证书》有效期为 6 年，期满 3 个月前，城市规划编制单位应当向发证部门提出换证申请。城市规划编制单位遗失《资质证书》，应当在报刊上声明作废，向发证部门提出补发申请。

相关程序	说　明
备案程序	① 甲、乙级城市规划编制单位跨省、自治区、直辖市承担规划编制任务时，取得城市总体规划任务的，向任务所在地的省、自治区、直辖市人民政府城市规划主管部门备案；取得其他城市规划编制任务的，向任务所在地的市、县人民政府城市规划主管部门备案。 ② 两个以上城市规划编制单位合作编制城市规划时，有关规划编制单位应当共同向任务所在地相应的主管部门备案。
监管程序	发证部门或者其委托的机构对城市规划编制单位实行资质年检制度。城市规划编制单位未按照规定进行年检或者资质年检不合格的，发证部门可以公告收回其《资质证书》。

《资质证书》分为正本和副本，正本和副本具有同等法律效力，由国务院城市规划主管部门统一印制

第十章 城乡规划实施管理

大纲要求 表 10-0-1

内容	要点	说　　明
城乡规划 实施管理	城乡规划的实施	熟悉城乡规划实施主体
		掌握城乡规划实施管理原则与要求
		掌握近期建设规划实施管理依据、内容与方法
	建设项目选址规划管理	熟悉建设项目选址规划管理的对象
		熟悉建设项目选址规划管理的目的与任务
		掌握建设项目选址意见书核发程序
	建设用地规划管理	熟悉建设用地规划管理的概念
		熟悉建设用地规划管理的目的和任务
		了解国有土地划拨与出让的规划管理程序
		掌握建设用地规划行政许可程序
	建设工程规划管理	熟悉建设工程规划管理的概念
		掌握建设工程规划管理的目的和任务
		掌握建设工程规划管理行政许可程序
	乡、村庄规划管理	熟悉乡、村庄规划管理的概念
		了解乡、村庄规划管理的目的和任务
		了解乡、村庄规划行政许可的程序
	临时建设和临时用地 规划管理	熟悉临时建设和临时用地规划管理的概念
		掌握临时建设的规划管理程序与要求
		熟悉临时用地规划管理的程序与方法
	历史文化遗产保护 规划管理	了解历史文化遗产保护规划管理的意义
		熟悉历史文化遗产保护规划管理的原则、内容与方法
		掌握历史文化名城、名镇、名村保护规划实施管理要求
	风景名胜区规划管理	了解风景名胜区规划管理的概念
		熟悉风景名胜区规划管理的目的与任务
		掌握风景名胜区规划管理原则、方法与程序

第一节　依法进行城乡规划实施管理

一、城乡规划实施管理基本原则

相关真题：2012-022

城乡规划实施管理的概念与基本原则　　　　　　表 10-1-1

项目	说　明
概念	就是依照《城乡规划法》所规定的程序编制和批准的城乡规划，依据国家和各级政府颁布的城乡规划管理有关法规和具体规定，采用法制的、行政的、社会的、经济的和科学的管理方法，对城乡发展的各类用地和建设活动进行统一的安排和控制，引导和调节并监督城乡的各级建设发展事业有计划、有步骤、有秩序地协调发展，保证城乡规划的实施。 城乡规划实施管理是一项行政职能，具有一般行政管理的特征。它是以依法实施城乡规划为目标行使行政权力的形式和过程，是城乡规划制定和实施中的重要环节。依法进行城乡规划实施管理的过程就是依法行政、依法办事、依法监督的过程。
基本原则	**法制化原则**：对于城市、镇、乡和村庄规划区内的土地利用和各项建设活动，一定要依照《城乡规划法》的有关规定进行规划实施管理，实现依法行政、依法办事、依法监督，纳入法制化的轨道。 **程序化原则**：为使城乡规划实施管理能够遵循城乡发展和规划建设的客观规律，就必须按照科学合理的行政审批、许可、管理和监督程序来进行。 **协调的原则**：要协调各有关方面的利益和要求，理顺各有关方面的关系，包括城乡规划主管部门与其他相关行政主管部门之间的业务关系，实现分工合作，协调配合，各负其责。 **公开化原则**：行政权力公开透明运行是保证权力正确行使的重要环节，对于城乡规划实施管理来讲，不能例外。 **科学合理性原则**：不能违背城乡建设和发展的客观规律办事，一定要从实际出发，实事求是，不能急功近利、盲目决策。 **服务性原则**：城乡规划实施管理是一项政府职能，人民政府是为人民谋福利和为人民服务的。

2012-022. 城乡规划实施管理是以依法实施（　　　　）为目标行使行政权力的形式和过程，是城乡规划编制和实施中的重要环节。

　A. 城镇化发展战略　　　　　　　　　B. 城乡规划

　C. 和谐社会　　　　　　　　　　　　D. 统一管理

【答案】B

【解析】城乡规划实施管理是一项行政职能，具有一般行政管理的特征；它是以依法实施城乡规划为目标行使行政权力的形式和过程，是城乡规划制定和实施中的重要环节。依法进行城乡规划实施管理的过程就是依法行政、依法办事、依法监督的过程。

二、城乡规划实施管理的依据

城乡规划实施管理的依据   表 10-1-2

依据	内 容
城乡规划依据	主要包括城镇体系规划、总体规划、专项规划、控制性详细规划、修建性详细规划、乡规划和村庄规划、近期建设规划、历史文化名城名镇名村保护规划、风景名胜区规划、地下空间开发与利用规划、城乡规划主管部门提出的规划条件、经审定的建设工程设计方案的总平面图等，以及在规划实施过程中由城乡规划主管部门核发的选址意见书、建设用地规划许可证、建设工程规划许可证和乡村建设规划许可证等。
法律规范与政策依据	包括《城乡规划法》《土地管理法》《环境保护法》《文物保护法》《风景名胜区条例》《历史文化名城名镇名村保护条例》《城市规划编制办法》等，以及《国务院关于加强城乡规划监督管理的通知》和住房和城乡建设部、监察部联合印发的《关于对房地产开发中违规变更规划、调整容积率问题开展专项治理的通知》等，都是城乡规划实施管理的依据；各级人民政府为依法行政的需要，根据实际情况在本辖区范围内所依法制定的各项有关政策，同样是城乡规划实施管理的依据。
计划依据	国家和地方的国民经济和社会发展中长期规划、国民经济和社会发展五年规划、年度计划和城市建设综合开发设计批准文件等，都是城乡规划实施管理应当遵循的依据。
技术标准规范依据	城乡规划的各项技术标准和技术规范，国家在城乡规划建设方面所制定的经济技术定额指标和经济技术规范，以及城乡规划主管部门提出的经济技术要求等，理应是城乡规划实施管理的依据。尤其是城乡规划技术标准和技术规范中的强制性条文，必须严格遵守，不得突破和任意篡改。

三、城乡规划实施管理基本法律制度

相关真题：2014-021、2012-025

城乡规划实施管理基本法律制度   表 10-1-3

制度	内 容
许可证制度	城乡规划实施管理中，由城乡规划主管部门核发选址意见书、建设用地规划许可证、建设工程规划许可证、乡村建设规划许可证的法律制度，也就是规划行政审批许可证制度。
城镇规划实施管理的"一书两证"制度	**选址意见书：** 是城乡规划主管部门依法核发的有关以划拨方式提供国有土地使用权的建设项目选址和布局的法律凭证。 **建设用地规划许可证：** 是经城乡规划主管部门依法确认其建设的项目位置、面积、允许建设的范围等的法律凭证。 **乡村建设规划许可证：** 是经城乡规划主管部门依法确认其符合乡、村庄规划要求的法律凭证。
乡村规划实施管理的规划许可证制度	乡村建设规划许可证是经城乡规划主管部门依法确认其符合乡、村庄规划要求的法律凭证。 在乡村规划区范围内使用土地进行各项建设，须由城乡规划管理部门核发的乡村建设许可证的制度。

2014-021. 城乡规划主管部门受理的下列建设项目中，需要申请办理选址意见书的是（　　）。

    A. 商务会展中心　　　　　　　　　　B. 历史博物馆

    C. 国际住宅社区　　　　　　　　　　D. 休闲度假酒店

【答案】B

【解析】《城乡规划法》第三十六条规定，按照国家规定，需要有关部门批准或者核准的建设项目，以划拨方式提供国有土地使用权的，建设单位在报送有关部门批准或者核准前，应当向城乡规划主管部门申请核发选址意见书。前款规定以外的建设项目不需要申请选址意见书。历史博物馆属于按照国家规定需要有关部门批准或者核准的，以划拨方式提供国有土地使用权的建设项目。故选 B。

2012-025. 按照国家规定需要有关部门批准或者核准的建设项目，以划拨方式提供国有土地使用权的，建设单位在报送有关部门批准或者核准前，应当向城乡规划主管部门申请核发（　　）。

    A. 选址意见书　　　　　　　　　　B. 建设用地规划许可证

    C. 建设工程规划许可证　　　　　　D. 国有土地使用证

【答案】A

【解析】参照 2014-021 的解析，应选 A。

四、城乡规划实施管理的范围

相关真题：2014-040、2010-024、2009-014

城乡规划实施管理的范围

表 10-1-4

项目	内容
管理的地域范围	制定和实施城乡规划，在规划区内进行建设活动，必须遵守本法（第二条）。 城乡规划主管部门不得在城乡规划确定的建设用地范围以做作出规划许可（第四十二条）。 城市总体规划、镇总体规划的内容包括有规划区范围、规划区内建设用地规模等（第十七条）。 乡规划、村庄规划的内容包括有规划区范围，农村生产、生活服务设施、公益事业等各项建设的用地等。这就是说，建设用地的范围应当在制定城市总体规划、镇总体规划、乡规划和村庄规划中规定（第十八条）。
管理的对象	任何单位和个人都应当遵守经依法批准并公布的城乡规划，服从规划管理（第九条）。 城乡规划主管部门依法实施规划管理，施行规划行政许可的对象范围是任何单位或者个人所进行的建设用地和各项建设活动（第三章）。 建设项目的建设用地：包括以划拨方式提供的国有土地使用权和以出让方式提供的国有土地使用权所要使用的土地。 建设工程：指建筑物、构筑物、道路、管线和其他工程。 乡村建设：指乡镇企业、乡村公共设施和公益事业建设以及农村村民住宅建设等。

2014-040. 根据《城乡规划法》的"空间效力"范围定义，下列正确的是(　　　)。

	规划管理	规划行政许可
A.	行政区	规划区
B.	行政区	建设用地
C.	规划区	建设用地
D.	规划区	建成区

【答案】B

【解析】《城乡规划法》第二条规定，本法所称规划区，是指城市、镇和村庄的建成区以及因城乡建设和发展需要，必须实行规划控制的区域。规划区的具体范围由有关人民政府在组织编制的城市总体规划、镇总体规划、乡规划和村庄规划中，根据城乡经济社会发展水平和统筹城乡发展的需要划定。第十一条规定，县级以上地方人民政府城乡规划主管部门负责本行政区域内的城乡规划管理工作。第四十二条规定，城乡规划主管部门不得在城乡规划确定的建设用地范围以外作出规划许可。空间效力范围即地域效力范围，是指从地域范围上确定法律对人、对事的效力。施行规划行政许可的权限范围是规划区内规划确定的建设用地范围。

2010-024、2009-014. 城乡规划主管部门不得在城乡规划确定的(　　　)范围以外做出许可。

A. 规划区　　　　　　　　　　　B. 建成区
C. 行政辖区　　　　　　　　　　D. 建设用地

【答案】D

【解析】《城乡规划法》第四十二条城乡规划主管部门不得在城乡规划确定的建设用地范围以外做出规划许可。

五、城乡规划实施管理的方法

根据《城乡规划法》的规定，城乡规划实施管理主要由依法采取行政的方式行使管理职能，兼采用科学技术的方法和社会监管的方法以及经济的方法，结合起来综合运用，以达到加强城乡规划实施管理的目的。

城乡规划实施管理的方法　　　　　　　　　　　　表 10-1-5

项目	内　　容
行政的方法	依靠行政组织，根据行政权限，运用行政手段，履行行政手续，按照行政方式来进行城乡规划实施管理。 城市、县人民政府城乡规划主管部门是具体进行城乡规划实施管理、核发规划许可证的行政主体。
法制的方法	依法行政，就是城乡规划主管部门在城乡规划实施管理的过程中，必须依照法律规范的规定行事，有法必依，违法必究。
科学的技术方法	《城乡规划法》第十条规定："国家鼓励采用先进的科学技术，增强城乡规划的科学性，提高城乡规划实施监督管理的效能。"

项目	内 容
社会监管的方法	① 任何单位和个人有权就涉及其利害关系的建设活动是否符合规划的要求向城乡规划主管部门查询； ② 有权举报或者控告违反城乡规划的行为； ③ 应将经审定的修建性详细规划、建设工程涉及方案的总平面图得以公布； ④ 应将依法变更后的规划条件公示等。
经济的方法	通过经济杠杆，运用价格、税收、奖金、罚款等经济手段，按照客观经济规律的要求来进行管理，这是对行政管理的方法的补充。《城乡规划法》在"法律责任"一章中规定了对于违法建设的罚款和竣工验收资料逾期不补报的罚款处罚，就是城乡规划实施管理中关于经济方法的运用。

六、城乡规划实施管理应注意的问题

相关真题：2018-077

城乡规划实施管理应注意的问题　　　　　　　　　　　　表 10-1-6

项目	内 容
城市新区开发和建设	《城乡规划法》第三十条关于城市新区的开发和建设的规定： ① 应当合理确定建设规模和时序。根据土地资源、水资源、能源等的承载能力，量力而行，妥善处理近期建设与长远发展的关系，合理确定开发建设的规模、强度和时序，坚持集约用地、节约用地、合理用地的原则，防止盲目发展建设。 ② 充分利用现有市政基础设施和公共服务设施。合理确定各项交通设施的布局，完善城市基础设施的配置，提高城市基础设施的服务水平。 ③ 严格保护自然资源和生态环境。严格保护大气环境、河湖水系等水环境、森林绿化植被等生态环境和自然资源。 ④ 体现地方特色。充分保护城市的传统特色，结合城市的历史沿革及地域特点，在新区开发建设中体现鲜明的地方特色。 ⑤ 在城市总体规划、镇总体规划确定的建设用地范围以外，不得设立各类开发区和城市新区。
旧城区的改建	《城乡规划法》第三十一条关于旧城区的改建的规定： ① 应当保护历史文化遗产和传统风貌。 ② 合理确定拆迁和建设规模。在保护历史格局、历史文化街区、传统风貌、文化古迹的前提下有机更新、合理拆迁，防止大拆大建。 ③ 有计划地对危房集中、基础设施落后等地段进行改建。
历史文化名城名镇名村	不仅要保护各个历史时期留下的历史文化遗产，保护不可移动文物的历史原状，还应保护其承载的传统起居生活形态、文化习俗和人文精神，保护历史遗存的完整街道格局和建设风貌以及独特环境，维护历史文化遗产真实性和完整性。
风景名胜区	① 坚持"科学规划、统一管理、严格保护、永续利用"的原则。 ② 严禁在风景名胜区内进行法律法规规定所不允许的各种建设活动，经依法批准的建设项目必须符合风景名胜区规划，并与景观相协调，不得破坏景观污染环境和妨碍游览，要统筹安排风景名胜区及周边乡、镇、村庄的建设。 ③ 风景名胜区内的乡、镇、村庄规划建设必须充分考虑自然资源的有效保护和合理利用，不能对风景名胜资源造成破坏和影响。

2018-077. 根据《城乡规划法》，在城市总体规划确定的( )范围以外，不得设立各类开发区和城市新区。

    A. 旧城区   B. 建设用地

    C. 规划区   D. 中心城区

【答案】B

【解析】《城乡规划法》第三十条规定，城市新区的开发和建设，应当合理确定建设规模和时序，充分利用现有市政基础设施和公共服务设施，严格保护自然资源和生态环境，体现地方特色。在城市总体规划、镇总体规划确定的建设用地范围以外，不得设立各类开发区和城市新区。

城乡规划实施管理应注意的问题   表 10-1-7

项目	内 容
城市地下空间的开发和利用	《城乡规划法》第三十三条关于城市地下空间的开发和利用的规定： ① 与经济和技术发展水平相适应，遵循统筹安排、综合开发、合理利用的原则。 ② 充分考虑防灾减灾、人民防空和通信等需要。进行科学合理的布局和统筹兼顾；必须坚持安全第一的原则，做好防火、防水、防毒、防意外事故发生的各项设施措施，加强地下与地面的交通联系和信息网络建设。 ③ 坚持规划先行的原则，地下空间的开发和利用必须符合城市规划履行规划审批手续。
需要依法保护的用地禁止擅自改变用途	《城乡规划法》第三十五条 城乡规划确定的铁路、公路、港口、机场、道路、绿地、输配电设施及输电线路走廊、通信设施、广播电视设施、管道设施、河道、水库、水源地、自然保护区、防汛通道、消防通道、核电站、垃圾填埋场及焚烧厂、污水处理厂和公共服务设施的用地以及其他需要依法保护的用地，禁止擅自改变用途。
不得在建设用地范围以外做出规划许可	《城乡规划法》第四十二条 城乡规划主管部门不得在城乡规划确定的建设用地范围以外作出规划许可。 ① 是为防止脱离实际；② 是规范规划许可。

第二节 建设项目选址规划管理

《城乡规划法》第三十六条规定："按照国家规定需要有关部门批准或者核准的建设项目，以划拨方式提供国有土地使用权的，建设单位在报送有关部门批准或者核准前，应当向城乡规划主管部门申请核发选址意见书。"这就规定了城乡规划主管部门对于以划拨方式提供国有土地使用权，需要有关部门批准或核准的建设项目实施建设项目选址的规划管理职能。

一、建设项目选址规划管理的概念、意义与任务

建设项目选址规划管理的概念、意义与任务　　　　　　表 10-2-1

内容	说　明
概念	**建设项目选址规划管理**：是指城乡规划主管部门根据城乡规划及其有关法律法规，对于按照国家规定需要有关部门进行批准或核准，以划拨方式取得国有建设项目选址土地使用权的建设项目，进行确认或选择，保证各项建设能够符合规划管理，符合城乡规划的布局安排，核发建设项目选址意见书的行政管理工作。 **建设项目**：是指在一个总体设计或初步设计范围内，由一个或几个单项工程所组成，经济上实行统一核算，行政上实行统一管理的建设单位。 **建设项目的投资主体**：在计划经济体制下，主要是国家投资和企事业单位投资以及集体投资进行建设；在市场经济体制下，建设项目投资出现多元化投资主体的投资渠道。
意义	**统筹建设：** ① 可将各项建设的安排纳入城乡规划的轨道，使得单个建设项目的安排也能从城乡的全局和长远利益考虑，经济、合理地使用土地。 ② 可通过宏观管理，调整不合理的用地布局，改善城乡环境质量，从而为城乡经济社会发展和人民生活、生产提供比较理想的空间环境。 **打好基础：** ③ 能够事先了解建设项目的性质、规模、类型、用地要求和对环境的影响程度，根据批准的城乡规划提出其选址布局是否符合规划的意见，从而使城乡规划实施管理能够处于比较主动的地位。 ④ 建设项目有关部门批准或核准后，城乡规划主管部门已经心中有数，有了思想和规划上的准备，有利于根据城乡规划要求对建设项目做出比较合理妥善的安排，为以后的建设用地规划管理和建设工程规划管理工作打下良好的基础。
任务	建设项目选址规划管理是城乡规划主管部门行使城乡规划实施管理职责的第一步，是建设用地规划管理和建设工程规划管理的重要前提，它的主要任务是： ① 保证建设项目的选址布局符合城乡规划，这是建设项目选址规划管理的中心任务。 ② 履行城乡规划的宏观调控职能。 ③ 协调建设项目选址中的各种矛盾，促进建设项目前期工作顺利进行。

二、建设项目选址规划管理审核内容

相关真题：2018-074、2017-100、2009-098

建设项目选址规划管理审核内容　　　　　　表 10-2-2

内容	说　明
建设项目的基本情况	了解建设项目的名称、性质、建设规模、用地大小、供水和能源的需求量、采取的交通运输方式及其运输量、污水的排放方式及其污水量等。
建设项目与城乡规划的协调	建设项目的选址布局要避开与建设项目的性质不符或不相容的现有或规划的城乡建设中必须保护的各项用地。
建设项目与相关设施衔接与配合	相关设施包括交通、能源、市政、信息、防灾等，以及与建设项目配套的生活设施，还包括与城乡居住区及公共服务设施规划的衔接与协调。
建设项目与周围环境的和谐	建设项目的选址布局不能造成对城乡环境的污染和破坏，应当与环境保护规划相协调。

2018-074. 根据《建设项目选址规划管理办法》，以下选项中不属于建设项目选址依据的是(   )。

    A. 经批准的可行性研究报告

    B. 经批准的项目建议书

    C. 建设项目与城市规划布局的协调

    D. 建设项目与城市交通、通信、能源、市政、防灾规划的衔接与协调

【答案】A

【解析】根据《建设项目选址规划管理办法》第六条第二款，建设项目规划选址的主要依据有：(1) 经批准的项目建议书；(2) 建设项目与城市规划布局的协调；(3) 建设项目与城市交通、通信、能源、市政、防灾规划的衔接与协调；(4) 建设项目配套的生活设施与城市生活居住及公共设施规划的衔接与协调；(5) 建设项目对于城市环境可能造成的污染影响，以及与城市环境保护规划和风景名胜、文物古迹保护规划的协调。故选A。

2017-100. 建设项目选址规划管理的主要管理内容包括(   )。

    A. 建设项目基本情况

    B. 建设项目与城乡协调

    C. 建设项目的公用设施配套和交通运输条件

    D. 核定建设用地使用权审批手续

    E. 核定建设用地范围

【答案】ABC

【解析】核定建设用地使用权审批手续及核定建设用地范围是建设工程规划管理的内容，故选ABC。

2009-098. 建设选址规划管理是城市规划实施的第一步，主要管理内容不包括(   )。

    A. 选择建设用地地址   B. 核定土地使用性质

    C. 核定市政设施和交通选址的特殊要求   D. 核定建设用地使用权审批手续

    E. 自核定容积率

【答案】DE

【解析】核定建设用地使用权审批手续是建设工程规划管理的内容，核定容积率是建设项目用地规划管理的内容。故选DE。

三、建设项目选址规划管理的行政主体

相关真题：2017-033

<table>
<tr><td colspan="2">建设项目选址规划管理的行政主体</td><td align="right">表 10-2-3</td></tr>
<tr><td colspan="3" align="center">内　　容</td></tr>
<tr><td colspan="3">建设项目选址规划管理的行政主体是城乡规划主管部门。
　①国家级的重大建设项目和跨城市行政区的建设项目（如能源管道、引水工程、公路、铁路等线性基础设施），可向**省级城乡规划主管部门**申请办理选址意见书。
　②以划拨方式提供国有土地使用权的城市建设项目选址规划，除国家级的重大建设项目和跨城市行政区的建设项目，一般的由市、**县级城乡规划主管部门**办理选址意见书。</td></tr>
</table>

2017-033. 根据《城乡规划法》，不属于核发建设项目选址意见书具体行政行为主体的是（　　）。

A. 国务院城乡规划主管部门　　　　　B. 省级城乡规划主管部门

C. 市级城乡规划主管部门　　　　　　D. 县级城乡规划主管部门

【答案】A

【解析】国务院城乡主管部门不属于核发建设项目选址意见书具体行政行为的主体。

四、建设项目选址规划管理的程序

相关真题：2013-023

建设项目选址规划管理的程序　　　　　　　　　　表 10-2-4

程序	说　明
申请	凡是按照国家规定需要有关部门批准或者核准的建设项目，以划拨方式提供国有土地使用权的，建设单位在报送有关部门批准或核准前，应当向省级、城市、县人民政府城乡规划主管部门提出书面申请，填写建设项目选址意见书申请表，以便城乡规划主管部门依法进行审核。 除划拨使用土地的项目（主要是公益事业项目）外，都实行国有土地使用权有偿使用的出让方式，出让地块必须附具城乡规划主管部门提出的规划条件；即通过有偿出让方式取得国有土地使用权的建设项目本身就具有与城乡规划相符的明确的建设地址和建设条件，无须城乡规划主管部门再进行建设地址的选择或确认，因此，不需要申请选址意见书。
审核	城乡规划主管部门收到建设单位提出的建设项目选址意见书的申请后，应在法定的时间内对其申请进行审核。 ① **程序性审核**：即审核建设单位是否符合法定资格，申请事项是否符合法定程序和法定形式，申请表及其所附图纸，资料是否完备和符合要求等。 ② **实质性审核**：即根据有关法律规范和依法制订的城乡规划要求，对所申请的建设项目选址提出审核意见。
核发选址意见书	对于符合城乡规划的选址，应当核发建设项目选址意见书。 对于不符合城乡规划的选址，应当说明理由，给予书面回复。

2013-023. 下列不属于建设项目选址管理内容的（　　）。

A. 选择建设用地位置　　　　　　　B. 核定土地使用性质

C. 提供土地出让条件　　　　　　　D. 核发选址意见书

【答案】C

【解析】建设项目选址规划管理，是指城乡规划主管部门根据城乡规划及其有关法律法规对于按照国家规定需要有关部门进行批准或核准，以划拨方式取得国有土地使用权的建设项目，进行确认或选择，保证各项建设能够符合城乡规划的布局安排，核发建设项目选址意见书的行政管理工作。故选 C。

第三节　建设用地规划管理

《城乡规划法》第三十七条规定："在城市、镇规划区内以划拨方式提供国有土地使用权的建设项目经有关部门批准、核准、备案后，建设单位应当向城市、县人民政府城乡规划主管部门提出建设用地规划许可申请，由城市、县人民政府城乡规划主管部门依据控制性详细规划核定建设用地的位置、面积、允许建设的范围，核发建设用地规划许可证。"

第三十八条规定："以出让方式取得国有土地使用权的建设项目，建设单位在取得建设项目的批准、核准、备案文件和签订国有土地使用权出让合同后，向城市、县人民政府城乡规划主管部门领取建设用地规划许可证。"这就规定了城乡规划主管部门对于建设用地的规划许可具有建设用地规划管理职能。

一、建设用地规划管理的概念与任务

相关真题：2017-048、2013-089、2013-024、2011-091、2011-016

建设用地规划管理的概念与任务　　　　　　　　表 10-3-1

内容	说　　明
概念	**建设用地规划管理：**是指城乡规划主管部门根据城乡规划及其有关法律法规，对于在城市、镇规划区内建设项目用地提供规划条件，确定建设用地定点位置、面积、范围，审核建设工程总平面，核发建设用地规划许可证等进行各项行政管理，并依法实施行政许可工作的总称。 **建设用地：**是指当前建设的建设用地，即建设项目获得国有土地使用权后向城乡规划主管部门申请规划许可证的建设用地；城乡规划主管部门不得在城乡规划确定的建设用地范围以外做出规划许可，该建设用地系指现有的建设用地和规划的建设用地。
任务	建设用地规划管理是实施城乡规划的基石，是城乡规划实施管理的基本任务和核心内容。 ① 有效控制各项建设，合理使用规划区内的土地，保障规划实施。 ② 节约建设用地，保护耕地，促进城乡统筹和协调发展。 ③ 综合协调各方面关系，提高建设用地的经济、社会与环境的综合效益。 ④ 依法调整规划中存在的问题，不断完善和深化城乡规划。

2017-048. 根据《城乡规划法》，城乡规划主管部门不得在城乡规划确定的（　　）以外做出规划许可。

　　A. 行政区　　　　　　　　　　　　B. 规划区

　　C. 建设用地范围　　　　　　　　　D. 建成区

【答案】C

【解析】《城乡规划法》第四十二条规定，城乡规划主管部门不得在城乡规划确定的建设用地范围以外做出规划许可，因而此题选 C。

2013-089. 根据《城乡规划法》，城乡规划主管部门提出出让地块的规划条件包括（　　）。

　　A. 地块位置与范围　　　　　　　　B. 地块使用性质

　　C. 地块使用权归属　　　　　　　　D. 地块开发强度

　　E. 地块出让价格

【答案】ABD

【解析】《城乡规划法》第三十八条规定，在城市、镇规划区内以出让方式提供国有土地使用权的，在国有土地使用权出让前，城市、县人民政府城乡规划主管部门应当依据控制性详细规划，提出出让地块的位置、使用性质、开发强度等规划条件，作为国有土地使用权出让合同的组成部分。未确定规划条件的地块，不得出让国有土地使用权。

2013-024. 根据《城乡规划法》，下列关于建设用地许可的叙述中，不正确的是(   )。

    A. 建设用地属于划拨方式的，建设单位在取得建设用地规划许可证后，方可向县级以上人民政府土地管理部门申请用地

    B. 建设用地属于出让方式的，建设单位在取得建设用地规划许可证后，方可签订土地出让合同

    C. 城乡规划主管部门不得在建设用地规划许可证中擅自修改作为国有土地使用权出让合同组成部分的规划条件

    D. 对未取得建设用地规划许可证的建设单位批准用地的，由县级以上人民政府撤销有关批准文件

【答案】B

【解析】《城乡规划法》第三十八条规定："以出让方式取得国有土地使用权的建设项目，建设单位在取得建设项目的批准、核准、备案文件和签订国有土地使用权出让合同后，向城市、县人民政府城乡规划主管部门领取建设用地规划许可证。"所以B选项前后顺序有误，应选B。

2011-091. 根据《城乡规划法》，在国有土地使用权出让前，城市、县人民政府城乡规划主管部门应当依据控制性详细规划，提出出让地块的(   )等规划条件，作为国有土地使用权出让合同的组成部分。

    A. 位置   B. 使用性质

    C. 开发强度   D. 允许建设的范围

    E. 出让方式

【答案】ABC

【解析】解析同2013-089。

2011-016. 下列解释中，不符合《城乡规划法》中"规划条件"规定的表述是(   )。

    A. 规划条件应当由城市、县人民政府城乡规划主管部门依据控制性详细规划提出

    B. 规划条件包括出让地块的位置、使用性质、开发强度、所有权属、地块使用年限、出让方式、转让条件等

    C. 城市、县人民政府城乡规划主管部门提出的规划条件，应当作为国有土地使用权出让合同的组成部分

    D. 未确定规划条件的地块，不得出让国有土地使用权

【答案】B

【解析】解析同2013-089。

二、建设用地规划管理的审核内容

相关真题：2014-036

建设用地规划管理的审核内容　　　　　　　　　　　　　　　表 10-3-2

项目	内　　容
概述	根据法律规定，分为以划拨方式提供国有土地使用权的建设项目与以出让方式提供国有土地使用权的建设项目，两者的审核内容应分别对待。
划拨用地审核内容	① **审核建设用地申请条件**：经国家规定由有关部门批准、核准、备案的建设项目，建设单位应持申请建用地规划许可证的各种文件、资料、图纸，包括批准、核准、备案文件，建设项目选址意见书、建设工程总平面设计方案，填写建设用地申请表，向城市、县人民政府城乡规划主管部门提出用地申请，城乡规划主管部门应首先审查各种文件、资料、图纸、表格是否完备，是否符合申请建用地规划许可证的应有条件和要求。 ② **提供规划条件**：城乡规划主管部门受理申请后，根据控制性详细规划，包括土地使用规划性质、土地使用强度（包括建筑密度、建筑高度、容积率等），基地的主要出入口、绿地比例以及紫线、蓝线、绿线、黄线的界限等，以供建设单位调整、修改和确定建设工程总平面设计方案。 ③ **审核建设工程总平面**：审核建设工程总平面，确定建设用地范围、面积等。
出让地块审核内容	① **提供规划条件**：在国有土地使用权出让前，城乡规划主管部门应当依据控制性详细规划对出让地块的位置、面积、使用性质、开发强度、基础设施、公共设施的配置原则等相关控制指标和要求，提出规划条件，作为国有土地使用权出让合同的组成部分。 《城乡规划法》第三十九条规定："规划条件未纳入国有土地使用权出让合同的，该国有土地使用权出让合同无效。" ② **审核建设用地申请条件**：签订出让合同后，建设单位应持建设项目的批准，核准备案文件和出让合同，向城市、县人民政府城乡规划主管部门申请领取建设用地规划许可证。城乡规划主管部门应审查各种条件、资料、图纸等是否完备，是否符合申请建用地规划许可证的应有条件和要求，同时，对出让合同中规定的规划条件进行核验，是否符合规划部门所提供的规划条件。 ③ **审核建设工程总平面**：审核建设用地的位置、面积及建设工程总平面图，确定建设用地范围，以便核发建设用地规划许可证。建设单位在取得建设用地规划许可证之后，方可向有关部门申请办理土地权属证明。

2014-036. 下列行政行为中，属于建设用地规划管理内容的是（　　）。

A. 审定修建性详细规划　　　　　　　　B. 核定地块出让合同中的规划条件

C. 审定建设工程总平面图　　　　　　　D. 审核建设工程申请条件

【答案】C

【解析】建设用地规划管理的审核内容：①划拨用地审核内容有审核建设用地申请条件、提供规划条件、审核建设工程总平面；②出让地块审核内容有提供规划条件、审核建设用地申请条件、审核建设工程总平面。故选 C。

三、建设用地规划管理的行政主体

建设用地规划管理的行政主体 表 10-3-3

内　　容
行政主体：城市、县人民政府城乡规划主管部门。
主要职责 ① **提供规划条件**：应在国有土地使用权出让前，依据城市、镇总体规划和控制性详细规划，结合该用地所处环境的客观条件要求及有关部门的意见，经过法定程序，提出出让地块的位置，使用性质、开发强度等规划条件；对于以划拨方式提供国有土地使用权的建设用地，在受理建设用地规划许可申请后，也应提出规划条件。
② **受理建设用地申请**：当划拨用地的建设项目经有关部门批准、核准、备案后；当出让地块的建设项目签订国有土地使用权出让合同后，市、县城乡规划主管部门核查建设单位报送的有关各种文件、资料、图纸及其建设用地申请表等，决定是否受理建设用地规划许可的申请。
③ **审核建设用地项目**：受理建设用地规划许可的申请后，应依法在一定的时间内经过建设用地规划管理审查程序和工作制度，对建设用地项目的申请及有关事项等进行规划审核，提出规划审核结论。
④ **核发建设用地规划许可证**：对建设用地申请的事项、条件、内容和建设工程总平面图进行规划审核后，确认建设用地位置、面积、允许建设的范围和有关控制指标及要求，对于具备相关文件并且符合城乡规划的建设用地项目，核发建设用地规划许可证。对于不符合法定要求的建设用地项目，说明理由，给予书面答复。

四、建设用地规划管理的程序

相关真题：2012-038、2009-088

建设用地规划管理的程序 表 10-3-4

相关程序	内　　容
申请	① 以划拨方式取得国有土地使用权的建设项目用地，建设单位取得城乡规划主管部门核发的建设项目选址意见书后，并经有关部门批准、核准建设项目可行性研究报告之后，建设单位可向有关市、县城乡规划主管部门提出建设用地规划许可申请，同时报送建设工程总平面设计方案。 ② 以出让方式取得国有土地使用权的建设项目用地，地块出让前，城乡规划主管部门应提供规划条件，作为国有土地使用权出让合同的组成部分；签订出让合同后，建设单位可向市、县城乡规划主管部门提出建设用地规划许可证申请。
审核	城乡规划主管部门对于建设用地申请，主要是先后进行程序性审核和实质性审核。 ① 程序性审核：即审核建设单位报送的各种有关文件、资料、图纸是否完备，是否符合申请核发建设用地规划许可证的应有条件和要求。 ② 实质性审核：即审查城乡规划主管部门提供的规划条件是否落实（核验），然后审核报送的建设工程总平面图，确定建设用地范围界限和面积等，对建设用地申请提出审核意见。
核发建设用地 规划许可证	城乡规划主管部门对建设用地申请的有关材料，经审核后符合城乡规划要求的，向建设单位核发建设用地规划许可证及其附件。对于不符合城乡规划要求的建设用地项目，不得发放建设用地规划许可证，但要说明理由，给予书面答复。

2012-038. 下列关于规划条件的叙述，不符合《城乡规划法》的是(　　)。

 A. 城市、县人民政府城乡规划主管部门依据控制性详细规划，提出规划条件

 B. 未确定规划条件的地块，不得出让国有土地使用权

 C. 城市、县人民政府城乡规划主管部门在建设用地规划许可证中，可对作为国有土地使用权出让合同组成部分的规划条件进行调整

 D. 规划条件未纳入国有土地使用权出让合同的，该国有土地使用权出让合同无效

 【答案】C

 【解析】《城乡规划法》第三十八条规定，城市、县人民政府城乡规划主管部门不得在建设用地规划许可证中，擅自改变作为国有土地使用权出让合同组成部分的规划条件。

2009-088. 建设单位申请建设用地规划许可证应向城市规划行政主管部门报送(　　)文件、图纸。

 A. 建设工程设计总平面、设计说明等

 B. 填报建设用地规划许可证申请或书面申请报告

 C. 城市规划行政主管部门核发的建设项目选址意见书及附件，或经城市规划行政主管部门确认说明规划设计要求的国有土地使用权出让合同及附件

 D. 设计单位的建筑设计资格证书

 E. 地形图

 【答案】ABC

 【解析】依据建设用地规划管理的程序及其审核内容可知，选项ABC建设单位在申请建设用地规划许可证时是必须提供的，选项D并不属于建设用地规划管理的范畴，选项E已包含在选项A及选项C当中，不需单独提供。

 相关真题：2010-029

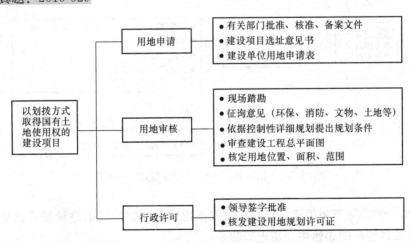

图 10-3-1　划拨用地的建设用地规划管理程序

2010-029. 在建设用地规划管理时，以划拨方式提供国有土地使用权的程序示意图式中，不符合《城乡规划法》规定的选项是(　　)。

A.	用地申请要件	建设项目选址意见书 有关部门批准、核准、备案文件
B.	建设用地申请	建设用地规划许可申请 提出规划条件 签订划拨土地合同
C.	建设用地核定	依据控制性详细规划 核定建设用地位置、面积、允许建设范围
D.	实施行政许可	审查批准 核发建设用地规划许可证

【答案】B

【解析】由图 10-3-1 可知：以划拨方式取得国有土地使用权的建设项目用地申请的程序为：①有关部门批准、核准、备案文件；②建设项目选址意见书；③建设单位用地申请表。

相关真题：2017-041、2012-027、2011-028、2010-030、2009-035

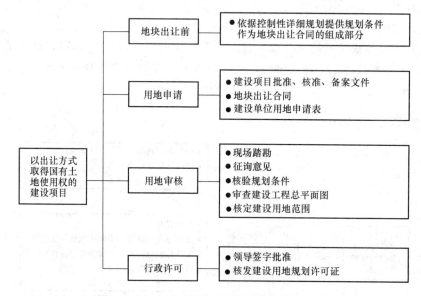

图 10-3-2　出让地块的建设用地规划管理程序

2017-041、2009-035. 下列关于以出让方式取得国有土地使用权的建设项目出让地块的建设用地规划管理程序的表述中，不正确的是(　　)。

A.	地块出让前	依据控制性详细规划提供规划条件、作为地块出让合同的组成部分

B.	用地申请	建设项目批准、核准、备案文件 地块出让合同 建设单位用地申请表
C.	用地核准	现场踏勘 征询意见 核验规划条件 审查建设工程总平面图 核定建设用地范围 签发建设项目选址意见书
D.	核发许可证	领导签字批准 核发建设用地规划许可证

【答案】C

【解析】以出让方式取得国有土地使用权的建设项目用地审核的程序为：①现场踏勘；②征询意见；③核验规划条件；④审查建设工程总平面图；⑤核定建设用地范围。故选C。

2012-027. 在以出让方式取得国有土地使用权的建设项目进行出让地块建设用地规划管理程序中，不符合《城乡规划法》规定的是(　　　)。

A. 地块出让前——依据修建性详细规划提供规划条件作为地块出让合同的组成部分

B. 用地申请——提供建设项目批准、核准、备案文件地块出让合同
　　　　　　　　建设单位用地申请表

C. 用地审核——现场踏勘，征询意见
　　　　　　　　核检规划文件
　　　　　　　　核定建设用地范围
　　　　　　　　审查建设工程总平面图

D. 行政许可——领导签字批准
　　　　　　　　核发建设用地规划许可证

【答案】A

【解析】由图10-3-2可知，出让地块的建设用地规划管理程序中，以出让方式取得国有土地使用权的建设项目，地块出让前依据控制性详细规划提供规划条件，作为地块出让合同的组成部分。

2011-028. 下列所示的出让地块建设用地规划管理的程序中，不正确的是(　　　)。

A.	地块出让前	依据修建性详细规划提供规划条件 作为地块出让合同的组成部分

B.	用地申请	建设项目批准、核准、备案文件 地块出让合同 建设单位用地申请表
C.	用地审核	现场踏勘 征询意见 核验规划条件 审查建设工程总平面图 核定建设用地范围
D.	行政许可	领导签字批准 核发建设用地规划许可证

【答案】A

【解析】依据《城乡规划法》第三十八条，在城市、镇规划区内以出让方式提供国有土地使用权的，在国有土地使用权出让前，城市、县人民政府城乡规划主管部门应当依据控制性详细规划，提出出让地块的位置、使用性质、开发强度等规划条件，作为国有土地使用权出让合同的组成部分，而非修建性详细规划，故选A。

2010-030. 某单位通过出让取得国有土地使用权后，应当持建设项目的批准、核准、备案文件和( )，向城市人民政府城乡规划主管部门领取建设用地规划许可证。

A. 可行性研究报告　　　　　　　B. 选址意见书

C. 国有土地使用权出让合同　　　D. 控制性详细规划

【答案】C

【解析】《城乡规划法》第三十八条规定：以出让方式取得国有土地使用权的建设项目，在签订国有土地使用权出让合同后，建设单位应当持建设项目的批准、核准、备案文件和国有土地使用权出让合同，向城市、县人民政府城乡规划主管部门领取建设用地规划许可证。

五、建设用地规划管理的几点说明

国有土地使用权的划拨与出让　　　　　　　　　　表 10-3-5

项　目	内　　　容
土地使用权划拨	县级以上人民政府依法批准，在土地使用者缴纳补偿、安置等费用后将该幅土地交付其使用，或者将国有土地使用权无偿交付给土地使用者使用的行为（第二十三条）。 　　这类用地包括确保必需的国家机关用地和单位用地，城市基础设施用地和公益事业用地，国家重点扶持的能源、交通、水利等项目用地及法律、行政法规规定的其他用地（第二十四条）。 　　划拨土地使用权主要是用于保障社会公共事业用地及其发展。

项目	内 容
土地使用权出让	国家将国有土地使用权在一定年限内出让给土地使用者，由土地使用者向国家支付土地使用权出让金的行为（第八条）。 　　城市规划区内的集体所有的土地，经依法征用转为国有土地后，该幅国有土地的使用权方可有偿出让（第九条）。 　　土地使用权出让，可以采取拍卖、招标或者双方协议的方式；商业、旅游、娱乐和豪华住宅用地，有条件的，必须采取拍卖、招标方式；没有条件的，不能采取拍卖、招标方式的，可以采取双方协议的方式（第十三条）。 　　实施土地使用权出让制度，适应了市场经济的要求，有利于通过市场竞争机制优化土地资源配置，实现土地的经济价值，从而提高土地使用效率，增加国家财政收入。

注：括号内为《城市房地产管理法》相关条文编号。

相关真题：2014-022

规划条件　　　　　　　　　　　　　　　　　　表 10-3-6

内容	说 明
概念	规划条件是城乡规划主管部门依据控制性详细规划对建设用地以及建设工程提出的引导和控制依据规划进行建设的规定性和指导性意见。它是直接导控建设用地和建设工程设计的法定规划依据，是规划编制单位和设计单位进行规划方案设计和城乡规划主管部门对方案进行审定的依据和应当遵循的准则。
分类	**规定性条件：** 如地块位置、用地性质、开发强度（建筑密度、建筑控制高度、容积率、绿地率等）、主要交通出入口方位、停车场泊位及其他需要配置的基础设施和公共设施控制指标等。
	指导性条件： 如人口容量、建筑形式与风格、历史文化保护和环境保护要求等。
重要性	《城乡规划法》第四十三条："建设单位确需变更（规划条件）的，必须向城市、县人民政府城乡规划据控制性详细规划变更主管部门提出申请；变更内容不符合控制性详细规划的，城乡规划主管部门不得批准；城市、县人民政府城乡规划主管部门应当及时将依法变更后的规划条件通报同级土地主管部门并公示。"

2014-022. 规划条件中的规定性条件不包括(　　　)。

　A. 地块位置和用地性质

　B. 建筑控制高度和建筑密度

　C. 建筑形式和风格

　D. 主要交通出入口方位和停车场泊位

【答案】C

【解析】由规划条件可知选项 C 符合题意。

相关真题：2017-091

建设工程总平面图 表 10-3-7

内容	说　　明
作用	建设工程总平面图是由建设单位报送的依据建设项目本身发展建设的功能需要和规划条件要求对建设用地作出的综合布局安排；经规划确定的建设工程总平面图是建设工程定位和设计的依据；在建设用地规划管理过程中，建设项目的建设用地范围主要是通过审核建设工程总平面图来确定的。
内容	一般包括城乡规划主管部门提供的用地红线，用地边界折点坐标，相邻道路红线和道路名称、宽度、主要出入口位置，本建设工程与周边现状建筑、规划建设的相对关系和间距，本建设工程与周边现状建筑、规划建设层数、性质及高度，拆迁范围和应拆除的建筑设施，需要标注的紫线、绿线、蓝线、黄线界限等。 列出用地平衡表、配套设施明细表、建筑面积明细表和其他技术指标。 应标注指北针和比例尺。

2017-091. 建设工程总平面图设计包括（　　　　）。

A. 场地四周测量坐标　　　　　　　　B. 拆废旧建筑的范围

C. 主要建筑物的坐标　　　　　　　　D. 规划地块人口规模

E. 指北针和比例尺

【答案】ABCE

【解析】由表 10-3-7 可知，选项 ABCE 符合题意。

相关真题：2018-053、2017-039

建设用地规划许可证 表 10-3-8

项目	内　　容
作用	建设用地规划许可证是经城乡规划主管部门依法确认其建设项目位置、面积和用地范围的法律凭证；核发建设用地规划许可证是《城乡规划法》赋予城乡规划主管部门实施规划行政许可的权限；使用国有土地时有没有建设用地规划许可证是区别合法用地与非法用地的分水岭。
划拨土地	《城乡规划法》第三十七条规定："在城市、镇规划区内以划拨方式提供国有土地使用权的建设项目，经有关部门批准、核准、备案后，建设单位应当向城市、县人民政府城乡规划许可申请，由城市、县人民政府城乡规划主管部门依据控制性详细规划核定建设用地的位置、面积、允许建设的范围，核发建设用地规划许可证。建设单位在取得建设用地规划许可证后，方可向县级以上地方人民政府土地主管部门申请用地，经县级以上人民政府审批后，由土地主管部门划拨土地。"
未取得许可证的	第三十九条规定："对未取得建设用地规划许可证的建设单位批准用地的，由县级以上人民政府撤销有关批准文件；占用土地的，应当及时退回；给当事人造成损失的，应当依法给予赔偿。"
失效	为提高建设用地使用效率，防止恶意炒作土地，可以规定建设用地规划许可证的有效期；如获得建设用地规划许可证后在一定的期限内未批准而取得土地使用权属文件的，该建设用地规划许可证失效。

2018-053. 在城市规划区内以行政划拨方式提供国有土地使用权的建设项目，市规划管理部门核发建设用地规划许可证，应该依据( )。

    A. 城市总体规划   B. 城市分区规划

    C. 控制性详细规划   D. 修建性详细规划

    【答案】C

    【解析】据表 10-3-8，应选 C。

2017-039. 根据《城乡规划法》，以划拨方式取得土地使用权的建设项目，建设单位在办理( )后，方可向县级以上地方人民政府土地主管部门申请用地。

    A. 选址意见书   B. 建设用地规划许可证

    C. 建设工程规划许可证   D. 规划条件

    【答案】B

    【解析】据表 10-3-8，应选 B。

第四节　建设工程规划管理

　　《城乡规划法》第四十条规定："在城市、镇规划区内进行建筑物、构筑物、道路、管线和其他工程建设的，建设单位或者个人应当向城市、县人民政府城乡规划主管部门或者省、自治区、直辖市人民政府确定的镇人民政府申请办理建设工程规划许可证。"这就规定了城乡规划主管部门和部分镇人民政府对于建设工程的规划许可具有建设工程规划管理职能。

一、建设工程规划管理的概念

相关真题：2013-046

<table>
<tr><td>建设工程规划管理的概念</td><td style="text-align:right">表 10-4-1</td></tr>
</table>

内　容
建设工程规划管理：是指城乡规划主管部门和省，自治区、直辖市人民政府确定的镇人民政府，根据城乡规划及其有关法律法规以及技术规范对于在城市、镇规划区内各项建设工程进行组织控制、引导和协调，审查修建性详细规划、建设工程设计方案等，使其符合城乡规划，核发建设工程规划许可证等进行各项行政管理并依法实施行政许可工作的统称。 　　建设工程包括以下几类： 　　① **建筑工程**。指以新建、扩建、改建的方式所进行的各类房屋建设工程，以及房屋建筑附属或单独使用的各类构筑物。 　　② **道路交通工程**。指以新建、扩建、改建的方式所进行的城镇道路、桥梁、地铁、广场、停车场及其附属设施，以及对外公路交通、铁路、港口、机场及其附属设施。 　　③ **市政管线工程**。指以新建、扩建、改建的方式所进行的给水排水（雨水、污水）、电力通信、燃气热力、专用管线等建设工程及其附属设施。 　　④ **其他工程**。环境工程、防灾工程等。

2013-046. 某乡镇企业向镇人民政府提出建设申请，经镇人民政府审核后核发了乡村建设规划许可证，结果被判定是违法核发乡村建设规划许可证，其原因是( )。

A. 镇人民政府无权接受建设申请，亦不能核发乡村建设规划许可证

B. 乡镇企业应向县人民政府城乡规划主管部门提出建设申请，经审核后核发乡村建设规划许可证

C. 乡镇企业向镇人民政府提出建设申请后，镇人民政府应报县人民政府城乡规划主管部门，由城乡规划主管部门核发乡村建设规划许可证

D. 乡镇企业应向县人民政府城乡规划主管部门提出建设申请，经审核后交由镇人民政府核发乡村建设规划许可证

【答案】C

【解析】根据《城乡规划法》第四十条的规定，建设工程规划管理主要划分为建筑工程（建筑物、构筑物）、道路交通工程、市政管线工程三大类型以及其他工程。不论哪种类型，凡进行当前建设活动，都应当提交使用土地的有关证明文件、建设工程设计方案等材料，需要建设单位编制修建性详细规划的建设项目还应提交修建性详细规划，向城市、县人民政府城乡规划主管部门或者省、自治区、直辖市人民政府确定的镇人民政府申请办理建设工程规划许可证。故选 C。

二、建设工程规划管理的任务

建设工程规划管理的任务 表 10-4-2

内　　容
① 有效指导、调控并保证各类建设工程依照规划要求有序地进行建设。
② 维护城镇社会的公共利益和建设单位与个人的合法权益。
③ 改善城镇景观面貌，提高人居环境质量水平。
④ 综合协调各有关部门对建设工程的管理要求，促进建设工程顺利建设。

三、建设工程规划管理的审核内容

《城乡规划法》第四十条规定："申请办理建设工程规划许可证，应当提交使用土地的有关证明文件、建设工程设计方案等材料。需要建设单位编制修建性详细规划的建设项目，还应当提交修建性详细规划。对符合控制性详细规划和规划条件的，由城市、县人民政府城乡规划主管部门或者省、自治区、直辖市人民政府确定的镇人民政府核发建设工程规划许可证。"这就指明了建设工程规划管理的主要审核内容是审核建设工程申请条件、修建性详细规划、建设工程设计方案以及工程设计图纸文件等。

审核建设工程申请条件 表 10-4-3

项目	内　　容
提交文件	建设项目批准、核准、备案文件；建设项目选址意见书或国有土地使用权出让合同；建设工程总平面图；建设用地规划许可证；土地权属证明文件；填写建设工程申请表。
审核内容	城市、县人民政府城乡规划管理部门或者省、自治区、直辖市确定的镇人民政府审查申请者是否符合法定资格；报送的资料、图纸、表格是否完备；是否符合申请建设工程规划许可证的应有条件和要求。

内容	说 明
审核修建性 详细规划	修建性详细规划的审定，是该规划中各项建设工程进行规划审批的前提条件和重要步骤。 　　城镇中的中心区、历史文化街区、重要的景观风貌区、重点发展建设区等重要地块地段，由城乡规划主管部门和镇人民政府组织编制修建性详细规划，由城市、县人民政府审批。 　　另外一些可能涉及周边单位或者公众切身利益，必须进行严格控制的成片开发建设地段，则由城乡规划主管部门决定可由建设单位编制，然后对其修建性详细规划进行审定。 　　需要建设单位编制修建性详细规划的建设项目，比如房地产商对居住区成片开发建设项目，由建设单位委托具有相应规划资质的规划编制单位编制完成修建性详细规划后，应当提交城乡规划主管部门审定。
主要审核内容	**规划设计基本原则**：必须符合城镇总体规划和控制性详细规划要求，符合因地制宜、合理布局、节约土地、综合开发、配套建设、集约发展的原则。 **用地平衡指标**：主要是审核其建设用地的合理性和经济性。 **规划布局**：审核规划布局应遵循的原则：①方便居民生活；②具有一定规模的公共活动中心；③合理组织人流车流、消防通道和停车场；④构思新颖。 **空间环境**：应当综合考虑外部环境与内部环境的有机联系，注重景观和空间的完整性，群体建筑与空间层次应在协调中求变化，合理设置公共服务设施，搞好公共空间的环境设计。 **建筑、道路、绿地**：主要是对住宅、公建、道路、绿地等进行合理布局和安排。

相关真题：2014-096、2013-039、2010-093

内容	说 明
概述	建设单位或者个人，申请办理建设工程规划许可证，应当提交根据控制性详细规划、规划条件和经审定的修建性详细规划所编制的该建设工程的建设工程设计方案（提交2 个以上的设计方案）；城市、县人民政府城乡规划主管部门或者省、自治区、直辖市人民政府确定的镇人民政府依法对建设工程设计方案进行技术经济指标分析比较和方案选择，经一定工作程序审定建设工程设计方案并提出规划设计修改意见。
建筑工程	**规划设计**：审核建筑物的使用性质、容积率、建筑密度、建筑高度、建筑间距、建筑退让、道路红线以及建筑体量、造型、风格、色彩和立面效果等。 **建筑设计**：审核建筑设计是否符合消防、人防、抗震、防洪、防雷电等要求，对公共建筑设计建筑的相关部位还应审核无障碍设施的位置。

内容	说　明
道路交通工程	**公路和城镇**：审核其地面道路走向、坐标，道路横断面、道路标高、路面结构类型、道路交通工程交叉口等是否符合规划要求，以及道路附属设施如隧道、桥梁、人行过街天桥、地道、广场、停车场、公交车站、收费站等设施是否合理等。 **高架道路交通工程**：参照建筑工程的规划要求进行审核，除审核其线路走向、控制点坐标、横断面形式，还需考虑对周围建筑与环境是否产生日照、噪声、废弃、景观等影响及其所采取的措施。 **地下轨道交通工程**：审核其走向、线型、断面是否符合轨道交通工程的相关技术规范，还应考虑保证其上部和两侧现有建筑物的结构安全。当地下轨道交通工程在城镇道路下穿越时，应与相关城市道路工程相协调，并需满足市政管线工程设空间的需要。此外，还需考虑通风、消防、防爆、防毒、人防等要求。
市政管线工程	**市政管线平面布置**：包括埋设管线的排列次序、水平间距、架空管线之间及其建筑物、构筑物之间的水平净距。 **管线的竖向布置**：包括埋设管线的垂直净距、覆土深度、架空管线的竖向间距，并审核管线敷设于行道树、绿化、城镇景观要求等方面的关系。

审查工程设计图纸文件　　　　　　　　　　　　　　　表 10-4-6

内　容
建设单位或者个人提交经审定的建设工程涉及方案所确定的建设工程总平面，单体建筑设计的平、立、剖面图及基础图，地下室平面、剖面图等施工图纸，道路交通工程和市政管线工程应提交相应的设计图纸以及有关文件，经审查批准后，核发建设工程规划许可证。

2014-096. 根据《城乡规划法》，在申请办理建设工程规划许可证时，应当提交的材料有（　　）。

A. 控制性详细规划　　　　　　　　　　B. 修建性详细规划

C. 近期建设规划　　　　　　　　　　　D. 建设工程方案的总平面图

E. 规划条件

【答案】BD

【解析】解析参照 2013-039。

2013-039. 下列行政行为中，不属于建设工程规划管理审核内容的是（　　）。

A. 审核建设工程中申请条件

B. 审查使用土地的有关证明文件和建设工程设计方案总平面图

C. 审核修建性详细规划

D. 审核建设工程设计人员资格

【答案】D

【解析】《城乡规划法》第四十条第二款规定，申请办理建设工程规划许可证，应当提交使用土地的有关证明文件、建设工程设计方案等材料。需要建设单位编制修建性详细规划的建设项目，还应当提交修建性详细规划。对符合控制性详细规划和规划条件的，由城市、县人民政府城乡规划主管部门或者省、自治区、直辖市人民政府确定的镇人民政府核发建设工程规划许可证。这就指明了建设工程规划管理的主要审核内容是审核建设工程申请条件、修建性详细规划、建设工程设计方案以及工程设计图纸文件等。

2010-093. 需要建设单位编制修建性详细规划的建设项目申请办理建设工程规划许可证，应当依法提交(   )。

    A. 控制性详细规划   B. 修建性详细规划

    C. 使用土地的有关证明文件   D. 建设用地规划许可证

    E. 建设工程设计方案

【答案】BCE

【解析】解析参照 2013-039。

四、建设工程规划管理的行政主体

相关真题：2017-045

建设工程规划管理的行政主体   表 10-4-7

项目	内容
行政主体	根据《城乡规划法》第四十条的规定，建设工程规划管理的行政主体是城市、县人民政府城乡规划主管部门或者省、自治区、直辖市人民政府确定的镇人民政府。
市、县人民政府城乡规划主管部门	**规划许可**：城市、县人民政府城乡规划主管部门依法对该城市、镇规划区内进行建筑物、构筑物、道路、管线和其他工程建设实施建设工程规划管理职责，行使规划许可职权。
	规划条件核查：核发建设工程规划许可证并不意味着建设工程规划管理职责的终止，还必须包括对建设工程在建设过程中是否符合规划条件进行核查，经过规划核实后查实符合规划条件的才能组织竣工验收。
	竣工验收资料备案：竣工验收后，建设单位应依法在规定的时间内向城乡规划主管部门报送有关竣工验收资料，包括竣工图纸和必要的有关文件材料。
省、自治区、直辖市人民政府确定的镇人民政府	城市、县人民政府城乡规划主管部门或者省、自治区、直辖市人民政府确定的镇人民政府也具有建设工程规划管理权限，可以核发建设工程规划许可证；在此过程中的职责，还包括依法将经审定的修建性详细规划、建设工程设计方案的总平面图予以公布。 不是所有的镇人民政府都具有建设工程规划管理的行政许可职能；省自治区、直辖市人民政府确定能够行使建设工程规划管理权限的镇人民政府应具备的基本条件包括： ① 非县人民政府所在地的建制镇； ② 具有一定规模以上的重点建制镇； ③ 具备行使建设工程规划管理行政许可能力的建制镇等。

2017-045. 根据《城乡规划法》，没有授权(　　)核发建设工程规划许可证。

A. 省、自治区人民政府城乡规划主管部门

B. 城市人民政府城乡规划主管部门

C. 县人民政府

D. 省、自治区、直辖市人民政府确定的镇人民政府

【答案】C

【解析】由表10-4-7可知，选项 C 符合题意。

五、建设工程规划管理的程序

相关真题：2014-033、2009-037

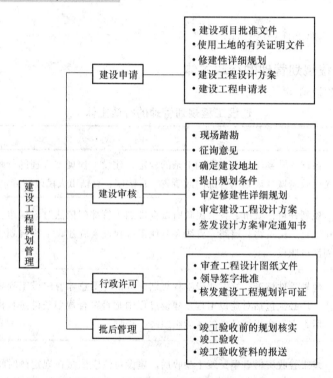

图 10-4-1　建设工程规划管理的程序

建设工程规划管理的程序　　　　　　　　　　　　　　表 10-4-8

相关程序	说　　明
申请	**提交文件**：包括国有土地使用权出让合同、建设用地规划许可证、土地使用权属证书、修建性详细规划和建设工程设计方案等。 **方案审定后需提交文件**：建设工程总平面图，单体建筑平、立、剖面图及基础图，地下室平、剖面图等施工图纸文件；道路交通和管线工程同样提交相应的工程设计图纸文件；此外还应提供建设工程设计编制单位的资质证明材料等。 **申请方式**：具备申请条件的建设单位或者个人以书面方式提出申请，填写申请表格。

相关程序	说　明
审核	城乡规划主管部门或者省级人民政府确定的镇人民政府受理建设工程办理规划许可证的申请后，先后进行程序性审核和实质性审核。 　　① 程序性审核：即审核申请者是否符合法定资格，申请事项是否符合法定程序和法定形式，报送的有关文件、图纸、资料是否完备，是否符合申请核发建设工程规划许可证的应有条件和要求。 　　② 实质性审核：即审核修建性详细规划、建设工程设计方案（对 2 个以上设计方案进行审查），签发设计方案审定通知书。 　　建设工程设计方案审定后，审核依据审定的建设工程设计方案所作出的应提交的有关图纸文件，提出审核意见。
核发建设工程规划许可证	建设单位或者个人，只有在取得建设工程规划许可证和其他有关批准文件后可以申请办理建设工程开工手续。没有建设工程规划许可证的建设工程不得施工。
竣工验收前的规划核实	县级以上地方人民政府城乡规划主管部门要按照国务院规定对建设工程是否按照建设工程规划许可证及其附件、附图确定的内容进行建设施工现场审核。 　　符合规划许可内容要求的，发给建设工程规划核实证明。 　　经规划核实，该建设工程违反规划许可内容要求的，及时依法提出处理意见。如果经规划核实不合格的或者是未经规划核实的建设工程，建设单位不得组织竣工验收。
竣工验收资料的报送	建设单位应当在竣工验收后六个月内向城乡规划主管部门报送有关竣工验收资料。

2014-033. 下列建设工程规划管理的程序中，不正确的是（　　）

A.	建设申请	建设项目批准文件 使用土地的有关证明文件 修建性详细规划 建设工程设计方案 建设工程申请表
B.	建设审核	现场踏勘 征询意见 确定建筑地址 审定控制性详细规划 审定建设工程设计方案
C.	行政许可	审查工程设计图纸文件 领导签字批准 核发建设工程规划许可证
D.	批后管理	竣工验收前的规划核实 竣工验收资料的报送

【答案】B

【解析】由建设审核的程序：现场踏勘——征询意见确定建设地址——提出规划条件——审定修建性详细规划——审定建设工程设计方案——签发设计方案审定通知书，故选B。

2009-037. 建设单位应当在竣工验收后( )个月内向城乡规划主管部门报送有关竣工验收资料。

A. 2   B. 4

C. 6   D. 8

【答案】C

【解析】依据《城乡规划法》第四十五条，可知选项C正确。

六、建设工程规划管理的几点说明

依法进行建设工程规划管理，是城乡规划实施管理量大面广的关键环节，是《城乡规划法》赋予城乡规划主管部门行使行政许可的重要职权。为搞好建设工程规划管理工作，城乡规划主管部门应当在建设工程的具体内容与特征、修建性详细规划、建设工程设计方案、容积率控制指标、核发建设工程规划许可证等方面抓住要领，把住关口，做好工作。

建设工程规划管理的几点说明   表 10-4-9

项目	内　容
建设工程的具体内容与特征	**功能性特征：**每一项建设工程都具有各自的功能用途，即每一项建设工程都是因为某种功能需要而投资建设的，它必须能够反映和体现自己的功能作用和个性需求。
	空间性特征：每一项建筑工程都要占据一定的空间和土地，具有一定的体积和三维空间特性，或构成地上空间实体，或构成地下空间实体，或形成实空间，或形成虚空间，都属空间形态的组合。
	形象性特征：每一项建设工程都具有空间形象，通过体形、体量、造型、色彩、风格等的变化和形象语言以及外部特征来反映自己的内在性质和个性特色。
	时代性特征：每一项建设工程都是必然打上自己的时代烙印，因为它是与城乡历史文化和经济社会发展水平相适应的产物，是时代文明的客观反映和必然结果，反映着当时建造时期的经济水平、社会形态、文化意识、科技能力和审美水平。
	长期性特征：每一项建设工程都属于不动产，是一个固定的物质财富，尽管有永久性、半永久性、临时性建设工程，但都不是朝令夕改的工程，具有自己的使用寿命。大量建设工程属于百年大计，因此，质量第一是一个非常重要的要求。
修建性详细规划	对于当前要进行建设的地区，应当编制修建性详细规划；修建性详细规划划分为两种情况，一种是由城乡规划主管部门和镇人民政府来编制的，主要指重要地块的详细规划；另一种是可以由建设单位来编制的。

项目	内 容
建设工程设计方案	对于建设工程设计方案报送和审定的要求如下： ① 应当提交 2 个以上的设计方案； ② 建设工程设计方案，应当符合控制性详细规划、修建性详细规划和规划条件的要求； ③ 应当依法将经审定的修建性详细规划、建设工程设计方案的总平面图予以公布，公开征询意见； ④ 严肃对待经依法审定的修建性详细规划、建设工程设计方案总平面图，不得随意修改。
容积率控制指标	容积率主要用于直观地表述地块的开发建设强度。容积率是控制性详细规划中的一项重要指标和城乡规划主管部门提供规划条件中的重要内容之一，既是国有土地使用权出让合同中必须规定的重要条件，也是进行城乡规划行政许可时必须控制的关键指标，在建设工程规划管理中一定要认真对待容积率问题，不能违规调整容积率控制指标。
建设工程规划许可证	建设工程规划许可证是经城乡规划主管部门依法审定修建性详细规划、建设工程设计方案和具体建设工程设计图纸，确认建设工程符合规划要求的法律凭证。

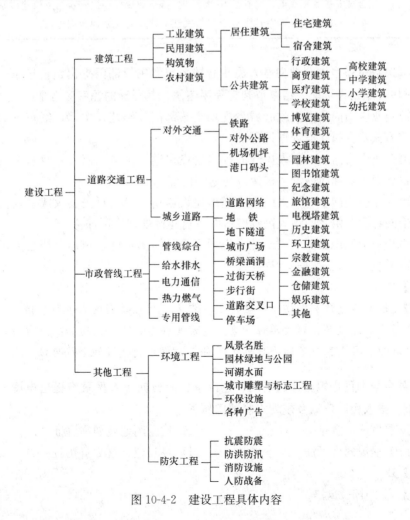

图 10-4-2　建设工程具体内容

第五节 乡和村庄建设规划管理

一、乡和村庄建设规划管理的概念

相关真题：2017-036、2014-065、2014-039、2010-069

乡和村庄建设规划管理的概念与任务　　　　表 10-5-1

项目	内　　容
概念	是指乡、镇人民政府负责在乡、村庄规划区内进行乡镇企业、乡村公共设施和公益事业建设的申请，报送城市、县人民政府城乡规划主管部门，根据城乡规划及其有关法律法规以及技术规范进行规划审查，核发乡村建设规划许可证，实施行政许可证制度，加强乡和村庄建设规划管理工作的总称（《城乡规划法》第四十一条）。
任务	① 有效控制乡和村庄规划区内各项建设遵循先规划后建设原则进行，推进社会主义新农村建设； ② 切实保护农用地、节约土地，为确保国家粮食安全做出具体贡献； ③ 合理安排乡镇企业、乡村公共设施和公益事业建设，提升农村发展建设水平； ④ 结合实际，因地制宜地引导农村村民住宅建设有规划地合理进行。

2017-036、2014-065. 乡镇企业向县人民政府城乡规划主管部门提出建设申请，经审核后核发了乡村建设规划许可证，结果被判定程序违法。其正确的程序应当是(　　　)。

A. 乡镇企业应当向县人民政府城乡规划主管部门提出建设申请，经审核后由乡镇人民政府核发乡村建设规划许可证

B. 乡镇企业应当向乡、镇人民政府提出建设申请，由乡、镇人民政府报县人民政府城乡规划主管部门核发乡村建设规划许可证

C. 乡镇企业应当向乡、镇人民政府提出建设申请，经过村民会议或者村民代表会议讨论同意后，由乡、镇人民政府核发乡村建设规划许可证

D. 乡镇企业应当向县人民政府城乡规划主管部门提出建设申请，报县人民政府审查批准并核发乡村建设规划许可证

【答案】B

【解析】《城乡规划法》第四十一条规定，在乡、村庄规划区内进行乡镇企业、乡村公共设施和公益事业建设的，建设单位或者个人应当向乡、镇人民政府提出申请，由乡、镇人民政府报城市、县人民政府城乡规划主管部门核发乡村建设规划许可证。

2014-039. 某乡规划区内拟新建敬老院，建设单位应当向乡人民政府提出申请，由乡人民政府报城市、县人民政府城乡规划主管部门核发(　　　)。

A. 建设项目选址意见书　　　　　　　B. 建设用地规划许可证

C. 建设工程规划许可证　　　　　　　D. 乡村建设规划许可证

【答案】D

【解析】同 2017-036。

2010-069. 在乡、村庄规划区内进行乡镇企业、乡村公共设施和公益事业建设的，建设单位或者个人应当向乡、镇人民政府提出申请，由( )核发乡村建设规划许可证。

A. 乡、镇人民政府

B. 乡、镇人民政府报市、县人民政府

C. 乡、镇人民政府报城市、县人民政府城乡规划主管部门

D. 乡、镇人民政府报城市、县人民政府批准后经乡、镇人民政府

【答案】C

【解析】解析参照 2017-036。

二、乡和村庄建设规划管理的审核内容

相关真题：2010-070

乡和村庄建设规划管理的审核内容 表 10-5-2

内容	说 明
审核乡村建设的申请条件	**提交文件**：建设单位或者个人，应当向乡、镇人民政府提交关于进行乡镇企业、乡村公共设施和公益事业建设，以及村民住宅建设的申请报告，并附建设项目的建设工程总平面设计方案等，填写乡村建设申请表。 **是否符合相关规划**：乡、镇人民政府应根据已经批准的乡规划、村庄规划，审核该建设项目的性质、规模、位置和范围是否符合相关的乡规划、村庄规划，并审核是否占用农用地，如果占用农用地，应提出是否同意办理农用地转用审核手续的审核意见。 **初审意见**：乡、镇人民政府确认报送的有关文件、资料、图纸、表格完备，符合申请乡村建设规划许可证的应有条件和要求后，签注初审意见，一并报城市、县人民政府城乡规划主管部门。
审定乡村建设的规划设计方案	根据乡规划、村庄规划复核该建设项目的性质、规模、位置和范围是否符合相关规划要求，核定该建设项目是否符合交通、环保、文物保护、防灾（消防、防震、抗震、防洪防涝、防山体滑坡、防泥石流、防海啸、防台风等）和保护耕地等方面的要求，是否符合关于乡村规划建设的法规和技术标准、规范的要求，然后，审定该乡村建设工程总平面设计方案。
审核农用地转用审批文件	如果该建设项目确需占用农用地，根据乡、镇人民政府的初审同意意见，该建设项目应依照《土地管理法》的有关规定办理农用地转用审批手续。 如果该建设项目所占用的农用地是在已批准的农用地转用范围内，该具体建设项目用地可以由市、县人民政府批准。建设单位或者个人向城市、县人民政府城乡规划主管部门提交农用地转用审批文件后，经审核无误，才能核发乡村建设规划许可证。 顺序：农用地转用审批手续——乡村建设规划许可证——土地取得

2010-070. 某村建房的宅基地不够用，需申请占用农用地。农民新建房屋需用宅基地，应该适用下列哪种程序报批( )。

A. 乡村建设规划许可证——农用地转用审批手续——宅基地用地审批手续

B. 农用地转用审批手续——乡村建设规划许可证——宅基地用地审批手续

C. 宅基地用地审批手续——农用地转用审批手续——乡村建设规划许可证

D. 乡村建设规划许可证——宅基地用地审批手续——农用地转用审批手续

【答案】C

【解析】《城乡规划法》第四十一条：在乡、村庄规划区内进行乡镇企业、乡村公共设施和公益事业建设以及农村村民住宅建设，不得占用农用地；确需占用农用地的，应当依照《中华人民共和国土地管理法》有关规定办理农用地转用审批手续后，由城市、县人民政府城乡规划主管部门核发乡村建设规划许可证，故选C。

三、乡和村庄建设规划管理的行政主体

相关真题：2012-035、2012-034、2011-033、2009-071

乡和村庄建设规划管理的行政主体   表 10-5-3

项目	内　容
行政主体	① 乡、镇人民政府；②城市、县人民政府城乡规划主管部门。
乡、镇人民政府	乡、镇人民政府负责乡村建设项目的申请审核，但没有核发乡村建设规划许可证的行政许可权限。
市、县城乡规划主管部门	由城市、县人民政府城乡规划主管部门核发乡村建设规划许可证，行使行政许可权限。 　必须在乡规划、村庄规划所确定的建设用地范围内行使规划许可权限，依法核发乡村建设规划许可证。 　如果涉及占用农用地的，应依法办理农用地转用审批手续，才能核发乡村建设规划许可证。 　建设单位或者个人在取得乡村规划许可证后，向县级以上地方人民政府土地管理部门提出申请，办理用地审批手续。

2012-035. 某村在村庄规划区内建设卫生所，按程序向有关部门提出申请，由(　　)核发乡村建设规划许可证。

A. 省城乡规划主管部门

B. 城市、县人民政府城乡规划主管部门

C. 乡、镇人民政府

D. 村委会

【答案】B

【解析】由表 10-5-3 可知，由城市、县人民政府城乡规划主管部门核发乡村建设规划许可证，行使行政许可权限，因而选 B。

2012-034. 某村公共设施建设项目向镇人民政府提出申请，经镇人民政府审核后核发了乡村建设规划许可证。该市城乡规划主管部门在行政监督检查中认定镇人民政府的行政行为违法，其原因是(　　)。

A. 镇人民政府未向市城乡规划主管部门申报和备案

B. 镇人民政府无权核发乡村建设规划许可证

C. 村公共设施建设项目应直接向市城乡规划主管部门申请，由市城乡规划主管部门核发乡村建设规划许可证

D. 市城乡规划主管部门没有授权镇人民政府核发乡村建设规划许可证

【答案】B

【解析】乡、镇人民政府负责乡村建设项目的申请审核，但没有核发乡村建设规划许可证的行政许可权限，因而选 B。

2011-033. 某市辖镇人民政府依所辖的村庄乡镇企业的建设申请，经该镇人民政府审核，认为建设项目符合村庄规划要求，于是给该建设项目核发了乡村建设规划许可证。该市城乡规划主管部门在监督检查中发现镇人民政府的行为违法，理由是( )。

A. 未向该市城乡规划主管部门事先征求意见

B. 未向该市城乡规划主管部门备案

C. 镇政府没有核发乡村建设规划许可证的权限

D. 镇政府无权审批乡镇企业建设项目

【答案】C

【解析】同 2012-034。

2009-071. 某建设单位拟占用甲村土地建设一座小学，建设单位应当依照有关规定办理( )手续后，由城市、县人民政府城乡规划主管部门核发乡村建设规划许可证。

A. 选址   B. 农用地转用审批

C. 农用地确认所有权审批   D. 村民会议核准

【答案】B

【解析】建设单位或者个人向城市、县人民政府城乡规划主管部门提交农用地转用审批文件后，经审核无误才能核发乡村建设规划许可证，故选 B。

四、乡和村庄建设规划管理的程序

相关真题：2017-056、2014-041

乡和村庄建设规划管理的程序   表 10-5-4

相关程序	说　明
申请	持有关部门批准、核准的乡镇企业、公共设施、公益事业建设的批文，乡建设项目的申请报告，建设项目的建设工程总平面设计方案等，向乡、镇人民政府提交申请材料，并填写乡村建设申请表。由乡、镇人民政府对报送的申请材料进行初步审核，签注审核意见。
核定	市、县城乡规划主管部门收到乡、镇人民政府报送的乡村建设项目的申请材料后，应先后进行程序性复核和实质性核定。 ① **程序性复核**：即审核建设单位或者个人报送的各种有关文件、资料、图纸是否完备，是否符合申请核发乡村建设规划许可证的应有条件和要求。 ② **实质性核定**：即审查该建设项目是否符合乡规划、村庄规划要求，核定该建设项目是否符合交通、环保、文物保护以及历史文化名村保护、防灾和保护耕地等方面的要求，是否符合关于乡村规划建设的法规和技术标准、规范的要求，审定乡村建设工程总平面设计方案。并审核该建设项目是否占用农用地，如果占用农用地的须审核农用地转用审批文件。 之后，对乡村建设项目的申请提出核定意见。

相关程序	说　明
核发乡村建设规划许可证	① 市、县城乡规划主管部门对乡村建设项目申请的有关材料，经审查核定后符合城乡规划要求的，向建设单位或者个人核发乡村建设规划许可证及其附件。 ② 对于不符合城乡规划要求的乡村建设项目，不得发放乡村建设规划许可证，但要说明理由，给予书面答复。
关于村民住宅建设的规划审批程序	**农村村民住宅建设规划管理办法**：根据《城乡规划法》第四十一条第二款的规定，对于在乡、村庄规划区内使用原有宅基地进行农村村民住宅建设的，其规划管理办法由省、自治区、直辖市制定。 **程序：** ① 向乡村集体经济组织或者村民委员会提出建房申请，充分发挥村民自治组织的作用； ② 经同意后报送乡、镇人民政府提出用地建设申请； ③ 是否由乡、镇人民政府实行规划许可管理，还是由市、县城乡规划主管部门实施规划许可管理，按照规划管理办法规定的程序和要求执行规划管理。

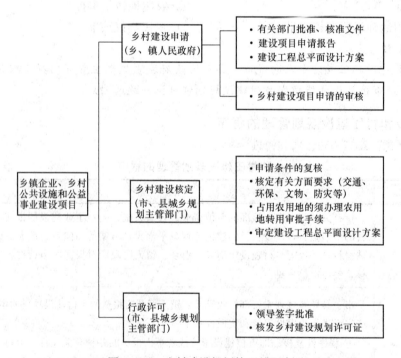

图 10-5-1　乡村建设规划管理的程序

2017-056. 根据《城乡规划法》，在乡、村庄规划区内使用原有宅基地进行农村村民住宅建设的规划管理办法，由（　　）制定。

A. 省、自治区、直辖市

B. 省、自治区、直辖市人民政府城乡规划主管部门

C. 城市、县人民政府

D. 乡镇人民政府

【答案】A

【解析】《城乡规划法》第四十一条第二款规定，在乡、村庄规划区内使用原有宅基地进行农村村民住宅建设的规划管理办法，由省、自治区、直辖市制定。

2014-041. 根据《城乡规划法》，在乡、村庄规划区内使用原有宅基地进行农村村民住宅建设的规划管理办法，由( )制定。

A. 国务院城乡规划主管部门　　　　B. 省、自治区、直辖市人民政府

C. 市、县人民政府　　　　　　　　D. 乡、镇人民政府

【答案】B

【解析】同 2017-056。

第六节　临时建设和临时用地规划管理

一、临时建设和临时用地规划管理的概念与任务

相关真题：2011-042、2010-072、2009-038

临时建设和临时用地规划管理的概念与任务　　　　表 10-6-1

内容	说　明
临时建设概念、特征	**概念**：临时建设是指经城市、县人民政府城乡规划主管部门批准，临时建设并临时性使用，必须在批准的使用期限内自行拆除的建筑物、构筑物、道路、管线或者其他设施等建设工程。
	特征 ① 时间特征明显，使用期限一般不超过 2 年。 ② 简易结构特征明显，不得建设成为永久性或半永久性建筑物、构筑物等。 ③ 在临时建设使用期间，如果国家建设需要时，一般应无条件拆除。 ④ 临时建设应当在批准的使用期限内自行拆除。 ⑤ 临时建设规划批准证件到期后，该批准证件自行失效；如果需要继续使用时，应当重新申请临时建设规划批准证件。
临时用地概念、特征	**概念**：临时用地是指由于建设工程施工、堆料、安全等需要和其他原因，需要在城市、镇规划区内经批准后临时使用的土地。
	特征 ① 时间特征明显，使用期限一般不超过 2 年（《土地管理法》第五十七条）。 ② 禁止在批准临时使用的土地上建设永久性建筑物、构筑物和其他设施。 ③ 临时用地批准证件到期后，该批准证件自行失效；如果需要继续使用时，应当重新申请临时用地批准证件。
临时建设和临时用地规划管理的任务	**临时建设和临时用地规划管理**：就是指城市、县人民政府城乡规划主管部门，对于在城市、镇规划区内进行临时建设和临时使用土地，实行严格控制和审查批准，行使规划许可工作职责的总称。
	① 保证近期建设规划和控制性详细规划的顺利实施。 ② 统筹兼顾，因地制宜，避免对交通、市容、安全等带来影响。 ③ 考虑周边环境要求，妥善解决矛盾、影响和利益问题。

2011-042. 根据《城乡规划法》，临时建设和临时用地规划管理的具体办法，由（　　）制定。

    A. 行政法规 　　　　　　　　　　　　B. 地方性法规

    C. 地方政府规章 　　　　　　　　　　D. 部门规章

    【答案】C

    【解析】《城乡规划法》第四十四条规定，临时建设和临时用地规划管理的具体办法，由省、自治区、直辖市人民政府制定，即地方政府规章，故选 C。

2010-072. 临时建设和临时用地规划管理的具体办法，由（　　）制定。

    A. 行政法规 　　　　　　　　　　　　B. 部门规章

    C. 地方性法规 　　　　　　　　　　　D. 地方政府规章

    【答案】D

    【解析】同 2011-042。

2009-038. 城市、镇规划区内进行临时建设的，应当经（　　）批准。

    A. 城市、县人民政府 　　　　　　　　B. 城市、县人民政府城乡规划主管部门

    C. 城市、县人民政府城乡建设主管部门 　D. 城市、县人民政府城乡土地主管部门

    【答案】B

    【解析】《城乡规划法》第四十四条规定，在城市、镇规划区内进行临时建设的，应当经城市、县人民政府城乡规划主管部门批准，故选 B。

二、临时建设和临时用地规划管理的行政主体和审核内容

相关真题：2014-075、2011-077

临时建设和临时用地规划管理的行政主体和审核内容　　　　　　表 10-6-2

项目	内　　容
行政主体	城市、县人民政府城乡规划主管部门
审核内容	① 以近期建设规划或者是控制性详细规划为依据，审核该临时建设和临时用地项目不能影响近期建设规划和控制性详细规划的实施。 ② 审核该临时建设和临时用地项目是否对城镇道路正常交通运行、消防通道、公共安全市容市貌和环境卫生等构成干扰和影响。 ③ 审核该临时建设和临时用地项目是否对周边环境，尤其是历史文化保护、风景名胜保护、医院、学校、住宅、商场、科研、易燃易爆设施等造成干扰和影响。 ④ 须明确规定临时建设和临时用地的使用期限，临时建设须在批准的使用期限内自行拆除。
临时建筑工程	① 临时建筑不得超过规定的层数和高度。 ② 临时建筑应当采用简易结构。 ③ 临时建筑不得改变使用性质。 ④ 城镇道路交叉口范围内不得修建临时建筑。 ⑤ 临时建筑使用期限一般不超过 2 年。 ⑥ 车行道、人行道、街巷和绿化带上不应当修建居住或营业用的临时建筑。

続表

项目	内　　容
临时建筑工程	⑦ 在临时用地范围内只能修建临时建筑。 ⑧ 临时占用道路、街巷的施工材料堆放场和工棚，当建筑的主体建筑工程，第三层楼顶完工后，应当拆除，可利用建筑的主体工程建筑物的首层堆放材料和作为施工用房。 ⑨ 屋顶平台、阳台上不得擅自搭建临时建筑。 ⑩ 临时建筑应当在批准的使用期限内自行拆除。

2014-075. 下列建设行为不属于违法建设的是（　　　）。

A. 未经城乡规划主管部门批准进行的工程建设

B. 未按建设工程规划许可证进行建设

C. 经城乡规划主管部门批准的临时建设

D. 超过规定期限未拆除的临时建设

【答案】C

【解析】《城乡规划法》第四十四条规定，在城市、镇规划区内进行临时建设的，应当经城市、县人民政府城乡规划主管部门批准；临时建设影响近期建设规划或者控制性详细规划的实施以及交通、市容、安全等的，不得批准，故选C。

2011-077. 临时建设应当在（　　　）使用期限内自行拆除。

A. 申请的　　　　　　　　　　B. 批准的

C. 法定的　　　　　　　　　　D. 合理的

【答案】B

【解析】《城乡规划法》第四十四条规定，临时建设应当在批准的使用期限内自行拆除，故选B。

临时建设和临时用地规划管理的审核内容　　　　　表 10-6-3

项目	审核内容
临时管线	① 临时管线的埋设，必须先申请临时用地，再进行临时建设。管线埋设后必须恢复原来的地形地貌。 ② 临时管线的埋设不得影响，更不能破坏原有的地下管线和地面道路、建筑物、构筑物和其他设施。 ③ 临时管线的架设，必须符合管线架设技术要求，不能随意走线和零乱设置，不能影响城镇观瞻和环境卫生。 ④ 临时管线的架设，必须符合规划的高度要求，不能影响城镇道路交通运输的通畅和安全。 ⑤ 易燃易爆的临时管线，必须考虑设防措施，并有明显标志。 ⑥ 施工现场的临时管线，主体建筑竣工验收前必须拆除干净，不能留下后遗症。 ⑦ 临时管线的使用期限一般不超过2年。 ⑧ 临时管线应当在批准的使用期限内自行拆除。

项目	审核内容
临时用地	① 临时用地范围内不得修建永久性、半永久性工程设施（包括建筑物、构筑物和其他设施）。 ② 临时用地不得改变使用性质。 ③ 临时用地的使用期限一般不超过 2 年。 ④ 临时用地到期即应收回土地，如需要继续使用时，必须重新申请临时用地。 ⑤ 临时用地在使用期限内，如果因国家建设需要该用地时，使用临时用地的单位应当交出该用地。 ⑥ 临时用地上的临时建筑和设施应当在批准的使用期限内自行拆除。

三、临时建设和临时用地规划管理的程序

临时建设和临时用地规划管理的程序　　　　　　　表 10-6-4

内容	说　　明
申请	**临时建设申请：**申请报告，阐明建设依据、理由、建设地点、建筑层数、建筑面积、建设用地、使用期限、主要结构方式、建筑材料和拆除承诺等内容，以及临时建设场地权属证件或临时用地批准证件，同时还应提交临时建筑设计图纸等。 **临时用地的申请：**申请报告，以及有关文件、图纸（临时用地范围示意图、包括时用地上的时设布置方案）。
审核	城乡规划主管部门受理临时建设申请后，可到临时建设的场地进行现场踏勘，并依据近期建设规划或者控制性详细规划对其审核，审核内容详见表 10-6-2。
批准	城乡规划主管部门对临时建设审核同意后，核发临时建设批准证件，说明临时建设的位置、性质、用途、层数、高度、面积、结构形式、有效使用时间，以及规划要求和到期必须自行拆除的规定等，实施规划行政许可。
检查	根据《城乡规划法》第六十六条规定，对临时建设和临时用地进行监督检查。

第十一章　文化和自然遗产规划管理

大纲要求　　　　　　　　　　　　　　　　　　　　　表 11-0-1

内容	要　点	说　明
文化和自然遗产规划管理	历史文化遗产保护规划管理	了解历史文化遗产保护规划管理的意义
		熟悉历史文化遗产保护规划管理的原则、内容与方法
		掌握历史文化名城、名镇、名村保护规划实施管理要求
	风景名胜区规划管理	了解风景名胜区规划管理的概念
		熟悉风景名胜区规划管理的目的与任务
		掌握风景名胜区规划管理原则、方法与程序

第一节　历史文化遗产保护

一、我国历史文化遗产保护的基本概况

历史文化遗产保护的重要意义、成效与特征　　　　　　　　　表 11-1-1

要点	说　明
重要意义	① 保护历史文化遗产，保持民族文化的传承，是连接民族情感纽带、增进民族团结和维护国家统一及社会稳定的重要文化基础，是维护世界文化多样性和创造性，促进人类共同发展的前提。 ② 文化遗产是不可再生的珍贵资源，由于过度开发和不合理利用，许多重要的文化遗产消失或失传了；加强历史文化遗产保护刻不容缓，具有更加现实的紧迫性。
成效	① 文保单位的数量增多。 ② 中国历史文化名城、历史文化名镇、历史文化名村数量增多。 ③ 世界遗产数量增多。
特征	**保护对象：**由早期文物保护单位扩大到历史文化名城街区和村镇，以及尚未列入不可移动文物的历史建筑。 **保护范围：**由文物本体拓展到文物环境和历史文化名城、街区、村镇的整体格局与传统风貌。 **保护思路：**出现了质的飞跃，从单抢救性的静态式保护，转变为文化遗产保护与经济社会发展结合。 逐步走出大规模旧城改造的误区，转向对历史文化街区和历史建筑实施保护整治，渐进更新，不断努力为其注入活力，促进其永续发展。

历史文化遗产保护和城乡规划　　　　　　　　　　　　　　表 11-1-2

要点	说　明
概念	《城乡规划法》的总则和相关法条还是使用了"保护历史文化遗产"的表述，是因为历史文化遗产的概念具有更加宽广的涵盖性，不仅包括了历史文化名城、名镇、名村，而且还包括了其他城市、镇、乡和村庄规划区范围以内的世界文化遗产、文物保护单位、历史文化街区、历史建筑物和构筑物，以及非物质文化遗产。
相关条文	历史文化遗产保护贯穿在城乡规划制定和实施的全过程，这就为我国历史文化遗产保护提供了重要保障和途径。 **第十七条**规定了"自然与历史文化遗产保护""应当作为城市总体规划、镇总体规划的强制性内容。" **第三十一条**规定，旧城区的改建，应当保护历史文化遗产和传统风貌，合理确定拆迁和建设规模，有计划地对危房集中、基础设施落后等地段进行改建。历史文化名城、名镇、名村的保护以及受保护建筑物的维护和使用，应当遵守有关法律、行政法规和国务院的规定。

相关真题：2009-041

历史文化遗产保护的法规体系

表 11-1-3

要点	日 期	法律、法规、部门规章等	意 义
历史文化遗产保护的法规体系	1982 年 4 月 26 日	《中华人民共和国宪法修改草案》	首次将保护历史文化遗产写入宪法
	1982 年 11 月 19 日	《中华人民共和国文物保护法》	明确了文物保护单位和历史文化名城的法律地位
	1982 年 12 月 4 日	《中华人民共和国宪法修改草案》	公布了宪法全文，确认了保护历史文化遗产的法律规定
	1989 年 12 月	《中华人民共和国城市规划法》	—
	1994 年	《关于审批第三批国家历史文化名城和加强保护规划请示的通知》	
	1994 年 9 月 5 日	《历史文化名城保护规划编制要求》	为切实贯彻落实国务院通知精神，作为国家历史文化名城保护的依据
	2002 年 10 月	修订通过《文物保护法》	—
	2003 年 5 月 12 日	《文物保护法实施条例》	—
	2005 年 7 月	《历史文化名城保护规划规范》GB 50357—2005	公布第一批国家级历史文化名城 23 年后，总结经验基础上，为编制历史文化名城保护规划制定了国家标准
	2005 年 12 月 22 日	《国务院关于加强文化遗产保护的通知》（国发〔2005〕42 号）	—
	2007 年 10 月 28 日	《中华人民共和国城乡规划法》	—
	2007 年 12 月 29 日	修改并重新公布《文物保护法》	—
	2008 年 4 月 2 日	《历史文化名城名镇名村保护条例》	使历史文化遗产保护的法规体系得到了进一步完善
	2013 年 12 月 4 日	《中华人民共和国文物保护法实施条例》	—
	2017 年 11 月 4 日	修正《中华人民共和国文物保护法》	—

2009-041. 我国历史文化名城名单最早公布于(   )年。

A. 1980   B. 1982

C. 1984   D. 1986

【答案】B

【解析】1982 年 2 月 15 日经国务院批准公布首批国家历史文化名城。

二、历史文化遗产的概念

国际社会所称世界文化遗产   表 11-1-4

内　容
概念：世界文化遗产是依据国际法，按照严格的申报程序，经联合国教科文组织世界遗产委员会批准，并受到国际社会公认的世界性历史文化遗产的总称。
法律依据：《世界遗产公约》（1972 年）和《保护非物质文化遗产公约》（2003 年）两部国际法构成了一个整体，成为世界遗产保护的根本大法，是各缔约国申报列入世界遗产和共同保护世界遗产的法律依据。
我国 **1985 年 11 月 22 日**加入《世界遗产公约》，2003 年成为《保护非物质文化遗产公约》的缔约国。 截至 2017 年 7 月 9 日，我国已有 52 项文化和自然遗产被联合国教科文组织列入了《世界遗产名录》。其中直接与文化属性相关的遗产有以下四种：①世界文化遗产：文物、建筑群、遗址；②世界文化与自然双重遗产；③世界文化景观遗产；④非物质文化遗产。
① **世界文化遗产** **文物**：从历史、艺术或科学角度看，具有突出的普遍价值的文物建筑物、碑雕和碑画、具有考古性质成分或结构、铭文、窟洞以及联合体。 **建筑群**：从历史、艺术或科学角度看，在建筑式样、分布均匀或与环境景色结合方面，具有突出的普遍价值的单立或连接的建筑群。 **遗址**：从历史、审美、人种学或人类学角度看，具有突出的遗址普遍价值的人类工程或自然与人联合工程以及考古地址等地方。
② **世界文化与自然**：将在历史、艺术或科学、审美、人种学、人类学和保存形态方面具有突出的普遍价值的纪念文物、遗迹、建筑物、地形、生物、景观等融为一体的遗产构成世界文化与自然双重遗产。
③ **世界文化景观遗产**：由人类创意设计和建造的建筑及其环境景观，代表"自然与人类的共同作品"。
④ **非物质文化遗产**：来自某文化社区的全部创作，这些创作以传统为根据，由某群体或一些个体所表述，并被认为是符合社区期望的作为其文化和社会特性的表达形式，其准则和价值通过模仿或其他方式口头相传。

我国所称历史文化遗产   表 11-1-5

内　容
2005 年 12 月 22 日下发的《国务院关于加强文化遗产保护的通知》（国发〔2005〕42 号）首次提出了文化遗产的概念；文件指出，文化遗产包括物质文化遗产和非物质文化遗产。
① **物质文化遗产**是具有历史、艺术和科学价值的文物，包括古遗址、古墓葬、古建筑、石窟寺、石刻、壁画、近代现代重要史迹及代表性建筑等不可移动文物，历史上各个时代的重要实物、艺术品、文献、手稿、图书资料等可移动文物，以及在建筑式样、分布均匀或与环境景色结合方面具有突出普遍价值的历史文化名城（街区、村镇）。
② **非物质文化遗产**是指各种以非物质形态存在的与群众生活密切相关、非物质时代相承的传统文化表现形式，包括口头传统、传统表演艺术、民俗活动和礼仪与节庆、有关自然界和宇宙的民间传统知识和实践、传统手工艺技能等以及与上述传统文化表现形式相关的文化空间。

内 容
历史文化遗产规划管理的主要对象：是物质文化遗产中的不可移动文物，包括文物保护单位、历史文化名城、历史文化街区、历史文化名镇、历史文化名村和历史建筑六类，及其所承载的非物质文化遗产。

三、历史文化遗产的类别

相关真题：2018-066、2012-093、2009-043

世界文化遗产类 　　　　　　　　　　　　　　　　　　　　　表 11-1-6

类别	内 容
世界文化遗产类	截至 2017 年 7 月 19 日，中国已有 52 处世界遗产，其中世界文化遗产 36 项、世界文化与自然双重遗产 4 项、世界自然遗产 12 项。
世界文化遗产	周口店北京猿人遗址、元上都遗址、安阳殷墟、土司遗址； 长城、天坛、颐和园； 敦煌莫高窟、云冈石窟、龙门石窟、大足石刻； 明清皇宫、沈阳故宫、布达拉宫； 秦始皇陵及兵马俑坑、高句丽王城、王陵及贵族墓葬、明清皇家陵寝； 承德避暑山庄及周围寺庙、曲阜孔府孔庙孔林、苏州古典园林； 武当山古建筑群、登封"天地之中"历史建筑群； 庐山国家地质公园、五台山； 丽江古城、平遥古城； 澳门历史城区、鼓浪屿； 皖南古村落、开平碉楼与古村落、福建土楼； 杭州西湖文化景观、红河哈尼梯田文化景观、左江花山岩画文化景观； 大运河、都江堰、丝绸之路。
世界文化与自然双重遗产	泰山、黄山、峨眉山和乐山大佛、武夷山
世界文化景观遗产	庐山、五台山、杭州西湖文化遗产
世界人类口述和非物质遗产代表作	昆曲、古琴、新疆维吾尔木卡姆伊苏、蒙古族长调民歌
世界自然遗产	武陵源风景名胜区、九寨沟风景名胜区、黄龙风景名胜区、三清山风景名胜区； 云南三江并流、中国南方喀斯特、中国丹霞、澄江化石遗址； 四川卧龙熊猫保护基地； 新疆天山、青海可可西里、湖北神农架。

2018-066. 指出在以下几组历史文化名城中，哪一组均含世界文化遗产（　　　）。

A. 北京、上海、平遥、丽江、泰安、邯郸

B. 广州、泉州、苏州、杭州、扬州、温州

C. 西安、洛阳、长沙、歙县、临海、龙泉

D. 拉萨、集安、敦煌、曲阜、大同、承德

【答案】D

【解析】目前我国世界文化遗产拥有 26 处，选项 D 符合要求，莫高窟（甘肃敦煌市）、布达拉宫包括大昭寺、罗布林卡（西藏拉萨市）；承德避暑山庄和周围寺庙（河北承德市）、孔庙孔林孔府（山东曲阜市）、云冈石窟（山西大同）、高句丽王城、王陵及贵族墓葬（辽宁桓仁县与吉林集安市）。

2012-093. 我国被列入世界文化遗产的古城有(　　)。

A. 凤凰　　　　　　　　　　　　B. 平遥

C. 兴城　　　　　　　　　　　　D. 丽江

E. 镇远

【答案】BD

【解析】目前我国世界文化遗产拥有 26 处，其中古城仅有平遥和丽江两处。

2009-043. 下列各组城市名单中，其中所列城市都属于国家历史文化名城的是(　　)。

A. 佛山、天水、阳泉、龙口、虎林　　B. 重庆、肇庆、安庆、大庆、庆阳

C. 金华、银川、铜陵、铁岭、无锡　　D. 西安、延安、泰安、淮安、集安

【答案】D

【解析】A 选项"龙口"不是，B 选项"大庆"不是，C 选项"铜陵"不是。

我国文物保护类　　　　　　　　　　　　表 11-1-7

内　　容
我国适用文物保护的法律是《文物保护法》，行政法规是《历史文化名城名镇名村保护条例》。 ① **法定文物范围**：具有历史、艺术、科学价值的古文化遗址、古墓葬、古建筑、石窟寺和石刻、壁画。与重大历史事件、革命运动或者著名人物有关的以及具有重要纪念意义、教育意义或者史料价值的近代现代重要史迹、实物、代表性建筑。 ② **文物分类方式** **不可移动文物**：是指古文化遗址、古墓葬、古建筑、石窟寺、石刻、壁画、近代现代重要史迹和代表性建筑，包括文物保护单位、历史文化名城、历史文化街区、历史文化名镇、历史文化名村。 **可移动文物**：是指历史上各时代重要实物、艺术品、文献、手稿、图书资料、代表性实物等。

四、历史文化遗产等级

历史文化遗产等级　　　　　　　　　　　　表 11-1-8

等级	说　　明
可移动文物	分为珍贵文物和一般文物，珍贵文物分为一级文物、二级文物、三级文物。
不可移动文物	① 世界文化遗产、文化与自然双重遗产和文化景观遗产
	② 全国重点文物保护单位和历史文化名城
	③ 中国历史文化名镇和中国历史文化名村
	④ 省级文物保护单位和历史文化街区、名镇、名村（报国务院备案）

等级	说　明
不可移动文物	⑤ 市级文物保护单位（报省、自治区、直辖市人民政府备案）
	⑥ 县级文物保护单位（报省、自治区、直辖市人民政府备案）
	⑦ 其他文物（由县级人民政府文物行政部门予以登记并公布）

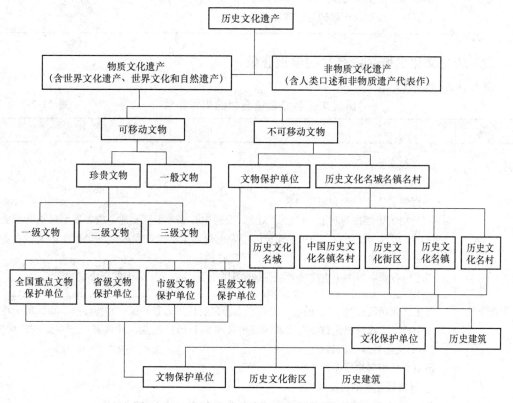

图 11-1-1　历史文化遗产与分类保护等级示意图

第二节　历史文化名城、名镇、名村保护

一、历史文化名城名镇名村保护基本原则

历史文化名城名镇名村的概念、保护依据、实现方式及基本原则　表 11-2-1

内容	说　明
含义	历史文化名城名镇名村的完整含义包括历史文化名城、历史文化街区、历史文化名镇、历史文化名村和历史建筑。
依据	历史文化名城名镇名村保护和监督管理的依据是《文物保护法》《城乡规划法》《文物保护法实施条例》《历史文化名城名镇名村保护条例》《国务院关于加强文化遗产保护的通知》（国发〔2005〕42 号）、《城市紫线管理办法》《历史文化名城保护规划规范》GB 50357—2005 等法律、法规、行政规章和技术规范。

内容	说　明
实现方式	历史文化名城名镇名村保护主要运用城乡规划管理，通过申报登录、保护规划、保护措施、法律责任四大环节实现。
基本原则	① 坚持在科学规划指导下实施严格保护； ② 维护历史文化遗产的真实性和完整性； ③ 正确处理遗产保护与经济发展的关系。

二、历史文化名城名镇名村的申报登录

相关真题：2011-022

历史文化名城名镇名村的申报条件　　　　　表 11-2-2

内容	说　明
申报条件	① 保存文物特别丰富； ② 历史建筑集中成片； ③ 保留着传统格局和历史风貌； ④ 历史上曾经作为政治、经济、文化、交通中心或者军事要地，或者发生过重要历史事件，或者其传统产业、历史上建设的重大工程对本地区的发展产生过重要影响，或者能够集中反映本地区建筑的文化特色、民族特色。 　同时，在所申报的历史文化名城保护范围内还应当有 2 个以上的历史文化街区。 　**历史文化街区**："省、自治区、直辖市人民政府核定公布的保存文物特别丰富、历史建筑集中成片、能够较完整和真实地体现传统格局和历史风貌，并具有一定规模的区域"（《历史文化名城名镇名村保护条例》）。 　**历史文化街区申报条件：** ① 有比较完整的历史风貌； ② 构成历史风貌的历史建筑和历史环境要素基本上是历史存留的原物； ③ 历史文化街区用地面积不小于 1 公顷； ④ 历史文化街区内文物古迹和历史建筑的用地面积宜达到保护区内建筑总用地的 60% 以上。
申报材料	① 历史沿革、地方特色和历史文化价值的说明；② 传统格局和历史风貌的现状；③ 保护范围；④ 不可移动文物、历史建筑、历史文化街区的清单；⑤ 保护工作情况、保护目标和保护要求。

2011-022. 历史文化名城的申报条件中，"在所申报的历史文化名城保护范围内还应当有 2 个以上的历史文化街区"规定的法规是(　　　)。

A.《城乡规划法》　　　　　　　　　B.《历史文化名城名镇名村保护条例》

C.《文物保护法》　　　　　　　　　D.《历史文化名城保护规划规范》

【答案】B

【解析】《历史文化名城名镇名村保护条例》第七条规定，具备下列条件的城市、镇、

村庄，可以申报历史文化名城、名镇、名村：（一）保存文物特别丰富；（二）历史建筑集中成片；（三）保留着传统格局和历史风貌；（四）历史上曾经作为政治、经济、文化、交通中心或者军事要地，或者发生过重要历史事件，或者其传统产业、历史上建设的重大工程对本地区的发展产生过重要影响，或者能够集中反映本地区建筑的文化特色、民族特色。申报历史文化名城的，在所申报的历史文化名城保护范围内还应当有2个以上的历史文化街区。

相关真题：2012-063

历史文化名城名镇名村的申报程序 　　表 11-2-3

内　　容
① **申报历史文化名城**：由省、自治区、直辖市人民政府提出申请，经国务院建设主管部门会同国务院文物主管部门组织有关部门、专家进行论证，提出审查意见，报国务院批准公布。
② **申报历史文化名镇**、**名村**：由所在地县级人民政府提出申请，经省、自治区、直辖市人民政府确定的保护主管部门会同国务院文物主管部门组织有关部门、专家进行论证，提出审查意见，报省、自治区、直辖市人民政府批准公布。
③ **对符合条例规定的申报条件而没有申报历史文化名城的城市**：国务院建设主管部门会同国务院文物主管部门可以向该城市所在地的省、自治区、直辖市人民政府提出申请建议；仍不申报的，可以直接向国务院提出确定该城市为历史文化名城的建议。
④ **对符合条例规定的申报条件而没有申报历史文化名镇、名村的镇、村庄**：省、自治区、直辖市人民政府确定的保护主管部门会同同级文物主管部门可以向该镇、村庄所在地县级人民政府提出申请建议；仍不申报的，可以直接向省、自治区、直辖市人民政府提出确定该镇、村庄为历史文化名镇、名村的建议。
⑤ **已批准公布的历史文化名镇、名村**：国务院建设主管部门会同国务院文物主管部门可以严格按照国家有关评价标准，选择具有重大历史、艺术、科学价值的历史文化名镇、名村，经专家论证，确定为中国历史文化名镇、名村。

2012-063. 根据《历史文化名城名镇名村保护条例》，中国历史文化名镇、名村由（　　）确定。

A. 国务院

B. 国务院建设主管部门会同国务院文物主管部门

C. 省、自治区、直辖市人民政府

D. 市、县人民政府

【答案】B

【解析】《历史文化名城名镇名村保护条例》第十一条规定，国务院建设主管部门会同国务院文物主管部门可以在已批准公布的历史文化名镇、名村中，严格按照国家有关评价标准，选择具有重大历史、艺术、科学价值的历史文化名镇、名村，经专家论证，确定为中国历史文化名镇、名村。

三、历史文化名城保护规划管理

《保护规范》指出：“历史文化名城保护规划应建立历史文化名城、历史文化街区与文物保护单位三个层次的保护体系。”规划管理同样如此。应当针对不同层次保护对象的历史价值、艺术价值、科学价值、文化内涵及其历史、社会、经济背景和现状条件，因地制宜采取保护措施，提出合理利用历史文化遗产的途径和方式。

历史文化名城保护规划管理 表 11-2-4

说　明
组织编制历史文化名城保护规划，其内容包括： ① 保护原则、保护内容和保护范围； ② 保护措施、开发强度和建设控制要求； ③ 传统格局和历史风貌保护要求； ④ 历史文化街区的核心保护范围和建设控制地带； ⑤ 保护规划分期实施方案。
按照不同保护界限采取相应措施 ① 不同层次保护界限的概念及划定。 **核心保护范围：**指在保护范围以内需要重点保护的区域，是指历史文化街区的精华所在。 **建设控制地带：**位于历史文化名城保护范围以内、核心保护范围以外，是为确保核心保护范围的风貌、特色完整性而必须进行建设控制的地区。 **环境协调区界线：**可以根据实际需要，在历史文化街区的建设控制地带以外划定环境协调区界线。 **城市紫线：**《城市紫线管理办法》将历史文化街区和历史建筑的保护界线称为城市紫线。 ② 针对不同保护界限的相应措施。 保护措施分为两种，一是禁止，二是控制。 **严格禁止的活动：**开山、采石、开矿等破坏传统格局和历史风貌的活动；占用保护规划确定保留的园林绿地、河湖水系、道路等；修建生产、储存爆炸性、易燃性、放射性、毒害性、腐蚀性物品的工厂、仓库等；在历史建筑上刻画、涂污。 **严格控制的活动：**改变园林绿地、河湖水系等自然状态的活动；在核心保护范围内进行影视摄制、举办大型群众性活动；其他严格影响传统格局、历史风貌或者历史建筑的活动。 **建设控制地带：**在建设控制地带内应当严格控制建筑的性质、高度、体量、色彩及形式；建设控制地带以外的地区，应考虑延续历史风貌的要求。 **核心保护范围：**在核心保护范围内应当满足历史文化街区、历史建筑、文物古迹和文物埋藏区的安全要求，确保必要的安全距离，防止建设活动对其真实性和完整性带来破坏。要求除新建、扩建必要的基础设施和公共服务设施以外，不得进行其他新建、扩建活动。即使拆除历史建筑以外的建筑物、构筑物或者其他设施的。也应经城市、县人民政府城乡规划主管部门会同同级文物主管部门批准。 ③ 古城保护与新区建设相结合。 在城乡建设中，为了避免对历史文化名城进行大规模的拆迁改造，可以在古城保护范围以外另辟新区，而古城则主要承担居住、文化和旅游功能。 ④ 遗产保护与旅游开发相结合。

内　　容

历史文化街区的概念界定

《文物保护法》界定：是指保存文物特别丰富并且具有重大历史价值或者革命意义的街道。

《历史文化名城名镇名村保护条例》规定："历史文化街区，是经省、自治区、直辖市人民政府核定公布的保存文物特别丰富、历史建筑集中成片、能够较完整和真实地体现传统格局和历史风貌，并具有一定规模的区域。"

历史文化街区的面积不宜过小，一个历史文化街区的用地面积一般不小于 1 公顷为基本标准。

历史文化街区内的历史建筑应当具有一定数量，历史文化街区内文物古迹和历史建筑的用地面积宜达到保护区内建筑总用地的 60% 以上。

历史文化街区的保护界限

历史文化街区的保护界线由内向外分为保护区、建设控制地带和环境协调区三个圈层。

在历史文化名城内的历史文化街区的保护区，又称核心保护范围。

历史文化街文化街区的区的保护界线划定：

① 历史文化名城内的保护界线（城市紫线），由城市人民政府在组织编制历史文化名城保护规划时划定。

② 其他城市的保护界线（城市紫线），由城市人民政府在组织编制城市总体规划时划定。

划定保护界线应按《历史文化名城保护规范》进行定位：

① 文物古迹或历史建筑的现状用地边界。

② 在街道、广场、河流等处视线所及范围内的建筑物用地边界或外观边界。

③ 构成历史风貌的自然景观边界。

历史文化街区的控制要求

在核心保护范围内

① 不得擅自改变街区空间格局和建筑原有的立面、色彩。

② 除确需建造的建筑附属设施外，不得进行新建、扩建活动，对现有建在核心保护范围内的建筑进行改建时，应当保持或者恢复其历史文化风貌。

③ 不得擅自新建、扩建道路，对现有道路进行改建时，应当保持或者恢复范围内其原有的道路格局和景观特征。

④ 不得新建工业企业，现有妨碍历史文化街区保护的工业企业应当有计划迁移。

在建设控制地带内

① 新建、改建、扩建建筑时，应当在高度、体量、色彩等方面与历史风貌相协调。

② 新建、改建、扩建道路时，不得破坏传统格局和历史风貌。

③ 不得新建对环境污染的工业企业，现有对环境有污染的工业企业应当有计划迁移。

城市紫线范围内禁止的活动

① 违反保护规划的大面积拆除、开发。

② 对历史文化街区传统格局和风貌构成影响的大面积改建。

③ 损坏或者拆毁保护规划确定保护的建筑物、构筑物和其他设施。

④ 修建破坏历史文化街区传统风貌的建筑物、构筑物和其他设施。

⑤ 占用或者破坏保护规划确定保留的园林绿地、河湖水系、道路和古树名木等。

⑥ 其他对历史文化街区和历史建筑的保护构成破坏性影响的活动。

历史文化街区的保护整治

① 严格控制各项建设活动，防止新建不协调建筑，遏制传统风貌继续破坏。

② 加强历史街区保护整治，禁止大拆大建改造，维护传统格局和历史风貌。

③ 探索合理的更新方式，赋予文化遗产适当功能，服务现代经济社会。

相关真题：2018-026

| 历史建筑保护规划管理 | 表 11-2-6 |

内　　容

历史建筑的法定概念

《历史文化名城名镇名村保护条例》指出：历史建筑，是指经城市、县人民政府确定公布的具有一定保护价值，能够反映历史风貌和地方特色，未公布为文物保护单位，也未登记为不可移动文物的建筑物、构筑物。

历史建筑需满足的条件（满足五条之一即可）

① 反映当地历史文化和民俗传统，具有时代特色和地域特色。

② 具有特殊的革命纪念意义或其他特殊历史意义的建筑。

③ 典型的作坊、商铺、厂房和仓库等。

④ 祠堂、古书院、古庙宇、府第大唐名人故居以及其他明清、民国民居等。

⑤ 著名建筑师的作品。

历史建筑的维护修缮：《历史文化名城名镇名村保护条例》第三十三条规定，历史建筑的所有权人应当按照保护规划的要求，负责历史建筑的维护和修缮。县级以上地方人民政府可以从保护资金中对历史建筑的维护和修缮给予补助。历史建筑有损毁危险，所有权人不具备维护和修缮能力的，当地人民政府应当采取措施进行保护。任何单位或者个人不得损坏或者擅自迁移、拆除历史建筑。

历史建筑的原址保护：《历史文化名城名镇名村保护条例》第三十四条规定，建设工程选址，应当尽可能避开历史建筑；因特殊情况不能避开的，应当尽可能实施原址保护。因公共利益需要进行建设活动，对历史建筑无法实施原址保护、必须迁移异地保护或者拆除的，应当由城市、县人民政府城乡规划主管部门会同同级文物主管部门，报省、自治区、直辖市人民政府确定的保护主管部门会同同级文物主管部门批准。

历史建筑的改建更新：《历史文化名城名镇名村保护条例》第三十五条规定，对历史建筑进行外部修缮装饰、添加设施以及改变历史建筑的结构或者使用性质的，应当经城市、县人民政府城乡规划主管部门会同同级文物主管部门批准，并依照有关法律、法规的规定办理相关手续。

2018-026. 对历史建筑应当实施原址保护的规定出自（　　　）。

A. 文物保护法　　　　　　　　　B. 城乡规划法

C. 历史文化名城名镇名村保护条例　　D. 城市紫线管理办法

【答案】C

【解析】《历史文化名城名镇名村保护条例》第三十四条规定，建设工程选址，应当尽可能避开历史建筑；因特殊情况不能避开的，应当尽可能实施原址保护。

| 文物保护单位保护规划管理 | 表 11-2-7 |

说　　明

① **文物保护基本要求**

贯彻《文物保护法》"保护为主、抢救第一、合理利用、加强管理"的方针，依法划定必要的保护范围和建设控制地带。**文物保护应当按照原址、原状保护的原则，采取相应的保护措施**。无法实施原址保护，必须迁移异地保护或者拆除的，应当报省、自治区、直辖市人民政府批准；迁移或者拆除省级文物保护单位的批准前须征得国务院文物行政部门同意。**全国重点文物保护单位不得拆除；需要迁移**

说　明

的，须由省、自治区、直辖市人民政府报国务院批准。不可移动文物已经全部毁坏的，应当实施遗址保护，不得在原址重建。但因特殊情况需要在原址重建的，由省、自治区、直辖市人民政府文物行政部门报省、自治区、直辖市人民政府批准；

《文物保护法》："各级人民政府制定城乡建设规划，应当根据文物保护的需要，事先由城乡建设规划部门会同文物行政部门商定对本行政区域内各级文物保护单位的保护措施，并纳入规划。"

② 文物保护范围内管理

《文物保护法》第十五条规定："各级文物保护单位，分别由省、自治区、直辖市人民政府和市、县人民政府划定必要的保护范围，作出标志说明，建立记录档案，并区别情况分别设置专门机构或者专人负责。"全国重点文物保护单位的保护范围，由省、自治区、直辖市人民政府文物行政部门报国务院文物行政部门备案。文物保护单位的保护范围内不得进行其他建设工程或者爆破、钻探、挖掘等作业的。但因特殊情况需要在文物保护单位的保护范围内进行其他建设工程或者爆破、钻探、挖掘等作业的，必须保证文物保护单位的安全，并经核定公布该文物保护单位的人民政府批准，在批准前应当征得上一级人民政府文物行政部门同意；在全国重点文物保护单位的保护范围内进行其他建设工程或者爆破、钻探、挖掘等作业的，必须经省、自治区、直辖市人民政府批准，在批准前应当征得国务院文物行政部门同意。

③ 建设控制地带内管理

在建设控制地带内，不得破坏文全国重点文物保护单位的历史风貌；工程设计方案应当根据文物保护单位的级别，经相应的文物行政部门同意后，报城乡建设规划部门批准。

全国重点文物保护单位的建设控制地带，经省、自治区、直辖市人民政府批准，由省、自治区、直辖市人民政府的文物行政主管部门会同城乡规划主管部门划定并公布。省级、设区的市、自治州级和县级文物保护单位的建设控制地带，经省、自治区、直辖市人民政府批准，由核定公布该文物保护单位的人民政府的文物行政主管部门会同城乡规划主管部门划定并公布。

四、历史文化名城名镇名村保护规划管理

相关真题：2014-035、2012-062

历史文化名城名镇名村保护规划管理　　　　　　　　　　　表 11-2-8

要点	说　明
保护规划及规划管理主体	《保护条例》规定，历史文化名城、名镇、名村批准公布后，历史文化名城人民政府和所在地县级人民政府应当组织编制历史文化名镇、名村保护规划。历史文化名镇、名村保护规划管理的责任主体是所在地县级人民政府，而不是政府部门。保护规划应当自历史文化名城、名镇、名村批准公布之日起 1 年内编制完成。历史文化名镇保护规划的规划期限应当与镇总体规划的规划期限相一致；历史文化名村保护规划的规划期限应当与村庄规划的规划期限相一致。 ① 保护原则、保护内容和保护范围。 ② 保护措施、开发强度和建设控制要求。 ③ 传统格局和历史风貌保护要求。 ④ 历史文化街区的核心保护范围和建设控制地带。 ⑤ 保护规划分期实施方案。

要点	说　明
保护规划管理的基本要求	历史文化名镇、名村应当整体保护，保持传统格局、不得改变与其相互依存的自然景观和环境。禁止将历史文化遗产资源经营权整体出让。 　集中体现在两点，一是整体保护，二是处理好保护与发展的关系。整体保护的内容包括历史文化名城、名镇、名村的格局、风貌和景观、环境。处理保护与发展关系的基本内容包括控制人口数量和改善各种设施。
保护界限内的管理措施	禁止进行下列活动：开山、采石、开矿等破坏传统格局和历史风貌的活动；占用保护规划确定保留的园林绿地、河湖水系、道路等；修建生产、储存爆炸性、易燃性、放射性、毒害性、腐蚀性物品的工厂、仓库等；在历史建筑上刻画、涂污。
	如果在保护范围内进行下列活动，应当保持其传统格局、历史风貌和历史建筑；制定保护方案，并依照有关法律、法规的规定办理相关手续： 　① 改变园林绿地、河湖水系等自然状态的活动； 　② 在核心保护范围内进行影视摄制、举办大型群众性活动； 　③ 其他影响传统格局、历史风貌或者历史建筑的活动。
	历史文化名镇、名村核心保护范围内的建筑物、构筑物，应当区分不同情况，采取相应措施，实行分类保护。 　① 在核心保护范围内的历史建筑，应当保持原有的高度、体量、外观形象及色彩等； 　② 除新建、扩建必要的基础设施和公共服务设施外不得进行新建、扩建活动； 　③ 新建、扩建必要的基础设施和公共服务设施的，县人民政府城乡规划主管部门核发建设工程规划许可证、乡村建设规划许可证前，应当征求同级文物主管部门的意见； 　④ 在该范围内拆除历史建筑以外的建筑物、构筑物或者其他设施的，应当经县人民政府城乡规划主管部门会同同级文物主管部门批准； 　⑤ 审批核心保护范围内新建、扩建必要的基础设施和公共服务设施，以及审批拆除核心保护范围以外的建筑物、构筑物或者其他设施的，审批机关应当组织专家论证，并将审批事项予以公示，征求公众意见，告知利害关系人有要求举行听证的权力。公示时间不得少于 20 日。

2014-035. 根据《历史文化名城名镇名村保护条例》，审批历史文化名村保护规划的是(　　)。

A. 国务院
B. 省、自治区、直辖市人民政府
C. 所在地城市人民政府
D. 所在地县人民政府

【答案】B

【解析】《历史文化名城名镇名村保护条例》第十七条规定，保护规划由省、自治区、直辖市人民政府审批。保护规划的组织编制机关应当将经依法批准的历史文化名城保护规划和中国历史文化名镇、名村保护规划，报国务院建设主管部门和国务院文物主管部门备案。

2012-062. 在历史文化街区保护范围内，"任何单位和个人不得损坏或者擅自迁移、拆除历史建筑"的规定出自(　　)。

A. 文物保护法
B. 历史文化名城名镇名村保护条例

C. 城市紫线管理办法　　　　　　　　　D. 历史文化名城保护规划规范

【答案】B

【解析】《历史文化名城名镇名村保护条例》第三十三条规定，历史建筑的所有权人应当按照保护规划的要求，负责历史建筑的维护和修缮。县级以上地方人民政府可以从保护资金中对历史建筑的维护和修缮给予补助。历史建筑有损毁危险，所有权人不具备维护和修缮能力的，当地人民政府应当采取措施进行保护。任何单位或者个人不得损坏或者擅自迁移、拆除历史建筑。

第三节　风景名胜区资源保护

一、风景名胜区的保护和利用

风景名胜区的保护和利用　　　　　　　　　　　　　**表 11-3-1**

要点	说　明
风景名胜与风景名胜区	① **风景名胜的内涵**：人们把有文物古迹或者优美风景的名山大川称为风景胜地，风景名胜是和观赏游览紧密联系在一起，以景物环境作为历史文化的载体。 ② **风景名胜区法定概念**：《风景名胜区条例》所谓风景名胜区，是指经过特别法定程序，由国家和地方政府批准设立的"具有观赏、文化或者科学价值，自然景观、人文景观比较集中，环境优美，可供人们游览或者进行科学、文化活动的区域"。
风景名胜区功能及资源保护	① **风景名胜区主要功能：** 保护生态、生物多样性与自然环境、文化遗产； 发展休闲观光旅游和文化旅游； 开展科研和文化教育活动； 促进风景名胜所在地经济社会发展。 ② **风景名胜区保护意义：** 风景名胜区作为国家重要的自然文化遗产和生物保护基地，在改善生态、保护资源、丰富群众文化生活等社会服务方面发挥着重要作用。 ③ **风景名胜区立法进程：** 1982 年设立了第一批 44 处国家重点风景名胜区； 1985 年 6 月国务院公布实施了《风景名胜区管理暂行条例》； 2006 年 9 月 19 日发布了《风景名胜区条例》，2016 年 2 月 6 日修订。

二、风景名胜区资源的监督管理

相关真题：2009-048

风景名胜区管理基本原则　　　　　　　　　　　　　**表 11-3-2**

内　容
即"**科学规划、统一管理、严格保护、永续利用**"原则 ① 科学规划是风景名胜区管理的基本依据； ② 统一管理是风景名胜区管理的可靠保障； ③ 严格保护是风景名胜区管理的强制要求； ④ 永续利用是风景名胜区管理的根本目的。 在四个重要环节中，"科学规划"是实现"永续利用"的途径与措施；"统一管理"是实现"永续利用"的手段和保证；"严格保护"是实现"永续利用"的基础和前提；"永续利用"是规划管理的终极目的与核心。

2009-048. 国家对风景名胜区实行"科学规划，统一管理，严格保护、永续利用"的原则。其中统一管理是实现永续利用的（   ）。

    A. 初衷和前提   B. 途径和措施

    C. 基础和条件   D. 手段和保证

【答案】D

【解析】由《风景名胜区条例》第三条可知：风景名胜区规划管理实行"科学规划、统一管理、严格保护、永续利用"的原则。依据表11-3-2可知，"统一管理"是实现"永续利用"的手段和保证。应选 D。

风景名胜区的设立与分级   表 11-3-3

内　　容

风景名胜区设立原则

严格保护和合理利用风景名胜资源是我国设立风景名胜区的出发点和落脚点，贯穿在风景名胜区发展的始终，是我国风景名胜区工作的根本任务。

《风景名胜区条例》第七条第一款规定："设立风景名胜区，应当有利于保护和合理利用风景名胜资源。"

《风景名胜区条例》第七条第二款规定："新设立的风景名胜区与自然保护区不得重合或者交叉；已设立的风景名胜区与自然保护区重合或者交叉的，风景名胜区规划与自然保护区规划应当相协调。"

风景名胜区分级标准

① 国家级风景名胜区：自然景观和人文景观能够反映重要自然变化过程和重大历史文化发展过程，基本处于自然状态或者保持历史原貌，具有国家代表性的，可以由省、自治区、直辖市人民政府提出申请，国务院建设主管部门会同国务院环境保护主管部门、林业主管部门、文物主管部门等有关部门组织论证，提出审查意见，报国务院批准公布，设立为国家级风景名胜区。

② 省级风景名胜区：具有区域代表性的，可以由县级人民政府提出申请，省、自治区人民政府建设主管部门或者直辖市人民政府风景名胜区主管部门，会同其他有关部门组织论证，提出审查意见，报省、自治区、直辖市人民政府批准公布，设立为省级风景名胜区。

风景名胜区申请材料内容包括：

① 风景名胜资源的基本情况；

② 拟设立风景名胜区的范围以及核心景区的范围；

③ 拟设立风景名胜区的性质和保护目标；

④ 拟设立风景名胜区的游览条件；

⑤ 与拟设立风景名胜区的土地、森林等自然资源和房屋等财产所有权人、使用权人协商的内容和结果。

风景名胜区的范围划定原则

① 自然与人文景观及其生态环境的完整性。

② 历史文化与社会的连续性。

③ 地域单元和生态系统的相对独立性和完整性。

④ 保护、利用、管理的必要性和可能性以及兼顾与行政区域的协调一致性。

内　　容

风景名胜区与世界遗产

风景名胜区与世界遗产之间有着紧密的内在联系，我国这些世界遗产项目均来自国家级风景名胜区，堪称国之精粹。

世界遗产包括世界自然遗产和世界文化与自然双重遗产。根据《世界遗产公约》第二条规定，"从审美或科学角度看，具有突出的普遍价值，由物质和生物结构或这类结构群组成的自然面貌"，并符合下列其中一项标准的，经联合国教科文组织世界遗产大会审议通过，可以列为世界自然遗产：

① 从科学或保护角度看，具有突出的普遍价值的地质和自然地理结构，以及明确划为受威胁的动物和植物生境区；

② 从科学、保护或自然美角度看，具有突出的普遍价值的天然名胜或明确划分的自然区域。

第四节　风景名胜区规划管理

一、风景名胜区规划管理概述

风景名胜区规划管理概述　　　　　　　　　　　　　　　　表 11-4-1

要点	说　　明
目的	对风景名胜区依法实施规划管理，是加强风景名胜区保护的根本，目的在于有效保护生态、生物多样性和自然环境，永续利用风景名胜资源，服务当代，造福人类。 这也是风景名胜区保护工作的出发点和归宿点，集中体现了各项保护工作和保护措施的绩效。
任务	风景名胜区规划管理的任务是根据可持续发展的原则，正确处理资源保护与开发利用的关系，采取行之有效的规划措施，对风景名胜区内各类建设活动依法实施规划管理，严格保护和合理利用风景名胜资源，促进我国经济社会又好又快地健康发展。
依据	① 相关法律法规 《风景名胜保护条例》《城乡规划法》《文物保护法》《环境保护法》《土地管理法》《水法》《水污染防治法》《森林法》《海洋环境保护法》《村庄和集镇规划建设管理条例》《自然保护区条例》《宗教事务条例》《文物保护法实施条例》等 ② 政策性文件和技术规范 《国务院办公厅关于加强风景名胜区保护管理工作的通知》《国务院办公厅关于加强和改进城乡规划工作的通知》、建设部印发的《关于加强风景名胜区规划管理工作的通知》、《建设部关于立即制止在风景名胜区开山采石加强风景名胜区保护的通知》《关于严格限制在风景名胜区内进行影视拍摄等活动的通知》国家文物局《关于加强和改进世界遗产保护管理工作的意见》，以及《风景名胜区规划编制审批管理办法》《风景名胜区规划规范》等。

要点	说　明
体制	① 我国对风景名胜区实行的是属地管理，由县级以上地方人民政府设立风景名胜区管理机构，负责风景名胜区的保护、利用和统一管理工作。 ②国务院和省级人民政府相关职能部门按照规定的职责分工，负责业务指导和监督检查。 其中国务院建设主管部门负责全国风景名胜区规划管理方面的监督管理工作。国务院其他有关部门按照国务院规定的职责分工，负责风景名胜区的有关监督管理工作。 省、自治区人民政府建设主管部门和直辖市人民政府风景名胜区主管部门，负责本行政区域内风景名胜区规划管理方面的监督管理工作。 省、自治区、直辖市人民政府其他有关部门按照规定的职责分工，负责风景名胜区的有关监督管理工作。

二、风景名胜区规划编制管理

相关真题：2018-072、2018-071、2010-057

风景名胜区规划编制管理　　　　　　　　　　　　　　　表 11-4-2

要点	说　明
规划阶段及编制要求	**规划阶段** 风景名胜区规划分为总体规划和详细规划两个阶段；根据《风景名胜区条例》第十四条规定，风景名胜区应当自设立之日起 2 年内编制完成总体规划；总体规划的规划期一般为 20 年。 **编制要求** ① **组织编制主体**：《风景名胜区条例》第十六条按照两个不同规划阶段作出规定，"国家级风景名胜区规划由省、自治区人民政府建设主管部门或者直辖市人民政府风景名胜区主管部门组织编制。省级风景名胜区规划由县级人民政府组织编制"。 ② **规划编制单位**：《风景名胜区条例》第十七条规定，"编制风景名胜区规划，应当采用招标等竞争的方式选择具有相应资质等级的单位承担。" ③ **规划审批主体**：《风景名胜区条例》第十九条、第二十条按照风景名胜区分级，分别对审批风景名胜区总体规划和详细规划的主体作了明确规定，"国家级风景名胜区的总体规划，由省、自治区、直辖市人民政府审查后，报国务院审批。国家级风景名胜区的详细规划，由省、自治区人民政府建设主管部门或者直辖市人民政府风景名胜区主管部门报国务院建设主管部门审批。""省级风景名胜区的总体规划，由省、自治区、直辖市人民政府审批，报国务院建设主管部门备案。省级风景名胜区的详细规划，由省、自治区人民政府建设主管部门或者直辖市人民政府风景名胜区主管部门审批"。
规划的原则和内容	**原则**：风景名胜区总体规划的编制应当体现人与自然和谐相处、区域协调发展和经济社会全面进步的要求，坚持保护优先、开发服从保护的原则，突出风景名胜资源的自然特性、文化内涵和地方特色。 **总体规划的内容**：①风景资源评价；②生态资源保护措施、重大建设项目布局、开发利用强度；③风景名胜区的功能结构和空间布局；④禁止开发和限制开发的范围；⑤风景名胜区的游客容量；⑥有关专项规划（第十三条）。

要点	说　明
修改规划的要求	**修改规划的要求** 《风景名胜区条例》第二十三条规定，风景名胜区总体规划的规划期届满前 2 年，规划的组织编制机关应当组织专家对规划进行评估，作出是否重新编制规划的决定。在新规划批准前，原规划继续有效。 　　经批准的风景名胜区规划不得擅自修改。确需对风景名胜区总体规划中的风景名胜区范围、性质、保护目标、生态资源保护措施、重大建设项目布局、开发利用强度以及风景名胜区的功能结构、空间布局、游客容量进行修改的，应当报原审批机关批准；对其他内容进行修改的，应当报原审批机关备案。 　　风景名胜区详细规划确需修改的，应当报原审批机关批准。

2018-072. 依据《风景名胜区条例》，下列选项中不正确的是(　　　)。

A. 国家级风景名胜区总体规划由省、自治区人民政府建设主管部门或者直辖市人民政府风景名胜区主管部门组织编制

B. 省级风景名胜区总体规划由县人民政府组织编制

C. 国家级风景名胜区总体规划由国务院建设主管部门审批，报国务院备案

D. 省级风景名胜区的总体规划由省、自治区、直辖市人民政府审批，报国务院建设主管部门备案

【答案】C

【解析】《风景名胜区条例》第十九条规定，国家级风景名胜区的总体规划，由省、自治区、直辖市人民政府审查后，报国务院审批。因此 C 选项错误。

2018-071. 下列有关风景名胜区的选项不正确的是(　　　)。

A. 风景名胜区与自然保护区不得重合

B. 规划分为总体规划和详细规划

C. 风景名胜区由国务院批准公布

D. 风景名胜区应提交风景名胜区规划

【答案】C

【解析】《风景名胜区条例》第十条规定，设立国家级风景名胜区，由省、自治区、直辖市人民政府提出申请，国务院建设主管部门会同国务院环境保护主管部门、林业主管部门、文物主管部门等有关部门组织论证，提出审查意见，报国务院批准公布。设立省级风景名胜区，由县级人民政府提出申请；省、自治区人民政府建设主管部门或者直辖市人民政府风景名胜区主管部门，会同其他有关部门组织论证，提出审查意见，报省、自治区、直辖市人民政府批准公布。因此 C 选项错误。

2010-057. 某省设区城市内有国家级风景名胜区一处，该风景名胜区规划应该由(　　　)组织编制。

A. 省建设主管部门　　　　　　　　B. 该市建设主管部门

C. 该市风景名胜区管理机构　　　　D. 该市城乡规划主管部门

【答案】A

【解析】《风景名胜区条例》第十六条规定，国家级风景名胜区规划由省、自治区人民政府建设主管部门或者直辖市人民政府风景名胜区主管部门组织编制。

三、风景名胜区规划实施管理

相关真题：2018-021、2013-093

风景名胜区规划措施   表11-4-3

内　　容
严格禁止的行为
① 风景名胜区规划未经批准的，不得在风景名胜区内进行各类建设活动（第二十一条）。
② 一是开山、采石、开矿、开荒、修坟立碑等破坏景观、植被和地形地貌的活动；二是修建储存爆炸性、易燃性、放射性、毒害性、腐性物品的设施；三是在景物或者设施上刻画、涂污；四是乱扔垃圾（第二十六条）。
③ 禁止违反风景名胜区规划，在风景名胜区内设立各类开发区和在核心景区内建设宾馆、招待所、培训中心、疗养院以及与风景名胜资源保护无关的其他建筑物；已经建设的，应当按照风景名胜区规划，逐步迁出（第二十七条）。
④ 风景名胜区管理机构不得从事以营利为目的的经营活动，不得将规划、管理和监督等行政管理职能委托给企业或者个人行使（第三十九条）。
严格控制的行为
① 在风景名胜区内从事上述禁止范围以外的建设活动，应当经风景名胜区管理机构审核后，依照法律、法规的规定办理审批手续。《风景名胜区条例》还在第十八条对在国家级风景名胜区内修建缆车、索道等重大建设工程的审批权限集中在中央政府部门，特别规定其项目的选址方案应当报国务院建设主管部门核准。
② 在风景名胜区内进行下列活动，应当经风景名胜区管理机构审核后，依照有关法律、法规的规定报有关主管部门批准：这些活动包括设置、张贴商业广告；举办大型游乐等活动；改变水资源、水环境自然状态的活动；其他影响生态和景观的活动。
③ 风景名胜区内的建设项目应当符合风景名胜区规划，并与景观相协调，不得破坏景观、污染环境、妨碍游览。在风景名胜区内进行建设活动的，建设单位、施工单位应当制定污染防治和水土保持方案，并采取有效措施，保护好周围景物、水体、林草植被、野生动物资源和地形地貌。

2018-021. 根据《风景名胜区规划规范》，下列选项中不正确的是（　　）。

A. 风景区的对外交通设施要求快速便捷，应布置于风景区中心景区的边缘

B. 风景区的道路应避免深挖高填

C. 在景点和景区内不得安排高压电缆穿过

D. 在景点和景区范围内，不得布置暴露于地表的大体量给水和污水处理设施

【答案】A

【解析】依据《风景名胜区规划规范》，对外交通应要求快速便捷，布置于风景区以外或边缘地区，选项A错误。

2013-093. 根据《风景名胜区条例》，禁止在风景名胜区核心景区内建设（　　）。

A. 各类宾馆酒店　　　　　　　　　　　B. 生态资源保护站

C. 游客服务中心   D. 景区疗养院

E. 培训中心

【答案】ADE

【解析】依据表 11-4-3，可知选项 ADE 符合题意。

风景名胜区规划监督之风景名胜区监督检查   表 11-4-4

内 容

    风景名胜区监督检查是风景名胜区规划督察的重要方面，是风景名胜区管理机构对行政相对人，以及风景名胜区管理机构上级机关对该机构及其工作人员是否遵守《风景名胜区条例》和相关法律法规的规定，所依法实施的强制性监督监察。其特征表现为这是一种具体行政行为；实施这种行为要以行政机关的名义；规划监督检查必须依法进行。

    ① **动态监测：**为了加强对风景名胜区的保护监管，《风景名胜区条例》第三十一条还规定"国家建立风景名胜区管理信息系统，对风景名胜区规划实施和资源保护情况进行动态监测"。

    ② **每年上报：**"国家级风景名胜区所在地的风景名胜区管理机构应当每年向国务院建设主管部门报送风景名胜区规划实施和土地、森林等自然资源保护的情况；国务院建设主管部门应当将土地、森林等自然资源保护的情况，及时抄送国务院有关部门"。

    ③ **监督检查和评估：**第三十五条规定，"国务院建设主管部门应当对国家级风景名胜区的规划实施情况、资源保护状况进行监督检查和评估。对发现的问题，应当及时纠正、处理"。

相关真题：2012-070、2012-023、2011-013、2009-049

风景名胜区规划监督之风景名胜区法律责任   表 11-4-5

内 容

    《风景名胜区条例》第四十条规定，在风景名胜区内有下列行为之一的，由风景名胜区管理机构责令停止违法行为、恢复原状或者限期拆除，没收违法所得，并处罚款：①开山、采石、开矿等破坏景观、植被、地形地貌活动的；②修建储存爆炸性、易燃性、放射性、毒害性、腐蚀性物品的设施的；③在核心景区内建设宾馆、招待所、培训中心、疗养院以及与风景名胜资源保护无关的其他建筑物的。

    《风景名胜区条例》第四十一条规定，在风景名胜区内从事禁止范围以外的建设活动，未经风景名胜区管理机构审核的，由风景名胜区管理机构责令停止建设、限期拆除，对个人处 2 万元以上 5 万元以下的罚款，对单位处 20 万元以上 50 万元以下的罚款。

    《风景名胜区条例》第四十二条规定，在国家级风景名胜区内修建缆车、索道等重大建设工程，项目的选址方案未经报国务院建设主管部门核准，县级以上地方人民政府有关主管部门核发选址意见书的，对直接负责的主管人员和其他直接责任人员依法给予处分构成犯罪的，依法追究刑事责任。

    《风景名胜区条例》四十三条规定，个人在风景名胜区内进行开荒、修坟立碑等破坏景观、植被、地形地貌活动的，由风景名胜区管理机构责令停止违法行为、限期恢复原状或者采取其他补救措施，没收非法所得，并处 1000 元以上 1 万元以下的罚款。

内　容

《风景名胜区条例》第四十四条规定，在景物、设施上刻画、涂污或者在风景名胜区内乱扔垃圾的，由风景名胜区管理机构责令限期恢复原状或者采取其他补救措施，处 50 元的罚款；刻画、涂污或者以其他方式故意损坏国家保护的文物、名胜古道，按照治安管理处罚法的有关规定予以处罚；构成犯罪的，依法追究刑事责任。

《风景名胜区条例》第四十五条规定，未经风景名胜区管理机构审核在风景名胜区内进行下列活动的，由风景名胜区管理机构责令停止违法行为、限期恢复原状或者采取其他补救措施，没收违法所得，并处 5 万元以上 10 万元以下的罚款；情节严重的，并处 10 万元以上 20 万元以下的罚款。这些活动包括：设置、张贴商业广告；举办大型游乐等活动；改变水资源、水环境自然状态的活动；其他影响生态和景观的活动。

《风景名胜区条例》四十六条规定，施工单位在施工过程中，对周围景物、水体、林草植被、野生动物资源和地形地貌造成破坏的，由风景名胜区管理机构责令停止违法行为、限期恢复原状或者采取其他补救措施，并处 2 万元以上 10 万元以下的罚款；逾期未恢复原状或者采取有效措施的，由风景名胜区管理机构责令停止施工。

《风景名胜区条例》四十七条规定，国务院建设主管部门、县级以上地方人民政府及其有关主管部门有下列行为之一的对直接负责的主管人员和其他直接责任人员依法给予处分；构成犯罪的，依法追究刑事责任。这些行为包括六项：
① 违反风景名胜区规划在风景名胜区内设立各类开发区的；
② 风景名胜区自设立之日起未在 2 年内编制完成风景名胜区总体规划的；
③ 选择不具有相应资质等级的单位编制风景名胜区规划的；
④ 风景名胜区规划批准前批准在风景名胜区内进行建设活动的；
⑤ 擅自修改风景名胜区规划的；
⑥ 不依法履行监督管理职责的其他行为。

《风景名胜区条例》四十八条规定，风景名胜区管理机构有下列行为之一的，由设立该风景名胜区管理机构的县级以上地方人民政府责令改正；情节严重的，对直接负责的主管人员和其他直接责任人员依法给予降级或者撤职的处分；构成犯罪的，依法追究刑事责任。这些行为包括七项：
① 超过允许容量接纳游客或者在没有安全保障的区域开展游览活动的；
② 未设置风景名胜区标志和路标、安全警示等标牌的；
③ 从事以营利为目的的经营活动的；
④ 将规划、管理和监督等行政职能委托给企业或者个人行使的；
⑤ 允许风景名胜区管理机构的工作人员在风景名胜区内的企业兼职的；
⑥ 审核同意在风景名胜区内进行不符合风景名胜区规划的建设活动的；
⑦ 发现违法行为不予查处的。

依照《风景名胜区条例》的规定，责令限期拆除在风景名胜区内违法建设的建筑物、构筑物或者其他设施的，有关单位或者个人必须立即停止建设活动，自行拆除；对继续进行建设的，作出责令限期拆除决定的机关有权制止。有关单位或者个人对责令限期拆除决定不服的，可以在接到责令限期拆除决定之日起 15 日内，向人民法院起诉；期满不起诉又不自行拆除的，由作出责令限期拆除决定的机关依法申请人民法院强制执行，费用由违法者承担。

2012-070. 国家级风景名胜区规划由省、自治区人民政府（   ）主管部门或者直辖市人民政府风景名胜区主管部门组织编制。

A. 建设   B. 林业

C. 土地   D. 旅游

【答案】A

【解析】《风景名胜区条例》第十六条规定，国家级风景名胜区规划由省、自治区人民政府建设主管部门或者直辖市人民政府风景名胜区主管部门组织编制。省级风景名胜区规划由县级人民政府组织编制。

2012-023. 下列不符合《城乡规划法》和《风景名胜区条例》规定的是（   ）。

A. 城市总体规划由城市人民政府组织编制

B. 城市近期建设规划由城市人民政府组织编制

C. 国家级风景名胜区规划由所在地城市人民政府组织编制

D. 省级风景名胜区规划由所在地县级人民政府组织编制

【答案】C

【解析】参见 2012-070。

2011-013. 下表中，规范名称、编制主体、审批主体不符合相关法律规定的是（   ）。

	规划名称	编制主体	审批主体
A.	省会城市总体规划	省会城市人民政府	国务院
B.	乡、村庄规划	乡政府	县级人民政府
C.	历史文化名城保护规划	名城所在地人民政府	省级政府
D.	国家级风景名胜区规划	风景名胜区所在地人民政府	国务院

【答案】D

【解析】参见 2012-070。

2009-049. 在风景名胜区内进行（   ），由风景名胜区管理机构责令停止违法行为，限期恢复原状或者采取其他补救措施，没收违法所得，并处罚款。

A. 不符合风景名胜区规划的建设活动 B. 以营利为目的的经营活动

C. 超过允许容量接纳游客的游览活动 D. 改变水资源、水环境自然状态的活动

【答案】D

【解析】《风景名胜区条例》第四十五条　违反本条例的规定，未经风景名胜区管理机构审核，在风景名胜区内进行下列活动的，由风景名胜区管理机构责令停止违法行为、限期恢复原状或者采取其他补救措施，没收违法所得，并处 5 万元以上 10 万元以下的罚款；情节严重的，并处 10 万元以上 20 万元以下的罚款：（一）设置、张贴商业广告的；（二）举办大型游乐等活动的；（三）改变水资源、水环境自然状态的活动的；（四）其他影响生态和景观的活动。

第十二章 城乡规划的监督检查

大纲要求 表 12-0-1

内　容	要　　点	说　　明
城乡规划监督检查与法律责任	城乡规划监督检查	熟悉城乡规划监督检查的原则与要求
		掌握城乡规划监督检查的内容与方法
	城乡规划法律责任	了解城乡规划法律责任内容
		熟悉城乡规划行政处罚种类
		掌握城乡规划行政处罚的原则及程序

第一节　城乡规划的法制监督

相关真题：2018-100、2018-065、2014-073、2012-097、2012-010、2010-095、2010-077

城乡规划的法治监督　　　　　　　　　　　　　表 12-1-1

内容	说　明
权力机关监督	对城乡规划的实施情况进行监督，是**各级人民代表大会**履行监督职能的重要内容。 按照《宪法》规定，地方各级人民政府应当接受本级人民代表大会常务委员会或者乡、镇人民代表大会依法对城乡规划的实施情况进行的其他方式的行政法制监督。
行政自我监督	**城乡规划的层级监督**：县级以上人民政府及其城乡规划主管部门对下级政府及其城乡规划主管部门执行城乡规划编制、审批、实施、修改的情况进行监督检查。 ① 上级政府城乡规划主管部门对下级政府城乡规划主管部门**具体行政行为进行检查**。 ② 上级政府城乡规划主管部门对下级城乡规划主管部门的**制度建设情况进行检查**。 **城乡规划督察员制度**：住房和城乡建设部建立和推行的城乡规划督察员制度，就是上级政府或其城乡规划主管部门履行其规划监督行政职能的行为。
社会监督	**规划编制过程中**，要求规划组织编制机关应当先将规划草案予以公告，并采取论证会、听证会或其他方式征求专家和公众意见；在报送规划审批材料时，应附具意见采纳情况及理由。 **在规划实施阶段**，要求城乡规划主管部门应当将经审定的修建性详细规划、建设工程设计方案的总平面图予以公布；城乡规划主管部门批准建设单位变更规划条件申请的，应当依法将变更后的规划条件公示。 **修改省域城镇体系规划、城市总体规划、镇总体规划时**，组织编制机关应当组织有关部门和专家定期对规划实施情况进行评估，并采取论证会、听证会或者其他方式征求公众意见；在提出评估报告时，附具征求意见的情况。 **修改控制性详细规划、修建性详细规划和建设工程设计总平面图时**，规划部门应当征求规划地段内利害关系人的意见。 任何单位和个人有**查询**规划和**举报**或者**控告**违反城乡规划行为的权力。 在进行城乡规划实施情况的监督后，监督检查的情况和处理结果应当**公开**，供公众查阅和监督。

2018-100. 根据《住房和城乡建设部城乡规划监督员工作规程》，监督员的主要工作方式包括(　　)。

A. 听取有关单位和人员对监督事项问题的说明

B. 撤销城乡规划主管部门违反《城乡规划法》的行政许可

C. 进入涉及监督事项的现场了解情况

D. 调阅或复制涉及监督事项的文件和资料

E. 对超越资质等级许可承担编制城乡规划行为进行处罚

【答案】ACD

【解析】《住房和城乡建设部城乡规划监督员工作规程》第七条规定，监督员的主要工作方式：（一）列席城市规划委员会会议、城市人民政府及其部门召开的涉及督察事项的会议；（二）调阅或复制涉及督察事项的文件和资料；（三）听取有关单位和人员对督察事项问题的说明；（四）进入涉及督察事项的现场了解情况；（五）利用当地城乡规划主管部门的信息系统搜集督察信息；（六）巡察督察范围内的国家级风景名胜区和历史文化名城；（七）公开督察员的办公电话，接收对城乡规划问题的举报。故选 ACD。

2018-065. 根据《住房和城乡建设部城乡规划督察员工作规程》，下列选项中不正确的是( )。

A. 当地重大城市规划事项的确定应经过城乡规划督察员的同意

B. 《督察意见书》必须跟踪督办

C. 《督察建议书》视情况由督察组长决定是否跟踪督办

D. 督察员开展工作时，应主动出示《中华人民共和国城乡规划监督检查证》

【答案】A

【解析】《住房和城乡建设部城乡规划督察员工作规程》第六条规定，督察员履行职责应当遵守以事实为依据、以法律法规及法定规划为准绳的原则，忠实履行督察工作职责，不妨碍、不替代当地政府及其规划主管部门的行政管理工作。第十条规定，督察工作文书的跟踪督办：(1)《督察意见书》必须跟踪督办，《督察建议书》由督察组组长视情况决定是否跟踪督办；(2) 对列入督办范围的督察工作文书，应密切跟踪并及时收集有关情况，并向部稽查办报告。第十二条规定，督察员开展工作时应主动出示《中华人民共和国城乡规划监督检查证》。

2014-073. 同级监察局对城乡规划主管部门的行政监督属于( )。

A. 政治监督   B. 社会监督

C. 司法监督   D. 行政自我监督

【答案】D

【解析】城乡规划的行政自我监督是指县级以上人民政府及其城乡规划主管部门对下级政府及其城乡规划主管部门执行城乡规划编制、审批、实施、修改的情况进行监督检查。

2012-097. 县级以上人民政府及其城乡规划主管部门应当加强对城乡规划( )的监督检查。

A. 评估   B. 编制

C. 审批   D. 实施

E. 修改

【答案】BCDE

【解析】参照 2014-073。

2012-010. 《城乡规划法》中没有明确规定( )。

A. 经依法批准的城乡规划应当及时公布

B. 城乡规划报送审批前，城乡规划草案应当予以公告

C. 变更后的规划条件应该公告

D. 城乡规划的监督检查情况和处理结果应当依法公开

【答案】C

【解析】《城乡规划法》第八条规定，城乡规划组织编制机关应当及时公布经依法批准的城乡规划。但是法律、行政法规规定不得公开的内容除外。

《城乡规划法》第二十六条规定，城乡规划报送审批前，组织编制机关应当依法将城乡规划草案予以公告，并采取论证会、听证会或者其他方式征求专家和公众的意见。

《城乡规划法》对城乡规划工作的监督检查也作了明确规定，关于公众对城乡规划工作的监督的规定为：县级以上人民政府及其城乡规划主管部门的监督检查，县级以上地方各级人民代表大会常务委员会或者乡、镇人民代表大会对城乡规划工作的监督检查，其监督检查情况和处理结果应当依法公开，以便公众查阅和监督。

由此可见，选项 C 符合题意。

2010-095. 《城乡规划法》对城乡规划编制、审批、实施、修改中的(　　　)作出了明确的规定。

A. 人大监督　　　　　　　　　　　　B. 政党监督

C. 行政监督　　　　　　　　　　　　D. 舆论监督

E. 群众监督

【答案】ACDE

【解析】法治监督包括：权力机关的监督（选项 A）、行政自我监督（选项 C）、社会监督（选项 D、E），因而选 ACDE。

2010-077. 下列哪种行为属于"城乡规划行政监督"? (　　　)

A. 人大对城乡规划实施的监督

B. 公众对规划编制、审批、修改和实施的监督

C. 新闻舆论对城乡规划编制和实施全过程的监督

D. 上级政府对下级政府规划实施的监督

【答案】D

【解析】选项 A 属于权力机关对城乡规划工作的监督，选项 B、C 属于城乡规划的社会监督，选项 D 属于行政自我监督，因而选 D。

第二节　城乡规划的行政监督检查

相关真题：2017-071

城乡规划行政监督检查的内涵与特征　　　　　　　　表 12-2-1

内容	说　　明
内涵	**城乡规划行政监督检查，又称行政执法监督**；是指城乡规划主管部门依法对建设单位或者个人是否遵守城乡规划行政法律、法规或规划行政许可的实施所作的**强制性检查的具体行政行为**。
特征	**具体性**：规划行政监督检查是城乡规划主管部门的具体行政行为，是以行政机关的名义进行的。
	强制性：规划行政监督检查是城乡规划主管部门的强制性行政行为，不需要征得行政相对人的同意。
	合法性：规划行政监督检查必须依法进行。

2017-071. 城乡规划行政监督检查是城乡规划主管部门的( )，不需要征得行政相对人的同意。

A. 行政司法行为   B. 强制行政行为

C. 依申请的行政行为   D. 多方行政行为

【答案】B

【解析】由表 12-2-1 可知：规划行政监督检查是城乡规划主管部门的强制性行政行为，不需要征得行政相对人的同意。

相关真题：2013-073

城乡规划行政监督检查的内容、原则及实行   表 12-2-2

项目	说　　明
内容	验证有关**土地使用和建设申请**的申报条件是否符合法定要求，有无弄虚作假的情况； 复验建设用地坐标、面积等与**建设用地规划许可证**的规定是否相符； 对已领取**建设工程规划许可证**并放线的建设工程，履行验线手续，检查其坐标、标高、平面布局等是否与建设工程规划许可证相符； 建设工程竣工验收之前，检查、核实有关建设工程是否符合**规划条件**。
原则	**内容合法**：监督检查的内容必须是城乡规划法律、法规中规定的要求当事人遵守或执行的行为。 **程序合法**：在履行监督检查职责时应出示统一制发的规划监督检查证件；城乡规划监督检查人员提出的建议或处理意见要符合法定程序。 **采取的措施合法**：只能采取城乡规划法律、法规允许采取的措施。
实行	**方法和措施** ① 要求有关单位和人员提供与监督事项有关的文件、资料，并进行复制； ② 要求有关单位和人员就监督事项涉及的问题做出解释和说明，并根据需要进入现场进行勘测； ③ 责令有关单位和人员停止违反有关城乡规划法律、法规的行为。 **人员、证件** ① 行政监督检查的人员必须要具备较高的政治素质和业务素质； ② 要求规划工作人员要做到政务公开、依法行政，自觉接受群众监督； ③ 要加强对监督检查人员的培训与考核，对考核合格符合法定条件的，发给城乡规划监督检查证件，持证上岗； ④ 城乡规划监督检查证件是县级以上人民政府城乡规划主管部门依法制发的，格式统一，是证明城乡规划监督检查人员身份和资格的证书。 **程序** ① 城乡规划监督检查人员在履行监督检查职责时，必须**出示合法证件**； ② 实施监督检查时，监督检查人员应通知**被检查人在场**，检查必须公开进行； ③ 从检查开始到检查结束**不能超过正常工作时间**； ④ 检查人员应当对**检查结果承担法律责任**。

2013-073. 城乡规划主管部门对城乡规划实施进行行政监督检查的内容不包括( )。

A. 验证土地使用申报条件是否符合法定要求

B. 复验建设用地使用与建设用地规划许可证的规定是否相符

C. 对已领取建设工程规划许可证并放线的工程，检查其标高、平面布局等是否与建设工程规划许可证相符

D. 在建设工程竣工验收后，检查、核实有关建设工程是否符合规划条件

【答案】D

【解析】由表12-2-2可知，县级以上人民政府规划主管部门对城乡规划实施情况进行监督检查，其内容包括选项A、B、C所叙述的内容，与选项D相关的内容应为："建设工程竣工验收之前，检查、核实有关建设工程是否符合规划条件"，因而D选项错误，此题选D。

第三节　城乡规划的法律责任

相关真题：2018-093、2012-009、2010-009

人民政府相关部门违反《城乡规划法》的行为及承担的法律责任　表 12-3-1

内容	说　明
人民政府违反《城乡规划法》的行为及承担的法律责任	依法应当编制城乡规划而**未组织编制**，或者未**按法定程序编制、审批、修改**城市规划的，由上级人民政府责令改正，通报批评；对有关人民政府负责人和其他责任人员依法给予处分。 **委托不具有相应资质等级的单位编制**城乡规划的，由上级人民政府责令改正，通报批评；对有关人民政府负责人和其他责任人员依法给予处分。
城乡规划主管部门违反《城乡规划法》的行为及承担的法律责任	城乡规划主管部门有下列行为之一的，由本级人民政府、上级人民政府城乡规划主管部门或者监察机关依据其职权责令改正，通报批评；对直接负责的主管人员和其他直接责任人员依法给予处分： ① **未依法组织编制**城市的控制性详细规划、县人民政府所在地镇的控制性详细规划的； ② 超越职权或者**对不符合法定条件的申请人核发**选址意见书、建设用地规划许可证、建设工程规划许可证、乡村建设规划许可证的； ③ 对符合法定条件的申请人**未在法定期限内核发**选址意见书、建设用地规划许可证、建设工程规划许可证、乡村建设规划许可证的； ④ 未依法对经审定的修建性详细规划、建设工程设计方案的总平面图予以公布的； ⑤ 同意修改修建性详细规划、建设工程设计方案的总平面图前**未采取听证会**等形式听取利害关系人的意见的； ⑥ 发现未依法取得规划许可或者违反规划许可的规定在规划区内进行建设的行为，而不予查处或者接到举报后**不依法处理**的。
相关行政部门违反《城乡规划法》的行为及承担的法律责任	县级以上人民政府有关部门有下列行为之一的，由本级人民政府或者上级人民政府有关部门责令改正，通报批评；对直接负责的主管人员和其他直接责任人员依法给予处分： ① 对未依法取得选址意见书的建设项目核发建设项目批准文件的； ② 未依法在国有土地使用权出让合同中确定规划条件或者改变国有土地使用权出让合同中依法确定的规划条件的； ③ 对未依法取得建设用地规划许可证的建设单位划拨国有土地使用权的。

2018-093. 《城乡规划法》中规定的法律责任主体包括(　　)。

A. 人民政府

B. 人民政府城乡规划主管部门

C. 人民政府有关部门

D. 建设施工单位

E. 城乡规划编制单位

【答案】ABCE

【解析】《城乡规划法》中规定的法律责任主体有人民政府、人民政府城乡规划主管部门、人民政府有关部门、城乡规划编制单位、建设单位。故选 ABCE。

2012-009. 经依法批准的城乡规划,是城乡建设和规划的依据,未经(　　)不得修改。

A. 监督检查

B. 法定程序

C. 专家咨询

D. 技术论证

【答案】B

【解析】《城乡规划法》第七条规定,经依法批准的城乡规划,是城乡建设和规划管理的依据,未经法定程序不得修改。

2010-009. 经依法批准的城乡规划,是城乡建设和规划管理的依据,未经(　　)不得修改。

A. 领导批准

B. 法定程序

C. 专家评审

D. 公众参与

【答案】B

【解析】同 2012-009。

相关真题：2013-069、2010-097

城乡规划编制单位违反《城乡规划法》的行为及承担的法律责任　表 12-3-2

内容	说　明
城乡规划编制单位违反《城乡规划法》的行为及承担的法律责任	城乡规划编制单位有以下行为之一的由所在地城市、县人民政府城乡规划主管部门责令限期改正,处以合同约定的规划编制费 1 倍以上 2 倍以下的罚款;情节严重的,责令停业整顿,由原发证机关降低资质等级或者吊销资质证书,造成损失的,依法承担赔偿责任: 　　① **超越资质等级**许可的范围承揽城乡规划编制工作的; 　　② **违反国家有关标准**编制城乡规划的。 　　**未依法取得资质证书**承揽城乡规划编制工作的,由县级以上地方人民政府城乡规划主管部门责令停止违法行为,依照前款规定处以罚款;造成损失的,依法承担赔偿责任。 　　**以欺骗手段取得资质证书**承揽城乡规划编制工作的,由原发证机关吊销资质证书,依照前款规定处以罚款;造成损失的,依法承担赔偿责任。 　　城乡规划编制单位取得资质证书后,**不再符合相应的资质条件的**,由原发证机关责令限期改正;逾期不改正的,降低资质等级或者吊销资质证书。

2013-069. 城乡规划编制单位取得资质证书后,不再符合相应资质条件的,由原发证机关责令(　　)。

A. 停业整顿　　　　　　　　　　　　　B. 限期改正

C. 承担赔偿责任　　　　　　　　　　　D. 作出检查

【答案】B

【解析】《城乡规划法》第六十三条规定，城乡规划编制单位取得资质证书后，不再符合相应的资质条件的，由原发证机关责令限期改正；逾期不改正的，降低资质等级或者吊销资质证书。

2010-097. 《城乡规划法》对规划编制单位违法行为所规定的行政处罚类型有(　　)。

A. 责令限期改正，并处罚款　　　　　　B. 责令停业整顿

C. 终止合同约定　　　　　　　　　　　D. 对直接责任人给予行政处分

E. 依法承担赔偿责任

【答案】ABE

【解析】《城乡规划法》第六十二条规定，城乡规划编制单位有下列行为之一的，由所在地城市、县人民政府城乡规划主管部门责令限期改正，处合同约定的规划编制费一倍以上二倍以下的罚款；情节严重的，责令停业整顿，由原发证机关降低资质等级或者吊销资质证书；造成损失的，依法承担赔偿责任。因而此题选ABE。

相关真题：2017-079、2014-019、2012-074

行政相对方违反《城乡规划法》的行为及承担的法律责任　　　　表 12-3-3

内容	说　　明
行政相对方违反《城乡规划法》的行为及承担的法律责任	未取得建设工程规划许可证或者未按照建设工程规划许可证的规定进行建设的，由县级以上地方人民政府城乡规划主管部门责令停止建设；尚可采取改正措施消除对规划实施的影响的，限期改正，处建设工程造价 5% 以上 10% 以下的罚款；无法采取改正措施消除影响的，限期拆除，不能拆除的，没收实物或者违法收入，可以并处建设工程造价 10% 以下的罚款。 建设单位或者个人有下列行为之一的，由所在地城市、县人民政府城乡规划主管部门责令限期拆除，可以并处临时建设工程造价 1 倍以下的罚款： ① 未经批准进行临时建设的； ② 未按照批准内容进行临时建设的； ③ 临时建筑物、构筑物超过批准期限不拆除的。 建设单位未在建设工程竣工验收后 6 个月内向城乡规划主管部门报送有关竣工验收资料的，由所在地城市、县人民政府城乡规划主管部门责令限期补报；逾期不补报的，处 1 万元以上 5 万元以下的罚款。
乡村违法建设所应承担的法律责任	在乡、村庄规划区内未依法取得乡村建设规划许可证或者未按照乡村建设规划许可证的规定进行建设的，由乡、镇人民政府责令停止建设、限期改正，逾期不改正的，可以拆除。

内容	说　　明
对违法建设的强制执行	城乡规划主管部门作出责令停止建设或者限期拆除的决定后，当事人不停止建设或者逾期不拆除的，建设工程所在地县级以上地方人民政府可以责成有关部门采取查封施工现场、强制拆除等措施。
违反《城乡规划法》的规定应承担的刑事法律责任	违反《城乡规划法》规定，构成犯罪的，依法追究刑事责任。

2017-079. 根据《城乡规划法》，城乡规划主管部门对违法建设作出限期拆除的决定时，当事人拒不拆除的，建设工程所在地县级以上地方人民政府可以(　　)。

A. 没收实物

B. 没收违法所得

C. 申请法院强制拆除

D. 责成有关部门采取查封施工现场、强制拆除等措施

【答案】D

【解析】城乡规划主管部门作出责令停止建设或者限期拆除的决定后，当事人不停止建设或者逾期不拆除的，建设工程所在地县级以上地方人民政府可以责成有关部门采取查封施工现场、强制拆除等措施。

2014-019. 住房和城乡建设部印发的《关于规范城乡规划行政处罚裁量权的指导意见》所称的"违法建设行为"是指(　　)的行为。

A. 未取得建设用地规划许可证或者未按照建设用地规划许可证的规定进行建设

B. 未取得建设用地规划许可证或者未按照规划条件进行建设

C. 未取得建设工程规划许可证或者未按照建设工程规划许可证的规定进行建设

D. 未取得城乡规划主管部门的建设工程设计方案审查文件和规划条件进行建设

【答案】C

【解析】《关于规范城乡规划行政处罚裁量权的指导意见》第二条规定，本意见所称违法建设行为，是指未取得建设工程规划许可证或者未按照建设工程规划许可证的规定进行建设的行为。

2012-074. 下列选项中，(　　)行政行为的时效不符合法律规定。

A. 控制性详细规划草案公告不少于 30 天

B. 规划行政许可审批一般自申请之日起 20 天

C. 规划行政复议自知道行政行为之日起 60 天

D. 竣工验收资料备案在竣工验收后 3 个月

【答案】D

【解析】《中华人民共和国城乡规划法》第二十六条规定，城乡规划报送审批前，组织编制机关应当依法将城乡规划草案予以公告，并采取论证会、听证会或者其他方式征求专

家和公众的意见。公告的时间不得少于三十日。因而选项 A 正确。

《中华人民共和国行政许可法》第四十二条规定，除可以当场作出行政许可决定的外，行政机关应当自受理行政许可申请之日起二十日内作出行政许可决定。因而选项 B 正确。

《中华人民共和国行政许可法》第九条规定，公民、法人或者其他组织认为具体行政行为侵犯其合法权益的，可以自知道该具体行政行为之日起六十日内提出行政复议申请。因而选项 C 正确。

《中华人民共和国城乡规划法》第四十五条规定，建设单位应当在竣工验收后六个月内向城乡规划主管部门报送有关竣工验收资料。因而选项 D 不符合法律规定。

第十三章　国土空间规划体系

第一节　国土空间规划改革进程

一、国土空间规划的提出背景

规划类型过多：针对不同问题，我国制定了诸多不同层级、不同内容的空间性规划，组成了一个复杂的体系。

内容重叠冲突：由于规划类型过多，各部门规划自成体系，不断扩张，缺乏顶层设计；各类规划在基础数据的采集与统计、用地分类标准及空间管制分区标准等技术方面存在差异，内容的重叠冲突不可避免，且审批流程复杂、周期过长，导致地方规划朝令夕改。

规　划　类　型　　　　　　　　　　　表 13-1-1

主管部门	规划名称	规划期限	规划层次	规划范围
国家发改委	经济社会发展规划	5 年	国家、省、市、县	全域
国家发改委	主体功能区规划	10～15 年	国家、省	全域
原国土资源部	土地利用总体规划	15 年	国家、省、市、县、乡	全域
原国土资源部	国土规划	15～20 年	国家、省	全域
住房和城乡建设部	城乡规划	15～20 年	城镇	城镇局部
原环保部	生态环境保护规划	5 年	国家、省、市（县）	局部

二、国土空间规划的解决方案

国土空间规划的解决方案　　　　　　表 13-1-2

问　题	解决方案	说　明
规划类型过多	多规合一	将主体功能区规划、土地利用规划、城乡规划等空间规划融合为统一的国土空间规划，实现"多规合一"。
内容重叠冲突	一张图	完善国土空间基础信息平台。以自然资源调查监测数据为基础，采用国家统一的测绘基准和测绘系统，整合各类空间关联数据，建立全国统一的国土空间基础信息平台。 以国土空间基础信息平台为底板，结合各级各类国土空间规划编制，同步完成县级以上国土空间基础信息平台建设，实现主体功能区战略和各类空间管控要素精准落地，逐步形成全国国土空间规划"一张图"，推进政府部门之间的数据共享以及政府与社会之间的信息交互。
审批流程复杂、周期过长	成立自然资源部	根据机构改革方案，全国陆海域空间资源管理及空间性规划编制和管理职能被整合进自然资源部。
地方规划朝令夕改	一张蓝图干到底	严格执行规划，以钉钉子精神抓好贯彻落实，久久为功，做到一张蓝图干到底。

注：依据《中共中央 国务院关于建立国土空间规划体系并监督实施的若干意见》中"二、总体要求（二）主要目标"的内容编制。

414

三、国土空间规划的政策进程

国土空间规划的政策进程   表 13-1-3

时间	政 策 进 程
2012 年 11 月 首次提出	**中共十八大报告** 　明确提出"促进生产空间集约高效、生活空间宜居适度、生态空间山清水秀"的总体要求，将优化国土空间开发格局作为生态文明建设的首要举措。
2013 年 11 月 地位初现	**《中共中央关于全面深化改革若干重大问题的决定》** 　"加快生态文明制度建设"的要求，首次提出"通过建立空间规划体系，划定生产、生活、生态空间开发管制界限，落实用途管制"。从此，空间规划正式从国家引导和控制城镇化的技术工具上升为生态文明建设基本制度的组成部分，成为治国理政的重要支撑。
2015 年 9 月 编制试点	**《生态文明体制改革总体方案》** 　整合目前各部门分头编制的各类空间性规划，编制统一的空间规划，实现规划全覆盖。空间规划是国家空间发展的指南、可持续发展的空间蓝图，是各类开发建设活动的基本依据。空间规划分为国家、省、市县（设区的市空间规划范围为市辖区）三级。研究建立统一规范的空间规划编制机制。鼓励开展省级空间规划试点。
2018 年 9 月 26 日	**《乡村振兴战略规划（2018—2022 年）》**
2018 年 3 月 机构改革	**《深化党和国家机构改革方案》** 　要求组建自然资源部，"强化国土空间规划对各专项规划的指导约束作用，推进多规合一，实现土地利用规划、城乡规划等有机融合"。 **《国务院机构改革方案》** 　明确组建自然资源部，统一行使所有国土空间用途管制和生态保护修复职责，"强化国土空间规划对各专项规划的指导约束作用"，推进"多规合一"；负责建立空间规划体系并监督实施。
2019 年 5 月 23 日 正式启动	**《中共中央 国务院关于建立国土空间规划体系并监督实施的若干意见》**（中发〔2019〕18 号）
2019 年 5 月 28 日 展开工作	**《自然资源部关于全面开展国土空间规划工作的通知》**（自然资发〔2019〕87号）
2019 年 5 月	**《市县国土空间规划基本分区与用途分类指南》**（试行）
2019 年 5 月 31 日	**《自然资源部办公厅关于加强村庄规划促进乡村振兴的通知》**
2019 年 6 月	**《城镇开发边界划定指南》**（试行）
2019 年 8 月 26 日	**《生态保护红线勘界定标技术规程》**（生态环境部、自然资源部）
2019 年 11 月 1 日	**《关于在国土空间规划中统筹划定落实三条控制线的指导意见》**
2020 年 1 月 17 日	**《省级国土空间规划编制指南》**（试行）
2020 年 1 月 22 日	**《资源环境承载能力和国土空间开发适宜性评价指南（试行）》**

四、国土空间规划的主要目标

国土空间规划的主要目标（三步走）　　　　　　　　　　　表 13-1-4

进程	说　明
到 2020 年	① 基本建立国土空间规划体系，逐步建立"多规合一"的规划编制审批体系、实施监督体系、法规政策体系和技术标准体系； ② 基本完成市县以上各级国土空间总体规划编制； ③ 初步形成全国国土空间开发保护"一张图"。
到 2025 年	① 健全国土空间规划法规政策和技术标准体系； ② 全面实施国土空间监测预警和绩效考核机制； ③ 形成以国土空间规划为基础，以统一用途管制为手段的国土空间开发保护制度。
到 2035 年	全面提升国土空间治理体系和治理能力现代化水平，基本形成生产空间集约高效、生活空间宜居适度、生态空间山清水秀，安全和谐、富有竞争力和可持续发展的国土空间格局。

注：依据《中共中央 国务院关于建立国土空间规划体系并监督实施的若干意见》中"二、总体要求（二）主要目标"的内容编制。

第二节　国土空间规划的基本概念

相关概念来源于《省级国土空间规划编制指南》（试行）及《资源环境承载能力和国土空间开发适宜性评价指南（试行）》的部分内容。

国土空间规划的基本概念　　　　　　　　　　　　　　表 13-2-1

术语	定　义
国土空间	国家主权与主权权利管辖下的地域空间，包括陆地国土空间和海洋国土空间。
国土空间规划	对国土空间的保护、开发、利用、修复作出的总体部署与统筹安排。
国土空间保护	对承担生态安全、粮食安全、资源安全等国家安全的地域空间进行管护的活动。
国土空间开发	以城镇建设、农业生产和工业生产等为主的国土空间开发活动。
国土空间利用	根据国土空间特点开展的长期性或周期性使用和管理活动。
生态修复和国土综合整治	遵循自然规律和生态系统内在机理，对空间格局失衡、资源利用低效、生态功能退化、生态系统受损的国土空间，进行适度的人为引导、修复或综合整治，维护生态安全、促进生态系统良性循环的活动。
国土空间用途管制	以总体规划、详细规划为依据，对陆海所有国土空间的保护、开发和利用活动，按照规划确定的区域、边界、用途和使用条件等，核发行政许可、进行行政审批等。
主体功能区	以资源环境承载能力、经济社会发展水平、生态系统特征以及人类活动形式的空间分异为依据，划分出具有某种特定主体功能、实施差别化管控的地域空间单元。
生态空间	以提供生态系统服务或生态产品为主的功能空间。

术语	定　义
农业空间	以农业生产、农村生活为主的功能空间。
城镇空间	以承载城镇经济、社会、政治、文化、生态等要素为主的功能空间。
生态保护红线	在生态空间范围内具有特殊重要生态功能，必须强制性严格**保护的陆域、水域、海域等区域**。
永久基本农田	按照一定时期人口和经济社会发展对农产品的需求，依据国土空间规划确定的不得擅自占用或改变用途的耕地。
城镇开发边界	在一定时期内因城镇发展需要，可以集中进行城镇开发建设，重点完善城镇功能的区域边界，涉及城市、建制镇以及各类开发区等。
城市群	依托发达的交通通信等基础设施网络所形成的空间组织紧凑、经济联系紧密的城市群体。
都市圈	以中心城市为核心，与周边城镇在日常通勤和功能组织上存在密切联系的一体化地区，一般为一小时通勤圈，是区域产业、生态和设施等空间布局一体化发展的重要空间单元。
城镇圈	以多个重点城镇为核心，空间功能和经济活动紧密关联、分工合作，可形成小城镇整体竞争力的区域，一般为半小时通勤圈，是空间组织和资源配置的基本单元，体现城乡融合和跨区域公共服务均等化。
生态单元	具有特定生态结构和功能的生态空间单元，体现区域（流域）生态功能系统性、完整性、多样性、关联性等基本特征。
地理设计	基于区域自然生态、人文地理禀赋，以人与自然和谐为原则，用地理学的理论和数字化等工具，塑造高品质的空间形态和功能的设计方法。
资源环境承载能力	基于特定发展阶段、经济技术水平、生产生活方式和生态保护目标，一定地域范围内资源环境要素能够支撑农业生产、城镇建设等人类活动的最大合理规模。
国土空间开发适宜性	在维系生态系统健康和国土安全的前提下，综合考虑资源环境等要素条件，特定国土空间进行农业生产、城镇建设等人类活动的适宜程度。
第三次全国国土调查	简称"三调"。

注：1. 双评价即资源环境承载能力及国土空间开发适宜性评价。
　　2. "三区三线"；"三区"为生态空间、农业空间、城镇空间，"三线"为生态保护红线、永久基本农田及城市开发边界。

第三节　国土空间规划体系

国土空间规划体系分为四个体系，即编制审批体系、实施监督体系、法规政策体系和技术标准体系。

一、国土空间规划编制审批体系

国土空间规划编制体系（五级三类）　　　　　　　表 13-3-1

总体规划	详细规划		相关专项规划
全国国土空间规划	—		专项规划
省国土空间规划			专项规划
市国土空间规划	（边界内）详细规划	（边界外）村庄规划	专项规划
县国土空间规划			
镇（乡）国土空间规划			

注：依据《中共中央 国务院关于建立国土空间规划体系并监督实施的若干意见》中"三、总体框架（三）分级分类建立国土空间规划"的内容编制。

总体规划的编制与审批　　　　　　　　　表 13-3-2

类型	编制重点	编制、审批主体
全国国土空间规划	是对全国国土空间作出的全局安排，是全国国土空间保护、开发、利用、修复的政策和总纲，侧重战略性。	由自然资源部会同相关部门组织编制，由党中央、国务院审定后印发。
省国土空间规划	是对全国国土空间规划的落实，指导市县国土空间规划编制，侧重协调性。	由省级政府组织编制；经同级人大常委会审议后报国务院审批。
市国土空间规划	市县和乡镇国土空间规划是本级政府对上级国土空间规划要求的细化落实，是对本行政区域开发保护做出的具体安排，侧重实施性。	需报国务院审批的城市国土空间总体规划，由市政府组织编制，经同级人大常委会审议后，由省级政府报国务院审批；其他市县及乡镇国土空间规划由省级政府根据当地实际，明确规划编制审批内容和程序要求；各地可因地制宜，将市县与乡镇国土空间规划合并编制，也可以几个乡镇为单元编制乡镇级国土空间规划。
县国土空间规划		
镇（乡）国土空间规划		

注：依据《中共中央 国务院关于建立国土空间规划体系并监督实施的若干意见》中"三、总体框架"的部分内容编制。

专项规划与详细规划的编制与审批　　　　　表 13-3-3

规划类型	编制审批主体
海岸带、自然保护地等专项规划跨行政区域或流域的国土空间规划	由所在区域或上一级自然资源主管部门牵头组织编制,报同级政府审批。
涉及空间利用的某一领域专项规划,如交通、能源、水利、农业、信息、市政等基础设施,公共服务设施,军事设施,以及生态环境保护、文物保护、林业草原等专项规划	由相关主管部门组织编制。
相关专项规划	可在国家、省和市县层级编制。
在城镇开发边界内的详细规划	由市县自然资源主管部门组织编制,报同级政府审批。
在城镇开发边界外的乡村地区的详细规划	以一个或几个行政村为单元,由乡镇政府组织编制"多规合一"的实用性村庄规划,作为详细规划,报上一级政府审批。

注：依据《中共中央 国务院关于建立国土空间规划体系并监督实施的若干意见》中"三、总体框架"中部分内容编制。

编　制　要　求　　　　　表 13-3-4

内容	说　明
体现战略性	全面落实党中央、国务院重大决策部署,体现国家意志和国家发展规划的战略性,自上而下编制各级国土空间规划,对空间发展作出战略性系统性安排。落实国家安全战略、区域协调发展战略和主体功能区战略,明确空间发展目标,优化城镇化格局、农业生产格局、生态保护格局,确定空间发展策略,转变国土空间开发保护方式,提升国土空间开发保护质量和效率。
提高科学性	坚持生态优先、绿色发展,尊重自然规律、经济规律、社会规律和城乡发展规律,因地制宜开展规划编制工作;坚持节约优先、保护优先、自然恢复为主的方针,在资源环境承载能力和国土空间开发适宜性评价的基础上,科学有序统筹布局生态、农业、城镇等功能空间,划定生态保护红线、永久基本农田、城镇开发边界等空间管控边界以及各类海域保护线,强化底线约束,为可持续发展预留空间。坚持山水林田湖草生命共同体理念,加强生态环境分区管治,量水而行,保护生态屏障,构建生态廊道和生态网络,推进生态系统保护和修复,依法开展环境影响评价。坚持陆海统筹、区域协调、城乡融合,优化国土空间结构和布局,统筹地上地下空间综合利用,着力完善交通、水利等基础设施和公共服务设施,延续历史文脉,加强风貌管控,突出地域特色。坚持上下结合、社会协同,完善公众参与制度,发挥不同领域专家的作用。运用城市设计、乡村营造、大数据等手段,改进规划方法,提高规划编制水平。
加强协调性	强化国家发展规划的统领作用,强化国土空间规划的基础作用。国土空间总体规划要统筹和综合平衡各相关专项领域的空间需求。详细规划要依据批准的国土空间总体规划进行编制和修改。相关专项规划要遵循国土空间总体规划,不得违背总体规划强制性内容,其主要内容要纳入详细规划。
注重操作性	按照谁组织编制、谁负责实施的原则,明确各级各类国土空间规划编制和管理的要点。明确规划约束性指标和刚性管控要求,同时提出指导性要求。制定实施规划的政策措施,提出下级国土空间总体规划和相关专项规划、详细规划的分解落实要求,健全规划实施传导机制,确保规划能用、管用、好用。

注：依据《中共中央 国务院关于建立国土空间规划体系并监督实施的若干意见》中"四、编制要求"的内容编制。

二、国土空间规划实施监督体系

实施与监管　　　　　　　　　　　　　　　　　　　表 13-3-5

内容	说　明
强化规划权威	规划一经批复，任何部门和个人不得随意修改、违规变更，防止出现换一届党委和政府改一次规划。下级国土空间规划要服从上级国土空间规划，相关专项规划、详细规划要服从总体规划；坚持先规划、后实施，不得违反国土空间规划进行各类开发建设活动；坚持"多规合一"，不在国土空间规划体系之外另设其他空间规划。相关专项规划的有关技术标准应与国土空间规划衔接。因国家重大战略调整、重大项目建设或行政区划调整等确需修改规划的，须先经规划审批机关同意后，方可按法定程序进行修改。对国土空间规划编制和实施过程中的违规违纪违法行为，要严肃追究责任。
改进规划审批	按照谁审批、谁监管的原则，分级建立国土空间规划审查备案制度。精简规划审批内容，管什么就批什么，大幅缩减审批时间。减少需报国务院审批的城市数量，直辖市、计划单列市、省会城市及国务院指定城市的国土空间总体规划由国务院审批。相关专项规划在编制和审查过程中应加强与有关国土空间规划的衔接及"一张图"的核对，批复后纳入同级国土空间基础信息平台，叠加到国土空间规划"一张图"上。
健全用途管制制度	以国土空间规划为依据，对所有国土空间分区分类实施用途管制。在城镇开发边界内的建设，实行"详细规划＋规划许可"的管制方式；在城镇开发边界外的建设，按照主导用途分区，实行"详细规划＋规划许可"和"约束指标＋分区准入"的管制方式。对以国家公园为主体的自然保护地、重要海域和海岛、重要水源地、文物等实行特殊保护制度。因地制宜制定用途管制制度，为地方管理和创新活动留有空间。
监督规划实施	依托国土空间基础信息平台，建立健全国土空间规划动态监测评估预警和实施监管机制。上级自然资源主管部门要会同有关部门组织对下级国土空间规划中各类管控边界、约束性指标等管控要求的落实情况进行监督检查，将国土空间规划执行情况纳入自然资源执法督察内容。健全资源环境承载能力监测预警长效机制，建立国土空间规划定期评估制度，结合国民经济社会发展实际和规划定期评估结果，对国土空间规划进行动态调整完善。
推进"放管服"改革	以"多规合一"为基础，统筹规划、建设、管理三大环节，推动"多审合一"、"多证合一"。优化现行建设项目用地（海）预审、规划选址以及建设用地规划许可、建设工程规划许可等审批流程，提高审批效能和监管服务水平。

注：依据《中共中央 国务院关于建立国土空间规划体系并监督实施的若干意见》中"五、实施与监管"的内容编制。

三、国土空间规划法规政策体系

法规政策与技术保障 表 13-3-6

内容	说　明
完善法规政策体系	研究制定国土空间开发保护法，加快国土空间规划相关法律法规建设。梳理与国土空间规划相关的现行法律法规和部门规章，对"多规合一"改革涉及突破现行法律法规规定的内容和条款，按程序报批，取得授权后施行，并做好过渡时期的法律法规衔接。完善适应主体功能区要求的配套政策，保障国土空间规划有效实施。
完善技术标准体系	按照"多规合一"要求，由自然资源部会同相关部门负责构建统一的国土空间规划技术标准体系，修订完善国土资源现状调查和国土空间规划用地分类标准，制定各级各类国土空间规划编制办法和技术规程。
完善国土空间基础信息平台	以自然资源调查监测数据为基础，采用国家统一的测绘基准和测绘系统，整合各类空间关联数据，建立全国统一的国土空间基础信息平台。以国土空间基础信息平台为底板，结合各级各类国土空间规划编制，同步完成县级以上国土空间基础信息平台建设，实现主体功能区战略和各类空间管控要素精准落地，逐步形成全国国土空间规划"一张图"，推进政府部门之间的数据共享以及政府与社会之间的信息交互。

注：依据《中共中央 国务院关于建立国土空间规划体系并监督实施的若干意见》中"六、法规政策与技术保障"的内容编制。

四、国土空间规划技术标准体系

工　作　要　求 表 13-3-7

内容	说　明
加强组织领导	① 各地区各部门要落实国家发展规划提出的国土空间开发保护要求，发挥国土空间规划体系在国土空间开发保护中的战略引领和刚性管控作用，统领各类空间利用，把每一寸土地都规划得清清楚楚。 ② 坚持底线思维，立足资源禀赋和环境承载能力，加快构建生态功能保障基线、环境质量安全底线、自然资源利用上线。 ③ 严格执行规划，以钉钉子精神抓好贯彻落实，久久为功，做到一张蓝图干到底。地方各级党委和政府要充分认识建立国土空间规划体系的重大意义，主要负责人亲自抓，落实政府组织编制和实施国土空间规划的主体责任，明确责任分工，落实工作经费，加强队伍建设，加强监督考核，做好宣传教育。

内容	说　明
落实工作责任	各地区各部门要加大对本行业本领域涉及空间布局相关规划的指导、协调和管理，制定有利于国土空间规划编制实施的政策，明确时间表和路线图，形成合力。 　① 组织、人事、审计等部门要研究将国土空间规划执行情况纳入领导干部自然资源资产离任审计，作为党政领导干部综合考核评价的重要参考。 　② 纪检监察机关要加强监督。 　③ 发展改革、财政、金融、税务、自然资源、生态环境、住房城乡建设、农业农村等部门要研究、制定、完善主体功能区的配套政策。 　④ 自然资源主管部门要会同相关部门加快推进国土空间规划立法工作。 　⑤ 组织部门在对地方党委和政府主要负责人的教育培训中要注重提高其规划意识。 　⑥ 教育部门要研究加强国土空间规划相关学科建设。自然资源部要强化统筹协调工作，切实负起责任，会同有关部门按照国土空间规划体系总体框架，不断完善制度设计，抓紧建立规划编制审批体系、实施监督体系、法规政策体系和技术标准体系，加强专业队伍建设和行业管理。 　⑦ 自然资源部要定期对本意见贯彻落实情况进行监督检查，重大事项及时向党中央、国务院报告。

注：依据《中共中央 国务院关于建立国土空间规划体系并监督实施的若干意见》中"六、法规政策与技术保障"的内容编制。

五、国土空间基础信息平台的建设

同步构建国土空间规划"一张图"实施监督信息系统。基于国土空间基础信息平台，整合各类空间关联数据，着手搭建从国家到市、县级的国土空间规划"一张图"实施监督信息系统，形成覆盖全国、动态更新、权威统一的国土空间规划"一张图"。

第十四章　国土空间规划
相关规范文件

第一节 《关于建立国土空间规划体系并监督实施的若干意见》

中共中央、国务院 2019 年 5 月 23 日印发《关于建立国土空间规划体系并监督实施的若干意见》，详细内容详见下表。

一、作用与意义

作用与意义   表 14-1-1

内容	说　明
作用	国土空间规划是国家空间发展的指南、可持续发展的空间蓝图，是各类开发保护建设活动的基本依据。建立国土空间规划体系并监督实施，将主体功能区规划、土地利用规划、城乡规划等空间规划融合为统一的国土空间规划，实现"多规合一"，强化国土空间规划对各专项规划的指导约束作用，是党中央、国务院作出的重大部署。
重大意义	建立全国统一、责权清晰、科学高效的国土空间规划体系，整体谋划新时代国土空间开发保护格局，综合考虑人口分布、经济布局、国土利用、生态环境保护等因素，科学布局生产空间、生活空间、生态空间，是加快形成绿色生产方式和生活方式、推进生态文明建设、建设美丽中国的关键举措，是坚持以人民为中心、实现高质量发展和高品质生活、建设美好家园的重要手段，是保障国家战略有效实施、促进国家治理体系和治理能力现代化、实现"两个一百年"奋斗目标和中华民族伟大复兴中国梦的必然要求。

二、总体要求

总　体　要　求   表 14-1-2

内容	说　明
指导思想	以习近平新时代中国特色社会主义思想为指导，全面贯彻党的十九大和十九届二中、三中全会精神，紧紧围绕统筹推进"五位一体"总体布局和协调推进"四个全面"战略布局，坚持新发展理念，坚持以人民为中心，坚持一切从实际出发，按照高质量发展要求，做好国土空间规划顶层设计，发挥国土空间规划在国家规划体系中的基础性作用，为国家发展规划落地实施提供空间保障。健全国土空间开发保护制度，体现战略性、提高科学性、强化权威性、加强协调性、注重操作性，实现国土空间开发保护更高质量、更有效率、更加公平、更可持续。
主要目标	① 到 2020 年，基本建立国土空间规划体系，逐步建立"多规合一"的规划编制审批体系、实施监督体系、法规政策体系和技术标准体系；基本完成市县以上各级国土空间总体规划编制，初步形成全国国土空间开发保护"一张图"。 ② 到 2025 年，健全国土空间规划法规政策和技术标准体系；全面实施国土空间监测预警和绩效考核机制；形成以国土空间规划为基础，以统一用途管制为手段的国土空间开发保护制度。 ③ 到 2035 年，全面提升国土空间治理体系和治理能力现代化水平，基本形成生产空间集约高效、生活空间宜居适度、生态空间山清水秀，安全和谐、富有竞争力和可持续发展的国土空间格局。

三、总体框架

内　容	说　明
分级分类建立国土空间规划	国土空间规划是对一定区域国土空间开发保护在空间和时间上作出的安排，包括总体规划、详细规划和相关专项规划。 ① 国家、省、市县编制国土空间总体规划，各地结合实际编制乡镇国土空间规划。 ② 相关专项规划是指在特定区域（流域）、特定领域，为体现特定功能，对空间开发保护利用作出的专门安排，是涉及空间利用的专项规划。 ③ 国土空间总体规划是详细规划的依据、相关专项规划的基础；相关专项规划要相互协同，并与详细规划做好衔接。
明确各级国土空间总体规划编制重点	① 全国国土空间规划是对全国国土空间作出的全局安排，是全国国土空间保护、开发、利用、修复的政策和总纲，侧重战略性，由自然资源部会同相关部门组织编制，由党中央、国务院审定后印发。 ② 省级国土空间规划是对全国国土空间规划的落实，指导市县国土空间规划编制，侧重协调性，由省级政府组织编制，经同级人大常委会审议后报国务院审批。 ③ 市县和乡镇国土空间规划是本级政府对上级国土空间规划要求的细化落实，是对本行政区域开发保护作出的具体安排，侧重实施性。 需报国务院审批的城市国土空间总体规划，由市政府组织编制，经同级人大常委会审议后，由省级政府报国务院审批；其他市县及乡镇国土空间规划由省级政府根据当地实际，明确规划编制审批内容和程序要求。各地可因地制宜，将市县与乡镇国土空间规划合并编制，也可以几个乡镇为单元编制乡镇级国土空间规划。
强化对专项规划的指导约束作用	① 海岸带、自然保护地等专项规划及跨行政区域或流域的国土空间规划，由所在区域或上一级自然资源主管部门牵头组织编制，报同级政府审批。 ② 涉及空间利用的某一领域专项规划，如交通、能源、水利、农业、信息、市政等基础设施，公共服务设施，军事设施，以及生态环境保护、文物保护、林业草原等专项规划，由相关主管部门组织编制。 ③ 相关专项规划可在国家、省和市县层级编制，不同层级、不同地区的专项规划可结合实际选择编制的类型和精度。
在市县及以下编制详细规划	详细规划是对具体地块用途和开发建设强度等作出的实施性安排，是开展国土空间开发保护活动、实施国土空间用途管制、核发城乡建设项目规划许可、进行各项建设等的法定依据。 ① 在城镇开发边界内的详细规划，由市县自然资源主管部门组织编制，报同级政府审批； ② 在城镇开发边界外的乡村地区，以一个或几个行政村为单元，由乡镇政府组织编制"多规合一"的实用性村庄规划，作为详细规划，报上一级政府审批。

四、编制要求

详见表 13-3-4 相关内容。

五、实施与监管

详见表 13-3-5 相关内容。

六、法规政策与技术保障

详见表 13-3-6 相关内容。

七、工作要求

详见表 13-3-7 相关内容。

第二节 《关于全面开展国土空间规划编制工作的通知》

为贯彻落实《中共中央 国务院关于建立国土空间规划体系并监督实施的若干意见》（以下简称《若干意见》），全面启动国土空间规划编制审批和实施管理工作，自然资源部发布了《关于全面开展国土空间规划编制工作的通知》，具体内容如下。

一、全面启动国土空间规划编制，实现"多规合一"

全面启动国土空间规划编制，实现"多规合一" 表 14-2-1

内容	说　明
全面启动国土空间规划编制，实现"多规合一"	① 建立"多规合一"的国土空间规划体系并监督实施。 ② 抓紧启动编制全国、省级、市县和乡镇国土空间规划（规划期至 2035 年，展望至 2050 年），尽快形成规划成果。 ③ 自然资源部将印发国土空间规划编制规程、相关技术标准，明确规划编制的工作要求、主要内容和完成时限。 ④ 各地不再新编和报批主体功能区规划、土地利用总体规划、城镇体系规划、城市（镇）总体规划、海洋功能区划等。 ⑤ 已批准的规划期至 2020 年后的省级国土规划、城镇体系规划、主体功能区规划、城市（镇）总体规划，以及原省级空间规划试点和市县"多规合一"试点等，要按照新的规划编制要求，将既有规划成果融入新编制的同级国土空间规划中。

二、做好过渡期内现有空间规划的衔接协同

做好过渡期内现有空间规划的衔接协同 表 14-2-2

内容	说　明
做好过渡期内现有空间规划的衔接协同	① 不得突破土地利用总体规划确定的 2020 年建设用地和耕地保有量等约束性指标； ② 不得突破生态保护红线和永久基本农田保护红线； ③ 不得突破土地利用总体规划和城市（镇）总体规划确定的禁止建设区和强制性内容； ④ 不得与新的国土空间规划管理要求矛盾冲突； ⑤ 今后工作中，主体功能区规划、土地利用总体规划、城乡规划、海洋功能区划等统称为"国土空间规划"。

三、明确国土空间规划报批审查的要点

明确国土空间规划报批审查的要点　　　　表 14-2-3

内容	说　明
省级国土空间规划审查要点	① 国土空间开发保护目标； ② 国土空间开发强度、建设用地规模，生态保护红线控制面积、自然岸线保有率，耕地保有量及永久基本农田保护面积，用水总量和强度控制等指标的分解下达； ③ 主体功能区划分，城镇开发边界、生态保护红线、永久基本农田的协调落实情况； ④ 城镇体系布局，城市群、都市圈等区域协调重点地区的空间结构； ⑤ 生态屏障、生态廊道和生态系统保护格局，重大基础设施网络布局，城乡公共服务设施配置要求； ⑥ 体现地方特色的自然保护地体系和历史文化保护体系； ⑦ 乡村空间布局，促进乡村振兴的原则和要求； ⑧ 保障规划实施的政策措施； ⑨ 对市县级规划的指导和约束要求等。
国务院审批的市级国土空间总体规划审查要点	除对省级国土空间规划审查要点的深化细化外，还包括： ① 市域国土空间规划分区和用途管制规则； ② 重大交通枢纽、重要线性工程网络、城市安全与综合防灾体系、地下空间、邻避设施等设施布局，城镇政策性住房和教育、卫生、养老、文化体育等城乡公共服务设施布局原则和标准； ③ 城镇开发边界内，城市结构性绿地、水体等开敞空间的控制范围和均衡分布要求，各类历史文化遗存的保护范围和要求，通风廊道的格局和控制要求；城镇开发强度分区及容积率、密度等控制指标，高度、风貌等空间形态控制要求； ④ 中心城区城市功能布局和用地结构等。
其他市、县、乡镇级国土空间规划的审查要点	由各省（自治区、直辖市）根据本地实际，参照上述审查要点制定。

四、改进规划报批审查方式

改进规划报批审查方式　　　　表 14-2-4

内容	说　明
审查方式	① 简化报批流程，取消规划大纲报批环节。 ② 压缩审查时间，省级国土空间规划和国务院审批的市级国土空间总体规划，自审批机关交办之日起，一般应在 100 天内完成审查工作，上报国务院审批。 ③ 各省（自治区、直辖市）简化审批流程和时限。

五、做好近期相关工作

做好近期相关工作　　　　　　　　　　表 14-2-5

内容	说　明
做好规划编制基础工作	① 统一采用第三次全国国土调查数据作为规划现状底数和底图基础； ② 统一采用 2000 国家大地坐标系和 1985 国家高程基准作为空间定位基础。
开展双评价工作	① 尽快完成资源环境承载能力和国土空间开发适宜性评价工作； ② 确定生态、农业、城镇等不同开发保护利用方式的适宜程度。
开展重大问题研究	在对国土空间开发保护现状评估和未来风险评估的基础上，专题分析对本地区未来可持续发展具有重大影响的问题，积极开展国土空间规划前期研究。
科学评估三条控制线	科学评估既有生态保护红线、永久基本农田、城镇开发边界等重要控制线划定情况，进行必要调整完善，并纳入规划成果。
加强与正在编制的国民经济和社会发展五年规划的衔接	① 落实经济、社会、产业等发展目标和指标； ② 为国家发展规划落地实施提供空间保障； ③ 促进经济社会发展格局、城镇空间布局、产业结构调整与资源环境承载能力相适应。
集中力量编制好"多规合一"的实用性村庄规划	考虑农村土地利用、产业发展、居民点布局、人居环境整治、生态保护和历史文化传承等，落实乡村振兴战略，优化村庄布局，编制"多规合一"的实用性村庄规划。
同步构建国土空间规划"一张图"实施监督信息系统	基于国土空间基础信息平台，整合各类空间关联数据，着手搭建从国家到市县级的国土空间规划"一张图"实施监督信息系统，形成覆盖全国、动态更新、权威统一的国土空间规划"一张图"。

第三节　《第三次全国国土调查实施方案》

本节内容源自《第三次全国国土调查实施方案》（2018 年 11 月 20 日），以下内容中第三次全国国土调查简称"三调"。

一、目标任务

主要目标及主要任务　　　　　　　　　　表 14-3-1

内容	说　明
主要目标	三调的主要目标是在第二次全国土地调查成果基础上，全面细化和完善全国土地利用基础数据，掌握翔实准确的全国国土利用现状和自然资源变化情况，进一步完善国土调查、监测和统计制度，实现成果信息化管理与共享，满足生态文明建设、空间规划编制、供给侧结构性改革、宏观调控、自然资源管理体制改革和统一确权登记、国土空间用途管制、国土空间生态修复、空间治理能力现代化和国土空间规划体系建设等各项工作的需要。

内容	说　明
主要任务	**1. 土地利用现状调查**：土地利用现状调查包括农村土地利用现状调查和城市、建制镇、村庄（以下简称城镇村庄）内部土地利用现状调查。
	2. 土地权属调查：结合全国农村集体资产清产核资工作，将城镇国有建设用地范围外已完成的集体土地所有权确权登记和国有土地使用权登记成果落实在国土调查成果中，对发生变化的开展补充调查。
	3. 专项用地调查与评价：基于土地利用现状、土地权属调查成果和自然资源管理形成的各类管理信息，结合自然资源精细化管理、节约集约用地评价及相关专项工作的需要，开展系列专项用地调查评价。
	4. 同步推进相关自然资源专业调查：在开展三调的同时，同步推进相关自然资源专业调查工作，按照三调的分类标准和相关要求，做好第九次森林资源连续清查、东北重点国有林区森林资源现状调查和第二次草地资源清查的数据汇总工作，并将相关调查成果整合进三调成果中。
	5. 各级国土调查数据库建设：建立四级国土调查数据库，建立各级国土调查数据分析与共享服务平台。
	6. 成果汇总：包括数据汇总、成果分析、数据成果制作与图件编制。

二、实施原则

实　施　原　则　　　　　　　　　　表 14-3-2

内容	要　点
实施原则	① 统一领导，各负其责； ② 依法开展，科学调查； ③ 强化队伍，保障经费； ④ 统筹部署，加强宣传。

三、主要工作内容

主要工作内容　　　　　　　　　　表 14-3-3

内容	要　点
主要工作内容	① 开展前期准备和相关资料收集； ② 组织宣传和培训工作； ③ 获取遥感影像资料和生产正射影像图； ④ 调查信息提取和调查底图制作； ⑤ 开展农村土地利用现状和城镇村庄内部土地利用现状调查； ⑥ 开展权属界线上图和补充调查； ⑦ 开展专项用地调查与评价； ⑧ 开展海岛调查； ⑨ 建立国土调查数据库及共享服务云平台； ⑩ 开展统一时点变更； ⑪ 开展调查成果汇总及各类统计汇总分析； ⑫ 开展调查成果质量检查及验收； ⑬ 开展调查成果核查； ⑭ 开展调查工作总结和成果上报。

四、土地利用现状调查

土地利用现状调查-1 表 14-3-4

内容	要　点
主要技术指标	① 数学基础：采用 2000 国家大地坐标系，1985 国家高程基准。 ② 调查分类：调查分类采用《第三次全国国土调查工作分类》（后简称《工作分类》），地方可根据《土地利用现状分类》和国土空间规划编制、监测及评估等相关管理需要进一步细化调查分类，但须按照《工作分类》上报成果。 ③ 地类图斑：三调以图斑为基本单元开展调查（包括道路、沟渠、河流等线状地物）。 ④ 调查精度： 调查图斑的最小调查上图面积按地类划分如下：建设用地相关地类和设施农用地实地面积超过 200m² 的需调查上图；农用地（不含设施农用地）相关地类实地面积超过 400m² 的需调查上图；其他地类实地面积超过 600m² 的需调查上图，荒漠地区可适当减低精度，但不得低于 1500m²。 为满足精细化管理的需要，各省（区、市）可统一提高最小调查上图面积标准。 ⑤ 分幅、编号及投影方式： 分幅采用国际 1∶1000000 地图分幅标准，各比例尺标准分幅图均按规定的经差和纬差划分，采用经、纬度分幅。图幅编号均以 1∶1000000 地形图编号为基础采用行列编号方法。1∶2000、1∶5000、1∶10000 比例尺标准分幅图或数据采用高斯-克吕格投影，按 3°分带。
调查界线	① 调查界线的调整； ② 调查界线制作。
遥感影像资料采购及调查底图制作	① 遥感数据采购和正射影像图制作； ② 调查信息提取及调查底图制作。
农村土地利用现状调查	① 地类样本采集； ② 地类调绘及补测； ③ 实地举证。
城镇村庄内部土地利用现状调查	充分利用地籍调查和不动产统一登记成果，查清城镇村庄内部商服用地、工矿仓储用地、住宅用地，公共管理与公共服务用地和特殊用地等土地利用状况。城镇村庄内部土地利用现状调查按照《工作分类》汇总。
权属界线上图和补充调查	将农村集体土地确权登记数据库中确定的权属界线转绘到土地调查底图上。权属调查原则上以各行政村为基本单位，对集体土地确权登记到村民小组的，也可按照村民小组的权属界线转绘到土地调查底图上。

内容	要　点
关于坡度图及耕地坡度分级确定	按照《利用 DEM 确定耕地坡度分级技术规定》制作坡度图。将坡度图与耕地图斑叠加，确定耕地图斑的坡度级。耕地分为≤2°、2°～6°、6°～15°、15°～25°、＞25°（上含下不含）5 个坡度级。
关于田坎	① 耕地坡度≤2°的原则上不调查田坎，坡度 2°以上耕地的田坎以田坎系数表示，田坎不能按图斑或单线表示。 ② 田坎系数原则上继续沿用第二次全国土地调查测定的田坎系数。
关于图斑标注	① 耕地标注； ② 建设用地标注； ③ 种植园用地标注； ④ 草地细化调查标注。
关于推土区调查	严禁将推土区调查为建设用地。对利用方向不明确的推土区按原地类调查，对其占地范围以单独图层方式存储在数据库中，推土区占用原地类为耕地的，按耕地调查，并标注"未耕种"属性。
关于可调整地类	本次调查不再新认定可调整地类。对原有可调整地类图斑，实地现状为耕地的，按耕地调查，并进行标注；实地现状为种植园、林木、坑塘等非耕地的，经所在县级自然资源主管部门和农业农村两部门共同评估认为仍可恢复为耕地的，可继续按可调整地类调查，并按种植园用地、林地、坑塘等地类进行汇总统计；对于实地已为种植园、林木、坑塘等且经两部门评估难以恢复成耕地的，按实地现状调查，不得再保留可调整地类的属性。
关于各类自然资源保护区范围界线	各类自然资源保护区等范围界线，按照单独图层方式录入国土调查数据库。
关于军事用地调查	军事用地范围内的土地，按实际现状调查地类。关于军事用地调查的具体内容另行规定。
关于设施农用地调查	各地应依据《工作分类》和《国土资源部农业部关于进一步支持设施农业健康发展的通知》（国土资发〔2014〕127 号）等有关要求，开展设施农用地调查，严禁随意扩大设施农用地范围。 未拆除到位（推平或混有瓦砾）的设施农用地不得按建设用地调查。原地类为设施农用地的，可按设施农用地调查；原地类为耕地的，按耕地调查，并标注"未耕种"属性。原地类为其他类农用地的，应按原地类调查。
关于临时用地调查	临时用地指因建设项目施工和地质勘查需要临时使用国有土地或者农民集体所有的土地。对于实地为临时用地的，应维持原地类不变。临时用地的占地范围以及批准文号以单独图层的方式存储在数据库中，临时用地原地类为耕地的，按耕地调查，并标注"未耕种"属性。

内容	要 点
关于光伏用地调查	光伏用地分为发电配套设施用地及办公管理用地和光伏板用地，对发电配套设施用地及办公管理用地按建设用地调查，对光伏板用地按原地类调查，光伏板用地的占地范围以单独图层的方式存储在数据库中。
关于农用地调查为未利用地等	对于将原地类为农用地调查为其他草地、盐碱地、沼泽地、沙地、裸土地、裸岩石砾地等未利用地的，水田调查为水浇地或旱地、水浇地调查为旱地等耕地内部二级类变化的，各地必须实地举证，并经省级三调办进行审核后，形成省级报告，连同相关部门证明材料，报至全国三调办。省级报告包括原因说明、涉及的县级单位名称及面积、省级核实情况及汇总面积等。
关于湿地调查	全国三调办下发第二次全国湿地资源调查图斑作为湿地调查的指引，地方按照《工作分类》，实地调查地类。其中，8hm² 以上的湿地要逐图斑核实，8hm² 以下的湿地也要通过实地调查上图。
关于线状地物调查	① 所有需要上图的道路、沟渠、河流等线性地物，应根据外业调查结果和影像特征重新矢量化，以图斑的形式表示。道路范围界线按照实地现状进行调查。道路范围界线与审批范围界线不一致的，不得直接采用道路审批范围界线调查上图。 ② 对农村范围内，南方宽度 1～8m，北方宽度 2～8m（上下均含）的道路，调查为农村道路或公路用地；大于 8m 的道路或纳入乡镇级及以上级别道路网规划的道路，一律按公路调查。 ③ 道路、河流等线性地物被权属界线分割的，按不同图斑上图。线性地物只有在权属、坐落、宽度、走向、地类五类属性均基本一致的情况下，方可划为一个线性图斑。用地范围不确定的在建道路，暂不调查。 ④ 对城镇村庄内部道路用地，调查城镇村庄内部主干路、次干路及支路，其他道路可与相邻图斑合并。 ⑤ 对于线状地物交叉的，上部的线状地物连续表示，下压的线状地物断在交叉处。线状地物穿过隧道时，线状地物断在隧道两端。 ⑥ 对于堤坝上修建的堤路，按水工建筑用地调查。

五、专项用地调查

专项用地调查 　　　　　　　　　　　　　　　　表 14-3-6

内容	要 点
耕地细化调查	收集和参考相关部门的有关资料，根据耕地的位置和立地条件，实地开展细化调查，并标注相应属性。包括河道耕地（位于河流滩涂上耕地）、湖区耕地（位于湖泊滩涂上耕地）、林区耕地（林区范围内林场职工自行开垦的耕地）、牧区耕地（牧区范围内过度开垦的耕地）、沙荒耕地（受荒漠化沙化影响的退化耕地）和石漠化耕地（石漠化影响的耕地）等。

内容	要　点
批准未建设的建设用地调查	批准未建设的建设用地按实地现状进行调查。国家统一将在部监管平台备案的新增建设用地审批界线落实在县级国土调查成果上，形成批准未建设的建设用地图层下发各地。各地需整理土地审批资料，补充完善建设用地审批信息，及时报部备案。
永久基本农田调查	将永久基本农田划定成果落实在国土调查成果中，查清永久基本农田范围内的土地的实际利用状况。
耕地质量等级调查评价和耕地分等定级调查评价	① 耕地质量等级调查评价 健全耕地质量等级评价指标体系，以县为单位开展耕地质量等级评价，开展耕地质量调查、样品采集与监测，建立县域耕地质量评价数据库，汇总分析全国耕地质量等级成果。 ② 耕地分等定级调查评价 梳理现有耕地分等定级成果，修订耕地分等国家级参数，修订和规范省级参数，以省为单位分县编制分等单元图和分等因素分级图，开展土地利用系数和指定作物产量比的补充调查和测算工作，按照与已有分等成果相衔接的原则，结合国土调查成果，更新分等数据库，进行分等数据库的核查入库，形成全国耕地分等定级专项数据库。

六、海岛调查

海岛调查基本内容及要求　　　　　　　　　　表 14-3-7

内容	要　点
海岛调查	对照经国务院批准的《中国海域海岛标准名录》开展海岛调查与统计。海岛范围调查至零米等深线。 有常住居民的海岛，应实地调查。其他海岛，调查底图覆盖到的，调绘至底图上。调查底图覆盖不到的，依据国家海洋信息中心提供的海岛数据确定其位置，对海岛的名称、地类和面积等进行统计汇总。

七、数据库建设

数据库建设　　　　　　　　　　　　　表 14-3-8

内容	要　点
县级数据库建设	县级国土调查办公室负责组织开展县级三调数据库与管理系统建设工作。数据库主要内容包括：基础地理信息、土地利用数据、土地权属数据、永久基本农田数据、专项用地调查数据、城市开发边界、生态保护红线、各类自然保护区和国家公园界线、各类自然资源专项调查数据等矢量数据，数字高程模型（DEM）数据、DOM 数据、扫描影像图数据等栅格数据和元数据等。

内容	要 点
地级、省级数据质量检查及数据库建设	三调数据库成果必须按照国家质检要求，从县到省逐级检查，检查通过后方可向上级汇交。省级三调办对本省（区、市）三调数据库质量负总责。 地级、省级三调数据库及管理系统、数据分析共享服务平台建设，由地级、省级三调办组织。 地级、省级数据分析共享服务平台建设，以三调数据产品为基础，围绕满足三调成果的共享应用需求的目标，实现三调可公开成果的互联共享。
国家级数据库建设	全国三调办组织建设第三次全国国土调查数据库与管理系统，以及国家级国土调查数据分析共享服务平台，实现调查数据及各类专项数据的国家级集成管理、快速分析汇总以及三调成果数据的全国分级分类共享，满足自然资源管理、社会各界对国土调查数据的服务需求。
数据库建设要求	① 建立专门建库队伍，保证工作顺利实施。各地应组建专业队伍，投入业务熟练、技术精湛的人员统一开展数据库建设工作。 ② 做好建库软件选型工作的组织管理。 ③ 建立数据库成果质量责任追究机制。

八、检查与核查

土地调查检查与核查基本内容 表 14-3-9

内容	要 点
县市级自检	县级以上地方人民政府对本行政区域的土地调查成果质量负总责。县级根据自检结果组织成果全面整改，编写自检及整改报告，报市级检查和汇总。
省级全面检查	县级调查成果、市（地）级汇总成果，由省级土地调查办公室负责组织全面检查，确保全省调查成果整体质量。
国家级核查	全国土地调查办组织对通过省级检查合格的县级调查成果进行全面核查。
国家级数据库质量检查与入库	国家级核查通过后，全国土地调查办组织专业技术队伍，对各省提交的三调成果进行国家级数据库质量检查。国家级成果入库工作。经过确认的数据成果，国家组织技术队伍开展数据库建设，利用统一的工具，按照国家级数据库建设要求，将数据成果统一写入三调国家级数据库，实现全国成果的集中管理与应用。

九、统一时点更新

三调数据统一时点为 2019 年 12 月 31 日。

十、成果汇总

成果汇总内容

表 14-3-10

内容	要　　点
数据汇总	①县级数据统计；② 地级、省级数据汇总；③ 全国数据汇总
图件编制	在成果汇总阶段，以国土调查数据或国土调查缩编数据为基础，统一采用《技术规程》规定的图式图例，编制各级土地利用图件和专项调查的专题图件。 土地利用挂图分为县级、地级、省级、国家级土地利用挂图。挂图成图比例尺应根据制图区域的大小和形状确定，县级一般选为 1：5 万～1：10 万，地级一般选为 1：10 万～1：25 万，省级一般选为 1：50 万～1：100 万，国家级一般选为 1：400 万～1：600 万。 各地可根据需求，编制各级土地利用图集。 各地在各级土地利用挂图的基础上，编制各级专项调查的专题图集，可根据需求，编制永久基本农田分布图、土地权属界线图和耕地坡度分级图等图件。
成果分析与文字报告编写	**1. 成果分析**：根据三调数据，并结合第二次全国土地调查及年度土地变更调查等相关数据，开展土地利用状况分析。对第二次全国土地调查完成以来耕地的数量、等级等别、分布、利用结构及其变化状况进行综合分析；对城市、建制镇、村庄等建设用地利用情况进行综合分析，评价土地利用节约集约程度；汇总形成各类自然资源数据，并分别对其范围内的土地利用情况进行综合分析。根据土地调查及分析结果，各级国土资源管理部门编写三调分析报告。 **2. 文字报告编写**：工作报告主要包括调查区域的自然、经济、社会等基本概况，以及调查的目的、意义、目标、任务，组织实施与保障措施，完成的主要成果，经验与体会及其他需要说明的情况等内容。

十一、主要成果

县级调查成果

表 14-3-11

内容	要　　点
县级调查成果	**1. 外业调查成果** ①原始调查图件；②土地权属调查有关成果；③田坎系数测算成果。
	2. 图件成果 ① 县级土地利用图； ② 城镇土地利用图； ③ 县级耕地细化调查、批准未建设的建设用地调查、耕地质量等级和耕地分等定级等专项调查的专题图； ④ 各类自然资源专题图； ⑤ 海岛调查专题图。

内容	要　点
县级调查 成果	**3. 数据成果** ① 各类土地分类面积数据； ② 各类土地的权属信息数据； ③ 城镇村庄土地利用分类面积数据； ④ 耕地坡度分级面积数据； ⑤ 耕地细化调查、批准未建设的建设用地调查、耕地质量等级和耕地分等定级等专项调查数据； ⑥ 海岛调查数据。
	4. 数据库成果 ① 县级第三次国土调查数据库； ② 县级第三次国土调查数据库管理系统。
	5. 文字成果 ① 县级第三次国土调查工作报告； ② 县级第三次国土调查技术报告； ③ 县级第三次国土调查数据库建设报告； ④ 县级第三次国土调查成果分析报告； ⑤ 县级城镇村庄土地利用状况分析报告； ⑥ 县级第三次国土调查数据库质量检查报告； ⑦ 耕地细化调查、批准未建设的建设用地调查、耕地质量等级和耕地分等定级等专项调查成果报告； ⑧ 海岛调查成果报告。

地级、省级汇总成果　　　　　　　　　　　　　　　表 14-3-12

内容	要　点
地级、省级 汇总成果	**1. 数据成果** ① 各类土地分类面积数据； ② 各类土地的权属信息数据； ③ 城镇土地利用分类面积数据； ④ 耕地坡度分级面积数据； ⑤ 耕地细化调查、批准未建设的建设用地调查、耕地质量等级和耕地分等定级等专项调查面积数据； ⑥ 海岛调查数据。
	2. 图件成果 ① 地级、省级土地利用图； ② 地级、省级耕地细化调查、批准未建设的建设用地调查、耕地质量等级和耕地分等定级等专项调查的专题图； ③ 各类自然资源分布图； ④ 海岛调查专题图。

内容	要　点
地级、省级汇总成果	**3. 文字成果** ① 各级第三次国土调查工作报告； ② 各级第三次国土调查技术报告； ③ 各级第三次国土调查成果分析报告； ④ 耕地细化调查、批准未建设的建设用地调查、耕地质量等级和耕地分等定级等专项调查成果报告； ⑤ 省级田坎系数测算报告； ⑥ 省级耕地坡度情况分析报告； ⑦ 海岛调查成果报告。
	4. 数据库成果 ① 市级、省级第三次土地调查数据库； ② 市级、省级第三次土地调查数据库管理系统及共享应用平台。

国　家　成　果

表 14-3-13

内容	要　点
国家成果	**1. 重要标准规范** ① 第三次全国土地调查技术规程； ② 土地利用数据库标准； ③ 第三次全国土地调查数据库建设技术规范； ④ 第三次全国土地调查国家级核查技术规定。
	2. 数据成果 ① 各类土地分类面积数据； ② 各类土地的权属信息数据； ③ 城镇村庄土地利用分类面积数据； ④ 耕地坡度分级面积数据； ⑤ 耕地细化调查、批准未建设的建设用地调查、耕地质量等级和耕地分等定级等专项调查面积数据； ⑥ 海岛调查数据。
	3. 图件成果 ① 国家级土地利用图、图集； ② 城镇村庄土地利用图集； ③ 国家级耕地细化调查、批准未建设的建设用地调查、耕地质量等级和耕地分等定级等专项调查的专题图、图集； ④ 各类自然资源分布图； ⑤ 海岛调查专题图。

内容	要　点
国家 成果	**4. 文字成果** ① 第三次土地调查工作报告； ② 第三次土地调查技术报告； ③ 第三次土地调查成果分析报告； ④ 城镇村庄土地利用状况分析报告； ⑤ 耕地细化调查、批准未建设的建设用地调查、耕地质量等级和耕地分等定级等专项调查成果报告； ⑥ 海岛调查成果报告。
	5. 数据库成果 集土地调查数据成果、图件成果、文字成果及遥感影像为一体的国家土地调查数据库。

十二、三调成果与第二次全国土地调查的衔接

衔接原则及内容　　　　　　　　　　　　　　　　表 14-3-14

内容	要　点
衔接原则	全面对照第二次全国土地调查、历年土地变更调查和三调的工作、技术要求，本着"口径可比较、数据可分析、差异可处理"的原则，对历史调查成果进行分析和完善，并与三调衔接。
衔接内容 及要求	① 第二次全国土地调查及在此基础上的年度土地变更调查成果应统一转换为 2000 国家大地坐标系； ② 调查界线应依据最新提供的国界、沿海滩涂、各级行政区划等界线资料，对原调查的相应界线进行替换，并计算和调整各级调查区域的行政界限； ③ 建立土地分类对照表，根据《第三次全国国土调查技术规程》要求，对各地类进行对照检查，经调整、补充调查后转换成三调《工作分类》； ④ 研究制定统一方法，建立统一的统计和分析口径，针对技术标准提升、政策要求变化等各种因素引起的两次调查数据偏差，进行合理纠偏和修匀，保证数据可比性和延续性。

十三、实施计划

实　施　计　划　　　　　　　　　　　　　　　　表 14-3-15

内容	要　点
2017 年下半年	①组织准备；② 技术标准准备；③ 宣传工作；④ 启动遥感数据采集和制作工作；⑤启动调查信息内业提取工作；⑥ 收集界线资料。
2018 年全年	①完成遥感数据采集和底图制作；② 完成调查信息内业提取工作；③技术培训；④全面启动调查工作；⑤国家级数据库及其管理系统开发；⑥组织核查工作；⑦全面开展西藏自治区的国土调查工作；⑧启动全国汇总工作；⑨其他工作。

内容	要　　点
2019 年全年	① 完成全国土地调查工作；② 完成调查成果的核查和验收；③ 统一时点变更。
2020 年全年	① 统一时点更新及数据汇总分析； ② 向国务院呈报调查成果并启动调查工作总结和表彰； ③ 三调成果预检和验收。

十四、实施保障

实　施　保　障　　　　　　　　　　　　　　　表 14-3-16

内容	要　　点
实施要求	三调工作按照"全国统一领导、部门分工协作、地方分级负责、各方共同参与"的形式组织实施，按照"统一制作底图、内业判读地类，地方实地调查、地类在线举证、国家核查验收、统一分发成果"的流程推进。各地要加强土地调查成果和涉密基础测绘成果数据的管理，确保调查成果和涉密基础测绘成果数据的安全保密，凡涉及保密数据使用的，按照国家有关规定做好安全保密工作。
国家和地方责任分工	国家负责制定相关技术标准及规范等；地方负责制定实施方案和细则等。
保障措施	**1. 组织保障** ① 组织实施机构；② 调查机构。 **2. 政策保障** ① 编制第三次全国土地调查系列规程规范和技术标准，包括调查技术规程、土地调查数据库标准、调查成果检查验收办法等； ② 土地调查数据是核定各地实际耕地保有量、新增建设用地数量和建设用地审批、土地利用总体规划修编、耕地质量提升、土地整治等各项土地管理工作的重要依据； ③ 充实调查工作人员和技术队伍，保证调查经费，并加强经费监督审计。 **3. 技术保障** ① 统一技术标准规范；② 采用高新技术和先进设备；③ 加强技术指导与咨询。 **4. 机制保障** ① 引入竞争机制；② 建立检查验收制度；③ 专项资金管理制度；④ 建立质量保障目标责任制；⑤ 建立项目监理制度；⑥ 建立事后评估制度。 **5. 经费保障** 三调经费按照《土地调查条例》和《通知》的要求，由中央和地方各级人民政府共同负担，按分级保障原则，由同级财政予以保障。根据土地调查任务和计划安排，列入相应年度的财政预算，按时拨付，确保足额到位，保障三调工作的顺利进行。 **6. 共享应用** 三调进程中形成的调查成果，可随时与各部门共享并用于宏观调控和各项管理。

第四节 《市县国土空间规划分区与用途分类指南》

一、总则

总　　则　　　　　　　　　　　　　　　　表 14-4-1

内容	说　　明
编制目的	为更好地促进生态文明建设，合理配置国土空间资源，优化国土空间开发保护格局，提高国土空间治理水平、落实市县国土空间规划战略意图，规范国土空间规划分区；科学划分国土空间规划用途类别，统一分类标准，制定本指南。
适用范围	本指南的国土空间规划分区，适用于市县国土空间总体规划的编制及其实施管理；国土空间规划用途分类，适用于国土空间总体规划、相关专项规划、详细规划的编制及其实施管理。
总体原则	国土空间规划分区与用途分类应坚持尊重自然、保护优先、合理利用、人与自然和谐发展的基本原则，构建保护环境和节约资源的可持续发展空间格局，落实城市发展与国土资源的合理配置，科学实施国土空间用途管制。
管控体系	国土空间规划分区应与国土空间规划用途分类共同构成国土空间规划管控支撑体系，分级承接传导、细化落实规划意图和管制要求。

二、市县国土空间规划分区

一　般　规　定　　　　　　　　　　　　表 14-4-2

内容	说　　明
分区原则	市县国土空间规划分区应体现国家意志和社会公共利益，遵循陆海统筹并以国土空间的保护与修复、开发与利用两大空间管控属性为基础，合理配置空间资源。
分区目标	市县国土空间规划分区应承接和传导省级国土空间规划意图，并为本行政区域的国土空间规划的保护与利用作出总体安排和综合部署。
分区要求	市县国土空间规划分区应进一步强化市县国土空间的资源保护和生态修复，促进市县国土空间开发格局的优化和土地资源的节约集约利用，并应满足下列基本要求： 　　① 应根据市县主体功能区定位及其管制制度，结合国土空间规划战略意图确定的主要功能导向划分规划分区，并应明确各分区的核心管控目标、政策导向与管制规则； 　　② 应通过国土空间用途管制制度，针对不同分区对应的国土空间规划用途设立对应的管理规定，实现国土空间规划政策的有效传导与差异化管理。

续表

内容	说　　明
分区规则	市县国土空间规划分区应遵循全域全覆盖、不交叉、不重叠的基本原则，并应符合下列规定： ① 应明确主要功能导向，将规划管制意图相同的关键资源要素划入同一分区，同时应明确各分区对应的主要国土用途类型，以及用途管制制度准入的国土用途； ② 当分区划分出现可叠加或交叉的情况时，应依据管制规定从严选择规划分区的类型，或在确保不损害保护资源的前提下选择更有利于实现规划意图的分区类型。
其他约定	具有特殊保护与利用价值或意义的特定政策管理区（指管理边界及事权清晰的政策区，如国家公园、国家级自然保护区、风景名胜区、历史文化名城名镇名村、国家重大基础设施等），应依据国家相关法律法规及专项规划划定边界范围、明确保护与利用要求，并应根据所在位置对应所在分区、叠加规划意图，形成复合控制区，统一实施规划管理。

市域及县域/市区规划分区　　　　　　　　　　表 14-4-3

内容	说　　明
市域规划分区	市级国土空间总体规划应落实省级主体功能区、国土空间规划的要求，根据全市域国土空间的资源分布现状，落实国土空间保护与利用的管控意图，划定规划分区，构建全市域国土空间开发保护科学发展的空间格局； 其规划分区主要包括： 生态保护区、海洋特殊保护与渔业资源养护区、永久基本农田集中保护区、古迹遗址保护区，以及城镇发展区、农业农村发展区、海洋利用与保留区、矿产与能源发展区等8类分区。
县域/市区规划分区	县级国土空间总体规划应落实市级国土空间规划的管控要求，结合辖区内资源禀赋条件，进一步细化规划分区及其保护与发展的管控要求，传导和落实总体规划意图，构建县域（市区）科学发展的国土空间格局； 其规划分区主要包括： 核心生态保护区、生态保护修复区、自然保留区、海洋特别保护区、海洋渔业资源养护区、永久基本农田集中保护区、古迹遗址保护区，以及城镇集中建设区、城镇有条件建设区、特别用途区、农业农村发展区、海域利用区、无居民海岛利用区、海洋保留区、矿产与能源发展区等15类分区。

城市功能规划分区　　　　　　　　　　表 14-4-4

名　　称	含　　义
居住生活区	以住宅建筑和居住配套设施为主要功能导向的区域
综合服务区	以提供行政办公、文化、教育、医疗等服务为主要功能导向的区域
商业商务区	以提供商业、商务办公等就业岗位为主要功能导向的区域
工业物流区	以工业、仓储物流及其配套产业为主要功能导向的区域

名　　称	含　　义
绿地休闲区	以公园绿地、广场用地、滨水开放空间、防护绿地等为主要功能导向的区域
交通枢纽区	以机场、港口、铁路客货运站等大型交通设施为主要功能导向的区域
公用设施集中区	以垃圾填埋场、污水处理厂、水厂等大型公用设施为主要功能导向的区域
战略预留区	应对发展不确定性、为重大战略性功能控制的留白区域
特色功能区	体现城市特定发展意图，需要实行特定管理政策的区域，主要可包括创新发展区、文化创意区等

注：城镇集中建设区可采用城市功能规划分区方式对城市空间规划布局进行结构性控制，并应符合下列规定：

① 应完整、准确地体现城市集中建设区发展总体空间规划结构及规划管控意图；

② 应突出各功能分区空间范围内的规划主要城市功能导向，并应便于通过详细规划进一步传导和落实规划意图、细化城市建设用地规划分类，进行精细化管理。

农业农村利用功能规划分区　　　　　　　　　　　　　　表 14-4-5

名称	含　　义
村庄建设区	城镇集中建设区外，规划重点发展的村庄用地范围
一般农业区	以农业生产和农民生活为主要利用功能导向划定的区域
林业发展区	以规模化林业发展为主要利用功能导向划定的区域
牧业发展区	以草原畜牧业发展为主要利用功能导向划定的区域

注：农业农村发展区可采用农业农村利用功能规划分区方式细化落实规划发展要求，并应符合下列规定：

① 应体现农业农村发展规划意图和管控要求；

② 应突出农业、林业、牧业等生产主要利用功能导向，进行差异化管理。

海域利用功能规划分区　　　　　　　　　　　　　　　　表 14-4-6

名称	含　　义
渔业利用区	以渔业基础设施建设和增养殖等渔业利用为主要功能导向的海域
交通运输用海区	以港口建设、航道利用、锚地利用、路桥建设等为主要功能导向的海域
工业与城镇用海区	以临海工业与城镇发展利用为主要功能导向的海域
矿产与能源用海区	以油气和固体矿产等勘探、开采，以及盐田和可再生能源利用等为主要功能导向的海域
旅游休闲娱乐用海区	以开发利用滨海和海上旅游资源为主要功能导向的海域
特殊利用区	以海底管线铺设、污水达标排放、倾倒等特殊利用为主要功能导向的海域

注：海域利用区可采用海域利用功能规划分区方式细化落实海域规划管控要求，并应符合下列规定：

① 应完整、准确地体现海洋发展总体空间规划管控意图，进行差异化管理；

② 应突出各功能分区空间范围内的规划主要功能导向，并应便于通过详细规划进一步传导和落实规划意图、细化用海分类，进行精细化管理。

三、国土空间用途分类

内容	说　明
分类原则	国土空间规划用途分类应遵循陆海统筹、城乡统筹、地上地下空间统筹的基本原则，并应符合下列规定： 　　① 应满足国土空间规划开展现状分析评估、落实规划对策、表达发展与保护意图的需求； 　　② 可对接国土空间用途管制制度并应满足实施差异化管理和精细化管理的需求。
分类规则	国土空间规划用途分类应满足全要素、不重叠、易识别、易统计、易管理的基本要求，并应符合下列规定： 　　① 应按照国土空间规划确定的主导用途进行划分，统一编码、用途清晰，并应与管理事权相对应。 　　② 当陆域用地具备多种用途时，应以其地面主要利用属性进行归类，不设置复合用途类型；当海域具备多种用途时，应以其主要功能导向进行归类。 　　③ 地上、地下空间资源的用途类别应分别对应其所处的地上或地下空间层面。

国土空间规划用途分类　　　　　　　　　　表 14-4-8

分类原则		一级分类（28类）	二级分类
农林用地		01 耕地	水田、水浇地、旱地
		02 种植园用地	果园、茶园、橡胶园、其他园地
		03 林地	乔木林地、竹林地、灌木林地、其他林地
		04 牧草地	天然牧草地、人工牧草地
		05 其他农用地	设施农用地、农村道路、田坎、坑塘水面、沟渠
建设用地	城乡建设用地	06 居住用地	城镇居住用地（一类住宅用地、二类住宅用地、三类住宅用地、社区服务设施用地） 　农村居住用地（一类宅基地、二类宅基地、农村社区服务设施用地、农村生产服务设施用地）
		07 公共管理与公共服务设施用地	行政办公用地、文化用地（图书博览用地、文化活动用地）、教育用地（高等教育用地、中等职业教育用地、中小学用地、特殊教育用地）、体育用地（体育场馆用地、体育训练用地）、医疗卫生用地（医院用地、公共卫生用地）、社会福利用地（老年人社会福利用地、儿童社会福利用地、残疾人社会福利用地、其他社会福利用地）、科研用地、外事用地、文物古迹用地

分类原则	一级分类（28类）		二级分类
建设用地	城乡建设用地	08 商服用地	商业服务用地、商务办公用地、批发市场用地、娱乐康体用地、农村游览接待用地、其他商服用地
		09 工业用地	一类工业用地、二类工业用地、三类工业用地
		10 物流仓储用地	一类物流仓储用地、二类物流仓储用地、危险品物流仓储用地
		11 道路与交通设施用地	城镇道路用地、村庄道路用地、城市轨道交通用地、交通枢纽用地、交通场站用地（公共交通场站用地、社会停车场用地）、加油加气站用地、其他交通设施用地
		12 公用设施用地	供水用地、排水用地、供电用地、供燃气用地、供热用地、通信用地、广播电视用地、环卫用地、消防用地、防洪用地、其他公用设施用地
		13 绿地与广场用地	公园绿地、防护绿地、广场用地
		14 留白用地	
	其他建设用地	15 区域基础设施用地	铁路用地、公路用地、港口码头用地、机场用地、管道运输用地、区域公用设施用地
		16 特殊用地	军事用地、宗教用地、安保用地、殡葬用地、储备库用地、其他特殊用地
		17 采矿盐田用地	采矿用地、盐田
自然保护与保留用地		18 湿地	红树林地、沼泽、滩涂
		19 其他自然保留地	盐碱地、沙地、裸土地、裸岩石砾地、其他草地
		20 陆地水域	河流水面、湖泊水面、水库水面、冰川及永久积雪
海洋利用		21 渔业用海	渔业基础设施用海、增养殖用海
		22 工业与矿产能源用海	工业用海、盐业用海、固体矿产开采用海、油气开采用海、可再生能源用海
		23 交通运输用海	港口用海、航运用海、路桥用海
		24 旅游娱乐用海	风景旅游用海、文体休闲娱乐用海
		25 特殊用海	军事用海、其他特殊用海
		26 可利用无居民海岛	
海洋保护与保留		27 保护海域海岛	
		28 保留海域海岛	

类别名称	说 明
地下道路设施	指地下道路设施、地下轨道交通设施、地下公共人行通道、地下交通场站、地下停车设施等。 地下人行通道：指地下,人行通道及其配套设施。
地下公用设施	指利用城市地下空间实现城市给水、供电、供气、供热、通信、排水、环卫等市政公用功能的设施,包括地下市政场站、地下市政管线、地下市政管廊和其他地下市政公用设施,包括: ① 地下市政管线:指地下电力管线、通信管线、燃气配气管线、再生水管线、给水配水管线、热力管线、燃气输气管线、给水输水管线、污水管线、雨水管线等。 ② 地下市政管廊:指用于统筹设置地下市政管线的空间和廊道,包括电缆隧道等专业管廊、综合管廊和其他市政管沟。
地下人民防空设施	指地下通信指挥工程、医疗救护工程、防空专业队工程、人员掩蔽工程等设施。
其他地下设施	指除以上之外的地下设施。

第五节 《关于在国土空间规划中统筹划定落实三条控制线的指导意见》

一、总体要求

总 体 要 求   表 14-5-1

内容	说 明
指导思想	以习近平新时代中国特色社会主义思想为指导,全面贯彻党的十九大精神,深入贯彻习近平生态文明思想,按照党中央、国务院决策部署,落实最严格的生态环境保护制度、耕地保护制度和节约用地制度,将三条控制线作为调整经济结构、规划产业发展、推进城镇化不可逾越的红线,夯实中华民族永续发展基础。
基本原则	**底线思维,保护优先**。以资源环境承载能力和国土空间开发适宜性评价为基础,科学有序统筹布局生态、农业、城镇等功能空间,强化底线约束,优先保障生态安全、粮食安全、国土安全。 **多规合一,协调落实**。按照统一底图、统一标准、统一规划、统一平台要求,科学划定落实三条控制线,做到不交叉、不重叠、不冲突。 **统筹推进,分类管控**。坚持陆海统筹、上下联动、区域协调,根据各地不同的自然资源禀赋和经济社会发展实际,针对三条控制线不同功能,建立健全分类管控机制。
工作目标	**到 2020 年年底**,结合国土空间规划编制,完成三条控制线划定和落地,协调解决矛盾冲突,纳入全国统一、多规合一的国土空间基础信息平台,形成一张底图,实现部门信息共享,实行严格管控。 **到 2035 年**,通过加强国土空间规划实施管理,严守三条控制线,引导形成科学适度有序的国土空间布局体系。

二、重要措施

生态保护红线

表 14-5-2

内容	说　明
定义	生态保护红线是指在生态空间范围内具有特殊重要生态功能、必须强制性严格保护的区域。
划定依据	优先将具有重要水源涵养、生物多样性维护、水土保持、防风固沙、海岸防护等功能的生态功能极重要区域，以及生态极敏感脆弱的水土流失、沙漠化、石漠化、海岸侵蚀等区域划入生态保护红线。 　① 其他经评估目前虽然不能确定但具有潜在重要生态价值的区域也划入生态保护红线； 　② 对自然保护地进行调整优化，评估调整后的自然保护地应划入生态保护红线； 　③ 自然保护地发生调整的，生态保护红线相应调整。
管控要求	生态保护红线内，自然保护地核心保护区原则上禁止人为活动，其他区域严格禁止开发性、生产性建设活动，在符合现行法律法规前提下，除国家重大战略项目外，仅允许对生态功能不造成破坏的有限人为活动。 　**主要包括：** 　① 零星的原住民在不扩大现有建设用地和耕地规模前提下，修缮生产生活设施，保留生活必需的少量种植、放牧、捕捞、养殖； 　② 因国家重大能源资源安全需要开展的战略性能源资源勘查，公益性自然资源调查和地质勘查； 　③ 自然资源、生态环境监测和执法包括水文、水资源监测及涉水违法事件的查处等，灾害防治和应急抢险活动； 　④ 经依法批准进行的非破坏性科学研究观测、标本采集； 　⑤ 经依法批准的考古调查发掘和文物保护活动； 　⑥ 不破坏生态功能的适度参观旅游和相关的必要公共设施建设； 　⑦ 必须且无法避让、符合县级以上国土空间规划的线性基础设施建设、防洪和供水设施建设与运行维护； 　⑧ 重要生态修复工程。

永久基本农田

表 14-5-3

内容	说　明
定义	永久基本农田是为保障国家粮食安全和重要农产品供给，实施永久特殊保护的耕地。
划定依据	① 依据耕地现状分布，根据耕地质量、粮食作物种植情况、土壤污染状况，在严守耕地红线基础上，按照一定比例，将达到质量要求的耕地依法划入。 　② 已经划定的永久基本农田中存在划定不实、违法占用、严重污染等问题的要全面梳理整改，确保永久基本农田面积不减、质量提升、布局稳定。

城镇开发边界

表 14-5-4

内容	说　明
定义	城镇开发边界是在一定时期内因城镇发展需要，可以集中进行城镇开发建设、以城镇功能为主的区域边界，涉及城市、建制镇以及各类开发区等。
划定依据	① 城镇开发边界划定以城镇开发建设现状为基础，综合考虑资源承载能力、人口分布、经济布局、城乡统筹、城镇发展阶段和发展潜力，框定总量，限定容量，防止城镇无序蔓延。 ② 科学预留一定比例的留白区，为未来发展留有开发空间。 ③ 城镇建设和发展不得违法违规侵占河道、湖面、滩地。

协调解决冲突

表 14-5-5

方法	内　容
统一数据基础	① 以目前客观的土地、海域及海岛调查数据为基础，形成统一的工作底数底图； ② 已形成第三次国土调查成果并经认定的，可直接作为工作底数底图； ③ 相关调查数据存在冲突的，以过去 5 年真实情况为基础，根据功能合理性进行统一核定。
自上而下、上下结合实现三条控制线落地	① 国家明确三条控制线划定和管控原则及相关技术方法； ② 省（自治区、直辖市）确定本行政区域内三条控制线总体格局和重点区域，提出下一级划定任务； ③ 市、县组织统一划定三条控制线和乡村建设等各类空间实体边界。跨区域划定冲突由上一级政府有关部门协调解决。
协调边界矛盾	三条控制线出现矛盾时： ① 生态保护红线要保证生态功能的系统性和完整性，确保生态功能不降低、面积不减少、性质不改变； ② 永久基本农田要保证适度合理的规模和稳定性，确保数量不减少、质量不降低； ③ 城镇开发边界要避让重要生态功能，不占或少占永久基本农田。<hr>① 目前已划入自然保护地核心保护区的永久基本农田、镇村、矿业权逐步有序退出； ② 已划入自然保护地一般控制区的，根据对生态功能造成的影响确定是否退出。 其中，造成明显影响的逐步有序退出，不造成明显影响的可采取依法依规相应调整一般控制区范围等措施妥善处理。协调过程中退出的永久基本农田在县级行政区域内同步补划，确实无法补划的在市级行政区域内补划。

三、强化保障措施

强化保障措施　　　　　　　　　表 14-5-6

内容	说　　明
加强组织保障	① 自然资源部会同生态环境部、国家发展改革委、住房城乡建设部、交通运输部、水利部、农业农村部等有关部门建立协调机制，加强对地方督促指导。 ② 地方各级党委和政府对本行政区域内三条控制线划定和管理工作负总责，结合国土空间规划编制工作有序推进落地。
严格实施管理	① 建立健全统一的国土空间基础信息平台，实现部门信息共享，严格三条控制线监测监管。 ② 三条控制线是国土空间用途管制的基本依据，涉及生态保护红线、永久基本农田占用的，报国务院审批。 ③ 对于生态保护红线内允许的对生态功能不造成破坏的有限人为活动，由省级政府制定具体监管办法。 ④ 城镇开发边界调整报国土空间规划原审批机关审批。
严格监督考核	① 将三条控制线划定和管控情况作为地方党政领导班子和领导干部政绩考核内容。 ② 国家自然资源督察机构、生态环境部要按照职责，会同有关部门开展督察和监管，并将结果移交相关部门，作为领导干部自然资源资产离任审计、绩效考核、奖惩任免、责任追究的重要依据。

第六节 《资源环境承载能力和国土空间开发适宜性评价指南（试行）》

本节内容选自《资源环境承载能力和国土空间开发适宜性评价指南（试行）》（即双评价）。

一、基本概念、评价目标及评价原则

双评价概念　　　　　　　　　表 14-6-1

内容	定　　义
资源环境承载能力	基于特定发展阶段、经济技术水平、生产生活方式和生态保护目标，一定地域范围内资源环境要素能够支撑农业生产、城镇建设等人类活动的最大合理规模。
国土空间开发适宜性	在维系生态系统健康和国土安全的前提下，综合考虑资源环境等要素条件，特定国土空间进行农业生产、城镇建设等人类活动的适宜程度。

双评价的目标及原则　　　　　　　　　　　　表 14-6-2

内容	说　明
评价目标	**分析**区域资源禀赋与环境条件； **研判**国土空间开发利用问题和风险； **识别**生态保护极重要区（含生态系统服务功能极重要区和生态极脆弱区）； **明确**农业生产、城镇建设的最大合理规模和适宜空间，为编制国土空间规划，优化国土空间开发保护格局，完善区域主体功能定位，划定三条控制线，实施国土空间生态修复和国土综合整治重大工程提供基础性依据； **促进**形成以生态优先、绿色发展为导向的高质量发展新路子。
评价原则	**底线约束**：坚持最严格的生态环境保护制度、耕地保护制度和节约用地制度，维护国家生态安全、粮食安全等国土安全。在优先识别生态保护极重要区基础上，综合分析农业生产、城镇建设的合理规模和适宜等级。
	问题导向：充分考虑陆海全域水、土地、气候、生态、环境、灾害等资源环境要素，定性定量相结合，客观评价区域资源禀赋与环境条件，识别国土空间开发利用现状中的问题和风险，有针对性地提出意见和建议。
	因地制宜：充分体现不同空间尺度和区域差异，合理确定评价内容、技术方法和结果等级。下位评价应充分衔接上位评价成果，并结合本地实际，开展有针对性的补充和深化评价。
	简便实用：在保证科学性的基础上，抓住解决实际问题的本质和关键，选择代表性要素和指标，采用合理方法工具，结果表达简明扼要。紧密结合国土空间规划编制，强化操作导向，确保评价成果科学、权威，适用、管用、好用。

二、工作流程

编制县级以上国土空间总体规划，应先行开展"双评价"，形成专题成果，随同级国土空间总体规划一并论证报批入库。县级国土空间总体规划可直接使用市级评价运算结果，强化分析，形成评价报告；也可有针对性地开展补充评价。

工作准备阶段　　　　　　　　　　　　　　　表 14-6-3

阶段	工　作　内　容
工作准备	结合同级国土空间规划编制需求，明确评价目标，合理制定评价工作方案，组建综合性与专业化相结合的多领域技术团队和专家咨询团队，明确工作组织、责任分工、工作内容、进度安排等。
	开展具体评价工作前，进行资料收集，充分利用各部门、各领域已有相关工作成果，结合实地调研和专家咨询等方式，系统梳理当地资源环境生态特征与突出问题，在此基础上确定评价内容、技术路线、核心指标及计算精度，并开展相关数据收集工作。
	要保证数据的权威性、准确性、时效性，数据时间与同级国土空间规划要求的基期年保持一致，如缺失基期年相关数据，应采用最新年份数据，并结合实际进行适当修正。市县层面如缺乏优于省级精度的数据，可直接应用省级评价结果。
	评价统一采用 2000 国家大地坐标系（CGCS2000），高斯－克吕格投影，陆域部分采用1985 国家高程基准，海域部分采用理论深度基准面高程基准。制图规范、精度等参考同级国土空间规划要求。

内容	说　明
本底评价	将资源环境承载能力和国土空间开发适宜性作为有机整体，主要围绕水资源、土地资源、气候、生态、环境、灾害等要素，针对生态保护、农业生产（种植、畜牧、渔业）、城镇建设三大核心功能开展本底评价。
生态保护重要性评价	**省级评价**：从区城生态安全底线出发，在陆海全域，评价水源涵养、水土保持、生物多样性维护、防风固沙、海岸防护等生态系统服务功能重要性，以及水土流失、石漠化、土地沙化、海岸侵蚀及沙源流失等生态脆弱性，综合形成生态保护极重要区和重要区。 **市县评价**：在省级评价结果基础上，根据更高精度数据和实地调查进行边界校核。从生态空间完整性、系统性、连通性出发，结合重要地下水补给、洪水调蓄、河（湖）岸防护、自然遗迹、自然景观等进行补充评价和修正。
农业生产适宜性评价	**省级评价**：在生态保护极重要区以外的区域，开展种植业、畜牧业、渔业等农业生产适宜性评价，识别农业生产适宜区和不适宜区。 **市县评价**：省级评价内容和精度已满足市县国土空间规划编制需要的，可直接在省级评价结果基础上进行综合分析。根据农业生产相关功能的要求，可进一步细化评价单元、提高评价精度、补充评价内容。可结合特色村落布局、重大农业基础设施配套、重要经济作物分布、特色农产品种植等，进一步识别优势农业空间。
城镇建设适宜性评价	**省级评价**：在生态保护极重要区以外的区域，优先考虑环境安全、粮食安全和地质安全等底线要求，识别城镇建设不适宜区。沿海地区针对海洋开发利用活动开展评价。 **市县评价**：进一步提高评价精度，对城镇建设不适宜区范围进行校核。根据城镇化发展阶段特征，增加人口、经济、区位、基础设施等要素，识别城镇建设适宜区。结合海洋资源优势，识别海洋开发利用适宜区。结合当地实际，可针对矿产资源、历史文化和自然景观资源等，开展必要的补充评价。
承载规模评价	基于现有经济技术水平和生产生活方式，以水资源、空间约束等为主要约束，缺水地区重点考虑水平衡，分别评价各评价单元可承载农业生产、城镇建设的最大合理规模。 　各地可结合环境质量目标、污染物排放标准和总量控制等因素，评价环境容量对农业生产、城镇建设约束要求。 　按照短板原理，取各约束条件下的最小值作为可承载的最大合理规模。 　对照国内外先进水平，在技术进步、生产生活方式转变的情景下，评价相应的可承载农业生产、城镇建设的最大合理规模。一般地，省级以市级（或县级）行政区为单元评价承载规模，市级以县级（或乡级）行政区为单元评价承载规模。

综合分析阶段

表 14-6-5

内容	说　明
综合分析	**资源环境禀赋分析**：分析水、土地、森林、草原、湿地、海洋、冰川、荒漠、能源矿产等自然资源的数量（总量和人均量）、质量、结构、分布等特征及变化趋势，结合气候、生态、环境、灾害等要素特点，对比国家、省域平均情况，对标国际和国内，总结资源环境禀赋优势和短板。
	现状问题和风险识别：将生态保护重要性、农业生产及城镇建设适宜性评价结果与用地用海现状进行对比，重点识别以下冲突（包括空间分布和规模）：生态保护极重要区中永久基本农田、园地、人工商品林、建设用地以及用海活动；种植业生产不适宜区中耕地、永久基本农田；城镇建设不适宜区中城镇用地；地质灾害高危险区内农村居民点。 对比现状耕地规模与耕地承载规模、现状城镇建设用地规模与城镇建设承载规模、牧区实际载畜量与牲畜承载规模、渔业实际捕捞和养殖规模与渔业承载规模等，判断区域资源环境承载状态。对资源环境超载的地区，找出主要原因，提出改善路径。可根据相关评价因子，识别水平衡、水土保持、生物多样性、湿地保护、地面沉降、土壤污染等方面问题，研判未来变化趋势和存在风险。
	潜力分析：根据农业生产适宜性评价结果，对种植业、畜牧业不适宜区以外的区域，根据土地利用现状和资源环境承载规模，分析可开发为耕地、牧草地的空间分布和规模。根据渔业生产适宜性评价结果，在渔业生产适宜区内，根据渔业养殖、捕捞现状和渔业承载规模，分析渔业养殖、捕捞的潜力空间和规模。根据城镇建设适宜性评价结果，对城镇建设不适宜区以外的区域（市县层面可直接在城镇建设适宜区内），扣除集中连片耕地后，根据土地利用现状和城镇建设承载规模，分析可用于城镇建设的空间分布和规模。
	情景分析：针对气候变化、技术进步、重大基础设施建设、生产生活方式转变等不同情景，分析对水资源、土地资源、生态系统、自然灾害、陆海环境、能源资源、滨海城镇安全等的影响，给出相应的评价结果，提出适应和应对的措施建议，支撑国土空间规划多方案比选。

成果应用阶段

表 14-6-6

内容	说　明
成果要求	评价成果包括报告、表格、图件、数据集等。 报告应重点说明评价方法及过程、评价区域资源环境优势及短板、问题风险和潜力，对国土空间格局、主体功能定位、三条控制线、规划主要指标分解方案等提出建议。 按照国土空间规划相关数据标准和汇交要求，形成评价成果数据集，随国土空间规划成果一并上报入库。
成果应用	当前阶段开展"双评价"工作具有一定的相对性，生态评价方面应基于科学评价确定保护底线，对农业生产、城镇建设评价结果具有多宜性的，应结合资源禀赋、环境条件和发展目标、治理要求进行综合权衡，并与上位评价成果衔接，作出合理判断。评价成果具体从以下方面支撑国土空间规划编制：支撑国土空间格局优化；支撑划定三条控制线；支撑规划指标确定和分解；支撑重大工程安排；支撑高质量发展的国土空间策略；支撑编制空间类专项规划。

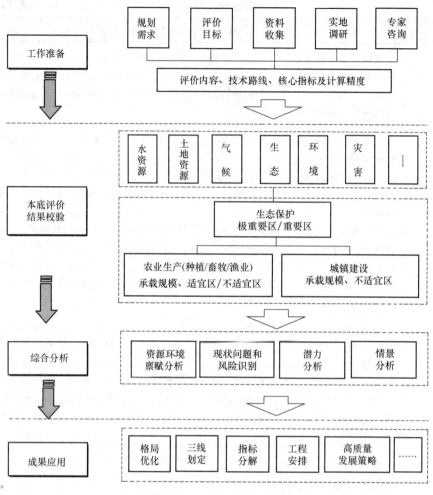

图 14-6-1　评价工作流程图

第七节　《省级国土空间规划编制指南》（试行）

一、总体要求

适用范围、规划定位及编制原则　　　　　　　　　　表 14-7-1

内容	说　　明
适用范围	本指南规定了省级国土空间规划的定位、编制原则、任务、内容、程序、管控和指导要求等。 　　本指南适用于各省、自治区、直辖市国土空间规划编制。 　　跨省级行政区域、流域和城市群、都市圈等区域性国土空间规划可参照执行。直辖市国土空间总体规划，可结合本指南和《市级国土空间总体规划编制指南》有关要求编制。 　　省级国土空间规划编制应当执行国家规定的国土空间规划有关技术标准与规范。

内容	说　明
规划定位	省级国土空间规划是对全国国土空间规划纲要的落实和深化，是一定时期内省域国土空间保护、开发、利用、修复的政策和总纲，是编制省级相关专项规划、市县等下位国土空间规划的基本依据，在国土空间规划体系中发挥承上启下、统筹协调作用，具有战略性、协调性、综合性和约束性。
编制原则	**生态优先、绿色发展：**践行绿水青山就是金山银山的理念，坚持节约资源和保护环境的基本国策，落实最严格的生态环境保护制度、耕地保护制度和节约用地制度，严守生态、粮食、能源资源等安全底线。坚持人与自然和谐共生，积极协调人、地、产、城、乡关系，通过优化国土空间开发保护格局促进加快形成绿色发展方式和生活方式。 **以人民为中心、高质量发展：**以人民对美好生活的向往为目标，坚持增进人民福祉，改善人居环境，提升国土空间品质。建设美丽国土，促进形成生产、生活、生态相协调的空间格局，实现高质量发展，满足高品质生活。 **区域协调、融合发展：**落实主体功能区等国家重大战略，推动国家区域协调发展战略在省域协同实施。完善统筹协调机制，协调解决国土空间矛盾冲突。加强陆海统筹，促进城乡融合。形成主体功能约束有效、国土开发有序的空间发展格局。 **因地制宜、特色发展：**立足省域资源禀赋、发展阶段、重点问题和治理需求，尊重客观规律，体现地方特色，发挥比较优势，确定规划目标、策略、任务和行动，走合理分工、优化发展的路子。 **数据驱动、创新发展：**收集整合覆盖陆海全域、涵盖各类空间资源的基础数据，充分利用大数据等技术手段分析研判，夯实规划基础。打造国土空间基础信息平台，实现互联互通，为国土空间规划"一张图"提供支撑。 **共建共治、共享发展：**加强社会协同和公众参与，充分听取公众意见，发挥专家作用，实现共商共治，让规划编制成为凝聚社会共识的平台。发挥市场配置和政府引导作用，推进空间治理体系和治理能力现代化，实现经济效益、社会效益、环境效益相统一，使发展成果更多更公平地惠及全体人民。

规划范围和期限、编制主体和程序及成果要求　　表 14-7-2

内　容	说　明
规划范围和期限	包括省级行政辖区内全部陆域和管理海域国土空间。规划目标年为 2035 年，近期目标年为 2025 年，远景展望至 2050 年。
编制主体和程序	规划编制主体为省级人民政府，由省级自然资源主管部门会同相关部门开展具体编制工作。编制程序包括准备工作、专题研究、规划编制、规划多方案论证、规划公示、成果报批、规划公告等。
成果要求	规划成果包括规划文本、附表、图件、说明和专题研究报告，以及基于国土空间基础信息平台的国土空间规划"一张图"等。

二、基础准备

基 础 准 备   表 14-7-3

内容	说　明
数据基础	以第三次国土调查成果数据为基础，形成统一的工作底数。结合基础测绘和地理国情监测成果，收集整理自然地理、自然资源、生态环境、人口、经济、社会、文化、基础设施、城乡建设、灾害风险等方面的基础数据和资料，以及相关规划成果、审批数据。利用大数据等手段，加强基础数据分析。
梳理重大战略	按照主体功能区战略、区域协调发展战略、乡村振兴战略、可持续发展战略等国家战略部署，以及省级党委政府有关发展要求，梳理相关重大战略对省域国土空间的具体要求，作为编制省级国土空间规划的重要依据。
现状评价与风险评估	通过资源环境承载能力和国土空间开发适宜性评价，分析区域资源环境禀赋特点，识别省域重要生态系统，明确生态功能极重要和极脆弱区域，提出农业生产、城镇发展的承载规模和适宜空间。 从数量、质量、布局、结构、效率等方面，评估国土空间开发保护现状问题和风险挑战。结合城镇化发展、人口分布、经济发展、科技进步、气候变化等趋势，研判国土空间开发利用需求。 在生态保护、资源利用、自然灾害、国土安全等方面识别可能面临的风险，并开展情景模拟分析。
专题研究	各地可结合实际，开展国土空间开发保护重大问题研究，如国土空间目标战略、城镇化趋势、开发保护格局优化、人口产业与城乡融合发展、空间利用效率和品质提升、基础设施与资源要素配置、历史文化传承和景观风貌塑造、生态保护修复和国土综合整治、规划实施机制和政策保障等。要加强水平衡研究，综合考虑水资源利用现状和需求，明确水资源开发利用上限，提出水平衡措施。量水而行，以水定城、以水定地、以水定人、以水定产，形成与水资源、水环境、水生态、水安全相匹配的国土空间布局。沿海省份应开展海洋相关专题研究。

三、重点管控性内容

目标与战略   表 14-7-4

内容	说　明
目标定位	落实国家重大战略，按照全国国土空间规划纲要的主要目标、管控方向、重大任务等，结合省域实际，明确省级国土空间发展的总体定位，确定国土空间开发保护目标。落实全国国土空间规划纲要确定的省级国土空间规划指标要求，完善指标体系。
空间战略	按照空间发展的总体定位和开发保护目标，立足省域资源环境禀赋和经济社会发展需求，针对国土空间开发保护突出问题，制定省级国土空间开发保护战略，推动形成主体功能约束有效、科学适度有序的国土空间布局体系。

内容	说　明
主体功能分区	落实全国国土空间规划纲要确定的国家级主体功能区。各地可结合实际，完善和细化省级主体功能区，按照主体功能定位划分政策单元，确定协调引导要求，明确管控导向。 　按照陆海统筹、保护优先原则，沿海县（市、区）要统筹确定一个主体功能定位。
生态空间	依据重要生态系统识别结果，维持自然地貌特征，改善陆海生态系统、流域水系网络的系统性、整体性和连通性，明确生态屏障、生态廊道和生态系统保护格局；确定生态保护与修复重点区域；构建生物多样性保护网络，为珍稀动植物保留栖息地和迁徙廊道；合理预留基础设施廊道。优先保护以自然保护地体系为主的生态空间，明确省域国家公园、自然保护区、自然公园等各类自然保护地布局、规模和名录。
农业空间	将全国国土空间规划纲要确定的耕地和永久基本农田保护任务严格落实，确保数量不减少、质量不降低、生态有改善、布局有优化。 　以水平衡为前提，优先保护平原地区水土光热条件好、质量等级高、集中连片的优质耕地，实施"小块并大块"，推进现代农业规模化发展；在山地丘陵地区因地制宜发展特色农业。 　综合考虑不同种植结构水资源需求和现代农业发展方向，明确种植业、畜牧业、养殖业等农产品主产区，优化农业生产结构和空间布局。 　按照乡村振兴战略和城乡融合要求，提出优化乡村居民点布局的总体要求，实施差别化国土空间利用政策；可对农村建设用地总量作出指标控制要求。
城镇空间	依据全国国土空间规划纲要确定的建设用地规模，结合主体功能定位，综合考虑经济社会、产业发展、人口分布等因素，确定城镇体系的等级和规模结构、职能分工，提出城市群、都市圈、城镇圈等区域协调重点地区多中心、网络化、集约型、开放式的空间格局，引导大中小城市和小城镇协调发展。按照城镇人口规模 300 万以下、300 万～500 万、500 万～1000 万、1000 万～2000 万、2000 万以上等层级，分别确定城镇空间发展策略，促进集中集聚集约发展。 　将建设用地规模分解至各市（地、州、盟）。针对不同规模等级城镇提出基本公共服务配置要求，优化教育、医疗、养老等民生领域重要设施的空间布局。加强产城融合，完善产业集群布局，为战略性新兴产业预留发展空间。
网络化空间组织	以重要自然资源、历史文化资源等要素为基础、以区域综合交通和基础设施网络为骨架、以重点城镇和综合交通枢纽为节点，加强生态空间、农业空间和城镇空间的有机互动，实现人口、资源、经济等要素优化配置，促进形成省域国土空间网络化。
统筹三条控制线	将生态保护红线、永久基本农田、城镇开发边界等三条控制线（以下简称三条控制线）作为调整经济结构、规划产业发展、推进城镇化不可逾越的红线。结合生态保护红线和自然保护地评估调整、永久基本农田核实整改等工作，陆海统筹，确定省域三条控制线的总体格局和重点区域，明确市县划定任务，提出管控要求，将三条控制线的成果在市县乡级国土空间规划中落地。实事求是解决历史遗留问题，协调解决划定矛盾，做到边界不交叉、空间不重叠、功能不冲突。各类线性基础设施应尽量并线、预留廊道，做好与三条控制线的协调衔接。

内容	说　明
自然资源	按照山水林田湖草系统保护要求，统筹耕地、森林、草原、湿地、河湖、海洋、冰川、荒漠、矿产等各类自然资源的保护利用，确定自然资源利用上线和环境质量安全底线，提出水、土地、能源等重要自然资源供给总量、结构以及布局调整的重点和方向。 　严格保护耕地和永久基本农田，对水土光热条件好的优质耕地，要优先划入永久基本农田。建立永久基本农田储备区制度。各项建设要尽量不占或少占耕地，特别是永久基本农田。 　结合自然保护地体系建设，保护林地、草地、湿地、冰川等重要自然资源，落实天然林、防护林、储备林、基本草原保护要求。 　在落实国家确定的战略性矿产资源勘查、开发布局安排的基础上，明确省域内大中型能源矿产、金属矿产和非金属矿产的勘查开发区域，加强与三条控制线衔接，明确禁止、限制矿产资源勘查开采的空间。 　沿海省份要明确海洋开发保护空间，提出海域、海岛与岸线资源保护利用目标。除国家重大项目外，全面禁止新增围填海，提出存量围填海的利用方向。明确无居民海岛保护利用的底线要求，加强特殊用途海岛保护。 　以严控增量、盘活存量、提高流量为基本导向，确定水、土地、能源等资源节约集约利用的目标、指标与实施策略。明确统筹地上地下空间，以及其他对省域发展产生重要影响的资源开发利用要求，提出建设用地结构优化、布局调整的重点和时序安排。
历史文化和自然景观资源	落实国家文化发展战略，深入挖掘历史文化资源，系统建立包括国家文化公园、世界遗产、各级文物保护单位、历史文化名城名镇名村、传统村落、历史建筑、非物质文化遗产、未核定公布为文物保护单位的不可移动文物、地下文物埋藏区、水下文物保护区等在内的历史文化保护体系，编撰名录。全面评价山脉、森林、河流、湖泊、草原、沙漠、海域等自然景观资源，保护自然特征和审美价值。构建历史文化与自然景观网络，统一纳入省级国土空间规划。梳理各种涉及保护和利用的空间管控要求，制定区域整体保护措施，延续历史文脉，突出地方特色，做好保护、传承、利用。

内容	说　明
基础设施	落实国家重大交通、能源、水利、信息通讯等基础设施项目，明确空间布局和规划要求。预测新增建设用地需求，明确省级重大基础设施项目、建设时序安排，确定重点项目表。按照区域一体化要求，构建与国土空间开发保护格局相适应的基础设施支撑体系。按照高效集约的原则，统筹各类区域基础设施布局，线性基础设施尽量并线，明确重大基础设施廊道布局要求，减少对国土空间的分割和过度占用。
防灾减灾	考虑气候变化可能造成的环境风险，如沿海地区海平面上升、风暴潮等自然灾害，山地丘陵地区崩塌、滑坡、泥石流等地质灾害，提出防洪排涝、抗震、防潮、人防、地质灾害防治等防治标准和规划要求，明确应对措施。对国土空间开发不适宜区域，根据治理需求提出应对措施。合理布局各类防灾、抗灾、救灾通道，明确省级综合防灾减灾重大项目布局及时序安排，并纳入重点项目表。

生态修复和国土综合整治 表 14-7-8

内容	说　明
生态修复和国土综合整治	落实国家确定的生态修复和国土综合整治的重点区域、重大工程。按照自然恢复为主、人工修复为辅的原则，以国土空间开发保护格局为依据，针对省域生态功能退化、生物多样性降低、用地效率低下、国土空间品质不高等问题区域，将生态单元作为修复和整治范围，按照保障安全、突出生态功能、兼顾景观功能的优先次序，结合山水林田湖草系统修复、国土综合整治、矿山生态修复和海洋生态修复等类型，提出修复和整治目标、重点区域、重大工程。

区域协调与规划传导 表 14-7-9

内容	说　明
省际协调	做好与相邻省份在生态保护、环境治理、产业发展、基础设施、公共服务等方面协商对接，确保省与省之间生态格局完整、环境协同共治、产业优势互补，基础设施互联互通，公共服务共建共享。
省域重点地区协调	加强省内流域和重要生态系统统筹，协调空间矛盾冲突，明确分区发展指引和管控要求，促进整体保护和修复。生态功能强的地区要得到有效保护，创造更多优质生态产品，建立健全纵向横向结合、多元化市场化的生态保护补偿机制。 　　明确省域重点区域的引导方向和协调机制，按照内涵式、集约型、绿色化的高质量发展要求，加强存量建设用地盘活力度，提高经济发展优势区域的经济和人口承载能力。在此基础上，建设用地资源向中心城市和重点城市倾斜，使优势地区有更大发展空间。通过优化空间布局结构，促进解决资源枯竭型城市、传统工矿城市发展活力不足的问题。 　　发挥比较优势，增强不同地区在保障生态安全、粮食安全、边疆安全、文化安全、能源资源安全等方面的功能，明确主体功能定位和管控导向，促进各类要素合理流动和高效集聚，走合理分工、优化发展的路子。完善全民所有自然资源资产收益管理制度，健全自然资源资产收益分配机制，作为区域协调的重要手段。
市县规划传导	以省域国土空间格局为指引，统筹市县国土空间开发保护需求，实现发展的持续性和空间的合理性。省级国土空间规划通过分区传导、底线管控、控制指标、名录管理、政策要求等方式，对市县级规划编制提出指导约束要求。省级国土空间规划要将上述要求分解到下级规划，下级规划不得突破。
专项规划指导约束	省级国土空间规划要综合统筹相关专项规划的空间需求，协调各专项规划空间安排。专项规划经依法批准后纳入同级国土空间基础信息平台，叠加到国土空间规划"一张图"，实施严格管理。

四、指导性要求

指导性要求   表 14-7-10

内容	说　　明
指导性要求	在完成上述任务的基础上，各地可结合省域实际，按照世界眼光、国际标准、中国特色、高点定位的要求，深化相关工作。
	主动应对全球气候变化带来的风险挑战，采取绿色低碳安全的发展举措，优化国土空间供给，改善生物多样性，提升国土空间韧性。
	深度融入经济全球化，结合"一带一路"优化生产力、城镇和基础设施布局，强化公共服务供给能力，促进高质量发展和高品质生活，提升区域竞争力。
	运用国土空间地理设计方法，结合全域旅游，加强区域自然和人文景观的整体保护和塑造，充分供给多样化、高品质的魅力国土空间。
	探索"绿水青山就是金山银山"的实现路径，完善生态产品价值实现机制，提升自然资源资产的经济、社会和生态价值。
	在规划编制和实施中充分运用大数据、云计算、区块链、人工智能等新技术，探索可感知、能学习、善治理、自适应的智慧规划。

五、规划实施保障

规划实施保障   表 14-7-11

内容	说　　明
健全配套政策机制	省级国土空间规划编制，要完善细化主体功能区配套政策和制度安排，建立健全自然资源调查监测、资源资产管理、有偿使用、用途管制、生态保护修复等方面的规划实施保障机制及政策措施。
完善国土空间基础信息平台建设	将现状数据及规划数据纳入省级国土空间基础信息平台，汇总市县基础数据和规划数据。依托国土空间基础信息平台，构建国土空间规划"一张图"。推动实现互联互通的数据共享。
建立规划监测评估预警制度	省级自然资源主管部门会同有关部门动态监测省级国土空间规划实施情况，定期评估省级国土空间规划主要目标、空间布局、重大工程等执行情况，以及各市县对省级国土空间规划的落实情况，对规划实施情况开展动态监测、评估和预警。
近期安排	结合发展规划确定的"十四五"规划重点任务，明确近期规划安排。确定约束性和预期性指标，并分解下达至下级规划，明确推进措施。

六、公众参与和社会协调

公众参与和社会协调 　　　　　　　　　　　　　表 14-7-12

内容	说　　明
公众参与	规划编制采取政府组织、专家领衔、部门合作、公众参与的方式，建立全流程、多渠道的公众参与机制。在规划编制启动阶段，深入了解各地区、各部门、各行业和社会公众的意见和需求。 　　在规划方案论证阶段，应将中间成果征求有关方面意见。 　　规划成果报批前，应以通俗易懂的方式征求社会各方意见。 　　充分利用各类媒体和信息平台，采取贴近群众的各种社会沟通工具，保障各阶段公众参与的广泛性、代表性和实效性，并保障充分的参与时间。 　　公众参与情况在规划说明中要形成专章。
社会协调	制定涵盖各相关部门的协作机制，研究规划重大问题，共同推进规划编制工作。 　　充分调动大专院校、企事业单位力量，组建专家咨询团队，注重听取生态、资源、环境、地理、经济、社会、文化、安全等多领域多学科的专家意见建议。

七、规划论证和审批

规划论证和审批 　　　　　　　　　　　　　　表 14-7-13

内容	说　　明
规划论证	省级人民政府负责组织规划成果的专家论证，并及时征求自然资源部等部门意见。规划论证情况在规划说明中要形成专章，包括规划环境影响评价、专家论证意见、部门和地方意见采纳情况等。对存在重大分歧和颠覆性意见的意见建议，行政层面不要轻易拍板，要经过充分论证后形成决策方案。
规划审批	规划成果论证完善后，经同级人大常委会审议后报国务院审批。规划经批准后，应在一个月内向社会公告。涉及向社会公开的文本和图件，应符合国家保密管理和地图管理等有关规定。

第八节　《自然资源部办公厅关于加强村庄规划促进乡村振兴的通知》

一、总体要求

总　体　要　求 　　　　　　　　　　　　　　表 14-8-1

内容	要　　点
规划定位	村庄规划是法定规划，是国土空间规划体系中乡村地区的详细规划，是开展国土空间开发保护活动、实施国土空间用途管制、核发乡村建设项目规划许可、进行各项建设等的法定依据。 　　要整合村土地利用规划、村庄建设规划等乡村规划，实现土地利用规划、城乡规划等有机融合，编制"多规合一"的实用性村庄规划。

内容	要　点
工作原则	坚持先规划后建设，通盘考虑土地利用、产业发展、居民点布局、人居环境整治、生态保护和历史文化传承。坚持农民主体地位，尊重村民意愿，反映村民诉求。 坚持节约优先、保护优先，实现绿色发展和高质量发展。坚持因地制宜、突出地域特色，防止乡村建设"千村一面"。 坚持有序推进、务实规划，防止一哄而上，片面追求村庄规划快速全覆盖。
工作目标	力争到 2020 年底，结合国土空间规划编制在县域层面基本完成村庄布局工作，有条件、有需求的村庄应编尽编。 暂时没有条件编制村庄规划的，应在县、乡镇国土空间规划中明确村庄国土空间用途管制规则和建设管控要求，作为实施国土空间用途管制、核发乡村建设项目规划许可的依据。 对已经编制的原村庄规划、村土地利用规划，经评估符合要求的，可不再另行编制；需补充完善的，完善后再行报批。

二、主要任务

主要任务　　　　　　　　　　　　　　表 14-8-2

内　容	要　点
统筹村庄发展目标	落实上位规划要求，充分考虑人口资源环境条件和经济社会发展、人居环境整治等要求，研究制定村庄发展、国土空间开发保护、人居环境整治目标，明确各项约束性指标。
统筹生态保护修复	落实生态保护红线划定成果，明确森林、河湖、草原等生态空间，尽可能多地保留乡村原有的地貌、自然形态等，系统保护好乡村自然风光和田园景观。 加强生态环境系统修复和整治，慎砍树、禁挖山、不填湖，优化乡村水系、林网、绿道等生态空间格局。
统筹耕地和永久基本农田保护	落实永久基本农田和永久基本农田储备区划定成果，落实补充耕地任务，守好耕地红线。 统筹安排农、林、牧、副、渔等农业发展空间，推动循环农业、生态农业发展。 完善农田水利配套设施布局，保障设施农业和农业产业园发展合理空间，促进农业转型升级。
统筹历史文化传承与保护	深入挖掘乡村历史文化资源，划定乡村历史文化保护线，提出历史文化景观整体保护措施，保护好历史遗存的真实性。 防止大拆大建，做到应保尽保。 加强各类建设的风貌规划和引导，保护好村庄的特色风貌。
统筹基础设施和基本公共服务设施布局	在县域、乡镇域范围内统筹考虑村庄发展布局以及基础设施和公共服务设施用地布局，规划建立全域覆盖、普惠共享、城乡一体的基础设施和公共服务设施网络。 以安全、经济、方便群众使用为原则，因地制宜提出村域基础设施和公共服务设施的选址、规模、标准等要求。

任　务	要　点
统筹产业发展空间	统筹城乡产业发展，优化城乡产业用地布局，引导工业向城镇产业空间集聚，合理保障农村新产业新业态发展用地，明确产业用地用途、强度等要求。 除少量必需的农产品生产加工外，一般不在农村地区安排新增工业用地。
统筹农村住房布局	按照上位规划确定的农村居民点布局和建设用地管控要求，合理确定宅基地规模，划定宅基地建设范围，严格落实"一户一宅"。充分考虑当地建筑文化特色和居民生活习惯，因地制宜提出住宅的规划设计要求。
统筹村庄安全和防灾减灾	分析村域内地质灾害、洪涝等隐患，划定灾害影响范围和安全防护范围，提出综合防灾减灾的目标以及预防和应对各类灾害危害的措施。
明确规划近期实施项目	研究提出近期急须推进的生态修复整治、农田整理、补充耕地、产业发展、基础设施和公共服务设施建设、人居环境整治、历史文化保护等项目，明确资金规模及筹措方式、建设主体和方式等。

三、政策支持

政策支持　　　　　　　　　　　　　　　　表 14-8-3

内容	要　点
优化调整用地布局	允许在不改变县级国土空间规划主要控制指标情况下，优化调整村庄各类用地布局。 涉及永久基本农田和生态保护红线调整的，严格按国家有关规定执行，调整结果依法落实到村庄规划中。
探索规划"留白"机制	各地可在乡镇国土空间规划和村庄规划中预留不超过 5% 的建设用地机动指标，村民居住、农村公共公益设施、零星分散的乡村文旅设施及农村新产业新业态等用地可申请使用。 对一时难以明确具体用途的建设用地，可暂不明确规划用地性质。 建设项目规划审批时落地机动指标、明确规划用地性质，项目批准后更新数据库。机动指标使用不得占用永久基本农田和生态保护红线。

四、编制要求

编制要求　　　　　　　　　　　　　　　　表 14-8-4

内容	要　点
强化村民主体和村党组织、村民委员会主导	乡镇政府应引导村党组织和村民委员会认真研究审议村庄规划并动员、组织村民以主人翁的态度，在调研访谈、方案比选、公告公示等各个环节积极参与村庄规划编制，协商确定规划内容。 村庄规划在报送审批前应在村内公示 30 日，报送审批时应附村民委员会审议意见和村民会议或村民代表会议讨论通过的决议。村民委员会要将规划主要内容纳入村规民约。

内容	要　点
开门编规划	综合应用各有关单位、行业已有工作基础，鼓励引导大专院校和规划设计机构下乡提供志愿服务、规划师下乡蹲点，建立驻村、驻镇规划师制度。激励引导熟悉当地情况的乡贤、能人积极参与村庄规划编制。支持投资乡村建设的企业积极参与村庄规划工作，探索规划、建设、运营一体化。
因地制宜，分类编制	根据村庄定位和国土空间开发保护的实际需要，编制能用、管用、好用的实用性村庄规划。要抓住主要问题，聚焦重点，内容深度详略得当，不贪大求全。对于重点发展或需要进行较多开发建设、修复整治的村庄，编制实用的综合性规划。对于不进行开发建设或只进行简单的人居环境整治的村庄，可只规定国土空间用途管制规则、建设管控和人居环境整治要求作为村庄规划。对于综合性的村庄规划，可以分步编制，分步报批，先编制近期急需的人居环境整治等内容，后期逐步补充完善。对于紧邻城镇开发边界的村庄，可与城镇开发边界内的城镇建设用地统一编制详细规划。各地可结合实际，合理划分村庄类型，探索符合地方实际的规划方法。
简明成果表达	规划成果要吸引人、看得懂、记得住，能落地、好监督，鼓励采用"前图后则"（即规划图表＋管制规则）的成果表达形式。规划批准之日起 20 个工作日内，规划成果应通过"上墙、上网"等多种方式公开，30 个工作日内，规划成果逐级汇交至省级自然资源主管部门，叠加到国土空间规划"一张图"上。

五、组织实施

组　织　实　施　　　　　　　　　　　表 14-8-5

内容	要　点
加强组织领导	村庄规划由乡镇政府组织编制，报上一级政府审批。地方各级党委政府要强化对村庄规划工作的领导，建立政府领导、自然资源主管部门牵头、多部门协同、村民参与、专业力量支撑的工作机制，充分保障规划工作经费。自然资源部门要做好技术指导、业务培训、基础数据和资料提供等工作，推动测绘"一村一图""一乡一图"，构建"多规合一"的村庄规划数字化管理系统。
严格用途管制	村庄规划一经批准，必须严格执行。乡村建设等各类空间开发建设活动，必须按照法定村庄规划实施乡村建设规划许可管理。确需占用农用地的，应统筹农用地转用审批和规划许可，减少申请环节，优化办理流程。确需修改规划的，严格按程序报原规划审批机关批准。
加强监督检查	市、县自然资源主管部门要加强评估和监督检查，及时研究规划实施中的新情况，做好规划的动态完善。国家自然资源督察机构要加强对村庄规划编制和实施的督察，及时制止和纠正违反本意见的行为。鼓励各地探索研究村民自治监督机制，实施村民对规划编制、审批、实施全过程监督。

第九节 《乡村振兴战略规划（2018－2022年）》

本规划以习近平总书记关于"三农"工作的重要论述为指导，按照"产业兴旺、生态宜居、乡风文明、治理有效、生活富裕"的总要求，对实施乡村振兴战略作出阶段性谋划。

一、规划背景

规划背景及重要意义　　　　　　　　　　　　　　　表 14-9-1

内容	要　点
规划背景及重要意义	实施乡村振兴战略，是解决新时代我国社会主要矛盾、实现"两个一百年"奋斗目标和中华民族伟大复兴中国梦的必然要求，具有重大现实意义和深远历史意义： ① 实施乡村振兴战略是建设现代化经济体系的重要基础； ② 实施乡村振兴战略是建设美丽中国的关键举措； ③ 实施乡村振兴战略是传承中华优秀传统文化的有效途径； ④ 实施乡村振兴战略是健全现代社会治理格局的固本之策； ⑤ 实施乡村振兴战略是实现全体人民共同富裕的必然选择。

二、总体要求

指导思想、基本原则和主要目标　　　　　　　　　　表 14-9-2

内容	要　点
指导思想和基本原则	指导思想： 　坚持把解决好"三农"问题作为全党工作重中之重，坚持农业农村优先发展，按照产业兴旺、生态宜居、乡风文明、治理有效、生活富裕的总要求，建立健全城乡融合发展体制机制和政策体系，统筹推进农村经济建设、政治建设、文化建设、社会建设、生态文明建设和党的建设，加快推进乡村治理体系和治理能力现代化，加快推进农业农村现代化，走中国特色社会主义乡村振兴道路，让农业成为有奔头的产业，让农民成为有吸引力的职业，让农村成为安居乐业的美丽家园。 基本原则： ① 坚持党管农村工作； ② 坚持农业农村优先发展； ③ 坚持农民主体地位； ④ 坚持乡村全面振兴； ⑤ 坚持城乡融合发展； ⑥ 坚持人与自然和谐共生； ⑦ 坚持改革创新、激发活力； ⑧ 坚持因地制宜、循序渐进。
发展目标	到 2020 年，乡村振兴的制度框架和政策体系基本形成，各地区各部门乡村振兴的思路举措得以确立，全面建成小康社会的目标如期实现。到 2022 年，乡村振兴的制度框架和政策体系初步健全。

续表

内容	要　　点
远景谋划	到 2035 年，乡村振兴取得决定性进展，农业农村现代化基本实现。农业结构得到根本性改善，农民就业质量显著提高，相对贫困进一步缓解，共同富裕迈出坚实步伐；城乡基本公共服务均等化基本实现，城乡融合发展体制机制更加完善；乡风文明达到新高度，乡村治理体系更加完善；农村生态环境根本好转，生态宜居的美丽乡村基本实现。到 2050 年，乡村全面振兴，农业强、农村美、农民富全面实现。

三、构建乡村振兴新格局

构建乡村振兴新格局　　　　　　　　　　　　　　　　　表 14-9-3

内容	要　　点
统筹城乡发展空间	按照主体功能定位，对国土空间的开发、保护和整治进行全面安排和总体布局，推进"多规合一"，加快形成城乡融合发展的空间格局： ① 强化空间用途管制； ② 完善城乡布局结构； ③ 推进城乡统一规划。
优化乡村发展布局	坚持人口资源环境相均衡、经济社会生态效益相统一，打造集约高效生产空间，营造宜居适度生活空间，保护山清水秀生态空间，延续人和自然有机融合的乡村空间关系： ① 统筹利用生产空间； ② 合理布局生活空间； ③ 严格保护生态空间。
分类推进乡村发展	顺应村庄发展规律和演变趋势，根据不同村庄的发展现状、区位条件、资源禀赋等，按照集聚提升、融入城镇、特色保护、搬迁撤并的思路，分类推进乡村振兴，不搞一刀切。 村庄类型可分为：集聚提升类村庄、城郊融合类村庄、特色保护类村庄、搬迁撤并类村庄。
坚决打好精准扶贫攻坚战	把打好精准脱贫攻坚战作为实施乡村振兴战略的优先任务，推动脱贫攻坚与乡村振兴有机结合、相互促进，确保到 2020 年我国现行标准下农村贫困人口实现脱贫，贫困县全部摘帽，解决区域性整体贫困。深入实施精准扶贫精准脱贫、重点攻克深度贫困、巩固脱贫攻坚成果。

四、发展壮大乡村产业

加快农业现代化步伐 表 14-9-4

内容	要 点
夯实农业生产能力基础	深入实施"藏粮于地、藏粮于技"战略,提高农业综合生产能力,保障国家粮食安全和重要农产品有效供给,把中国人的饭碗牢牢端在自己手中: ① 健全粮食安全保障机制; ② 加强耕地保护和建设; ③ 提升农业装备和信息化水平。
加快农业转型升级	按照建设现代化经济体系的要求,加快农业结构调整步伐,着力推动农业由增产导向转向提质导向,提高农业供给体系的整体质量和效率,加快实现由农业大国向农业强国转变: ① 优化农业生产力布局; ② 推进农业结构调整; ③ 壮大特色优势产业; ④ 保障农产品质量安全; ⑤ 培育提升农业品牌; ⑥ 构建农业对外开放新格局。
建立现代农业经营体系	坚持家庭经营在农业中的基础性地位,构建家庭经营、集体经营、合作经营、企业经营等共同发展的新型农业经营体系,发展多种形式适度规模经营,发展壮大农村集体经济,提高农业的集约化、专业化、组织化、社会化水平,有效带动小农户发展: ① 巩固和完善农村基本经营制度; ② 壮大新型农业经营主体; ③ 发展新型农村集体经济; ④ 促进小农户生产和现代农业发展有机衔接。
强化农业科技支撑	深入实施创新驱动发展战略,加快农业科技进步,提高农业科技自主创新水平、成果转化水平,为农业发展拓展新空间、增添新动能,引领支撑农业转型升级和提质增效: ① 提升农业科技创新水平; ② 打造农业科技创新平台基地; ③ 加快农业科技成果转化应用。
完善农业支持保护制度	以提升农业质量效益和竞争力为目标,强化绿色生态导向,创新完善政策工具和手段,加快建立新型农业支持保护政策体系: ① 加大支农投入力度; ② 深化重要农产品收储制度改革; ③ 提高农业风险保障能力。

五、发展壮大乡村产业

发展壮大乡村产业   表 14-9-5

内容	要　点
推动农村产业深度融合	把握城乡发展格局发生重要变化的机遇，培育农业农村新产业新业态，打造农村产业融合发展新载体新模式，推动要素跨界配置和产业有机融合，让农村一、二、三产业在融合发展中同步升级、同步增值、同步受益： ① 发掘新功能新价值； ② 培育新产业新业态； ③ 打造新载体新模式。
完善紧密型利益联结机制	始终坚持把农民更多分享增值收益作为基本出发点，着力增强农民参与融合能力，创新收益分享模式，健全联农带农有效激励机制，让农民更多分享产业融合发展的增值收益： ① 提高农民参与程度； ② 创新收益分享模式； ③ 强化政策扶持引导。
激发农村创新创业活力	坚持市场化方向，优化农村创新创业环境，放开搞活农村经济，合理引导工商资本下乡，推动乡村大众创业万众创新，培育新动能： ① 培育壮大创新创业群体； ② 完善创新创业服务体系； ③ 建立创新创业激励机制。

六、建设生态宜居的美丽乡村

建设生态宜居的美丽乡村   表 14-9-6

内容	要　点
推进农业绿色发展	以生态环境友好和资源永续利用为导向，推动形成农业绿色生产方式，实现投入品减量化、生产清洁化、废弃物资源化、产业模式生态化，提高农业可持续发展能力： ① 强化资源保护与节约利用； ② 推进农业清洁生产； ③ 集中治理农业环境突出问题。
持续改善农村人居环境	以建设美丽宜居村庄为导向，以农村垃圾、污水治理和村容村貌提升为主攻方向，开展农村人居环境整治行动，全面提升农村人居环境质量： ① 加快补齐突出短板； ② 着力提升村容村貌； ③ 建立健全整治长效机制。
加强乡村生态保护与修复	大力实施乡村生态保护与修复重大工程，完善重要生态系统保护制度，促进乡村生产生活环境稳步改善，自然生态系统功能和稳定性全面提升，生态产品供给能力进一步增强： ① 实施重要生态系统保护和修复重大工程； ② 健全重要生态系统保护制度； ③ 健全生态保护补偿机制； ④ 发挥自然资源多重效益。

七、繁荣发展乡村文化

繁荣发展乡村文化   表 14-9-7

内容	要　点
加强农村思想道德建设	持续推进农村精神文明建设，提升农民精神风貌，倡导科学文明生活，不断提高乡村社会文明程度： ① 践行社会主义核心价值观； ② 巩固农村思想文化阵地； ③ 倡导诚信道德规范。
弘扬中华优秀传统文化	立足乡村文明，吸取城市文明及外来文化优秀成果，在保护传承的基础上，创造性转化、创新性发展，不断赋予时代内涵、丰富表现形式，为增强文化自信提供优质载体： ① 保护利用乡村传统文化； ② 重塑乡村文化生态； ③ 发展乡村特色文化产业。
丰富乡村文化生活	推动城乡公共文化服务体系融合发展，增加优秀乡村文化产品和服务供给，活跃繁荣农村文化市场，为广大农民提供高质量的精神营养： ① 健全公共文化服务体系； ② 增加公共文化产品和服务供给； ③ 广泛开展群众文化活动。

八、健全现代乡村治理体系

健全现代乡村治理体系   表 14-9-8

内容	要　点
加强农村基层党组织对乡村振兴的全面领导	以农村基层党组织建设为主线，突出政治功能，提升组织力，把农村基层党组织建成宣传党的主张、贯彻党的决定、领导基层治理、团结动员群众、推动改革发展的坚强战斗堡垒： ① 健全以党组织为核心的组织体系； ② 加强农村基层党组织带头人队伍建设； ③ 加强农村党员队伍建设； ④ 强化农村基层党组织建设责任与保障。
促进自治法治德治有机结合	坚持自治为基、法治为本、德治为先，健全和创新村党组织领导的充满活力的村民自治机制，强化法律权威地位，以德治滋养法治、涵养自治，让德治贯穿乡村治理全过程： ① 深化村民自治实践； ② 推进乡村法治建设； ③ 提升乡村德治水平； ④ 建设平安乡村。
夯实基层政权	科学设置乡镇机构，构建简约高效的基层管理体制，健全农村基层服务体系，夯实乡村治理基础： ① 加强基层政权建设； ② 创新基层管理体制机制； ③ 健全农村基层服务体系。

九、保障和改善农村民生

保障和改善农村民生   **表 14-9-9**

内容	要 点
加强农村基础设施建设	继续把基础设施建设重点放在农村，持续加大投入力度，加快补齐农村基础设施短板，促进城乡基础设施互联互通，推动农村基础设施提挡升级： ① 改善农村交通物流设施条件； ② 加强农村水利基础设施网络建设； ③ 构建农村现代能源体系； ④ 夯实乡村信息化基础。
提升农村劳动力就业质量	坚持就业优先战略和积极就业政策，健全城乡均等的公共就业服务体系，不断提升农村劳动者素质，拓展农民外出就业和就地就近就业空间，实现更高质量和更充分就业： ① 拓宽转移就业渠道； ② 强化乡村就业服务； ③ 完善制度保障体系。
增加农村公共服务供给	继续把国家社会事业发展的重点放在农村，促进公共教育、医疗卫生、社会保障等资源向农村倾斜，逐步建立健全全民覆盖、普惠共享、城乡一体的基本公共服务体系，推进城乡基本公共服务均等化： ① 优先发展农村教育事业； ② 推进健康乡村建设； ③ 加强农村社会保障体系建设； ④ 提升农村养老服务能力； ⑤ 加强农村防灾、减灾、救灾能力建设。

十、完善城乡融合发展政策体系

完善城乡融合发展政策体系   **表 14-9-10**

内容	要 点
加快农业转移人口市民化	加快推进户籍制度改革，全面实行居住证制度，促进有能力在城镇稳定就业和生活的农业转移人口有序实现市民化： ① 健全落户制度； ② 保障享有权益； ③ 完善激励机制，夯实乡村信息化基础。
强化乡村振兴人才支撑	实行更加积极、更加开放、更加有效的人才政策，推动乡村人才振兴，让各类人才在乡村大施所能、大展才华、大显身手： ① 培育新型职业农民； ② 加强农村专业人才队伍建设； ③ 鼓励社会人才投身乡村建设。

内容	要　点
加强乡村振兴 用地保障	完善农村土地利用管理政策体系，盘活存量，用好流量，辅以增量，激活农村土地资源资产，保障乡村振兴用地需求： ① 健全农村土地管理制度； ② 完善农村新增用地保障机制； ③ 盘活农村存量建设用地。
健全多元投入 保障机制	健全投入保障制度，完善政府投资体制，充分激发社会投资的动力和活力，加快形成财政优先保障、社会积极参与的多元投入格局： ① 继续坚持财政优先保障； ② 提高土地出让收益用于农业农村比例； ③ 引导和撬动社会资本投向农村。
加大金融支农力度	健全适合农业农村特点的农村金融体系，把更多金融资源配置到农村经济社会发展的重点领域和薄弱环节，更好满足乡村振兴多样化金融需求： ① 健全金融支农组织体系； ② 创新金融支农产品和服务； ③ 完善金融支农激励政策。

十一、规划实施

规　划　实　施　　　　表 14-9-11

内容	要　点
加强组织领导	坚持党总揽全局、协调各方，强化党组织的领导核心作用，提高领导能力和水平，为实现乡村振兴提供坚强保证： ① 落实各方责任； ② 强化法治保障； ③ 动员社会参与； ④ 开展评估考核。
有序实现 乡村振兴	充分认识乡村振兴任务的长期性、艰巨性，保持历史耐心，避免超越发展阶段，统筹谋划，典型带动，有序推进，不搞齐步走： ① 准确聚焦阶段任务； ② 科学把握节奏力度； ③ 梯次推进乡村振兴。

第十五章 2019 年城乡规划管理与法规真题及解析

2019-001. 《中共中央关于全面深化改革若干重大问题的决定》提出，要坚持走中国特色城镇化道路，推进( )。

    A. 高质量的城镇化　　　　　　　　B. 以人为本的城镇化

    C. 城乡协调发展的城镇化　　　　　D. 绿色低碳发展的城镇化

【答案】B

【解析】《中共中央关于全面深化改革若干重大问题的决定》中"六、健全城乡发展一体化体制机制"的（23）项提出："完善城镇化健康发展体制机制。坚持走中国特色新型城镇化道路。推进以人为核心的城镇化，推动大中小城市和小城镇协调发展、产业和城镇融合发展，促进城镇化和新农村建设协调推进。优化城市空间结构和管理格局，增强城市综合承载能力。"故选B。

【考点】本题考核的是方针政策的内容。

2019-002. 下列对国土空间规划编制的近期相关工作要求中，不正确的是( )。

    A. 同步构建国土空间规划"一张图"实施监督信息系统

    B. 统一采用第三次全国国土调查数据西安2000坐标系和1985国家高程基准

    C. 科学评估生态保护红线、永久基本农田、城镇开发边界等重要控制线划定情况进行必要的调整完善

    D. 开展资源环境承载能力和国土空间开发适宜性评价工作

【答案】B

【解析】《自然资源部关于全面开展国土空间规划工作的通知》中"五、做好近期相关工作"提出："本次规划编制统一采用第三次全国国土调查数据作为规划现状底数和底图基础，统一采用2000国家大地坐标系和1985国家高程基准作为空间定位基础。"故选B。

【考点】本题考核的是国土空间规划的相关内容。

2019-003. 中共中央、国务院印发的《生态文明体制改革总体方案》提出了建立国家公共体制，改革各部门分头设置( )的体制，对上述保护地进行功能重组，合理界定国家公园范围。

    A. 自然保护区、风景名胜区、地质公园、森林公园等

    B. 自然保护区、文化自然遗产、地质公园、森林公园等

    C. 自然保护区、风景名胜区、文化自然遗产、森林公园等

    D. 自然保护区、风景名胜区、文化自然遗产、地质公园、森林公园等

【答案】D

【解析】《生态文明体制改革总体方案》中"三、建立国土空间开发保护制度"的（十二）项提出："建立国家公园体制，加强对重要生态系统的保护和永续利用，改革各部门分头设置自然保护区、风景名胜区、文化自然遗产、地质公园、森林公园等的体制，对上述保护地进行功能重组，合理界定国家公园范围。"故选D。

【考点】本题考核的是国土空间规划的相关内容。

2019-004. 根据《行政处罚法》，地方性法规不能设定的行政处罚种类是( )。

A. 警告、罚款 B. 没收违法所得、没收非法财物

C. 责令停产停业 D. 吊销企业营业执照

【答案】D

【解析】根据《行政处罚法》第十一条，地方性法规可以设定除限制人身自由、吊销企业营业执照以外的行政处罚。故选 D。

【考点】详见表 6-1-22 行政处罚的种类和设定。

2019-005. "建设用地使用权"属于《物权法》中( )的范畴。

A. 没有 B. 相邻关系

C. 所有权 D. 用益物权

【答案】D

【解析】《中华人民共和国物权法》相关条款如下：

第一百一十七条 用益物权人享有的基本权利：用益物权人对他人所有的不动产或者动产，依法享有占有、使用和收益的权利。

第一百三十六条 建设用地使用权分层设立。建设用地使用权可以在土地的地表、地上或者地下分别设立。新设立的建设用地使用权，不得损害已设立的用益物权。

故选 D。

【考点】《物权法》的相关内容。

2019-006. 根据《水法》，下列关于水资源的叙述中，不正确的是( )。

A. 应当按照流域、区域统一制定规划

B. 国家对水资源实行流域管理的管理体制

C. 国务院水资源行政主管部门负责全国水资源的统一管理和监督工作

D. 国家对水资源依法实行取水许可制度和有偿使用制度

【答案】B

【解析】《中华人民共和国水法》相关条款如下：

第十二条 国家对水资源实行流域管理与行政区域管理相结合的管理体制。

故选 B。

【考点】详见表 6-1-46《水法》。

2019-007. 根据《消防法》，国务院住房与城乡建设主管部门规定的特殊建设工程，建设单位应当将消防设计文件报送住房和城乡建设主管部门( )。

A. 备案 B. 预审

C. 验收 D. 审查

【答案】D

【解析】《消防法》相关条款如下：

第十一条 国务院住房和城乡建设主管部门规定的特殊建设工程，建设单位应当将消防设计文件报送住房和城乡建设主管部门审查，住房和城乡建设主管部门依法对审查的结果负责。

故选 D。

【考点】详见表 6-1-50《消防法》。

2019-008. 根据《人民防空法》，下列关于人民防空的叙述中，不正确的是(   )。

A. 城市是人民防空的重点

B. 国家对重要经济目标实行分类防护

C. 人民防空是国防的组成部分

D. 城市人民政府应当制定人民防空工程建设规划

【答案】B

【解析】《人民防空法》第十一条规定，城市是人民防空的重点，国家对城市实行分类防护。故选 B。

【考点】详见表 6-1-48《人民防空法》。

2019-009. 下列关于临时用地的相关表述中，正确的是(   )。

A. 报批前应该先经城市土地行政主管部门同意

B. 使用临时用地，应按照合同的约定支付临时使用土地补偿费

C. 应与村民签订用地合同

D. 临时用地期限一般不超过 5 年

【答案】B

【解析】《中华人民共和国土地管理法》第五十七条规定："建设项目施工和地质勘察需要临时使用国有土地或者农民集体所有的土地的，由县级以上人民政府土地行政主管部门批准。其中，在城市规划区内的临时用地，在报批前应当先经有关城市规划行政主管部门同意。土地使用者应当根据土地权属，与有关土地行政主管部门或者农村集体经济组织、村民委员会签订临时使用土地合同，并按照合同的约定支付临时使用土地补偿费。"故选 B。

【考点】本题考核的是《土地管理法》的相关内容。

2019-010. 按照行政行为的生效规则，规划部合法的建设工程规划许可证应该(   )。

A. 即时生效　　　　　　　　　　　B. 受领生效

C. 告知生效　　　　　　　　　　　D. 附条件生效

【答案】B

【解析】受领是指行政机关将行政行为告知相对方，并为相对方所接受，受领生效，一般适用于特定行为对象的行政行为，行政行为的对象明确、具体。故选 B。

【考点】详见表 1-2-11 行政行为的效力、生效。

2019-011. 根据《防震减灾法》，对于重大建设项目和可能发生严重次生灾害的建设工程，应当依据(   )，确定其抗震防灾要素。

A. 地震活动趋势　　　　　　　　　B. 地震区域图

C. 地震避灾规划　　　　　　　　　D. 地震安全性评价结果

【答案】D

【解析】依据《中华人民共和国防震减灾法》第三十五条："重大建设工程和可能发生严重次生灾害的建设工程，应当按照国务院有关规定进行地震安全性评价。并按照经审定

的地震安全性评价报告所确定的抗震设防要求进行抗震设防。"故选D。

【考点】相关内容参见表6-1-49《防震减灾法》。

2019-012. 根据《物权法》，下列关于建设用地使用权的叙述中，不正确的是( )。

　　A. 建设用地使用权，可以采取划拨出让等方式

　　B. 建设单位应当向登记机构申请建造用地使用权登记

　　C. 建设用地使用权人有权将建设用地使用权转让与他人

　　D. 建设用地使用权不得在地下设立

【答案】D

【解析】《中华人民共和国物权法》第一百三十六条规定，建设用地使用权分层设立，建设用地使用权可以在土地的地表、地上或地下分别设立。故选D。

【考点】相关内容参见表6-1-35《物权法》。

2019-013. 下列对"土地用途"的划分的选项中，符合《土地管理法》规定的是( )。

　　A. 农用地、建设用地、未利用地

　　B. 基本农田、建设用地、未利用地

　　C. 工业用地、居住用地、公用设施用地

　　D. 耕地、林草用地、农田水利用地

【答案】A

【解析】《中华人民共和国土地管理法》第四条规定，国家编制土地利用总体规划，规定土地用途，将土地分为农用地、建设用地和未利用地。故选A。

【考点】相关内容详见表6-1-27《土地管理法》概述。

2019-015. 关于设定和实施行政许可应当遵循的原则，下列说法中错误的是( )。

　　A. 公开原则　　　　　　　　　　B. 公平公正原则

　　C. 便民原则　　　　　　　　　　D. 协商原则

【答案】D

【解析】《中华人民共和国行政许可法》相关条款如下：

第五条　设定和实施行政许可。应当遵循公开、公平、公正、非歧视的原则。

第六条　实施行政许可应当遵循便民的原则提高办事效率，提供优质服务。

故选D。

【考点】相关内容详见表6-1-1《行政许可法》概述。

2019-016. 国务院城乡规划主管部门行文，对"违法建设"行为进行解释，应该属于( )。

　　A. 立法解释　　　　　　　　　　B. 司法解释

　　C. 执法解释　　　　　　　　　　D. 行政解释

【答案】D

【解析】行政解释指国家行政机关（城乡规划主管部门）在依法行使职权时，对非由其创制的有关法律、法规如何具体应用问题所作的解释。本题应选D。

【考点】相关内容详见表1-2-2行政法的渊源。

2019-017. 行政层级监督属于( )范畴。

A. 行政内部监督   B. 权力机关监督

C. 政治监督   D. 社会监督

【答案】A

【解析】行政系统内部监督有监察部门监督、法制部门监督、上级政府监督、审计部门监督等。层级监督是指行政机关监督纵向划分为若干层级，各层级的业务性质和职能基本相同，不同层级的监督范围自上而下逐层缩小，各层级分别对上一层级负责而形成的层级节制的监督体制，属于行政内部监督。故选A。

【考点】相关内容详见表1-2-16 行政法制监督与行政监督。

2019-018. 人们的行为规则，在法学上统称为( )。

A. 法律   B. 法规

C. 道德   D. 规范

【答案】D

【解析】法律是一种行为规则，人们的行为规则在法学上统称为规范。本题应选D。

【考点】相关内容详见表1-1-1 法、法律及其外部特征。

2019-019. 在城乡规划许可中，下列行为属于"行政法律关系"产生的是( )。

A. 建设单位申请工程报建

B. 规划部门受理工程报建后

C. 规划部门审定总平面图后

D. 规划部门核发建设工程规划许可证

【答案】D

【解析】行政法律关系的产生指行政法律规范中规定的权利和义务转变为现实的由行政法主体享有的权利和承担的义务。在城乡规划管理中，核发建设工程规划许可证后，法律关系即产生。故选D。

【考点】相关内容详见表1-2-4 行政法律关系的概念及要素。

2019-020. 规划部门依法核发的"一书三证"规定的内容，非依法不得随意变更，在行政法中称为行政行为的( )。

A. 确定力   B. 拘束力

C. 执行力   D. 公定力

【答案】A

【解析】行政行为确定力是行政行为有效成立后，非依法不得随意变更的法律效力。本题应选A。

【考点】相关内容详见表1-2-11 行政行为的效力、生效。

2019-021. 根据《城乡规划法》，县级以上地方人民政府城乡规划主管部门法定行政管理范围是( )。

A. 城市规划区   B. 城市建成区

C. 城市限建区和适建区　　　　　　　D. 行政区域

【答案】D

【解析】《中华人民共和国城乡规划法》第十一条规定："国务院城乡规划主管部门负责全国的城乡规划管理工作。县级以上地方人民政府城乡规划主管部门负责本行政区域内的城乡规划管理工作。"故选 D。

【考点】相关内容详见表 3-3-3 城乡规划的管理体制。

2019-022. 根据《城乡规划法》，下列选项中需要申请选址意见书的建设项目是(　　)。

A. 以划拨方式提供国有土地使用权的

B. 依法出让土地使用权的

C. 以国家租赁方式提供国有土地使用权

D. 取得房地产开发用地的土地使用权的

【答案】A

【解析】《中华人民共和国城乡规划法》第三十六条规定，按照国家规定需要有关部门批准或者核准的建设项目，以划拨方式提供国有土地使用权的，建设单位在报送有关部门批准前，应当向城乡规划主管部门申请核发选址意见书。故选 A。

【考点】相关内容详见表 3-3-8 城乡规划实施管理制度。

2019-023. 根据《土地管理法》，下列选项中正确的是(　　)。

A. 农民集体所有的土地，由县级人民政府登记造册，核发证书，确认所有权

B. 农民集体所有的土地由县级人民政府土地行政主管部门登记造册，核发证书，确认所有权

C. 农民集体所有的土地由镇级人民政府土地行政主管部门登记造册，核发证书，确认授权

D. 农民集体所有的土地由乡人民政府登记造册，核发证书，确认授权

【答案】A

【解析】依据《中华人民共和国土地管理法实施细则》第四条，农民集体所有的土地，由土地所有者向土地所在地的县级人民政府土地行政主管部门提出土地登记申请由县级人民政府登记造册，核发集体土地所有权证书，确认所有权。

【考点】相关内容参见表 6-1-27《土地管理法》概述。

2019-024. 根据《城乡规划法》，下列选项中不属于城市总体规划强制性内容的是(　　)。

A. 城市性质　　　　　　　　　　　　B. 水源地和水系

C. 防震减灾　　　　　　　　　　　　D. 基础设施和公共服务

【答案】A

【解析】《中华人民共和国城乡规划法》相关条款如下：

第十七条　城市总体规划、镇总体规划的内容应当包括：城市、镇的发展布局，功能分区，用地布局，综合交通体系，禁止、限制和适宜建设的地域范围，各类专项规划等。规划区范围、规划区内建设用地规模、基础设施和公共服务设施用地、水源地和水系、基本农田和绿化用地、环境保护、自然与历史文化遗产保护以及防灾减灾等内容，应当作为

城市总体规划、镇总体规划的强制性内容。

本题应选 A。

【考点】相关内容详见表 3-3-4 城乡规划的主要内容。

2019-025. 根据《环境保护法》，以下需要国家划定生态保护红线，实行严格保护的是( )。

A. 重点生态功能区、生态环境敏感区和脆弱区等区域

B. 重点生态功能区、水源涵养区和脆弱区等区域

C. 珍惜、濒危的野生动植物自然分布区域、生态敏感区和脆弱区等区域

D. 生态功能区、生态环境敏感区和脆弱区等区域

【答案】A

【解析】《中华人民共和国环境保护法》第二十九条规定，国家在重点生态功能区、生态环境敏感区和脆弱区等区域划定生态保护红线，实行严格保护。故选 A。

【考点】相关内容详见表 6-1-33《环境保护法》。

2019-026. 根据《城乡规划法》，实施规划时应遵循的原则不包括( )。

A. 统筹兼顾进城务工人员生活和周边农村经济社会发展、村民生产与生活的需要

B. 优先安排基础设施以及公共服务设施的建设

C. 妥善处理新区开发与旧区改建的关系

D. 合理确定建设规模和时序

【答案】D

【解析】依据《中华人民共和国城乡规划法》第二十九条，城市的建设和发展，应当优先安排基础设施以及公共服务设施的建设，妥善处理新区开发与旧区改建的关系，统筹兼顾进城务工人员生活和周边农村经济社会发展、村民生产与生活的需要。故选 D。

【考点】相关内容详见表 10-1-6 城乡规划实施管理应注意的问题。

2019-028. 根据《城市道路交通规划设计规范》，小城市乘客平均换乘系数不应大于( )。

A. 1.3　　　　　　　　　　　　　　B. 1.5

C. 1.7　　　　　　　　　　　　　　D. 2.0

【答案】A

【解析】根据《城市道路交通规划设计规范》，乘客平均换乘系数是衡量乘客直达程度的指标，其值为乘车出行人次与换乘人次之和除以乘车出行人次。大城市乘客平均换乘数不应大于1.5，中、小城市不应大于1.3。

【考点】相关内容参见表 5-2-5《城市道路交通规划设计规范》。

2019-029. 根据《城乡规划法》，城乡规划主管部门不得在城乡规划确定的 ( ) 以外做出行政许可。

A. 城市行政区范围　　　　　　　　B. 建设用地范围

C. 规划区范围　　　　　　　　　　D. 建成区范围

【答案】B

【解析】依据《中华人民共和国城乡规划法》第三十条，"城市新区的开发和建设，应当合理确定建设规模和时序，充分利用现有市政基础设施和公共服务设施，严格保护自然资源和生态环境，体现地方特色。在城市总体规划、镇总体规划确定的建设用地范围以外，不得设立各类开发区和城市新区。"故选B。

【考点】相关内容详见表3-3-7 城乡规划的实施。

2019-030. 下列规划不属于县级人民政府组织编制的是(　　)。

A. 县人民政府所在地镇总体规划

B. 乡规划和村庄规划

C. 历史文化名镇保护规划

D. 省级风景名胜区规划

【答案】B

【解析】《中华人民共和国城乡规划法》第二十二条规定："乡、镇人民政府组织编制乡规划、村庄规划，报上一级人民政府审批。村庄规划在报送审批前，应当经村民会议或者村民代表会议讨论同意。"故选B。

【考点】相关内容详见表3-3-5 城乡规划编制和审批程序。

2019-031. 根据《历史文化名城名镇名村保护规划编制要求》，下列说法错误的是(　　)。

A. 历史文化名城保护规划范围与城市总体规划一致

B. 历史文化名城保护规划应单独编制

C. 历史文化名镇保护规划应单独编制

D. 历史文化名村保护规划应单独编制

【答案】D

【解析】《历史文化名城名镇名村保护规划编制要求》第三条规定："历史文化名城、名镇保护规划应该单独编制。历史文化名村的保护规划与村庄规划同时编制。"故选D。

【考点】相关内容参见表11-2-4 历史文化名城名镇名村保护规划管理。

2019-032. 根据《乡村建设规划许可实施意见》，下列选项中不准确的是(　　)。

A. 乡村建设规划许可实施意见是乡、村庄规划区内

B. 乡村建设规划许可的内容应包括对地块位置、用地范围、用地性质

C. 乡村建设规划许可申请主体为乡人民政府

D. 城乡规划主管部门不得在城乡规划确定的建设用地范围以外作出乡村建设规划许可

【答案】C

【解析】《乡村建设规划许可实施意见》相关条款如下：

四、乡村建设规划许可的主体乡村建设规划许可的申请主体为个人或建设单位。

故选C。

【考点】相关内容参见表10-5-2 乡和村庄建设规划管理的审核内容。

2019-033. 根据《城市、镇控制性详细规划编制审批办法》，下列叙述中不正确的

是( )。

A. 控制性详细规划是城乡规划主管部门做出的规划行政许可，实施规划管理的依据

B. 国有土地使用权的划拨、出让应当符合控制性详细规划

C. 县人民政府所在城镇的控制性详细规划由镇人民政府组织编制

D. 任何单位和个人都应当遵守经依法批准并公布的控制线详细规划

【答案】C

【解析】《城市、镇控制性详细规划编制审批办法》第六条规定，城市、县人民政府城乡规划主管部门组织编制城市、县人民政府所在地镇的控制性详细规划；其他镇的控制性详细规划由镇人民政府组织编制。

【考点】相关内容参见表 4-2-5《城市、镇控制性详细规划编制审批办法》。

2019-034. 根据《城市规划编制办法》，对住宅、医院、学校和托幼等建筑进行日照分析属于( )。

A. 景观设计   B. 控制性详细规划

C. 修建性详细规划   D. 近期建设规划

【答案】C

【解析】依据《城市规划编制办法》第四十三条，修建性详细规划应该包括的内容第（三）项为"对住宅、医院、学校和托幼等建筑进行日照分析。"故选 C。

【考点】相关内容详见表 4-2-3《城市规划编制办法》-3。

2019-035. 根据《城市规划编制办法》，下列叙述中不正确的是( )。

A. 城市规划分为总体规划和详细规划两个阶段

B. 城市详细规划分为控制性详细规划和修建性详细规划

C. 城市总体规划包括中心区规划和近期建设规划

D. 历史文化名城的城市总体规划，应当包括专门的历史文化名城保护规划

【答案】C

【解析】依据《城市规划编制办法》第二十条，城市总体规划包括市域城镇体系规划和中心城区规划。

【考点】相关内容详见表 4-2-3《城市规划编制办法》-3。

2019-036. 根据《城市、镇控制性详细规划编制审批办法》，应当优先编制控制性详细规划的地区包括( )。

A. 中心城区、旧城改造地区、近期建设地区

B. 中心城区、旧城改造地区、历史文化街区

C. 中心城区、旧城改造地区、棚户区

D. 中心城区、旧城改造地区、限建区

【答案】A

【解析】依据《城市、镇控制性详细规划编制审批办法》第十三条，中心区、旧城改造地区、近期建设地区，以及拟进行土地储备或土地出让的地区，应当优先编制控制性详细规划。故选 A。

【考点】相关内容参见表 4-2-5《城市、镇控制性详细规划编制审批办法》。

2019-037. 根据《城市规划编制办法》，各地块的建筑体量、体型、色彩等城市设计导则是（   ）的内容。

　　A. 城市分区规划　　　　　　　　B. 控制性详细规划
　　C. 城市近期建设规划　　　　　　D. 城市总体规划

【答案】B

【解析】依据《城市规划编制办法》第四十一条，控制性详细规划应当包括的内容第（三）项为：提出各地块的建筑体量、体型、色彩等城市设计指导原则。故选 B。

【考点】相关内容详见表 4-2-3《城市规划编制办法》-3。

2019-038. 根据《城市设计管理办法》，城市、县人民政府城乡规划主管部门负责组织编制本区域内总体城市设计、重点地区的城市设计，（   ）。

　　A. 经本级人民政府批准后，报本级人民代表大会常务委员会备案
　　B. 经本级人民政府批准后，报上一级人民政府备案
　　C. 报本级人民政府审批
　　D. 报上级人民政府审批

【答案】C

【解析】依据《城市设计管理办法》第十七条，城市、县人民政府城乡规划主管部门负责组织编制本行政区域内总体城市设计、重点地区的城市设计，并报本级人民政府审批。

【考点】相关内容详见《城市设计管理办法》。

2019-039. 根据《城市规划制图标准》，城市总体规划图上标示风玫瑰叠加绘制了虚线玫瑰，代表的是（   ）。

　　A. 污染系数玫瑰　　　　　　　　B. 污染频率玫瑰
　　C. 夏季风玫瑰　　　　　　　　　D. 冬季风玫瑰

【答案】A

【解析】依据《城市规划制图标准》CJJ/T 97－2003 第 2.4.5 条，风象玫瑰图应以细实线绘制风频玫瑰图，以细虚线绘制污染系数玫瑰图，风频玫瑰图与污染系数玫瑰图应重叠绘制在一起。故选 A。

【考点】相关内容详见《城市规划制图标准》。

2019-041. 根据《城市环境卫生设施规划规范》，下列不属于环境卫生设施的是（   ）。

　　A. 公共厕所　　　　　　　　　　B. 生活垃圾收集点
　　C. 城市污水处理设施　　　　　　D. 粪便污水前段处理设施

【答案】C

【解析】依据《城市环境卫生设施规划标准》GB/T 50337－2018，环境卫生设施包括环境卫生收集设施（B 项）、环境卫生转运设施、环境卫生处理及处置设施（D 项）、其他环境卫生设施（A 项）。故选 C。

【考点】相关内容详见表 5-2-11《城市环境卫生设施规划标准》。

2019-042. 根据《城市对外交通规划规范》，高速铁路客运站应合理设置在( )。

    A. 中心城区内   B. 城市中心区

    C. 城市中心区外围   D. 城市郊区

【答案】A

【解析】依据《城市对外交通规划规范》5.3.1-3，高速铁路客站应在中心城区内合理设置。故选 A。

【考点】相关内容见《城市对外交通规划规范》，可参考本丛书原理科目真题相关部分内容。

2019-043. 根据《城市规划强制性内容暂行规定》，下列选项中不属于城市详细规划强制性内容的是( )。

    A. 规划地段内各个地块的土地主要用途

    B. 规划地段内各个地块允许的建设总量

    C. 规划地段内各个地块允许的人口数量

    D. 规划地段内各个地块允许的建设高度

【答案】C

【解析】《城市规划强制性内容暂行规定》第七条，城市详细规划的强制性内容包括：

（一）规划地段各个地块的土地主要用途；

（二）规划地段各个地块允许的建设总量；

（三）对特定地区地段规划允许的建设高度；

（四）规划地段各个地块的绿化率、公共绿地面积规定；

（五）规划地段基础设施和公共服务设施配套建设的规定；

（六）历史文化保护区内重点保护地段的建设控制指标和规定建设控制地区的建设控制指标。

    故选 C。

【考点】相关内容详见表 4-2-10《城市规划强制性内容暂行规定》。

2019-044. 城市抗震防灾规划分为甲乙丙三种模式，下列选项中不属于编制模式划分依据的是( )。

    A. 城市规模   B. 城市重要性

    C. 城市性质   D. 抗震防灾要求

【答案】C

【解析】依据《城市抗震防灾规划发管理规定》第十一条，城市抗震防灾规划应当按照城市规模、重要性和抗震防灾的要求，分为甲、乙、丙三种模式。故本题选 C。

【考点】相关内容详见表 4-2-17《城市抗震防灾规划管理规定》。

2019-045. 《城市地下空间开发利用管理规定》所称的城市地下空间，是指( )。

    A. 城市规划区   B. 城市建设区

    C. 城市中心城区   D. 城市行政区

【答案】A

【解析】依据《城市地下空间开发利用管理规定》第二条，编制城市地下空间规划，对城市规划区范围内的地下空间进行开发利用，必须遵守该规定。该规定所称的城市地下空间是指城市规划区内地表以下的空间。故选 A。

【考点】相关内容详见表 4-2-16《城市地下空间开发利用管理规定》。

2019-046. 根据《城市消防规划规范》，下列说法中错误的是（   ）。

A. 历史文化街区应配置大型的消防设施

B. 历史文化街区外围宜设置环形消防车通道

C. 历史文化街区不得设置汽车加油站

D. 历史文化街区不得设置汽车加气站

【答案】A

【解析】依据《城市消防规划规范》GB 51080－2015 第 4.0.3 条，历史城区、历史地段、历史文化街区、文物保护单位等，应配置相应的消防力量和装备。改造并完善消防通道、水源和通信等消防设施。大型消防设施显然不适合历史文化街区，故选 A。

【考点】相关内容详见《城市消防规划规范》。

2019-047. 根据《城市公共设施规划规范》，下列说法中不正确的是（   ）。

A. 新建高等院校宜在城市边缘地区选址

B. 规划新的大型游乐设施用地应选址在城市边缘区外围交通方便的地段

C. 传染性疾病的医疗卫生设施宜选址在城市边缘地区的下风方向

D. 老年人设施布局宜临近居住区环境较好的地段

【答案】B

【解析】依据《城市公共设施规划规范》GB 50442－2008 第 5.0.4 条，规划中宜保留原有的文化娱乐设施，规划新的大型游乐设施用地应选址在城市中心区外围交通方便的地段。故选 B。

【考点】相关内容详见《城市公共设施规划规范》，可参考本丛书原理科目真题相应部分的内容。

2019-048. 根据《城市停车规划规范》，下列说法中不正确的是（   ）。

A. 城市停车规划应采取停车位总量控制

B. 城市停车规划应采取区域差别化的供给原则

C. 城市中心区的人均机动车停车位的供给水平应高于城市外围地区

D. 公共交通服务水平较高的地区的人均机动车停车位供给水平不应高于公共交通服务水平较低的地区

【答案】C

【解析】依据《城市停车规划规范》GB/T 51149－2016 第 3.0.1 条，差别化的分区机动车停车规划应符合"城市中区的人均机动车停车位供给水平不应高于城市外围地区。"故选 C。

【考点】相关内容详见《城市停车规划规范》。

2019-049. 根据《城市地下空间开发利用管理规定》，下列说法中错误的是（   ）。

A. 城市地下空间规划是城市规划的重要组成部分

B. 城市地下空间规划需要变更的，需经原审批机关审批

C. 承担城市地下空间规划编制任务的单位，应当符合国家规定的资源要求

D. 城市地下空间建设规划应报城市上级人民政府批准

【答案】D

【解析】依据《城市地下空间开发利用管理规定》第九条，城市地下空间建设规划由城市人民政府城市规划行政主管部门负责审查后，报城市人民政府批准。故选D。

【考点】相关内容详见表4-2-16《城市地下空间开发利用管理规定》。

2019-050. 根据《城市绿线管理办法》，下列选项中不正确的是(　　　)。

A. 编制城市总体规划，应当划定城市绿线

B. 城市园林绿化行政主管部门负责城市绿线的划定工作

C. 审批的城市绿线要向社会公布

D. 因建设或其他特殊情况，需要临时占用城市绿地内用地的，必须依法办理相关审批手续

【答案】B

【解析】依据《城市绿线管理办法》第四条，省、自治区人民政府建设行政主管部门负责本行政区域内的城市绿线管理工作；城市人民政府规划、园林绿化行政主管部门，按照职责分工负责城市绿线的监督和管理工作。故选B。

【考点】相关内容详见表4-2-12《城市绿线管理办法》。

2019-051. 根据《城市绿线管理办法》，绿线是指城市(　　　)范围的控制线。

A. 公园绿地与广场等公共开放空间用地

B. 公园绿地、居住区绿地

C. 公园绿地、居住区绿地，道路绿地

D. 各类绿地

【答案】D

【解析】依据《城市绿线管理办法》第二条，该办法所称城市绿线，是指城市各类绿地范围的控制线。本题应选D。

【考点】相关内容详见表4-2-12《城市绿线管理办法》。

2019-052. 根据《城市防洪规划规范》，下列选项中不正确的是(　　　)。

A. 城市用地布局必须满足行政要求

B. 城市公园绿地、广场、运动场应当布置在城市防洪安全性较高的地区

C. 城市规划区内的调洪水库应划入城市蓝线进行严格保护

D. 城市规划区内的防洪堤墙应划入城市黄线进行保护

【答案】B

【解析】依据《城市防洪规划规范》GB 51079－2016第4.0.2条，城市用地布局应按高地高用，低地低用的用地原则并应符合下列规定：1 城市防洪安全性较高的地区应布置城市中心区、居住区、重要的工业仓储区及重要设施。2 城市易涝低地可用作生态湿地、

公园绿地，广场、运动场等。故选 B。

【考点】相关内容详见表 4-2-14《城市黄线管理办法》-1 及表 5-1-4《防洪标准》。

2019-053. 根据《城乡用地评定标准》，下列选项中正确的是(   )。

    A. 对现状建成区用地，可只采用定量计算评判法进行判定

    B. 对现状建成区用地，可只采用定性评判法进行评定

    C. 对拟定的新区用地，可只采用定量计算判定法进行评定

    D. 对拟定的新区用地，可只采用定性评判法进行评定

【答案】B

【解析】依据《城乡用地评定标准》CJJ 132 - 2009 第 5.2.1 条，城乡用地评定方法的采用，应结合评定区的构成特点，并应符合下列规定：1 对现状建成区用地，可只采用定性评判法进行评定；2 对拟定的新区用地，应采用定性评判与定量计算评判相结合的方法进行评定。故选 B。

【考点】相关内容详见《城乡用地评定标准》，可参见本丛书原理科目真题的相关内容。

2019-054. 根据《城乡用地评定标准》，城乡用地评定单元按照建设适宜性分为(   )。

    A. 适宜修建用地，改善条件后才能修建的用地，不适宜修建用地

    B. 有利建设用地，可以建设用地，不利建设用地

    C. 适宜建设用地，较适宜建设用地，适宜性差的建设用地，不适宜的建设用地

    D. 适宜建设用地，可建设用地，不适宜建设用地，不可建设用地

【答案】C

【解析】依据《城乡用地评定标准》第 2.2 条，基本指标的定性分级，根据其对用地建设适宜性的影响程度应分为"适宜、较适宜，适宜性差，不适宜"四级。

【考点】相关内容详见《城乡用地评定标准》。

2019-055. 根据《城市用地分类与规划建设用地标准》，"设施较齐全、环境良好，以多中高层住宅为主的用地"属于(   )。

    A. 一类居住用地

    B. 二类居住用地

    C. 小区游园属于附属绿地

    D. 生产绿地应参与城市建设用地平衡

【答案】B

【解析】依据《城市用地分类与规划建设用地标准》GB 50137 - 2011 中表 3.3.2，R2 二类居住用地为设施较齐全，环境良好，以多、中、高层住宅为主的用地。

【考点】相关内容详见表 5-1-2《城市用地分类与规划建设用地标准》。

2019-056. 根据《城市用地分类与规划建设用地标准》，下列选项中属于城乡用地大类的是(   )。

    A. 城市建设用地、乡建设用地

    B. 建设用地、非建设用地

C. 城乡居民点建设用地、镇建设用地

D. 城镇建设用地、村庄建设用地

【答案】B

【解析】依据《城市用地分类与规划建设用地标准》第 2.0.1 条，城乡用地指市（县）域范围内所有土地，包括建设用地与非建设用地。

【考点】相关内容详见表 5-1-2《城市用地分类与规划建设用地标准》。

2019-057. 根据《防洪标准》，防洪等级确定为 I 级的"特别重要"城市，在经济规模当量大于 300 万人时，常住人口应大于等于(   )。

    A. 100 万人   B. 150 万人

    C. 260 万人   D. 250 万人

【答案】B

【解析】依据《防洪标准》GB 50201-2014 第 4.2.1 条，城市防护区应根据政治、经济地位的重要性、常住人口或当量经济规模指标分为四个防护等级，其防护等级和防洪标准应按表 4.2.1 确定。

城市防护区的防护等级和防洪标准   表 4.2.1

防护等级	重要性	常住人口 （万人）	当量经济规模 （万人）	防洪标准 [重现期（年）]
I	特别重要	≥150	≥300	≥200
II	重要	<150，≥50	<300，≥100	200～100
III	比较重要	<50，≥20	<100，≥40	100～50
IV	一般	<20	<40	50～20

【考点】相关内容参见表 5-1-4《防洪标准》。

2019-062. 根据《城市用地分类与规划建设用地标准》，下列说法错误的是(   )。

    A. 社会停车场用地不包括位于地下的社会停车场

    B. 供电用地不包括电厂用地

    C. 行政办公用地不包括公安局用地

    D. 广场用地不包括以交通集散为主的广场用地

【答案】C

【解析】依据《城市用地分类与规划建设用地标准》，A1 行政办公用地包括党政机关、社会团体、事业单位等办公机构及其相关设施用地，故选 C。

【考点】相关内容参见表 5-1-2《城市用地分类与规划建设用地标准》。

2019-063. 根据《停车场建设和管理暂行规定》，下列选项中不正确的是(   )。

    A. 规划和建设居民住宅权应根据需要配建相应的停车场

    B. 应当配建停车场而未配建成停车场不足的应逐步补建或扩建

    C. 停车场分为专用停车场和公用停车场

D. 改变停车场的使用性质，需经城市建设主管部门批准

【答案】D

【解析】依据《停车场建设和管理暂行规定》第六条，改变停车场的使用性质，需经当地公安交通管理部门和城市规划部门批准。

【考点】相关内容详见表4-2-18《停车场建设和管理暂行规定》。

2019-064. 根据《城市综合交通体系规划编制导则》，下列选项中不属于步行和自行车系统规划主要内容的是( )。

A. 提出行人、自行车过街设施布局基本要求以及步行街区布局和范围

B. 提出行人、自行车流量预测报告

C. 确定城市自行车停车设施规划布局原则

D. 确定步行、自行车交通系统网络布局框架及规划指标

【答案】B

【解析】依据《城市综合交通体系规划编制导则》3.6.2条，步行和自行车系统规划的主要内容有：①确定步行、自行车交通系统网络布局框架及规划指标；②提出行人、自行车过街设施布局基本要求；③提出步行街区布局和范围；④确定城市自行车停车设施规划布局原则；⑤提出无障碍设施的规划原则和基本要求。故选B。

【考点】相关内容详见本丛书原理科目真题相应部分的内容。

2019-065. 某城市人口大于200万，拟建设城市快速路，提出了四个设计方案如下表，其中符合《城市道路交通规划设计规范》的方案是( )。

选项	机动车设计车速 （km/h）	道路网密度 （km/km²）	机动车车道数 （条）	道路宽度 （m）
A	120	0.6~0.7	8~10	50~55
B	100	0.5~0.6	8	45~50
C	80	0.4~0.5	6~8	40~45
D	60	0.3~0.4	6	35~40

【答案】C

【解析】依据《城市道路交通规划设计规范》7.1.6条表7.1.6-1可知，选项C符合题意。

大、中城市道路网规划指标 表7.1.6-1

项　目	城市规模与 人口（万人）		快速路	主干路	次干路	支路
机动车设计速度 （km/h）	大城市	>200	80	60	40	30
		≤200	60~80	40~60	40	30
	中等城市		—	40	40	30

项　目	城市规模与人口（万人）		快速路	主干路	次干路	支路
道路网密度（km/km²）	大城市	＞200	0.4～0.5	0.8～1.2	1.2～1.4	3～4
		≤200	0.3～0.4	0.8～1.2	1.2～1.4	3～4
	中等城市		—	1.0～1.2	1.2～1.4	3～4
道路中机动车车道条数（条）	大城市	＞200	6～8	6～8	4～6	3～4
		≤200	4～6	4～6	4～6	2
	中等城市		—	4	2～4	2
道路宽度（m）	大城市	＞200	40～45	45～55	40～50	15～30
		≤200	35～40	40～50	30～45	15～20
	中等城市		—	35～45	30～40	15～20

【考点】相关内容详见表 5-2-5《城市道路交通规划设计规范》。

2019-066. 根据《城市居住区设计标准》下列说法错误的是（　　）。

A. 住宅建筑日照标准计算起点为底层窗台面

B. 老年人居住建筑日照不应低于冬日日照时数 2h

C. 旧区改造建设项目内新建住宅建筑日照标准不应低于大寒日日照时数 1h

D. 既有住宅建筑进行无障碍改造加装电梯不应使相邻住宅原有日照标准降低

【答案】D

【解析】依据《城市居住区规划设计标准》GB 50180－2018 第 4.0.9-2 条，在原设计建筑外增加任何设施不应使相邻住宅原有日照标准降低，既有住宅建筑进行无障碍改造加装电梯除外，故选 D。

【考点】相关内容参见表 5-2-3《城市居住区规划设计标准》。

2019-067. 根据《城市居住区规划设计标准》下列说法不正确的是（　　）。

A. 围合居住街坊道路一般为城市道路

B. 居住区应该采用"小街区密路网"的交通组织方式

C. 居住区内城市道路间距不应超过 500m

D. 居住区内行人与机动车混行的路段机动车车速不应超过 10km/h

【答案】C

【解析】依据《城市居住区规划设计标准》6.0.2 条，居住区的路网系统应与城市道路交通系统有机衔接，并应符合下列规定：1 居住区应采取"小街区、密路网"的交通组织方式，路网密度不应小于 8km/km²；城市道路间距不应超过 300m，宜为 150～250m，并应与居住街坊的布局相结合。故选项 C 符合题意。

【考点】相关内容详见表 5-2-3《城市居住区规划设计标准》。

2019-068. 建筑气候区是住宅布局的考虑因素之一，我国建筑气候区划分为（　　）。

A. 3 类   B. 5 类

C. 7 类   D. 9 类

【答案】C

【解析】具体可详见《城市用地分类与规划建设用地标准》GB 50137－2011 附录 B 的中国建筑气候区划图。

【考点】本题考核的是中国建筑气候区划图。

2019-069. 根据《城市居住区规划设计标准》居住区用地由（　　）组成。

    A. 住宅用地、公建用地、道路用地和公共绿地

    B. 住宅用地、公园用地、道路用地和公共服务设施用地

    C. 住宅用地、配套设施用地、公共绿地和城市道路用地

    D. 住宅用地、配套设施用地、公共绿地和城市道路用地

【答案】C

【解析】依据《城市居住区规划设计标准》附录 A，技术指标与用地面积计算方法 A.0.1 条，居住区用地面积应包括住宅用地、配套设施用地、公共绿地和城市道路用地。

【考点】相关内容详见表 5-2-2《城市居住区规划设计标准》。

2019-070. 根据《城市排水工程规划规范》，城市污水收集、输送不能采用的方式是（　　）。

    A. 管道   B. 暗渠

    C. 明渠   D. 综合管廊

【答案】C

【解析】依据《城市排水工程规划规范》GB 50318－2017 第 3.5.2 条，城市污水收集、输送应采用管道或箱渠，严禁采用明渠。

【考点】相关内容详见表 5-2-9《城市排水工程规划规范》。

2019-071. 根据《城市给水工程规划规范》，下列说法错误的是（　　）。

    A. 地下水为城市水源时，取水量不得大于允许开采量

    B. 缺水城市再生水利用率不应低于 20%

    C. 自备水源可与公共给水系统相连接

    D. 非常规水源严禁与公共给水系统连接

【答案】C

【解析】根据《城市给水工程规划规范》GB 50282－2016 第 8.1.6 条，自备水源或非常规水源给水系统严禁与公共给水系统连接。故选 C。

【考点】相关内容详见表 5-2-8《城市给水工程规划规范》。

2019-072. 根据《城市水系规划规范》，城市水系保护内容应包括（　　）。

    A. 水域保护、水质保护、滨水空间控制、水生态保护

    B. 水质保护、水域保护，滨水空间控制、水环境保护

    C. 水域保护、滨水空间控制、水环境保护、水生态保护

    D. 水质保护、滨水空间控制、水环境保护、水生态保护

【答案】 A

【解析】 依据《城市水系规划规范》GB 50513－2009（2016 年版）第 4.1.1 条，城市水系的保护应包括水域保护、水质保护、水生态保护和滨水空间控制等内容，根据实际需要，可增加水系历史文化保护和水系景观保护的内容。故选 A。

【考点】 相关内容详见《城市水系规划规范》。

2019-073. 下列说法中符合《城市给水工程规划规范》的是（　　）。

A. 某特大城市综合生活用水量指标为 250L/（人·d）

B. 某中等城市综合生活用水量指标为 120L/（人·d）

C. 居住用水量指标为 200L/hm²

D. 工业用水量指标为 200L/hm²

【答案】 A

【解析】 依据《城市给水工程规划规范》中的表 4.0.3-2 及表 4.0.3-3 可知，选项 A 符合题意。

综合生活用水量指标 q_2 [L/（人·d）]　　　　　　表 4.0.3-2

区域	城 市 规 模						
	超大城市 ($P \geqslant 1000$)	特大城市 （$500 \leqslant P$ <1000）	大城市		中等城市 （$50 \leqslant P$ <100）	小城市	
			Ⅰ型 （$300 \leqslant P$ <500）	Ⅱ （$100 \leqslant P$ <300）		Ⅰ型 （$20 \leqslant P$ <50）	Ⅱ （$P<20$）
一区	250~480	240~450	230~420	220~400	200~380	190~350	180~320
二区	200~300	170~280	160~270	150~260	130~240	120~230	110~220
三区	—	—	150~250	130~230	120~220	110~210	

注：综合生活用水为城市居民生活用水与公共设施用水之和，不包括市政用水和管网漏失水量。

不同类别用地用水量指标 q_i [m³/（hm²·d）]　　　　　　表 4.0.3-3

类别代码	类 别 名 称		用水量指标
R	居住用地		50~130
A	公共管理与公共 服务设施用地	行政办公用地	50~100
		文化设施用地	50~100
		教育科研用地	40~100
		体育用地	30~50
		医疗卫生用地	70~130
B	商业服务业设施用地	商业用地	50~200
		商务用地	50~120
M	工业用地		30~150
W	物流仓储用地		20~50

类别代码	类 别 名 称		用水量指标
S	道路与交通设施用地	道路用地	20～30
		交通设施用地	50～80
U	公用设施用地		25～50
G	绿地与广场用地		10～30

注：1 类别代码引自现行国家标准《城市用地分类与规划建设用地标准》GB 50137。

2 本指标已包括管网漏失水量。

3 超出本表的其他各类建设用地的用水量指标可根据所在城市具体情况确定。

【考点】相关内容参见表 5-2-8《城市给水工程规划规范》。

2019-074. 下列术语解释中不符合《城市规划基本术语标准》的是(   )。

选项	术语名称	术语解释
A	城市道路系统	城市范围内由不同功能、等级、区位的道路以一定方式组成的有机整体
B	城市给水系统	城市给水的取水、水质处理、输水和配水等工程设施以一定方式组成的总体
C	城市排水系统	城市污水和雨水的收集、输送处理和排放等工程设施以一定方式组成的总体
D	城市供热系统	由集中热源、供热网等设施和热能用户使用设施组成的总体

【答案】A

【解析】依据《城市规划基本术语标准》GB/T 50280－98 第4.6.4条，城市道路系统：城市范围内由不同功能、等级、区位的道路，以及不同形式的交叉口和停车设施，以一定方式组成的有机整体。故选A。

【考点】相关内容详见表 5-1-1《城市规划基础术语标准》。

2019-075. 下列规划术语中，不符合《城市电力规划规范》的是(   )。

A. 城市用电负荷——城市内或城市规划片区内，所有用电户在某一时刻实际耗用的有功功率的总和

B. 城市供电电源——为城市提供电能来源的发电厂和接受市域内电力系统电能的电源变电站的总称

C. 城市电网——城市区域内，为城市用户供电的各级电网的总称

D. 开关站——城网中设有高、中压配电进出线，对功率进行再分配的供电设施

【答案】B

【解析】依据《城市电力规划规范》GB/T 50293－2014 第2.0.4条，城市供电电源：为城市提供电能来源的发电厂和接受域外电力系统电能的电源变电站总称。故选B。

【考点】相关内容详见表 5-2-10《城市电力规划规范》。

2019-076. 《城镇燃气规划规范》规定，城镇中压燃气管道不宜敷设在(   )。

    A. 道路绿化带下   B. 非机动车道下

    C. 人行步道下   D. 机动车道下

【答案】D

【解析】依据《城市燃气规划规范》GB 51098－2015第6.2.6条，城镇中压燃气管道布线，宜符合的规定第1项为：宜沿道路布置，一般敷设在道路绿化带、非机动车道或人行步道下。故选D。

【考点】相关内容详见《城市燃气规划规范》，可参见本丛书相关知识科目真题相应部分内容。

2019-077. 根据《城乡建设用地竖向规划规范》，规划地面形式可分为平坡式、台阶式和混合式，下列说法中错误的是 (   )。

    A. 用地自然坡度小于5％时，宜规划为平坡式

    B. 用地自然坡度大于8％时，宜规划为台阶式

    C. 用地自然坡度为5％～8％时，宜规划为混合式

    D. 用地自然坡度大于15％时，不宜作为城镇中心区建设用地

【答案】D

【解析】依据《城市建设用地竖向规划规范》CJJ 83－2016第4.0.1条，城乡建设用地选择及用地布局应充分考虑竖向规划的要求，并应符合的规定第1项为：城镇中心区用地应选择地质、排水防涝及防洪条件较好且相对平坦和完整的用地，其自然坡度宜小于20％，规划坡度宜小于15％。故选D。

【考点】相关内容详见表5-2-14《城市用地竖向规划规范》。

2019-078. 根据《城镇老年人设施规划规范》，新建老年人设施场地范围内的绿地率不应低于(   )。

    A. 30％   B. 35％

    C. 40％   D. 45％

【答案】C

【解析】依据《城市老年人设施规划规范》GB 50437－2007第5.3.1条，老年人设施场地范围内的绿地率新建不应低于40％，扩建和改建不应低于35％。

【考点】相关内容详见表5-2-15《城镇老年人设施规划规范》。

2019-079. 某居住区的人口规模约为18000人，住宅户数量6000套，则该区域在居住区控制规模上应该是(   )。

    A. 居住街坊   B. 五分钟生活圈居住区

    C. 十分钟生活圈居住区   D. 十五分钟生活圈居住区

【答案】C

【解析】依据《城市居住区规划设计标准》第2.0.2条，十分钟生活圈居住区是指以居民步行十分钟可满足其基本物质与生活文化需求为原则划分的居住区范围，一般由城市干路、支路或用地边界线所围合、居住人口规模为15000～25000人（约5000～8000套住

宅)，配套设施齐全的地区。

【考点】相关内容详见表 5-2-3《城市居住区规划设计标准》。

2019-080. 根据《城市排水工程规划规范》，下列说法中错误的是(   )。

A. 同一城市应采用统一的排水机制

B. 除干旱地区外，城市新建地区排水系统应采用分流制

C. 不具备改造条件的合流制地区可采用截流式合流排水体制

D. 除干旱地区外，旧城改造地区的排水系统应采用分流制

【答案】A

【解析】依据《城市排水工程规划规范》第 3.3.1 条，城市排水体制应根据城市环境保护要求、当地自然条件（地理位置、地形及气候）、受纳水体条件和原有排水设施情况，经综合分析比较后确定，同一城市的不同地区可采用不同的排水体制。

【考点】相关内容详见表 5-2-9《城市排水工程规划规范》。

2019-081. 《中共中央　国务院关于建立国土空间规划体系并监督实施的若干意见》中明确，要坚持底线思维，立足资源和环境承载能力，加快构建（   ）。

A. 生态环保红线　　　　　　　　　B. 环境质量安全底线

C. 永久基本农田保护红线　　　　　D. 生态功能保障基线

E. 自然资源利用上线

【答案】BDE

【解析】依据《中共中央　国务院关于建立国土空间规划体系并监督实施的若干意见》的"七、工作要求"第（十九）项，"加强组织领导"规定，各地区各部门要落实国家发展规划提出的国土空间开发保护要求，发挥国土空间规划体系在国土空间开发保护中的战略引领和刚性管控作用，统领各类空间利用，把每一寸土地都规划得清清楚楚。坚持底线思维，立足资源禀赋和环境承载能力，加快构建生态功能保障基线、环境质量安全底线、自然资源利用上线。

【考点】本题考核的是国土空间规划的相关内容。详见第十三章、第十四章第一节内容。

2019-082. 根据《关于统筹推进自然资源资产产权制度改革的指导意见》，宅基地"三权分置"是指(   )分置。

A. 所有权　　　　　　　　　　　　B. 资格权

C. 使用权　　　　　　　　　　　　D. 经营权

E. 开发权

【答案】ABC

【解析】依据《关于统筹推进自然资源资产产权制度改革的指导意见》的"二、主要任务"第（四）项规定，探索宅基地所有权、资格权、使用权"三权分置"。故选 ABC。

【考点】本题考核的是国土空间规划的相关内容。

2019-083. 根据《行政许可法》，下列属于公民、法人或者其他组织的权力是(   )。

A. 许可权　　　　　　　　　　　　B. 陈述权

C. 申辩权   D. 处罚权

E. 执行权

【答案】BC

【解析】依据《行政许可法》第七条，公民、法人或者其他组织对行政机关实施行政许可，享有陈述权、申辩权；有权依法申请行政复议或者提起行政诉讼；其合法权益因行政机关违法实施行政许可受到损害的，有权依法要求赔偿。故选 BC。

【考点】相关内容详见表 6-1-1《行政许可法》概述。

2019-084. 根据《行政诉讼法》，人民法院审理行政案件，以（   ）为依据。

A. 政策   B. 法律

C. 行政法规   D. 地方性法规

E. 政府规范性文件

【答案】BCDE

【解析】依据《行政诉讼法》第六十三条，人民法院审理行政案件，以法律和行政法规、地方性法规为依据，地方性法规适用于本行政区域内发生的行政案件，并以该民族自治地方的自治条例和单行条例为依据，人民法院审理行政案件，参照规章。部门规章即为政府规范性文件。故选 BCDE。

【考点】相关内容详见表 6-1-17 证据 。

2019-085. 行政合法性原则的内容包括（   ）。

A. 行政权限合法   B. 行政主体合法

C. 行政行为合法   D. 行政方式合法

E. 行政对象合法

【答案】ABC

【解析】行政行为合法性原则包括主体合法、权限合法、行为合法、程序合法四方面。故选 ABC。

【考点】相关内容详见表 1-2-7 行政合法性原则。

2019-086. 根据《城乡规划法》，近期建设规划的重点内容有（   ）。

A. 重要基础设施   B. 公共服务设施

C. 中低收入居民住房建设   D. 生态环境保护

E. 防震防灾

【答案】ABCD

【解析】依据《城乡规划法》第三十四条，近期建设规划应当以重要基础设施、公共服务设施和中低收入居民住房建设以及生态环境保护为重点内容，明确近期建设的时序、发展方向和空间布局。近期建设规划的规划期限为五年。故选 ABCD。

【考点】相关内容详见表 3-3-7 城乡规划的实施。

2019-087. 根据《城乡规划法》，乡规划、村庄规划应当（   ）。

A. 从农村实际出发   B. 尊重村民意愿

C. 体现地方特色   D. 体现农村特色

E. 明确产业发展

【答案】ABCD

【解析】依据《城乡规划法》第十八条，乡规划、村庄规划应当从农村实际出发，尊重村民意愿，体现地方和农村特色。故选 ABCD。

【考点】相关内容详见表 3-3-7 城乡规划的实施。

2019-088.《城市紫线管理办法》规定，城市紫线范围内禁止进行(　　)活动。

A. 各类基础设施建设

B. 违反保护规划的大面积拆除、开发

C. 占用或者破坏保护规划确定保留的园林绿地、河湖水系、道路和古树名木等

D. 进行影视摄制，举办大型群众活动

E. 修建破坏历史街区传统风貌的建筑物和其他设施

【答案】BCE

【解析】依据《城市紫线管理办法》第十三条，在城市紫线范围内禁止进行下列活动：

（一）违反保护规划的大面积拆除、开发；

（二）对历史文化街区传统格局和风貌构成影响的大面积改建；

（三）损坏或者拆毁保护规划确定保护的建筑物、构筑物和其他设施；

（四）修建破坏历史文化街区传统风貌的建筑物、构筑物和其他设施；

（五）占用或者破坏保护规划确定保留的园林绿地、河湖水系、道路和古树名木等；

（六）其他对历史文化街区和历史建筑的保护构成破坏性影响的活动。

故选 BCE。

【考点】相关内容详见表 4-2-11《城市紫线管理办法》。

2019-089. 根据《土地管理法》，可以以划拨方式取得建设用地的包括(　　)。

A. 国家机关用地

B. 军事用地

C. 国家重点扶持产业结构升级项目用地

D. 城市基础设施用地

E. 国家重点扶持能源、交通用地

【答案】ABDE

【解析】依据《土地管理法》第五十四条，建设单位使用国有土地，应当以出让等有偿使用方式取得，但是下列建设用地，经县级以上人民政府依法批准，可以以划拨方式取得：

（一）国家机关用地和军事用地；

（二）城市基础设施用地和公益事业用地；

（三）国家重点扶持的能源、交通、水利等基础设施用地；

（四）法律、行政法规规定的其他用地。

故选 ABDE。

【考点】相关内容详见表 6-1-28《土地管理法》的相关规定。

2019-090. 对历史文化名城实施整体保护是指保持历史文化名城的(   )。

A. 城市布局

B. 城市结构

C. 传统格局

D. 历史风貌

E. 空间尺度

【答案】CDE

【解析】依据《历史文化名城名镇名村保护条例》第二十一条，历史文化名城，名镇、名村应当整体保护，保持传统格局、历史风貌和空间尺度，不得改变与其相互依存的自然景观和环境。故选 CDE。

【考点】相关内容详见表 11-2-8 历史文化名城名镇名村保护规划管理。

2019-091. 在风景名胜区内开展的活动，应当经风景名胜区管理机构审核后，依法报有关主管部门批准的是(   )。

A. 设置、张贴商业广告

B. 举办大型游乐等活动

C. 改变水资源、水环境自然状态的活动

D. 其他影响生态和景观的活动

E. 环境保护、防火安全等公益宣传活动

【答案】ABCD

【解析】依据《风景名胜区条例》第二十九条，在风景名胜区内进行下列活动，应当经风景名胜区管理机构审核后，依照有关法律、法规的规定报有关主管部门批准：（一）设置、张贴商业广告；（二）举办大型游乐等活动；（三）改变水资源、水环境自然状态的活动；（四）其他影响生态和景观的活动。故选 ABCD。

【考点】相关内容详见表 11-4-3 风景名胜区规划措施。

2019-092. 根据《城乡规划法》，组织编制机关可按照规定权利和程序修改城市总体规划的情形有(   )。

A. 行政区划调整确需修改规划的

B. 上级人民政府制定的城乡规划发生变更，提出修改规划要求的

C. 因省、自治区、直辖市人民政府批准重大建设工程确需修改规划的

D. 经评估确需修改规划的

E. 城乡规划主管部门经评估确要修改的

【答案】ABD

【解析】依据《城乡规划法》第四十七条，有下列情形之一的，组织编制机关方可按照规定的权限和程序修改省域城镇体系规划、城市总体规划、镇总体规划：（一）上级人民政府制定的城乡规划发生变更，提出修改规划要求的；（二）行政区划调整确需修改规划的；（三）因国务院批准重大建设工程确需修改规划的（C 项错）；（四）经评估确需修改规划的（评估主体应为人民政府，故 E 错误）；（五）城乡规划的审批机关认为应当修改规划的其他情形。故选 ABD。

【考点】相关内容详见表 3-3-9 城乡规划的修改。

2019-093. 根据《城市规划强制性内容暂行规定》，下列规划编制中，必须明确强制性内容的是(　　)。

　　A. 省域城镇体系规划　　　　　　　　B. 城市总体规划

　　C. 城市国民经济社会发展规划　　　　D. 城市详细规划

　　E. 城市景观规划

【答案】ABD

【解析】依据《城市规划强制性内容暂行规定》第三条，城市规划强制性内容是省域城镇体系规划、城市总体规划和详细规划的必备内容，应当在图纸上有准确标明，在文本上有明确、规范的表述，并应当提出相应的管理措施。故选ABD。

【考点】相关内容详见表4-2-10《城市规划强制性内容暂行规定》。

2019-094. 《城市公共设施规划规范》的适用范围为(　　)。

　　A. 城镇体系规划　　　　　　　　　　B. 设市城市的城市总体规划

　　C. 大、中城市的城市分区规划　　　　D. 建制镇的总体规划

　　E. 乡村规划

【答案】BC

【解析】依据《城市公共设施规划规范》GB 50442-2008第1.0.2条，本规范适用于设市城市的城市总体规划及大、中城市的城市分区规划编制中的公共设施规划。故选BC。

【考点】相关内容详见《城市公共设施规划规范》。

2019-095. 根据《城市工程管线综合规划规范》，在道路红线宽度超过**40m**的城市干道布置工程管线时，宜在道路两侧布置的有(　　)。

　　A. 配水　　　　　　　　　　　　　　B. 通信

　　C. 热力　　　　　　　　　　　　　　D. 排水

　　E. 配气

【答案】ABDE

【解析】依据《城市工程管线综合规划规范》GB 50289-2016第4.1.5条，道路红线宽度超过40m的城市干道宜两侧布置配水、配气、通信、电力和排水管线。故选ABDE。

【考点】相关内容详见表5-2-7《城市工程管线综合规划规范》。

2019-096. 根据《城市绿地分类标准》，下列选项中不属于公园绿地分类中类的有(　　)。

　　A. 综合公园　　　　　　　　　　　　B. 社区公园

　　C. 游园　　　　　　　　　　　　　　D. 带状公园

　　E. 街旁绿地

【答案】DE

【解析】《城市绿地分类标准》中G1公园绿地中类包括：综合公园、社区公园、专类公园（小类为动物园、植物园、历史名园、遗址公园、游乐公园、其他专类公园）、游园故选DE。

【考点】相关内容详见表5-1-5《城市绿地分类标准》。

2019-097. 根据《城市排水工程规划规范》，城市污水处理厂选址，除了要考虑便于污水再生利用，符合供水水源防护要求外，还需要考虑的有(　　)。

    A. 位于城市夏季最小频率风向的上风侧

    B. 工程地质及防洪排涝条件良好的地区

    C. 与城市居住及公共服务设施用地保持必要的卫生防护距离

    D. 交通比较方便

    E. 有扩建的可能

【答案】ABCE

【解析】依据《城市排水工程规划规范》第4.4.2条，城市污水处理厂选址宜根据下列因素综合确定：①便于污水再生利用，并符合供水水源防护要求；②城市夏季最小频率风向的上风侧；③与城市居住及公共服务设施用地保持必要的卫生防护距离；④工程地质及防洪排涝条件良好的地区；⑤有扩建的可能。故选ABCE。

【考点】相关内容详见表5-2-9《城市排水工程规划规范》。

2019-098. 根据《城乡用地评定标准》，对城乡用地进行评定时涉及的特殊指标有(　　)。

    A. 泥石流   B. 地基承载力

    C. 地面高程   D. 地下水埋深

    E. 矿藏

【答案】ACE

【解析】依据《城乡用地评定标准》第4.1.1条，城乡用地评定单元的评定指标体系应由指标类型、一级和二级指标层构成。指标类型应分为特殊指标和基本指标；一级指标层应分为工程地质、地形、水文气象、自然生态和人为影响五个层面；二级指标层应为具体指标。

    表4.1.2为城乡用地评定单元的评定指标体系，其中特殊指标工程地质的二级指标包括：泥石流（工程地质）、地面高程（地形）、矿藏（工程地质）。地基承载力、地下水埋深（水位）为基本指标。故ACE符合题意。

【考点】相关内容详见《城乡用地评定标准》。

2019-099. 根据《城市消防规划规范》，下列说法中正确的有(　　)。

    A. 无市政消火栓或消防水的城市区域应设置消防水池

    B. 无消防车通道的城市区域应设置消防水池

    C. 消防供水不足的城市区域应设置消防水池

    D. 体育场馆等人员密集场所应设置消防水池

    E. 每个消防辖区内，至少应设置一个为消防车提供应急水源的消防水池

【答案】ABC

【解析】依据《城市消防规划规范》4.3.5，当有下列情况之一时，应设置城市消防水池：①无市政消火栓或消防水鹤的城市区域；②无消防车通道的城市区域；③消防供水不足的城市区域或建筑群。

    4.3.7 每个消防站辖区内至少应设置一个为消防车提供应急水源的消防水池，或设置一处天然水源或人工水体的取水点，并应设置消防车取水通道等设施。

故选 ABC。

【考点】相关内容详见表 6-1-50《消防法》。

2019-100. 根据《城市居住区规划设计标准》，居住区选址必须遵循的强制性条文有( )。

A. 不得在有滑坡、泥石流、山洪等自然灾害威胁的地段进行建设

B. 应有利于采用低影响开发的建设方式

C. 存在噪声污染、光污染的地段，应采取相应的降低噪声和光污染的防护措施

D. 土壤存在污染的地段，必须采取有效措施进行无害化处理，并应达到居住用地土壤环境质量要求

E. 应符合所在地经济社会发展水平和文化习俗

【答案】**ACD**

【解析】依据《城市居住区规划设计标准》3.0.2，居住区应选择在安全、适宜居住的地段进行建设，并应符合以下规定：

1　不得在有滑坡、泥石流，山洪等自然灾害威胁的地段进行建设；

2　与危险化学品及易燃易爆品等危险源的距离，必须满足有关安全规定；

3　存在噪声污染、光污染的地段，应采取相应的降低噪声和光污染的防护措施；

4　土壤存在污染的地段，必须采取有效措施进行无害化处理，并应达到居住用地土壤环境质量的要求。

故选 ACD。

【考点】相关内容详见表 5-2-3《城市居住区规划设计标准》-2。

附　　录

单色用地图例

代号	图式	说　明	代号	图式	说　明
R		居住用地	S		道路广场用地
G		公共设施用地	U		市政公用设施用地
M		工业用地	G		绿地
W		仓储用地	D		特殊用地
T		对外交通用地	E		水域和其他用地

城　　镇

图　例	名　称	说　明
◎ ⋯ 6	直辖市	数字尺寸单位：mm（下同）
◉ ⋯ 6	省会城市	也适用于自治区首府
◎ ⋯ 4	地区行署驻地城市	也适用于盟、州、自治区首府
◉　◉ ⋯ 4	副省级城市、地级城市	
⊙ ⋯ 4	县级市	县级设市城市
● ⋯ 2	县城	县（旗）人民政府所在地镇
⊙ ⋯ 2	镇	镇人民政府驻地

行 政 区 界

图 例	名 称	说 明
5.0 -4号界碑 1.0 / 0.8 3.6	国界	界桩、界碑、界碑编号，数字单位 mm（下同）
0.6 5.0 4.0	省界	也适用于直辖市、自治区界
0.4 5.0 3.0 2.0	地区界	也适用于地级市、盟、州界
0.3 3.0 5.0	县界	也适用于县级市、旗、自治县界
0.2 3.0 3.0 5.0	镇界	也适用于乡界、工矿区界
0.4 1.0 4.0	通用界线（1）	适用于城市规划区界、规划用地界、地块界、开发区界、文物古迹用地界、历史地段界、城市中心区范围等等
0.2 2.0 8.0	通用界线（2）	适用于风景名胜区、风景旅游地等，地名要写全称

交 通 设 施

图 例	名 称	说 明
民用 军用	机场	适用于军用机场 适用于民用机场
码头	码头	500 吨位以上码头
干线 10.0 支线 地方线	铁路	站场部分加宽 ▬◀||||▬
G104（二）	公路	G——国道(省、县道写省、县) 104——公路编号 （二）——公路等级（高速、一、二、三、四）
	公路客运站	
	公路用地	

501

地形、地质

图　例	名　称	说　明
i_2 i_1	坡度标准	$i_1=0\sim5\%$，$i_2=5\%\sim10\%$ $i_3=10\%\sim25\%$，$i_4>25\%$
	滑坡区	虚线为内滑坡范围
	崩塌区	
	溶洞区	
	泥石流区	小点之内示意泥石流边界
	地下采空区	小点围合以内示意地下采空区范围
	地面沉降区	小点围合以内示意地面沉降范围
	活动性地下断裂带	符号交错部位是活动性地下断裂带
$\times$	地震烈度	×用阿拉伯数字表示地震烈度等级
	灾害异常区	小点围合之内灾害异常区范围
Ⅰ Ⅱ Ⅲ	地质综合评价类别	Ⅰ——适宜修建地区 Ⅱ——采取工程措施方能修建地区 Ⅲ——不宜修建地区

城　镇　体　系

图　例	名　称	说　明
30 20 10 3 2	城镇规模等级	单位：万人
工	城镇职能能级	分为工、贸、交、综等

郊 区 规 划

图 例	名 称	说 明
2 02	村镇居民点	居民点用地范围应标明地名
2 02	村镇居民规划集居点	居民点用地范围应标明地名
	水源地	应标明水源地地名
	危险品库区	应标明库区地名
	火葬场	应标明火葬场所在地名
	公墓	应标明公墓所在地名
	垃圾处理消纳地	应标明消纳地所在地名
	农业生成用地	不分种植物种类
	禁止建设的绿色空间	
	基本农田保护区	与土地利用总体规划协调后的范围

防 洪

图 例	名 称	说 明
	水库	应标明水库全称，m³ 之前应标明水库容量
	防洪堤	应标明防洪标准
	闸门	应标明闸门口宽、闸名
	排涝泵站	应标明泵站名称，⊣ 朝向排出口
	泄洪道	
	滞洪区	

城 市 交 通

图　例	名　称	说　明
	快速路	
	城市轨道交通线路	包括：地面的轻轨，有轨电车……地下的地下铁道……
	主干路	
	次干路	
	支路	
	广场	应标明广场名称
P	停车场	应标明停车场名称
	加油站	—
交	公交车场	应标明公交车场名称
	换乘枢纽	应标明换乘枢纽名称

给水、排水、消防

图　例	名　称	说　明
	水源井	应标明水源井名称
	水厂	应标明水厂名称、制水能力
	给水泵站（加压站）	应标明泵站名称
水池	高位水池	应标明高位水池名称、容量
	贮水池	应标明贮水池名称、容量
	给水管道（消火栓）	小城市标明 100mm 以上管道、管径大中城市根据实际可以放宽

图　例	名　称	说　明
(119)	消防站	应标明消防站名称
⊖2	雨水管道	小城市标明 250mm 以上管道、管径 大中城市根据实际可以放宽
⊖2	污水管道	小城市标明 250mm 以上管道、管径 大中城市根据实际可以放宽
⊖1.5	雨、污水排放口	
⊗	雨、污泵站	应标明泵站名称
6 10 污水处理厂	污水处理厂	应标明污水处理厂名称

电力、电信

图　例	名　称	说　明
100kV	电源厂	kV 之前写上电源厂的规模容量值
100kV 100kV　　100kV	变电站	kV 之前写上变电总容量 kV 之前写上前后电压值
KV 地	输、配电线路	kV 之前写上输、配电线路电压值 方框内：地—地埋，空—架空
kV——P	高压走廊	P 为宽度，按高压走廊宽度填写 kV 之前写上线路电压值图例
	电信线路	
△　△　▲	电信局、支局、所	应标明局、支局、所的名称
(((•)))	收、发讯区	
|))))))))	微波通道	
□　□	邮政局、所	应标明局、所的名称
✉	邮件处理中心	

燃 气

图 例	名 称	说 明
R	气源厂	应标明气源厂名称
DN/压 —R	输气管道	DN——输气管道管径 压——压字之前填高、中、低
储气站 Rc m³	储气站	应标明储气站名称，容量
—RT—	调压站	应标明调压站名称
—RZ—	门站	应标明门站地名
—Ra—	气化站	应标明气化站名称

绿 化

图 例	名 称	说 明
○ ○ ○	苗圃	应标明苗圃名称
● ● ●	花圃	应标明花圃名称
●● ● ●●	专业植物园	应标明专业植物园全称
●●● ●●●	防护林带	应标明防护林带名称

环卫、环保

图 例	名 称	说 明
◖8	垃圾转运站	应标明垃圾转运站名称
H 环卫码头	环卫码头	应标明环卫码头名称
■□	垃圾无害化处理厂（场）	应标明处理厂（场）名称
■	贮粪池	应标明贮粪池名称
爪	车辆清洗站	应标明清洗站名称
H	环卫机构用地	

506

图　例	名　　称	说　　明
HP	环卫车场	
HX	环卫人员休息场	
HS	水上环卫站（场、所）	
WC	公共厕所	
◎	气体污染源	
∽	液体污染源	
∴	固体污染源	
⊘	污染扩散范围	
○	烟尘控制范围	
T	规划环境标准分区	

人　防

图　例	名　　称	说　　明
人防	单独人防工程区域	指单独设置的人防工程
人防	附建人防工程区域	虚线部分指附建于其他建筑物、构筑物底下的人防工程
△人防	指挥所	应标明指挥所名称
⋈警报器	升降警报器	应标明警报器代号
○	防护分区	应标明分区名称

图 例	名 称	说 明
人防	人防出入口	应标明出入口名称
▐▌▌▌▷	疏散道	

历史文化保护

图 例	名 称	说 明
国保	国家级文物保护单位	标明公布的文物保护单位名称
省保	省级文物保护单位	标明公布的文物保护单位名称
市县保	市县级文物保护单位	标明公布的文物保护单位名称，市、县保是同一级别，一般只写市保或县保
文保	文物保护范围	指文物本身的范围
建设控制地带	文物建设控制地带	文字标在建设控制地带内
50m / 30m	建设高度控制区域	控制高度以米为单位，虚线为控制区的边界线
⊓⊔⊓⊔	古城墙	与古城墙同长
⌂	古建筑	应标明古建筑名称
xx遗址	古遗迹范围	应标明遗址名称